マイクロ波工学

基礎と応用

岡田文明 著

森北出版株式会社

ま え が き

マックスウェル（J.C Maxwell）が電磁界を支配する方程式を作り，電磁エネルギーが波動として伝搬することを予言した約15年後の1888年に，ヘルツ（H.R.Hertz）が初めて感応コイルと1巻きのループによる火花放電装置（実物はミュンヘンの科学博物館に展示されている）を使って電磁波の存在を実証した．これこそマイクロ波工学の最初の実験とも言える．その数年後にはロッジ（O. Lodge）が金属管内を波が進むことを示した．しかしながら当時は発振源としての真空管もない時代であったので，実用化は専ら発電機による長波通信に向かい，その後3極真空管の出現（1906），発展と共に次第に使用周波数が高くなり，遠距離通信としては短波帯による電離層伝搬を使ったものが唯一と考えられていた．マイクロ波を使った最初の本格的実験は，1920年代のサウスウァース（G.Southworth）等ベル研究所によるものと考えられる．その後第2次大戦中，軍用上重要な航空機，艦船，地形等の識別のために，マイクロ波の反射，エコー現象を利用したレーダの研究が英国やとくに米国を中心に行なわれ，多数のノーベル賞級の理論，実験物理学者，電気工学者等が参加し活躍した．その成果は戦後 MIT 放射研究所によって，マイクロ波工学のバイブルとも言える25冊のシリーズとして発刊された．また当時のマイクロ波鉱石検波器の研究から半導体の研究，トランジスタの発明へと進み，今日の電子工学の発端となった．

戦後はこれらの蓄積されたマイクロ波技術は，マイクロ波中継などの各通信分野に使われるようになり，テレビジョンの全国中継も可能となった．一方低雑音増幅器の研究から1960年代には衛星中継が可能になり，今日では外国との通信に多く使われ，最近では家庭用テレビの直接衛星放送からの受像，電子レンジなどへのマイクロ波電力の応用，ポータブル電話などを通じ，生活に身近なものとなってきている．なお低雑音増幅器メーザの研究からレーザへと，誘電体導波路から光ファイバへと今日の光通信発展の基礎ともなっている．またマイクロ波半導体デバイスやマイクロ波に使われる材料の発展も目ざましく，回路やデバイスもマイクロ波 IC（集積回路）を使ったものが多くなっている．

このような歴史的背景を持ち，今日では基礎的学問分野とも言えるマイクロ波工学に関して多くの優れた専門書が出版されているが，本書はマイクロ波工学を最初に学ぶ学生および，最近通常の材料，回路技術者でマイクロ波工学を学びたい人々が増えている点，またアマチュア無線もマイクロ波を使い始めた点等を考慮し，著者の教育経験に基づいて，やや冗長とも思われるほどに基本的な考え方，基本式の誘導，物理的解釈に重点を置いてまとめた．また最近は新素材など材料を使ったマイクロ波デバイスが重要となってきたので，これらについても記した．さらに現在成書の少ない，材料の測定，マイクロ波電力の工業応用と，そのための大電力デバイスについてはやや専門的になるが詳しく述べた．

ここで多くのマイクロ波工学の著書を通じて，或いは直接指導下された諸先輩に深く感謝すると共に，本書が若い人々のマイクロ波工学の理解，興味を深めるのに役立ち，今後の発展に少しでも寄与することができれば著者にとって望外の喜びである．

岡田文明

目　　次

第1章　マイクロ波工学の概要

第2章　電磁波動の基礎

第3章　マイクロ波回路の扱い方

第4章　マイクロ波各種導波路

第5章　マイクロ波共振器

第6章 マイクロ波デバイスと回路素子

第7章 マイクロ波能動回路とマイクロ波電子管

第8章　マイクロ波アンテナとマイクロ波伝搬

第9章　マイクロ波測定

第10章　マイクロ波電力応用

第1章

マイクロ波工学の概要

1·1　電磁波の分類とマイクロ波の特長

池に小石を投げると，落下点を中心に水面の上下の振動の状態：波動が円形状に拡がり，しばらくすると元の静かな状態になることは，経験からよく知られている．このような波動では水面の各点の媒質は進行方向に垂直すなわち上下に振動し，波動のみが伝わって行くので，横波と呼ばれている．この場合伝搬するのは媒質自身でなく，振動の状態，振動のエネルギーであることに注意する必要がある．

また空気中に可聴周波数で振動するものを置くと，周囲に疎，密の状態ができ，その方向に伝搬するので，縦波と呼ばれている．以上のように一般に弾性体に生じる波動は媒質のない真空中では当然生じない．

いま高周波電流の流れている導体（アンテナ）があると，その周囲には電流を囲んで直角に円周方向に磁界 $\boldsymbol{H}$，従って媒質の透磁率 μ によって磁束密度 $\boldsymbol{B}=\mu\boldsymbol{H}$ の磁束ができることは電磁気の基本のアンペールの法則として知られている．この磁束は電流の周波数によって変化するので，ファラデーの電磁感応則によって，磁束に直角方向に電界 $\boldsymbol{E}$，従って媒質の誘電率 ε によって電束密度 $\boldsymbol{D}=\varepsilon\boldsymbol{E}$ の時間的に変化する電束を生ずる．このような電束の変化はそこに電流（変位電流）が流れていると同じに考えてよいので，再び新たに磁界を生じる．このように電流の変化→磁界（磁束の変化）→電界（電束）の変化→磁界（磁束）の変化→……と繰返されるので，$\boldsymbol{E}$ と $\boldsymbol{H}$ が一緒になって外方に電磁波動として伝搬して行く．このような特長の他に，真空中でも ε，μ は存

電界，磁界，電束密度，磁束密度等は大きさと共に方向を持つので，ベクトル量で $\boldsymbol{E}$，$\boldsymbol{H}$，$\boldsymbol{B}$，$\boldsymbol{D}$ などのように表記した．また，これらの量は通常，時間と共に周波数 f，角周波数 $\omega=2\pi f$ で振動している．

在しMKS単位では ε_0〔F/m〕, μ_0〔H/m〕となるので，伝搬が可能である点が他の波動と大きく異なっている．学問的には電磁波（Electromagnetic wave）と呼ばれているが，我が国では通常電波と呼ばれ，ラジオやテレビジョンの放送に使われていることは今日では誰もが知っている．電波も三次元的には通常球面上で位相の揃った球面波として伝搬するが，遠方の受信点の付近では図1·1のように進行方向に垂直な平面上では E, H の大きさ，位相が等しい平面波と考えられる．図において $\boldsymbol{E}$, $\boldsymbol{H}$ は伝搬方向に垂直な面内で振動しているので横波で，詳しくは第2章で説明する．

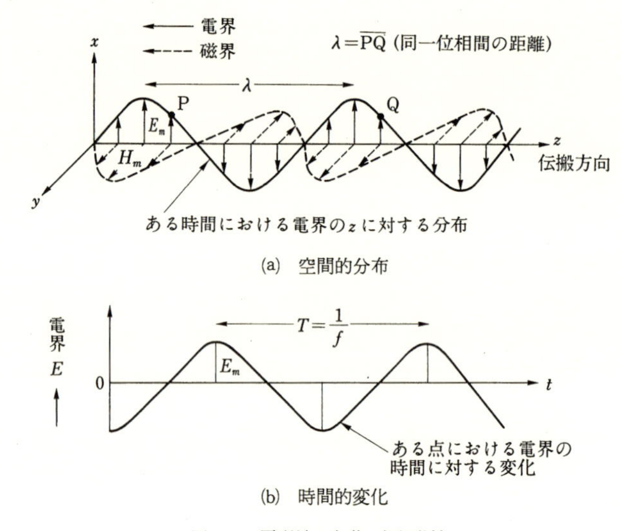

図1·1 電磁波の伝搬（平面波）

図で，電界が最も大きくなった位置から次の最も大きくなる位置までの距離，電界の零となる隣りの2点間の距離の2倍，あるいはさらに一般的に波動の同じ状態（同一位相）の2点間の距離が波長 λ である．つぎにある一点でこの波動を観察すると，この波は v という速度で進むので，図1·1(b)のように時間と共に電界が大きくなったり小さくなる単弦振動をすることがわかる．1秒間に何回同じような状態，例えば最大値が繰り返されるかを表わすのが周波数 f である．f の逆数は周期 $T=1/f$ と呼ばれ，また f と λ, v の間には，波動が T の時間に λ だけ進むので次の関係がある．

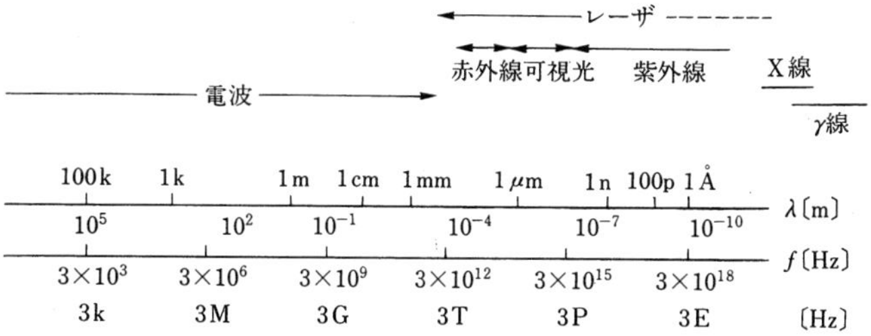

←レーザ - - - - - - -

赤外線　可視光　紫外線　X線

←電波→　γ線

λ〔m〕	100k	1k		1m	1cm	1mm	1μm	1n	100p	1Å
	10^5		10^2	10^{-1}		10^{-4}		10^{-7}		10^{-10}

f〔Hz〕	3×10^3	3×10^6	3×10^9	3×10^{12}	3×10^{15}	3×10^{18}
〔Hz〕	3k	3M	3G	3T	3P	3E

図 1·2　電磁波の分類

$$\lambda〔\mathrm{m}〕=\frac{v〔\mathrm{m/s}〕}{f〔\mathrm{Hz}〕},\quad v=\frac{1}{\sqrt{\varepsilon\mu}} \tag{1·1}$$

真空中では $v=1/\sqrt{\varepsilon_0\mu_0}$ で光速 $c=3\times10^8$〔m/s〕となる．なお，エネルギーの伝搬速度が c を越える波動はない．

通常，地球を取巻いている大気は電磁波の伝搬から考えた時には近似的に真空と同じ $v=c$ と考えてさしつかえない．ただ対流圏内伝搬を扱うような時には厳密な ε を使う必要がある．図 1·2 に電磁波の分類を示す．このように通常電波と呼んでいるものから γ 線に到るまで電磁波で $\boldsymbol{E}, \boldsymbol{H}$ が伝搬しているが性質は周波数 f によって非常に異なる．以下図で電波と記したものについて考える．

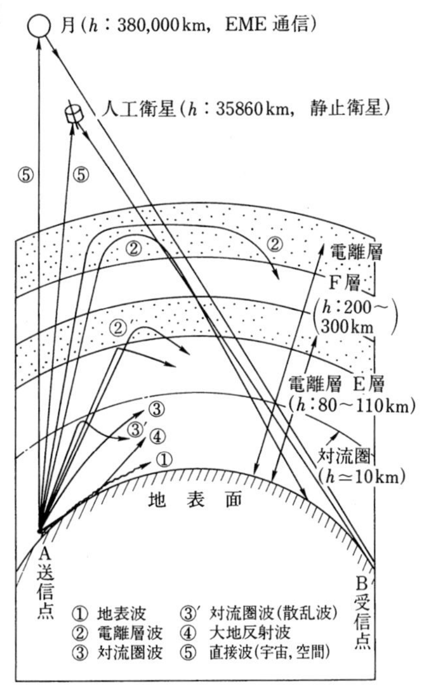

図 1·3　電波伝搬路

いま送信点において電波をアンテナから放射した場合を考えると，地球を取巻いて図 1·3 のように電波を屈折，反射させる電離層があるので，この層に電波が入射すると等価屈折率のため屈折，あるいは反射する．電離層は太陽の紫外線などで大気の分子が電離したもので，電子，⊕，⊖イオンなどの混在したプラズ

表1·1　電波（300万MHz以下の電磁波）の分類

分　類	周波数範囲	波長範囲	伝搬特性	応　用	図1·3の伝搬路
超長波 VLF (Very low frequency)	10〜30 kHz	30 000〜10 000 m	年月に無関係に減衰小，安定 水中到達大（数 10 m）	無線航行用オメガ（10.2 kHz）	①
長波 LF (Low frequency)	30〜300 kHz	10 000〜1 000 m	VLF にほぼ同じ，幾分安定度落ちる．昼間減衰度大	航法応用（ビーコン，デッカ）標準電波（40 kHz）	①，②
中波 MF (Medium frequency)	300〜3 000 kHz	1 000〜100 m	夜間減衰　小 昼間減衰　大	AM 放送、海上通信、航法応用（ロランA），船舶遭難通信など	①，②，②'
短波 HF (High frequency)	3〜30 MHz	100〜10 m	電離層状態で遠距離通信可能	国際放送，遠洋船舶通信，アマチュア無線など遠距離通信	②，②'
超短波 VHF (Very high frequency)	30〜300 MHz	10〜1 m	光に類似の直進 大地面の反射	短距離通信、タクシー無線、ポケットベル，VHF TV，航空管制，医療応用	③，④
極超短波 UHF (Ultra-high frequency)	0.3〜3 GHz (300〜3 000 MHz)	100〜10 cm	同上	短距離通信，UHF TV，移動体通信，レーダー，電子レンジ，工業面応用，固定地点間通信，パーソナル無線，医療応用	③，④ ⑤，③'
マイクロ波 SHF (Super-high frequency)	3〜30 GHz (3 000〜30 000 MHz)	10〜1 cm	同上	レーダー，マイクロ波中継，航法，衛星通信，衛星放送	③，④，⑤，③'
ミリ波 EHF (Extremely high frequency)	30〜300 GHz	10〜1 mm	大気中水蒸気，雨による減衰	ミリ波レーダー，計測，衛星間通信，短距離通信，電波望遠鏡	③
サブミリ波 (Sub-mm wave)	300〜3 000 GHz	1〜0.1 mm (100 μm)	減衰大となる（赤外光）	特殊レーダー，計測，短距離通信，電波望遠鏡	③

マからできているため，その等価屈折率 n_{ef} は，一般に電子の衝突は無視できるので $n_{eff}{}^2 = \varepsilon_{eff} = 1 - f_N{}^2/f^2$ のようになり，周波数 f で変化する．f_N はプラズマ周波数で電離層の電子密度 N と $f_N \simeq 9\sqrt{N}$ の関係がある．

また大気中や地表面に沿って電波が伝搬するときの減衰も周波数で異なってくる．このような理由で周波数が異なると図1·3のように伝搬の特性も違い，例えば40 MHz以上の電波では $n_{ef} \simeq 1$ となり電離層を通過できる．一方3 MHz以下の電波は電離層での損失が大きくなり，電離層伝搬にはいわゆる短波帯（3～30 MHz）が適している．従って応用も異なってくる．表1·1は周波数帯による分類と主な伝搬特性，応用などを表にしたものである．

なお，我が国においては電波法によって「電波」とは300万メガヘルツ以下の周波数の電磁波をいうと定められている．

表 1·1 の周波数分類の内，一般には 1 GHz（1 000 MHz＝10^9Hz）から30 GHzをマイクロ波と呼び，それ以上の30～3 000 GHzをミリ波，サブミリ波と呼んでいる．しかし，VHF，UHF帯やミリ波帯の工学的取扱いは同じなので，マイクロ波工学という場合にはこれらの周波数も含んでいると考えてよい．

なお，マイクロ波・ミリ波技術においては，周波数帯をP，L，S，Xバンド等と呼ぶ場合もあるので図1·4に記した．

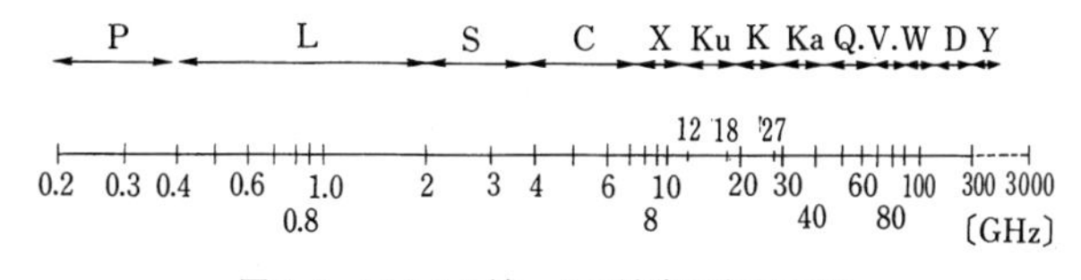

図1·4　マイクロ波・ミリ波帯の記号分類

マイクロ波は表1·1からわかるように，光に似た伝搬特性を持ち，また電離層を突抜けることができ，周波数が高いので伝送情報量が多いことや，鋭い指向性のアンテナが容易に得られるなどの特長があるので，レーダ，宇宙通信，テレビ中継，電波天文や誘電加熱等工業面への応用など他の周波数帯に比較して独得の応用分野を持っている．なおミリ波，光と周波数が高くなると大気中の減衰，散乱が大きくなるので用途も異なってきて，例えば光では光ファイバを使った線路通信が主になる．

1・2　マイクロ波回路の扱い方

(1)　低周波回路技術がマイクロ波以上で使えない理由

まず低周波（HF 程度以下）の回路技術がマイクロ波回路では使えない理由について考える．通常の発振素子などの能動素子を含まない低周波の受動電気回路（passive circuit）においては，磁気的エネルギーを蓄積するインダクタンス L，静電エネルギーを蓄積するコンデンサ C，電気エネルギーを熱に変換することにより消費する抵抗 R を組合せ，これらの間を適当な線で接続することにより種々の性質を持つ回路が構成できる．しかし純粋な L のみの素子，C のみあるいは R のみの素子は実際には存在しないので図1・5のように表示する必要がある．

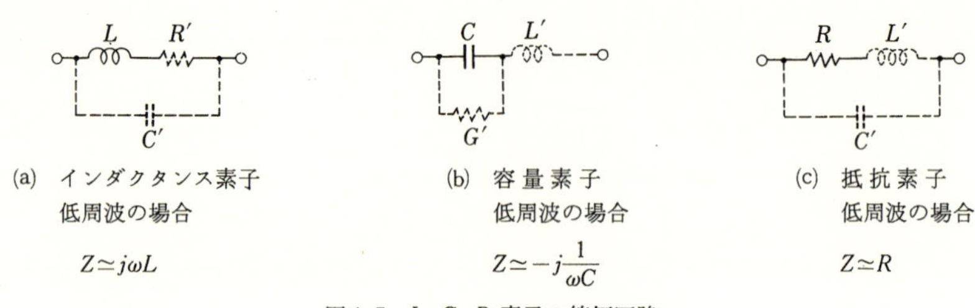

(a)　インダクタンス素子　低周波の場合　$Z \simeq j\omega L$

(b)　容量素子　低周波の場合　$Z \simeq -j\dfrac{1}{\omega C}$

(c)　抵抗素子　低周波の場合　$Z \simeq R$

図1・5　L, C, R 素子の等価回路

図1・5(a)のように導線を巻いてインダクタンス L を作った場合，導線の抵抗 R' が L と直列になり，また，線間の容量 C' が並列になるので2端子間のインピーダンスは複雑になる．

ここで重要なのは，これらによるリアクタンスすなわち $X_L = \omega L$，$X_C = -\dfrac{1}{\omega C}$ で，(a)では周波数 f すなわち角周波数 $\omega = 2\pi f$ が低いと $1/\omega C'$ は大きな値となり2端子間のインピーダンスを考えるときには無視してよい．また一般に低周波では，抵抗 R' は非常に小さいのでこれも無視してよく，結局，$Z \simeq j\omega L$ となるので純粋のインダクタンスと考えてよい．同様にコンデンサの場合も，コンデンサのリード線によるインダクタンス L' が直列に，コンデンサの誘電体が持っている損失によるコンダクタンス G' が並列になり(b)図のようになるが，低周波では $\omega L'$，G' の両者とも小さいのでほぼ $Z \simeq -\dfrac{1}{\omega C}$ となりコンデンサだけが存在するとしてよい．抵抗 R の場合も抵抗線の持っているイ

ンダクタンス L' が直列に，また端子間等の容量 C' が並列になり，(c)図のようになるが低周波では R に比べて $\omega L'$ は小さく $1/\omega C'$ は大きいので $Z \simeq R$ で抵抗だけと見なせる．このように低い周波数では L, C, R が単独に存在すると考えてよい素子を作ることができるが，周波数が高くなるに従って L, C, R の組合せとして扱う必要がある．

従来マイクロ波においては，このような集中定数の L, C, R を取扱うことはほとんとなかったが，最近のマイクロ波集積回路（Microwave integrated circuit で略して MIC と呼ばれる）の発展と共に集中定数の L, R, C も使うようになったが，この場合以上のような点に十分注意を払わないと折角のインダクタンスの素子が実際にはキャパシティとして動作していることなども生じる．

(2)　**分布定数的扱い方**

次に使用波長と L, C, R 素子の幾何学的寸法について考えると，一般にこれらの素子の大きさは cm の程度であるから，波長がこれに比較して非常に大きい HF 帯（$\lambda = 100 \sim 10$ m）以下の周波数では素子の大きさを全く考えないでよい．電気回路においては，このように大きさがなくただ L, C, R の値を持っているとみなせる素子を集中定数素子と呼び，このような素子の組合せで成り立つ回路を集中定数回路と呼んでいる．通常単に電気回路と言った場合は集中定数回路を指すものと考えてよい．

それでは素子の大きさが波長と同程度になったらどうなるか考える．いま最も簡単な図1·6(a)のような平行2線伝送路があり，これに周波数 f の発振器を接続した場合の線間の電圧について考える．まず，線の抵抗は零とみなせる場合において，周波数 f が低ければ当然線上電流 I は終端に接続される抵抗 R によってのみ定まり，V は線上のどこでも同じである．しかしながら，周波数が高くなるにつれて直列インダクタンス L による誘導リアクタンス $X_L = \omega L$ が大きくなり，また線間の容量による並列容量リタアタンス $X_C = -1/\omega C$ が小さくなるので影響が大きくなり，寸法 l が波長 λ と同程度以上になると，もはや電圧 V ，電流 I は一定でなく場所によって異なり，$V_1 \neq V_2 \neq V_3$ となる．

このような場合には，線路の直列インダクタンス L，並列キャパシティ C は線路全体に分布していると考えられるので等価回路は(b)図のようになる．な

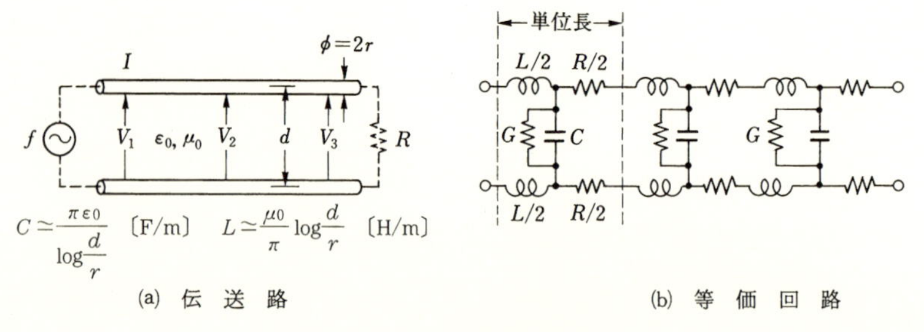

図1·6　平行2線伝送路

お，(b)図では線路の損失を考え，直列抵抗 R，線間のコンダクタンス G も含めている．この場合の単位長当りの L，C は線間の距離 d，線の半径 r で定まり図中の値となる（第4章参照）．

このように線路のどこの微小部分を取った場合もつねに L, C, R, G が分布していると考えて，電圧の方程式を解くと（第2章参照）電圧は波動として電源から負荷に向い，一部は反射して定在波を作るため $V_1 \neq V_2 \neq V_3$ となることがわかる．また速度 $v \simeq 1/\sqrt{LC} = 1/\sqrt{\varepsilon_0\mu_0}$ で光速 c と一致する．このような扱い方を分布定数的扱いと呼び，このように考えた線路を分布定数線路と呼んでいる．線路が(a)のように平行で太さも一定の場合には単位長当り分布している定数は，どの場所でも同じと考えてよいので厳密には平等分布定数線路と呼んでいる．以上のように素子の大きさが波長と同程度あるいはそれ以上となるマイクロ波・ミリ波において，一般には分布定数線路として扱う必要がある．

(3)　伝送損失

高周波発振源から負荷にエネルギーあるいは信号を伝達する場合の損失について考えると，低周波では単に2本の線を持ってきて接続するだけで損失は無視できる程度であるが，周波数が高くなると損失は増大する．

a．表皮効果など　　損失増加の原因としてまず表皮効果があるのでこれについて説明する．図1·7(a)のように導線に高周波電流が流れている場合に周波数が低いとほぼ一様に電流が分布しているが，電流が流れると磁束を生じ，中心部の電流程多くの磁束と鎖交するので，中心部程インダクタンスが大きくなる．従って周波数が高くなってくるとリアクタンス X_L が大きくなるため，電流は中心部を流れにくくなり図のように導体表面で最大

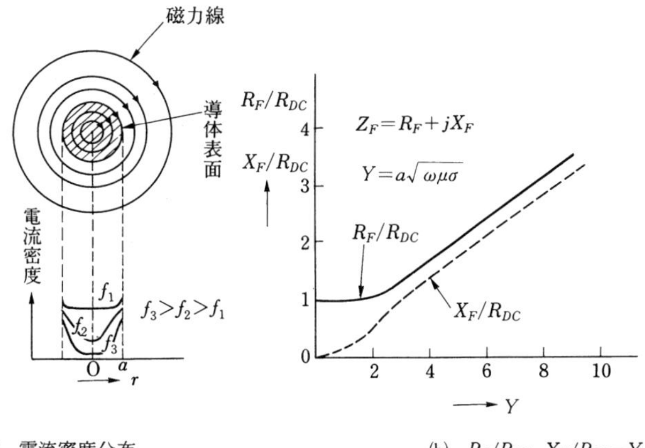

(a) 電流密度分布　(b) R_F/R_{DC}, $X_F/R_{DC}-Y$

図1·7 表皮効果

となるような分布となる.

このため電流の流れる断面積が小さくなり，高周波抵抗 R_F が直流やそれに近い周波数に対する抵抗 R_{DC} より大きくなる．半径a〔cm〕，導電率 σ，透磁率 μ の導線を ω の高周波電流が流れているときの R_F, X_F は図(b)に示すように $Y=a\sqrt{\omega\mu\sigma}$ にほぼ比例して増大する，このような影響をさけるために HF 帯でも，細い線を束にしたリッツ線がコイルに使われている．さらに近接した2本の線に高周波電流が流れている場合には，相互磁界の影響でいわゆる近接作用のため，電流分布は線間距離の最も遠い点に分布して抵抗はさらに大きくなる．コイルを作った場合に表皮作用，近接作用，支持物の誘電体損失などが加わるため，R_F は R_{DC} に比べ非常に大きくなり周波数が高くなる程 Q の大きなものを作ることは困難になる．

b．放射損失　以上の他に重要なものとして，線路の放射損失を考える必要がある．先に記したように導体に高周波電流が流れると空間に電界と磁界が一緒になって電磁波が放出される．これは線路から考えるとエネルギーが空間に放射されるので一種の損失とも考えられる．この放射の大きさは，周波数に比例し波長で測った導線の長さにも比例するので，VHF 帯以上では注意が必要である．平行2線のように相対する部分に大きさが同じで，反対方向（逆相）の電流が流れていると，放射は2線の間隔 d が小さければ各々の線からの放射が打消して全体として少ないが，d が大きくなると $(d/\lambda)^2$ に比例して大きくなる．

1·3　マイクロ波各種導波路（伝送線路）の特長

以上のようにマイクロ波帯以上では集中定数で L, C, R を作ることが困難なことがわかったが，図1·8のように平等分布定数線路例えば平行2線路の終端を短絡した場合の入力インピーダンスは，3·1節で詳しく述べるように $Z=jX$ となり，長さ l に従って X は正負をとるので容易に誘導性，あるいは容量性リアクタンスを得ることができる．また入力端も短絡すると l がちょうど $\lambda/2$ の整数倍（P 倍）の長さで共振現象を生じ，集中定数回路の LC 共振器と同様に動作させることができ，また R は損失のある伝送路線によって実現できる．なお，L や C として動作させるとき終端を開放した路線でも異なった l の値で同様に動作するが，終端からの放射が多いので実用上は普通使われない．このように分布定数回路技術では伝送線路の長さを変えてリアクタンス素子や共振回路ができるので，伝送線路技術が重要になる．

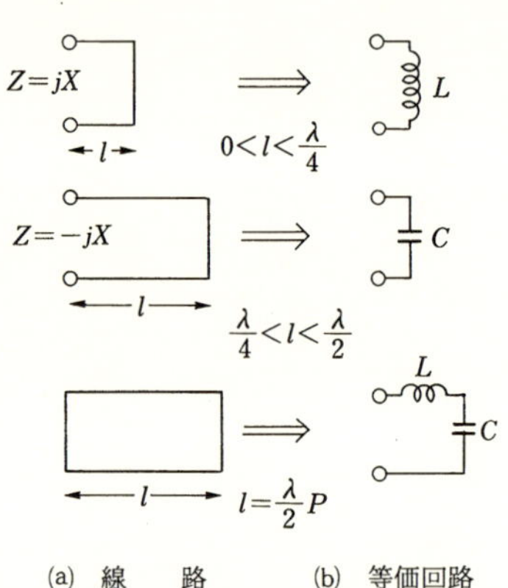

図1·8　線路の入力インピーダンス

また先に述べたように VHF，マイクロ波帯になると損失が増大するので，低損失の伝送路線（導波路）が工夫，実用化されている．代表的導波路の各種を図1·9に示した．これら線路の詳しい性質に関しては，第4章で述べるので，ここでは基本的考え方と重要な性質および特長を簡単に説明する．(a)図は VHF 帯や UHF 帯のテレビのアンテナと受像器間の給電線（feeder）に使われている平行2線でレッヘル線（Lecher wire）とも呼ばれている．2線間の距離が使用波長に比較して小さいと放射損を少なくできる．実際のテレビ用フィダーでは誘電体で被覆され一定間隙に保たれ可燃性があり損失も 400 MHz で 0.2 dB/m 程度である．なお損失を表わす dB とは入出力の電力比の常用対数をとったものを10倍した値である．このような平行2線では他の外部からの電磁

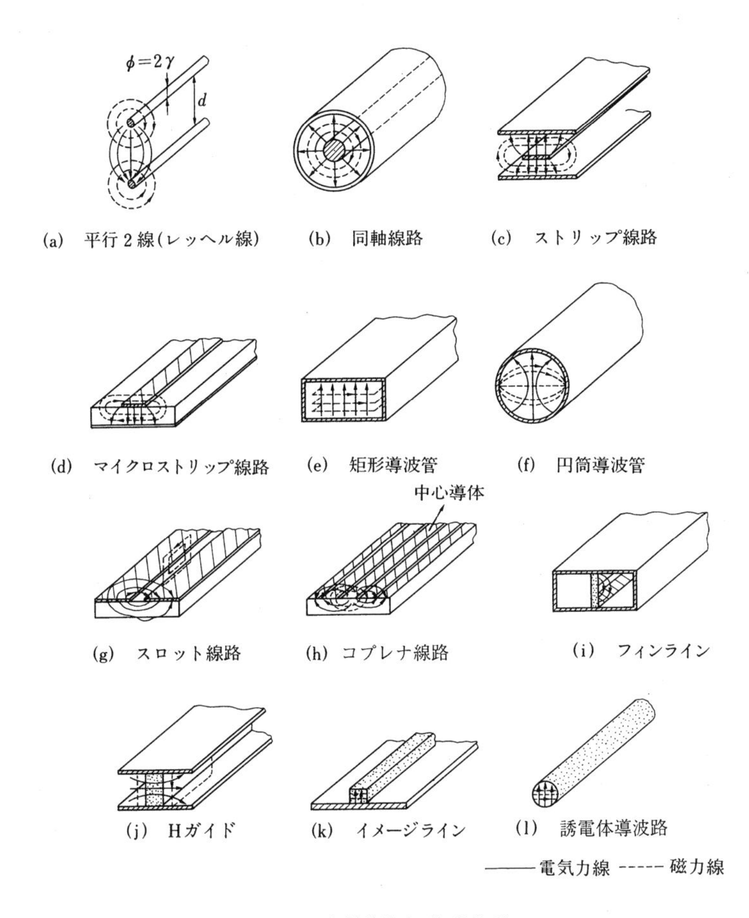

図1·9　各種導波路（伝送線路）

波からの影響を受けやすく，また周波数が高くなると放射損の増加も考えられるので，中心導体を中空の外部導体でおおうようにしたものが(b)図の同軸線路（Coaxial cable）で，伝送を電圧，電流波で考えてもよいがむしろ電磁波が内導体外側と外導体内側との間の空間を伝搬すると考えた方が理解しやすい．

この線路は(a)の平行2線の場合あるいは(c)，(d)の線路の場合のように分離した1対の導体があるため，電磁的に横波（TEM）波を伝えることができ，あらゆる周波数の波を伝搬させることができる特長がある．通常内導体と外導体間の空間は誘電体で，外導体も可撓性をよくするため網組したものが使われている．周波数は2GHz程度まで測定系などに多く使われているが，最近では直径を細くして高次モードの発生を抑制してミリ波まで使えるやや固いセミリッジケーブルなども多く使われるようになった．

(c)図は(b)の変形とも考えられるもので，ストリップ線路（stripline），あるいは正確にはトリプレートストリップ線路と言われるもので，内導体の幅に比較して外導体の幅が3～5倍であれば上下逆相の電磁界分布となるため放射損は非常に少ない．TEM波で伝搬でき，低損失のストリップ線路として使われているが，最近ではMICとの関係で(d)のマイクロトリップ線路（microstrip line）が多く使われるようになった．この線路では内導体と地導体（(c)の外導体）の間に損失が少なく誘電率の高い誘電体を使い，電磁界をこの誘電体内に集中させて放射損を少なくしたもので，現在マイクロ波で多く使われているハイブリッドICすなわち線路等をIC化して，発振素子などの小型半導体素子等は別に作って線路に接続（bonding）して構成するIC用の線路として使われている．この場合には通常誘電体としてアルミナAl_2O_3($\varepsilon_r \simeq 10$, $\tan\delta \simeq 10^{-4}$）あるいはポリスチレン系（$\varepsilon_r \simeq 3$, $\tan\delta \simeq 10^{-4}$）を使用し，この誘電体基板に金あるいは銀などを蒸着，エッチングして上部導体，地導体を作っており，最近ではミリ波までこの種の線路が使われるようになった．なお(a)～(c)のTEM波が伝搬する線路の電界は静電界，磁界は静磁界と分布は同じで，ただ角周波数ωで変化し伝搬していくことだけが異なっている．(d)の線路では誘電体が部分的に装荷されているので完全なTEMモードでなく，僅かに縦成分が生じるが，ほぼTEMと同じ分布となるので準TEM線路と言われている．

(e)，(f)図は導波管（wave guide）と呼ばれるもので，マイクロ波の伝送路（導波路）としても古くから使われ，現在でも低損失が要求される所，大電力マイクロ波を伝送させる送信系などに必ず使われている．導波管では，金属で囲まれた空間を平面電磁波が管内の側面，上下面等で反射しながら，伝搬していくと考えると容易に理解できるが，今迄の線路と異なって分離した2導体がないため電磁界は独特なものとなり，またある周波数以上の波しか伝搬できない．進行方向にも電界あるいは磁界の成分のある縦波と横波がまじった波動で，電磁界分布もいろいろな様子（姿態）で伝搬できるのでこれをモード（mode）と呼んでいる．モードによって伝搬速度や切断周波数すなわち伝搬できる最低周波数も異なっているので，導波管を使用する場合には周波数によって異なった寸法のものが必要となる（第4章参照）．(f)は円形の導波管で歴史的には古いが実用上は(e)の矩形導波管が多く使われ，円形導波管はアンテナ系や非相反デバイスなどの一部に使われている．ただしミリ波の低損失伝送路としては重要である．

(g)，(h)線路は MIC 線路として開発されたもので導体が誘電体の片面のみにあるので，ハイブリット MIC として使う場合に他の能動素子などを線路に並列に装着することや短絡が容易である特長がある．ただ基板としてはかなり誘電率の高いもの，例えば $\varepsilon \gtrsim 30$ を使わないと放射損が多くなる．また(g)のスロット線路では磁界分布に縦成分もありフェライト応用素子などに優れている特長もある．両線路とも損失はマイクロストリップ線路と同程度か僅かに多い．なお最近の基板の片面をマイクロストリップとして，他面をスロットやコプレーナとして動作させる両平面回路も開発されている．

(i)の線路はスロット線路を切断周波数以下の導波管に挿入したものと考えてよく，放射損がない特長がある．(j)～(l)の線路は主としてミリ波，サブミリ波帯に適したもので，(j)は誘電体板を2枚の平行導体に挿入し，電磁界を中心部に集中させたもので，導体損が少ない．(k)は誘電体を地導体上に配置したもので，原理的には(l)と同じと考えられる．

(l)の線路は低損失の誘電体棒でこの中および表面付近に沿って電磁波を伝搬させるもので，電磁波は誘電体の外側では急に減少するような電磁界分布で伝搬していく．これは光の伝送に使われる光ファイバーの基になったもので取扱いは本質的に同じでサブミリ波以上の伝送に適している．

1·4 フェライト，セラミクス等
新素材のマイクロ波デバイスへの応用

初期にはマイクロ波デバイス，発振管等の能動素子を含まない受動回路は，単に金属導体のみで構成されていた．1952年に Hogan がフェライトを使用した非相反デバイスを発表して以来多くの研究開発が行なわれ，今日では不可欠

なデバイスになった．また1970年頃から，マイクロ波，ミリ波帯で高比誘電率（ε_r：10〜100）で損失の極めて少なく（Q: 2000〜10000）温度特性の良いセラミクスが開発され，誘電体共振器，フィルタ等に応用され小型装置に多く使われている．また主として HF, VHF 帯で開発された水晶や $LiTaO_3$ などの圧電媒質に，すだれ状電極などで高周波の弾性表面波を励振し，その伝搬速度が電磁波の 1/5 程度であることを利用した弾性表面波デバイスを，UHF 帯や SHF 帯でのフィルタ，発振器，回路素子として高周波化することや，さらに常温超電導材の無損失性を利用した共振器，アンテナ等も研究されている．以下これ等の応用面，原理等を簡単に説明する．

(1)　フェライト応用デバイス

一般にフェライトは酸化第2鉄を主成分とする強磁性酸化物で，武井氏らにより早くから基礎研究がなされたが，初期の応用開発は主として外国で行なわれ，その後日本においてもさかんに開発，生産が行なわれている．酸化物であるためマイクロ波フェライトは電気抵抗が非常に高いためマイクロ波，ミリ波が容易に損失なくフェライト中を伝搬できる．いま図1·10のように直流磁界 H_i を印加するとフェライトのスピンによる磁気モーメントは揃って単位体積当り $\boldsymbol{M}$ の磁化が生じ，こまの先端のような歳差運動を生じ，$\omega=|\gamma|H_i$（γ：磁気回転比$-2\pi\cdot2.8$ MHz/Oe）で回転する．ここに x–y 面に磁界成分を持つマイクロ波が加わると，M の回転と同方向に回転する正円偏波磁界の波は回転運動を持続させ，等価比透磁率 μ_+ となる．一方逆方向に回転する負円偏波磁界は相互作用がないため異なった比透磁率 μ_- となる．マイクロ波の角周波数 ω_0 と ω が一致すると正円偏の波はフェライト内に吸収されるので，強磁性共鳴あるいは正確にはフェリ磁性共鳴と言われている．このような性質から種々のフェライトデバイスが開発されたが，現在最も使われているのは図1·11に示すようなストリップあるいは導波管のY分岐の中心に適当な形状のフェライトを置き，外部から静磁界 H_e を加えたもので，

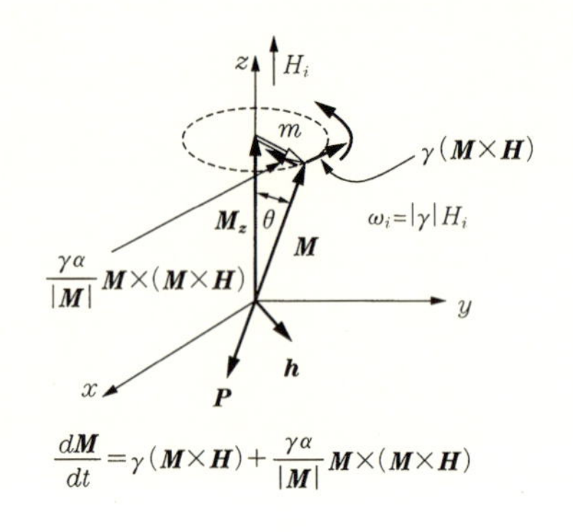

図1·10　磁化 $\boldsymbol{M}$ の歳差運動

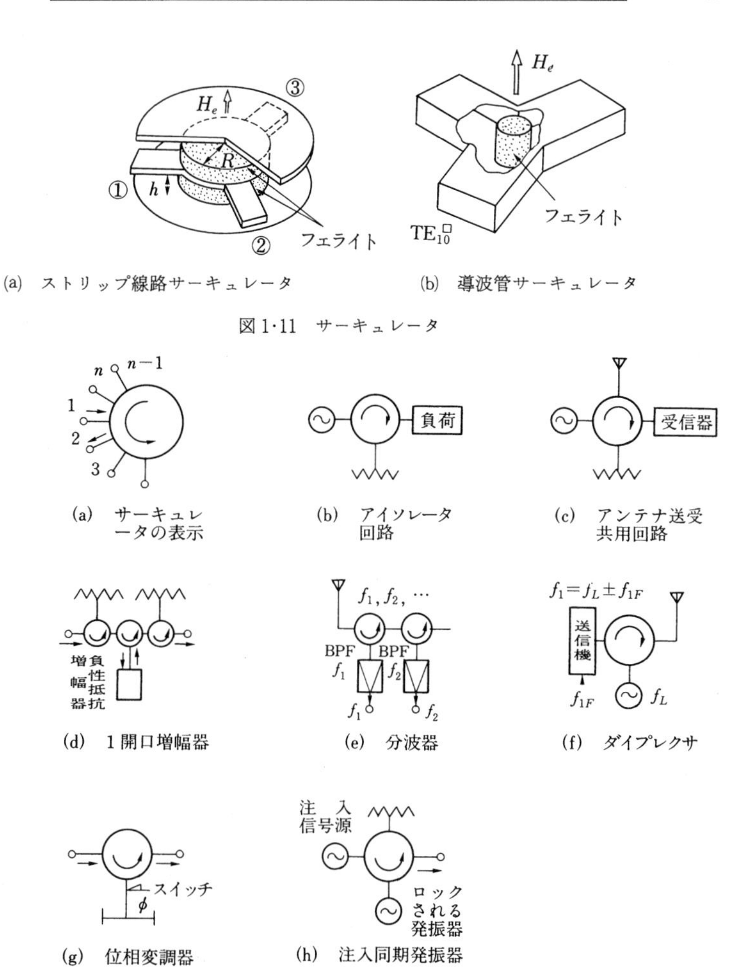

(a) ストリップ線路サーキュレータ　　(b) 導波管サーキュレータ

図1·11 サーキュレータ

(a) サーキュレータの表示　(b) アイソレータ回路　(c) アンテナ送受共用回路

(d) 1開口増幅器　(e) 分波器　(f) ダイプレクサ

(g) 位相変調器　(h) 注入同期発振器

図1·12 サーキュレータ応用回路

フェライト部分が正負の円偏波に対し $\mu_{\pm}$ をとることにより図1·12の(a)のように各ポートが無反射の場合1からの入射波は全て2からの出力となり，2→3，3-->n－1，n－1→nと循環するのでサーキュレータと呼ばれている．3ポート（開口）サーキュレータの応用回路を図1·12の(b)〜(h)に示した．このような非相反回路はフェライトデバイスによって始めて実用回路になった．

(2) 低損失，高誘電率セラミクス応用デバイス従来アルミナ（Al_2O_3）が誘電率が比較的高く（$\varepsilon_r \simeq 10$），低損失すなわち $\tan\delta = \varepsilon_r''/\varepsilon_r' = 1/Q$ が小さくて高 Q（$Q \simeq 10\,000$）のためストリップ線路用基板として広く使用されてきたが，近年チタン酸化合物，$BaO-TiO_2$, $BaO-Ln_2O_3-TiO_2$，複合ペロブスカイト系など ε_r が 30〜100，で Q が10 000に達し，しかも温度特性のよいものが開発されるに従って，小型マイクロ波誘電体共振器，フィルタ等が可能となった．高 ε_r 媒質内の波長は $1/\sqrt{\varepsilon_r\varepsilon_0}$ に従って小さくなるので線路内に挿入すれば小型になるが，さらに高 ε_r と ε_0 の媒質の境界面で全反射が生じる．すなわち，光が水中から空気中に進行する場合の全反射と全く同じに，電磁波は境界面で全反射し，金属板がある場合の反射と同様になるが位相が異なり，境界面で磁界零，電界最大となるので完全磁性導体面（PMC面）と呼ばれている．この性質を使うと，図1·13のように境界面を金属板で囲まなくても共振器となり，導体を流れる電流による損失がないので，周波数がミリ波以上に高くなっても Q が高く，しかも小型である特長があり，誘電体共振器（DR）と呼ばれている．またDRでは境界面外側に僅かに電磁界が存在するので，これを利用して線路と，あるいはDR間の結合が可能で図1·14のようにDRを使ったフィルタが容易に構成できる．

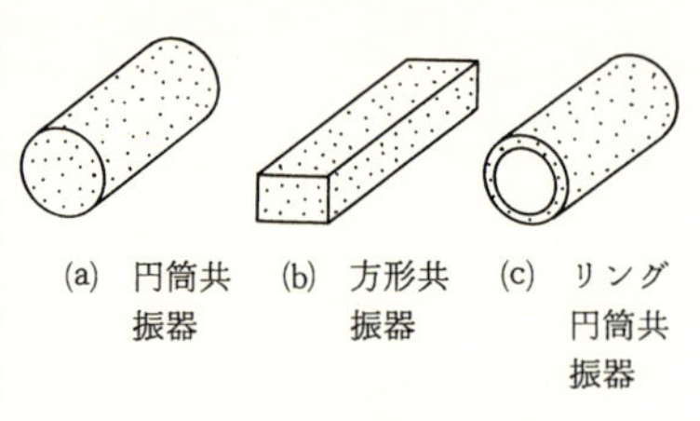

図1·13　各種誘電体共振器

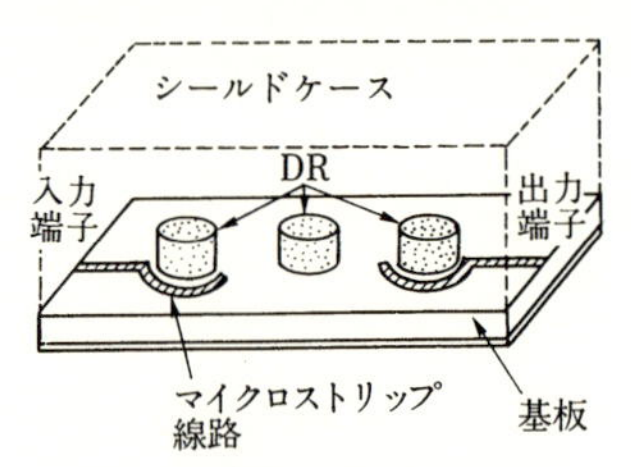

図1·14　各種誘電体共振器BPフィルタ

(3)　圧電材応用デバイス

水晶や $LiTaO_3$ の圧電基板表面に，図1·15のようにIC技術によりピッチ λ のすだれ状電極電気―機械変換器（interdigital transducer: IDT）を作成し，高周波信号を加えると，基板表面に圧電効果により図のような偏位を生じ弾性表面波が励振され

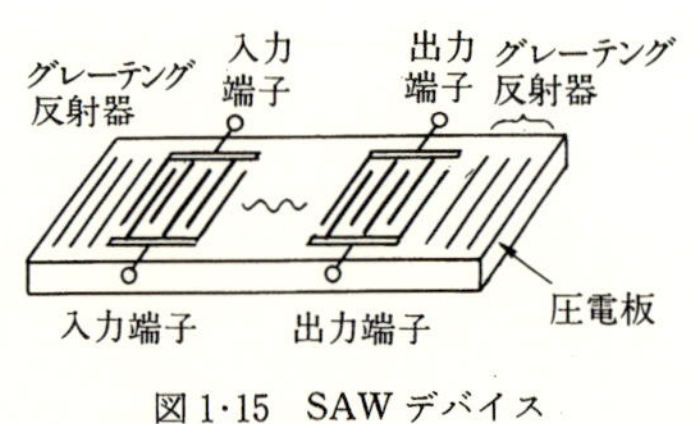

図1·15　SAWデバイス

る．弾性表面波は複雑な波動であるが，主なものはレイリー波で横波が大部分の，縦波との合成波で殆どのエネルギーは表面から1波長内で，伝搬速度 $v \simeq 10^{-5}c$ である．弾性波から電気信号への変換も同様にして行なわれ，遅延線路，フィルタ共振素子が容易に構成できる．立上り特性がよく小形である特長があるため，現在 800 MHz 帯移動電話用フィルタとして多く使われているが，1.9 GHz 用にするには $\lambda = v/f_0$ で電極線幅も 0.5 μm と小さくなるので，この微細加工技術や低挿入損失化が重要となっている．

1·5　マイクロ波の発振，増幅，検波

マイクロ波を利用しようとするとマイクロ波を発生させるデバイス，装置が必要で，また送信機，受信機においては増幅デバイスが必要とされ，これらをマイクロ波能動デバイス（active devices）あるいはマイクロ波電子デバイス（microwave electronic devices）と呼んでいる．この節ではまず低周波における発振・増幅・検波器がマイクロ波で使えなくなる理由，つぎにどのような考え方，方法によってこれが解決されているかについて述べる．

(1)　**低周波用トランジスタ，低周波用電子管がマイクロ波以上で使えない理由**

低周波で使われる構成，製造の pnp, npn 等のバイポーラトランジスタ（多数キャリアと少数キャリアの両方を使う）では周波数が高くなるにしたがって(a)入，出力等のリード線の L やパッケージによる C 等のリアクタンスの影響が大きくなり，また本質的には，(b)トランジスタ（Tr）内を移動するキャリアの速度が有限のため電極間移動に走行時間が必要となり，発振，増幅の機能が低下する．低周波の信号が電極間に加わった時には，信号周期に比較して走行時間が非常に短いので，キャリアは瞬間的に電極に到達すると考えられ，入力と出力信号は同位相で動作するとみなしてよいが，信号周波数が高くなり，信号周期に対し走行時間を無視できなくなると位相差が生じ利得が減少し，ついには動作しなくなる．単方向電力利得 $U = Af_T/f^2$ で 6dB/octave で減少し，最大発振周波数 $f_{\max}$ は $U=1$ の周波数である．f_T は電流増幅度が1となる．

現在では以上の欠点を少なくしたマイクロ波用 Tr が主として使われるが，大電力用には温度上昇の点等から電子管が使われている．電子管の場合も全く Tr と同様にリード線の影響や高温のため変化する電極間容量が問題となる．

また電子走行時間は Tr より小さいが，GHz 程度以上では走行時間の影響がなく，むしろ走行時間を利用したマイクロ波電子管が使われている．

(2) **マイクロ波トランジスタ**

マイクロ波 Tr も低周波用と基本構造原理はあまり変らないが，リード線，パッケージに関しては，ストリップ線路や同軸形を使って解決している．また走行時間の影響に関しては，最近の微細加工技術すなわち，電子彫刻（electron-beam lithography）により 0.1 μm 程度まで加工ができるようになったため，電極，電極間距離を μm 程度として f_{max} を高くしている．またエミッタ，コレクタの中性領域および電極抵抗 r_e', r_c' とベース拡がり抵抗 r_b' や，コレクタ接合の空乏層容量 C_c，ベース幅 W_B，空乏層幅 X_{cd}，エミッタ接合の空乏層容量（順方向）と中性領域容量の和である C_{Te} をできるだけ小さくし，少数キャリアの拡散係数 D_B とドリフト電流により定まる定数の積をできるだけ大きくすることが必要である．GaAs がキャリア移動度が早いのでマイクロ波での主流になっている．図 1·16(a)の GaAs ヘテロジャンクションバイポーラ Tr（GaAsHBT）ではエミッタ 1-3μm で f_{max} が 200 GHz を得ている．つぎにキャリアの速度を早くするために多数キャリア（電子）による電流を利用する Tr はユニポーラ Tr と呼ばれ，(b)図に示すようにソース，ドレインはオーム性接触であるが，ゲートは Al や Cr の金属を付けてショトキーバリア（金属と半導体の境界面の電子に対する障壁で障壁容量ができる）を形成させている．このような Tr では図のように電圧を加えると空乏層ができ，チャネル（キャリアが通過する路）は図のようにドレイン側で最小となり，チャネル内の電界により電子の流動速度が定まり，E_{th} 以下では電流 I_{DS} は V_{DS} に比例し，空乏層の厚さは V_{GS} で制御できるので，電界効果 Tr（FET : Field Eftect

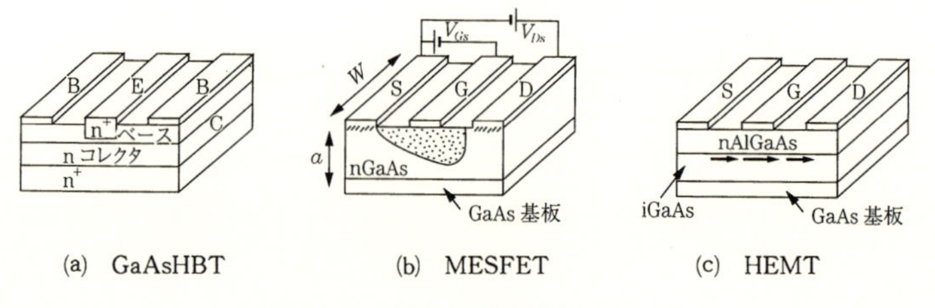

(a) GaAsHBT　(b) MESFET　(c) HEMT

図 1·16 マイクロ波トランジスタ

Transistor）と呼ばれている．

電流増幅度が1となる f_T は $f_T=v_{eff}/2\pi L_g$ なのでゲート幅 L_g を小さくすることが必要である．現在 $L_g\simeq0.1\sim0.2\,\mu$m で GaAsFET で f_{max} は 100 GHz にも達している．なお，この形の Tr はまた MESFET（MEtal-Semiconductor FET）あるいは SBFET（Schottky Barrier FET）と呼ばれる．図(c)には最近 12 GHz 帯で低雑音指数（NF: Noise Figure）を示す HEMT（High Electron Mobildy Transistor）の原理図を示す．FET と同じにソース，ゲート，ドレインがあるが，半絶縁性の GaAs 層にヘテロ接合した n-AlGaAs 層があり，境界面に濃度が大きく薄い（≃100 Å）2次元電子層ができる．入力ゲート電圧によりこの濃度が変化すると，ドレイン電流が変化して，増幅，発振が行なわれる．電子の速度は MESFET に比べ，半絶縁性 GaAs 中を走行するので1.4倍になり，低雑音（雑音指数≃0.3 dB），高利得（≃10 dB）でミリ波帯まで動作し最近の衛星放送受信器等で多く使われている．高出力（≃W）にはシリコンボイポーラ Tr, GaAs Tr が使われるか原理的には小出力 Tr を多数並列に配置した構造になっている．

(3)　ダイオード発振素子

マイクロ波用 MESFET 等が発展する以前は，負性抵抗を示すダイオードがマイクロ波の半導体発振源として広く使われ，現在でも一部使われている．これ等を図1·17に示す．(a)図はインパット（IMPATT：IMPact Avalanche Transit Time）ダイオードで，接合面の強電界にる雪崩現象と電子走行時間効果に

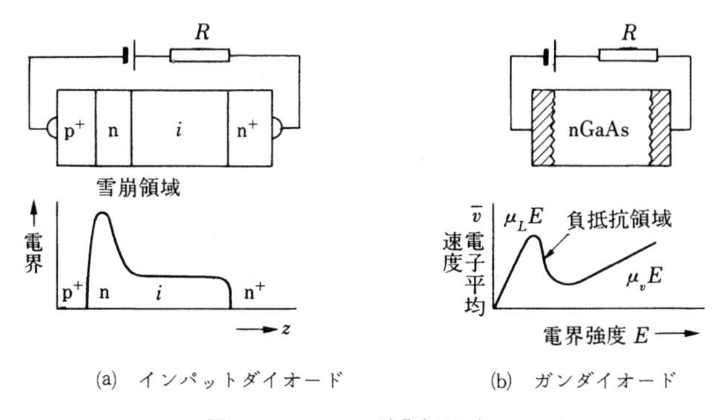

(a)　インパットダイオード　　(b)　ガンダイオード

図1·17　マイクロ波発振用ダイオード

より，適当に直流バイアスした電界に高周波電界が加わると雪崩増倍率が大きく変化し，端子間に負性抵抗が生じることを利用している．約 100 GHz 帯まで，10 dB の利得が得られる．(b)図はガン（Gunn）ダイオードで n 形 GaAs に高電界を印加すると GaAs は 2 つのエネルギー帯構造を持っていて電界が強くなるにしたがって，一部の電子は加速されて上のエネルギー帯に遷移し，質量が増加して移動度も小さくなるため電圧の微小増加に対し電流は減少して負性抵抗を示す．実際には色々のモードで使われ低雑音で安定な動作ができミリ波帯まで実用化されている．過去にはトンネルダイオードも使われた事もある．以上の 2 端子負性抵抗形ダイオードはサーキュレータ等と組合せて使う必要があるので現在 Tr に置き換えられつつある．

(4)　マイクロ波電子管

今日でも大電力増幅，発振にはマイクロ波電子管が使われている．1 GHz 程度までは通常の電子管を改良し，リード線，電子走行時間の影響を少なくしたものが使われるが，それ以上の周波数では新しい原理によるものが要求された．電子走行時間の現象を積極的に利用した電子管が今日 SHF, EHF 帯で使われているクライストロン，マグネトロン，進行波管等である．ここでは根本原理を中心にその特長等を説明する．

いま，図1·18のように網目状の平行板電極に共振回路によって角周波数 ω の高周波電界が生じているとき，ある初速度を持った電子のかたまりが図のように電極を通過する場合を考える．網目状電極を使用するのは，電子が網目を自由に通過でき，一方網目の大きさは λ に比べて非常に小さいので，電界に関しては単に平行な金属板があるときと同じとみなせるからである．電極間の距離を小さくすることは容易で，また電子の初速度も加速直流電圧を高くすれば大きくできるので，電極間の電子の走行時間は高周波電界の周期 T＝1/f に比較して無視できる程度に小さくすることが可能である．

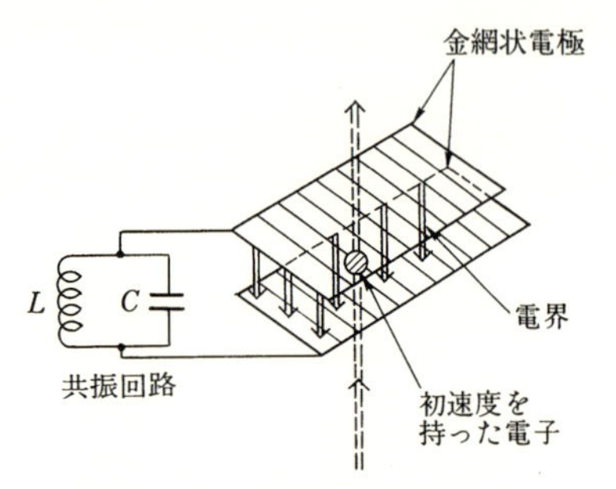

図 1·18　電子と高周波電界の相互作用

平行板電極間の電界は図のように極板に垂直で，その方向は 1 秒に f 回変化する．図のように電子を加速するような電界の瞬間に電子が通過すると，電子が加速された運動のエネルギーを高周波電界からもらうために高周波電界は弱くなり，逆に電界の方向が上向きのときに電子が通過すると，電子は減速するので電子の持っている運動のエネルギーは小さくなるがエネルギー不滅の法則から，減少したエネルギーは高周波電界に与えられ，外部共振回路の振動は大きくなる．従って減速電界の場合のみに電子を通過させてやれば，電子は直流電源から得た初速度のもっているエネルギーの一部を高周波のエネルギーに変換できる．単に一様な電子流を極板間に送りこんだのでは，加速される電子の数と減速される電子の数が等しくなるので，電子と高周波電界間のエネルギーの授受は差引き零となって増幅，発振を行うことはできない．

そこで，まず図1·19のような入力共振器の極板間を一様な電子を通過させてやると，加速された電子はそれより少し前に通過し減速された電子に追付くため極板からある距離の点に電子のかたまりを作ることができ，これを集群作用（bunching）と呼んでいる．このようにしてできた電子のかたまりをちょうど出力共振器の減速電界の瞬間に通すようにすると，増幅器ができこれがクライストロン増幅器と呼ばれているもので，増幅器の一部を入力に正帰還すれば発振器を作ることもできる．

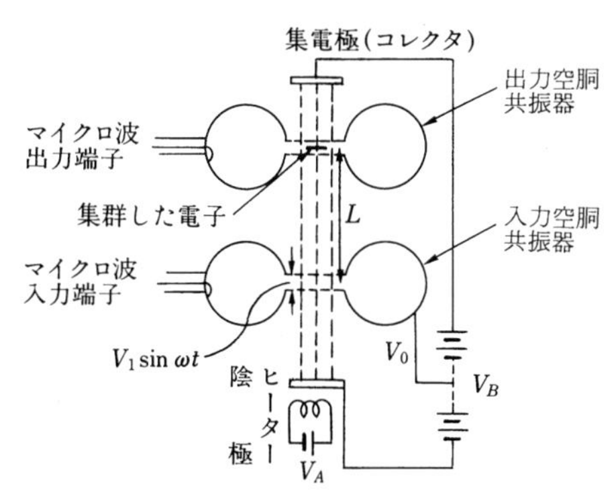

図 1·19　クライストロン増幅管原理図

入出力空胴共振器として同一の空胴共振器を使って発振器としたものが図1·20(a)に示す反射型クライストロンと言われるもので，集群した電子群が減速電界を通過するようにリペラ電圧を変化して電子の走行距離を変えている．このように直流電源を接続するのみで容易に数 10 mW の安定したマイクロ波出力が得られるので非常に多く使われたが，現在主流は半導体発振器になった．なお発振器などを考える場合に最初に空胴共振器内に存在する高周波電界は，直流電源を入れた瞬間の過渡現象や熱雑音で生じ，共振器の共振周波数で定ま

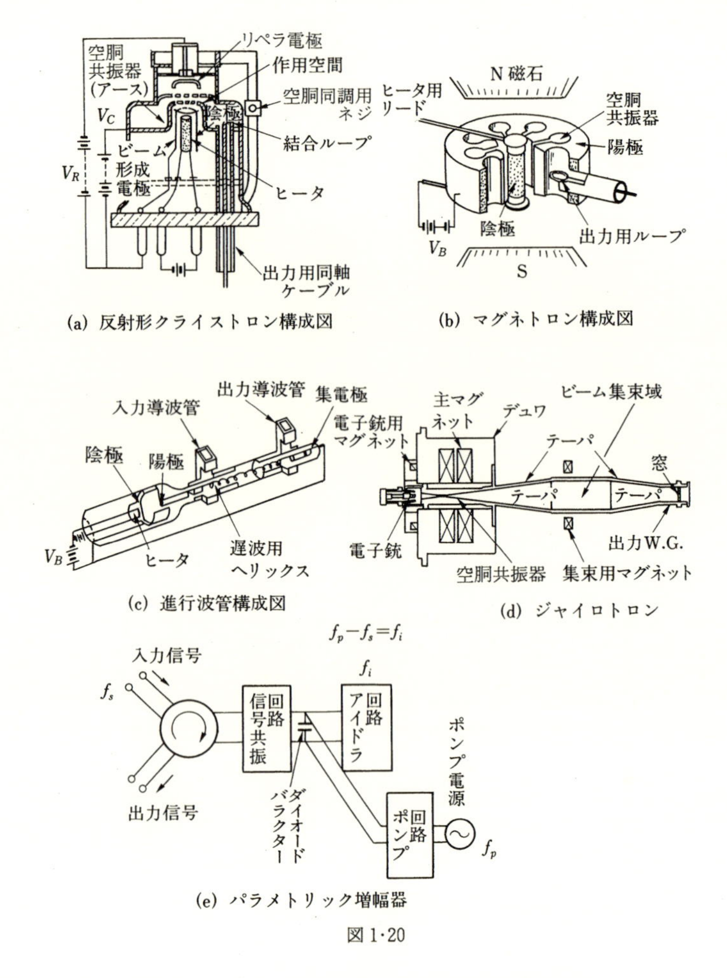

図 1·20

る非常に小さい電界で，これが急激に増幅され発振現象を起こす．

なお図 1·19 の構造の 2 空洞共振器クライストロン増幅管は送信機など比較的大電力の増幅器に使われている．

また，通常レーダ等の大電力の発振や家庭用電子レンジの発振には，図(b)のマグネトロン発信管が使われている．マグネトロンでも外部静磁界のため陰極を出た電子は陰極—陽極間空間を回転し，このとき集群作用を受けた電子群が回転し，陽極に配置された空胴共振器の入力端間隙の減速電界を通過するときに，共振器にエネルギーを与えると考えられる．マイクロ波の増幅管としてはクライストロンの他に図(c)の進行波管が使われている．進行波管においても基本原理は同じで出力端に進む電磁波をら線回路等の遅波回路内を伝搬させることにより陰極から集電極に向かう電子の速度と同じ程度にし，しかもつねに電子が高周波の減速電界中を走り，電子の持っている速度エネルギーを電磁波に与えるようにして，出力端からの電磁波の強度を増大させている．

以上のように各種マイクロ波電子管は根本的には同一原理に基づいている．最近ミリ波帯の大電力増幅発振管として(d)図に示すようなジャイロトロン（Gyrotron）が注目をあびている．ジャロトロンでは静磁界中で電子を高速度でら線運動させ，磁界で決まるサイクロトロン共鳴を行なわせると，電子ビームは円周方向に集群して，回路内に誘導放出を行なうことを利用しているため，マイクロ波回路の寸法に依存しないのでミリ波のように λ が小さくなっても能率の低下がなく，28.60 GHz 帯で CW 10 kW，パルス出力 1 MW で効率 数10% に達している．この他にマイクロ波においては1960年代から宇宙通信用に低雑音増幅器への要求が大きくなり，単結晶ルビーを増幅しようとする信号周波数の 2 ～数倍のポンプ源で励振し，エネルギー準位の逆転分布を生じさせ，信号周波数に対する誘導放出を利用するメーザ（MASER：Microwave Amplification by Stimulatad Emission of Radiation）が開発されたが，極低温にする必要がないことや帯域幅，簡便さの点で現在バラクタダイオードを使ったパラメトリック増幅器の方が多く使われている．しかしながらメーザでは極めて低い雑音指数が得られるため，電波望遠鏡などで現在も使われ，また全く同じ原理でこれを光の周波数で行ったレーザ（Laser）の発展の基礎となった点は非常に重要である．

パラメトリック増幅器では，図(e)のように非直線性リアクタンスをメーザの場合のように信号より高い周波数のポンプ発振源で励振して，信号周波数の増幅を行うものである．通常の能動素子のように直流エネルギーを交流エネルギーに変換して増幅するのではないので低雑音増幅が実現できる．現在最も使われている非直線性リアクタンスとしては，p-n 接合ダイオードに負のバイアスをかけた場合の接合容量のバイアス依存の性質を使ったバラクターダイオードと呼ばれているものが殆どである．このポンプ源としては当初クライストロンが使われたが，最近ではガンダイオード，インパットダイオードが使われている．

パラメトリック増幅器も構成が複雑となるので，最近はHEMTのような低雑音トランジスタが主に使われている．

(5) マイクロ波の検波，ミキシング等

検波器としてはやはり電子走行時間の影響などで通常の2極管などの真空管ではVHF程度が使用限界で，これ以上の周波数では古くから鉱石検波器が使われていた．第2次大戦中におけるマイクロ波のレーダへの応用からこの検波器の研究が盛んになり，トランジスタの発明に致ったことは興味深いものがある．その後この検波器も理論的解析や材料の面で改善が加えられ，ショットキーダイオードのよいものができるようになった．

マイクロ波検波器としては図1.21(a)のように半導体と針（ダングステン）の接触点における整流特性を使った点接触ダイオードも一部では使われていて，カートリッジ形が主として10 GHz程度まで使われるが，これ以上の周波数では整合の点から同軸形が使われる．最近では十分広帯域で応答可能で信頼度の高い図(b)に示すようなショットキーダイオードが主に使われ，端子をストリップ線に適合できるようにしてある．半導体としてはn形Si（しゃ断周波数≃200 GHz）またはキャリア移動度が大きいGaAsが使われている．

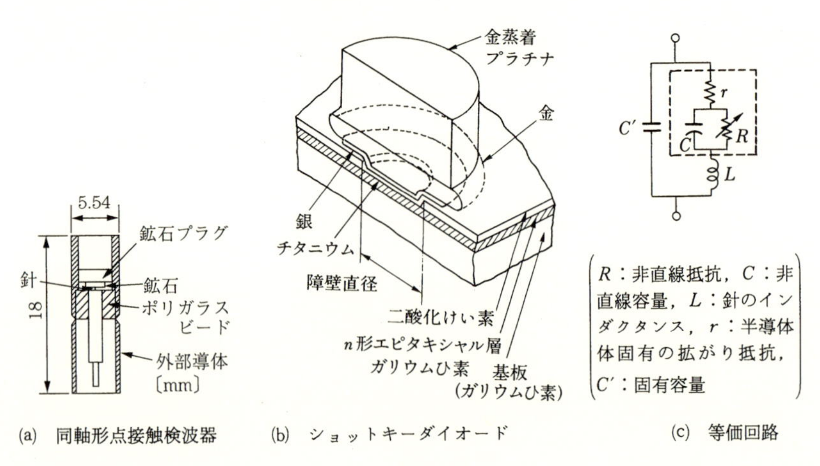

(a) 同軸形点接触検波器 (b) ショットキーダイオード (c) 等価回路

図1·21

マイクロ波を受信，検出する場合には，一般にはマイクロ波の増幅は容易でないので直接検波して直流信号に変換増幅するが，高度感が必要な受信機やスペクトラムアナライザなどの測定器では半導体ダイオードをミクサとして使い，クライストロンや半導体個体デバイスを局部発振器として，高周波入力信号との混合を行い，30～60 MHz あるいは VHF 帯の中間周波に変換して増幅，検波するスーパーヘテロダイン方式が使われている．ミクサとして非直線抵抗あるいは非直線容量が使われる．感度は直接検波では約－60 dBm 程度，スーパヘテロダインでは－90 dBm 程度である．最近のショットキーダイオードを使ったものでは，さらに低雑音で感度がよく準ミリ波，ミリ波でもよく使われている．なお半導体検出器の使用に当っては，一般の半導体デバイスに共通して言えることであるが，高周波の大電力を加えたり，人体の静電気ショックにより半導体を焼損，破壊しないことが必要である．

また一般に鉱石検波器等価回路は図(c)のように表わされるので整流特性の他にインピーダンス特性を考え，入力回路と整合をとることが必要である．整合は一般に取扱う電力が小さいマイクロ波における重要な技術の1つで3·4節で詳しく説明するが，要するに入力高周波信号が途中で反射することなく，全て目的とするもの，この場合整流を生ずる非直線抵抗に入るようにすることである．以上の他に pn 接合の中央に i 層を配置した pin ダイオードはスイッチ型可変抵抗素子として移相器，位相変調器等に使われている．

1·6 マイクロ波アンテナの特長と各種アンテナ

本来アンテナとは，電磁エネルギーを最も効率よく空間を介して目的とする所まで伝達させるための，送信源からの伝送路と自由空間との結合装置で，受信アンテナも同様に考えられる．中波放送帯では，波長が 300 m と長いので送信アンテナは別として，受信アンテナとしてはよく知られているように効率，利得より形状を小さくすることに重点がおかれ，単に1本の線を張るとか，内蔵された同調コイルと共有のループアンテナを使用している．

しかし，マイクロ波においては一般に送信電力が低周波の場合より発振源等の関係で小さく，一方受信機においては低雑音の高周波増幅が容易でないので利得の高いアンテナが要求される．またレーダ等では分解能を高めるために鋭い指向性を有するアンテナが必要である．

HF, VHF 帯での線状アンテナの代表的なものである $\lambda/2$ ダイポールやそれらの組合せの八木アンテナ等は簡単に 10 dB 程度の利得が得られ，UHF 帯でも使用可能であるが，さらに周波数が高くなると寸法が極端に小さくなり，工作精度が影響し，また支持物の誘電体損も大きくなるので他の形式のものが考えられた．

表1·1からわかるようにマイクロ波の性質は光の性質に近づくので，当然古くから光で使われてきたレンズなどと同様な原理のものを使うことが考えられた．このようなアンテナを開口面アンテナと言い，考えているアンテナの無指向性アンテナ（実際には存在しないが基準として使われている）に対する指向性利得 G は次式で与えられる．

$$G=\frac{4\pi S}{\lambda^2}\eta \qquad (1\cdot2)$$

S は開口面積で開口能率 η は開口面上で位相，振幅が同じ場合は1となるが通常は 0.5～0.8 である．上式から開口面が大きく，位相，振幅が一致している程利得は大きく，また λ^2 に反比例するので波長の短いセンチ波，ミリ波ではそれ程開口面が大きくなくても相当な利得が得られる．ここで注意することはアンテナの指向性利得は，通常のアンテナでは能動素子を含んでいないので，決してアンテナ自体で増幅するという意味でなく，基準となるアンテナと比較して目的の所に大きなエネルギーを送り得るということである．

またアンテナの電力利得は指向性利得に，アンテナへの入力電力が空間にどの程度放射されるかを示す係数を乗じたものである．

図1·22にマイクロ波帯で主に使われているアンテナの各種を示した．ここでは簡単に特長などを説明し，詳しくは第8章で扱う．

図(a)は VHF, UHF 帯で使われる $\lambda/2$ ダイポールアンテナを基本にした八木アンテナで，利得が 10～15 dB 程度得られ簡単なためテレビ受像器等に使われている．λ が小さくなると機械的精度が困難になることを先に述べたが，最近は MIC 技術によりアンテナを作り，更に光の領域にまで延ばす試みもされている．

図(b)はヘリカル（ら線）の1巻の長さが約1波長のときには軸方向に単指向

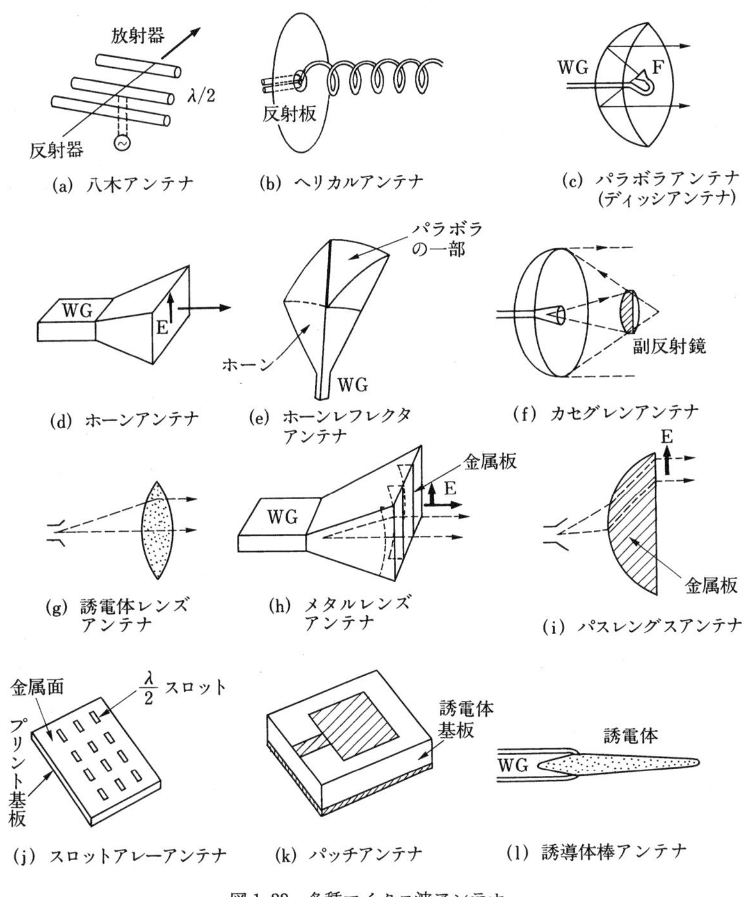

図1·22 各種マイクロ波アンテナ

性となり，非常に広帯域で円偏波が放射（受信）できる特長がある．

図(c)は主としてレーダやマイクロ波中継で使われるパラボラアンテナ（回転放物面アンテナ）で，光の場合と全く同じに焦点Fにおかれた一次放射源で鏡面を照射すると反射した電波は平行となり開口面上で位相が一致するので鋭い指向性が得られる．また原理的に開口面がλに比して非常に大きいと広帯域の周波数で使えるのが特長である．一般に利得と指向性の鋭さは比例する．マイクロ波のパラボラアンテナの材質としては重量の問題等から光の場合のように鏡でなくアルミ等が使われるが，面は凹凸を約 λ/20 程度以下にするように研磨されている．直径 1 m 程度のパラボラアンテナをX帯で使い，利得 30 dB 程度のものが得られる．なおレーダにおいてはこのパラボラアンテナを機械的に回転することによってビームを回転して反射図形を画かせるようにしている．図(d)は導波管の一端を徐々に拡げ開口面を大きくしたホーンアンテナで，変換部が短いと開口面で位相が一致しないので，(c)に比較すると利得はやや低下するが容易に 20 dB 程度の利得が得られるので研究室や測定器あるいはパラボラアンテナ一次放射器として使われている．

図(e)は(c)と(d)の組合せと考えられるもので，後方散乱が少ないので多重中継等に用いられている．

(f)は光学系のカセグレン反射鏡と同じ構造で，送受信機と一次放射器の給電が容易，高能率で低雑音化に優れているので，衛星通信地上局に多く使われている．

(g)は光学系のレンズと全く同じ作用をさせる誘電体レンズを使用するもので，誘電体としてはマイクロ波に対して等価的に誘電率が大きくなるように金属細片を使った人工誘電体なども使われる．重量の関係などであまり使われていないが，広帯域動作が可能なのでサブミリ波以上に適していると考えられる．

(h)は金属板を適当に配列するとその中を通過する電波の位相速度が早くなることを利用してレンズ作用をさせ，ホーンアンテナの開口面で位相を一致させるものである．誘電体レンズの場合には位相速度が遅くなることを使うのでレンズの形は凸となるがこれに対してメタルレンズでは凹となる．このレンズは周波数特性があるのが欠点であるが，マイクロ波を医療面や工業面で使う場合のアプリケータ（放射器）などへの応用も考えられている．

(i)はやはり金属板を適当に配列し，通路長を適当にして，みかけ上位相速度が遅くなったと同じ効果をさせ，開口面で位相が一致するようにしたもので，パスレングスアンテナと呼ばれており，広帯域の周波数特性を持っているので，マイクロ波中継などに使われた．

(j)のアンテナは，低損失プリント基板上に λ/2 のスロットを多数配列したもので原理的には λ/2 ダイポールを多数配列化したものと同じように考えてよく，MIC に関連して興味がある．導波管上に作ったスロットアンテナ列は，スロットを誘電体などで埋めると凹凸がなくなるため，航空機などのアンテナに適している．なお，スロットアンテナはダイポールが電流アンテナであるのに対して磁流アンテナと考えられ，E と H が入れかわるので偏波はスロット長に直角になる．

(k)は低誘電率の基板を使ったマイクロストリップ共振器と同様な構造で，線路との結合，多配列化が容易なので衛星放送受信用平面アンテナとして使われている．

(l)は表面波アンテナといわれ，導波管の先端に誘電体棒をつけたもので，電波が誘電体内を進につれて，表面から放射され，簡単な構造でかなりの利得（20 dB 程度）が得られる．

1·7　マイクロ波測定の特長

(1)　インピーダンス測定

低周波の測定においては電圧，電流の測定が基本になり，電力やインピーダンス $Z=V/I$（Z, V, I は2·1節で述べるように複素数値である）もこれから算出されている．しかしながら周波数が高くなるにつれて，精度のよい電圧計，電流計を得ることは難しくなる．VHF 帯程度まで半導体や電子管の整流素子を使ったものなどが使われているが，それ以上の周波数においては被測定回路に擾乱を与えないで測定することは容易でない．さらに導波管のような伝送路になると絶縁された2導体を使っての伝送ではないので，電圧，電流を一義的に定義することもできない．

このような理由で，マイクロ波ミリ波帯においては方向性結合器などにより被測定物に入射する電磁波の振幅，位相に対する反射波の振幅，位相を測定することにより反射係数を測定している．反射係数とインピーダンス Z との間には（第3章参照）一定の関係があるので容易に Z が求まり，電圧，電流そのものは分からなくても通常の回路理論がマイクロ波においても適用できる．

インピーダンスはまた入射波と反射波の干渉による定在波の分布を測定することにより簡単に測定できる．図1·23に入射波に対する出力波および反射波の振幅，位相を広帯域（0.1～28 GHz），付属デバイスを使ってミリ波：100 GHz ま

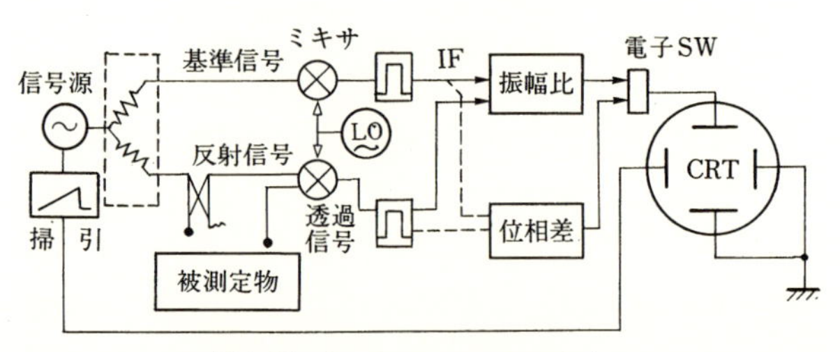

図1·23 ネットワークアナライザ

で周波数を掃引しながら精度よく測定できるHPのネットワークアナライザのシステムを示した．

またこの測定器では通常の周波数領域の測定を，直ちに時間領域で示すことができるので反射の生じている点を探すこと等に便利である．反射係数の大きさのみを測定するスカラネットワークアナライザも低価格，簡便のためよく使われる．

この他に最近では2つの方向性結合器を使用して，ダイオード等による検出は大きさのみであるが簡単な計算回路を使って，反射係数の大きさと位相を測定できる6ポートネットワークアナライザも実用化されている．大電力発振源，パルス発振源回路にも容易に使える特長がある．

(2) **周波数測定**

マイク波帯以上においても低周波と同様な周波数のカウンタが使われるようになった．1 GHz程度までは直読で，それ以上では，ヘテロダインで周波数を変換して測定し，2.54 THz まで測定されている．簡単に測定する場合には，従来使われている図1·24 のような共振器型波長計が使われる．この波長計は，原理的には吸収型波長計に属するもので空胴共振器の共振波長が共振器の寸法によって定まることを利用したものである．

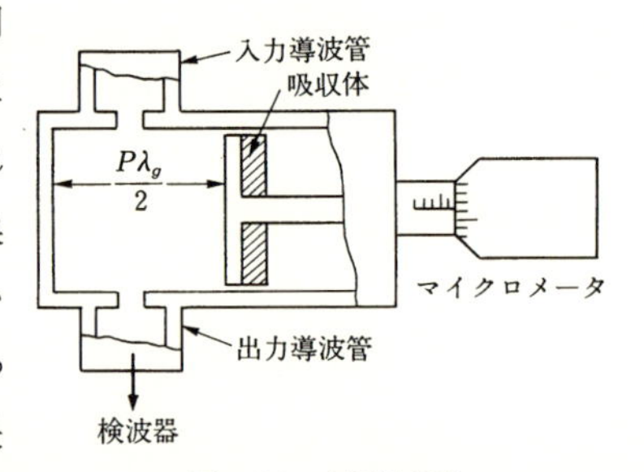

図1·24 空胴波長計

(3) **電力測定**

マイクロ波においては(1)で述べたように V, I の測定が困難なので電力の測定が基本になる．電力測定においては導波路を伝送している電力を波長に比べて非常に小さい熱電対またはサーミスタに吸収させ，その熱起電力または抵抗の変化から測定している．また大電力の測定においては図1·25のように水負荷に全マイクロ波電力を吸収させ，温度上昇から測定している．

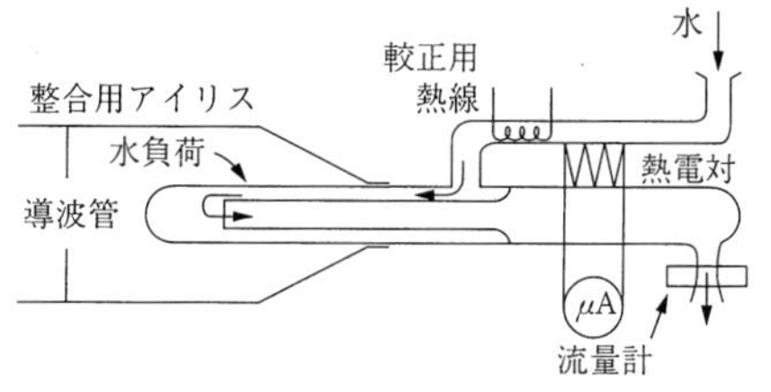

図1·25　大電力測定（水負荷）

この他に電磁力により小試料を機械的に変位，回転させるものもある．

(4)　信号波形等の測定

変調信号，発振の安定度等はヘテロダイン周波数変換して低い周波数で使われるのと同じ原理によるスペクトラムアナライザを使い，ブラウン管（CR管）上に周波数ドメインのスペクトルを画かせて測定する．また信号波形は直接ダイオード等で検波しタイムドメインでCR管に表示させる．受信器，増幅器で重要な雑音指数は放電管等の雑音源を使って測定する．

(5)　誘電率，透磁性の測定

マイクロ波における誘電体や磁性体の特性は，誘電率 ε，透磁率 μ で定まり，その値は一般には低周波数における値とかなり異なっているので測定が必要となる．また最近の材料のマイクロ波の回路および工業面への応用では損失

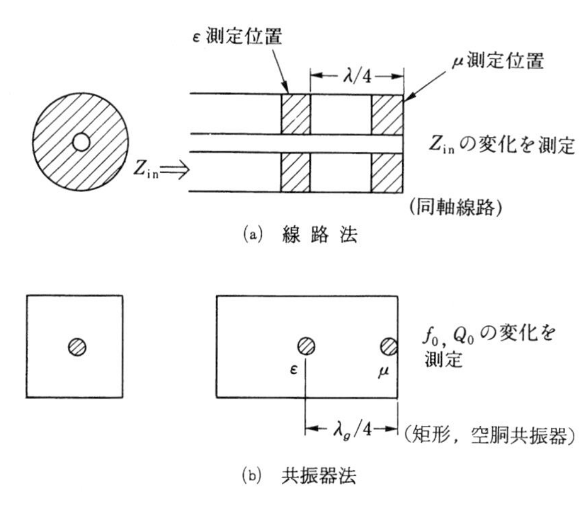

図1·26　誘電率，透磁率の測定

を含めた ε，μ の分離測定が不可欠である．図1·26(a)には試料を線路内に挿入して線路の入力インピーダンスの変化から求める方法と，(b)には共振器の一部に小試料（球，薄円板，棒）を挿入して，共振周波数と Q の変化から求める共振器法を示した．また(a)の方法の1つとして線路に試料を挿入して，S マトリクスを測定することにより，ε，μ を算出する方法もあり測定が簡単で広帯域測定に適している．

1·8　マイクロ波の各種応用

ここではマイクロ波の特長との関係，基本的考え方を基に，どのような面で使われているかの概略を述べ，今後の利用面の開拓に役立つようにしたい．第2次大戦後，戦時中のレーダとの関係で発展したマイクロ波技術の大きな応用は，マイクロ波中継で，マイクロ波のもっている以下の特長を利用したものである．

(1) **通信，マイクロ波中継**

(a) マイクロ波は搬送波の周波数が高いので多重通信においてチャンネル数が多くとれ，一方広帯域の周波数帯が使用できるので高品質の伝送が可能で，マイクロ波の利用により何チャンネルものテレビの伝送ができるようになった．

(b) 先に述べたように小型空中線でも十分利得が得られ，従って送信出力は30～50 dBm（0 dBm＝1 mW）と比較的小さくてよい．

(c) アンテナの指向性が鋭いので他回線との混信が少なく，中継局の送受信アンテナを同一の場所におくことが可能である．

(d) 自然雑音，人工雑音が少なく，信号と雑音の比 S/N がよく，安定度の高い通信ができる．

(e) 通信距離は見通し内であるため，同一周波数を他の場所で使うことも可能である．

現在では2，4，5，6，11，15，20 GHz などの公衆通信業務用周波数帯を使い，テレビ中継，電話など主な通信回線はマイクロ波中継により行われ，日本全国に中継網がはりめぐらされている．図1·27はマイクロ波中継の例を示したものである．図では左の端局から右の端局への伝送を示した

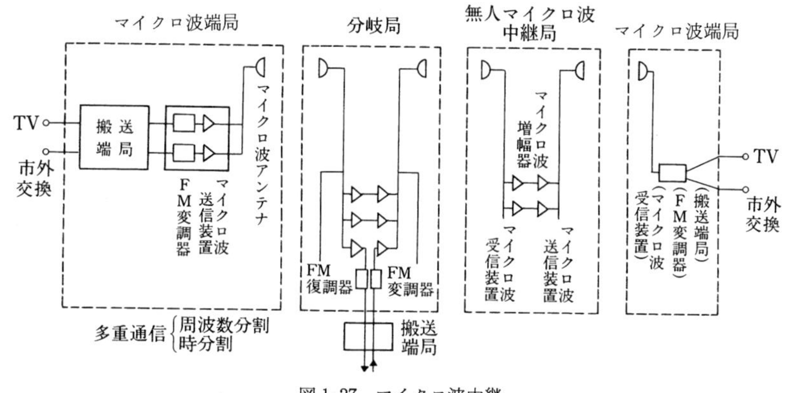

図 1·27　マイクロ波中継

が，逆方向にも周波数を僅かにずらすことによって行なわれている．帯域幅が広くとれるので周波数分割，時分割などいろいろの通信方式の利用が可能で，NTT，鉄道，建設省，警察，防衛庁など主要公共機関，電力会社等主要産業におけるデータ通信，指令連絡回線等に使われている．

以上の他に最近は900 MHz帯を使った主として自動車用移動無線，携帯用電話が多く使われるようになり，さらに周波数が2 GHz帯将来はミリ波帯などに高くなる傾向がある．

(2)　**衛星通信，衛星放送**

図 1·3 の周波数と伝搬の関係図で説明としたように，マイクロ波は電離層を損失を受けることなく突き抜けることができ，大気中の減衰が少なく，いわば“電波の窓”（1～10 GHz）とも言えるので，地球から離れた点の反射体を使えば見通し距離外の超遠距離との通信が可能である．月を反射体とする通信も試みられたが，距離が遠すぎ装置が非常に大型になるため実用には致っていない．それより近距離の人工衛星を使い，図 1·28(a)のように地球と同じ周期で回る静止衛星で地上からのマイクロ波を受け，これを増幅して地上の他の点に送る衛星通信が実用化され，今日我々が世界各地からのテレビ中継などで恩恵を受けている．3個の静止衛星を使えば世界中が通信可能である．

かつては外国等との遠距離通信は電離層の反射を利用した短波帯が使われ，小型装置で通信できる特長もあるが，季節，日時に左右され安定度が悪いこと

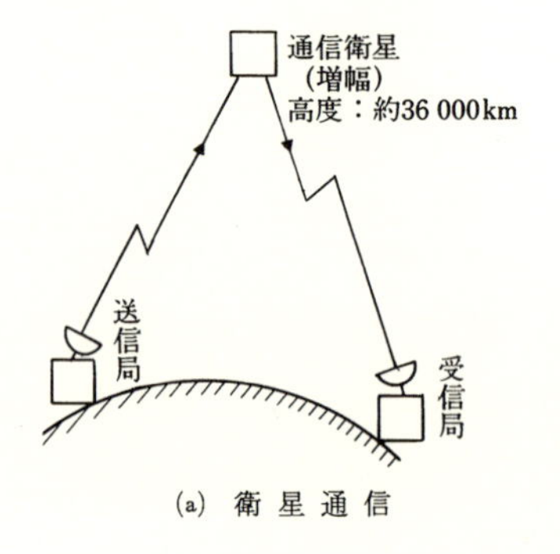

(a)　衛 星 通 信

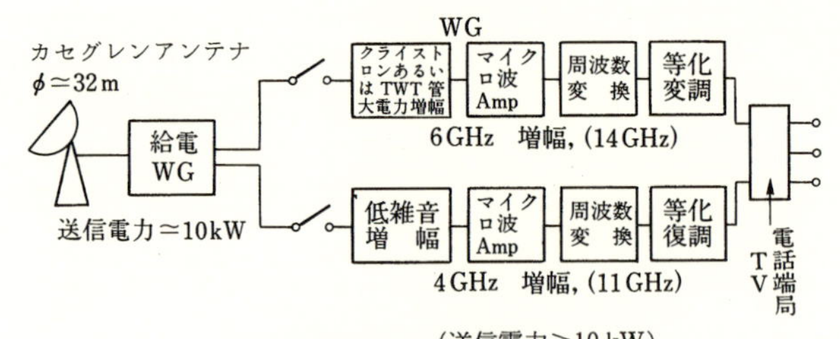

(b)　地球局構成例 (送信電力≳10 kW / 帯域幅≃500 MHz)

図1·28　衛 星 通 信

や周波数帯域を広くとれないので，テレビ等の伝送が不可能である欠点があるため現在では専ら衛星通信や海底ケーブル，光ファイバーが使われている．マイクロ波で衛星中継が可能になったのは衛星技術，低雑音増幅器，アンテナ等マイクロ波技術の進歩による．

図(b)は衛星通信の地上局の構成例を示したもので，現在我が国ではカセグレンアンテナには直径 32 m のものが使われ，周波数4，6，10 GHz が使われている．また静止衛星は国内通信用にも使われている．

一方，最近のテレビなど放送の高品質化，難視聴域をなくすためや，ニューメディアとしての情報量の増大などから VHF, UHF テレビ放送帯域では不十分になったため，人工衛星を使ってマイクロ波により直接放送（出力≃100 W）を行い，図1·29のように各家庭で簡単な 40 cm～1 m 程度のパラボラアンテナや，低雑音前置増幅器（HEMT×3）を使ってマイクロ波から UHF, VHF などへの変換器等を設置して，通常のテレビに接続する我が国の衛星放送やある

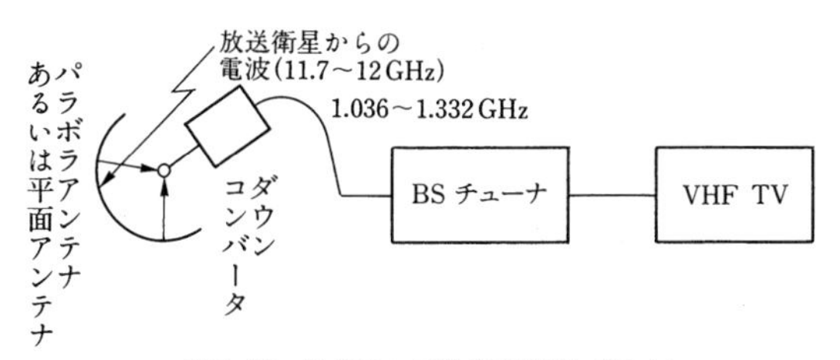

図 1·29 衛星テレビ放送受信器（日本）

いはケーブル TV 局への伝送を目的とした衛星放送がアメリカ等で実用化している．周波数は 2，4，6 GHz 帯がアメリカで使われ，我が国では 12 GHz 帯である．また衛星からの直接受信を使った気象衛星，航空，海上移動衛星，地球探査衛星業務なども既に実用化され，またミリ波は宇宙観測用電波望遠鏡や衛星同士間通信用として研究されている．

なお最近盛んになっているマイクロ波リモートセンシングは衛星にマイクロ波放射計，散乱計，高度計，合成開口レーダ等を搭載し，地表や大気の情報を収集，資源や環境を調べる技術である．

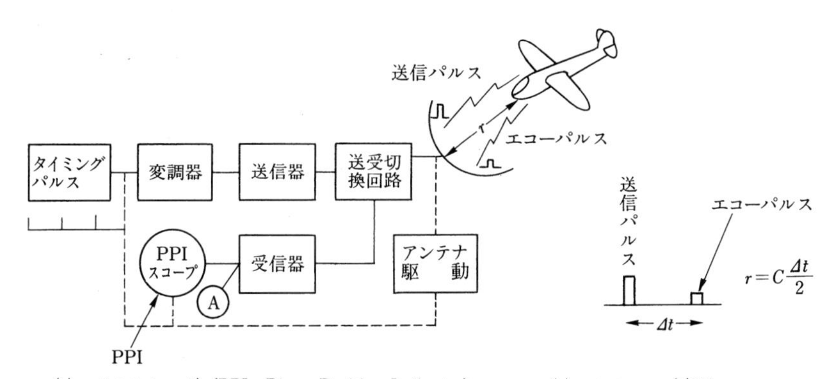

(a) パルスレーダ（PPI: Plane Position Indicator）　　(b) Aスコープ表示

$Pr=(P_tGo/4\pi r^2)(\sigma/4\pi r^2)A_r$
（レーダ方程式）

Pt〔W〕：送信電力，
Pr〔W〕：受信電力，
σ〔cm^2〕：物標の有効反射面積
Go：アンテナの電力利得
A_r〔cm^2〕：受信アンテナの有効面積
σ：大形航空機 50〔m^2〕
　貨物船 1.5×10^4〔m^2〕
r〔cm〕：レーダと物標との距離

図 1·30 レーダ原理図

(3)　レーダ

レーダ（RADAR）とはRAdio Detection And Rangingの頭文字をとったもので図1·30(a)に示すように送信機から発射したパルスが目標に当り反射してきたものを受信機で受け目標を検出し，さらにAスコープ表示の場合は(b)のように送信波と反射波の時間差から目標までの距離を測定するもので，現在のマイクロ波工学の発展の原動力となったものである．マイクロ波の直進性，アンテナが小型でよいことアンテナビームの鋭いことなどの理由で主としてマイクロ波が使われている．

図(a)で送受切換回路は，送信機が動作中は大出力の送信波はアンテナのみに接がれ受信機の入力端を破壊しないように，また反射波を受信しているときはその弱い信号は全て受信機に導かれるように，電気的に切換えができるデバイスである．現在一般に使われている表示はPPI（Plan Position Indicator）と言われる表示の仕方で，この場合には図1·31のようにパラボラなどのアンテナを機械的に回転すると，送信ビームが回転し，A位置にある場合には目標1及び2からの反射波を受信機で補えることができ，受信機のブラウン管上の図形もこれに対する位置に反射の強さに応じて明るくなるようにしておけば1，2が表示される．このビームが回転すれば1，2，3，4，……のように図形が分かる．例えば航空機にレーダを設置し，地上の反射波を補えれば地形が分かる．

以上のパルスレーダの他に送信周波数をのこぎり波状に時間と共に変化させ反射波との周波数差で距離を測定する周波数変調レーダ（FM RADAR）も精度がよい距離測定などに使われている．

レーダの使用周波数としては遠距離用の1 GHz程度から近距離高分解能用の24 GHzのミリ波まで各周波数帯が用途により使われている．用途は非常に

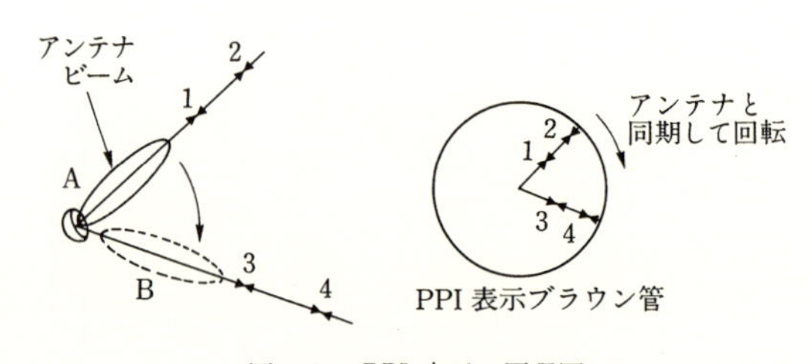

図1·31　PPI表示の原理図

広範囲にわたっているが，航空用のレーダとしては空港地表面探知機（ASDE）がピーク出力 30 kW，パルス幅 0.02 μs，周波数 24 GHz で空港地表面の監視に使われ，また航空路監視レーダ（ARSR）がピーク出力 1 MW～5 MW，パルス幅 2～5 μs，周波数 1.3 GHz あるいは 0.6 GHz で長距離航空管制に使われ，また一次レーダからの電波を受け，目標物が二次信号を放射する二次レーダ（SSR）も航空交通管制（ATC）に使われている．航海用レーダとしてはミリ波，3 cm 波（X バンド），10 cm 波が他の船舶または水面上の妨害物を探知する衝突防止に使われ，また港湾レーダが港に出入する船舶の誘導に使われている．以上の他に空中の水滴からの反射を利用した気象用レーダが主に 5.7 cm 波長を使って行われている．また軍事面では敵機の存在や目標地形の確認などに使われている．また最近では小型レーダを自動車の衝突防止に使おうとする試みもある．

(4)　マイクロ波の工業面への応用

マイクロ波がレーダ等に使われた当初から，これを情報通信以外へ使うことが試みられ，エネルギー源としての応用が研究されたが実用化は少なかった．しかしながら近年，マイクロ波発振管やその他のデバイスの進歩やエネルギー効率の観点などから脚光をあび，広く各方面への応用が試みられ実用化されている．このうち最も実用化されているものがマイクロ波誘電加熱の応用である．誘電加熱とは導電性の少ない物質，すなわちガラス，木材，水などの誘電体に高周波電界を加えると，誘電体を作っている誘電分子が電界により力を受け電界の周波数に対応して振動し，この時の振動の遅れから発熱する現象を利用した加熱方式である．従来の外部からの加熱手段に比較して物質内部から発熱する点が大きな差で，このため外部に逃げる熱が少ないので短時間の加熱や，一様な加熱が可能で，また効率が高く，制御性に優れ，クリーンな加熱方式であるなどの特長をもっている．当初発振源の関係等から 40 MHz，80 MHz 程度の HF，VHF の高周波が使われたが被加熱体の単位体積に吸収される電力 P_l は ε'' を被加熱体のマイクロ波に対する比誘電率の虚数部（2·1 節参照）とすると，

$$P_l = 2\pi f \varepsilon_0 \varepsilon'' |E|^2 \text{〔W/m}^3\text{〕} \qquad E：\text{電界の実効値〔V/m〕} \qquad (1\cdot3)$$

の関係があり，あまり大電力を吸収させようとすると電界が大きくなりすぎ放

電を生じたり，電界を加える電極が必要であるなどの欠点があった．マイクロ波を使用すると f が大きいため電界が比較的小さくてよく，またマイクロ波では被加熱物をアンテナで照射したり，マイクロ波の共振器内に挿入するので非接触での加熱が可能になり，不定形のものの加熱が可能などの特長の他に，マイクロ波帯では一般に ε'' が大きくなり，場合によっては ε'' の周波数特性を利用して選択加熱が可能になるなどの特長がある．応用の１つとして周波数 2.45 GHz でマイクロ波出力数百 W を使った家庭用電子レンジ（domestic microwave oven）が食品の加熱，解凍などに多く使われている．工業用としては周波数 2.45 GHz あるいは電波の浸透の深さの関係などから外国では 915 MHz，500 MHz が使われ，出力としてはマグネトロンを使った 2.5〜100 kW の持続波が多く使われている．図1･32にマイクロ波誘電加熱の代表的システムを示した．被加熱体を電磁波で照射する部分を普通アプリケータと呼んでいる．アプリケータとしては以下のものが主に使われている．

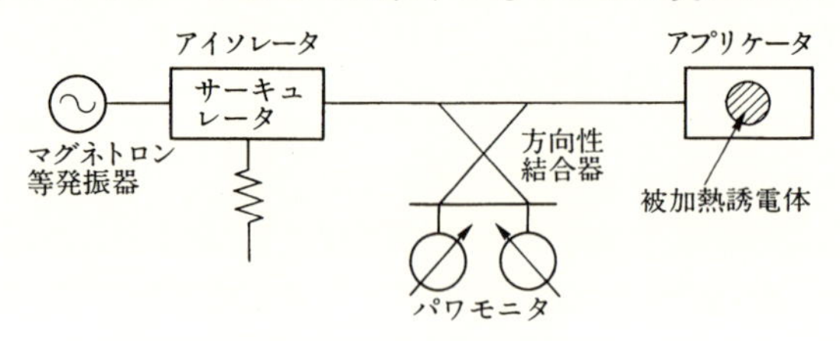

図 1･32　マイクロ波誘電加熱

(a)　多重モードを使った共振器形は電子レンジような食品関係に多く使われている．なお被加熱物を均一に加熱するために回転皿等が使われている．単一モード共振器は主に低損失誘電体（セラミクス，フェライト等）の加熱に使われている．

(b)　導波管を利用した進行波形は製紙，木材，繊維などの乾燥関係への応用に使われている．

(c)　電磁ホーン，特殊アンテナを使ったものは岩石，コンクリート破砕，コンクリートの急速乾燥などに使われている．

この他マイクロ波誘電加熱は殺虫，生育の促進を目的とした農業，バイオテクノロジィ関係や化学反応，薬品関係などあらゆる分野への応用が開発されつつある．図1･33に日本における主なマイクロ波工業応用加熱の分

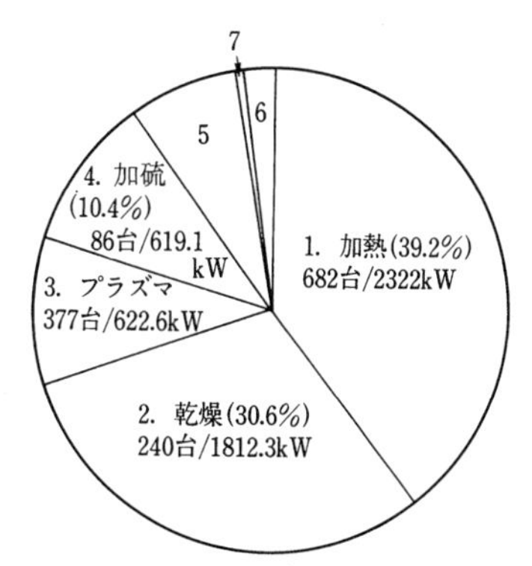

(a) 応用面

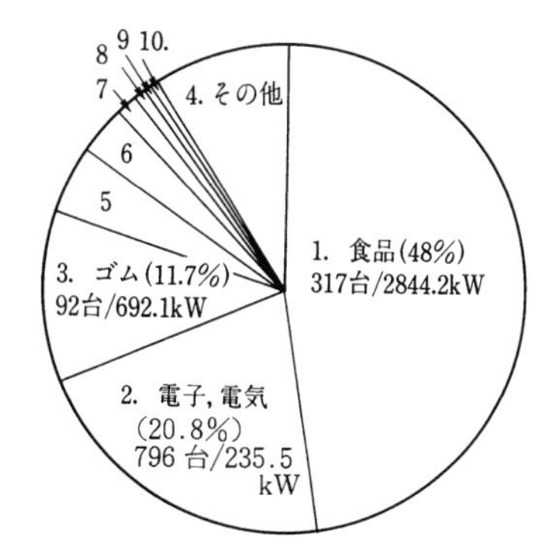

(b) 使用業種別

図1·33　マイクロ波工業応用の分類（1986〜1989，日本）

類を示す．最近は効率の点からマイクロ波と高温風や赤外線加熱の組合せも使われている．

(5) マイクロ波電力伝送

商用電力源としては水力，石油から漸次原子力等の使用に移りつつあるが，これらの資源もやがてはなくなるので太陽熱を利用することが考えられている．地球上で太陽熱を直接熱源として利用したり，あるいは半導体を利用して電気に変換して使う場合には大きな問題がある．それは太陽光は当然夜間には使用できないし，また昼間でも途中の雲などに吸収され常時使用できないからである．そこで図1·34のように人工衛星を使って太陽熱を直接受けて，これをマイクロ波電力に変換して地上に送り，地上でマイクロ波電力を一般に使用できる直流あるいは家庭用の商用交流電源に変換しようとする方式が 1970 年代に考えられ，SSPS（Satellite Solar Power Station）計画と呼ばれている．マイクロ波の周波数としては伝搬途中での吸収の少ない 3 GHz 付近が使われると考えられる．このような衛星を幾つか使うことにより全電力の供給も可能と思われるが，アンテナなども大きくまた地上受信アンテナにも広大な土地を必要

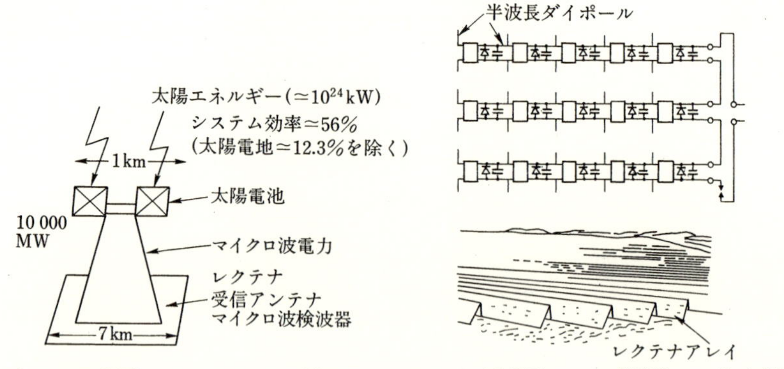

(a)　全システム概要　　(b)　レクテナアレイ（受信用アンテナ整流器アレイ）と設置

図1·34　マイクロ波電力伝送

とし，設備費（打上げ＄1000/kW，太陽電地＄350/kW，マイクロ波発生とアンテナ＄150/kW，受信アンテナ系＄100/kW）がかなり掛るのが現在問題となっている．しかしながら米国の NASA 等では基礎実験を前から行っており将来重要な技術と思われる．

また逆に，地上から電力をマイクロ波で送って，ヘリコプター，飛行機等のアンテナで受電，整流して動力用エネルギーとして使い，無人で長時間空中を飛行する飛行機の研究（≃1970以来）も現在行なわれている．

(6)　マイクロ波の診断，治療への応用

最近レーザ光が医療面によく使用されているが，レーザ光の場合人体内部に入ると波長がマイクロ波に比べて4ケタも小さいので急激に減衰し，効果は比較的表面付近に限られるので，応用によっては比較的内部まで浸透できるマイクロ波が適している．一方ビームの集中などではマイクロ波は光に比べると大きなアンテナが必要であるなど，さらに解決しなければならない問題がある．

図1·35はマイクロ波サーモグラフと言われ，人体の内部の温度をサブミリ波を使用して測定し，これを電子計算機と連動させることにより各部の温度分布を知ろうとするものである．一般に温度に対応してその点から微弱な電磁波が発生しているので高感度受信機を利用すれば検知可能で，通常の赤外線利用の場合のように表面温度のみでなく適当な回路構成により内部の温度のみが測定できるのが特長である．また生体の断面情報を得るマイクロ波 CT も研究され

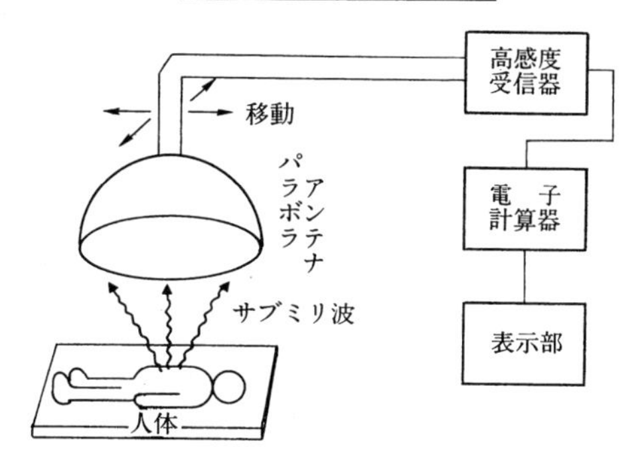

図 1·35　マイクロ波サーモグラフ

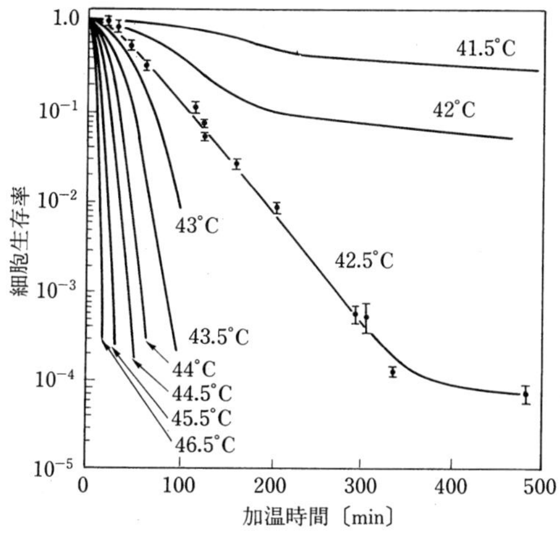

図 1·36　温度によるガン細胞の生存率の変化

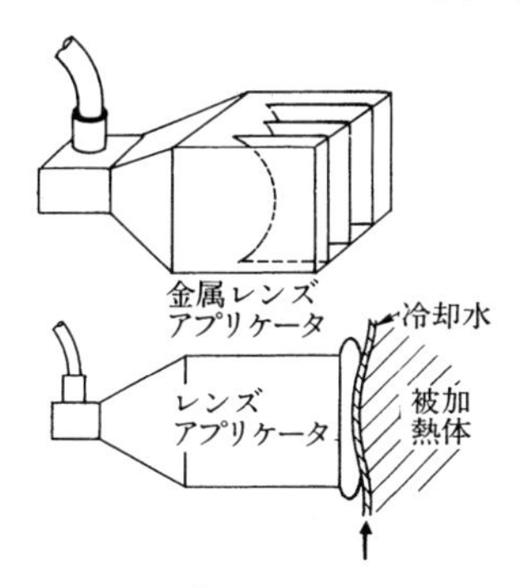

図 1·37　マイクロ波ハイパーサミアアプリケータ

ている．一方治療関係ではマイクロ波誘電加熱の原理によってマイクロ波を患部に集中照射し，その付近の温度を上昇させることにより効果を上げようとするものは古くからあるが，特に現在ガンの細胞の温度に対する生存率が図 3·16 のように 42.5℃ 以上で急に少なくなることを応用してガンの治療に使用するマイクロ波ハイパーサミアが実用化されつつある．図1·37にハイパーサミア用アプリケータを示す．

(7)　**その他**

以上の他に，マイクロ波の応用としてはマイクロ波の放電すなわちプラズマを使ったレーザ関係や，ダイヤモンドの膜生成など高温トーチとして応用することや，核融合など高エネルギー粒子を得るための粒子加速への応用，また最近では小型でしかも価格の安いマイクロ波装置が得られるようになったため，測定方面例えば非破壊でコンクリート，紙などの含水率を手軽にかつ正確に測定することなど，工業計測への応用も盛んになっている．この他ドップラレーダの原理を使い簡単に速度の測定を行う生産プロセスへの応用もある．

第2章

電磁波動の基礎

2·1　電磁界の扱い方

第1章で述べたように，マイクロ波工学では低周波を扱う場合のように集中定数的扱いができないので，波動として扱う必要がある．これからの説明では，できるだけ図解により物理的，直感的に理解できるように説明するが，定量的説明には最低限の数式は要求されるので，以下簡単にそれらの基本的扱いついて述べる．

まず電気回路においては集中定数回路でも複素電圧，複素電流，複素インピーダンスが非常に便利に使われ，単に電圧，電流，インピーダンスと言った場合もこれをさすことが多いので，この取り扱いについて述べる．

(1)　複素電圧 V，複素電流 I，複素インピーダンス Z

図2·1のように周波数 f，角周波数 $\omega=2\pi f$ で振動している電圧の瞬時値 v は，よく知られているように $v=V_m\cos(\omega t-\theta)$ であるが，これは(a)のように複素面で振幅 V_m のベクトルが角速度 ω で回転している場合の実軸（x 軸）への投影であるから，

$$v=V_m\cos(\omega t-\theta)=Re\,V_m e^{j(\omega t-\theta)}=Re\,(V_m e^{-j\theta})e^{j\omega t}=Re\,Ve^{j\omega t} \qquad (2\cdot1)$$

と表示できる．$V=V_m e^{-j\theta}=|V|e^{-j\theta}$ を複素電圧と呼び $Re\,A$ は複素数 $A=a+$

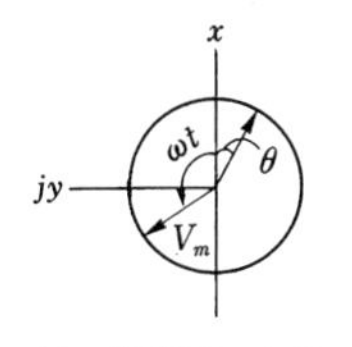

(a)　複素面における電圧ベクトル表示

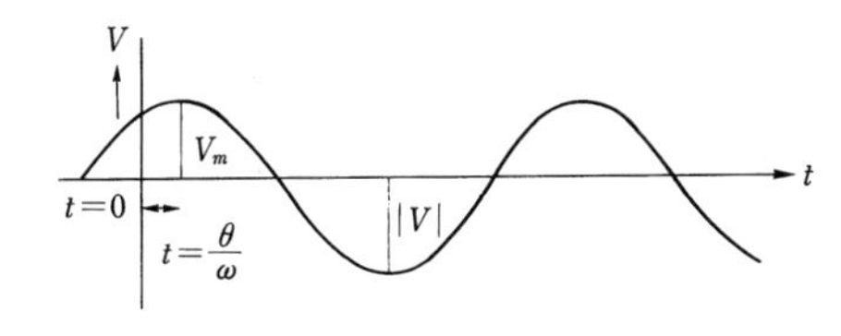

(b)　$v=V_m\cos(\omega t-\theta)$

図2·1　交流電圧

jb の Real part すなわち実数部 a をとることを意味し，V の絶対値$|V|$ は V_m を，$-\theta$ は $t=0$ における位相すなわち初期位相を示している．なお一般には虚数の負号として i を使っているが，電気関係では i は電流を示すので j を使うのが慣例である．電流に対しても同様に瞬時値 $i=Re\,Ie^{j\omega t}$ で $I=|I|e^{j(-\theta-\varphi)}$ を複素電流と呼んでいる．なお φ は正負の値をとる．

いま，図2·2のように抵抗 R，インダクタンス L，キャパシティ C の直列回路に電圧 v を加えた時，回路を流れる電流の瞬時値 i を求める．抵抗 R の両端の電圧（逆起電力）v_R はオームの法則から $v_R=Ri$ で，インダクタンス L に誘起される逆起電力 v_L はファラデーの電磁誘導の法則から $v_L=L\dfrac{\mathrm{d}i}{\mathrm{d}t}$ で，またキャパシティ C の両端では $v_C=\dfrac{Q}{C}=\dfrac{1}{C}\int i\mathrm{d}t$ であるから次式が成り立つ．

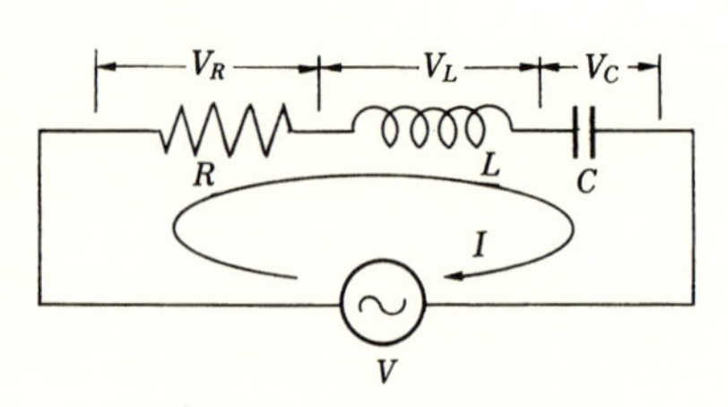

図2·2 R，L，C 直列回路

$$Ri+L\frac{\mathrm{d}i}{\mathrm{d}t}+\frac{1}{C}\int i\mathrm{d}t=V_m\cos(\omega t-\theta) \tag{2·2}$$

式（2·2）の微分方程式を解けば i が求まるが，それより定常状態（スイッチを入れた瞬間のような過度状態でない）の解は先の複素電圧 V，電流 I を使えば単に代数的に求めることができる．$Ie^{j\omega t}$ の微分，積分は簡単に $\mathrm{d}Ie^{j\omega t}/\mathrm{d}t=j\omega Ie^{j\omega t}$，$\int Ie^{j\omega t}=Ie^{j\omega t}/j\omega$ であるので上式の瞬時値の代わりに複素電圧 V，複素電流 I を使えば，$(j\omega L+R+\dfrac{1}{j\omega C})I=V$ が得られ，これから，

$$Z=|Z|e^{j\varphi}=\frac{V}{I}=R+j(\omega L-\frac{1}{\omega C}) \tag{2·3}$$

となり，L，C を含んだ回路もオームの法則が成り立つ抵抗回路と同じに計算できることがわかる．

ここで Z を回路の複素インピーダンス，$R=Re\,Z$ を抵抗〔Ω〕，$Im\,Z$ を Z の虚数部と書き $I_mZ=(\omega L-\dfrac{1}{\omega C})$ をリアクタンス〔Ω〕と呼んでいる．従って $i=Re\,Ie^{j\omega t}=Re\,(V/Z)e^{j\omega t}=Re\,(V/|Z|e^{j\varphi})e^{j\omega t}=Re\,(Ve^{-j\varphi}/|Z|)e^{j\omega t}$ となり，一

方，$|Z|=\sqrt{R^2+(\omega L-\frac{1}{\omega C})^2}$，$\varphi=\tan^{-1}(\omega L-\frac{1}{\omega C})/R$ であるから結局，瞬時値 i は次式で与えられる．

$$i=\frac{V_m}{\sqrt{R^2+(\omega L-\frac{1}{\omega C})^2}}\cos(\omega t-\varphi-\theta) \tag{2·4}$$

このように電気回路では微分方程式を解かなくても定常状態の v，i は簡単に求めることができ，このような方法をベクトル記号法とも言っている．

以上を更に要約すると角周波数 ω の交流回路の計算においては L がある場合は $Z_L=j\omega L$，C がある場合は $Z_C=-j\frac{1}{\omega C}=\frac{1}{j\omega C}$，$R$ に対しては $Z=R$ とおけば，L，C，R 回路の計算を直流回路と全く同じ $V=ZI$，の関係を使って行うこができる．なお最後に必要があれば，v，i は V，I から直ちに $v=Re\,Ve^{j\omega t}$，$i=Re\,Ie^{j\omega t}$ を使って求めることができる．

(2) 高周波で振動する電界と電束密度，磁界と磁束密度の関係

電磁界を扱う上で基本となる電界，磁界なども角周波数 ω で変化するので V，I と全く同じような扱いができ，以下単に電界 $\boldsymbol{E}$，磁界 $\boldsymbol{H}$，電束密度 $\boldsymbol{D}$，磁束密度 $\boldsymbol{B}$ と言った場合も複素数であると考えてよい．ただこれらの量は空間において大きさと方向を持った量であるのでベクトル量で，太字で表わすことにする．一方 V，I は大きさのみであるのでスカラ量と呼ばれている．ここで注意することは，V，I は複素量なので，複素面ではベクトルで表示されるので電圧，電流，ベクトルあるいは複素ベクトルと呼ばれることもあるが，これはあくまで時間的量のことで，空間におけるベクトルと混合しないことである．$\boldsymbol{E}$，$\boldsymbol{H}$，$\boldsymbol{D}$，$\boldsymbol{B}$ は電磁界の基本量で，$\boldsymbol{E}$ と $\boldsymbol{D}$ との間には，以下の関係がある．

いま図2·3のような平行板に電圧 V_0（直流電圧でもよい）を加えると，金属板上には，電荷 Q_0（自由電荷）が誘起され，電界 $E=Q_0/\varepsilon_0$ ができる．板間が真空（近似的に空気）の時には Q_0 と V_0 の間に $Q_0=C_0V_0$ の関係があり，C_0 は静電容量と呼ばれている．次に板間が誘電体で満たされていると電界 E は前と同じ値であるが，この電界により誘電体内には図のような分極が生じ，このため束ばく電荷 Q_B が生じ，全電荷（真電荷）$Q=Q_0+Q_B$ となる．Q からは電

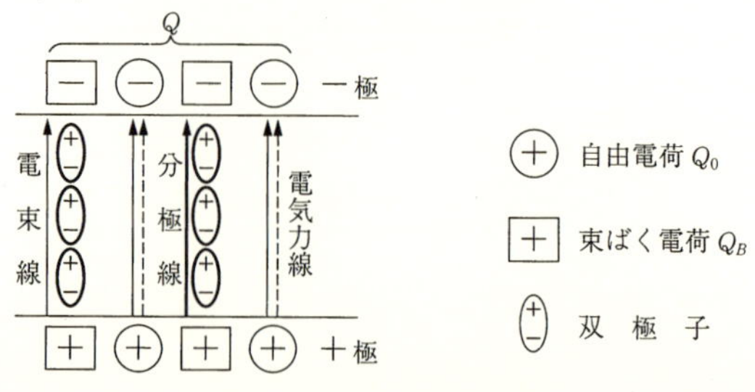

図2·3　誘電体の分極と誘電率

束密度 $\boldsymbol{D}$ の電束線が出て，Q_B からは分極線密度（分極）$\boldsymbol{P}$ の分極線が，また Q_0 からは $\varepsilon_0 E$ の電気力線が生じている．$Q/Q_0=\varepsilon'$（比誘電率）と書くと容易に以下の関係が成り立つ．

$$\boldsymbol{D}=\varepsilon'\varepsilon_0\boldsymbol{E}=\varepsilon_0\boldsymbol{E}+\boldsymbol{P}\quad \text{または，}\ \boldsymbol{P}=\boldsymbol{D}-\varepsilon_0\boldsymbol{E}=(\varepsilon'-1)\varepsilon_0\boldsymbol{E}=\chi_e\varepsilon_0\boldsymbol{E} \tag{2·5}$$

ここで χ_e は比帯電率と呼ばれ，束ばく電子密度と自由電子密度の比を表わしている．これらの関係は加わった電圧が高周波の場合でも各瞬間を考えて成立するが勿論 $\boldsymbol{E}$，$\boldsymbol{D}$，$\boldsymbol{P}$，$\boldsymbol{Q}$ などすべて ω で変化する．同様に磁界 $\boldsymbol{H}$，磁束密度 $\boldsymbol{B}$，磁化の強さ $\boldsymbol{J}$，比帯磁率 χ_m との間には

$$\boldsymbol{B}=\mu'\mu_0\boldsymbol{H}=\mu_0\boldsymbol{H}+\boldsymbol{J}\qquad \text{または，}\ \boldsymbol{J}=\boldsymbol{B}-\mu_0\boldsymbol{H}=\chi_m\mu_0\boldsymbol{H} \tag{2·6}$$

が成立し μ' は，比透磁率と呼ばれているものである．通常の媒質では ε'，μ' はスカラー定数であるが静磁界を加えたフェライトやプラズマではマイクロ波においてテンソル透磁率 (μ)，テンソル誘電率 (ε) となり，$\boldsymbol{D}=(\varepsilon)\boldsymbol{E}$，$\boldsymbol{B}=(\mu)\boldsymbol{H}$ となるので $\boldsymbol{D}$ と $\boldsymbol{E}$，あるいは $\boldsymbol{B}$ と $\boldsymbol{H}$ の方向が異なってくる．

2·2　電磁界の基本式

電磁界，さらに広く一般の電気現象の根本となる法則や式はそれ程多くない．

(1)　ファラデーの電磁誘導法則

まずよく知られているファラデー（イギリスの化学物理学者：1791～1867）の電磁誘導の法則を説明する．いま図2·4(a)のように1巻きのコイルが閉曲線を作りその面を垂直に貫く磁束が変化するときにはこの磁束の変化を妨げる向きに電流が生じるように，コイルに誘導起電力が発生することは多くの実験を

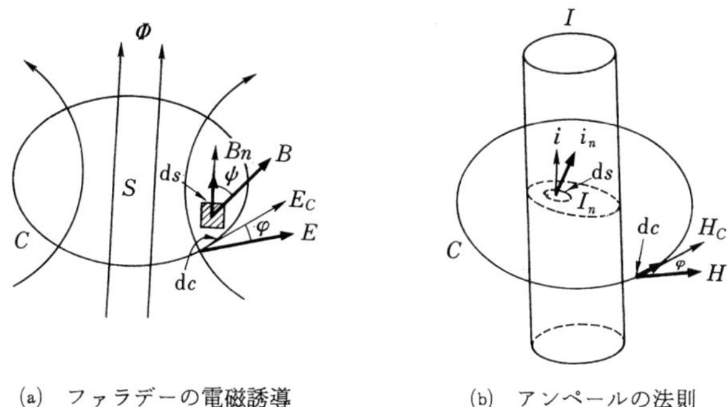

(a) ファラデーの電磁誘導　　(b) アンペールの法則

図 2·4 電磁界の基本式の説明

まとめたレンツの法則として知られている．これをファラデーは定量的に公式化し，その結果全誘導起電力の大きさ V は，

$$V=-\frac{\mathrm{d}\phi}{\mathrm{d}t} \tag{2·7}$$

となることを示した．V は各点の電界 $\boldsymbol{E}$ の接線方向成分 E_c を寄せ集めたものであるから線の微小部分の長さを $\varDelta c$ とすると $V=\Sigma E_c\varDelta c$ で $\varDelta c$ を小さくした極限では積分で表わせる．一方，面 S を垂直に貫く磁束 ϕ も磁束密度 $\boldsymbol{B}$ の微小面積 $\varDelta s$ に垂直な成分 B_n の和であるので極限では各々次式で表わせる．

$$V=\int_c E_c\mathrm{d}c=\int_c E\cos\varphi\mathrm{d}c=\int_c \boldsymbol{E}\cdot\mathrm{d}\boldsymbol{c}$$

$$\phi=\int\int_s B_n\mathrm{d}s=\int\int_s B\cos\psi\mathrm{d}s=\int\int_s \boldsymbol{B}\cdot\mathrm{d}\boldsymbol{s}$$

ここで d$\boldsymbol{c}$ のベクトルは大きさが dc で方向が閉曲線 c に接線方向のベクトルで d$\boldsymbol{s}$ は大きさが ds で ds の面に垂直な方向を向いているベクトルである．一般に 2 つのベクトル量 $\boldsymbol{A}$，$\boldsymbol{B}$ を $\boldsymbol{A}\cdot\boldsymbol{B}$ で表わしたものはベクトルの内積と言われ A_b を A の B 方向の成分，φ を両ベクトル間の角とすると，上式のように $\boldsymbol{A}\cdot\boldsymbol{B}=A_bB=AB_a=AB\cos\varphi$ である．従ってファラデーの電磁誘導法則は，

$$\int_c E_c\mathrm{d}c=-\frac{\mathrm{d}}{\mathrm{d}t}\int\int_s B_n\mathrm{d}s,\ \text{ベクトル記号では}\ \int_c \boldsymbol{E}\cdot\mathrm{d}\boldsymbol{c}=-\int\int_s \frac{\partial}{\partial t}\boldsymbol{B}\cdot\mathrm{d}\boldsymbol{s} \tag{2·8}$$

右の式では $\boldsymbol{B}$ は時間と場所の関数であるため偏微分を使って $\dfrac{\mathrm{d}}{\mathrm{d}t}\to\dfrac{\partial}{\partial t}$ と書き積分記号の内に入れた．

ここで考え方を拡張して，式（2・8）において誘導起電力は電流とは違って閉曲線 c が導線であろうが絶縁体であろうが真空であってもそんなことには無関係に生じ単に閉曲線 c を考え，そこを貫く磁束が変化している場合に，その値と空間に生ずる電界 $\boldsymbol{E}$ の c に沿った成分を集めたものとの間に成り立つ関係式と考えてよい．

(2) 変位電流を含んだアンペールの法則

アンペール（フランスの物理学者：1775～1836）は実験を基にして電流が作る磁界について重要な法則を作った．図2・4(b)のようにある導線に電流 I が流れるとその周囲に磁界 $\boldsymbol{H}$ ができ，磁界の閉曲線 c に沿って寄せ集めたものは閉曲線で作られる面を垂直に流れている電流に等しいと云うもので，$\boldsymbol{i}$ を導電電流密度とすると

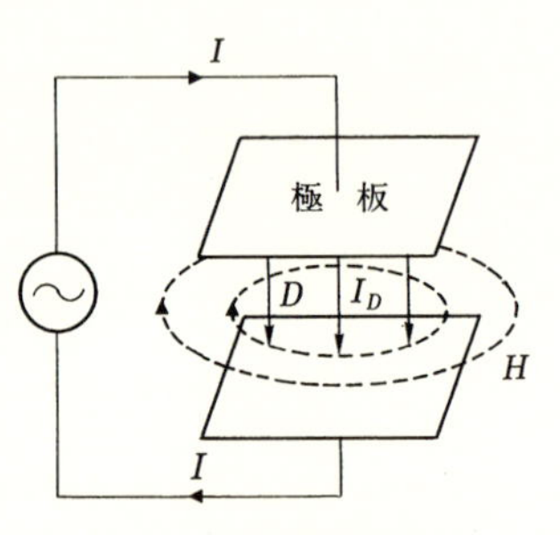

図2・5　偏位電流と磁界

$$\int_c H_c\mathrm{d}c=\int_c H\cos\varphi\mathrm{d}c=\int_c \boldsymbol{H}\cdot\mathrm{d}\boldsymbol{c}=I_n=\int_s i_n\mathrm{d}s=\iint_s \boldsymbol{i}\cdot\mathrm{d}\boldsymbol{s}$$

と表わせるので，

$$\int_c H_c\mathrm{d}c=\iint_s i_n\mathrm{d}s,\ \text{ベクトル記号では}\ \int_c \boldsymbol{H}\cdot\mathrm{d}\boldsymbol{c}=\iint_s \boldsymbol{i}\cdot\mathrm{d}\boldsymbol{s} \qquad (2\cdot 9)$$

のアンペールの式となる．ここで電流 I_n，従って $\boldsymbol{i}$ は時間的に変化する高周波電流でもよく，その場合 $\boldsymbol{H}$ は同じ周波数の高周波磁界となる．式（2・9）は単に導電電流のみではなく空間電荷の移動による対流電流や，以下に述べる変位電流（displacement current）に対しても成り立つ．マックスウェル（イギリスの物理学者：1831～1879）はコンデンサの両電極板間に図2・5のように交流電圧を加えると外部導線を流れる電流 I と同じ大きさの電流 I_D が電流の連続性によって真空中あるいは誘電体中を流れ，

$$I=\frac{\mathrm{d}Q}{\mathrm{d}t}=I_D=\frac{\mathrm{d}}{\mathrm{d}t}\iint_s D_n\mathrm{d}s=\iint_s\frac{\partial}{\partial t}\boldsymbol{D}\cdot\mathrm{d}\boldsymbol{s}$$

となることを導き，これを変位電流と名付けた．ここで重要なのは，変位電流によっても導電電流の場合と同じようにアンペールの法則に従って磁界 H が生じるので一般には式（2·9）の右辺に $I_D=\iint_s \boldsymbol{i}_D\cdot \mathrm{d}\boldsymbol{s}$，$\boldsymbol{i}_D$ は変位電流密度で $\boldsymbol{i}_D=\partial\boldsymbol{D}/\partial t$ を加える必要がある．

$$\int_c H_c \mathrm{d}c=\iint_s i_n \mathrm{d}s+\iint_s \frac{\partial D_n}{\partial t} \quad \text{ベクトル記号では}$$

$$\int_c \boldsymbol{H}\cdot \mathrm{d}\boldsymbol{c}=\iint_s \boldsymbol{i}\cdot \mathrm{d}\boldsymbol{s}+\iint_s \frac{\partial \boldsymbol{D}}{\partial t}\cdot \mathrm{d}\boldsymbol{s} \tag{2·10}$$

(3)　ガウスの定理

ガウス（ドイツの数学，物理学者：1777～1855）の定理とは図2·6のように閉じた曲面 S 内に電荷 Q があるとき，その閉曲面を垂直に貫く電束の総数は Q に等しいという定理である．曲面の微小面積を ds，$\boldsymbol{D}$ の ds に垂直な成分を D_n，ρ を電荷密度とすると次式となる．

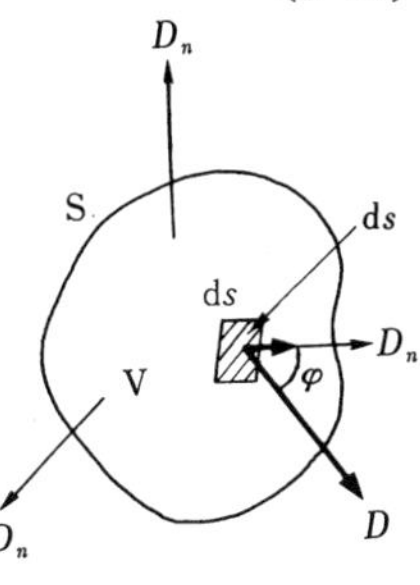

図2·6　ガウスの定理

$$\iint_s D_n \mathrm{d}s=\iint_s \boldsymbol{D}\cdot \mathrm{d}\boldsymbol{s}=Q=\iiint_v \rho \mathrm{d}v \tag{2·11}$$

閉曲面内に磁荷のある場合の磁束についても同様な式が成り立つ．ただ，閉曲面内の磁荷は常に＋，－が1対すなわち双極子として存在するので総計は零である．

$$\iint_s B_n \mathrm{d}s=\iint_s \boldsymbol{B}\cdot \mathrm{d}\boldsymbol{s}=0 \tag{2·12}$$

ここで注意することは式（2·11），（2·12）は時間的に変化する $\boldsymbol{D}$，ρ，$\boldsymbol{B}$ についても各瞬間を考えればよいので成り立つことである．なおガウスの定理は，先のファラデー，アンペールの法則から導ける．

(4)　マックスウェルの電磁方程式

これまで述べた式（2·8）～（2·12）は電磁界の基本となる式でマックスウェルの電磁方程式の積分形と言われる．これらの式で考えている閉曲線，閉曲面はその形や大きさに関係なく成立するが，やはり大きさは有限である．そこでマックスウェルは更にこの大きさを極限に小さくして空間の一点における関係式を作った．これは丁度力学における運動を考える場合，距離，時間を無限小にして微分方程式を作ると，その後はこの微分方程式からいろいろ重要な性質がでてくるのと全く同じである．ベクトル解析の

ストークスの式 $\iint_s (\nabla \times \boldsymbol{A})\cdot d\boldsymbol{s} = \int_c \boldsymbol{A}\cdot d\boldsymbol{c}$，および

ガウスの式 $\iiint_v \nabla\cdot\boldsymbol{D}dv = \iint_s \boldsymbol{D}\cdot d\boldsymbol{s}$

を使うと次式のマックスウェルの電磁方程式（積分形に対して微分形と言われることもある）が得られる．なお角周波数 ω で変化する電磁界では $\partial/\partial t = j\omega$ 均質，等方性媒質中では $\boldsymbol{D}=\varepsilon\boldsymbol{E}$，$\boldsymbol{B}=\mu\boldsymbol{H}$ であるから（ ）′ の式となる．

$$\left.\begin{array}{llll} \nabla\times\boldsymbol{E} = -\dfrac{\partial\boldsymbol{B}}{\partial t} & (1) & \nabla\times\boldsymbol{E} = -j\omega\mu\boldsymbol{H} & (1)' \\ \nabla\times\boldsymbol{H} = \boldsymbol{i}_c + \dfrac{\partial\boldsymbol{D}}{\partial t} \quad \text{ただし } \boldsymbol{i}_c = \sigma\boldsymbol{E} & (2) & \nabla\times\boldsymbol{H} = (\sigma + j\omega\varepsilon)\boldsymbol{E} & (2)' \\ \nabla\cdot\boldsymbol{D} = \rho & (3) & \nabla\cdot\boldsymbol{E} = \rho/\varepsilon & (3)' \\ \nabla\cdot\boldsymbol{B} = 0 & (4) & \nabla\cdot\boldsymbol{H} = 0 & (4)' \end{array}\right\} \quad (2\cdot13)$$

ここで▽記号（nabla）は直角座標では $\boldsymbol{i}$，$\boldsymbol{j}$，$\boldsymbol{k}$ をそれぞれ $\boldsymbol{x}$，$\boldsymbol{y}$，$\boldsymbol{z}$ 方向の単位ベクトルとすると，$\nabla = \boldsymbol{i}\dfrac{\partial}{\partial x} + \boldsymbol{j}\dfrac{\partial}{\partial y} + \boldsymbol{k}\dfrac{\partial}{\partial z}$ で表わされる演算子で，$\nabla\times\boldsymbol{E}$ は▽と $\boldsymbol{E}$ のベクトル積を示し，$\nabla\times\boldsymbol{E} = \mathrm{rot}\,\boldsymbol{E} = \mathrm{curl}\,\boldsymbol{E}$ と表記されることもあり，また $\nabla\cdot\boldsymbol{D}$ は▽と $\boldsymbol{D}$ の内積で，$\nabla\cdot\boldsymbol{D} = \mathrm{div}\,\boldsymbol{D}$ と書く場合も多い（付録1参照）．

マックスウェルはこれらの式から電磁エネルギーが媒質のない真空中も伝わることや，そのとき波動の状態で伝わっていくことを予言し，その後ヘルツ（ドイツの物理学者：1857～1894）によって実験で確認されたのはあまりにも有名であり，その後約100年を経過しているが全ての巨視的電磁現象でマックスウェルの式と異っているものは見当らないので式（2·13）で全ての説明がつくと言える．しかしながら式（2·13）は連立偏微分方程式であるので，これを実際の場合，境界条件を満足するように厳密に解くのは一般に容易でない．

(5) 複素誘電率と複素透磁率

前述のマックスウェルの電磁方程式では ε, μ は実数で，導電電流密度 $\boldsymbol{i}_c$ は導電率 σ を使って $\boldsymbol{i}_c=\sigma\boldsymbol{E}$ として扱ったが実際の媒質では ε, μ および σ も周波数の関数となるため直流値の σ を使用することは適当でない．そこでむしろ比誘電率 ε_r を複素数 $\varepsilon_r{}^*=\varepsilon'-j\varepsilon''$ とすると，

$$\frac{\partial \boldsymbol{D}}{\partial t}=j\omega\varepsilon_0\varepsilon_r\boldsymbol{E}=j\omega\varepsilon_0(\varepsilon'-j\varepsilon'')\boldsymbol{E}=(j\omega\varepsilon_0\varepsilon'+\omega\varepsilon_0\varepsilon'')\boldsymbol{E} \tag{2·14}$$

と書けるので複素比誘電率 ε_r の実数部 ε' は，今迄の ε_r と全く同じで $\omega\varepsilon_0\varepsilon''$ は σ に相当するものになる．従って $\varepsilon''=\sigma/\omega\varepsilon_0$．また，導電電流と変位電流の大きさの比 $I_c/I_D=\sigma/\omega\varepsilon'\varepsilon_0=\varepsilon''/\varepsilon'=\tan\delta_\varepsilon$ となる．

また磁性体を電磁波で使う場合には，磁気的損失も存在するので透磁率に対しても複素透磁率 $\mu_r=\mu'-j\mu''$, $\mu''/\mu'=\tan\delta_\mu$ を使用すると便利である．

複素 ε^*, μ^* を使うと角周波数 ω の電磁界に対するマックスウェルの式は以下のように簡単になる．

$$\left.\begin{aligned}
&\nabla\times\boldsymbol{E}=-j\omega\mu_0\mu_r{}^*\boldsymbol{H}\\
&\nabla\times\boldsymbol{H}=j\omega\varepsilon_0\varepsilon_r{}^*\boldsymbol{E}\\
&\nabla\cdot\boldsymbol{D}=\rho\\
&\nabla\cdot\boldsymbol{B}=0
\end{aligned}\right\} \tag{2·15}$$

$\varepsilon_r{}^*$, $\mu_r{}^*$ のマイクロ波帯における値は，測定により求められる．その方法については1·7節でふれたが，詳しくは第9章で述べる．

2·3 電磁波の発生（アンテナからの放射）

電磁波がどのように空間に放射されるのかについて調べてみる．

図2·7(a)のように高周波発振器を先端開放の平行2線に接続すると，この線路は分布定数線路として動作して終端の電流は零であっても，他の点では電流が流れ最大振幅は点線のような分布となる．いまこの線路を上下に開くと(b)のように1本の線となるが，電流分布はほぼ(a)の場合と同じで上下端で小さく中央で大きくなる．この線からは電磁波が空間に放射されるのでアンテナと呼ばれている．以下この放射過程について調べる．なお(a)図の場合には先に述べたように，上下の線に逆向きに電流が流れ打消し合い放射はない．(b)図のアンテナで長さが波長に比べて小さく，電流が一様に分布しているようなアンテナを

考え，微小電流素子アンテナあるいはヘルツダイポールまたは微小ダイポールと呼んでいる．微小電流素子アンテナの放射がわかれば，(b)図の有限長アンテナの放射は積分により容易に計算できる．

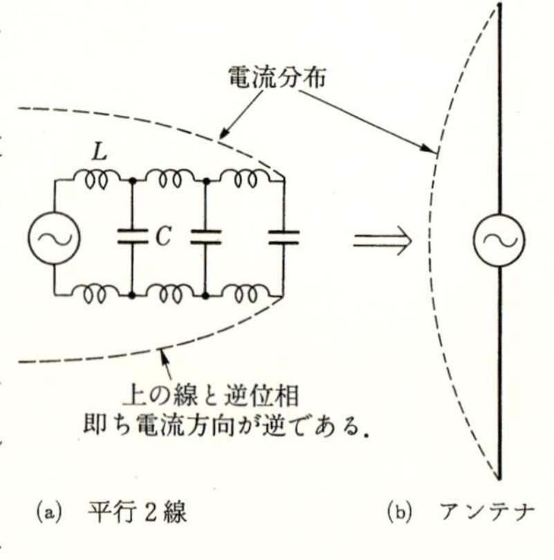

図2·7　半波長アンテナの電流分布

図2·8でまず(a)のように電流が上向きのときには，電束線は正電荷から発生し負電荷に終わるので，電荷の移動につれて動き(c)のように電流が下向きになると電束は閉ループを作り，アンテナ導体を離れ(d)，(e)のように次第に外側に進む．電荷は発振源と同じ周波数で変化するので，電束線も同じ周波数 f で変化する．電束線が外側に進むと，前節(1)で述べたようにアンペールの法則によって磁界をさらに磁界から電界を生ずるので，電界，磁界が組合って光速で外側に拡がって行く．この様子を示したのが図2·9である．

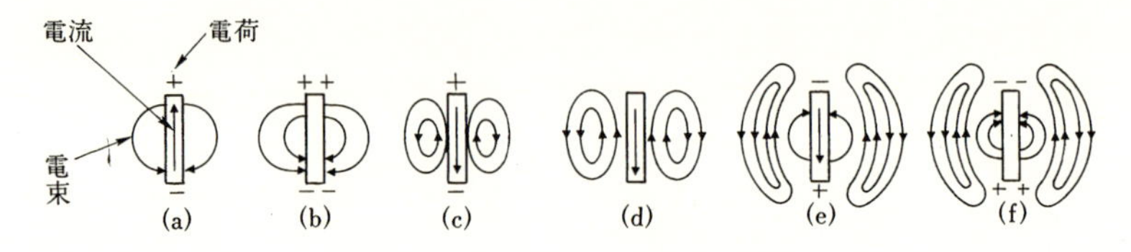

図2·8　微小ダイポールの電流と電束

図2·9で θ が $\pi/2$ の面（$x-y$ 面）上の電界（y 軸上の電界）に着目すると，電界は E_θ 成分のみで $x-y$ 面に垂直で図の正弦波で示したように大きさ，方向が変化する．磁界は⊗，⊙（⊗は紙面に垂直で表から裏に向かうベクトル，⊙は逆方向ベクトル）で示したようにやはり正弦波状に変化するが，H_φ 成分のみで磁力線はアンテナを囲む $x-y$ 平面内の円形閉曲線になっている．なお図2·9は任意の瞬間に対する空間分布で，時間が変化すれば各点の E, H 等は方向は一定であるが大きさおよび向きが変化する．

図の空間の任意の点Pの E, H を定量的に求めるには，式（2·13）のマックスウェルの電磁方程式を解く必要があるが，（誘導は付録2参照）以下に結果

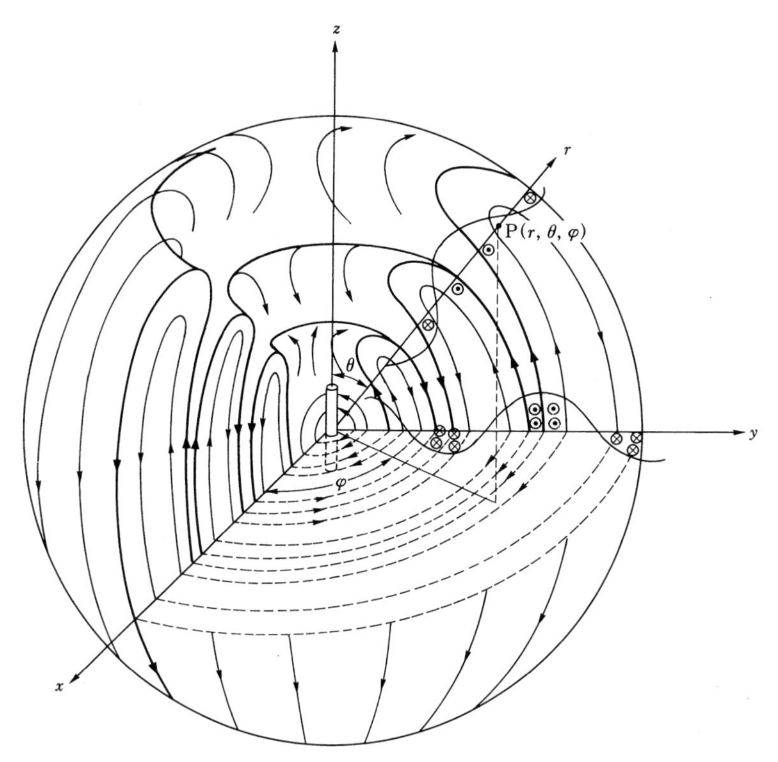

図 2·9　微小ダイポールによる放射電磁界

とその意味を説明する．角周波数 ω で一様な電流 I_0 が流れている波長 λ に比べて小さい長さ l の微小ダイポールから，r の点の $\boldsymbol{E}$ $(r,\ \theta,\ \varphi)$ $\boldsymbol{H}$ $(r,\ \theta,\ \varphi)$ は以下の式となる．なお空間は無損失 $\varepsilon''\to 0$ と考えている．

$$
\left.
\begin{aligned}
E_r &= \frac{-jI_0 l}{2\pi\omega\varepsilon_0\varepsilon'}\left(\frac{1}{r^3}+j\frac{\beta}{r^2}\right)\cos\theta\, e^{-j\beta r} \\
E_\theta &= \frac{-jI_0 l}{4\pi\omega\varepsilon_0\varepsilon'}\left(\frac{1}{r^3}+j\frac{\beta}{r^2}-\frac{\beta^2}{r}\right)\sin\theta\, e^{-j\beta r} \\
H_\varphi &= \left(\frac{\beta}{\omega\mu_0\mu'}\right)\frac{-jI_0 l}{4\pi\omega\varepsilon_0\varepsilon'}\left(j\frac{\beta}{r^2}-\frac{\beta^2}{r}\right)\sin\theta\, e^{-j\beta r} \\
E_\varphi &= H_r = H_\theta = 0 \qquad \beta：\text{位相定数}=2\pi/\lambda
\end{aligned}
\right\}
\quad (2\cdot 16)
$$

微小ダイポールから十分離れている点では，$1/r^3$，$1/r^2$ で変化する E，H は $1/r$ で変化するものに比べて無視できるので，$1/r$ に関係する項だけを考えればよい．これは放射電磁界と呼ばれているもので次式のように簡単になる．

$$E_\theta = Z_0 H_\varphi, \qquad H_\varphi = j\frac{I_0 l}{2\lambda r}\sin\theta\, e^{-j\beta r} \tag{2·17}$$

ただし，媒質の固有インピーダンス $Z_0 = \frac{\omega\mu_0\mu'}{\beta} = \sqrt{\frac{\mu_0}{\varepsilon_0}}\sqrt{\frac{\mu'}{\varepsilon'}}$

で，瞬時値 $h_\varphi = Re\, H_\varphi e^{j\omega t} = \frac{-I_0 l}{2\lambda r}\sin\theta\sin(\omega t - \beta r)$

である．一般に電界 $\boldsymbol{E}$ は r が一定の球面上で θ，φ の関数となるので，この様子を示したものを電界指向性図と呼んでいる．式（2·17）では子午面（y-z）内の指向性は $\sin\theta$ で図2·10(a)のようになる．赤道面（x－y）内の指向性は E_θ が φ の関数でない．すなわち φ が変化しても一定なので(b)のように無指向性となる．なお，x－y 面を地面とすると各々垂直，水平面指向性と呼ばれている．

一般のアンテナによる E，H を考えるときには，受信点は送信アンテナから，非常に離れた距離にあるので，この式で十分である．しかしながらマイクロ波電力応用で使われるアプリケータ等では放射源の近くに，被照射体があるので準静電界，誘導電磁界と呼ばれる式（2·16）で $1/r^3$，$1/r^2$ に関係する項も考慮する必要がある．

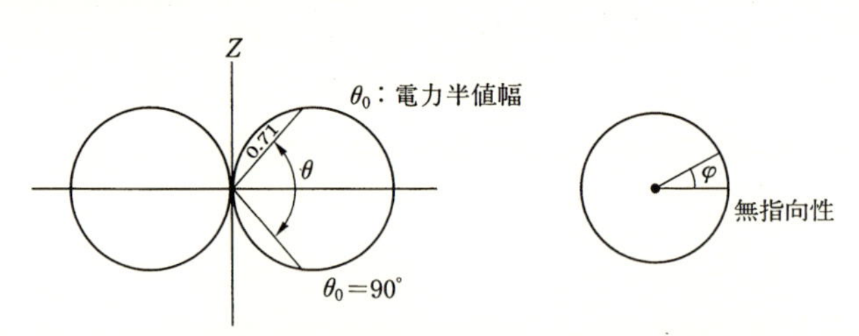

(a) 垂直面指向性　　(b) 水平面指向性

図2·10 微小ダイポールアンテナの指向性

2·4　伝送エネルギー

(1)　複素電力

いま図2·11のように L, R, C が直列な集中定数回路に複素電圧 V を加えた場合の端子からの平均入力電力について考える．V を加えると電流 I が流れ，瞬時電力 p は瞬時電圧，電流を v, i と書くと $p=vi$ となり，これを VI で表示することを考える．複素数 A の共役複素数を A^* とすると A の実数部 $Re\,A=\frac{1}{2}(A+A^*)$, $(e^{j\omega t})^*=e^{-j\omega t}$ となるので以下の式が得られる．

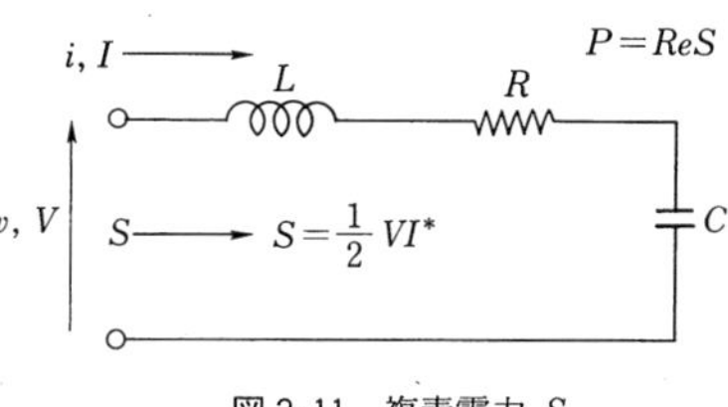

図2·11　複素電力 S

$$p=vi=Re\,Ve^{j\omega t}\cdot Re\,Ie^{j\omega t}=\frac{1}{4}(Ve^{j\omega t}+V^*e^{-j\omega t})(Ie^{j\omega t}+I^*e^{-j\omega t})$$

$$=\frac{1}{4}(VIe^{j2\omega t}+V^*I^*e^{-j2\omega t}+VI^*+V^*I)=\frac{1}{2}Re\{VI^*+VIe^{j2\omega t}\}$$

ここで応用上重要な平均電力 P を考えると，これは1周期 T に渡っての p の平均をとればよいので

$$P=\frac{1}{T}\int_0^T p\mathrm{d}t=\frac{1}{2}Re\,VI^* \tag{2·18}$$

となり平均電力は複素電圧 V と複素電流の共役値 I^* の積の1/2の実数部となる．なおここでは V, I の絶対値 $|V|$, $|I|$ は最大振幅値として扱っているが，これを実効値として扱う場合もあるので注意が必要で，そのときは $P=VI^*$ となる．式 (2·21) で $(1/2)VI^*$ は複素入力電力 S と呼ばれるもので虚数部の意味について考える．

$$S=\frac{1}{2}VI^*=\frac{1}{2}ZII^*=\frac{1}{2}\left(R+j\omega L-j\frac{1}{\omega \mathrm{C}}\right)II^*$$

ここで抵抗 R すなわち熱に消費される電力損 P_l は一般に複素数 A と A^* の積，$AA^*=|A|^2$ であるから，$P_l=(1/2)RII^*$ となり，一方インダクタンス L の付近に蓄えられる磁気エネルギーの時間平均値 $W_m=(1/4)LII^*$ で，容量 C の所に蓄えられる電気エネルギーの時間平均値 W_e は C に蓄えられるエネル

ギー $\frac{1}{2}CV_cV_c^*$ であるから $W_e=1/4(II^*/\omega^2C)$ となり，

$$S=\frac{1}{2}VI^*=\frac{1}{2}ZII^*=P_l+2j\omega(W_m-W_e) \qquad (2\cdot19)$$

と書ける．従って複素エネルギーSの虚数部（j の付いた項）は磁気エネルギーと電気エネルギーの時間平均値の差と 2ω の積であることを示している．この式はまた P_l, W_m, W_e がわかっている場合には図2·11の等価回路表示ができることを示している．

(2)　**複素ポインティグ・ベクトル**

つぎに電磁波におけるエネルギー関係を調べることにする．図2·12のように閉曲面 S を考え，S 上の複素電界，磁界を各々 $\boldsymbol{E}$, $\boldsymbol{H}$ とし，S 内の体積 V において電磁界が熱に変換される電力損失を P_l, 磁気エネルギーの時間平均を W_m, 電気エネルギーの時間平均を W_e とすると，マックスウェルの電磁方式（2·13）の(1)に H^* を乗じ，これから(2)に E^* を乗じたものを引きベクトル解析のガウスの定理を使うと式（2·19）と全く同様な式が得られる．

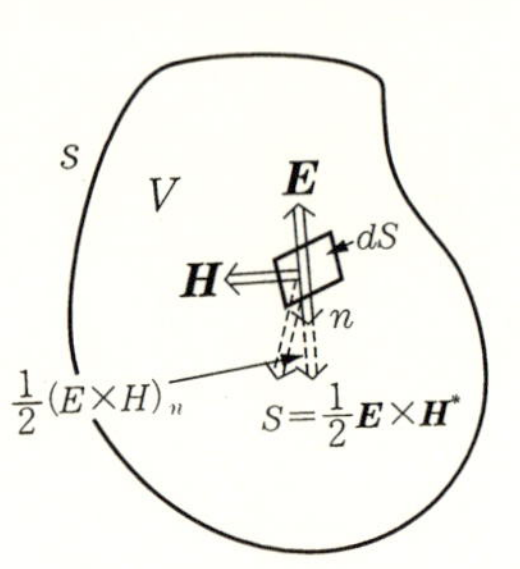

図2·12　複素ポインテングベクトル

$$\frac{1}{2}\iint_s(\boldsymbol{E}\times\boldsymbol{H}^*)\cdot\boldsymbol{n}\,\mathrm{ds}=P_l+2j\omega(W_m-W_e) \qquad (2\cdot20)$$

$\boldsymbol{S}=\frac{1}{2}\boldsymbol{E}\times\boldsymbol{H}^*$ は複素ポインティングベクトルと呼ばれるベクトル量で単位面積を通過する複素電力を示している．従って上式の左辺は閉曲面を通して V 内に入ってくる複素電力の総量を示し，その実数部は P_l に等しく虚数部は W_m と W_e の差の 2ω 倍に等しいことがわかる．ここで W_m は単位体積中に蓄えられる磁気的エネルギーの時間平均 $W_m'=\left(\frac{\mu_0\mu'}{4}\right)H\cdot\boldsymbol{H}^*$ を，W_e は単位体積中に蓄えられる電気的エネルギーの時間平均 $W_e'=\left(\frac{\varepsilon_0\varepsilon'}{4}\right)\boldsymbol{E}\boldsymbol{E}^*$ を各々体積 V に積分したものである．以上のように，マックスウェルの電磁方程式から $\boldsymbol{E}$ と

$\boldsymbol{H}$ が組合って伝搬しているとエネルギーを運ぶことが可能なことがわかる．

2·5 平面波・球面波の性質

(1) 平面波の性質

電磁波の伝搬（伝わり方）には多くの種類があるが，この内で最も基本的で重要なものが一様な平面波（通常単に平面波と呼ばれることが多い）である．平面波とは進行方向に垂直な平面内では波の位相が場所に拘らず一定で，一様な平面波ではさらに振幅も一定である．以下一様な平面波の性質を調べる．

(a) いま図2·13のように z 方向に平面波が伝搬している場合には x–y 面上では定義から $\boldsymbol{E}, \boldsymbol{H}$ の大きさは一定である．従って $0ABC0$ の閉曲線を考え，2·2節のように変位電流によるアンペールの法則を適用すると，x–y 面で $\boldsymbol{H}$ は一定であるから閉曲線に従っての一周積分は零となる．従って

$$\int_c H_c \mathrm{d}c = 0 = \int\int_s j\omega\varepsilon E_n \mathrm{d}s$$

が成り立つ．この場合 E_n は E_z であるので進行方向の電界の成分は零と言える．同様に同じ閉曲線に対しファラデーの電磁誘導法則を適用すると，E_c の閉曲線に沿っての積分は零となるので H_z は零となる．このように一様な平面波は進行方向の E, H の成分が零の波すなわち TEM 波（Transverse Electro Magnetic wave）である．一般には $\boldsymbol{E}$ も $\boldsymbol{H}$ も x–y 面内で任意の方向を向いているが（b図）このような場合 x 成分 E_x, H_x, y 成分 E_y, H_y に分解

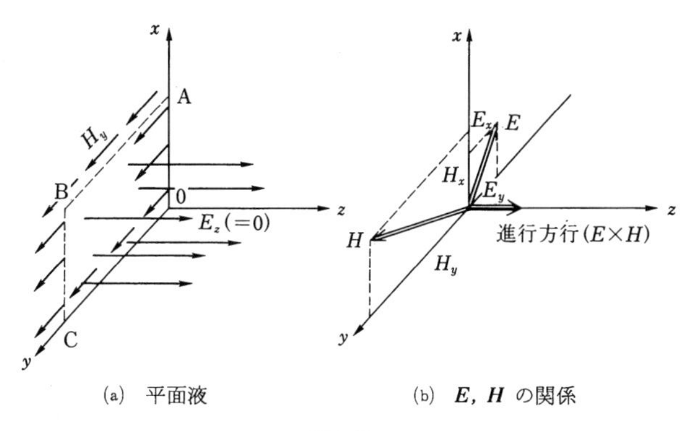

(a) 平面液　　(b) $\boldsymbol{E}, \boldsymbol{H}$ の関係

図2·13

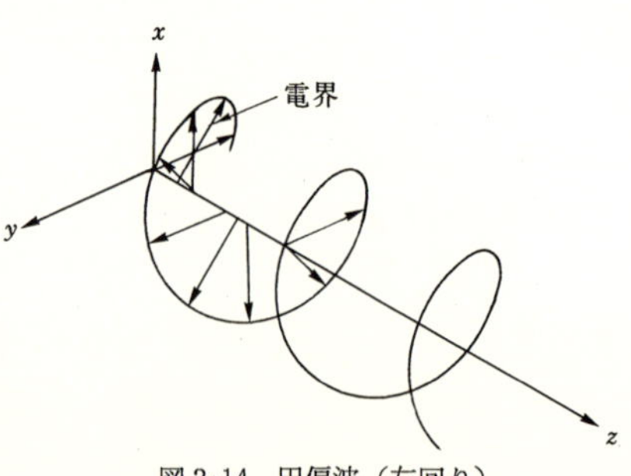

図2・14　円偏波（左回り）

して考えればよい．いま電界が x 成分すなわち E_x のみの場合，この電磁波は直線偏波で y–z 面を地面としたとき垂直偏波と呼ばれ，同様に E_y のみの場合は水平偏波と呼ばれる．また垂直面内で図2・14のように電界の方向が変化しその先端の軌跡が円である波を右回り，左回り（正，負）の円偏波と呼ぶ．この時磁界も E に直交して同方向に回転する円偏波である．なお図の左，右回り円偏波は x, y 軸上に置かれた直交する2つのアンテナにより同振幅，±90°位相差のある直線偏波によって作ることができる．

(b)　いま x 方向に偏波した電磁波が z 方向に速度 v で進むとき，どのような形で伝搬するかを考える．$z=0$ においては電界 E_x は角周波数 ω で変化しているので初期位相 θ を零とすると瞬時値 e は $e=|E_x|\cos\omega t$ である．この電界が速度 v で進むので z の点においては当然

$$e=|E_x|\cos\omega\left(t-\frac{z}{v}\right)=|E_x|\cos(\omega t-\beta z) \qquad (2\cdot21)$$

の形となり $z/v=t'$ は $z=0$ から z の点までの伝搬時間を示している．ここで $\beta=\omega/v=2\pi/\lambda$ は位相定数と呼ばれるもので単位長当りの位相変化を示している．これを図示すると，図2・15のように $t=0$ の波の一点P点は時間の経過と共に $+z$ の方向に移動し，また任意の z 点で考えると時間と共に正弦的に変化して波動を示していることがわかる．同一位相間の距離 λ は波長で $\lambda=2\pi/\beta$ である．この波動の伝搬速度 v_p は位相の一定の点の移動速度であるから，$\omega t-\beta z=$定数 から $\omega \mathrm{d}t-\beta \mathrm{d}z=0$ となり，

$$v_p=\frac{\mathrm{d}z}{\mathrm{d}t}=\frac{\omega}{\beta}$$

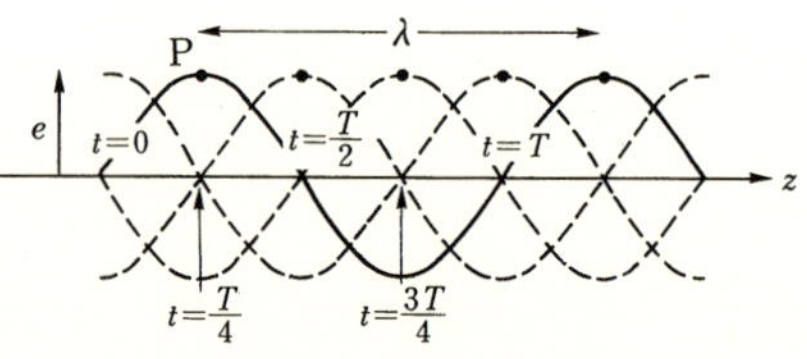

図2・15　平面波の伝搬

の関係があり，厳密には定義から v_p は位相速度と言われている．ここで式（2・21）の電界を複素数表示すると，

$$\boldsymbol{E}=\boldsymbol{E}_x e^{-j\beta z} \qquad (2\cdot21)'$$

と表示できる．$\beta=\omega/v=\omega\sqrt{\varepsilon_0\mu_0}\sqrt{\varepsilon'\mu'}$ で損失のある媒質では ε', μ' が複素数 ε_r^*, μ_r^* となり β も複素数となる．この複素数を γ，実数部を α，虚数部を β と書きなおすと，一般の媒質では

$$\boldsymbol{E}=\boldsymbol{E}_x e^{-\gamma z} \qquad \text{ただし}\quad \gamma=\alpha+j\beta \qquad (2\cdot22)$$

となる．γ を伝搬定数，α を減衰定数，β を位相定数と呼んでいる．α, β と ε', ε'', μ', μ'' の関係は，$\tan\delta_\varepsilon=\varepsilon''/\varepsilon'$, $\tan\delta_\mu=\mu''/\mu'$ とすると

$$\left.\begin{aligned}\alpha&=\frac{2\pi}{\lambda_0}\sqrt{\varepsilon'\mu'}\sqrt{\frac{1-\tan\delta_\varepsilon\tan\delta_\mu}{2}\left(\sqrt{1+\tan^2(\delta_\varepsilon+\delta_\mu)}-1\right)}\\ \beta&=\frac{2\pi}{\lambda_0}\sqrt{\varepsilon'\mu'}\sqrt{\frac{1-\tan\delta_\varepsilon\tan\delta_\mu}{2}\left(\sqrt{1+\tan^2(\delta_\varepsilon+\delta_\mu)}+1\right)}\end{aligned}\right\} \qquad (2\cdot23)$$

となる．つぎに式（2·22）の複素表示を瞬時値になおすと，

$$\begin{aligned}e&=Re\,E_x e^{-\gamma z}e^{j\omega t}=Re\,E_x e^{-(\alpha+j\beta)z}e^{j\omega t}\\ &=|E_x|e^{-\alpha z}\cos(\omega t-\beta z-\theta) \qquad \text{但し}\quad E_x=|E_x|e^{-j\theta}\end{aligned} \qquad (2\cdot24)$$

となり図2·16のように z 方向に進むに従って減衰する波であることがわかる．なお一般には $e^{-\gamma z}$ に対応して $-z$ 方向に進む $e^{\gamma z}$ も存在する．

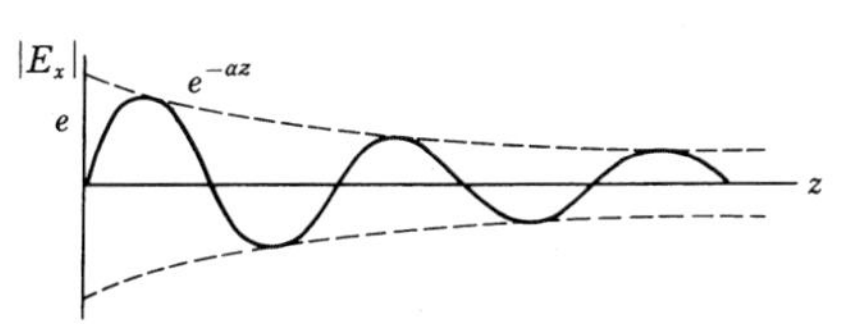

図2·16　平面波（減衰のある場合）

(c)　電界と磁界の関係は(a)の積分を $x-z$, $y-z$ 面で行うと容易にわかるように ε, μ の媒質内で E_x に対応して H_y が生じその間には

$$H_y=\varepsilon_0\varepsilon_r v E_x=\sqrt{\frac{\varepsilon_0}{\mu_0}}\sqrt{\frac{\varepsilon'}{\mu'}}E_x$$

の関係があり，E_y に対する $-H_x$ にも適用され

$$Z_0=\frac{E_x}{H_y}=-\frac{E_y}{H_x}=\sqrt{\frac{\mu_0}{\varepsilon_0}}\sqrt{\frac{\mu'}{\varepsilon'}} \qquad (2\cdot25)$$

となり Z_0 を媒質の固有インピーダンスと呼んでいる．損失のある媒質では ε', μ' を複素数とすればよいので Z_0 は次式となる．

$$Z_0=\sqrt{\frac{\mu_0}{\varepsilon_0}}\sqrt{\frac{\mu'-j\mu''}{\varepsilon'-j\varepsilon''}} \qquad (2\cdot25)'$$

なお真空中では $Z_0=\sqrt{\mu_0/\varepsilon_0}\simeq 120\pi\simeq 376.6\,\Omega$ である．

(d)　上述のように E_x に H_y が，E_y に $-H_x$ が対応しているので，電界 $\boldsymbol{E}$ と磁界 $\boldsymbol{H}$ は空間で直交して，ポインティングベクトルでも示したように $\boldsymbol{E}\times\boldsymbol{H}$ の方向すなわち z 方向に進む．なお円偏波のように $\boldsymbol{E}$ が伝搬と共に ω で回転するとき，$\boldsymbol{H}$ も常に $\boldsymbol{E}$ に直交して ω で回転する．

(e)　平面波で運ばれるエネルギーについて考えてみると単位面積当り $S=(1/2)E\times H^*$ の複素電力が進みその実数部は進行電力の時間平均となるが，$|E|=Z_0|H|$ の関係を使うと，

$$|Re\,S|=\frac{1}{2}Z_0|H|^2,\ =\frac{1}{2}\frac{1}{Z_0}|E|^2$$

となる．一方，電磁界に各々蓄えられるエネルギーは，$|E|=Z_0|H|$ の関係から，単位体積当り，

$$W_e=\frac{1}{4}\varepsilon_0\varepsilon_r|E|^2=\frac{1}{4}\varepsilon_0\varepsilon_r|Z_0H|^2=\frac{1}{4}\mu_0\mu_r|H|^2$$

となり，平面波においては電界に蓄えられるエネルギーと磁界に蓄えられるエネルギーが等しいことがわかる．つぎに全エネルギーの時間平均 $W_e+W_m=(1/2)\varepsilon_0\varepsilon_r|E|^2$ が v の速度で進むと，

$$\frac{1}{2}\varepsilon_0\varepsilon_r|E|^2\times\frac{1}{\sqrt{\varepsilon_0\mu_0}\sqrt{\varepsilon_r\mu_r}}=\frac{1}{2}\sqrt{\frac{\varepsilon_0}{\mu_0}}\sqrt{\frac{\varepsilon_r}{\mu_r}}|E|^2=\frac{1}{2}\frac{1}{Z_0}|E|^2$$

となりポインティングエネルギーに等しく，この点からも $Re\,S$ はエネルギーの流れを示していることがはっきりする．

(2)　**球面波**

等位相面が球面である波を球面波と呼び，球座標で r 方向に進む．この場合媒質に損失がなければ全球面上を通過する全エネルギーは常に等しいので $4\pi r^2\cdot F(E)^2=\mathrm{const}$，従って電界の振幅は平面波の場合は距離に無関係であったのに反して $1/r$ で変化する．2·3節で述べた微小ダイポールから放射される放射電界，磁界は球面波である．すなわち位相の項は $e^{-j\beta r}$ で r が一定なら球面上で同位相である．

2·6 平面波の反射，屈折

平面波が進行しているとき媒質の電気定数すなわちε, μの異なる境界面において，一部は反射し，一部は屈折して境界面を透過して行く．このような現象は媒質内の電磁波の速度が$v=c/\sqrt{\varepsilon_r \mu_r}$であることやホイゲンスの原理から説明できるが，定量的には以下の電磁界の境界条件から導く方法がよい．

(1) 電磁界の境界条件

図2·17のように境界面によって媒質1と媒質2に分けられ，媒質1の境界上の電界E_1，磁界H_1の境界面に沿った成分をE_{t1}, H_{t1}で表わし，媒質2でも同様に添字2で表わす．この境界面にABCDAの閉曲線を考え，ここに2·2節のファラデーの電磁誘導法則式（2·8）を適用し，高さBC=DA→0とすると，$E_{t1}=E_{t2}$となり電界の境界面への接線成分は連続であることがわかる．同様に先の閉曲線に式（2·10）のアンペールの法則を適用すると，媒質2が完全導体で表面電流密度$\boldsymbol{J}_s$（紙面に直角方向）が存在しない限り$H_{t1}=H_{t2}$となり，磁界の接線成分も連続となる．つぎに電束密度$\boldsymbol{D}$の法線成分をD_{n1}, D_{n2}とし，円筒Fの表面にガウスの定理式（2·11）を適用すると$D_{n1}-D_{n2}=\delta$となるが，媒質2が誘電体の場合は表面電荷密度δは零となり，$D_{n1}=D_{n2}$すなわち$\varepsilon_1 E_{n1}=\varepsilon_2 E_{n2}$となる．磁束密度の法線成分$B_{n1}, B_{n2}$に対しても同様に$B_{n1}=B_{n2}$となる．これらの関係式は電磁波が如何なる波動であっても，ともかく境界の各点においてこれらの式が成り立ち，式の形は静電界，静磁界の場合と全く同じになっている．なお媒質2が完全導体であるときの境界条件は，導波管内の電磁界等を考える場合に重要で，媒質2では2·5節の平面波の伝搬定数のαの式（2·24）からわかるように，電磁界は急激に減衰し零と考えてよいので$E_{t2}=D_{n2}=H_{t2}=B_{n2}=0$となり，従って次式が成立つ．

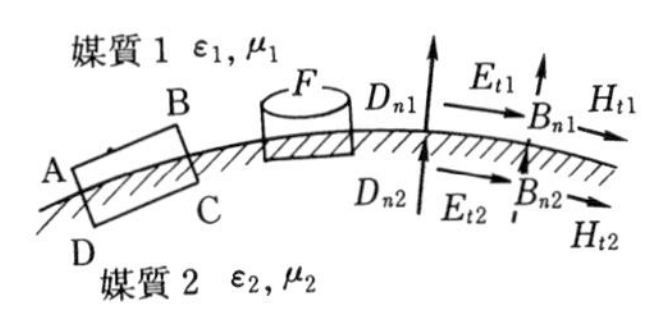

図2·17 境界条件

$$\left.\begin{array}{ll} E_{t1}=0 & D_{n1}=\varepsilon_1 E_{n1}=\delta \\ H_{t1}=J_s & B_{n1}=H_{n1}=0 \end{array}\right\} \quad (2\cdot 26)$$

(2) 2つの媒質の境界面における平面波の反射・屈折

図2·18のように平面波の入射波$\boldsymbol{E}_i$が境界面（x–y面）に入射角θ_iで入射

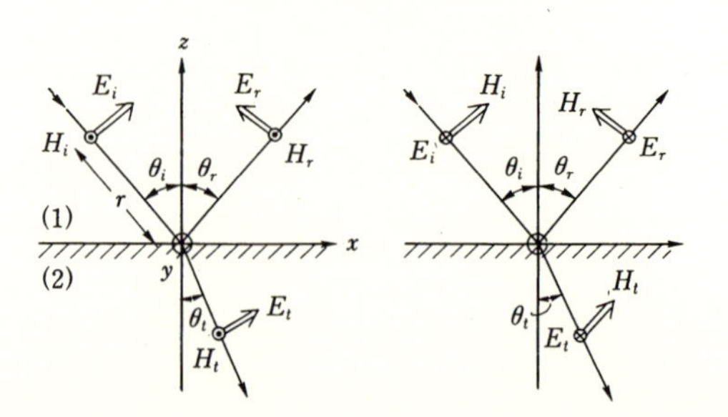

(a)　$\boldsymbol{E_i}$ が入射面内の場合　　(b)　$\boldsymbol{E_i}$ が入射面に垂直の場合

図2·18　平面波の反射，屈折

した場合の反射波 $\boldsymbol{E_r}$，透過波 $\boldsymbol{E_t}$ の関係について考える．入射電界が(a)図のように入射面（x–z 面）内にある場合と，図(b)のように入射面に垂直な場合で反射，透過の大きさが異なるので区別して考える必要がある．(a)図のように電界 $\boldsymbol{E}$ が入射面内にある場合を調べる．入射，反射，透過波の電界は平面波であるので原点からの距離を r と書き，式（2·21）で示したように $\boldsymbol{E_0}$ を r が零における電界とすると

$$\boldsymbol{E_i}=\boldsymbol{E_0}\,e^{-j\beta r}=E_0\,e^{-j\beta_1(x\sin\theta_i-z\cos\theta_i)}$$

のように表示でき，x–y 面における値は上式に $z=0$ を代入することにより，また x–y 面に接線方向の成分 E_{t1i} は $E_i\cos\theta_i$ から求まる．媒質1の E_{t1} は入射波による E_{t1i} と反射波による E_{t1r} の和になり，これが媒質2の E_{t2t} と等しいと置き式を作り，一方同様にして H の接線成分の式を作り，両者を組合わせることによりスネルの法則と呼ばれる θ_i, θ_r, θ_t の関係，およびフレネルの関係と言われる反射係数 $R_{/\!/}=E_r/E_i$，透過係数 $T_{/\!/}=E_t/E_i$ が求まる．つぎに電界 $\boldsymbol{E}$ が入射面に垂直な図(b)の場合も，$\boldsymbol{E}$ と $\boldsymbol{H}$ を入れ換えて考えれば同様にして $R_\perp$, $T_\perp$ を求めることができる．

a．スネルの法則

$$\theta_i=\theta_r,\ \ \frac{\sin\theta_i}{\sin\theta_t}=\frac{\gamma_2}{\gamma_1}=n \qquad (2\cdot27)$$

この法則は光学においてよく知られた法則で，入射波の偏波の方向に無関係に成立つ．n は媒質1に対する媒質2の相対屈折率と呼ばれ，媒質(1)が真空の場合，媒質(2)では通常 $\mu_r=1$ であるので完全誘電体では単に $n=\sqrt{\varepsilon_r}$ となる．

b．フレネルの関係式

（電界が入射面内）

$$
\left.
\begin{aligned}
R_{/\!/}&=\frac{\mu_1 n^2\cos\theta_i-\mu_2\sqrt{n^2-\sin^2\theta_i}}{\mu_1 n^2\cos\theta_i+\mu_2\sqrt{n^2-\sin^2\theta_i}}\\
T_{/\!/}&=\frac{2\mu_2 n\cos\theta_i}{\mu_1 n^2\cos\theta_i+\mu_2\sqrt{n^2-\sin^2\theta_i}}\\
&\text{（電界が入射面に垂直）}\\
R_{\perp}&=\frac{\mu_2\cos\theta_i-\mu_1\sqrt{n^2-\sin^2\theta_i}}{\mu_2\cos\theta_i+\mu_1\sqrt{n^2-\sin^2\theta_i}}\\
T_2&=\frac{2\mu_2\cos\theta_i}{\mu_2\cos\theta_i+\mu_1\sqrt{n^2-\sin^2\theta_i}}
\end{aligned}
\right\}\quad(2\cdot 28)
$$

ここで媒質に損失があると n が複素数となるため，反射係数 R および透過係数 T は複素数となることに注意する必要がある．ここで式（2·27），（2·28）から導かれる応用上重要な場合について考える．

(1) θ_i が90°に近いすなわち x–y 面を接地面としたとき，接地面から測った接地角（グレージング角）と呼ばれる入射角が非常に小さい場合には $R_{/\!/}=R_{\perp}=-1$ で透過波はなく全反射され，これは通常の VHF, UHF，マイクロ波ミリ波伝搬の地平面による反射の場合に相当している．

(2) 媒質1，2が完全誘電体の場合には，入射角が $\tan\theta_B=n$ を満足する θ_B の値において $R_{/\!/}$ は零となり，この θ_B はブルースタ角と呼ばれている．現在この現象はレーザ工学においてもレーザ管などに応用されている．

(3) n が1より小さい場合は，θ_t が θ_i より大きくなるので入射角を増加して行くと θ_t が90°となる入射角 θ_{i0} があり，そのとき $\sin\theta_{i0}=n$ が成立し，$\theta_i>\theta_{i0}$ の角度では透過波は零で $R_{/\!/}$，$R_{\perp}\to 1$ となり，この現象を全反射と呼んでいる．全反射は誘電体導波路や光ファイバーの中の伝搬を考える上で重要である．つぎに地平面に電波が入射したとき，反射係数の大きさと位相角は図2·19に示すように周波数により複素 ε_r が異なるために変化し，垂直偏波では入射角のある角度（準ブルースタ角と言われる）で反射波が小さくなっている．なおこれが零にならないのは媒質2が完全誘電体でないためである．

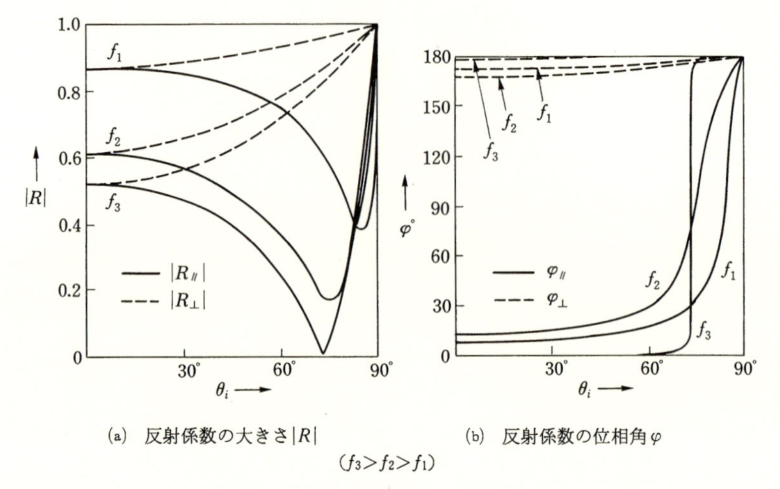

(a) 反射係数の大きさ$|R|$ (b) 反射係数の位相角φ

($f_3>f_2>f_1$)

図 2·19 地面の反射係数 $\boldsymbol{R}=|\boldsymbol{R}|e^{j\varphi}$

2·7 干渉・回折と散乱

(1) 干 渉

同一周波数の2つの電磁波が重なると，同一位相の点では強めあい，振動の山と谷すなわち逆位相になる点では打消しあって，空間に強，弱の場所を作り，光の場合には明暗のしまを作るような現象を干渉と呼んでいる．

a．干渉域における平面波の伝搬

干渉の1つの例として，いま図2·20のようにマイクロ波がA点で送信されB点で受信しているような場合を考える．A点からの電波は直接B点に行く直接波と，C点で反射してB点に達する2つの波の干渉（合成）として受信される．

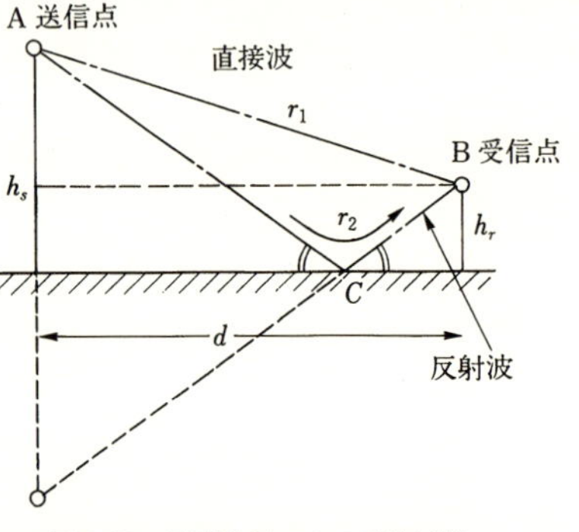

図 2·20 平面大地による干渉伝搬

2つの波の経路差

$$r_2-r_1\simeq\frac{(h_s+h_r)^2-(h_s-h_r)^2}{2d}=\frac{2h_sh_r}{d}$$

となるので位相差φは

$$\varphi=\frac{2\pi}{\lambda}\frac{2h_sh_r}{d}$$

となり合成電界 E は直接波による電界を E_0 とすると

$$E=E_0\{1+re^{j(\theta-4\pi hshr/\lambda d)}\} \tag{2·29}$$

となる．ただし $re^{j\theta}$ は大地の反射係数で，一般のレーダ，テレビの場合のように地表面すれすれに入射するときは，$re^{j\theta}=-1$ となるので，結局 E の大きさ $|E|$ は

$$|E|=2E_0\sin\frac{2\pi h_sh_r}{\lambda d}$$

となる．この式から分るように，受信アンテナの高さを変化すると強弱を繰り返す．このような現象は光でもよく見受けられ干渉じまと呼んでいる．

b．定在波

つぎにマイクロ波工学において重要な定在波について述べる．一般の干渉でできた波も定在波の一種と言えるが，普通は直進した波と反射して逆方向に進む波が干渉して作る波が重要である．

いま入射平面波が空間を図2·21のように $-z$ 方向に進んで，$z=0$ で反射する場合の入射波と反射波の合成について考える．媒質が無損失の場合には $\gamma=j\beta$ となるので，入射波 E_{in} は $Ae^{j\beta z}$ で瞬時値 $e_{in}=Re\,E_{in}e^{j\omega t}=|A|\cos(\omega t+\beta z)$，反射波 $E_r=Be^{-j\beta z}$ で $e_r=|B|\cos(\omega t-\beta z+\theta_r)$ と表わされる．

$z=0$ の反射体が金属板の場合は $|B|=|A|$ で θ_r は π となるので図2·21(a)〜(d)のように時間と共に各々右へ進む波，左へ進む波となる．図で実線は入射波，点線は反射波，太線は合成波である．

合成波の分布をまとめて書いた(e)図からわかるように，z の特定の点では(f)のように電界は時間と共に正弦振動をするのみで，波としての伝搬はない．$|E|$，$|H|$ の場所による変化を(g)に示した．このように入射，反射波の合成最大振幅値は場所により異なる値をとり，波としての伝搬はないので定在波（Standing Wave）と呼ばれている．なお，図で零点を節点，最大点を腹点と呼んでいる．その間の距離は $\lambda/4$ である．

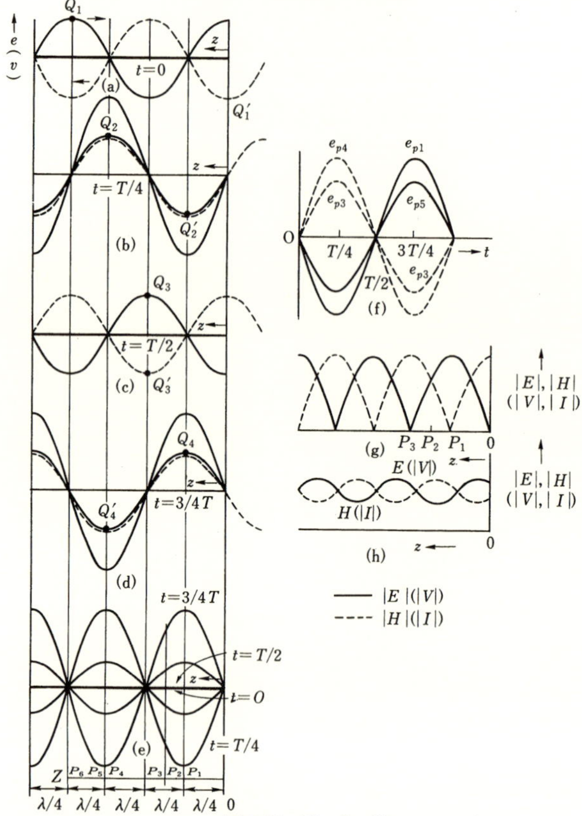

図2·21 定 在 波

なお，以上は反射係数が−1の場合で説明したが，その他の値の時は，節点において完全には零とならないで(h)のようになる．定在波のさらに詳しい性質は第3章で述べる．またここで述べたことは線路を伝搬する電圧波 V，電流波 I についてもそのまま適用できる．

(2) 回 折 (diffraction)

図2·22のように平面波が左から右へ進み，これを山岳のようなついたての陰の部分Bで受信する場合を考える．単なる幾何光学的な考え方からはB点に波は達しない

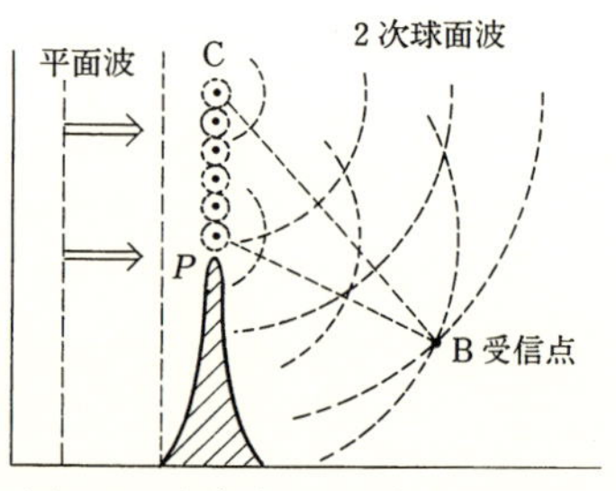

図2·22 山岳（ついたて）による回折

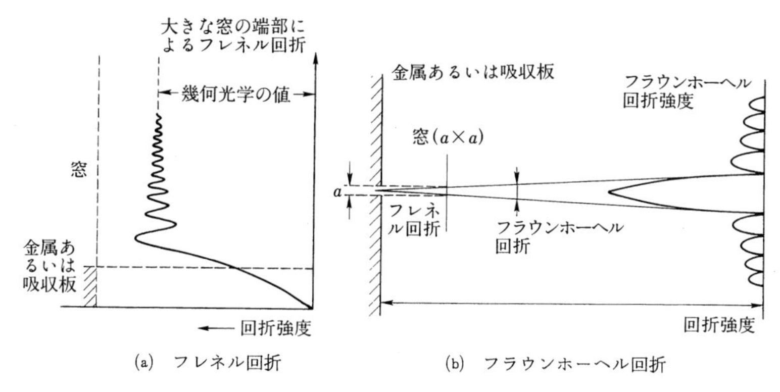

図 2·23 電磁波の窓による回折現象

が，実際はかなり弱くなるがB点に波が達し，この現象を回折現象と呼んでいる．いま波面がC点に達すると山岳の頂点Pから上方の空間には平面波の電磁界が存在し，波面上の各点からはホイゲンスの原理によって，2次的な素元波が生じ，その球面波をB点で合成したものがB点の波の強さとなると説明できる．

図 2·23のように導体板に窓があいている場合の窓から離れた観測点の電界強度は，窓に生じた2次波の合成によって図のような強度分布を生じ，光学では回折じまと呼ばれている．窓上の最も離れた2点と観測点を結ぶ直線が平行とみなせる程度に遠い所をフラウンフォヘル領域(b)と呼び，これに反し近い所の回折をフレネル回折(a)と呼んでいる．

この関係を数式的に表現したのが，キルヒホッフホイゲンスの式で開口面アンテナからの放射電磁界を計算する場合等に使われる（第8章マイクロ波アンテナ参照）．以上のように干渉では2つの波によって強弱ができたが，回折の場合は1つの入射光による2次波の干渉によって強弱ができる．

(3) 散 乱 (scattering)

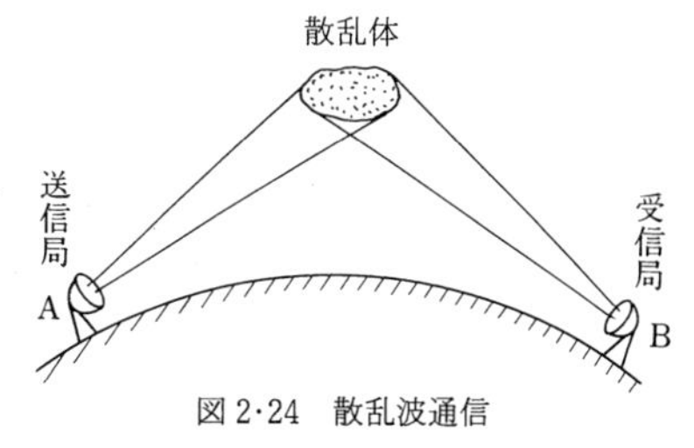

図 2·24 散乱波通信

図 2·24のようにマイクロ波が誘電体のかたまりに入射すると，入射波（一次波）により誘電体中の電荷が励振され，ちょうど誘電体はアンテナとして動作す

るため散乱波（2次波）を放射する．一般に対流圏には水蒸気のかたまりなどがあるので，この散乱現象を利用して図のようにすると見通し距離以上の通信ができるので，散乱波通信あるいはOH通信と言われ，最近の高感度マイクロ波増幅器の発展によって実用化されている．この他，散乱現象は導波路中に誘電体などをおいた場合に生じ，種々の回路素子として利用されている．

2·8　群速度，エネルギーの速度

2·5節で位相速度 $v_p=\omega/\beta$ について説明したが，図2·25のように単一正弦波の波を変調したとき，あるいはパルス状の波の線路上の伝送，あるいは媒質中の伝搬について考える．図のような信号は一般に，キャリアの角周波数 ω を中心に僅かに周波数の異なった正弦波の合成で表わされる．このため v_p が ω に依存しない非分散性線路（媒質）では各成分波の v_p は等しく，図の包絡線で表わされる信号も信号群としての速度，群速度 v_g で伝送される．この場合 $v_g=v_p=v_E$ である．なお v_E はエネルギーの速度で，単位体積（長）に含えられる時間平均電磁エネルギーを U，平均電力流を W_T と記すと $v_E=W_T/U$ である．一般にTEMモードで伝送される線路の v_p は ω に関係しないので非分散性線路である．

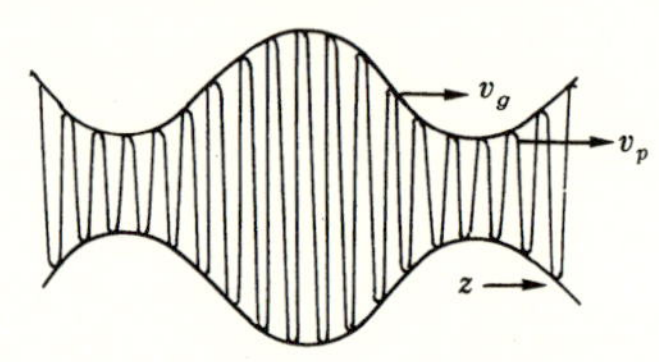

図2·25　郡速度 v_g と位相速度

次に導波管のような分散性導波路について考える．v_p は ω によって異なるため $v_p \neq v_g$ となる．いま図のような $e(t)=A(1+m\cos\omega_m t)\cos\omega t$ の簡単な変調波を考える．$\omega_m \ll \omega$ なので $\Delta\omega$ と記し，また対応する β の変化を $\Delta\beta$ と記すと，$e(t,\ z)=A\cos(\omega t-\beta t)+\dfrac{mA}{2}\{\cos[(\omega+\Delta\omega)t-(\beta+\Delta\beta)z]+\cos[(\omega-\Delta\omega)t-(\beta-\Delta\beta)z]\}=A\{1+m\cos[\Delta\omega t-\Delta\beta z]\}\cos(\omega t-\beta z)$ となる．従って包絡線の進む速度 v_g は $\cos[(\Delta\omega)t-(\Delta\beta)z]=\mathrm{const}$ の進む速度であるから，極限では $\Delta\beta\to \mathrm{d}\beta$，$\Delta\omega\to \mathrm{d}\omega$ となり，$v_g=\mathrm{d}z/\mathrm{d}t=\mathrm{d}\omega/\mathrm{d}\beta$ で中心周波数 ω の速度は $v_p=\omega/\beta$ で進むことがわかる．

一般の波形はフーリェ展開で各成分波に分けられるが，周波数が接近して v_g が一定と見なせる場合には包絡線の波形は変化なしに進み，送端から L の

点には $T_d=L/v_g$ の遅延時間で進むが，v_g が一定でないと群分散を生じ，包絡線は変形する．後述の導波管のように正規分散（$\mathrm{d}v_p/\mathrm{d}\omega<0$）の場合にはエネルギー流の速度を v_E と書くと，$v_g=v_E \neq v_p$ であるが，異常分散の場合は異なってくる．また v_p と v_g の符号が異なる．すなわち進行方向が反対の波を後退波と呼んでいる．さらに $v_p v_g=c^2$ の関係がある．

第3章

マイクロ波回路の扱い方

3·1　伝送線路の性質

3·1·1　線路の電圧，電流

1·3節でマイクロ波で使われる伝送線路の種類や重要性，分布定数線路として扱う必要のあることなどを述べたが，ここでは分布定数線路理論の基礎について説明する．分布定数線路の代表的なものとして図3·1の平行2線路について考えるが，他の同軸線路，ストリップ線路など電磁界がTEMモードで伝搬する線路においてはそのまま適用でき，また導波管のように電磁界がTEあるいはTMモードで伝搬する場合でも第4章で詳しく説明するように等価的な電圧，電流を考えるとこの章の扱いが適用できる．図1·9に示したように平行2線路では，電界は一方の線から他の線に向かい，磁界は各線を取囲んで分布し，角周波数ωで振動している電界，磁界で考えると平面波の場合と同じように両者が一緒になって進行方向（$+z$）に波動として伝搬するので，式（2·23）のように伝搬定数をγとすると複素電界$\boldsymbol{E}(x, y, z)$複素磁界$\boldsymbol{H}(x, y, z)$はそれぞれ

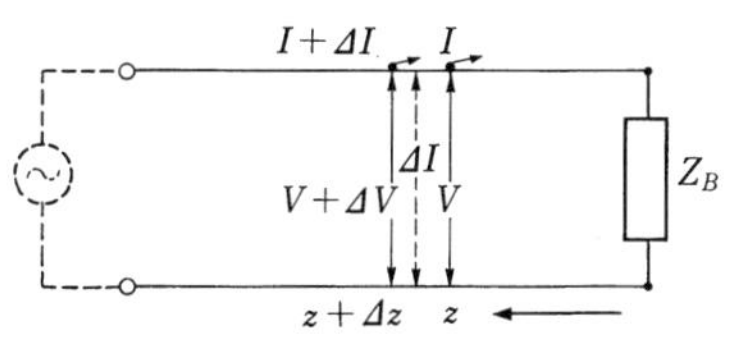

図3·1　平行2線路（分布定数線路）の電圧，電流

$$\boldsymbol{E}=\boldsymbol{E}_t(x, y)e^{-\gamma z},\ \boldsymbol{H}=\boldsymbol{H}_t(x, y)e^{-\gamma z} \tag{3·1}$$

で表わされる．ここで$\boldsymbol{E}_t(x, y)$は$z=0$におけるzに直角な面（$x-y$面）内の電界でxおよびyのみの関数であることを示しており，$\boldsymbol{H}_t(x, y)$についても同様である．線路間の電圧Vは$\boldsymbol{E}_t$を線間で線積分したもので，また線路を流れる電流Iは$\boldsymbol{H}_t$とアンペールの法則で結ばれているので，V, Iも波動として$+z$方向に伝搬して

$$V=V_0e^{-\gamma z},\ I=I_0e^{-\gamma z} \tag{3·2}$$

で表わせる．ここで伝搬を表わす上式すなわち平等分布定数線路において電圧 V，電流 I がどのように伝搬，分布するのかを簡単に回路計算から導いてみる．図3·1の平行2線路の単位長あたりの直列インピーダンスを $\mathfrak{z}$，並列アドミタンスを y とする．$\mathfrak{z}$，y は単位長あたりの直列抵抗 R，直列インダクタンス L，並列コンダクタンス G，並列容量 C と各々，$\mathfrak{z}=R+j\omega L$，$y=G+j\omega C$ の関係がある．z 座標は図のように負荷から送端に向ってとる．マイクロ波工学では負荷端の付近を問題にすることが多いので通常このように座標をとることが多い．距離 z の点の電圧を $V(z)$，電流を $I(z)$，距離 $z+\Delta z$ の点の電圧を $V+\Delta V$，電流を $I+\Delta I$ 間とすると電圧，電流の関係式から第1次近似で次式が成立する．

$$\Delta V=\mathfrak{z}\Delta zI,\quad \Delta I=y\Delta zV \tag{3·3}$$

第1次近似で成立するのは，ΔV を考える時は Δz の区間で電流は変化がなく I で，同様に ΔI を考える時は電圧は変化がなく V としているからである．

式（3·3）を Δz で割り $\Delta z\to 0$ となる極限を考えると

$$\lim_{\Delta z\to 0}\frac{\Delta V}{\Delta z}=\frac{\mathrm{d}V}{\mathrm{d}z}=\mathfrak{z}I,\quad \lim_{\Delta z\to 0}\frac{\Delta I}{\Delta z}=\frac{\mathrm{d}I}{\mathrm{d}z}=yV \tag{3·4}$$

となる．上式の左の式を z でさらに微分すると $\mathfrak{z}$ は平等分布定数線路を考えているので定数とみなせるので，$\mathrm{d}I/\mathrm{d}z$ の項に右側の関係式を代入すると V と z の関係を示す以下の式が得られる．また同様に右側の式を z で微分すれば I に関する同形の式が得られる．

$$\frac{\mathrm{d}^2V}{\mathrm{d}z^2}-\gamma^2V=0\quad \text{(a)},\qquad \frac{\mathrm{d}^2I}{\mathrm{d}z^2}-\gamma^2I=0\quad \text{(b)} \tag{3·5}$$

$$\text{ただし}\ \gamma^2=\mathfrak{z}y\qquad\qquad \gamma=\pm\sqrt{\mathfrak{z}y}$$

式（3·5）は2階の定数係数線形微分方程式と呼ばれているもので，(a)式は V が z のどのような関数であるかを示しており，同様に(b)式は I と z の関係を示している．この形の方程式は微分方程式としては解が容易に求まるが，理学，工学においては最も重要な方程式の1つといえるので，簡単に求め方を調べる．(a)式においては V は z の指数函数であると考え，$V=e^{mz}$ とおいて m を求めてみる．すると $\dfrac{\mathrm{d}^2V}{\mathrm{d}z^2}=m^2V$ となるので，$m^2=\gamma^2$ 即ち，$m=\pm\gamma$ が得られ，従って任意定数を A, B とすると，V は次式となる．なお，2階の微分方程式なので任意定数は2つである．

$$V=A\,e^{\gamma z}+B\,e^{-\gamma z} \qquad (3\cdot6)$$

$B\,e^{-\gamma z}$ は $+z$ 方向に進む電圧を示しており，B は $z=0$ における電圧の値であるから式（3·2）の V_0 と同じで式（3·2）が誘導されたことになる．なお上式の $Ae^{\gamma z}$ は $-z$ 方向に進む波を示している．このように $+z$，$-z$ に進む波が解となるのは物理的には，一般に入射波に対して負荷の所で反射があり，反対方向に進む波が存在し z においては両者が存在することを示している．電流 I に対する微分方程式（3·5）の(b)も全く同形なので，解も任意定数を C, D とする同じ形になる．

$$I=C\,e^{\gamma z}+D\,e^{-\gamma z} \qquad (3\cdot6)'$$

このように V, I は波動として伝わるので電圧波，電流波とも呼ばれる．なお式（3·6），(3·6)′において任意定数を適当に選んで $(e^x+e^{-x})/2=\cosh x$ 等を使って，$V=F\cosh\gamma z+G\sinh\gamma z$ などと表示してもよいが，上式のように互いに逆方向に進む波に分離して表示した方が物理的には理解しやすい．V, I の間には式（3·4）の関係があるので C, D は独立ではなく，$Y_0=\sqrt{y/z}$ と書くと $C=AY_0$，$D=-BY_0$ の関係があることが代入により容易にわかる．Y_0 は線路の性質で定まるので線路の特性アドミタンスと呼び，その逆数 $Z_0=1/Y_0$ を特性インピーダンスあるいは波動インピーダンスと呼ぶ．以上から線路の V, I は任意定数 A, B を与えれば完全に決定されるが，このためには2つの境界条件が必要である．境界条件としては普通(a)送端の電圧，電流，V_A，I_A．(b)受端電圧，電流，V_B，I_B．(c)V_A と受端負荷インピーダンス Z_B．(d)I_A，Z_B などが与えられる．

3·1·2　伝搬定数，反射係数，インピーダンスの関係

式（3·5）に関して示した $\gamma^2=zy$ から伝搬定数 γ と線路の単位長当りの R, L, C, G との関係が導かれる．

$$\gamma=\alpha+j\beta=\sqrt{(R+j\omega L)(G+j\omega C)} \qquad (3\cdot7)$$

減衰定数 α，伝相定数 β で表示すると

$$\alpha=\sqrt{\frac{1}{2}\{\sqrt{(R^2+\omega^2L^2)(G^2+\omega^2C^2)}+(RG-\omega^2LC)\}} \quad \text{〔nepa/m〕}$$

$$\beta=\sqrt{\frac{1}{2}\{\sqrt{(R^2+\omega^2L^2)(G^2+\omega^2C^2)}-(RG-\omega^2LC)\}}\quad \text{〔rad/m〕}\quad (3\cdot7)'$$

また特性インピーダンス Z_0 は $R,\ L,\ C,\ G$ と以下の関係がある．

$$Z_0=\frac{1}{Y_0}=R_0\pm jX_0=\sqrt{\frac{z}{y}}=\sqrt{\frac{R+j\omega L}{G+j\omega C}}\quad 〔\Omega〕\quad (3\cdot8)$$

抵抗 R_0，リアクタンス X_0 で表示すると

$$\left.\begin{aligned}R_0&=\sqrt{\frac{1}{2}\left\{\sqrt{\frac{R^2+\omega^2L^2}{G^2+\omega^2C^2}}+\frac{RG+\omega^2LC}{G^2+\omega^2C^2}\right\}}\quad 〔\Omega〕\\X_0&=\sqrt{\frac{1}{2}\left\{\sqrt{\frac{R^2+\omega^2L^2}{G^2+\omega^2C^2}}-\frac{RG+\omega^2LC}{G^2+\omega^2C^2}\right\}}\quad 〔\Omega〕\end{aligned}\right\}\quad (3\cdot8)'$$

ただし，$R/L\lesseqgtr G/C$ に応じて $\pm jX_0$ となる．

なお実用上重要な単位長当りの抵抗が直列アクタンスに比べて小さく，単位長当りのコンダクタンスが並列サセプタンスに比べて小さい僅かな損失の線路の γは式（3·7）から近似計算により

$$\gamma=\sqrt{(R+j\omega L)(G+j\omega C)}=j\omega\sqrt{LC}\left\{\sqrt{1-j\frac{R}{\omega L}}\cdot\sqrt{1-j\frac{G}{\omega C}}\right\}$$

$$\simeq j\omega\sqrt{\mathrm{LC}}\left\{1-\frac{j}{\omega}\left(\frac{R}{2L}+\frac{G}{2C}\right)+\frac{1}{8\omega^2}\left(\frac{R}{L}-\frac{G}{C}\right)^2\right\}$$

となり

$$\alpha\simeq\frac{1}{2}R\sqrt{\frac{C}{L}}+\frac{1}{2}G\sqrt{\frac{L}{C}},\ \beta\simeq\omega\sqrt{LC}\left[1+\frac{1}{8\omega^2}\left(\frac{R}{L}-\frac{G}{C}\right)^2\right]\quad (3\cdot9)$$

と考えてよい．これから信号が無歪で伝送されるためには $v=\dfrac{\omega}{\beta}$ がωの関数でなければよいので $R/L=G/C$ の無歪条件が求まる．一方，

$$Z_0=\sqrt{\frac{R+j\omega L}{G+j\omega C}}\simeq\sqrt{L/C}-j\sqrt{\frac{L}{C}}\left(\frac{R}{2\omega L}-\frac{G}{2\omega C}\right)\quad (3\cdot10)$$

となり，一般には Z_0 は第一項すなわち $Z_0\simeq\sqrt{L/C}$ と考えてよい．

つぎに電圧 V，電流 I の比であるインピーダンス Z を考える．まず式（3·6）の電圧波 V は図3·1では負荷からの距離を$+z$ としているので $Ae^{\gamma z}$ が入射波で $Be^{-\gamma z}$ が反射波となる．入射波でくくると，

$$V=Ae^{\gamma z}\left(1+\frac{Be^{-\gamma z}}{Ae^{\gamma z}}\right)=Ae^{\gamma z}(1+\Gamma) \tag{3·11}$$

と表わせる．ここで $Be^{-\gamma z}/Ae^{\gamma z}$ は z の点における反射波と入射波の比で反射係数と呼ばれ $\Gamma(z)$ と記す．Γ は複素数で

$$\Gamma=|\Gamma|e^{j\phi}=\frac{Be^{-\gamma z}}{Ae^{\gamma z}}=\frac{B}{A}e^{-2\gamma z} \tag{3·12}$$

と表わせる．負荷の反射係数 Γ_B は上式で $z=0$ とおいた値でやはり複素数で

$$\Gamma_B=\frac{B}{A}=|\Gamma_B|e^{j\phi_B} \tag{3·13}$$

である．従って Γ は，$\gamma=\alpha+j\beta$ を代入すると式（3·12），（3·13）から

$$\Gamma=|\Gamma_B|e^{-2\alpha z}e^{j(\phi_B-2\beta z)} \tag{3·14}$$

となる．複素平面に z の変化に対する Γ を画いたのが図3·2である．Γ は $z=0$ における Γ_B から z の増加と共に時計方向に回転し $2\beta z=\frac{4\pi}{\lambda}z$ であるから，$z=\frac{\lambda}{2}$ で1回転し元の角に戻る．振幅は $e^{-2\alpha z}$ に従って小さくなるので，z の増加と共に図のようなスパイラルを画く．線路が無損失の場合は $\alpha=0$ となるので Γ の軌跡は円となり $\frac{\lambda}{2}$ 離れた点の Γ は等しくなる．つぎに電流 I を Γ で表すと V と同様に

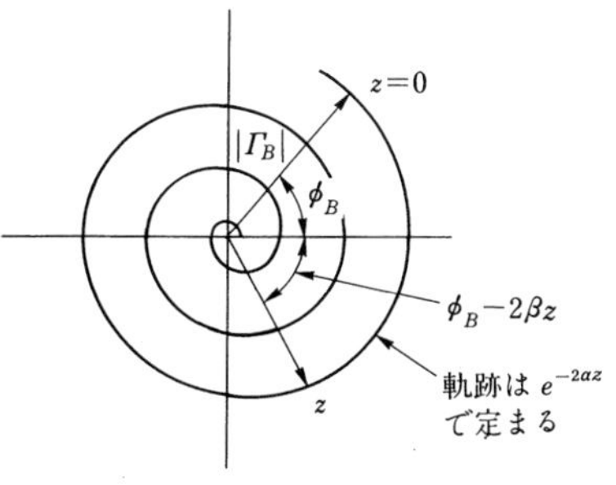

図3·2　反射係数 Γ のベクトル図

$$I=AY_0e^{\gamma z}\left(1-\frac{Be^{-\gamma z}}{Ae^{\gamma z}}\right)=\frac{A}{Z_0}e^{\gamma z}(1-\Gamma) \tag{3·15}$$

となる．従って V と I の比 Z は次式となる．

$$Z=\frac{V}{I}=Z_0\frac{1+\Gamma}{1-\Gamma},\ Z_N=\frac{Z}{Z_0}=\frac{1+\Gamma}{1-\Gamma} \tag{3·16}$$

線路の特性インピーダンス $Z_0=1/Y_0$ は，$\Gamma=0$，すなわち反射波がない場合のインピーダンスであることがわかる．Z と Z_0 の比 Z_N を規準化インピーダンスと呼ぶ．

マイクロ波では Z_0 は定まらなくても Z_N が Γ から定まるので今後主として Z_N を使用する．つぎに負荷の規準化インピーダンス $Z_{BN}=Z_B/Z_0$ と反射係数の関係は式（3·16）で $z=0$ の点の値を考えればよいので $Z_{BN}=1+\Gamma_B/(1-\Gamma_B)$ となる．

一方，上記の式を，Γ，Γ_B と Z_N，Z_{BN} の関係として書くと，

$$\Gamma=\frac{Z_N-1}{Z_N+1},\quad \Gamma_B=\frac{Z_{BN}-1}{Z_{BN}+1} \tag{3·17}$$

となる．このように Z_N と Γ は簡単な一次変換式で結ばれている．実際には Z_N，Γ がともに複素数なので計算はそれ程簡単でないが，スミス図で述べるように図的に求める方法が使われている．

3·1·3　線路の入力インピーダンス

前項の線路上の反射係数 Γ の性質，および Γ とインピーダンス Z の関係から，線路の入力インピーダンス Z_{in} あるいは一般に線路の任意の点の Z を求めることができる．図3·3のように負荷から z だけ離れた点の規準化インピーダンス Z_N は式（3·16）で与えられ，Γ は z の点の反射係数であるから，負荷の反射係数 $\Gamma_B=|\Gamma_B|e^{j\phi_B}$ と式（3·14）に示した関係がある．従って Z_N は Γ_B，$\gamma=\alpha+j\beta$ が与えられると，以下の式で求めることができる．

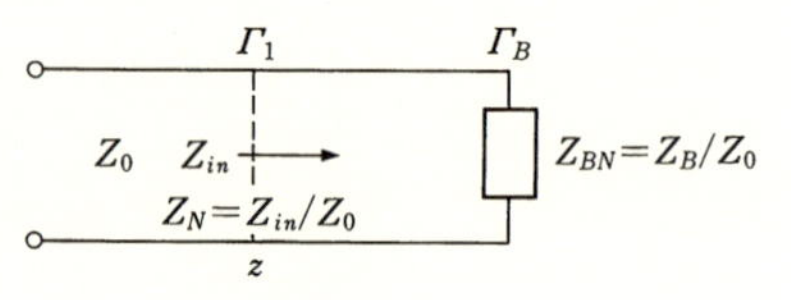

図3·3　平行2線路のインピーダンス Z と反射係数 Γ

$$Z_N=\frac{1+\Gamma}{1-\Gamma}=\frac{1+|\Gamma_B|e^{-2\alpha l}e^{j(\phi_B-2\beta l)}}{1-|\Gamma_B|e^{-2\alpha l}e^{j(\phi_B-2\beta l)}} \tag{3·18}$$

負荷のインピーダンス Z_B が与えられると，$Z_{BN}=Z_B/Z_0$ で式（3·17）から Γ_B が求められるので Z_N が上式から求まる．負荷に線路の特性インピーダンスに等しい Z_0 が接がれた時には，式（3·17）から Γ_B が零となるため Z_N は1，すなわち，線路長 l に無関係に入力インピーダンスは線路の特性インピーダンスに等しくなる．また損失のある線路の長さが無限長になった場合には，Z_B に関係なく Γ は零となるので，やはり $Z_N=1$ となる．つぎに図3·4，(a)のように終端が短絡された線路の入力インピーダンスが，線路長 l と共にどのように変化するか調べる．マイクロ波工学においては一般に線路の損失は小さく，無損失

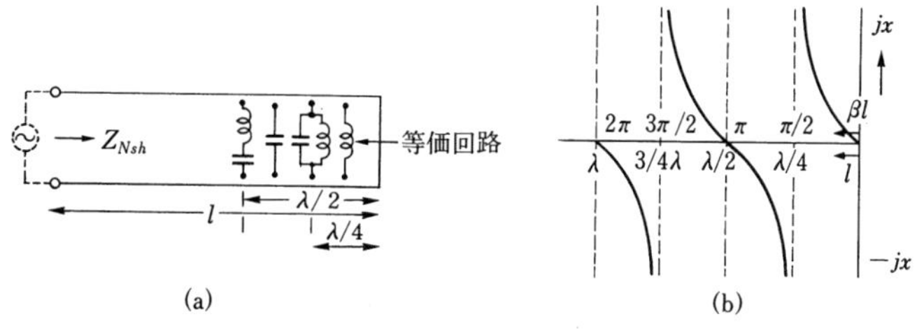

図 3・4 終端短絡線路の規準化入力インピーダンス Z_{nsh}

とみなしてよい場合が多いのでここでは無損失線路 $\alpha=0$ の場合を考える．まず短絡端では $Z_B=0$ であるから $\Gamma_B=-1$ すなわち $|\Gamma_B|=1$，$\phi_B=\pi$ となる．これを式 (3・18) に代入すると $e^{j\pi}=-1$ であるから規準化入力インピーダンス Z_{Nsh} は

$$Z_{Nsh}=\frac{1-e^{-j2\beta l}}{1+e^{-j2\beta l}}=\frac{e^{j\beta l}-e^{-j\beta l}}{e^{j\beta l}+e^{-j\beta l}}=j\tan\beta l \tag{3・19}$$

となる．なお式 (3・19) の変形においては，$\sin\theta=(e^{j\theta}-e^{-j\theta})/2j$, $\cos\theta=(e^{j\theta}+e^{-j\theta})/2$ の関係を使った．l の変化に対する Z_{Nsh} の変化を(b)図に示す．l が $0\sim\lambda/4$ までは誘導性リアクタンスで $\lambda/4$ でリアクタンスは無限大となり，$\lambda/4$ 以上になると容量性リアクタンスになり，$\lambda/2$ で零になり，以後これを繰返す．従って等価回路は(a)図のように L, C 及び並列，直列共振回路となり，1・3節で述べたことが数量的に明らかになった．終端が開放の場合も，Z_B を無限大と仮定すると同様にして規準化入力インピーダンス Z_{Nop} が求められ

$$Z_{Nop}=-j\cot\beta l \tag{3・19$'$}$$

となる．この場合の l に対する Z_{Nop} の変化，および等価回路を図 3・5 に示す．図から明らかなように，終端短絡の場合の線路長を $\lambda/4$ ずらすと等しくなることがわかる．ただ実際には開放端からの放射などで $Z_B=\infty$ を満足させるのは容易ではない．なお線路に損失のある場合は式 (3・19)，(3・19)′ の三角関数の代わりに双曲線関数を使い Z_{Nsh}，Z_{Nop} は次式となる．

$$Z_{Nsh}=\tanh\gamma l,\quad Z_{Nop}=\coth\gamma l \tag{3・20}$$

双曲線関数では三角関数に対応して指数関数 e^{θ} と $\sinh\theta=(e^{\theta}-e^{-\theta})/2$, $\cosh\theta=(e^{\theta}+e^{-\theta})/2$, $e^{\theta}=\cosh\theta+\sinh\theta$ の関係がある．なお θ は実数とは限らないで複

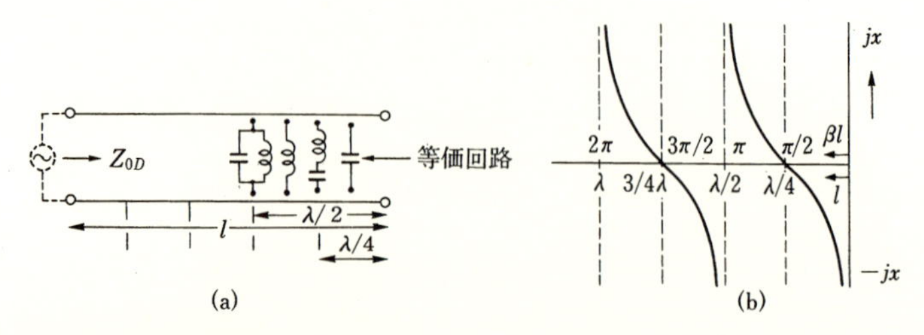

図3・5　終端開放線路の規準化入力インピーダンス Z_{nop}

素数でもよい．一般に終端に負荷インピーダンス Z_B が接続されたとき，負荷から l だけ離れた点から負荷の方をみた規準化インピーダンス Z_N は式（3・18）の Γ_B を Z_{BN} でおきかえ，双曲線関数を使えば，

$$Z_N=\frac{1+\Gamma}{1-\Gamma}=\frac{1+\Gamma_B\,e^{-2\gamma l}}{1-\Gamma_B\,e^{-2\gamma l}}=\frac{1+\left(\dfrac{Z_{BN}-1}{1+Z_{BN}}\right)e^{-2\gamma l}}{1-\left(\dfrac{Z_{BN}-1}{1+Z_{BN}}\right)e^{-2\gamma l}}$$

$$=\frac{(1+Z_{BN})e^{\gamma l}+(Z_{BN}-1)e^{-\gamma l}}{(1+Z_{BN})e^{\gamma l}-(Z_{BN}-1)e^{-\gamma l}}=\frac{\sinh\gamma l+Z_{BN}\cosh\gamma l}{\cosh\gamma l+Z_{BN}\sinh\gamma l}$$

$$=\frac{Z_{BN}+\tanh\gamma l}{1+Z_{BN}\tanh\gamma l} \qquad (3\cdot21)$$

となる．このような双曲線関数による表示は，スミス図を使わないで数値計算により線路問題を扱うときなどに有効である．なお無損失とみなせる線路では $\gamma l=j\beta l$ となるので $\sinh\gamma l=j\sin\beta l$，$\cosh j\beta l=\cos\beta l$，$\tanh j\beta l=j\tan\beta l$ となり，以下の式のように三角関数で表示できる．

$$Z_N=\frac{j\sin\beta l+Z_{BN}\cos\beta l}{\cos\beta l+jZ_{BN}\sin\beta l}=\frac{Z_{BN}+j\tan\beta l}{1+jZ_{BN}\tan\beta l} \qquad (3\cdot21)'$$

3・1・4　定在波比と反射係数

図3・6(a)の線路に角周波数 ω の電源が加えられると，入射波は送端から負荷に向かい，負荷で反射係数 Γ_B で反射して z の点では両者が共存して定在波を作る．その時の電圧定在波，電流定在波の様子については2・7節の(1)で説明し

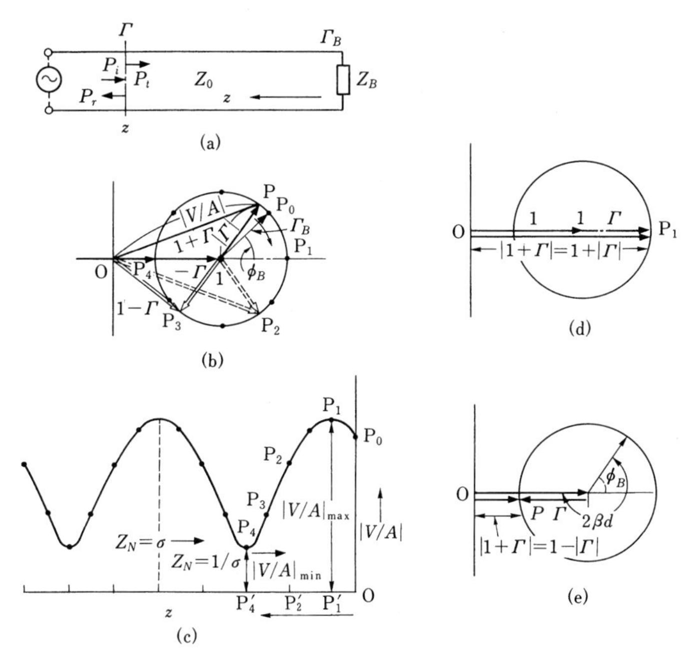

図 3·6 定在波ベクトルと$|V|$

たがここでは電圧，電流の式から負荷の反射係数 $Γ_B$との関係を定量的に示す．線路上の電圧 V の分布は通常線路は無損失すなわち $R=0$，$G=0$ と考えてよいので式 (3·11)，(3·14) で $γ=jβ$ とおくと $V=Ae^{jβz}(1+|Γ_B|e^{j(φ_B-2βz)})$ となる．

マイクロ波における測定では正弦振動しているときの最大振幅$|V|$に比例する値が測定できるので上式の絶対値をとると，積の絶対値はおのおのの絶対値の積に等しいので，

$$|V|=|A||e^{jβz}||(1+|Γ_B|e^{j(φ_B-2βz)})| \tag{3·22}$$

となる．定在波の分布としては，$|e^{jβz}|=1$で$|A|$は入射波の振幅で一定なので，$|(1+|Γ_B|e^{j(φ_B-2βz)}|=|V|/|A|$が z と共にどのように変化するかを調べればよい．このためには図 3·6(b)のようにベクトル図で考えるとわかりやすい．$|V|/|A|$は$|1+Γ|$で，$1+Γ$ は 1 を表わすベクトル$\overrightarrow{01}$と，反射係数ベクトル$Γ=|Γ_B|e^{j(φ_B-2βz)}=\overrightarrow{1P}$ の和であるから$\overrightarrow{OP}$ベクトルとなる．従って$\overrightarrow{OP}$ベクトルの

大きさが$|1+\Gamma|$となる．$z=0$の負荷の位置では$\overrightarrow{OP_0}=1+\Gamma_B$となり$z$が増すに従って$\Gamma$が時計方向に回転するので$\overrightarrow{OP_1}$, $\overrightarrow{OP_2}\cdots$となる．$\overrightarrow{OP_0}$, $\overrightarrow{OP_1}$, $\overrightarrow{OP_2}$, $\overrightarrow{OP_3}$, $\overrightarrow{OP_4}$の大きさを縦軸に，zを横軸に画いたのが(c)図で定在波分布を示している．図で$|V/A|$の最大値と$|V/A|$の最小値の比が電圧定在波比（VSWR）σである．なおP_1', P_2',…, P_4'はP_1, P_2, …, P_4点に対応する負荷からの距離である．

$$\text{VSWR(電圧定在波比)}\quad \sigma=\frac{|V|_{\max}}{|V|_{\min}} \tag{3·23}$$

つぎにσとΓの関係を求める．(c)図で$|V/A|$が最大になるときはOPが(d)図の状態すなわちΓの位相角（$\phi_B-2\beta z$）が零のときで，一方$|V/A|$が最小になるときはOPが(e)図の状態すなわちΓの位相角（$\phi_B-2\beta z$）が$-\pi$のときであるから，図から容易に次式が得られる．

$$\left|\frac{V}{A}\right|_{\max}=1+|\Gamma|,\quad \left|\frac{V}{A}\right|_{\min}=1-|\Gamma| \tag{3·24}$$

従ってσの定義の式（3·23）に代入することにより，σと$|\Gamma|$の関係が得られる．

$$\sigma=\frac{|V|_{\max}}{|V|_{\min}}=\frac{1+|\Gamma|}{1-|\Gamma|}=\frac{1+|\Gamma_B|}{1-|\Gamma_B|} \tag{3·24}'$$

つぎに$|V|_{max}$，あるいは$|V|_{min}$になる位置と負荷の位相角ϕ_Bの関係を求める．負荷から最初の$|V|_{min}$までの距離をd，また最初の$|V|_{max}$までの距離をd'とすると$\beta=2\pi/\lambda$から(e)，(d)図に関して説明したように次式が成り立つ．

$$\phi_B=-\pi+\frac{4\pi}{\lambda}d,\quad \phi_B=\frac{4\pi}{\lambda}d' \tag{3·25}$$

このように定在波分布を測定して定在比σおよび負荷から$|V/A|_{min}$までの距離dがわかれば，負荷の反射係数すなわち絶対値$|\Gamma_B|$および位相角ϕ_Bを計算できる．なおd'を測定してもよいがdの付近の方が分布曲線が鋭いので測定誤差は少なくなる．

3·1·5　定在波比とインピーダンス

一般にZ_Nは複素数であるが，図3·6，(c)図の定在波分布の$|V|_{max}$の点P_1'から負荷をみた規準化インピーダンスZ_Nとσの関係について考える．

$|V|_{max}$ の点では(d)図のように $1+\Gamma=1+|\Gamma_B|$ となり，$1-\Gamma=1-|\Gamma_B|$ となるので次式が得られる．

$$|V|_{max} \text{ の点：} Z_N=\frac{1+\Gamma}{1-\Gamma}=\frac{1+|\Gamma_B|}{1-|\Gamma_B|}=\sigma \tag{3・26}$$

一方 $|V|_{min}$ の点 P_4' から負荷をみた Z_N の場合は，(e)図のように $1+\Gamma=1-|\Gamma_B|$，$1-\Gamma=1+|\Gamma_B|$ となるので

$$|V|_{min} \text{ の点：} Z_N=\frac{1+\Gamma}{1-\Gamma}=\frac{1-|\Gamma_B|}{1+|\Gamma_B|}=\frac{1}{\sigma} \tag{3・26}'$$

となる．定在波比 σ は実数であるから式（3・26），（3・26）′ の Z_N は実数となる．なおこのことは，(d)，(e)図で $1+\Gamma$ ベクトルと $1-\Gamma$ ベクトルは同相であることからもいえる．

3・1・6 伝送電力と反射係数

図 3・6，(a)図のような無損失線路上の z 点を電源から負荷に向かう平均電力 P とその点の反射係数 Γ との関係を考える．P と V, I の関係は式（2・18）に示したように $P=(1/2)Re\,VI^*$ でこの式の V, I に式（3・11），（3・15）で $\gamma=j\beta$ とおいた $V=A\,e^{j\beta z}(1+\Gamma)$，$I=\frac{A}{Z_0}e^{j\beta z}(1-\Gamma)$ を代入すると

$$P=\frac{1}{2}\frac{|A|^2}{Z_0}Re(1+\Gamma)(1-\Gamma)^*=\frac{1}{2}\frac{|A|^2}{Z_0}(1-|\Gamma|^2) \tag{3・27}$$

となる．一方 z 点への電源からの入射電力 P_i は z 点で反射がない場合の電力であるから，$P_i=\frac{1}{2}\frac{|A|^2}{Z_0}$ となるので，Γ が有限のときの負荷に向かう電力すなわち z 点の透過電力 $P_t=P$ と P_i の比をとり，$\sigma=(1+|\Gamma|)/(1-|\Gamma|)$ の関係を使うと電力透過係数 T は

$$T=\frac{P_t}{P_i}=(1-|\Gamma|^2)=\frac{4\sigma}{(\sigma+1)^2} \tag{3・28}$$

となる．一方 z 点の反射電力 P_r は $P_t+P_r=P_i$ の関係から，または反射波の V, I から直接計算でき

$$\frac{P_r}{P_i}=1-\frac{P_t}{P_i}=|\Gamma|^2=\left(\frac{\sigma-1}{\sigma+1}\right)^2 \tag{3・29}$$

となる．例えば $\sigma=1.5$ に対応する電圧反射係数 $|\Gamma|=0.2$，反射電力 $|\Gamma|^2=4\%$，リターンロス $P_r'=13.98\,\mathrm{dB}$，透過電力 $P_t=96\%$，伝送損失 $P_l=0.17$

dB となる．なおリターンロス P_r'〔dB〕は $-20\log_{10}|\Gamma|$ で，また伝送損失 P_l' は $-10\log_{10}\dfrac{P_t}{P_i}$ である．

3・2 スミス図

前節でマイクロ波回路においては反射係数 Γ を測定することによりその点の Z を求め，また，反射係数 Γ が場所により変化する性質を使って任意の点の Γ，Z を求める方法を説明したが，実際の計算では Γ，Z が複素数のため容易ではない．そこでこれを図表から求めることがいろいろ考案されてきたが，現在最も使われている図表であるスミス図について説明する．

スミス図では反射係数 Γ を複素平面（u, v 面）に画く．$\Gamma=|\Gamma|e^{j\phi}$ の $|\Gamma|$ が一定の軌跡は円群となり，ϕ が一定の軌跡は直線群となる．この反射係数面に式（3・17）の $\Gamma=(Z_N-1)/(Z_N+1)$ の関係を使って，$Z_N=r+jx$ の実数部 r が一定および虚数部 x が一定の曲線群を画いたものがスミス図である．図から $\Gamma\rightleftarrows Z_N$ の変換および線路の位置に対する Γ の値を求めることが直ちに行えるので非常に便利な図表である．以下スミス図の作り方，スミス図の特色，使い方などについて述べる．

3・2・1 スミス図の作り方

まず，$\Gamma=|\Gamma|e^{j\phi}$ の $|\Gamma|$ が一定，ϕ が一定の軌跡が（u, v）面でどのような曲線群となるかを考える．$\Gamma=|\Gamma|e^{j\phi}=u+jv$ から $|\Gamma|\cos\phi=u$，$|\Gamma|\sin\phi=v$ となるので上式から ϕ あるいは $|\Gamma|$ を消去すると

$$u^2+v^2=|\Gamma|^2,\quad v/u=\tan\phi \qquad (3\cdot30)$$

が得られる．左の式は（u, v）面で Γ の軌跡が半径が $|\Gamma|$ の円となることを示し，また，右の式は ϕ が一定の軌跡は直線になり，u 軸からの角度が ϕ であることを示している．これらを図示したのが図3・7で，$|\Gamma|$ の値は受動回路（能動素子を含まない回路）では定義から明らかなように $|\Gamma|\leq1$ であるから，いかなる反射係数に対応する点も半径1の円（単位円）内に存在する．

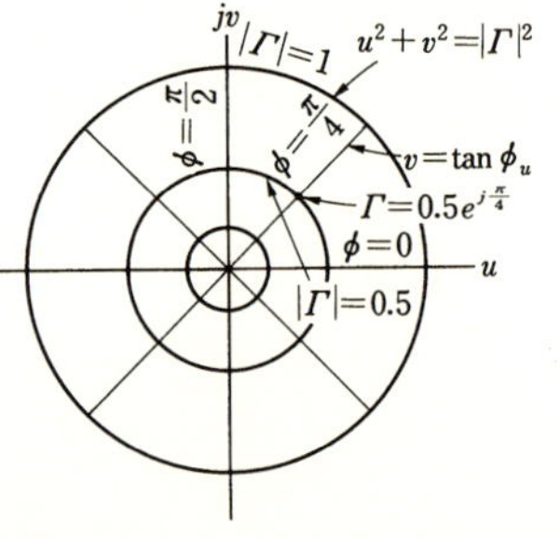

図3・7 $|\Gamma|$，ϕ=const の（u, v）面での軌跡

つぎに $Z_N=r+jx$ の r および x が一定の軌跡が，(u, v) 面でどうなるかを調べる．$\Gamma=u+jv=(Z_N-1)/(Z_N+1)$ を Z_N について解くと

$$Z_N=\frac{1+(u+jv)}{1-(u+jv)}$$

両辺に1を加えると

$$Z_N+1=2/\{(1-u)-jv\}$$

となり，分子，分母に分母の共役複素数 $(1-u)+jv$ をかけ，両辺の実数部および虚数部がそれぞれ等しいと置くことにより，上式は次の2つの式に分解できる．

$$r+1=\frac{-2(u-1)}{(u-1)^2+v^2}, \quad x=\frac{2v}{(u-1)^2+v^2}$$

この両式から r, x が一定の場合の u, v の関係すなわち，u, v 面における軌跡を示す式が得られる．

$$\left(u-\frac{r}{r+1}\right)^2+v^2=\left(\frac{1}{r+1}\right)^2 \tag{3·31}$$

$$(u-1)^2+\left(v-\frac{1}{x}\right)^2=\left(\frac{1}{x}\right)^2 \tag{3·32}$$

式(3·31)は，r が一定の軌跡は円となり，その中心は $(r/(r+1), 0)$ の点で，半径が $1/(r+1)$ であることを示している．これを図示したのが図3·8で，r が零の場合は原点を中心とした半径1の円となる．r の増大と共に中心は $(1, 0)$ の点に近くなり，半径は小さくなり，r が∞では $(1, 0)$ の点に一致する．また $r/(r+1)+1/(r+1)=1$ となるので，これらの円群は必ず $(1, 0)$ の点を通る．さらに通常 $Z_N=r+jx$ の r は受動回路であるから正の値をとり，r のいかなる円も $r=0$ の円内に存在する．

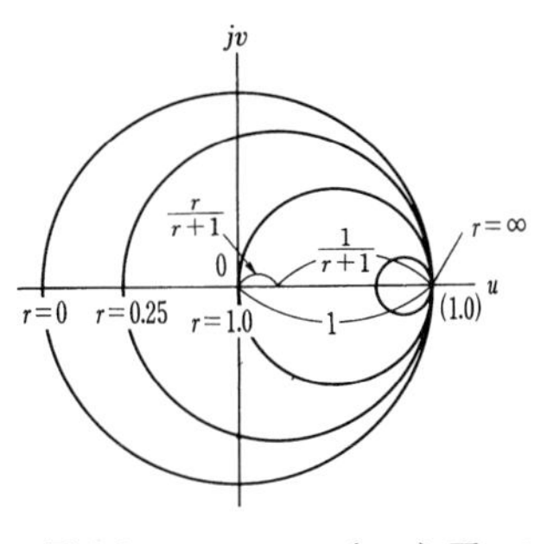

図3·8　r=const の (u, v) 面への写像

つぎに式(3·32)もまた，x が一定の軌跡は円となることを示している．その中心は $\left(1, \dfrac{1}{x}\right)$ の点で，半径が $1/|x|$ である．これを図示したのが図3·9

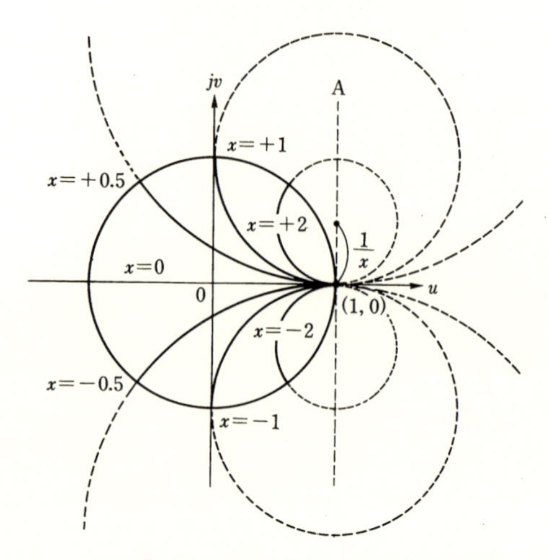

図3·9　x=const の（u, v）面への写像

である．円の中心は（1, 0）点を通る v 軸に平行な点線で示した直線A上の u 軸から $1/x$ の点で，半径は $1/|x|$ である．従って円群は必ず（1, 0）の点を通り x が大きくなるに従って円は小さく，x が∞では（1, 0）の点に一致する．x は r と異なり正負の値をとることができ，$x>0$ に対応する円は u 軸の上方に，$x<0$ に対応する円は u 軸の下方に存在する．x が零の場合は，円の中心は（1, ±∞）で半径無限大であるから結局軌跡は u 軸と一致すると考えてよい．

以上のように反射係数 Γ および規準化インピーダンス Z_N が一定の軌跡を（u, v）面に画くことができたのでこれを重ねると図3·10となり，これがスミス図と呼ばれているものである．なお，重ねる場合には受動回路では全ての Γ は半径1の円内に入ってしまうので，図3·9の x が一定の円群で原点を中心とした半径1の円（$|\Gamma|=1$ に対応する円）のそとにでる点線で示した弧は不要となるので消し，また，u, v 軸も消してある．さらに Γ の位相角 ϕ が一定を示す直線は円周を目盛ってあれば定規を用いて直ちに直線が画けるので，通常消してある．また，$|\Gamma|$ が一定の円も後述の定在波比との関係から簡単に画けるので書いてないことが多い．このようにスミス図は反射係数 Γ 面に規準化インピーダンス Z_N を写像したものと言える．

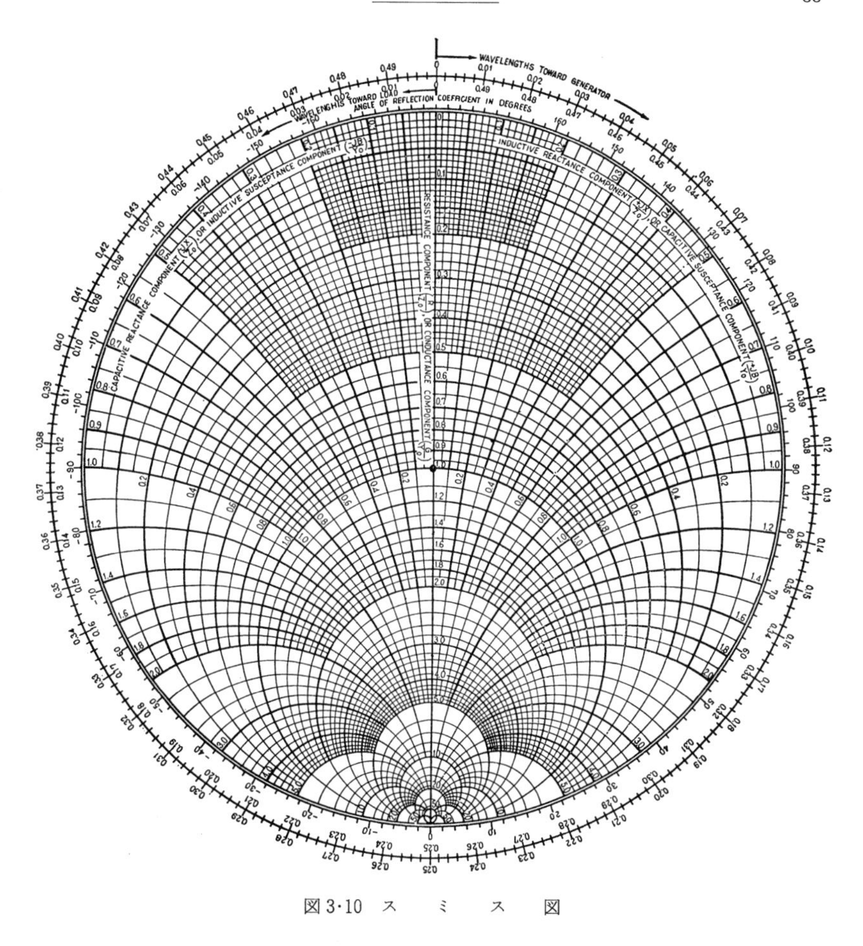

図 3·10　ス　ミ　ス　図

3·2·2　スミス図の性質

実際にスミス図を使う場合には，定在波比 σ とスミス図の関係や，規準化アドミタンスとスミス図の関係等を知っておく必要がある．測定から σ が与えられる場合が多いのでまずこれについて説明する．σ と反射係数 Γ の絶対値 $|\Gamma|$ の間には式（3·24）′の $\sigma=(1+|\Gamma|)/(1-|\Gamma|)$ から $|\Gamma|=(\sigma-1)/(\sigma+1)$ の関係があるので当然 σ が与えられた時の反射係数は $|\Gamma|$ を半径とする円となる．通常のスミス図では σ の目盛り，すなわち σ に対応する $|\Gamma|$ の目盛りは書いてないが，これは次の理由による．Γ と Z_N 間には式（3·17），$\Gamma=(Z_N-1)$

$/(Z_N+1)$ の関係があるが，いま $Z_N=r+jx$ のリアクタンス x が零で $r\geqq 1$ の場合を考えると $\Gamma=|\Gamma|=(r-1)/(r+1)$ となり，これを先の $|\Gamma|$ と σ の関係式と比較すると全く同じ形の式になっていることがわかる．すなわち σ が与えられた場合，これに対する $|\Gamma|$ は図3·11に示すように，原点0から σ と同じ値の r の曲線が u 軸($x=0$) と交わる点までの距離となり，σ が一定に対する Γ の軌跡は図のような円となる．このように σ が与えられると r の値を使うことによって $|\Gamma|$ が求まる．もし，$|\Gamma|$ が与えられたときは上述のように $|\Gamma|$ と r の関係から r を求めるか，あるいは $|\Gamma|$ の最大値は1であるので比をとることにより直ちに必要な円を画くことができる．

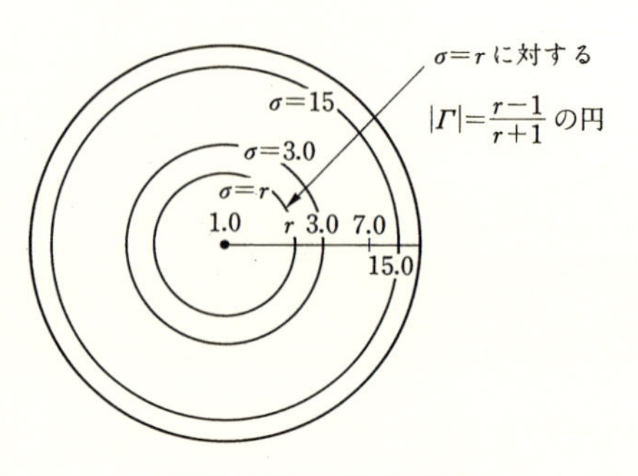

図3·11　σ とスミス図表

つぎに Γ の位相角は先に述べたように円周に目盛を付けるだけであるが，通常目盛は度数よりも z/λ に対して目盛が付けられ1周で0.5となっている．これは，$z=\lambda/2$ で $2\beta z=4\pi z/\lambda=2\pi$ となり Γ の円は1回転するからである．また Γ の回転方向は式から z が増加するに従って時計方向であることは容易にわかるが，通常電源側，負荷側の矢印がつき，それに対する目盛が付けられている．

つぎに，スミス図を今迄のインピーダンス図表の代わりに Γ と規格化アドミタンス $Y_N=g+jb$ との関係，すなわちアドミタンス図表として使う場合について考える．図3·12，(a)図において線路のある点から負荷をみたインピーダン

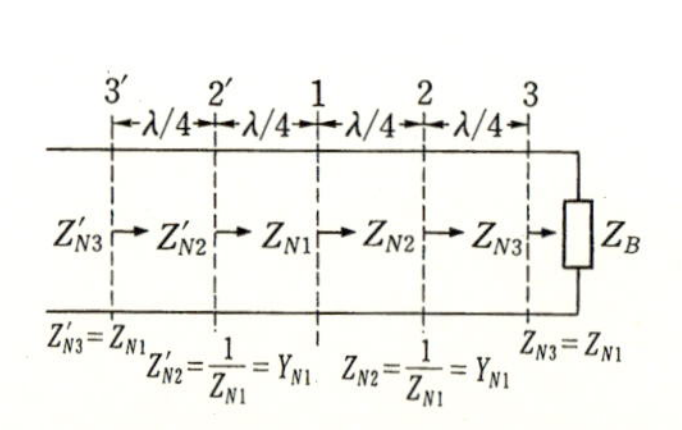

(a)　線路上のインピーダンス

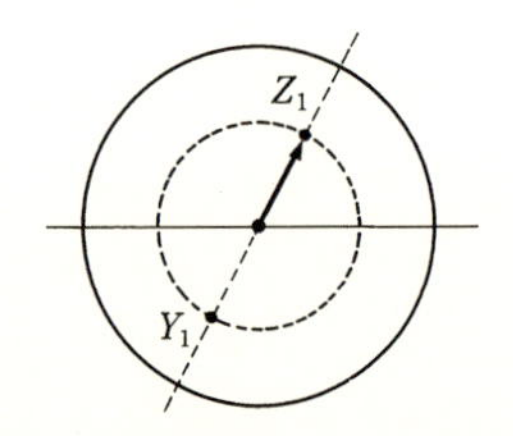

(b)　スミス図による $Z\leftrightarrow Y$ 変換

図3·12　線路の Z, Y の関係とスミス図

スは，

$$Z_N=\frac{1+\Gamma}{1-\Gamma}=\frac{1+|\Gamma_B|e^{j(\phi_B-2\beta z)}}{1-|\Gamma_B|e^{j(\phi_B-2\beta z)}}$$

である．いま点1からみたインピーダンスを Z_{N1} とするとそれから電源側に $\lambda/4$ 近づいた点からみた Z_{N2}' は，$e^{j(-2\beta\frac{\lambda}{4})}=e^{-j\pi}=-1$ であるから，

$$Z_{N2}'=\frac{1}{Z_{N_1}}=Y_{N1}$$

となり，また同様に負荷側に $\lambda/4$ 近づいた点からの $Z_{N2}=1/Z_{N1}=Y_{N1}$ となる．このように，線路上のある点から負荷をみたアドミタンスを求めるためには，(b)図のようにスミス図においてその点から $\lambda/4$ 離れた対称点のインピーダンスの値を読みとればよい．このことからスミス図をアドミタンス表示の図として使うためには，円周の目盛を図3·13のように目盛り r を g, x を b として読みとればよい．なお，通常円周の目盛は相対値が要求されるので基準点はあまり問題にしなくてよい．

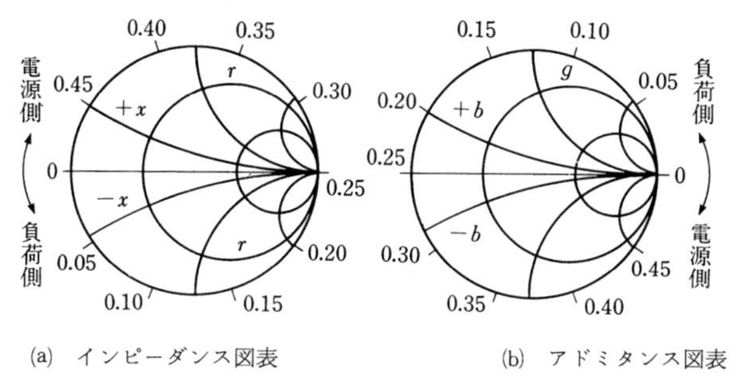

(a) インピーダンス図表　(b) アドミタンス図表

図3·13 スミス図のインピーダンス図とアドミタンス図

3·2·3 スミス図の応用

ここでは比較的簡単であるが実用上重要なスミス図の応用について考える．なお，線路の整合に関しての応用は3·4節の線路の整合法で詳しく述べる．

(1) 入力インピーダンスの求め方

図3·14，(a)図のように無損失で特性インピーダンス Z_0 の線路の終端にインピーダンス Z_B(一般に複素数) の負荷が接がれている場合に，負荷から l だけ離れた送端から負荷を見たインピーダンス Z_N の求め方について考える．まず，

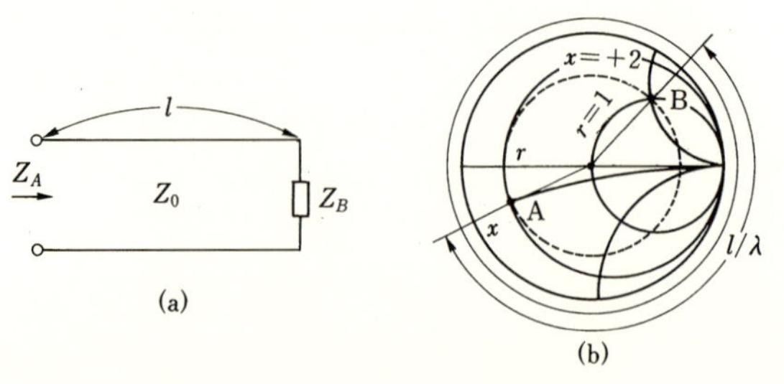

図3·14　入力インピーダンスの求め方

負荷の規準化インピーダンス $Z_{BN}=Z_B/Z_0=r+jx$ を計算し，(b)図のスミス図の r と x の交点から点Bが定まる．従って負荷の反射係数 Γ_B は原点からB点に引いたベクトルとなる．負荷からある距離 l の点における反射係数 Γ ベクトルは図3·2で述べたように l と共に時計方向に回転する．この回転角はスミス図では l/λ 値に相当する角で，Γ は原点とA点を結ぶベクトルとなる．Γ から Z_N への変換は単にA点の r, x の値すなわちA点を通る r と x の値を読みとればよい．このようにして送端からみた Z_{AN} が求まる．入力インピーダンス Z_A は $Z_{AN}Z_0$ で与えられるが通常規準化インピーダンス Z_{AN} が重要である．なお，実際の線路は僅かに損失を持っているが，l/λ が比較的小さいため Z_{AN} に関しては無損失線路と考えてよい場合が殆んどである．

上の数値例としては，$Z_0=50\,\Omega$，$Z_B=50+j100\,\Omega$，$l=2.8\lambda$ のとき，入力インピーダンス Z_A を求めると $Z_A=8.5-j4\Omega$ となる．

(2)　未知インピーダンスの求め方

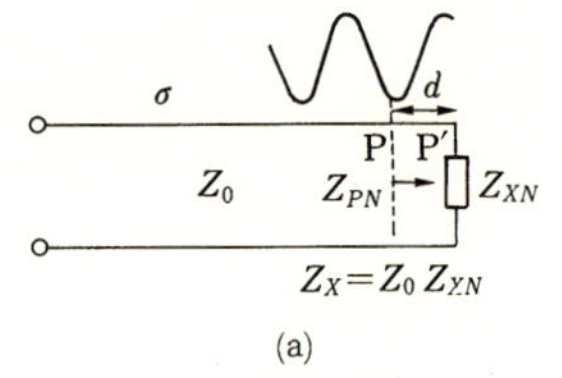

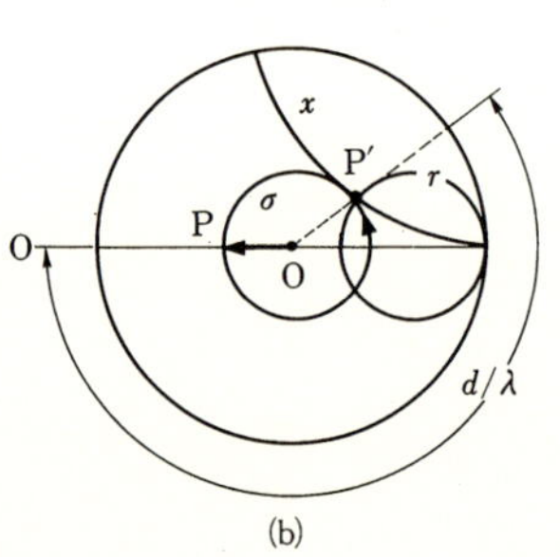

図3·15　未知インピーダンスの求め方

図3·15，(a)のように無損失線路の終端に未知インピーダンス Z_X が接がれている場合，定在波比 σ および定在波最小点から負荷までの距離 d を測定して，Z_X を求める問題を考える．(a)図のように定在波最小点からみたインピーダンス Z_{PN} は式(3·26)′から $Z_{PN}=1/\sigma$ で(b)図のスミス図上のP点となり，対応する反射係数 Γ

は $\overrightarrow{\mathrm{OP}}$ である．従って負荷の反射係数 Γ_B は負荷側に d/λ 反時計方向に回転した $\overrightarrow{\mathrm{OP'}}$ となり，対応する Z_{XN} の r, x は P' 点の r, x を読みとればよい．Z_X は線路の特性インピーダンス Z_0 がわかっていれば，$Z_X=Z_0 Z_{XN}$ から求まる．また負荷からある距離 d の点の Γ が測定された時の Γ_B は，同様に Γ を反時計方向に d/λ 回転させることにより求められる．

3·2·4 規準化インピーダンス Z_N の実数部が負の場合のスミス図

ここまで Z_N の実数部 r が正であるとして扱ってきたのは，通常の受動回路では常にこれが成り立つためである．しかしながらマイクロ波増幅器などでトランジスタやその他の能動回路の特性を測定し，スミス図を用いて設計するような場合には負抵抗の場合も考慮する必要がある．負抵抗 $-|r|$ とリアクタンス x の直列回路は図3·16のように表わされ，リアクタンスが零の場合の $\Gamma=(r-1)/(r+1)$ の式の r に $-|r|$ を代入するとわかるように $|\Gamma|>1$ となる．$|\Gamma|>1$ となることは，入射波に対して反射波が増幅されることを意味している．従ってこの場合のスミス図の $|\Gamma|$ の値としては1より大きな $-|r|$ の値によって要求される値まで図示する必要がある．反射係数面（u, v 面）における $-|r|$，x が一定の曲線群の方程式はやはり式（3·31）（3·32）で与えられる．x の曲線は $r\geq 0$

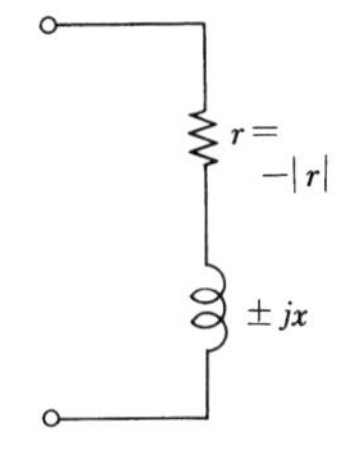

図 3·16 負抵抗回路

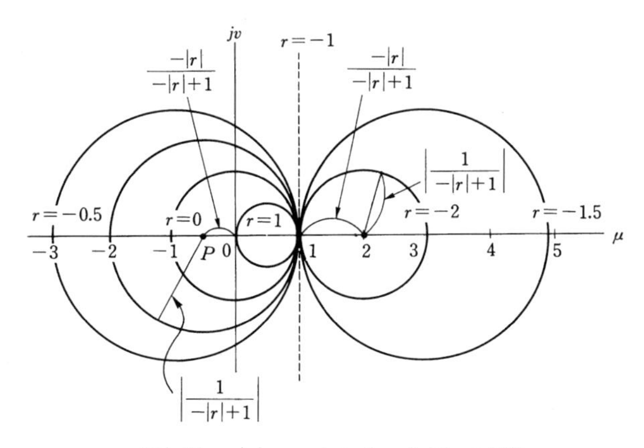

図 3·17 $-|r|=$const の (u, v) 面への写像

の場合と全く同じであるが，ただ，3·2·1項で述べた $|\Gamma|\leq 1$ の範囲外も画く必要がある．

つぎに $-|r|$ が一定の曲線について考えると方程式は同じであるが中心の位置は図3·17に示すように u 軸上の原点から $-|r|/(-|r|+1)$ にある．半径は $\left|\dfrac{1}{-|r|+1}\right|$ である．$-|r|$ が0から -0.1，-0.2 となるに従い中心は図のように負の大きな値となり，-1 になると中心は $-\infty$ の点になる．しかしながら，$-|r|/(-|r|+1)+1/(-|r|+1)=1$ は常に成立しているので円群は（1.0）の点を通り図のようになる．-1 に対応する円は当然直線となっている．つぎに r が -1 より小さくなると中心は1より大きな点になり，$-\infty$ で1.0に一致して図の $-r=-1$ の直線より右側の円群となる．これらの円群とリアクタンスの円群を重ね合せたスミス図は，図3·18のようになる．この図は $|\Gamma|\leq 3.16$ の場合で $|\Gamma|$ の大きさに応じて図表を作成する必要がある．このような不便さを除くために通常のスミス図上に $1/\Gamma^*$ を記して能動回路の特性を表示する方法も使われている．

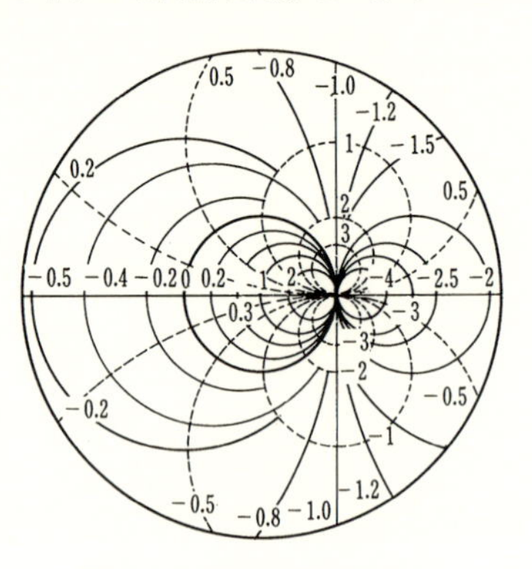

図3·18　負抵抗用スミス図

3·3　共振回路の性質

長さが $\lambda/2$ の整数倍の分布定数線路が共振回路として動作することは3·1·3節でふれたが，ここでは共振回路の基本的性質，分布定数線路の共振，結合のある共振回路の入力インピーダンス軌跡，スミス図との関係などについて考える．

3·3·1　共振回路の性質

(1)　共振回路の入力インピーダンスと共振周波数

図3·19の集中定数 R, L, C の並列回路の入力アドミタンス Y_{in} は

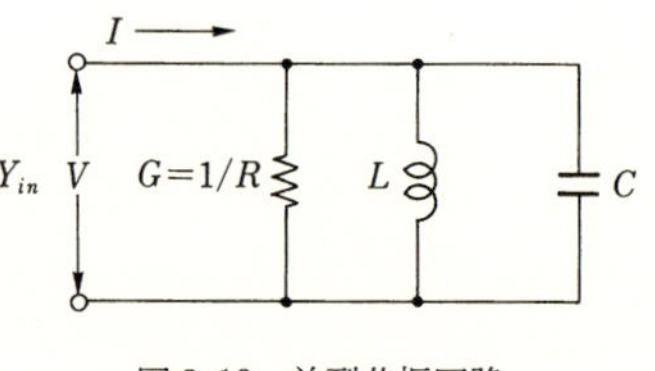

図3·19　並列共振回路

$$Y_{in}=\frac{1}{R}+\frac{1}{j\omega L}+j\omega C \tag{3·33}$$

となる．いま2·4節の伝送エネルギーの項で R, L, C の直列回路について行ったように，上式をエネルギーで表示すると次式が得られる．

$$\frac{1}{2}Y_{in}VV^{*}=P_l-2j\omega(W_m-W_e) \tag{3·34}$$

なお $P_l=\frac{1}{2}GVV^{*}$，$W_e=\frac{1}{4}CVV^{*}$，$W_m=\frac{1}{4}\frac{VV^{*}}{\omega^2 L}$ である．

従って，

$$Y_{in}=\frac{P_l+2j\omega(W_e-W_m)}{\frac{1}{2}|V|^2} \tag{3·34}'$$

一般に2端子回路の入力アドミタンス，または入力インピーダンス $Z_{in}=1/Y_{in}$ も同様に表示できる．いま回路定数一定で周波数 ω を変化した場合に，$\omega=\omega_0$ においてあるいは周波数が ω_0 で L あるいは C を変化した場合，入力端からみたアドミタンスが純コンダクタンス $G=1/R$ すなわち入力インピーダンスが純抵抗になるとき，この回路は周波数 $\omega=\omega_0$ で共振し，ω_0 を共振周波数と呼んでいる．式 (3·34) から明らかなように，共振時において Y_{in} の虚数項が零になるためには $W_e=W_m$，すなわち電界に蓄えられるエネルギーの時間平均と磁界に蓄えられるエネルギーの時間平均は等しい．共振周波数 ω_0 は $W_e=W_m$ から $(1/4)CVV^{*}=(1/4)(VV^{*}/\omega_0^2 L)$ で

$$\omega_0=2\pi f_0=\frac{1}{\sqrt{LC}} \tag{3·35}$$

となる．なお単位は f_0〔Hz〕，L〔H〕，C〔F〕である．

(2)　**共振回路の Q と減衰率 δ**

一般に共振回路においては共振の鋭さ等を表示するのに以下のように定義されている Q (quality factor) と呼ばれるものが使われている．

$$Q=\omega_0\,\frac{\text{系に蓄えられるエネルギーの時間平均値}}{\text{系の1秒あたりのエネルギー損}} \tag{3·36}$$

系に蓄えられるエネルギーの時間平均値 W は，

$$W=W_e+W_m=2W_e=2W_m=\frac{1}{2}CVV^*=\frac{VV^*}{2\omega_0^2L}$$

である．定義では時間平均値の代わりに蓄えられるエネルギーの最大値でもよく，同一の結果となる．系の1秒あたりのエネルギー損すなわち電力損 $P_l=(1/2)GVV^*=(1/2)(VV^*/R)$ であるから，図3·19の並列共振回路の Q は次式となる．

$$Q=\frac{\omega_0C}{G}=\omega_0CR=\frac{R}{\omega_0L}=\frac{1}{\omega_0LG} \tag{3·37}$$

つぎに共振器の特性は共振点の付近で大きく変化するので，共振角周波数 ω_0 の付近の ω に対する入力アドミタンス Y_{in}，あるいは入力インピーダンス Z_{in} の変化について考える．式(3·33)の ω に $\omega=\omega_0+\Delta\omega$ を代入し，変形すると共振点の付近では $(\omega/\omega_0)-(\omega_0/\omega)\simeq 2\Delta\omega/\omega_0$ となり Y_{in} を $\Delta\omega/\omega_0$, Q で表示できる．

$$Y_{in}=\frac{1}{R}+j\left(\omega C-\frac{1}{\omega L}\right)=\frac{1}{R}\left\{1+jR\omega_0C\left(\frac{\omega}{\omega_0}-\frac{\omega_0}{\omega}\right)\right\}$$
$$\simeq\frac{1}{R}\left\{1+j2Q\frac{\Delta\omega}{\omega_0}\right\} \tag{3·38}$$

従って，入力インピーダンス Z_{in} は次式となる．

$$Z_{in}=1/Y_{in}\simeq\frac{R}{1+j2Q\dfrac{\Delta\omega}{\omega_0}} \tag{3·38}$$

Z_{in} の絶対値 $|Z_{in}|$ および位相角 $\angle Z_{in}$ の $\Delta\omega/\omega_0$ に対する変化を画いたのが図3·20で，一般に，このような曲線を共振曲線と呼んでいる．共振点 $(\Delta\omega/\omega_0)=0$ で $|Z_{in}|$ は最大値 R となる．$|Z_{in}|$ が最大値の $(1/\sqrt{2})=0.707$ になるP, Q点に対応した $\Delta\omega$ を $\Delta\omega_P$, $\Delta\omega_Q$ とすると式(3·38)から $\Delta\omega_P/\omega_0=\Delta\omega_Q/\omega_0=1/2Q$ の関係が容易に求まる．したがって Q の定義として

$$Q=\frac{\omega_0}{2\Delta\omega_P} \tag{3·39}$$

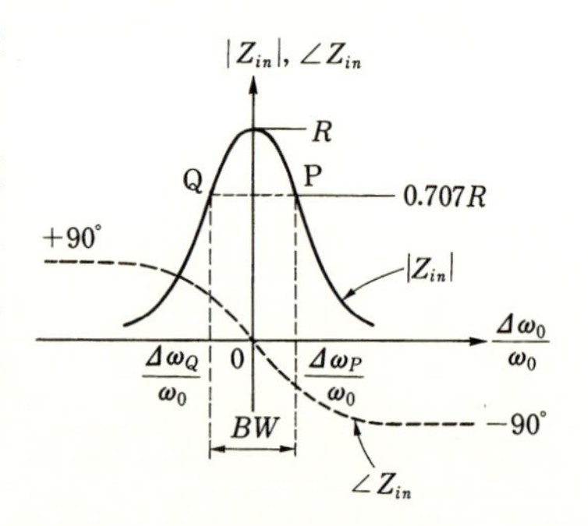

図3·20　並列共振回路の $Z_{in}(|Z_{in}|, \angle Z_{in})$

を使うことができ，この関係は$\Delta\omega_P(=\Delta\omega_Q)$の測定から$Q$を求める場合等によく使われている．なお位相角は当然共振時は零でP, Qに対応する$\Delta\omega_P/\omega_0$, $\Delta\omega_Q/\omega_0$で$-45°$，$+45°$となる．ここで述べた共振回路が外部と結合している場合のQなどについては後で述べるが図3·20は全てを含んだQ，すなわち負荷Q (loaded Q)，Q_Lと考えればよい．以上は並列共振回路について説明したが図2·13のような直列共振回路も全く同様に扱うことができ，入力インピーダンスZ_{in}は$Z_{in}=R+j(\omega L-1/\omega C)\simeq R\{1+j2Q(\Delta\omega/\omega_0)\}$となって$Y_{in}=1/Z_{in}$を考えれば$R$の代わりに$G=1/R$を使うだけで全く同形の式となる．

他に共振回路の重要なパラメータとして減衰率δがある．いま共振回路を励振している電源を切るとその振動の振幅は図3·21，(a)図に示すように$e^{-\delta t}$に従って指数的に減衰する．この場合のδとQの関係について考える．共振回路の毎秒のエネルギー損失P_lは，先に述べたようにVV^*に比例して，蓄えられるエネルギーWもVV^*に比例するので，結局P_lはWに比例するので比例定数を2δとする．一方P_lは$-\mathrm{d}W/\mathrm{d}t$と表示でき

$$-\frac{\mathrm{d}W}{\mathrm{d}t}=P_l=2\delta W$$

が成り立つ．これからδとQの関係

$$\delta=\frac{P_l}{2W}=\frac{\omega_0}{2Q},\qquad W=W_0e^{-2\delta t}=W_0e^{-\frac{\omega_0}{Q}t}\tag{3·40}$$

が得られる．W_0は$t=0$におけるWの値で振動の振幅は$e^{-\delta t}$に比例して減少する．この関係は高Qの測定に使われている．式(3·40)から明らかなようにQが大きい共振回路では振動が長時間持続する．また共振回路を$t=0$で励振した場合の振動振幅の立上り（成長）も(b)図に示すように同様に$e^{\delta t}$に比例し

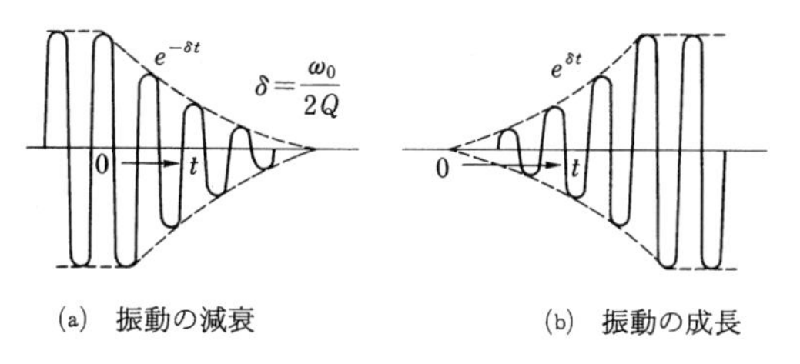

図3·21　共振回路の振動の成長，減衰

て大きくなる．

3・3・2　伝送線路の共振

(1)　伝送線路共振器と集中定数共振器の関係

図3・22のような終端を短絡した長さ l の低損失の平等分布定数線路例えば平行2線路があり，その単位長当りの定数を R, L, C とし，一般に並列コンダクタンス G は小さいので無視する．この線路の入力インピーダンス Z_{in} と線路長の関係（無損失の場合）はすでに図3・4で述べたがここではさらに詳しく Q との関係などを調べる．Z_{in} は式（3・20）から

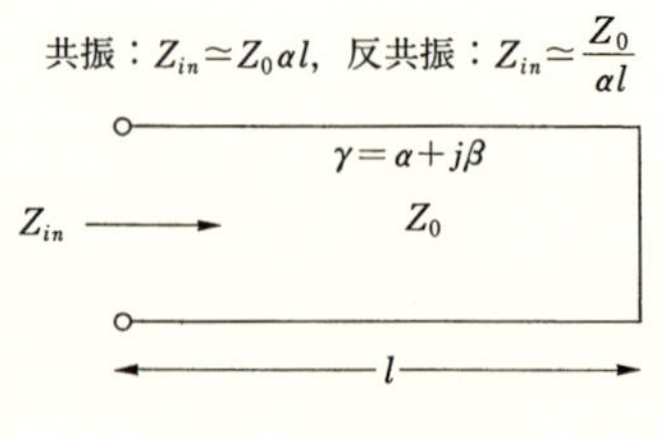

図3・22　終端短絡線路

$$Z_{in} = Z_0 \tanh(\alpha l + j\beta l) = Z_0 \frac{\tanh \alpha l + j \tan \beta l}{1 + j \tan \beta l \tanh \alpha l} \tag{3・41}$$

と変形でき，低損失線路では $\tanh \alpha l \simeq \alpha l$ である．Z_{in} は線路長 l が $\lambda/2$ の整数倍で小さな値となり，直列共振の入力インピーダンスに対応するので共振と呼ばれ，線路長が $\lambda/4$ の奇数倍では極めて大きな値となり，並列共振の入力インピーダンスに対応するので反共振と呼ばれている．共振時の Z_{in} は共振時には $\tan \beta l = 0$，反共振時には $\tan \beta l = \infty$ となるので以下のようになる．

$$\left.\begin{aligned} &Z_{in} = Z_0 \tanh \alpha l \simeq Z_0 \alpha l && \text{共振時} \\ &Z_{in} = Z_0 (1/\tanh \alpha l) \simeq \frac{Z_0}{\alpha l} && \text{反共振時} \end{aligned}\right\} \tag{3・42}$$

ただし線路の特性インピーダンス $Z_0 \simeq \sqrt{L/C}$ である．

つぎに共振角周波数 ω_0 の付近の $\omega = \omega_0 + \varDelta\omega$ に対する Z_{in} の変化について考える．式（3・41）において

$$\tan \beta l = \tan \frac{\omega}{c} l = \tan \frac{\omega_0 + \varDelta\omega}{c} l \quad \text{で，} \quad l = \frac{\lambda}{2} \text{ の場合，}$$

$$\tan(\pi + \pi \varDelta\omega/\omega_0) = \tan \pi \varDelta\omega/\omega_0 \simeq \pi \varDelta\omega/\omega_0$$

となるので

$$Z_{in} = Z_0 \frac{\alpha l + j\pi \varDelta\omega/\omega_0}{1 + j\alpha l \pi \varDelta\omega/\omega_0} \simeq Z_0 \left(\alpha l + j\pi \frac{\varDelta\omega}{\omega_0} \right) \tag{3・43}$$

となる．

α は並列コンダクタンス $G=0$ の場合は式（3·9）から $\alpha=(1/2)R\sqrt{C/L}$ となり，$\beta l \simeq \omega_0\sqrt{LC}\,l=\pi$ から $\pi\Delta\omega/\omega_0=\Delta\omega l\sqrt{LC}$ となるので上式はさらに以下のように変形できる．

$$Z_{in}=\sqrt{\frac{L}{C}}\left(\frac{Rl}{2}\sqrt{\frac{C}{L}}+j\Delta\omega l\sqrt{LC}\right)=\frac{1}{2}Rl+jlL\Delta\omega=R_0+j\omega_0L_0\frac{2\Delta\omega}{\omega_0} \tag{3·44}$$

上式の Z_{in} は $R_0=\frac{1}{2}Rl$, $L_0=\frac{1}{2}Ll$ とすれば L_0, R_0, $\omega_0C_0=\frac{1}{\omega_0L_0}$ を有する図 2·11 の直列共振回路の入力インピーダンスと共振時付近において入力インピーダンスの変化が全く同じになっていることがわかる．

なお等価的な R_0, L_0 が線路の全抵抗 Rl，全インダクタンス Ll の 1/2になるのは線路上の電流分布が半正弦的であることによる．反共振時の角周波数 ω_0 付近の Z_{in} あるいは Y_{in} も同様にして求めることができる．このように伝送線路が共振，反共振しているときのインピーダンス，アドミタンスの周波数特性も全く集中定数の直列，並列共振回路の特性に等しいことがわかる．

(2) 伝送線路共振器の Q

上述のように伝送線路共振器の定数を等価的な集中定数共振器の定数と結びつけることができたので，線路共振器の Q と α, β の関係は直ちに求めることができる．共振時（$l=P\lambda/2$，ただし P は整数）には直列共振回路と等価になるので，

$$Q=\frac{\omega_0L_0}{R_0}=\omega_0\frac{\frac{1}{2}Ll}{\frac{1}{2}Rl}=\frac{\omega_0L\cdot\sqrt{\frac{C}{L}}}{2\cdot\frac{R}{2}\cdot\sqrt{\frac{C}{L}}}=\frac{\omega_0\sqrt{LC}}{2\alpha}=\frac{\beta}{2\alpha} \tag{3·47}$$

となり，反共振時（$l=P'\lambda/4$，ただし P' は奇数）では並列共振回路と等価になり，やはり $Q=\omega_0L_0/R_0=\beta/2\alpha$ で位相定数 β と減衰定数 α の比で与えられることがわかる．またこの関係を使うと式（3·42）の共振，反共振時の入力インピーダンス Z_{in} は，共振時は $\beta l=P\pi$，反共振時は $\beta l=P'\frac{\pi}{2}$ となるので Q を使って以下のように表わせる．

$$\text{共振時}\qquad Z_{in}=Z_0\alpha l=Z_0\frac{\beta l}{2Q}=\frac{Z_0P\pi}{2Q}\qquad P：\text{整数} \tag{3·48}$$

$$\text{反共振時}\quad Z_{in}=\frac{Z_0}{\alpha l}=Z_0\frac{2Q}{\beta l}=\frac{4Z_0Q}{P'\pi}\qquad P'\text{：奇数}$$

以上においては Q を等価共振回路から求めたが，勿論 Q の本来の定義式 (3·36) から求めることができる．例として共振時 ($l=P\lambda/2$) の場合の計算を考える．線路の損失は極めて小さいので，第1近似として線路上の電流分布は無損失線路と同じとみなしてよい．従ってその分布は $I=I_0\cos\beta z$ となるので，線路の全区間に蓄えられる磁気エネルギーの時間平均 W_m は単位長 dz のエネルギーを積分することにより

$$W_m=\frac{1}{4}I_0^2L\int_0^{\frac{\lambda_0}{2}}\cos^2\beta z\mathrm{d}z=\frac{\lambda_0}{16}I_0^2L$$

となり，$W=W_m+W_e=2W_m$ で，また電力損失 P_l は

$$P_l=\frac{1}{2}\int_0^{\frac{\lambda_0}{2}}RII^*\mathrm{d}z=\frac{R}{2}I_0^2\int_0^{\frac{\lambda_0}{2}}\cos^2\beta z=\frac{\lambda_0}{8}RI_0^2$$

となるので Q は

$$Q=\omega_0\frac{W}{P_l}=\frac{\omega_0\lambda_0LI_0^2/8}{RI_0^2\lambda_0/8}=\frac{\omega_0L}{R}=\frac{\beta}{2\alpha}$$

となり，先に求めた式 (3·47) と同じになる．反共振の場合も積分区間が変わるだけで同様である．また以上の伝送線路の共振は実用上多く使われる終端短絡線路について説明したが，終端開放線路についても開放が完全すなわち終端インピーダンスが無限大とみなせる場合には，3·1·3項で述べたように終端短絡線路の長さを $\lambda/4$ 長くしたものと等価になる．従って全く同様に共振，反共振が生じ Q も同じになるが，ただ共振時の線路長は $\lambda/4$ の奇数倍，反共振時の線路長は $\lambda/2$ の整数倍である．

3·3·3 複合共振回路

共振線路をマイクロ波の同調回路として使用する場合には図3·23のように長さ l の線路の端子に集中定数リアクタンス jX, jX_R が接続されることが多いのでこのような複合共振回路の共振条件などについて考える．共振条件は線路上のど

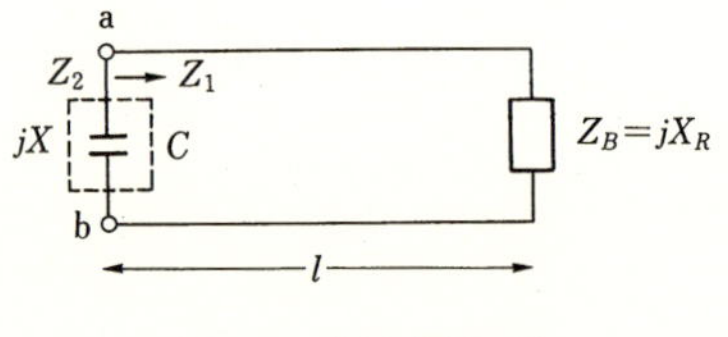

図3·23 複合共振回路

の点で考えてもよいが，例えば a, b 点について考える場合には ab から右をみたインピーダンス Z_1 を求め，つぎに左をみたインピーダンス Z_2 を求めて $Z_1+Z_2=0$ が満足されればよい．共振器として使われる線路は共振周波数を求める場合には無損失とみなしてよいので，Z_1 は終端にリアクタンス jX_R が接がれた長さ l の線路の入力インピーダンスであるから式（3·21）′で与えられ

$$Z_1=jZ_0\frac{X_R+Z_0\tan\beta l}{Z_0-X_R\tan\beta l}$$

一方 a, b より左をみると X が接がれているので $Z_2=jX$ となり，従って共振あるいは反共振の条件は，$X=-Z_0(X_R+Z_0\tan\beta l)(Z_0-X_R\tan\beta l)^{-1}$ を $\tan\beta l$ について解くことにより次式となる．

$$\tan\frac{\omega}{v}l=\tan\frac{2\pi}{\lambda}l=Z_0\left(\frac{X+X_R}{XX_R-Z_0{}^2}\right) \tag{3·49}$$

終端短絡線路では $X_R=0$ で終端開放線路では $X_R=\infty$ となるので共振条件はそれぞれ次式となる．

$$\left.\begin{aligned}&\text{終端短絡複合線路}\qquad \tan\frac{2\pi}{\lambda}l=\tan\frac{\omega}{v}l=-\frac{X}{Z_0}\\&\text{終端開放複合線路}\qquad \tan\frac{2\pi}{\lambda}l=\tan\frac{\omega}{v}l=\frac{Z_0}{X}\end{aligned}\right\} \tag{3·50}$$

上式から送端のリアクタンス X が零であれば当然線路のみの場合の共振条件となる．入力端のリアクタンス X としては，実際には発振管等の容量 C が並列に入る場合が多い．このように終端短絡で入力端に C の入った線路の長さと共振周波数の関係は線路のみの場合のように単純な整数関係ではなくなる．

3·3·4　結合のある共振回路の特性とスミス図

3·3·3 項で述べたように線路共振器では線路長が一定であっても，周波数が異なると多くの周波数で共振現象をおこす．これは後述の空胴共振器の場合も全く同じである．また共振回路を使用する場合には必ず外部から結合する回路が必要なため，一般に集中定数で表わした共振器回路に伝送線が結合している場合の等価回路は図3·24のようになる．いまこの等価回路を基にして共振器の Q，入力インピーダンス，伝送電力，スミス図との関係などについて調べる．

(1)　共振器の Q と入力インピーダンス

図3·24，(a)で伝送線側から共振回路をみた入力インピーダンス Z_{in} を求めると次式が得られる．

$$Z_{in}=j\omega L_0+\sum_{m=1}^{m}\frac{\omega^2 M_m{}^2}{r_m+j\left(\omega L_m-\dfrac{1}{\omega C_m}\right)} \tag{3·51}$$

m は考えている共振器のモード（姿態）が m 個，例えば1つの短絡伝送線路共振器では，長さ l が $\lambda/2$ の m 倍で共振することに対応して等価集中定数共振回路が m 個存在することを示している．m 番目のモードに対する共振角周波数 $\omega_m{}^2=1/L_mC_m$ で結合を考えない共振回路自体の $Q_{0m}=\omega_m L_m/r_m$ である．通常 Q_{0m} を無負荷の Q（unloaded Q）と呼んでいる．結合がある場合には外部に出て行くエネルギー P_{ex} がある．これは共振回路で考えれば熱損失エネルギーと同じに損失エネルギーと考えてよいので，結合の Q が P_{ex} と蓄えられるエネルギーの時間平均 W の比として定義できる．

$$\text{結合の }Q,\quad Q_{ex}=\omega_0\frac{W}{P_{ex}} \tag{3·52}$$

従って

$$\frac{1}{Q_0}+\frac{1}{Q_{ex}}=\frac{P_l+P_{ex}}{\omega_0 W}=\frac{1}{Q_L} \tag{3·53}$$

が成立し Q_L を負荷 Q（loaded Q）と呼んでいる．Q_L は上式のように共振系で

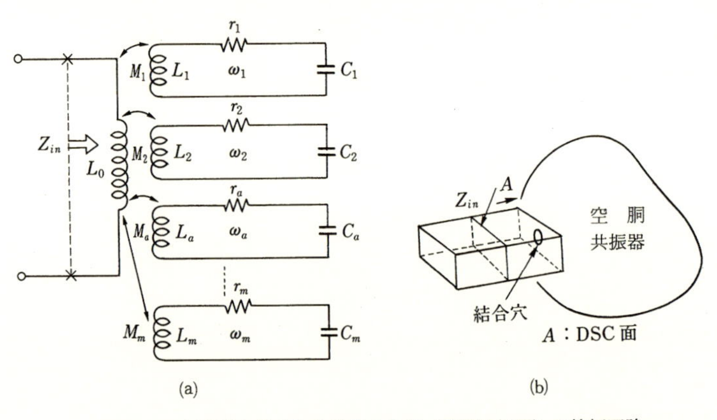

図3·24　伝送線と結合した線路共振器（空胴共振器）の等価回路

失われるエネルギーの全てを含んだ場合の Q と考えられる．m 番目の共振回路と入力伝送線の結合を考えると式（3·52）から

$$\frac{1}{Q_{exm}}=\frac{\left(\dfrac{\omega^2 M_m{}^2}{Z_0}\right)}{\omega_m L_m}$$

となる．ここで Z_0 は入力伝送線路の特性インピーダンスである．なお結合線路も集中定数とするときには，Z_0 の代わりに電源の内部抵抗を考えればよい．従って式（3·51）の Z_{inN} は次式のように変形できる．

$$Z_{inN}=\frac{Z_{in}}{Z_0}=\frac{j\omega L_0}{Z_0}+\sum_{m=1}^{m}\frac{\dfrac{1}{Q_{exm}}}{\left(\dfrac{\omega}{\omega_m}-\dfrac{\omega_m}{\omega}\right)+\dfrac{1}{Q_{om}}} \tag{3·54}$$

一般には各モード m に対する共振周波数 ω_m は離れているので，a 番目のモードのみが共振している付近では $\omega\simeq\omega_a$ であるので第2項の $m=a$ の項のみが大きくなり，上式を ω で大きく変化する項とあまり変化しない項 Z_1 にわけて書くことができる．この場合 Z_{inN} は

$$Z_{inN}=\frac{\dfrac{1}{Q_{exa}}}{j\left(\dfrac{\omega}{\omega_a}-\dfrac{\omega_a}{\omega}\right)+\dfrac{1}{Q_{0a}}}+Z_1 \tag{3·55}$$

ただし

$$Z_1=j\omega\left(\frac{L_0}{Z_0}+\sum_n\frac{\dfrac{\omega_n}{Q_{exn}}}{\omega^2-\omega_n{}^2}\right)$$

となる．Z_1 の式中の $\sum_n$ は a 番目のモード以外に対する総和を意味し，ω と ω_n は十分離れているので Z_1 は ω によって殆んど変化しない定数とみなせる．

(2)　Z_{in} のスミス図上の軌跡

つぎに上述の入力インピーダンス Z_{in} があるモードにおいて ω_0 で共振しているとき，ω の変化によって Z_{in} がスミス図上でどのような軌跡となるかを考える．Z_{in} は上式で単に ω_a を ω_0 と書き代えたものであるので，まず Z_1 を除いた第1項を考える．ω が零から無限大に変化するに従って $j(\omega/\omega_0-\omega_0/\omega)$

は $-j\infty$ から $+j\infty$ に変化し，$\omega=\omega_0$ では零となるので $Z_{in}/Z_0=R/Z_0+jX/Z_0$ を複素平面上に書くと $\omega=0$，∞ で零となり，$\omega=\omega_0$ で Q_0/Q_{ex} となるので図 3·25 の点線のように中心が $Q_0/2Q_{ex}$ にあり，原点および Q_0/Q_{ex} の点を通る円となる．Z_1 の項を考えると図の実線のように幾分ずれてくる．また ω_0 以外に他のモードによる共振がある場合には，共振のつど同様なループを画く．つぎにこのループがスミス図上ではどのような軌跡になるか考えると，反射係数 Γ は Z_N の一次関数であるから，Z_N が Z 平面で円を画くと Γ も Γ 平面で円を画きスミス

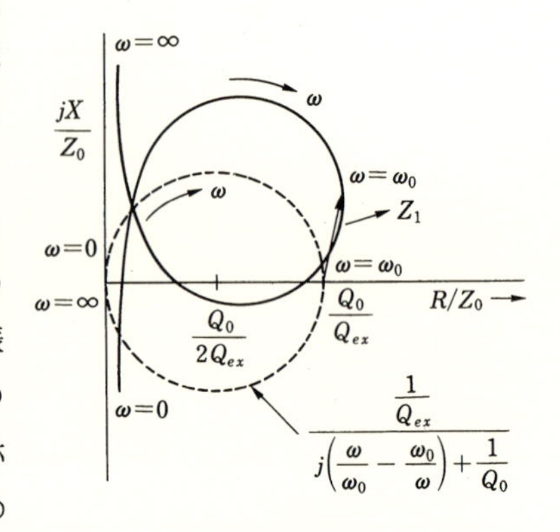

図 3·25　1結合共振器の入力インピーダンス（Z 平面）

上では図 3·26，(a)図のような ω に対する軌跡となる．なお ω の増大により軌跡は一般のインピーダンス軌跡と同じように右廻りに変化する．いま共振器（共振回路）が共振していないときの入力伝送線上の電圧定在波が最小となる点から共振器をみると Z_{inN} は殆んど零となるので，この点を基準面と考え離調時短絡面（DSC 面：Detuned Short–Circuit plane）と呼び，通常この面からみた Z_{inN} を扱っている．なお，I_mZ_i は零となるように面を定める．共振円は $Q_{ex}<Q_0$ のときすなわち結合係数 $\beta=Q_0/Q_{ex}>1$ では(b)図のように共振時の $Z_{inN}=Q_0/Q_{ex}>1$ であるから中心 O を囲む円となる．このように結合が強い場

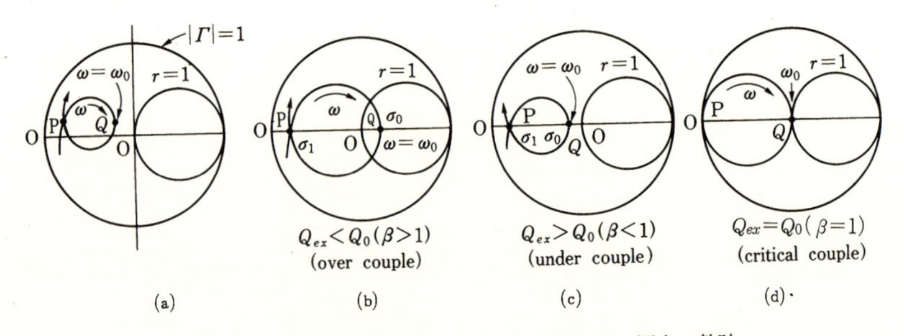

図 3·26　共振器の入力インピーダンスのスミス図上の軌跡

合を over couple（過結合）と呼んでいる．一方 $Q_{ex}>Q_0$ のときは共振時の $Z_{inN}=Q_0/Q_{ex}=\beta<1$ となるので(c)図のようになりループはO点を含まない．このような場合を under　couple（疎結合）と呼んでいる．なおP点が定在波比無限大の点O′に対し僅かにずれているのは Z_1 には幾分抵抗分 R_1 があるからで，P点に対応する定在波比 $\sigma_1=Z_0/R_1$ となる．また $\omega=\omega_0$ で定在波比は最小値 σ_0 となる．

なお，$Q_{ex}=Q_0$ のとき（$\beta=1$）は critical couple（臨界結合）で $Z_{inN}=1$ で $\sigma_0=1$ となり，(d)図の軌跡をとり共振時の反射は零で，入力電力は全て共振器内で消費される．

(3)　2結合共振器の等価回路と伝送電力

共振器に入力線路と出力線路が結合している2結合共振器は波長計，ろ波器，材料のマイクロ波定数の測定用共振器等に多く使われている．共振器が伝送線路によるものや空胴共振器あるいは誘電体共振器など，どのような共振器であっても，伝送線上の DOC_1 面と出力 DOC_2 面間を共振器とみなすと，図3・27，(a)図のような等価集中定数共振回路で表示できる．計算に便利なように(a)図の出力端の変成器を書きかえた等価回路は(b)図となる．いま実用上重要な $R_g=R_L=Z_0$ の場合を考える．この図と図3・24の1結合共振器の場合を比べると，単に共振回路に直列に $N_2^2R_L$ が挿入されているだけである．従って入力端から見た基準化インピーダンスは次式となることがわかる．

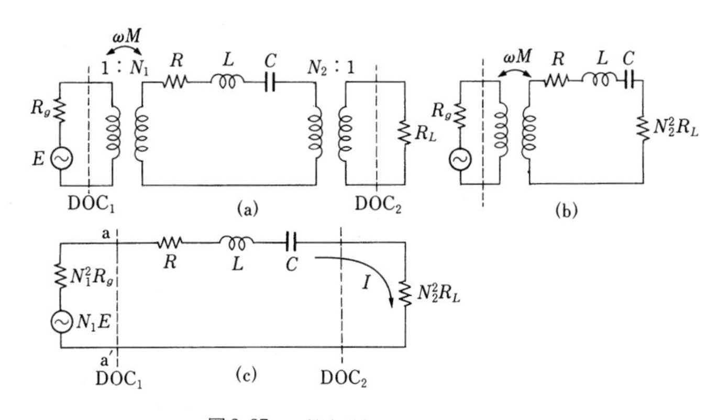

図3・27　2結合共振器の等価回路
（DOC 面：(Detuned Open Circuit plane, すなわち離調時に Z が∞となる面)

$$Z_{inN}=\frac{\dfrac{1}{Q_{ex1}}}{\dfrac{1}{Q_0}+\dfrac{1}{Q_{ex2}}+j\left(\dfrac{\omega}{\omega_0}-\dfrac{\omega_0}{\omega}\right)}+Z_1\simeq\frac{\dfrac{1}{Q_{ex_1}}}{\left(\dfrac{1}{Q_L}-\dfrac{1}{Q_{ex_1}}\right)+j\dfrac{2\Delta\omega}{\omega_0}} \tag{3·56}$$

ただし，$\dfrac{1}{Q_0}=\dfrac{R}{\omega_0 L}$，$\dfrac{1}{Q_{ex_2}}=\dfrac{N_2{}^2 Z_0}{\omega_0 L}$，$\dfrac{1}{Q_{ex_1}}=\left(\dfrac{\omega_0{}^2 M^2}{Z_0}\right)/\omega_0 L=N_1^2 Z_0/\omega_0 L$

$$\frac{1}{Q_L}=\frac{1}{Q_{ex_1}}+\frac{1}{Q_{ex_2}}+\frac{1}{Q_0}$$

上式から2結合共振器の入力インピーダンスの周波数に対する軌跡も図3・25と同様な円となるが，共振時の R/Z_0 の大きさは $1/Q_{ex1}[\,1/Q_L-1/Q_{ex1}]^{-1}=[(Q_{ex1}/Q_L)-1]^{-1}$ となり，$Q_L=Q_{ex1}/2$ の条件が成り立つと $R/Z_0=1$ すなわち $\Gamma=0$ で無反射となる．

次に出力抵抗 $R_L=Z_0$ の両端の電圧 V_L を(c)図の等価回路から求めると，容易に

$$V_L=N_1EN_2{}^2Z_0/Z=N_1EN_2{}^2Z_0(N_1{}^2Z_0+R+N_2{}^2Z_0+j\omega L2\Delta\omega/\omega_0)^{-1}$$

となる．通常マイクロ波では，電圧透過係数 T_V は電源に Z_0 を接ないだ場合の V_0 と V_L の比で定義されるので，次式で表わされ，$\Delta\omega$ に対しやはり円を画く．

$$T_V=\frac{2Q_L}{\sqrt{Q_{ex_1}Q_{ex_2}}}(X+jY) \tag{3·57}$$

また入力端における反射係数 $\Gamma=(Z_{in}-1)(Z_{in}+1)^{-1}$ なので式(3·56)の Z_{in} を代入すると

$$\Gamma=\frac{2Q_L}{Q_{ex_1}}(X+jY)-1 \tag{3·58}$$

X, Y は $X=[4Q_L{}^2(\Delta\omega/\omega_0)^2+1]^{-1}$，$Y=-2Q_L\Delta\omega/\omega_0[4Q_L{}^2(\Delta\omega/\omega_0)^2+1]^{-1}$ で $\Delta\omega/\omega_0$ に対し図3・28のように変化する関数である．電力透過係数 $T=|T_V|^2$，反射電力 $|\Gamma|^2$ は $(X+jY)^2=X$ であるから

$$T=|T_v|^2=\frac{4Q_L{}^2}{Q_{ex1}Q_{ex2}\left[4Q_L{}^2\left(\dfrac{\Delta\omega}{\omega_0}\right)^2+1\right]} \tag{3·59}$$

$$|\Gamma|^2=1-\frac{4Q_L^2}{Q_{ex1}}\left(\frac{1}{Q_L}-\frac{1}{Q_{ex1}}\right)\frac{1}{\left[4Q_L^2\left(\frac{\Delta\omega}{\omega_0}\right)^2+1\right]}$$

式（3·59）の T の ω に対する変化を書くと図3·29となる．なお T は負荷における電力と最大有能電力 $P_0=|E|^2/8Z_0$ すなわち内部抵抗 Z_0 の電源から取り出せる電力（負荷として Z_0 を接続した場合の電力）の比である．これから $T/2$ あるいは $\Gamma/2$ となる $\Delta\omega$ と ω_0 を測定すれば Q_L が測定できる．また上式で $Q_{ex2}\to\infty$ とすれば一開口の場合の式となる．一定の Q_{ex2} に対し透過を最大にするには $Q_{ex1}=2Q_L$ で，送受切換用の TR 管共振回路等に使われ，一定の Q_0, Q_L で T を最大にするには $Q_{ex1}=Q_{ex2}$ の条件が必要で，このとき $T=(1-Q_L/Q_0)^2$ となることもわかり，波長計，ろ波器等に使われている．

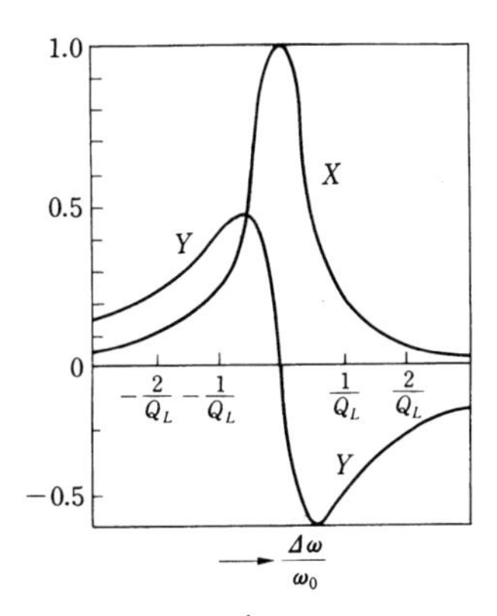

図3·28　X, Y の $\frac{\Delta\omega}{\omega_0}$ に対する変化

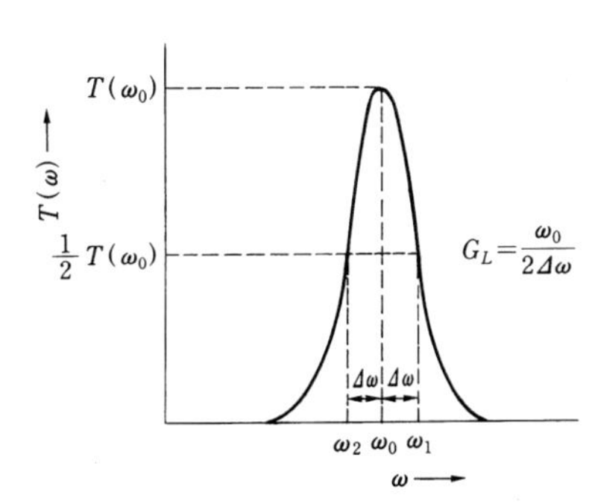

図3·29　電力透過係数 $T(\omega)$ の周波数特性

3·4　線路の整合法

3·4·1　電力伝送とインピーダンス整合

マイクロ波発振の電力は一般にあまり大きくなく，また，アンテナで受信した場合の電力は μW 以下の微小電力のため，これらをいかに損失を少なく，目的である負荷に伝送するかが重要な問題となる．伝送線路として無損失と見なせるものを使用しても，3·1節で述べたように線路の特性インピーダンスと負荷のインピーダンスが同じでない場合，すなわち規準化インピーダンス Z_N が1でないと，全伝送電力が負荷に吸収されないで，負荷で反射した電力は送端

に戻り，送信源に悪影響を与える．また，定在波による線路からの電力放射や放電の原因となったり，送端で再び反射をして多重反射を生じ，共振線路の性質に近くなり，不都合なことが生じるので極力避ける必要がある．

いま，図3·30のように内部抵抗 R_g で最大振幅 V_g の定電圧発振源にインピーダンス $Z_L=R_L+jX_L$ を接続した場合の負荷に消費される電力を求めてみる．

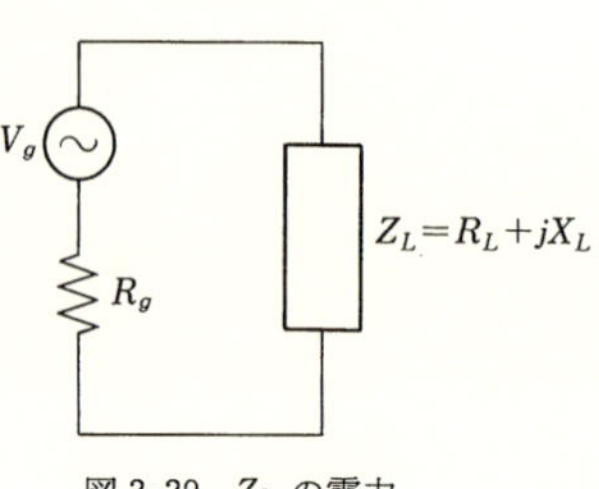

図3·30　Z_L の電力

この線路を流れる電流 I は $I=V_g/(Z_L+R_g)$ で負荷に消費される平均電力 P_L は2·4·1項で述べたように $P_L=(1/2)R_LII^*=(1/2)R_L|I|^2$ であるから

$$P_L=\frac{1}{2}R_L|I|^2=\left(\frac{1}{2}\right)\frac{V_g{}^2R_L}{(R_g+R_L)^2+X_L{}^2} \quad (3\cdot60)$$

負荷インピーダンス Z_L すなわち R_L, X_L を変化させた場合，P_L が最大になるのは $X_L=0, R_L=R_g$ の場合である．このような状態は波動として考えた場合は負荷からの反射のない状態で負荷は電源に対して整合がとれていると言う．このときの P_L の最大値 P_{max} は，

$$P_{max}=\frac{V_g{}^2}{8R_g} \quad (3\cdot65)$$

となり，これを電源の有能電力と呼んでいる．通常マイクロ波で伝送電力の損失を問題にする場合は，この P_{max} に対する値と考えてよい．また，マイクロ波においては，ある特性インピーダンス $Z_0(=R_0)$ を持つ線路が使用されるので，電源の内部インピーダンスもこれに整合されるように作られているため，負荷に関しては線路との整合を考えればよい．R_L の値で $P_L/P_{max}=1-|\Gamma|^2$ がどのように変化するかは，負荷の規準化抵抗 R_L/R_0 をスミス図にプロットし，反射係数の値 Γ，$|\Gamma|^2$ から容易に求めることができる．

3·4·2　スタブによる整合法

インピーダンス Z_L の負荷が，特性インピーダンス Z_0 の線路に接がれている場合に，無損失回路を使い何らかの方法で負荷の近くの点から負荷側をみたインピーダンスを Z_0 になるようにすれば，伝送電力を全て負荷に吸収させることが可能になる．まず，基本と考えられるリアクタンス素子として終端を短絡（また開放）した伝送線路を使うスタブ整合法をスミス図を使って説明する．

(1)　単一並列スタブ整合

この方法では図3·31，(a)図のように線路に規準化アドミタンス $Y_{BN}=G_L+jB_L$ の負荷が接がれている場合に，スタブと呼ばれる長さ l' の短絡線路を伝送線路に並列に接続して，l' の大きさ及び接続する位置を変えることにより整合をとる．負荷の Y_{BN} はスミス図（アドミタンス図）上で，(b)図のように P_0 点とすると対応する反射係数 Γ_B は，中心Oから P_0 に引いたベクトルで示される．スタブの入力端から短絡終端を見たスタブのアドミスタンスは純サセプタンスで，一方スタブと線路の負荷側をみたアドミタンス $Y'_N=G+jB$ の合成アドミタンスは，一般にコンダクタンスとサセプタンスの値を持つ．そこで整合のためにはスタブの接続位置でコンタクタンス G が1となることが必要である．

そこで負荷からの距離 l が増大するに従って，Γ は半径 OP_0 で右回りに回転するので，先端が $G=1$ の線上のP点にくるように距離 l を選べばよい．l に対応したP点から負荷を見た場合，$Y_N'=1+jB$ となるのでP点に並列に$-jB$ のサセプタンスを持つスタブを接続すれば，合成アドミタンス $Y_N=1+jB+(-jB)=1$ で，スミス図上のP点は $G=1$ の円上を移動して原点Oにくるので反射が零となり，線路と整合がとれる．スタブの長さ l' を求めるのにもスミス図を使えば，(b)図に示したように容易に求めることができる．短絡端では，

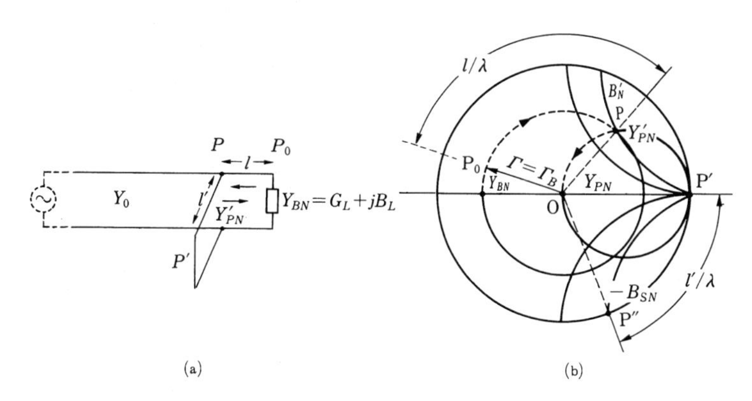

図3·31　単一スタブによる整合

アドミタンスは P′ 点で l' を変化させると外周を右回りに回るので $-jB$ となる P″ までの距離 l' が求まる．

なおスタブとして短絡スタブが一般に使われるのは，終端開放スタブでは開放端でアドミタンス零を実現しにくく，また，並列スタブが使われるのは，直列スタブに比較して距離 l が容易に変化できるからである．またスタブの位置は l からさらに $\lambda/2$ 離れた点でも理論的には同様に動作するが，できるだけ負荷に近い方がよい．一般にスタブ整合では，スタブと負荷の間には図3･31(a)のように波が反射し，定在波が立つが，コンダクタンスを持つのは負荷のみで，結局全電力が負荷に吸収されると解釈できる．しかし，実際にはスタブおよび伝送線路に僅かの損失があるために，そこで熱あるいは放射等で失なわれるエネルギーをできるだけ小さくした方がよい．また周波数特性の点などからも l が小さい方が望ましい．一般に整合素子に損失がある場合に負荷に吸収される電力を計算すると図 3･32 のようになる．

(2)　2重並列スタブ整合

単一スタブでは，スタブの位置およびそのサセプタンスを調整する必要があり，導波管や同軸線路を使う場合には，スタブの位置を移動させることは機械的に容易でないので，2つのスタブの位置を固定して，そのサセプタンスを調整して整合をとる方法が考えられた．図3･33のように規準化負荷アドミタンス Y_B を特性アドミタンス Y_0 の線路に整合させる場合の2重スタブの位置 l_1, l_2 およびスタブの長さ l_1', l_2' をスミス図で求める．負荷のアドミタンス Y_{BN} のスミス図上の点は図 3･34 の P_R 点とする．

まず，図 3･35，(a)図のようにスタブ I，II を取り除いて，スタブ I を挿入する b 点から負荷をみたアドミタンス Y_b は図 3･34 で原点を中心にし，半径 OP_R の円で P_R 点から l_1/λ だけ離れた P_b 点になる．スタブ I を挿入すると純サセプタンスが加わるので，図 3･35，(b)図のように Y_b とスタブのサセプタンスの合成である Y_b' はスミス図でコンダクタンス一定の円上を P_b' 点まで移動する．このアドミタンスを $\lambda/4$ 離れたスタブ II を挿入する a 点からみると，そのアドミタンス Y_a は点対称の P_a 点で与えられる．この P_a 点がコンダクタンス 1 の円上にくるように，スタブ I のサセプタンスの値を l'_1 を変えて調整すればよい．P_a 点がコンダクタンス 1 の円上にきたらスタブ II のサセプ

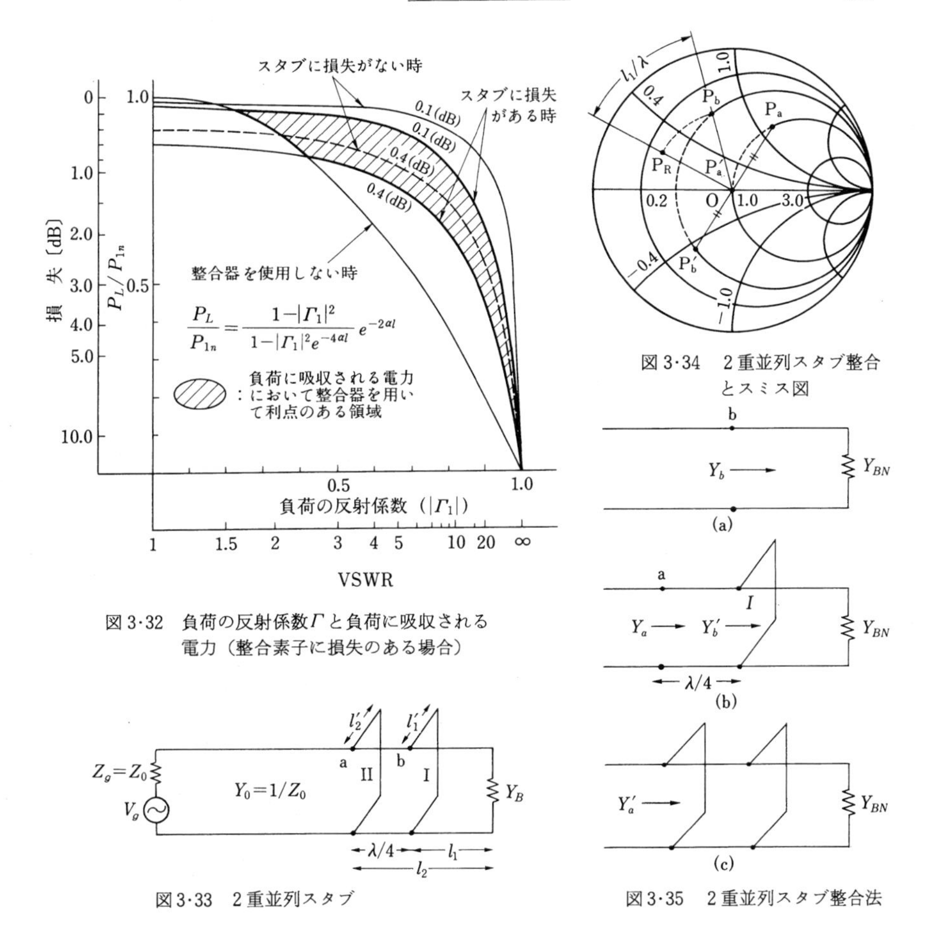

図3·32 負荷の反射係数Γと負荷に吸収される電力（整合素子に損失のある場合）

図3·33 2重並列スタブ

図3·34 2重並列スタブ整合とスミス図

図3·35 2重並列スタブ整合法

タンスを l'_2 で調整して P_a が $G=1$ の円上を動き，P'_a 点すなわち $Y'_\mathrm{a}=1+j0$ の点(O)にくるようにすれば整合がとれる．

このように2重スタブでは，サセプタンスの値を変えるだけで整合がとれ非常に便利であるが，すべての負荷を整合できるとは限らないので，これについて考える．2重スタブで整合をとるには上述のように図3·35，(b)図のスタブII の位置から負荷をみた Y_a が $G=1$ の円上にくることが必要で，このためにはスタブ I の点からみたスタブのサセプタンスを含めて，負荷をみた Y_b' が図3·36のように $G=1$ の円Aを180°回転した円B上にあることが必要とな

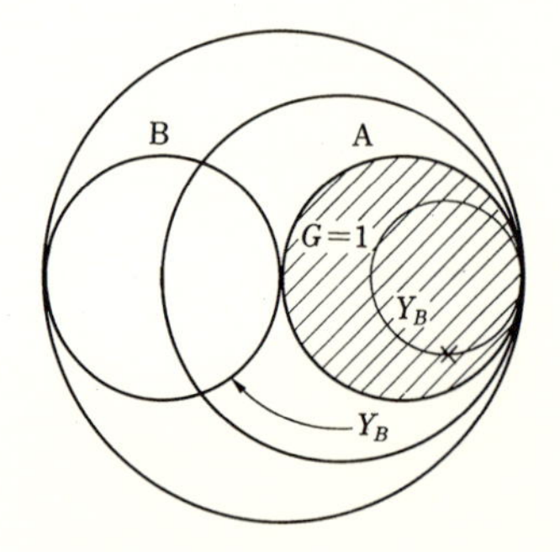

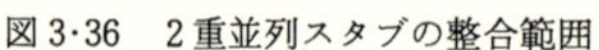
図3·36 2重並列スタブの整合範囲

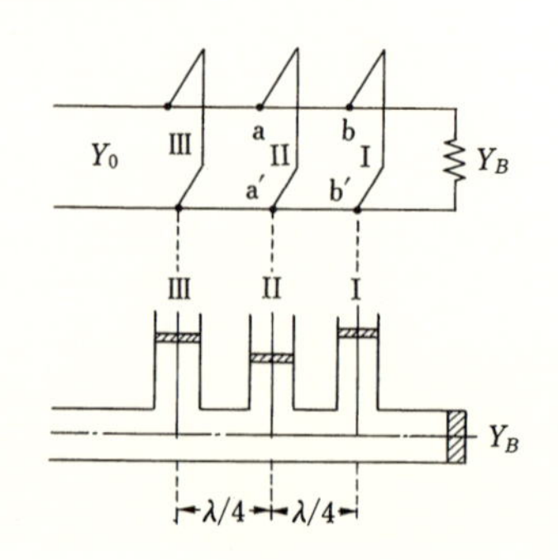

図3·37 3重スタブ

る．このことからスタブ1の点からみたアドミタンス Y_b が $G=1$ の円Aの外部にあることが整合の必要条件になる．従って図3·36で斜線をほどこした円内に Y_b があるような負荷（$G>1$）に対しては整合ができない．しかし，このような場合には図3·37のように，$\lambda/4$ 間隔の3重スタブを使用すればよい．スタブ Ⅰ の位置b点から負荷をみたアドミタンスが $G=1$ の円A内にあるときには，スタブ Ⅱ のa点から負荷をみたアドミタンスは円Aの外になるのでスタブ Ⅱ, Ⅲ によって整合がとれる．一方b点からみたアドミタンスが円Aの外にあるときは，スタブ Ⅰ, Ⅱ によって整合をとることができるので，3重スタブを使えばすべての負荷の整合が可能となる．

また，定在波比 σ が2より小さな負荷に対しては，$\lambda/8$ あるいは $3\lambda/8$ 間隔の2重スタブで整合できる．この場合の整合の考え方も全く同じで，図3·38，(a)図に示すように Ⅱ のスタブをはずし，a点から負荷をみたアドミタンスが(b)のスミス図の $G=1$ の円A上にくればよい．このためには，スタブ Ⅱ と Ⅰ は $3\lambda/8$ 離れているので，bからスタブ Ⅰ のサセプタンスを含めて負荷をみたアドミタンスがB円上にあればよい．図から明らかなように，bから負荷のみをみたアドミタンスが $G=2$ の円Cの外にあればスタブ Ⅰ によって上記の条件を満足できるので，$G=2$ の円外のあらゆるアドミタンスを整合できる．定在波比 σ が2より小さなアドミタンスは，図に示したように円Cの外にあるのでつねに整合できる．なお，σ が2より大きな場合でも，やはり3重スタブとすれば整合できる．これまで述べた整合法は，スタブの代わりに線路に集中定数 L あるいは C に等価なリアクタンス素子を挿入した場合も，当然同一原理で

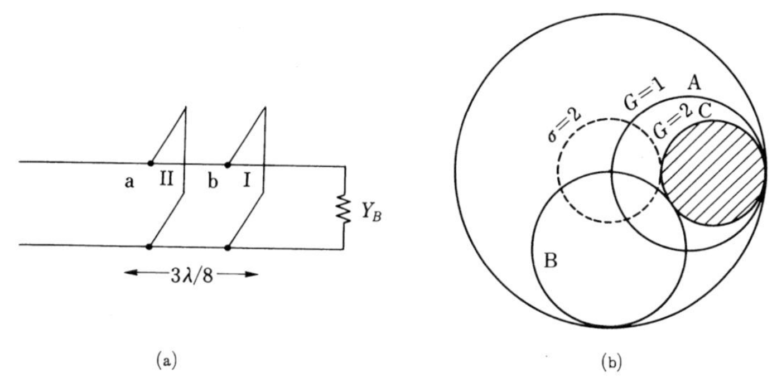

図 3·38 3λ/8 間隔 2 重並列スタブ

行なわれている.

3·4·3 λ/4 変成器による整合法

長さが λ/4 の伝送線路はインピーダンス変成器として使うことができ，1/4 波長変成器と呼ばれている．使用される伝送線路は無損失で特性インピーダンスは実数と考えてよい．いま図3·39のように出力端に Z_B が接続された長さ λ/4 線路の入力インピーダンス Z_A について考える．

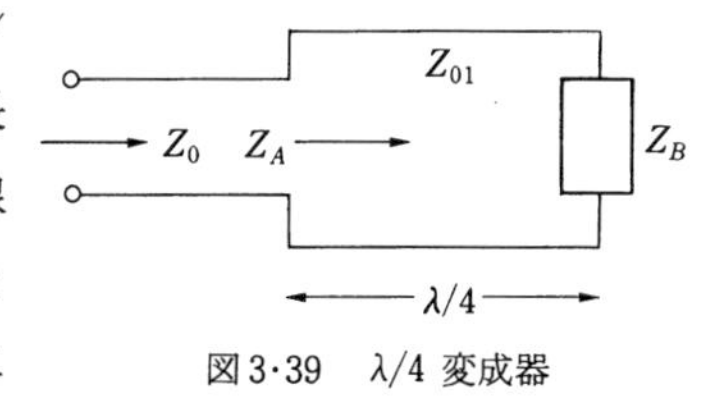

図 3·39 λ/4 変成器

入力インピーダンス Z_A は式 (3·21)′ で $l=\lambda/4$ の場合 $\beta l=\pi/2$ となるので線路の特性インピーダンスを Z_{01} とすると

$$Z_A=Z_{01}\frac{Z_{01}}{Z_B} \tag{3·66}$$

となり，Z_{01} の値を適当に選ぶことにより，Z_B を任意の Z_A に変換できる．整合のためには，この Z_A を Z_0 に等しくなるようにすればよい．通常 $Z_A=Z_0$ で Z_{01} は純抵抗であるから Z_B は実数であることが要求される．このように λ/4 線路はインピーダンス変成器として動作するが，使用周波数が異なれば当然 $l=\lambda/4$ の条件が満足されなくなるため，周波数特性を持つのが欠点である．Z_0 の線路における反射係数 Γ の絶対値 $|\Gamma|$ は，ω を使用角周波数，ω_0 を線路の設計角周波数，$\Delta\omega=\omega-\omega_0$ とすると

$$|\Gamma|\simeq\left(\sqrt{\frac{Z_B}{Z_0}}-\sqrt{\frac{Z_0}{Z_B}}\right)\frac{\pi\Delta\omega}{4\omega_0}\qquad Z_{01}=\sqrt{Z_0Z_B}\tag{3·67}$$

となり角周波数偏移$\Delta\omega/\omega_0$に比例して大きくなることがわかる．広帯域が要求される場合には，図3·40のように$\lambda/4$変成器を2段従続した回路を使用すればよい．この場合は$\lambda/4$線路の特性インピーダンスをそれぞれZ_{01}, Z_{02}として，負荷Z_BをZ_0に整合させるためには，1段の場合と同様に考えてZ_{01}, Z_{02}を次のように選べばよい．

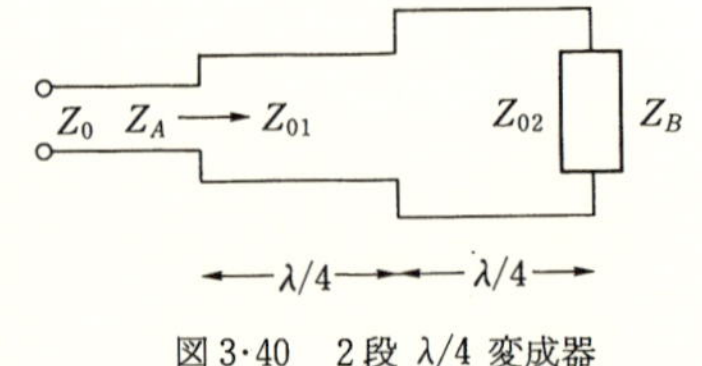

図3·40　2段 $\lambda/4$ 変成器

$$Z_{01}=Z_0\sqrt[4]{Z_B/Z_0}\ ,\ Z_{02}=Z_B\sqrt[4]{Z_0/Z_B}\tag{3·68}$$

また，$\Delta\omega$ 偏移した角周波数における$|\Gamma|$は式（3·67）に対応して

$$|\Gamma|\simeq\left(\sqrt{\frac{Z_0}{Z_B}}-\sqrt{\frac{Z_B}{Z_0}}\right)\frac{\pi^2}{8}\left(\frac{\Delta\omega}{\omega_0}\right)^2\tag{3·69}$$

となり，$\Delta\omega/\omega_0$が十分小さい場合，1投の場合より広帯域になっていることがわかる．なお負荷が純抵抗Z_Bでなく，一般にインピーダンス$Z_B=R_L+jX_L$の場合にも，まず，並列あるいは直列にリアクタンスを挿入して，X_Lを打消してR_Lとして，上述の変成器を使い整合できる．

3·4·4　テーパ線路による整合

特性インピーダンスが図3·41，(a)図のように連続的になめらかに変化する線路を使うと入，出力端のインピーダンスを整合することができ，広帯域の周波数特性を有しているので，特性インピーダンスの異った2つの伝送線路を整合させる場合等に使われている．(b)図は指数関数形テーパ（指数テーパ）と呼ばれ特性がよい．(c)図の直線形テーパは周波数特性はやや劣るが，工作が容易なため実験室でよく使われている．いずれも全長は数波長とることが望ましい．

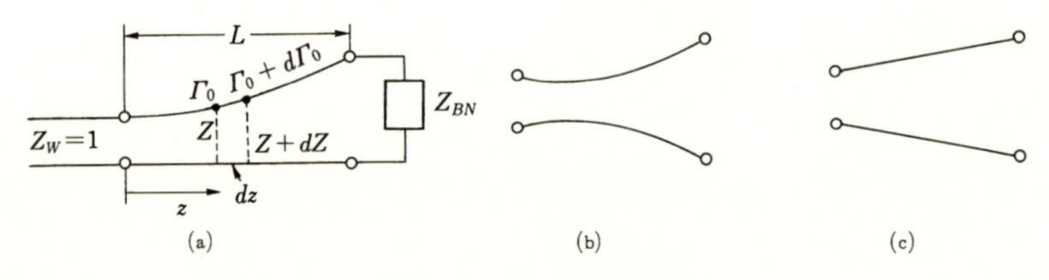

図3·41　テーパ線路整合器

テーパの反射を考える．距離 z 点におけるインピーダンスの変化 dZ による反射係数の変化 $d\Gamma_0$ は

$$d\Gamma_0=\frac{(Z+dZ)-Z}{(Z+dZ)+Z}\simeq\frac{dZ}{2Z}=\frac{1}{2}d(\ln Z)=\frac{1}{2}\frac{d}{dz}(\ln Z)dz$$

となる．従って $d\Gamma_0$ がテーパの入力端の反射係数に及ぼす影響を $d\Gamma_i$ と書くと，

$d\Gamma_i=e^{-2j\beta z}\dfrac{1}{2}\dfrac{d}{dz}(\ln Z)dz$ となり全反射係数 Γ_i は個々の反射係数 $d\Gamma_i$ の総和と考えられるので，全長 L のテーパでは，

$$\Gamma_i=\frac{1}{2}\int_0^L e^{-2j\beta z}\frac{d}{dz}(\ln Z)dz \tag{3・70}$$

となる．従って(b)図の指数関数形テーパでは，$Z=\exp\left(\dfrac{Z}{L}\right)\ln Z_L$ なので，

$$\Gamma_i=\frac{1}{2}e^{-j\beta L}(\ln Z_{BN})\frac{\sin\beta_L}{\beta_L} \tag{3・71}$$

となる．βL に対する入力反射係数の変化の様子は図3・42のようになり，これから L が $\lambda/2$ より大きければ反射は 10 %以下となることがわかる．また三角分布を持つテーパでは同様にして

$$\Gamma_i=\frac{1}{2}e^{-j\beta l}\ln Z_{BN}\left[\frac{-\sin(\beta L/2)}{\beta L/2}\right]^2 \tag{3・72}$$

となる．

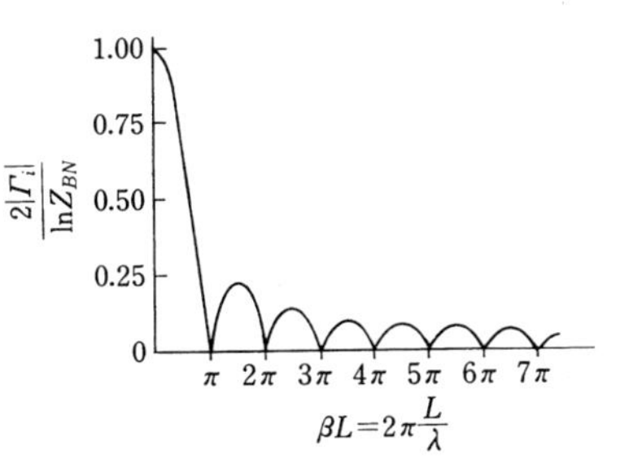

図3・42　指数テーパ線路の特性

3・4・5　集中定数による整合回路

以上伝送線路すなわち分布定数線路を使用して，整合をとる方法について述べたが，従来 UHF 以下の周波数では集中定数素子回路によって整合をとる方法も用いられており，最近マイクロ波 IC の発展と共に，高い周波数においても集中定数素子による整合回路が用いられることが多いと思われるので，考え方，設計について説明する．

整合回路において損失がないためには，当然回路素子としては L, C などのリアクタンス素子が使用される．この素子の組合せ方により図3・43に示すよう

に，(a)図の π 形整合回路，(b)図の逆L形回路，(c)図のT形回路，(d)図の格子形回路および(e)図の結合回路を利用したものが使用されている．なお，図中で＊記の平衡回路と呼ばれているのは抵抗が接がれる2端子（2線路）が地面に対して同一電位になるようにした回路で，平行2線に接続されるような場合に使われ，これに対して同軸線路を接続する場合のように1端子を接地して使う回路を不平衡回路と呼んでいる．

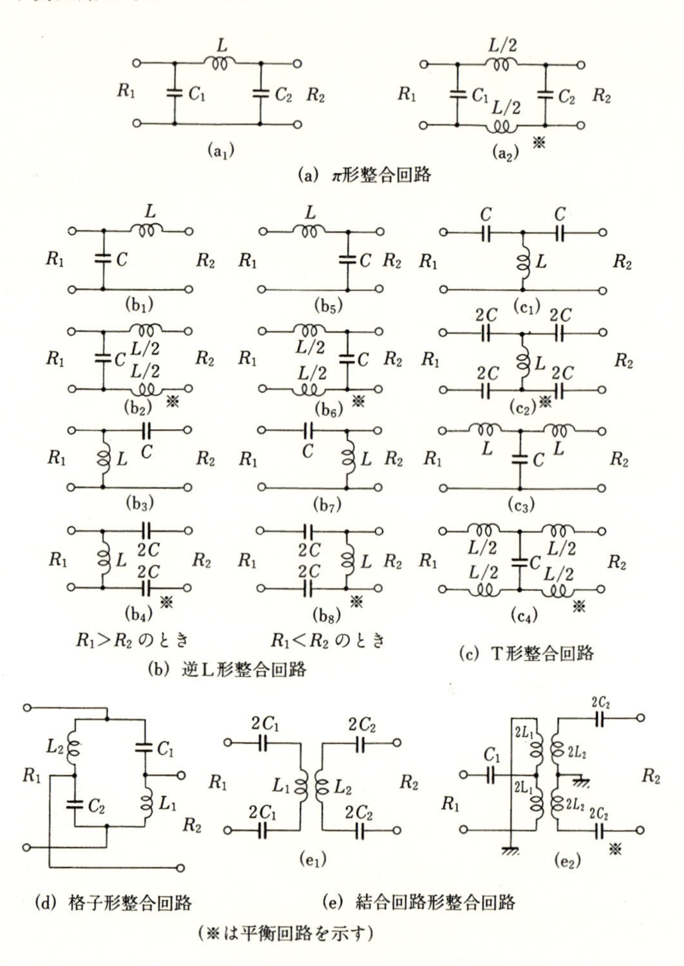

(a) π形整合回路

(b) 逆L形整合回路

(c) T形整合回路

(d) 格子形整合回路

(e) 結合回路形整合回路

(※は平衡回路を示す)

図3·43　集中定数整合回路

一般に，電気回路論では図3·43の回路のように，入力端が2端子，出力端が2端子の回路を4端子回路（2開口回路）と呼んでいる．

いま，図3·44の 1, 1′, 2, 2′ をこの入，出力端子とし，1, 1′ 間の電圧を V_1，電流を $\boldsymbol{I}_1$, 2, 2′ 間の電圧を V_2，電流を $\boldsymbol{I}_2$ とすると，図の実線で示した回路内の構成がどのように複雑にできていても，能動素子を含まない受動回路で，素子が非線形を示さない通常の回路では V_1, V_2, I_1, I_2 間に簡単に次の比例関係がある．

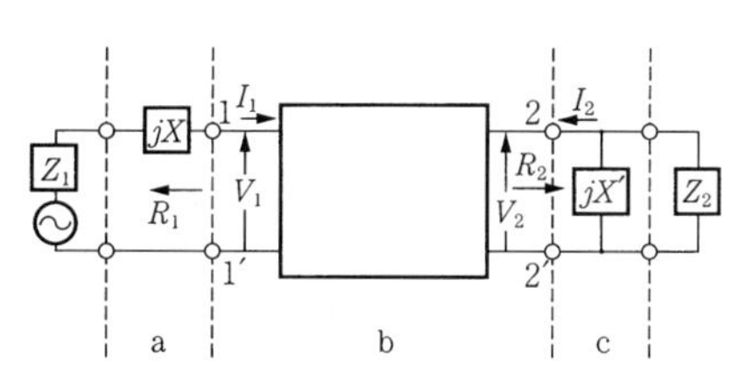

図3·44 整合回路（4端子定数）

$$V_1 = AV_2 + BI_2, \quad I_1 = CV_2 + DI_2 \tag{3·73}$$

ここで，比例定数 A, B, C, D は4端子定数と呼ばれているもので，$AD-BC=1$ の関係があり，これらの値によって回路の種々の性質を調べることができる．

上式から 1−1′ から整合回路をみたインピーダンスは，V_1/I_1 でこれが電流側をみたインピーダンス R_1 に等しく，また，2−2′ から回路をみたインピーダンス V_2/I_2 が，負荷インピーダンス Z_2 に等しいと整合がとれたことになる．従って次式が得られる．

$$\left.\begin{aligned} R_1 &= \frac{V_1}{I_1} = \frac{AV_2+BI_2}{CV_2+DI_2} = \frac{AR_2+B}{CR_2+D} \\ R_2 &= \frac{V_2}{I_2} = \frac{DV_1+BI_1}{CV_1+AI_1} = \frac{DR_1+B}{CR_1+A} \end{aligned}\right\} \tag{3·74}$$

これから，整合条件としては，

$$\frac{R_1}{R_2} = \frac{A}{D}, \quad R_1R_2 = \frac{B}{C} \tag{3·75}$$

が得られ，リアクタンス回路の4端子定数 A, B, C, D が上式を満足するように各素子の値を選べばよい．なお，負荷あるいは電源側をみたインピーダンスが純抵抗でない場合には，図3·44の 1−1′．2−2′ の外側に示したように直列あるいは並列のリアクタンスを挿入して，リアクタンス分を打消してから整合回路を使用すればよい．

3·4·6　平衡，不平衡変換

平行2線（lecher wire）は2線が大地に対し対称的であるので，平衡線路でこれを不平衡線路である同軸線路に図3·45のように接続すると，たとえ両線路の特性インピーダンスが一致している場合でも，同軸線路の外導体の外側に電流が流れ，不要放射を生じたり，不要な伝送モードを生じる．また，平行2線上の互いに逆向の電流も大きさが異ってきて，本来の動作をしなくなる．これを除くためには，不平衡—平衡変換器（回路）が必要である．

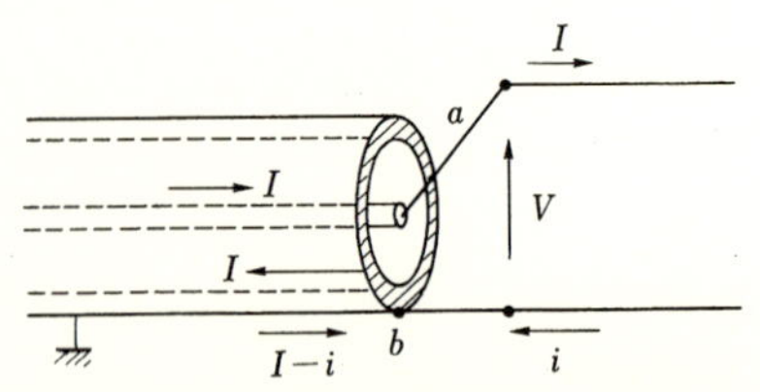

図3·45　同軸線路と平行2線路の直接接続

ここでは変換回路の考え方の基礎と，実際に使われている回路例を示すことにする．一般に図3·46，(a)図のように平衡状態でないときの接続点の電位（大地に対する），電流を各々 V_1, V_2, I_1, I_2 で表示すると，(b)図のように平衡電圧 V_b，不平衡電圧 V_a，平衡電流 I_b，不平衡電流 I_a の重畳として等価的に表わすことができる．ここで平衡電流とは端子1，端子2を流れる電流の大きさが等しく，方向が逆向き，すなわち位相が180°異なっているもので，理想的な平行2線上を流れる電流である．不平衡電流とは両線を流れる電流の大きさは等しいが，同一方向すなわち同相に流れる電流である．V_b, V_a は I_b, I_a に対応して，これらの電流を流すための電圧（電位差）で，V_a, V_b, I_a, I_b と $V_1, V_2, I_1,$

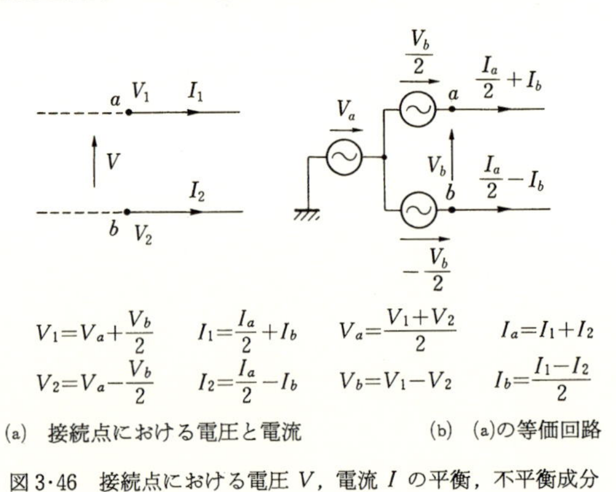

$V_1=V_a+\frac{V_b}{2}$　　$I_1=\frac{I_a}{2}+I_b$　　$V_a=\frac{V_1+V_2}{2}$　　$I_a=I_1+I_2$

$V_2=V_a-\frac{V_b}{2}$　　$I_2=\frac{I_a}{2}-I_b$　　$V_b=V_1-V_2$　　$I_b=\frac{I_1-I_2}{2}$

(a)　接続点における電圧と電流　　　　(b)　(a)の等価回路

図3·46　接続点における電圧 V，電流 I の平衡，不平衡成分

I_2 の関係は図中に示したようになることは容易にわかる．また平衡インピーダンス $Z_b=V_b/I_b$ で，不平衡インピーダンス $Z_a=V_a/I_a$ で，不平衡の線路では Z_b の他に Z_a を考慮する必要がある．

ここで図3·45の同軸，平行２線を接続した場合には，電圧電流分布は図3·46，(a)図の V_1 等と $V_1=V, V_2=0, I_1=I, I_2=-i$ の関係があるので，$V_a=V/2,\ I_a=I-i,\ V_b=V,\ I_b=(I+i)/2,\ Z_a=V/2(I-i),\ Z_b=2V/(I+i)$ となり，これから接続時のアドミタンス $Y=I/V$ は次のようになる．

$$Y=\frac{1}{Z}=\frac{I}{V}=\frac{1}{4Z_a}+\frac{1}{Z_b} \qquad (3.76)$$

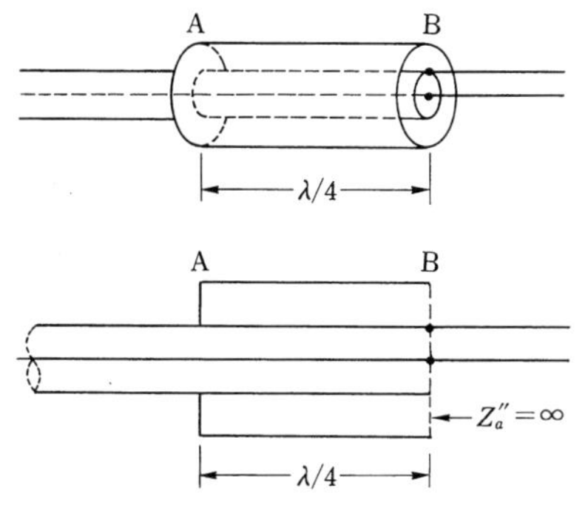

図3·47　シュペルトップ

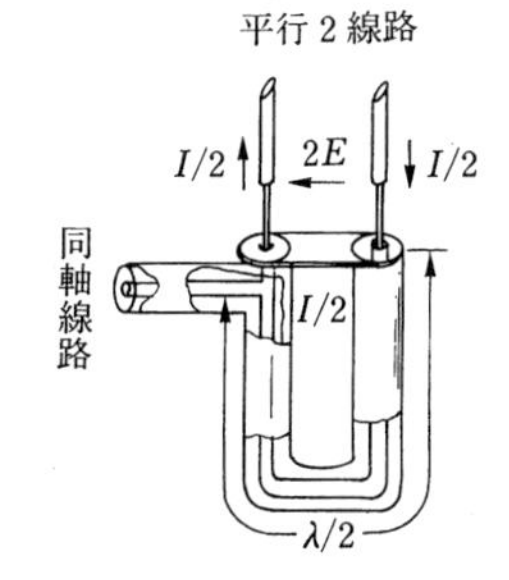

(a)　半波長迂回線路によるバラン
平衡端子インピーダンスは1/4に変換される

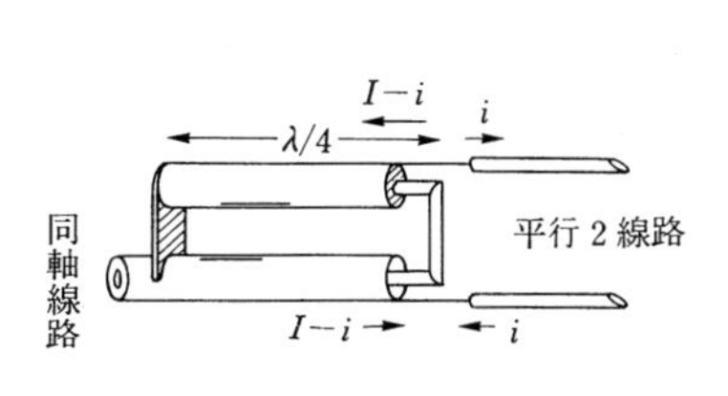

(b)　分枝導体によるバラン

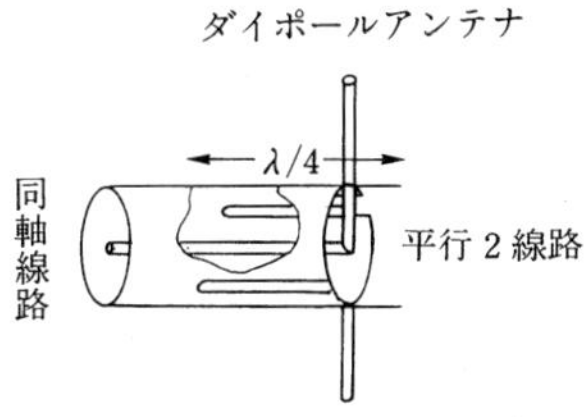

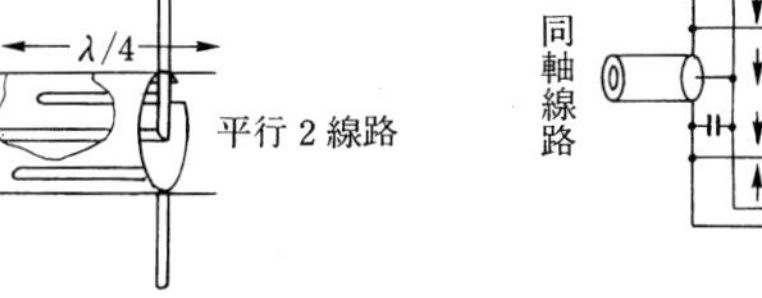

(c)　分割同軸線路によるバラン

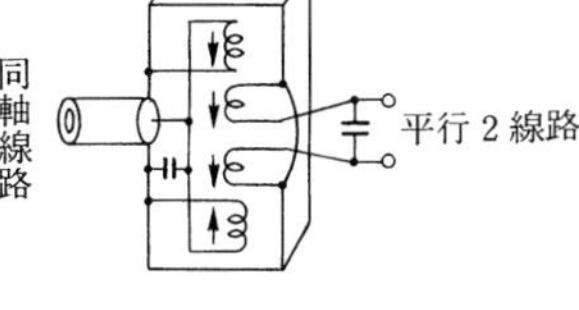

(d)　集中定数によるバラン

図3·48　各種バルン

これから Z_b と $4Z_a$ が並列接続になっていることがわかる．いま，Z_a を無限大にできれば $I-i$ が零，すなわち $i=I$ となって，不平衡電流を零とすることが可能で，このためには図3·47のように同軸線路の外部をさらに長さ $\lambda/4$ の短絡線路で囲んで，さらに同軸線路を作ってやれば，その入力インピーダンスを無限大にでき，Z_a を無限にすることが可能である．このような同軸，平衡2線変換をシュペルトップ（阻止套管）と呼んでいる．また，一般にこのような不平衡—平衡変換回路素子をバランとも呼んでいる．バランとしては，他に種々のものがアンテナ給電線部等に使われており，代表的なものを図3·48に示す．また VHF 帯では，上述のような分布定数線路を利用するものの他に，集中定数素子による(d)図のようなものも使われている．

3·5 S マトリクスとその応用

3·5·1 各種マトリクスと S マトリクス

(1) ネットワーク（回路網）の表示

図3·49に示す2ポートネットワーク（2開口回路網）においては3·4·5項でも述べたように，開口の端子間電圧 V_1, V_2，端子電流 I_1, I_2 の4つの間にはマックスウェルの方程式から，ネットワーク内がどのように構成されていても受動回路であれば線形の関係がある．従ってどのパラメーターを独立変数，あるいは従属変数と考えるかによって種々の表示法がある．出力端電圧 V_2，電流 I_2 を独立変数にとった場合が式（3·73）で示した4端子定数表示であり，マトリクス表示を使うと次式のようになる．

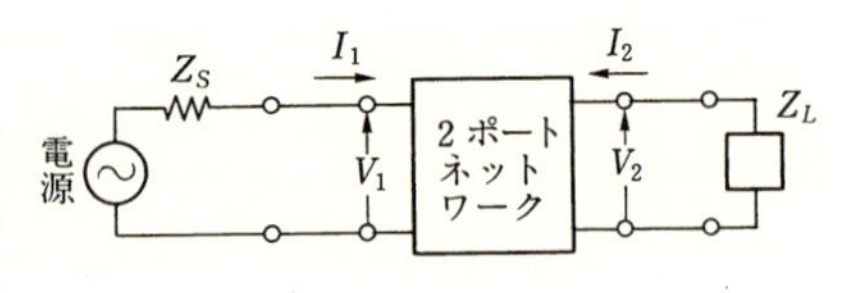

図3·49 2ポートネットワーク

$$\begin{pmatrix} V_1 \\ I_1 \end{pmatrix} = \begin{pmatrix} AB \\ CD \end{pmatrix} \begin{pmatrix} V_2 \\ I_2 \end{pmatrix} \tag{3·77}$$

$\begin{pmatrix} AB \\ CD \end{pmatrix}$ は通常4端子定数マトリクスと呼ばれ（F）で記し F マトリクスと呼ばれることもある．マトリクス表示を使用すると式（3·73）を上式のように簡単に表示でき，物理的解釈も容易になるので以下簡単にマトリクスの基本的性質を述べる．マトリクス（A）は通常以下のような n 行，n 列の数の集合を表わしている．

$$(A)=\begin{pmatrix} a_{11} & a_{12}\cdots\cdots a_{1n} \\ a_{21} & a_{22}\cdots\cdots a_{2n} \\ \vdots & \vdots \qquad \vdots \\ a_{n1} & a_{n2}\cdots\cdots a_{nn} \end{pmatrix} \tag{3·78}$$

このマトリクスに対しては以下の関係が成り立ち，また定義されている．

a．**加法**　$(A)+(B)=(C)$　$a_{ij}+b_{ij}=c_{ij}$

b．**乗法**　$(A)(B)=(C)$　$C_{ij}=\sum_{k=1}^{n} a_{ik}b_{kj}$

c．**単位マトリクス**　対角マトリクスのすべての要素が1のものを単位マトリクス（unit matrix）(U) と記す．

d．**逆マトリクス**　$(A)^{-1}(A)=(U)=(A)(A)^{-1}$ を満足する $(A)^{-1}$ を (A) の逆マトリクス（inverse matrix）と呼ぶ．

$$a_{ij}^{-1}=\frac{a^{ji}}{\det(A)}$$　a^{ji} は $\det(A)$の a_{ji} 要素の余因数

e．**転置マトリクス**　(A) の行と列を入れかえたマトリクスを (A) の転置マトリクス（transpose matrix）といい $(A)_t$ で記す．

つぎに先の V_2, I_2 を独立変数と考えた代わりに，電流 I_1, I_2 を独立変数と考える．4端子定数の場合と同様に I_1 のみが存在すると V_1 は I_1 に比例して，比例定数を Z_{11} とすると $V_1=Z_{11}I_1$ で，I_2 のみが存在する場合は I_2 に比例して，比例定数を Z_{12} とすると $V_1=Z_{12}I_2$ となり，I_1, I_2 が存在すると重ねが成り立ち，$V_1=Z_{11}I_1+Z_{12}I_2$ となる．V_2 に関しても同様になり以下の式が得られる．

$$\begin{pmatrix} V_1 \\ V_2 \end{pmatrix}=\begin{pmatrix} Z_{11} & Z_{12} \\ Z_{21} & Z_{22} \end{pmatrix}\begin{pmatrix} I_1 \\ I_2 \end{pmatrix}, \qquad (V)=(Z)(I) \tag{3·79}$$

$\begin{pmatrix} Z_{11} & Z_{12} \\ Z_{21} & Z_{22} \end{pmatrix}$ はインピーダンスマトリクスと呼ばれ (Z) で記し，$\begin{pmatrix} V_1 \\ V_2 \end{pmatrix}$ は列ベクトルと呼ばれるマトリクスの一種で (V) で記した．電流についても同様に記した．さらに電圧マトリクス (V) を独立変数とした場合は，電流マトリクス (I) との間に次の関係がある．

$$(I)=(Y)(V) \tag{3·80}$$

(Y) はアドミタンスマトリクスと呼ばれ，$(Y)=(Z)^{-1}$ で，インピーダンスマトリクスの逆マトリクスになっている．以上の (F)，(Z)，(Y) マトリクスによる表示や，トランジスタ回路の特性を表示する（h）を使用する h マトリクス表示は低周波ではよく使われるが，マイクロ波では欠点が生ずる．例えば2ポートネットワークに対する Z パラメータ表示式（3·79）では，測定により Z_{11}，Z_{12}, Z_{21}, Z_{22} を求めようとすると

$$Z_{11}=\left.\frac{V_1}{I_1}\right|_{I_2=0} \qquad Z_{21}=\left.\frac{V_2}{I_1}\right|_{I_2=0}$$
$$Z_{12}=\left.\frac{V_1}{I_2}\right|_{I_1=0} \qquad Z_{22}=\left.\frac{V_2}{I_2}\right|_{I_1=0} \tag{3·81}$$

となり，ポート（開口）1およびポート2を電気的に開放の状態にして測定する必要がある．同様に，h パラメータ表示の場合には $h_{11}=(V_1/I_1)|_{V_2=0}$，$h_{12}=(V_1/V_2)|_{I_1=0}$ のようになるので，h_{11} の測定ではポート2を電気的に短絡の状態にする必要がある．このように測定しようとする広帯域周波数帯でポートを短絡，開放条件にすることはマイクロ波では一般には難しく，またトランジスタやその他の負性抵抗半導体素子を，このような状態にすると不安定になることが多いためや，V・I を直接測定することが困難であるので，以上の従来の表示法は適していない事がわかる．3·1節の式（3·6），(3·15）で学んだように，電圧波 V は各ポートに入射する波 V^+ と逆方向に伝搬する波 V^- の和で電流波 I は $I=(V^+-V^-)/Z_0$ で表示できる．従ってこの関係を式（3·79）に代入すると

$$V_1^-=S_{11}V_1^++S_{12}V_2^+, \qquad V_2^-=S_{21}V_1^++S_{22}V_2^+ \tag{3·82}$$

となる．S_{11}, S_{12}, S_{21}, S_{21} はこの場合 Z_{ij} の関数であるが，単に比例定数と考えてよい．ここで両辺を $\sqrt{2Z_0}$ で割り変数を $a_1=V_1^+/\sqrt{2Z_0}$，$a_2=V_2^+/\sqrt{2Z_0}$，$b_1=V_1^-/\sqrt{2Z_0}$，$b_2=V_2^-/\sqrt{2Z_0}$ とすると，$|a_1|^2$ はポート1に対する入力電力 $P_{in}=\frac{1}{2}VI^*=\frac{1}{2}V^+\frac{(V^+)^*}{Z_0}=a_1\cdot a_1{}^*=|a_1|^2$ となり，$|b_1|^2$ はポート1から出て行く電力を示す．従って a_1, a_2, b_1, b_2 は進行電力波とも呼べるものであるがこれを“進行波”あるいは単に波と呼ぶことにする．進行波を使うと式（3·82）は

$$b_1=S_{11}a_1+S_{12}a_2, \qquad b_2=S_{21}a_1+S_{22}a_2$$

となり，マトリクスの形で

$$\begin{pmatrix} b_1 \\ b_2 \end{pmatrix}=\begin{pmatrix} S_{11} & S_{12} \\ S_{21} & S_{22} \end{pmatrix}\begin{pmatrix} a_1 \\ a_2 \end{pmatrix}, \qquad (b)=(S)(a) \tag{3·83}$$

(S) を S マトリクス，このような表示を S パラメータ表示と呼んでいる．入射波が回路網で散乱（scatter）して外に出ていくと考えられるのでこのような名前が付いた．(S)はまた図3・50に示すように2ポートネットワークにおいて2つの入射波 a_1, a_2 と2つの反射波（外部に出て行く波）

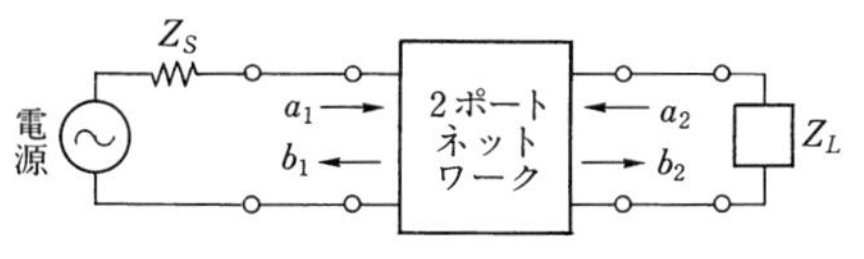

図3・50　2ポートネットワーク（Sパラメータ）

b_1, b_2 があり，入射波を独立変数と考えると式（3・83）を直接書くことができる．このように定義されたSパラメータ表示では，各パラメータは次のようになる．

$$S_{11}=\left.\frac{b_1}{a_1}\right|_{a_2=0} \qquad S_{21}=\left.\frac{b_2}{a_1}\right|_{a_2=0}$$
$$S_{12}=\left.\frac{b_1}{a_2}\right|_{a_1=0} \qquad S_{22}=\left.\frac{b_2}{a_2}\right|_{a_1=0} \tag{3・84}$$

従って，S_{11} の測定においては，まず出力線路端に無反射終端と呼ばれている線路に整合している抵抗を接続すると，出力ポートへの入射波（負荷からの反射）はネットワークの出力インピーダンスに無関係に零となり $a_2=0$ の条件が満足できる．そこで入力端の入射波と反射波の比（振幅比および位相差）を測定すれば S_{11} が求まる．つぎに接続を逆にしてポート1への入射を零として，開口2に電源から入射波を与えれば S_{22} が求まり，また透過係数の測定から S_{21}, S_{12} が求まる．このようにSパラメータの測定においては，ポートの出力線路に無反射終端を接続するだけで，開放，短絡の条件を作る必要がないので広帯域周波数において安定に，しかも簡単にパラメータを測定できる特徴がある．

なお，計算上では (Z)，(Y) が使われることもあり，この場合は測定で求めた (S) を変換すればよい．変換式は，(Z) パラメータ表示から式（3・82）を導く過程の計算から求めることができ以下の式となる．

$$\left.\begin{aligned}(S)&=(\sqrt{Y_0})\{(Z)-(Z_0)\}\{(Z)+(Z_0)\}^{-1}(\sqrt{Z_0})\\(S)&=(\sqrt{Z_0})\{(Y_0)-(Y)\}\{(Y_0)+(Y)\}^{-1}(\sqrt{Y_0})\end{aligned}\right\} \tag{3・85}$$

なお，$(\sqrt{Y_0})=\sqrt{Y_0}\,(U)$，$(\sqrt{Z_0})=\sqrt{Z_0}\,(U)$ である．

(2)　n ポートネットワークの S マトリクス表示

実用上からは(1)で述べた2ポートネットワークが最も使われるが，3ポートネットワークもサーキュレータなどに多く使われ，場合によってはそれ以上のマルチポートのデバイスが使われることもある．いま，図3・51のような n ポートネットワークの各ポートへの入射波を a_1, a_2，……a_n とし，出力波を b_1, b_2，……b_n とし独立変数を a_i にとると，2ポートの場合と全く同じに考えることができ，次の関係が成立する．

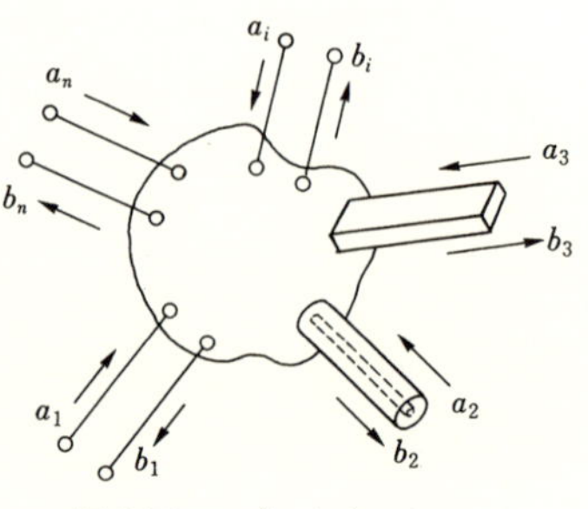

図3・51　n ポートネットワーク

$$\begin{pmatrix} b_1 \\ b_2 \\ \vdots \\ b_n \end{pmatrix} = \begin{pmatrix} S_{11} & S_{12} & \cdots & S_{1n} \\ S_{21} & S_{22} & \cdots & S_{2n} \\ \vdots & \vdots & \vdots & \vdots \\ S_{n1} & S_{n2} & \cdots & S_{nn} \end{pmatrix} \begin{pmatrix} a_1 \\ a_2 \\ \vdots \\ a_n \end{pmatrix} \tag{3·86}$$

従って，マトリクス表示では全く同一の $(b)=(S)(a)$ となる．S_{ij} の測定も同様に行うことができ，例えば S_{11} の測定においては，ポート1以外のポートの線路に無反射終端を接続し，ポート1の反射係数を測定すればよい．なお2ポートネットワークでは S パラメータの数は4であったが，n 開口になると n^2 個になり n 行，n 列のマトリクスで表示される．また一般には各パラメータ S_{ij} は $S_{ij}=|S_{ij}|\angle\phi$ で振幅と位相を有する複素数である．

3・5・2　各種ネットワークと S マトリクス

各種ネットワークの基本的性質と S マトリクスの関係を主に2ポートネットワークを例として述べるが，一般に n ポートにそのまま適用できる．

(1)　相反ネットワーク

相反ネットワークとは図3・52の(a)図の2ポートネットワークにおいて，ポート1からポート2への伝送特性 S_{21} とポート2からポート1への伝送特性 S_{12} が等しい回路で，通常のネットワークはこの条件を満足している．しかしながらアイソレータ，サーキュレータのようにフェライトあるいはプラズマを使い，外部から直流磁界を印加したデバイスのネットワークはこの条件を満足しない非相反ネットワークになる．

n ポートネットワークで相反が成り立つ場合は $S_{ij}=S_{ji}$ で，一般にこのような性質を持つマトリクスを対称マトリクスと呼んでいる．(S) は転置マトリクスに等しく $(S)=(S)_t$ である．

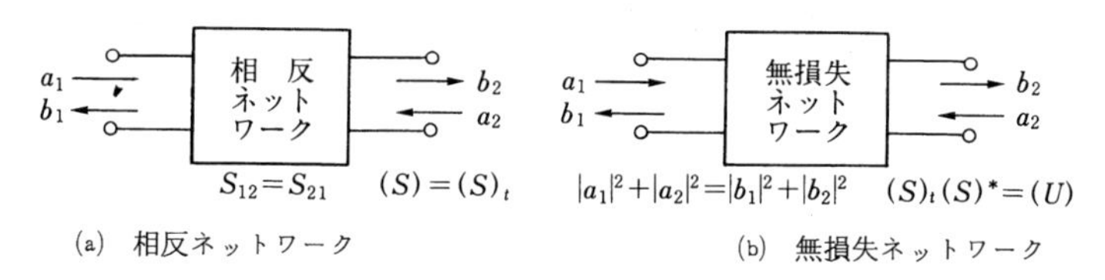

図3・52　2ポートネットワーク

(2)　無損失ネットワーク

図3・52，(b)図の2ポートネットワーク内で，熱あるいは放射などの損失となる電力がないとき無損失ネットワークと呼ぶ．当然入射する全電力の和はポートから出て行く全電力の和に等しく，$|a_1|^2+|a_2|^2=|b_1|^2+|b_2|^2$ が成り立つ．n 開口ネットワークの場合も同様に $\sum_{n=1}^{n}|a_n|^2=\sum_{n=1}^{n}|b_n|^2$ が成り立つ．この関係が成り立つためには $(b)^*$ で (b) マトリクスの各要素の共役複素値を要素とするマトリクスを記し，マトリクスの計算を行なうと，

$$\sum_{n=1}^{n}|b_n|^2=(b)_t(b)^*=\{(s)(a)\}_t\{(s)(a)\}^*=(a)_t(s)_t(s)^*(a)^*$$
$$=\sum_{n=1}^{n}|a_n|^2=(a)_t(a)^*$$

が成り立つ必要があるので，これから

$$(S)_t(S)^*=(U) \qquad \text{すなわち}\ (S)^*=(S)_t^{-1} \tag{3・88}$$

の条件，すなわち無損失ネットワークの (S) マトリクスは式 (3・88) を満足するマトリクスであることが条件となる．このようなマトリクスをユニタリマトリクスと呼んでいる．これを成分で書けば，

$$\sum_{n=1}^{n}|S_{ni}|^2=\sum_{n=1}^{n}S_{ni}S_{ni}^*=1 \qquad \sum_{n=1}^{n}S_{ns}S_{nr}^*=0 \tag{3・89}$$

となり，無損失ネットワークの (S) を求めるときに利用されている．

(3)　損失のあるネットワーク

損失のあるネットワークにおいては，当然入射全電力が外部に出ていく全電力より大きくなり，$\sum_{n=1}^{n}|a_n|^2>\sum_{n=1}^{n}|b_n|^2$ が成り立ち，式（3·88）の代わりに $(S)_t(S)^*<(U)$ となる．

(4)　基準面の移動と(S)の変換

トランジスタやその他の半導体素子など小さな物の(S)を測定する場合には，図3·53のように測定端子を直接被定物に接続して(S)を測定するより，入出力に伝送線路を接続し，適当な基準面からの（S'）を測定して，計算で(S)を求める方がよい．ここでは（S'）から(S)への変換について考える．

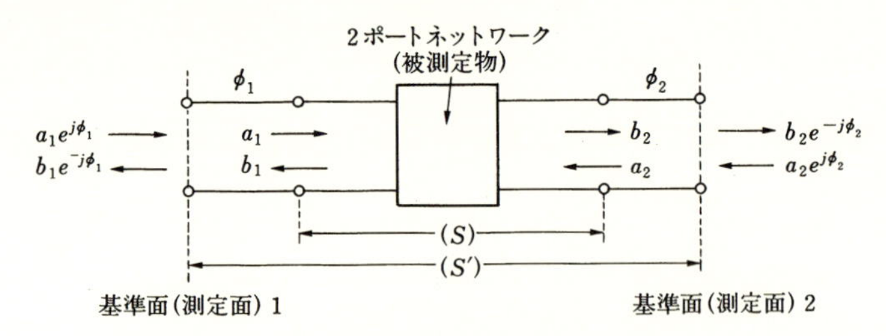

図3·53　基準面の移動

ポートには，無損失線路が接続されるので，基準面における入射波，反射波は図のように線路の位相角を考慮した値となる．例えば，$a_1\to a_1e^{j\phi_1}$，$b_1\to b_1e^{-j\phi_1}$ となるので $S'_{11}=S_{11}e^{-j2\phi_1}$ となり，また，$b_2\to b_2e^{-j\phi_2}$，$a_2\to a_2e^{j\phi_2}$ となるので，$S'_{21}=S_{21}e^{-j(\phi_1+\phi_2)}$，$S'_{12}=S_{12}e^{-j(\phi_1+\phi_2)}$ となる．

n ポートネットワークの場合にはマトリクスで書くと以下の形となる．

$$(S)=\phi^{-1}(S')\phi^{-1}\quad \phi=\begin{pmatrix} e^{-j\phi}, & 0 & \cdots & 0 \\ 0 & e^{-j\phi_2} & \cdots & 0 \\ \cdot & \cdot & \cdots & \cdot \\ \cdot & \cdot & \cdots & \cdot \\ 0 & 0 & \cdots & e^{-j\phi_n} \end{pmatrix} \tag{3·90}$$

ϕ_1，ϕ_2，……ϕ_n は各ポートに接続された伝送線路の位相角で，線路長を l_i とすると $\phi_i=\beta_i l_i$ の関係がある．

3·5·3　S マトリクスの固有値と固有ベクトル

$(b)=(S)(a)$ における(b)，(a) はベクトルの成分を表わしており，列ベクトルともいわれる．従って一般には，(b) ベクトルと (a) ベクトルは大きさは勿論方向も異なっている．しかしながら (S) が与えられた場合特別なベクトル (a) に対しては，(b) と (a) は大きさのみが異なって方向は同じ $(b)=\lambda(a)$ の関係を生ずる．このようなスカラ量 λ を (S) の固有値といい，その時の (a) を固有ベクトルと呼んでいる．式で表わせば，$(b)=(S)(a)=\lambda(a)$ が成り立つための必要，十分条件は以下の式となる．

$$\det\{(S)-\lambda(U)\}=0 \tag{3·91}$$

上式から λ が求まり，さらに固有ベクトル(a)も求まる．

例として図3·54の接合型3ポート理想サーキュレータの λ，(a) を求めてみる．

この回路はポート①からの入射波は反射がなく全てポート②からでていき，ポート②からの入射波はポート③に出るように循環する回路で S マトリクスは次のようになる．

$$(S)=\begin{pmatrix}0&0&1\\1&0&0\\0&1&0\end{pmatrix} \tag{3·92}$$

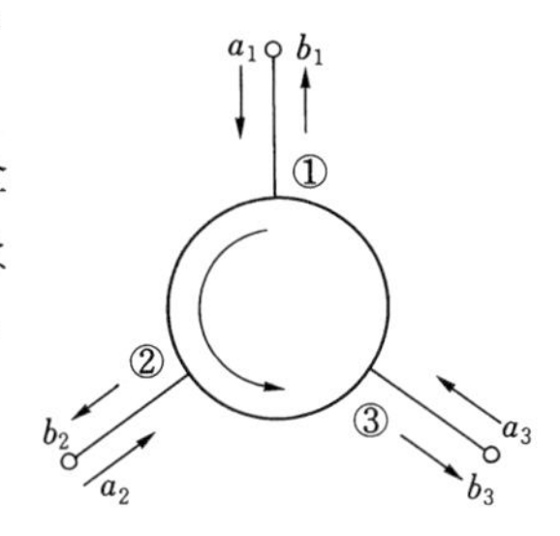

図3·54　3ポートサーキュレータ

$(b)=(S)(a)$ から $b_1=a_3$, $b_2=a_1$, $b_3=a_2$ となり，$\det\{(S)-\lambda(U)\}=0$ から，

$$\begin{vmatrix}-\lambda&0&1\\1&-\lambda&0\\0&1&-\lambda\end{vmatrix}=0$$

が成り立ち，$-\lambda^3+1=0$ で固有値 λ は $\lambda_k=e^{j\frac{2k\pi}{3}}$ $(k：0,\ 1,\ 2)$ となる．したがって固有値 λ は

$$\lambda_0=1,\ \lambda_1=e^{j\frac{2\pi}{3}},\ \lambda_2=e^{j\frac{4\pi}{3}}=e^{-j\frac{2\pi}{3}} \tag{3·93}$$

この固有値を使うと固有ベクトルは以下のようになる．

$$(a)_0=\frac{1}{\sqrt{3}}\begin{pmatrix}1\\1\\1\end{pmatrix}\quad (a)_1=\frac{1}{\sqrt{3}}\begin{pmatrix}1\\e^{-j\frac{2\pi}{3}}\\e^{j\frac{2\pi}{3}}\end{pmatrix}\quad (a)_2=\frac{1}{\sqrt{3}}\begin{pmatrix}1\\e^{j\frac{2\pi}{3}}\\e^{-j\frac{2\pi}{3}}\end{pmatrix} \tag{3·94}$$

同相励振　　　正相励振　　　逆相励振

これから3ポートサーキュレータにおいては，各ポートを同相，正相，逆相励振すると，対応する固有値は，λ_0, λ_1, λ_2 となることがわかる．これらの性質はネットワークの設計，測定，調整に使われている．

3·5·4　簡単なネットワークの S マトリクス

簡単なネットワークの S マトリクスは，S_{ij} の定義の式（3·84）から直ちに求めることができる．図3·55，(a)図のように線路に並列にアドミタンスが挿入されている場合には，まず(b)図のように規格化アドミタンス1の無反射終端を接続して $a_2=0$ にする．このときの合成アドミタンス Y_T は $1+Y_N$ となるので，反射係数である S_{11} は次式となる．

$$S_{11}=\left.\frac{b_1}{a_1}\right|_{a2=0}=\frac{1-Y_T}{1+Y_T}=\frac{1-(1+Y_N)}{1+Y_N+1}=\frac{-Y_N}{2+Y_N}$$

で，また S_{21} は並列入力端での全電圧 a_1+b_1 が出力端の全電圧 $a_2+b_2=b_2$ に等しいと置くことにより求まる．

$$S_{21}=\left.\frac{b_2}{a_1}\right|_{a2=0}=\left.\frac{a_1+b_1}{a_1}\right|_{a2=0}=1+\left.\frac{b_1}{a_1}\right|_{a2=0}=1-\frac{Y_N}{2+Y_N}=\frac{2}{2+Y_N}$$

また回路は対称なので，$S_{21}=S_{12}$, $S_{11}=S_{22}$ でこれで(S)の要素が全て求まった．なお，さらに複雑なネットワークに対しては対称性，無損失回路のユニタリー性式（3·89）などを使って求める．

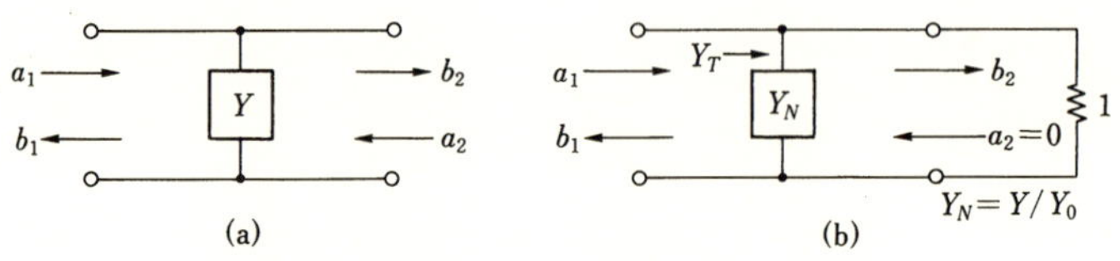

図3·55　並列アドミタンス回路の S マトリクス

3·5·5　ネットワークの従続接続と(S)，(T) マトリクス

図3·56のように2ポートネットワークを従続接続して使う場合を考える．個々の S マトリクスの特性から全体の S マトリクスの特性を求めることは容易でないので，次式で定義される散乱伝送パラメータ表示，あるいは T マトリクス（T パラメータ表示）と呼ばれるものが使われている．

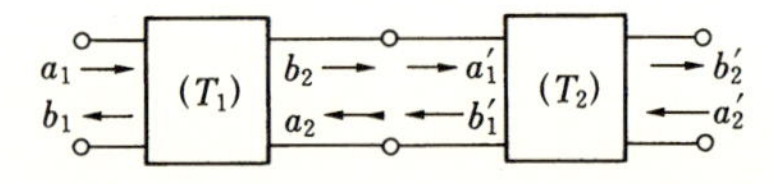

図3·56　2ポートネットワークの従続接続（T マトリクス）

$$\begin{pmatrix} b_1 \\ a_1 \end{pmatrix} = \begin{pmatrix} T_{11} & T_{12} \\ T_{21} & T_{22} \end{pmatrix} \begin{pmatrix} a_2 \\ b_2 \end{pmatrix} \tag{3·95}$$

このように，T マトリクスでは出力ポートの入出力波 a_2, b_2 を独立変数とし，入力ポートの入，出力波 a_1, b_1 を従属変数として表示している．いまネットワーク(1)，および(2)の T マトリクス (T_1)，(T_2) が分ると，(1)のネットワークの出力は(2)のネットワークの入力となるので，全体の T マトリクスは以下の式のように単にマトリクスの掛け算 $(T)=(T_1)(T_2)$ から求めることができる．

ネットワーク1　　ネットワーク2

$$\left.\begin{aligned}
&\begin{pmatrix} b_1 \\ a_1 \end{pmatrix} = \begin{pmatrix} T_{11} & T_{12} \\ T_{21} & T_{22} \end{pmatrix} \begin{pmatrix} a_2 \\ b_2 \end{pmatrix} \quad \begin{pmatrix} b_1' \\ a_1' \end{pmatrix} = \begin{pmatrix} T_{11}' & T_{12}' \\ T_{21}' & T_{22}' \end{pmatrix} \begin{pmatrix} a_2' \\ b_2' \end{pmatrix} \\
&\qquad\qquad (T_1) \qquad\qquad\qquad\qquad\qquad (T_2) \\
&\begin{pmatrix} a_2 \\ b_2 \end{pmatrix} = \begin{pmatrix} b_1' \\ a_1' \end{pmatrix} \qquad \text{であるので} \\
&\begin{pmatrix} b_1 \\ a_1 \end{pmatrix} = \begin{pmatrix} T_{11} & T_{12} \\ T_{21} & T_{22} \end{pmatrix} \begin{pmatrix} T_{11}' & T_{12}' \\ T_{21}' & T_{22}' \end{pmatrix} \begin{pmatrix} a_2' \\ b_2' \end{pmatrix} \qquad (T)=(T_1)(T_2)
\end{aligned}\right\} \tag{3·96}$$

このように (T) を使うと多投増幅器や，増幅器と整合回路との組合せ等を設計する時に便利で，マトリクスの乗算もパソコンを使って行えば簡単である．

なお，T パラメータは S パラメータの測定から，次式の変換式を使って求めるのが簡単である．

$$\begin{pmatrix} T_{11} & T_{12} \\ T_{21} & T_{22} \end{pmatrix} = \begin{pmatrix} -\dfrac{S_{11}S_{22}-S_{12}S_{21}}{S_{21}} & \dfrac{S_{11}}{S_{21}} \\ -\dfrac{S_{22}}{S_{21}} & \dfrac{1}{S_{21}} \end{pmatrix} \tag{3·97}$$

また，(T)から(S)への変換は次式となる．

$$\begin{pmatrix} S_{11} & S_{12} \\ S_{21} & S_{22} \end{pmatrix} = \begin{pmatrix} \dfrac{T_{12}}{T_{22}} & \dfrac{T_{11}T_{22}-T_{12}T_{21}}{T_{22}} \\ \dfrac{1}{T_{22}} & -\dfrac{T_{21}}{T_{22}} \end{pmatrix} \tag{3·98}$$

3·5·6 S マトリクスの応用例

測定への応用として，図3·57のように電源および負荷の間に2ポートネットワークを挿入した場合について考える．電源，負荷共に整合がとれている場合には，反射電力，出力電力（負荷における電力）は単にSマトリクスそのもの，すなわち，S_{11}, S_{22}等で与えられる．しかしながら，実際の場合，例えば，信号源と電力計の間に2ポートネットワークを挿入したような場合，僅かながら電源及び負荷において反射があるので複雑になる．

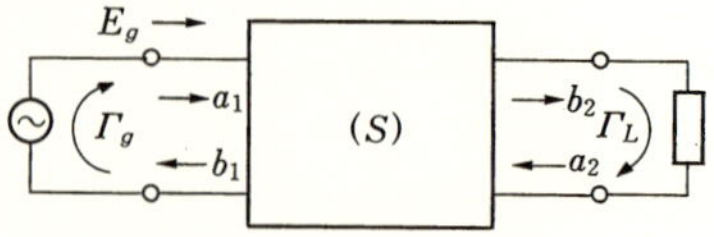

図3·57　2ポートネットワーク

2ポートネットワークのSパラメータは以下のように式（3·83）から

$$b_1 = S_{11}a_1 + S_{12}a_2 \qquad (1)$$

$$b_2 = S_{21}a_1 + S_{22}a_2 \qquad (2)$$

負荷における反射係数をΓ_Lとすると$a_2 = \Gamma_L b_2$であるから，この値を上式に代入すると，(2)の式から，

$$b_2 = \frac{S_{21}a_1}{1 - S_{22}\Gamma_L} \qquad (3\cdot99)$$

となる．一方，電源における反射係数をΓ_gとするとa_1は$a_1 = E_g + \Gamma_g b_1$で，b_1に(1)の式を代入すると，

$a_1 = E_g + \Gamma_g (S_{11}a_1 + S_{12}\Gamma_L b_2)$となる．

この式と式（3·99）からb_2が次式のように求まる．

$$b_2 = \frac{S_{21}E_g}{(1 - \Gamma_g S_{11})(1 - S_{22}\Gamma_L) - \Gamma_g \Gamma_L S_{12}S_{21}} \qquad (3\cdot100)$$

従って，電力計における電力は上式に変換効率Kをかけた値となる．

なお，このような問題を解く場合に，図3·58のようにシグナルフローグラフで表示して，トポグラフィカル（topographical）の方法やメイソンの非接触ループ法（Mason's nontouching loop law）を使って求めると，ネットワーク内の波の流れがわかりやすい利点があり，上式と同一の結果が得られる．また，一つの入射波を考え，その波の多重反射を考慮して考え，無限級数の和として扱うこともできる．

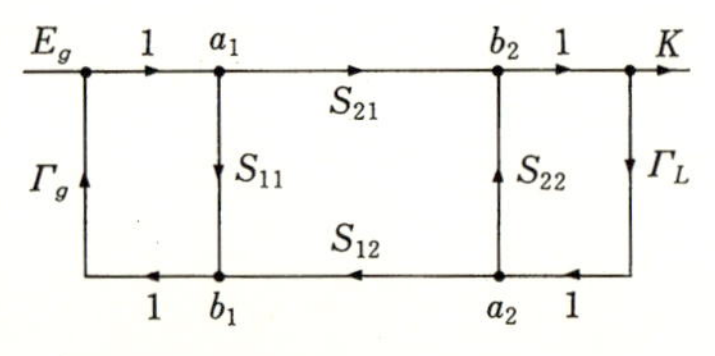

(1)　変数は節となる
(2)　Sパラメータは枝となる．
(3)　枝は従属変数節に入り，独立変数節から出る．
(4)　各々の節の値は節に入る枝の和に等しい．

図3·58　シグナルフローグラフ

第4章

マイクロ波各種導波路

4·1　導波路の電磁界の扱い方と基本的性質

マイクロ波で使用される導波路（伝送線路）の特徴については，1·3節で，また電磁界の扱い方の基本は2章で説明したが，ここでは実際に使われる導波路の電磁界の求め方などについてやや詳しく述べる．

一般の導波路では進行方向に対しての幾何学的形状は一定で変化しないので，進行方向をz軸とすると，電磁界はz方向に進む波動であるから，2·5節で述べた平面波の場合と同様に，zに関しては $e^{-\gamma z}$ の形をとる．例えば，$\boldsymbol{E}=\boldsymbol{E}_0(xy)\,e^{-\gamma z}$ の形となる．z方向の伝搬定数γは $\gamma=\alpha+j\beta_g$ であるが，導波路では当然減衰定数 $\alpha\simeq 0$ で，$\gamma\simeq j\beta_g$ を満足する必要がある．ここで β_g はz方向の位相定数で，z方向の波長 λ_g と $\beta_g=2\pi/\lambda_g$ の関係がある．このように平面波の場合の β の代わりに β_g を使用したのは，一般の導波路ではz方向の位相定数が平面波の場合の β と異なるためである．

進行する電磁界はマックスウェルの電磁方程式，導波路の境界面における境界条件を満足する必要がある．絶縁された2つ以上の導体でできている導波路すなわち平行2線路，ストリップ線路などでは進行方向に垂直な面内の電磁界分布としては，静電界，静磁界分布と同じものが存在できる．従って図4·1(a)のように電界も磁界も進行方向の成分を持たない波（$E_z=H_z=0$）が伝わることができ，このような波を電磁的横波（Transverse Electromagnetic Wave）略して TEM 波と呼んでいる．

一方，図1·9(e)で説明したように，金属壁で囲まれた導波管の中を電磁波が伝搬して行くときには，金属面における境界条件，すなわち電界は金属面に垂直で，磁界は平行であることを満足させるためには TEM 波では不可能である．(b)図のように電界の進行方向成分は零（$E_z=0$）であるが H_z は存在する電

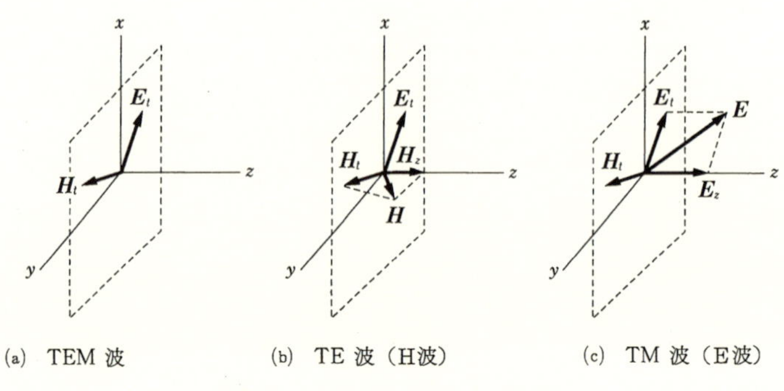

(a) TEM 波 (b) TE 波（H波） (c) TM 波（E波）

図4·1 TEM 波，TE 波，TM 波

気的横波（Transverse Electric Wave, TE 波あるいはH波とよばれる），または(c)図のように磁界の進行方向成分は零（$H_z=0$）であるがE_zは存在する磁気的横波（Transverse Magnetic Wave, TM 波あるいはE波と呼ばれる）であれば上記の境界条件を満足してz方向に進行できる．また電界も磁界も進行方向成分を持っているような波を混成波（Hybrid Wave），HEM 波と呼んでいる．

(1) 一様な導波路を伝搬する波動の基本方程式

図4·1のようにz軸に進む波動の$\boldsymbol{E},\boldsymbol{H}$の$z$に関する関数形，$e^{-\gamma z}$をマックスウェルの電磁方程式（2·15）式に代入すると$\dfrac{\partial}{\partial z}\boldsymbol{E}=-\gamma\boldsymbol{E}$，$\dfrac{\partial}{\partial z}\boldsymbol{H}=-\gamma\boldsymbol{H}$であるから，直角座標表示では以下の式となる．なお考えている空間の媒質は均質，等方性であるがε，μは複素数でもよい．また電磁波を発生する源は考えている領域以外にあるとする．

$$\nabla\times\boldsymbol{E}=-j\omega\mu\boldsymbol{H} \qquad\qquad \nabla\times\boldsymbol{H}=j\omega\varepsilon\boldsymbol{E}$$

$$\left.\begin{aligned}&\frac{\partial E_z}{\partial y}+\gamma E_y=-j\omega\mu H_x\\&-\gamma E_x-\frac{\partial E_z}{\partial x}=-j\omega\mu H_y\\&\frac{\partial E_y}{\partial x}-\frac{\partial E_x}{\partial y}=-j\omega\mu H_z\end{aligned}\right\}\quad(4\cdot1)\qquad\left.\begin{aligned}&\frac{\partial H_z}{\partial y}+\gamma H_y=j\omega\varepsilon E_x\\&-\gamma H_x-\frac{\partial H_z}{\partial x}=j\omega\varepsilon E_y\\&\frac{\partial H_y}{\partial x}-\frac{\partial H_x}{\partial y}=j\omega\varepsilon E_z\end{aligned}\right\}\quad(4\cdot2)$$

$$\nabla\cdot\boldsymbol{E}=0 \qquad\qquad \nabla\cdot\boldsymbol{H}=0$$

$$\frac{\partial E_x}{\partial x}+\frac{\partial E_y}{\partial y}-\gamma E_z=0 \quad (4\cdot3) \qquad \frac{\partial H_x}{\partial x}+\frac{\partial H_y}{\partial y}-\gamma H_z=0 \quad (4\cdot4)$$

式（4・1）の1行目の式の E_y に，式（4・2）の2行目の E_y の値を代入することにより E_y を消去すると，H_x は，$\partial E_z/\partial y$, $\partial H_z/\partial x$ すなわち E_z, H_z から微分により求めることができる．同様に他の電磁界成分 H_y, E_x, E_y も，以下のように縦方向（進行方向）の成分 H_z, E_z がわかれば求めることができる．

$$\left.\begin{aligned} H_x&=\frac{1}{k_c^2}\left(j\omega\varepsilon\frac{\partial E_z}{\partial y}-\gamma\frac{\partial H_z}{\partial x}\right) & E_x&=-\frac{1}{k_c^2}\left(\gamma\frac{\partial E_z}{\partial x}+j\omega\mu\frac{\partial H_z}{\partial y}\right)\\ H_y&=-\frac{1}{k_c^2}\left(j\omega\varepsilon\frac{\partial E_z}{\partial x}+\gamma\frac{\partial H_z}{\partial y}\right) & E_y&=\frac{1}{k_c^2}\left(-\gamma\frac{\partial E_z}{\partial y}+j\omega\mu\frac{\partial H_z}{\partial x}\right)\end{aligned}\right\} \quad (4\cdot5)$$

$k_c^2=\gamma^2+k^2$ 　　ただし，$k^2=\omega^2\varepsilon\mu$

上式の関係は直角座標を使った場合であるが，円筒導波路を解析する場合には円筒座標を使うと便利である．他の座標系でも同様な式が成り立つので，どの座標系（直交座標系）でも使えるようにベクトル表示式を使って書くと次式となる．

$$\boldsymbol{H}_t=-\frac{\gamma}{k_c^2}\nabla_t H_z+\frac{1}{Z_E}\boldsymbol{a}_z\times\boldsymbol{E}_t(\mathrm{TM}) \qquad \boldsymbol{E}_t=-Z_H\boldsymbol{a}_z\times\boldsymbol{H}_t(\mathrm{TE})-\frac{\gamma}{k_c^2}\nabla_t E_z \quad (4\cdot6)$$

ただし，$Z_H=\dfrac{j\omega\mu}{\gamma}$,　　$Z_E=\dfrac{\gamma}{j\omega\varepsilon}$

で各々 TE 波，TM 波の特性界インピーダンスと呼ばれている．

ここで，$\boldsymbol{E}_t(\mathrm{TM})$, $\boldsymbol{H}_t(\mathrm{TE})$ 等は進行方向の z 軸に垂直な面内の TM 波の電界，TE 波の磁界を示しており，$\boldsymbol{a}_z$ は z 方向の単位ベクトルである．

つぎに H_z, E_z の求め方について考える．式（4・5）の第1式を x で，また第2式を y でそれぞれ偏微分して加え式（4・4）の関係を使うと，

$$\frac{\partial H_x}{\partial x}+\frac{\partial H_y}{\partial y}=-\frac{\gamma}{k_c^2}\left(\frac{\partial^2 H_z}{\partial x^2}+\frac{\partial^2 H_z}{\partial y^2}\right)=\gamma H_z$$

が得られ，H_z に対する以下の波動方程式が得られる．

$$\frac{\partial^2 H_z}{\partial x^2}+\frac{\partial^2 H_z}{\partial y^2}+k_c^2 H_z=0 \qquad (4\cdot7)$$

E_z に関しても同様に式（4·5）の第3，第4式から次式の波動方程式が得られる．

$$\frac{\partial^2 E_z}{\partial x^2}+\frac{\partial^2 E_z}{\partial y^2}+k_c{}^2 E_z=0 \tag{4·8}$$

これらは直交座標では記号$\nabla_t{}^2\equiv\frac{\partial^2}{\partial x^2}+\frac{\partial^2}{\partial y^2}$であるから，

$$\nabla_t{}^2 H_z+k_c{}^2 H_z=0 \quad (4·7)' \qquad \nabla_t{}^2 E_z+k_c{}^2 E_z=0 \quad (4·8)'$$

と表すことができ，このようにすると他の座標の場合でも適用できる表示となる．$E_z\ (x,\ y)$，$H_z\ (x,\ y)$ を求めるには式（4·7），(4·8)を境界条件を満足するように解けばよい.数学では偏微分方程式の境界値問題といわれているもので，固有値 $k_c{}^2$ と対応する固有関数 H_z,あるいは E_z が求まる．

(2) **TEM 波の電磁界の求め方**

TEM 波では定義から $E_z=H_z=0$でこの場合式(4·5) から，他の電磁界成分 E_x, E_y, H_x, H_y が零でないためには $k_c{}^2$ が零となることが必要である．すると $\gamma^2+k^2=k_c{}^2=0$ から伝搬定数 γ は次式のように平面波の場合と同じ式となる．

$$\gamma=\pm jk=\pm j\omega\sqrt{\varepsilon\mu} \tag{4·9}$$

また式（4·1）の3行目の式から $\partial E_y/\partial x-\partial E_x/\partial y=0$ となるので，E_y, E_x は静電界の場合のようにスカラポテンシャルϕを偏微分することにより求めることができる．すなわち，

$$E_y=-\frac{\partial\phi}{\partial y},\qquad E_x=-\frac{\partial\phi}{\partial x} \tag{4.10}$$

またϕを与える偏微分方程式は式（4.10）を式（4.3）に代入すれば，

$$\frac{\partial^2\phi}{\partial x^2}+\frac{\partial^2\phi}{\partial y^2}=0,\ \text{ベクトル記号表示では}\ \nabla_t{}^2\phi=0 \tag{4·11}$$

が得られる．

式（4·11）はラプラスの式といわれ静電界の基本式である．磁界に関しても同様な式が得られる．このように TEM 波では進行方向に垂直な断面内の電界，磁界分布は静電界，静磁界分布と同じでこれが時間と共に波動として進むことがわかる．また先にも述べたように静電界の分布ができない導体で囲まれた導波管内を TEM 波が伝搬できないこともわかる．

(3)　TE, TM 波の電磁界の求め方

まず TE 波の電磁界を求めることを考える．TE 波では定義から $E_z=0$, $H_z\neq0$ であるから，この条件を式（4·5），あるいは式（4·6）に代入すれば，$\boldsymbol{H}$ の横方向成分（直角座標では $x-y$ 面内の成分）は H_z が与えられると求めようとする方向にグラジアント（∇_t）を計算することにより求まる．電界の横方向成分は，磁界の横方向成分に TE 波の特性界インピーダンス $Z_H=j\omega\mu/\gamma$ を乗ずることにより求めることができる．

H_z は式（4·7）′の偏微分方程式を境界条件を満足するように解けばよい．中空の完全導体壁から構成されている導波路の内部の磁力線の壁面に垂直な成分が零となることが境界条件となる．nを境界壁cに垂直方向として式で書くと，

$$\left(\frac{\partial H_z}{\partial n}\right)_c=0 \tag{4·12}$$

と表せる．これが成立すると，磁界は当然管壁に平行で，電界の壁面に沿った成分は零という条件は自動的に満足される．伝搬定数 γ は(1)で述べたように H_z が求まるとき k_c の値が定まり k は周波数と ε, μ から定まるので従って $\gamma=\sqrt{k_c^2-k^2}$ の式から求めることができる．

つぎに，TM 波の場合も TE 波と同様にして求めることができる．すなわち式（4·5），式（4·6）に $H_z=0$, $E_z\neq0$ を代入すると $\boldsymbol{E}_t$ と E_z の関係が得られ，$\boldsymbol{H}_t$ は $\boldsymbol{E}_t$ に TM 波の特性界インピーダンス $Z_E=\gamma/j\omega\varepsilon$ を乗ずれば求まる．また E_z は式（4·8）′を境界条件を満足するように解ければ求まり，同時に TM 波に対する k_c, γ も求まる．なお境界条件としては中空導体導波路内では管壁に沿った電界，すなわち E_z が零となることを使う．式で書けば，

$$(E_z)_c=0 \tag{4·13}$$

と表わせる．これを満足するときは，磁界が管壁に垂直という条件も自動的に満足される．

(4)　導波路の伝送電力および伝送損失の求め方

導波路の損失は(i)同軸ケーブル，導波管のように導波路となっている導体内空間の媒質の損失によるものと，(ii)導波路を構成している導体が完全導体，すなわち導電率 σ が無限大でないために導体面に接して生ずる電界，電流による導体損失からなっている．(i)の媒質による損失は先に記したように単に媒質の

ε，μを複素数として扱えばよい．(ii)の導体損失によるものは，以下のようにして求めることができるが，まず電磁波の不完全導体内への侵入について考えることにする．

a．スキンデプス（skin depth：表皮の厚さ）　一般に平面波が損失の多い媒質に入射すると式（2·24）で示したように伝搬定数γは複素数となり，入射振幅は減衰定数αのために媒質の表面からの距離と共に指数的に減少する．このような効果を表皮効果といい，振幅が表面の値の$1/e \simeq 0.37$となる距離をスキンデプスと呼んでいる．いま図4·2，(a)のように導体面に電磁波が存在している場合について考える．完全導体面の場合には式（2·26）で説明したように，面に平行な電界$\boldsymbol{E}_t$は零となるために導体内をz方向に進む電磁波は存在しない．しかしながら不完全導体の場合には面に接する磁界$\boldsymbol{H}_t$が存在すると，$\boldsymbol{H}_t$に垂直な方向に面電流$\boldsymbol{I}=\boldsymbol{n}\times\boldsymbol{H}_t$が流れ，導体の抵抗のために電流の方向に電位差すなわち電界E_tを生ずる．従って$\boldsymbol{E}_t$と$\boldsymbol{H}_t$による$\boldsymbol{S}=\frac{1}{2}\boldsymbol{E}_t\times\boldsymbol{H}_t$のポインティングベクトルから，電磁波は(b)図のようにz方向に減衰しながら進むことがわかる．このような場合，厳密には導体面に平面波が入射したとはいえないが，金属内ではz方向，すなわち面に垂直な方向では振幅が急に減少するので，z方向の変化に対してそれに垂直な方向x, y面内の変化は無視してよいので$\partial/\partial z$に比べて$\partial/\partial x$, $\partial/\partial y$を省略でき，平面波の場合と同様に次式が成立する．

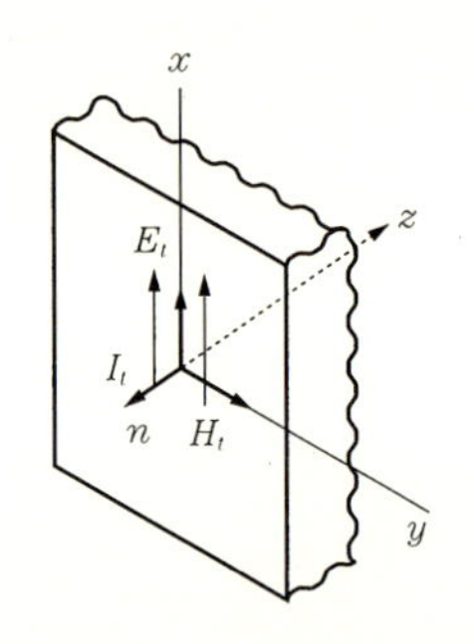

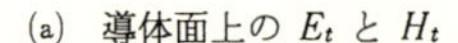
(a)　導体面上のE_tとH_t

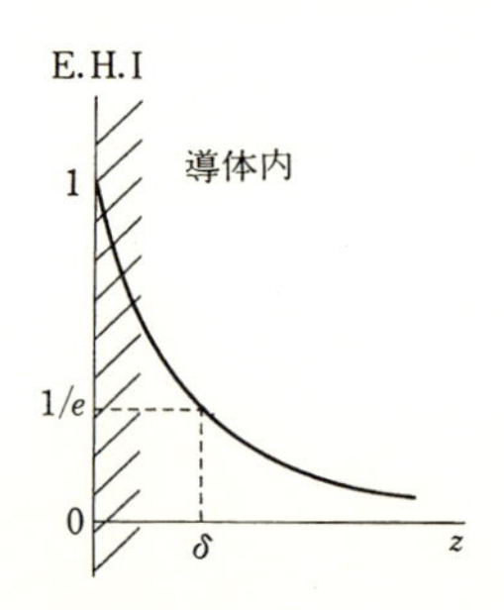

(b)　導体内の振幅とスキンデプス

図4·2　スキンデプス説明図

$$\left.\begin{array}{ll}\dfrac{\partial E_y}{\partial z}=j\omega\mu H_x & -\dfrac{\partial H_y}{\partial z}=(\sigma+j\omega\varepsilon)E_x \\[2ex] \dfrac{\partial E_x}{\partial z}=-j\omega\mu H_y & \dfrac{\partial H_x}{\partial z}=(\sigma+j\omega\varepsilon)E_y\end{array}\right\} \quad (4\cdot14)$$

上式の右の式を z で偏微分し，左の式を代入すると H に関する波動方程式と呼ばれる微分方程式が得られる．

$$\frac{\partial^2 H_x}{\partial z^2}-\gamma^2 H_x=0 \qquad \frac{\partial^2 H_y}{\partial z^2}-\gamma^2 H_y=0 \quad (4\cdot15)$$

ただし，$\gamma^2=j\omega\mu(\sigma+j\omega\varepsilon)$

同様にして，左の式を z で偏微分したものに右の式を代入すれば，E に関する同様な式が得られる．

$$\frac{\partial^2 E_x}{\partial z^2}-\gamma^2 E_x=0 \qquad \frac{\partial^2 E_y}{\partial z^2}-\gamma^2 E_y=0 \quad (4\cdot15)'$$

H_x, H_y, E_x, E_y に関する式 (4·15)，(4·15)′ の解は，式 (3·5) に関して述べたように $H_x=Ae^{\gamma z}+Be^{-\gamma z}$ 等となり，$\gamma=\alpha+j\beta$ である．

マイクロ波，ミリ波帯の周波数では導体内の $\sigma \gg \omega\varepsilon$ と考えてよいので γ は次のように近似できる．

$$\gamma=\sqrt{j\omega\mu(\sigma+j\omega\varepsilon)}\simeq\sqrt{j\omega\mu\sigma}=\frac{1+j}{\delta}, \qquad \delta=\sqrt{\frac{2}{\omega\mu\sigma}} \quad (4\cdot16)$$

このように導体内では $\alpha=\beta=\dfrac{1}{\delta}$ で，表面からの距離が δ となると振幅は表面の値の $e^{-\frac{1}{\delta}(\delta)}=1/e$ となるので，δ はスキンデプスと呼ばれる．このスキンデプス δ は表 4·1 に示すように，周波数の高いマイクロ波以上では非常に薄くなるので，銅または真鍮の内面を銀メッキした導波管などはメッキの厚みを δ の 2～3 倍にしておけば銀で作ったものと電気的には同じになる．通常マイクロ波部品には内面を銀，あるいは化学的安定性から金メッキしたものがよく使われている．なお導体内における電界と磁界の比である導体の固有インピーダンス ζ は以下のように求めることができる．式 (4·14) から，

表 4·1　銅導体のスキンデプス

f〔Hz〕	δ〔mm〕
60	8.5
10^3	2.1
10^6	0.067
10^{10}	0.00067
10^{11}	0.00019

$$E_x=\frac{-1}{\sigma+j\omega\varepsilon}\frac{\partial H_y}{\partial z}=\frac{\gamma}{\sigma+j\omega\varepsilon}H_y=\sqrt{\frac{j\omega\mu}{\sigma+j\omega\varepsilon}}\,H_y$$

となり，E_y と H_x の関係も同様な式となる．導体内では $\sigma\gg\omega\varepsilon$ であるから，

$$\zeta=\frac{E_x}{H_y}=-\frac{E_y}{H_x}=\sqrt{\frac{j\omega\mu}{\sigma+j\omega\varepsilon}}\simeq\sqrt{\frac{j\omega\mu}{\sigma}}=\frac{1+j}{\sqrt{2}}\sqrt{\frac{\omega\mu}{\sigma}}=\frac{1+j}{\sigma\delta}=\frac{\sqrt{2}}{\sigma\delta}e^{j\frac{\pi}{4}} \tag{4·17}$$

これから，導体内では E と H は位相が $\pi/4$ 異なり，H にくらべて E は $\sqrt{2}$ $(\sigma\delta)^{-1}\simeq10^{-3}\sim10^{-4}$ 小さいことがわかる．また境界面上の $\boldsymbol{E}_t$, $\boldsymbol{H}_t$ はそれと接した導体内の $\boldsymbol{E},\boldsymbol{H}$ と連続の条件を満足する必要があるので，当然上式の関係がある．すなわち σ が有限なために表面上に $\boldsymbol{H}_t$ が存在すると $|\boldsymbol{E}_t|=\frac{1}{\sigma\delta}|\boldsymbol{H}_t|$ の電界を生じ，$P_L=\frac{1}{2}|\boldsymbol{E}_t|\times|\boldsymbol{H}_t|=\frac{1}{2}\frac{1}{\sigma\delta}|\boldsymbol{H}_t|^2$ のエネルギーが導体内に向かう．導体表面を流れる電流の大きさ $|\boldsymbol{I}_t|$ は $|\boldsymbol{H}_t|$ に等しいので，損失電力 P_L はまた次のように表わせる．

$$P_L=\frac{1}{2}\frac{1}{\sigma\delta}|\boldsymbol{I}_t|^2$$

この式を面に沿った単位長当たりの抵抗 R を I_t が流れてる場合の $P_L=\frac{1}{2}\times R|\boldsymbol{I}_t|^2$ と比較すると，電流は実際には導体内にはいると $e^{-\delta z}$ に比例して小さくなるが，これを電流 I_t がスキンデプス δ までの厚さの部分を一様に流れている場合の損失 P_L と同じであると解釈できる．これはまた $\int_0^\infty e^{-\delta z}\mathrm{d}z=1/\delta$ からも説明できる．なお，損失媒質を扱う分野（第10章）では，エネルギーが $1/e$ となる距離 D_p を浸透深さと呼び，$D_p=1/2\alpha$ である．α は式（2·23）より計算でき，$\tan\delta_\varepsilon\ll1$ の誘電媒質では $D_p=c\,(2\pi f\sqrt{\varepsilon'}\tan\delta)^{-1}$ となる．

b．伝送電力と管壁による伝送損失　管壁の導体の導電率が無限大でないと，a で述べたように管壁に垂直に外方に向かうエネルギーが存在し，熱エネルギーに変換されるため伝送損失となる．しかしながら一般にこの損失はわずかなので導波路を進行する場合の電磁界の姿態すなわち，モードは管壁が完全導体の場合と同じと考えてよい．ただ管壁の損失のため z 方向には $e^{-\alpha z}\ e^{-j\beta gz}$ で伝搬する．いま完全導体壁で構成されている伝送路の進行方向に垂直面内，すなわち横方向の電界，磁界を $\boldsymbol{E}_t$, $\boldsymbol{H}_t$ とすると式（2·20）で学んだように，図4·3でAの点を z 方向に進行する電力 P は次式で表わされる．

$$P=\frac{1}{2}Re\int_S \boldsymbol{E}_t\times\boldsymbol{H}_t{}^*\mathrm{d}s \qquad (4\cdot18)$$

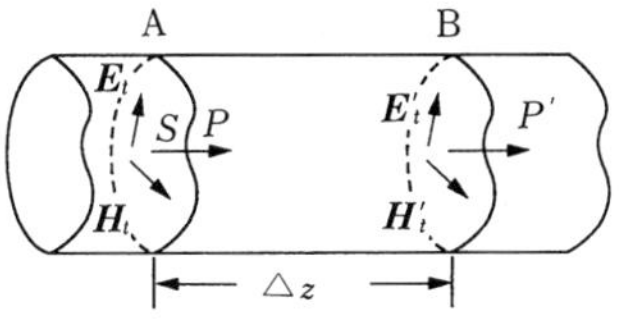

図 4·3　伝送電力 P と α の関係

面積分は導波路の断面全体について行なう．A点から$\triangle z$離れたB点を通過する電力P'は，$E_t\propto e^{-\gamma z}$, $H_t\propto e^{-\gamma z}$ であるから，B点における電界 $\boldsymbol{E}_t'=\boldsymbol{E}_t e^{-\gamma\Delta z}$，磁界 $\boldsymbol{H}_t'=\boldsymbol{H}_t e^{-\gamma\Delta z}$ となるので次式で与えられる．

$$P'=\frac{1}{2}Re\int_S \boldsymbol{E}_t'\times\boldsymbol{H}_t'{}^*\mathrm{d}s=\frac{1}{2}Re\int_S \boldsymbol{E}_t\times\boldsymbol{H}_t^*\cdot e^{-(\gamma+\gamma^*)\Delta z}\mathrm{d}s=P\,e^{-2\alpha\Delta z}$$

これは $\exp(-2\alpha\varDelta z)$に比例するので，一般に伝送電力$P$と$\alpha$の関係を次式のように表わすことができる．

$$-\frac{\partial P}{\partial z}=2\alpha P \qquad (4\cdot19)$$

これから減衰定数αは，単位長当たり導体壁で失われる電力$-\partial P/\partial z$を伝送電力Pの２倍で割れば求められることがわかる．また導体壁で失われる電力はaで述べたように導体壁に外側に向かって垂直に進むポインテングエネルギーS_nの実数部の総和と考えてよいので，壁の面積をS'とすると$\int_{S'} Re\,S_n\mathrm{d}s'$となる．壁面上接線方向の磁界，電界を$H_{\tan}$, E_{tan}で記すと，減衰定数αは上述のようにして次式となることがわかる．なおZ_Wは特性界インピーダンスである．

$$\alpha=\frac{-\dfrac{\partial P}{\partial z}}{2P}=\frac{\displaystyle\int_{S'} Re\,S_n\mathrm{d}s'}{2P}=\frac{\dfrac{1}{2\sigma\delta}\displaystyle\int_{S'}|H_{\tan}|^2\mathrm{d}s'}{2\dfrac{1}{2}Z_W\displaystyle\int_S |H_t|^2\mathrm{d}s} \qquad (4\cdot20)$$

4·2　平行２線路

(1)　線路定数

図4·4のように半径aの導体対が間隔d離れている平行２線路では4·1節で述べたようにTEM 波が伝搬でき，電磁界も時間的に変化する事を除けば静電界，静磁界分布と同じであ

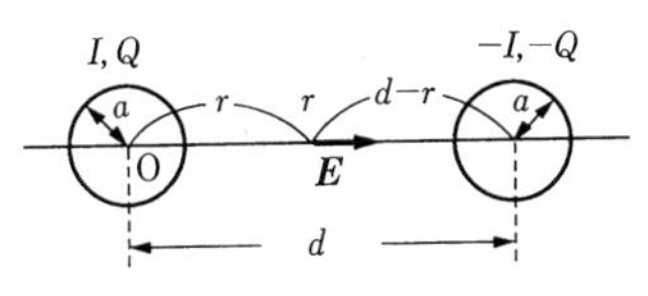

図 4·4　平行２線路

る．従って式（4·11）の偏微分方程式を解くことによって電位ϕを求め，式（4·10）から電界を求められるが，数式的にやや複雑となるので，ここでは線路の単位長当たりの L, C, R, Gを 静電界，静磁界の初等的な解き方により求め，これから Z_0, α, β を算出することを試みる．

(a)　L の値は電流I により生ずる全磁束Φから $L=\Phi/I$ の関係を使って計算できる．電流Iは表皮効果のため導体の表面上を流れるが $a \ll d$ が成り立つので中心（$r=0$）に存在するとみなすことができ，中心から r の点の H はアンペールの法則から $H=I/2\pi r$ で，また導体内の磁束は僅かであるから無視することができる．従ってΦは

$$\Phi=\int_a^{d-a}\mu_0 H\mathrm{d}r=I\int_a^{d-a}\frac{\mu_0}{2\pi r}\mathrm{d}r=\frac{\mu_0 I}{2\pi}\log\frac{d-a}{a}$$

となり，これは1本の線による磁束であるから平行2線の場合は2倍となり，L は次式で与えられる．

$$L=\frac{\mu_0}{\pi}\log\frac{d-a}{a}\quad \text{〔H/m〕} \tag{4·21}$$

このようにして L は周波数に無関係となる．以下のC, Z_0 に関しても同様なことがいえる．

(b)　C は単位長あたりの電荷を Q，線間の電位差すなわち電圧を V とすると $C=Q/V$ から計算できる．電界 E はガウスの法則を使って求めることができ，E を積分すれば次式のように V が計算できる．

$$V=-\int_{d-a}^{a}E\mathrm{d}r=-\int_{d-a}^{a}\left(\frac{Q}{2\pi\varepsilon r}+\frac{Q}{2\pi\varepsilon(d-r)}\right)\mathrm{d}r=\frac{Q}{\pi\varepsilon}\log\frac{d-a}{a}$$

従って C は次式で与えられる．

$$C=\frac{\pi\varepsilon}{\log\dfrac{d-a}{a}}\quad \text{〔F/m〕} \tag{4·22}$$

(c)　R は $R=1/(\sigma s)$から計算できる．有効断面積 s は導体を流れる電流が，4·1節の(4)の a で説明したように，スキンデプス δ の厚さまで一様に流れると考えて計算できるので，$s=2\pi a\times\delta$ となり抵抗 R は2導体では2倍となるので次式が得られる．

$$R=\frac{1}{\pi a\sigma\delta}=\frac{1}{a}\sqrt{\frac{f\mu_0}{\pi\sigma}}\quad〔\Omega/\mathrm{m}〕\tag{4·23}$$

導体が銅の場合

$$R=\frac{8.32\sqrt{f〔\mathrm{MHz}〕}}{a〔\mathrm{mm}〕}\times10^{-2}\quad〔\Omega/\mathrm{m}〕$$

(d) Gは等価回路ではCに並列になるのでCを流れる電流をI_c，Gを流れる電流をI_Gとすると，$I_G \ll I_c$で，I_Gは導体間媒質の損失によると考えてよいので，誘電体損失角$\tan\delta$を使うと，$|I_G/I_c|=G/\omega C=\tan\delta=\varepsilon''/\varepsilon'$であるから$G$は次式となる．

$$G=\omega C\tan\delta=\omega\frac{\pi\varepsilon''}{\log\frac{d-a}{a}}\quad〔\mho/\mathrm{m}〕\tag{4·24}$$

(e) 線路の特性インピーダンスZ_0は式(4·21)，(4·22)から直ちに求まる．

$$Z_0=\sqrt{\frac{L}{C}}=\frac{1}{\pi}\sqrt{\frac{\mu_0}{\varepsilon_0}}\frac{1}{\sqrt{\varepsilon'}}\log\frac{d-a}{a}\simeq\frac{276}{\sqrt{\varepsilon'}}\log_{10}\frac{d}{a}\ 〔\Omega〕\tag{4·25}$$

従ってd/aが大きい程インピーダンスは高くなる．

(f) 伝搬定数$\gamma=\alpha+j\beta$は伝送損失が僅かなので，第1次近似では式(3·9)から位相定数$\beta\simeq\omega\sqrt{LC}$と考えてよい．

$$\beta\simeq\omega\sqrt{LC}=\frac{2\pi}{\lambda}=\frac{2\pi}{\lambda_0}\sqrt{\varepsilon'}\quad〔\mathrm{rad/m}〕\tag{4·26}$$

λは媒質ε'中の線路上を伝搬するときの波長で，真空中の空間波長に比べて$1/\sqrt{\varepsilon'}$に短くなり，$1/\sqrt{\varepsilon'}$は波長短縮率と呼ばれている．

(g) 減衰定数αも式(3·9)に以上の関係を代入して次式から求められ，銅の場合以下の式となる．

$$\alpha=\frac{R}{2Z_0}+\frac{GZ_0}{2}=\frac{0.36\sqrt{f〔\mathrm{MHz}〕}}{a〔\mathrm{mm}〕Z_0}+0.909f\sqrt{\varepsilon'}\tan\delta\quad〔\mathrm{dB/m}〕\tag{4·27}$$

このようにRは$\sqrt{f}$に比例し，Gも$\tan\delta$が一定ならfに比例するので，αは周波数特性を持つことがわかる．

以上の他に平行2線路は開放路線であるから，僅かであるが空間への放射損P_r/Pがあり，$P_r/P=(160/Z_0)(\pi d/\lambda)^2$となるので間隔$d$はあまり大きくすることはできない．

(2) **電磁界分布**

ある点における電磁界分布は，先に述べたように静電界，静磁界分布と同じ図4·5に示すようになる．この分布が波動として z 方向に進むので電界 $\boldsymbol{E}$，磁界 $\boldsymbol{H}$ は $\boldsymbol{E}=\boldsymbol{E}_0 e^{-\gamma z}$，$\boldsymbol{H}=\boldsymbol{H}_0 e^{-\gamma z}$ である．

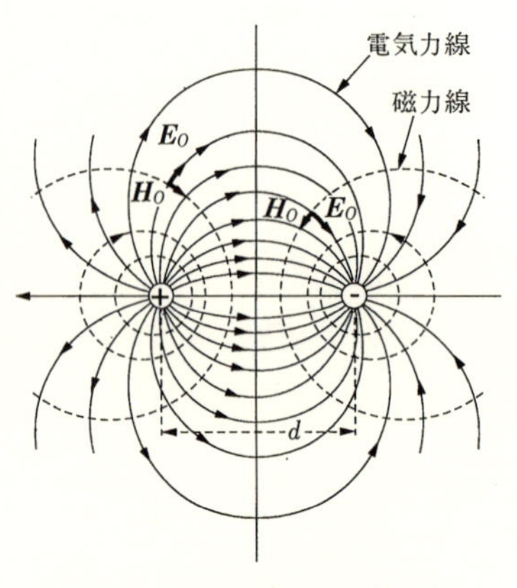

図4·5 平行2線路の電磁界分布

(3) **各種平行2線路**

実際の線路では使用目的により特性インピーダンス Z_0 が定まることが多く，Z_0 は式（4·25）で与えられるので，構造は耐電力，損失，Z_0 等を考慮して決定される．なお平行2線路は3·4節で述べたように平衡線路である。VHF TV のフィーダ用には入力インピーダンスが約300Ωの折りかえしダフレットアンテナに整合させるため図4·6，(a)のリボンフィーダが使われ，UHF の TV 用には(b)図に示した降雨や塩害などによる減衰を少なくした Z_0 が200Ωのめがねフィーダが使われ，大電力用には，2本の銅管を絶縁物で保持した(c)の構造のものが使われている．

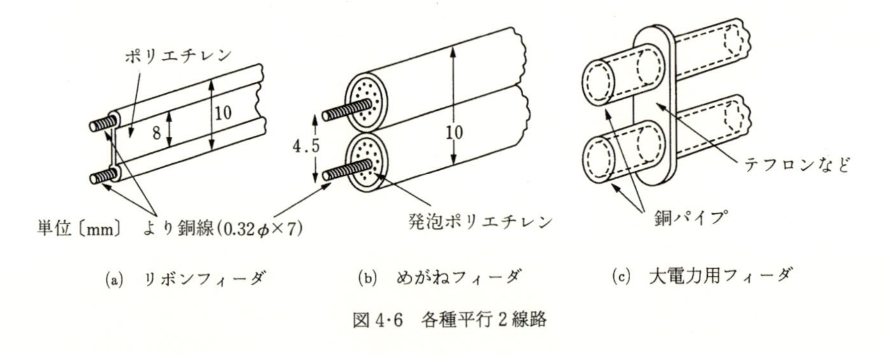

(a) リボンフィーダ　(b) めがねフィーダ　(c) 大電力用フィーダ

図4·6 各種平行2線路

4·3 同軸線路

同軸線路（同軸ケーブル）は図4·7に示すように，内導体を外導体で同軸的に囲んだ構造で，この2導体間の空間を電磁波が伝搬するため外部への放射がなく，この空間に誘電体を充てんしたフレキシブルケーブルは，VHF, UHF さらに最近ではX帯以上のマイクロ波までよく使われている．このように多く使用されるのは4·1節で述べたように，この線路には TEM 波が存在でき TE, TM 波のようにしゃ断波長がないためである．ただ寸法が適当でないと TE，TM 波も存在し不都合を生じるので，使用周波数に対して適当な大きさの同軸ケーブルを選ぶ必要がある．このため使用周波数が高くなると，寸法が小さくなり大電力の伝送は困難になり，また導波管等に比較して損失が多い，主波と呼ばれる TEM 波伝送では電磁界分布は静電磁界と同じであるから，図4·7の線路の定数は4·2節の場合と同じように簡単な方法で求められる．

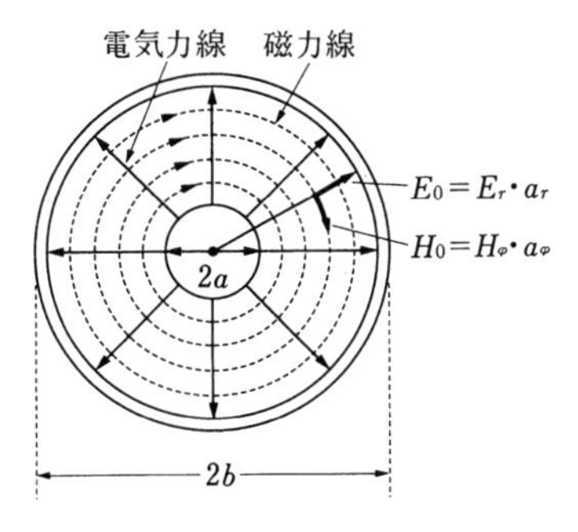

図4·7　同軸線路と電磁界

(1)　**線路定数**

(a)　L の値は周波数が高いと内導体内の磁束は無視でき，また外導体内の磁束も零と考えてよいので，全磁束 Φ は内外導体間の空間に存在する．r 点の H はアンペールの法則から $H=H_\varphi=I/2\pi r$ であるから，線路の単位長当りの全磁束 Φ は

$$\Phi=\int_a^b \mu_0 H\mathrm{d}r=\mu_0\int_a^b\left(\frac{I}{2\pi r}\right)\mathrm{d}r=\frac{\mu_0 I}{2\pi}\log\left(\frac{b}{a}\right)$$

従って，

$$L=\frac{\mu_0}{2\pi}\log\left(\frac{b}{a}\right)\quad〔\mathrm{H/m}〕\tag{4·28}$$

(b)　C は単位長当りの電荷を Q とすると $C=Q/V$ となる．平行線路と同じに r 点の電界 $E=Er=Q/2\pi\varepsilon r$ で V は E を積分して求められる．

$$V=-\int_b^a E\mathrm{d}r=-\int_b^a\left(\frac{Q}{2\pi\varepsilon r}\right)\mathrm{d}r=\frac{Q}{2\pi\varepsilon}\log\left(\frac{b}{a}\right)$$

従って，

$$C=\frac{2\pi\varepsilon}{\log\left(\frac{b}{a}\right)} \quad [\mathrm{F/m}] \tag{4·29}$$

(c) 単位長当りの直列抵抗 R は内，外導体の有効断面積を S_a, S_b とすると，$R=1/(\sigma S_a)+1/(\sigma S_b)$ である．ここで S_a, S_b はスキンデプスを δ とすると $S_a\simeq 2\pi a\delta$, $S_b\simeq 2\pi b\delta$ となり次式が得られる．

$$R=\frac{1}{2\pi\sigma\delta}\left(\frac{1}{a}+\frac{1}{b}\right)=\frac{1}{2}\sqrt{\frac{f\mu_0}{\pi\sigma}}\left(\frac{1}{a}+\frac{1}{b}\right) \quad [\Omega/\mathrm{m}] \tag{4·30}$$

内，外導体の銅の場合は上式から，

$$R=4.16\sqrt{f\,[\mathrm{MHz}]}\left(\frac{1}{a\,[\mathrm{mm}]}+\frac{1}{b\,[\mathrm{mm}]}\right)\times 10^{-2} \quad [\Omega/\mathrm{m}] \tag{4·30}'$$

(d) 単位長当りのコンダクタンス G も平行2線路の場合と全く同じに次式で与えられる．

$$G=\omega C\tan\delta=\omega\frac{2\pi\varepsilon''}{\log\left(\frac{\mathrm{b}}{a}\right)} \quad [\mho/\mathrm{m}] \tag{4·31}$$

(e) 同軸線路の特性インピーダンス Z_0 は式 (4·28),(4·29)から，

$$Z_0=\frac{1}{Y_0}=\sqrt{\frac{L}{C}}=\frac{1}{2\pi}\sqrt{\frac{\mu_0}{\varepsilon_0}}\frac{1}{\sqrt{\varepsilon'}}\log\frac{b}{a}\simeq\frac{138}{\sqrt{\varepsilon'}}\log_{10}\frac{b}{a} \quad [\Omega] \tag{4·32}$$

(d) 伝搬定数 $\gamma=\alpha+j\beta$ は α が小さいので，

$$\beta\simeq\omega\sqrt{LC}=\frac{2\pi}{\lambda}=\frac{2\pi}{\lambda_0}\sqrt{\varepsilon'} \quad [\mathrm{rad/m}] \tag{4·33}$$

となり，当然平行2線と全く同じ式となる．α も同様に次式で与えられ，内外導体が銅の場合次式となる．

$$\alpha=\frac{R}{2Z_0}+\frac{GZ_0}{2}=\frac{0.18\sqrt{f\,[\mathrm{MHz}]}}{Z_0}\left(\frac{1}{a\,[\mathrm{mm}]}+\frac{1}{b\,[\mathrm{mm}]}\right) +0.909f[\mathrm{MHz}]\sqrt{\varepsilon'}\tan\delta \quad [\mathrm{dB/m}] \tag{4·34}$$

上式で抵抗減衰定数 $\alpha_r=R/2Z_0$ を最小とする $b/a=x$ の値を，b が一定の場合に微分を使って $d\alpha_r/dx=0$ から求めると，$x=b/a\simeq 3.6$ となり，

これに対するZ_0は約77Ωであることがわかる．b/aとα，Z_0の関係を図4·8に示す．また図中には(3)で述べる尖頭電圧，電力容量のグラフも示してある．これからαが小さいのは，b/aが2～6の範囲すなわちZ_0が50～100Ωであることがわかる．種々の銅管同軸線路の減衰量は図4·9に示すように外部導体内径と内部導体外径比，従ってインピーダンスで定ま

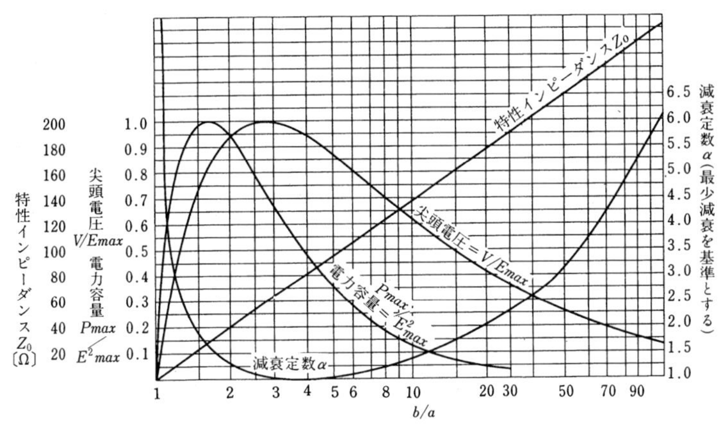

図4·8　同軸線路の特性と$\boldsymbol{b/a}$の関係

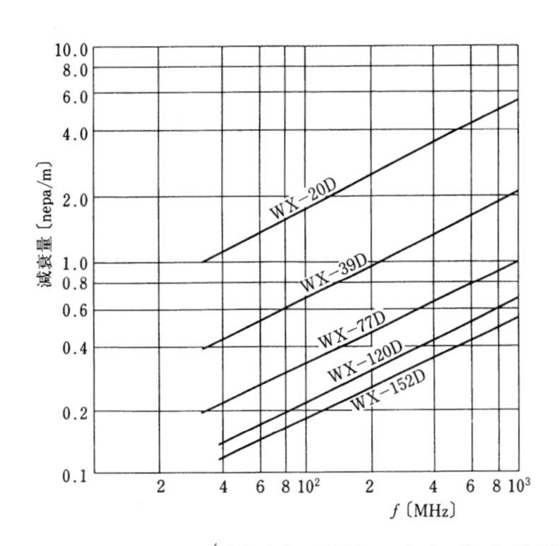

図4·9　各種同軸線路の減衰量　（〔dB/m〕＝8.68〔nepa/m〕，D：Z_0が50Ωを示す．20～152：外部導体内径〔mm〕を示す．）

り，また内部導体外径の太いもの程低損失である．現在一般には高次モードの点等から，マイクロ波ミリ波帯では $Z_0=50\,\Omega$ が専ら使われている．

(2) 電磁界分布

電磁界分布も当然図4·7に示したようになり，$\boldsymbol{E}=\boldsymbol{E}_0 e^{-\gamma z}$, $\boldsymbol{H}=\boldsymbol{H}_0 e^{-\gamma z}$ で $\boldsymbol{a}_r$, $\boldsymbol{a}_\phi$ を r 方向，ϕ 方向の単位ベクトルとすると $\boldsymbol{E}_0=E_r\boldsymbol{a}_r$, $\boldsymbol{H}_0=H_\varphi\boldsymbol{a}_\phi$ である．

(3) 伝送電力

ポインテングベクトル $S_Z=\frac{1}{2}E_rH_\varphi^*$ から Z 方向への伝送電力 P を求めると，

$$P=\int_a^b Re\,(S_z)\,2\pi r\,\mathrm{d}r=\frac{1}{2}ReVI^*$$

となる．同軸線路が伝送できる最大電力 $P_{\max}$ は同軸線路における放電および内，外管の管壁抵抗のため，流れる電流で発生する熱と充てん誘電体の損失で発生する熱による温度上昇によって定まる．放電により定まる $P_{\max}$ は，

$$P_{\max}=\frac{1}{2}ReV_{\max}I_{\max}^*=\frac{1}{2Z_0}\,|\,V_{\max}\,|^2=\frac{1}{2Z_0}\left\{\frac{Q_{\max}}{2\pi\varepsilon}\log\left(\frac{b}{a}\right)\right\}^2$$

の式に，式(4·29)に関して示したように内部の電界は内導体の所で最大となるので，$E_{\max}=Q_{\max}/2\pi\varepsilon a$ を代入することにより求めることができ，次式となる．

$$P_{\max}=\frac{1}{2Z_0}\,a^2E_{\max}^2\left\{\log\left(\frac{b}{a}\right)\right\}^2 \tag{4·35}$$

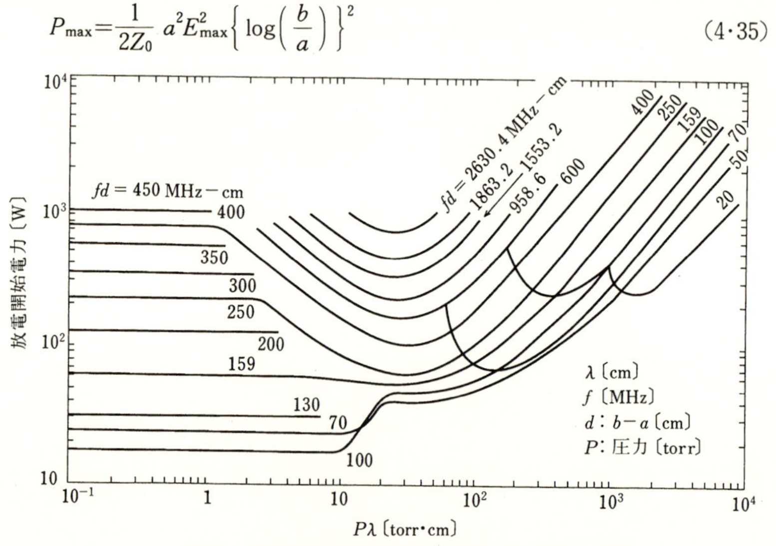

図4·10　同軸線路（z_0：50 Ω）の放電と伝送電力の関係

通常空気中で放電の生ずる電界は 3×10^6 V/m であるから，同軸の寸法が与えられると P_{max} が計算できる．図4·8，図4·10に関連図表を示す[(1)]．同軸線路の温度上昇と線路の関係は図4·11に示すように[(2)]太い同軸線路の方が温度上昇は低い．また図4·8から最大電力を送るには $b/\text{a}\simeq1.65$，$Z_0\simeq30\,\Omega$ が最もよく，耐電圧に関しては $b/a=2.72$，$Z_0=60\,\Omega$ が最適なことがわかる．

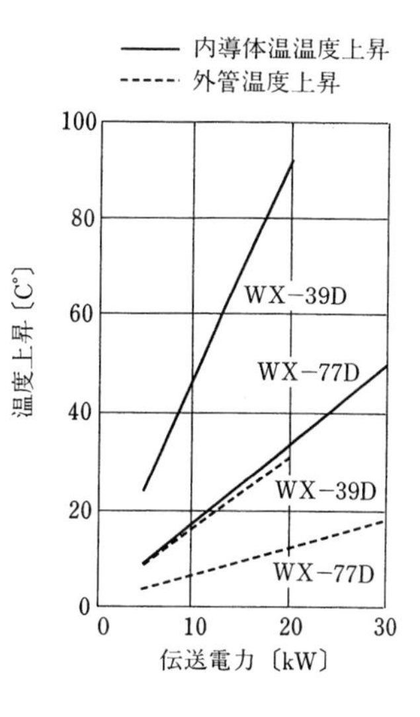

図4·11 同軸線路（銅管）の伝送電力と温度上昇

(4) 同軸線路の使用周波数

同軸線路では前述のように TEM 波で使用されるので，4·1節で述べたように，しゃ断波長 λ_c は存在しない．従って直流からいくら短い波長までも伝搬させることができるが，波長がある程度以上に短くなると TE あるいは TM モードが存在できるようになって，損失あるいは位相歪などで不都合を生ずる．従って通常 TEM 波のみが伝搬する波長帯で使用されている．TE あるいは TM 波に対するしゃ断波長 λ_c は同軸管の寸法 a, b などで定まり，4·5·3項で詳述するように近似的に次式で与えられる．

$$\left.\begin{array}{ll}\text{TE}_{mn}\text{ モード} & \lambda_c\simeq\dfrac{\pi(a+b)}{m}\quad n=1,\ \lambda_c\simeq\dfrac{2(b-a)}{n-1}\quad n\geq2\\[2ex] \text{TM}_{mn}\text{ モード} & \lambda_c\simeq\dfrac{2(b-a)}{n}\end{array}\right\}\qquad(4\cdot36)$$

しゃ断波長の最も大きい，すなわちしゃ断周波数 $f_c=c/\lambda_c$ の最も低いモードは TE_{11} モードで，$\lambda>\lambda_c$ (TE_{11}) の範囲で使用すれば高次モードの TE, TM モードをさけることができるので，使用波長と同軸管の寸法を適当に選ぶことが必要である．例えば Z_0 が 50Ω の線路では $x=b/a=2.3$ となるので，使用周波数 f に対し b の大きさは b〔mm〕$<136/f$〔GHz〕に選べば高次モードをさけることができる．図4·12，図4·13に同軸管の TE, TM モードの電磁界分布および a/b に対する $\lambda_c/2b$ の変化の様子を示す[(3)]．なお，$\lambda>\lambda_c$(TE_{11}) とすれば高

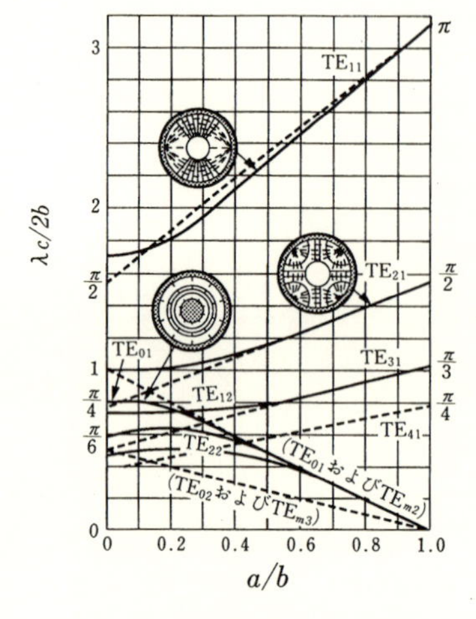

図4·12 同軸線路 TE モードと λ_c

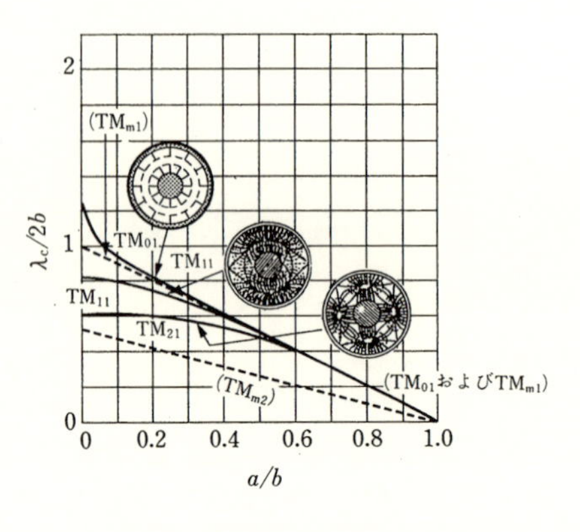

図4·13 同軸線路 TM モードと λ_c

次モードは存在しないが，急激に曲った付近や突起物などによって TEM モードが乱された付近では，高次モードが発生しこの高次モードは伝搬はできないが線路にリアクタンスが挿入されたことになるので注意が必要である．（第6章のリアクタンス素子の項参照）

(5) **各種同軸線路とコネクタ**

通常小電力の送受信フィダーや各機器間の接続には容易に曲げることができるなどの点から，図4·14，(a)のような内，外導体間の絶縁体としてポリエチレンが全部つまっているポリエチレン同軸ケーブルが使われている．VHF 帯では減衰が少ない特性インピーダンス Z_0 が 75 Ω の 3C2-V, 5C2V もよく使われるが，UHF，マイクロ波帯では高次モードの点などから Z_0 が50 Ω の 5D2V がよく使われている．これらの線路を使う場合には，線路の波長 λ は自由空間波長 λ_0 に対

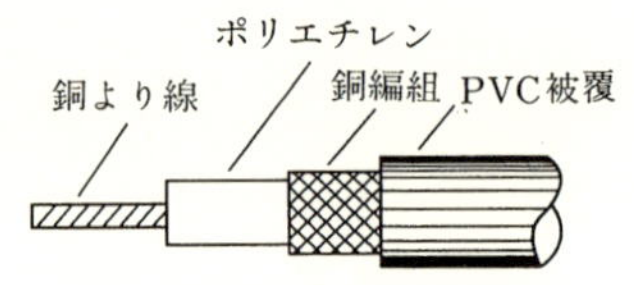

(a) ポリエチレン充てんケーブル

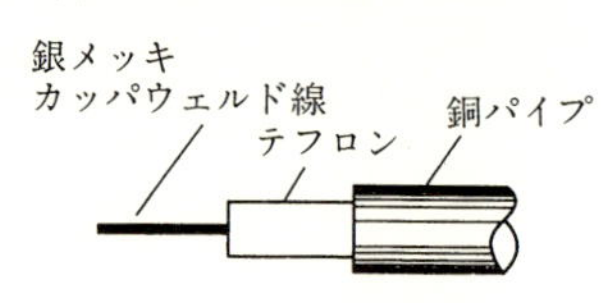

(c) セミリッジ同軸線路

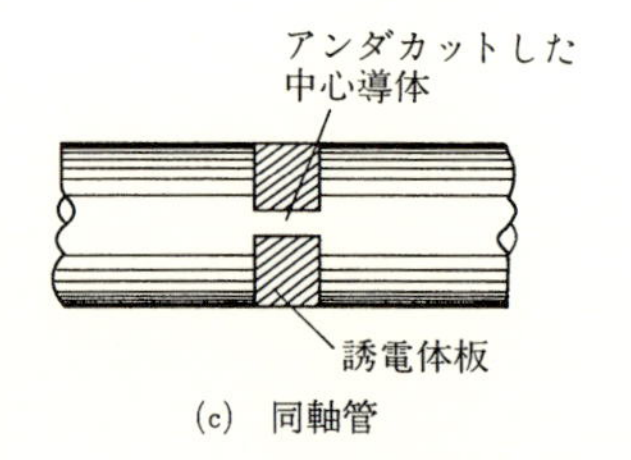

(c) 同軸管

図4·14 各種同軸線路

してポリエチレンの $\varepsilon'\simeq 2.3$ のため，$\lambda=1/\sqrt{\varepsilon'}\simeq 0.67\lambda_0$ になることに注意する必要がある．また線路と機器あるいは線路間の接続にはマイクロ波ではN形コネクタが主として使われ，特に精密な測定器などでは特性の優れたAPC7コネクタが使われている．(4)で述べたように，これらの線路をさらに高い周波数で使用する場合には高次モードに注意しなければならない．10 GHz以上で，とくにMIC回路と接続する場合には，(b)図に示すような外部導体が約3.6mmの銅パイプで誘導体として低損失のテフロンを使い，内部導体として銀メッキしたカッパウェルド線を用いたセミリッジケーブルが使用され，コネクタとしてはSMAあるいはOSM型と呼ばれる小型コネクタが使用されている．使用可能上限周波数は約18～26 GHzで，さらに高い周波数で使えるものも開発されている．セミリッジ同軸の特性の1例を表4·2に示す．送信器など大電力で使用する場合には，内,外管にパイプを使用して，内管を(c)図のように適当な間隔ごとに，主としてテフロンで作られた円板またはピンにより絶縁，保持するものが使われている．なお(c)図で円板が内導体内に埋まっているのは，絶縁体部の特性インピーダンスと中空部の特性インピーダンスを一致させるためである．使用可能電力と寸法の関係は(3)で説明したが，(c)図のようにして絶縁した場合には絶縁体の表面に沿ってのいわゆる沿面放電があるため，絶縁耐力は中空の場合に比べて低くなる．また絶縁体と導体間の接触が悪く空気層があると放電を生じやすい．

表4.2　セミリッジ同軸ケーブル

f〔GHz〕	α(dB/100 f_t)	P_b〔W〕
0.1	2	1 000
1	8.7	330
10	38	100

f_t：$\simeq$30 cm
P_b：最大尖頭電力

4·4　平面線路

第1章の図1·9(c),(d),(g),(h)などに示したように，低損失誘電体基板の両面，あるいは片面に適当な形状の薄い導体を蒸着などにより配置した線路を総称して，平面線路と呼んでいる．これらの線路は小形，軽量，構造が簡単で大量生産に適することや，広帯域性，半導体素子などのマウントに適しているなどの特長があるので，最近のマイクロ波におけるMIC（マイクロ波集積回路）の発展と共に重要な線路となっている．以下これらの線路の主な性質について述べる．

4·4·1　ストリップ線路（トリプレート線路）

図1.9，(c)の線路で MIC 用には4·4·2項で述べるマイクロストリップ線路が主として使われるが，ストリップ導体が上下の接地導体にはさまれているため放射損失が少なく，また外部よりの干渉もないので特に低損失が要求されるような場合に使用される．平衡形のストリップ線路と呼ばれることもある．

(1)　特性インピーダンス

誘電体で充てんされたストリップ線路の基本モードは TEM モードとして扱ってさしつかえない．従って同軸回路と同様に扱えるが，定数の算出はかなり繁雑になる．TEM モードでは電磁界分布は静電磁界と同じであるので，一般には静電界分布を考え導体間の容量Cを算出し，つぎに特性インピーダンス Z_0 を $Z_0=\sqrt{L/C}=1/v_pC$ の関係から求める．なお v_p は電磁波の位相速度で，

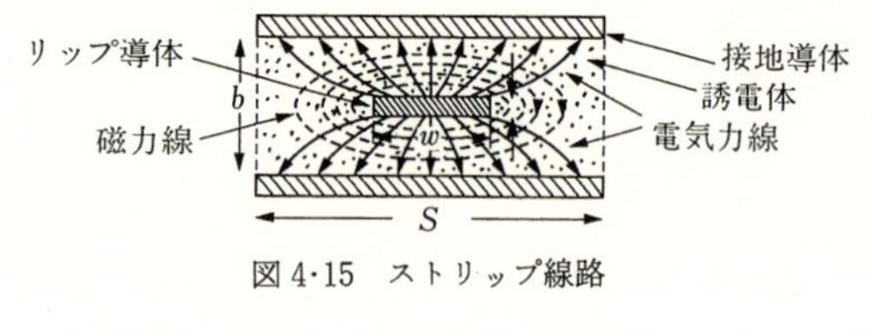

図4·15　ストリップ線路

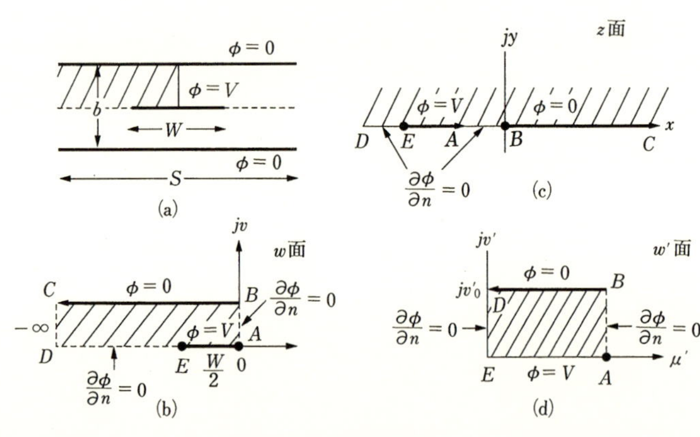

図4·16　ストリップ線路の等角写像変換（S. C）による容量の求め方

TEM 波では $v_p=1/\sqrt{\varepsilon\mu}$ で通常 $\mu=\mu_0$ であるから$v_p/v_0=1/\sqrt{\varepsilon_r}$ となる．電界が中心導体幅の中で一様に垂直であると仮定すると簡単に $C=4W\varepsilon/b$ となり，$Z_0=(1/4)\ (\sqrt{\mu/\varepsilon})\ (b/W)$ となるが，厳密な静電界分布，線路特性はいろいろな方法で解析されている．図 4·15 の平衡ストリップ線路で，ストリップ導体（中心導体）の厚みが無視できる場合には Schwarz-Christoffel 変換と呼ばれている等角写像法で計算できる．普通 $S\gg b$ であるから，導体基板の縁端の電界は無視できるので，対称性から図4·16(a)の斜線部分は(b)図の境界値問題と考えられ，これは(c)図のように変換され，さらに(d)図のような簡単な平行平板の図形に写像変換できる．従って(d)図の間隙 v_0' から元のストリップ線路の静電容量 $C=4\,\varepsilon/v_0'$ が求まり，Z_0 も求まる．v_0' は次式で与えられる．

$$\left.\begin{aligned} &v_0'=\frac{K}{K'}=\frac{K(k)}{K(k')}, \quad k=\mathrm{sech}\,\frac{\pi W}{2b},\ k'=\tanh\frac{\pi W}{2b} \\ &S_n^{-1}\left(\frac{1}{k}, k\right)=K-jK',\ K：\text{第 1 種のだ円積分} \end{aligned}\right\} \qquad (4\cdot37)$$

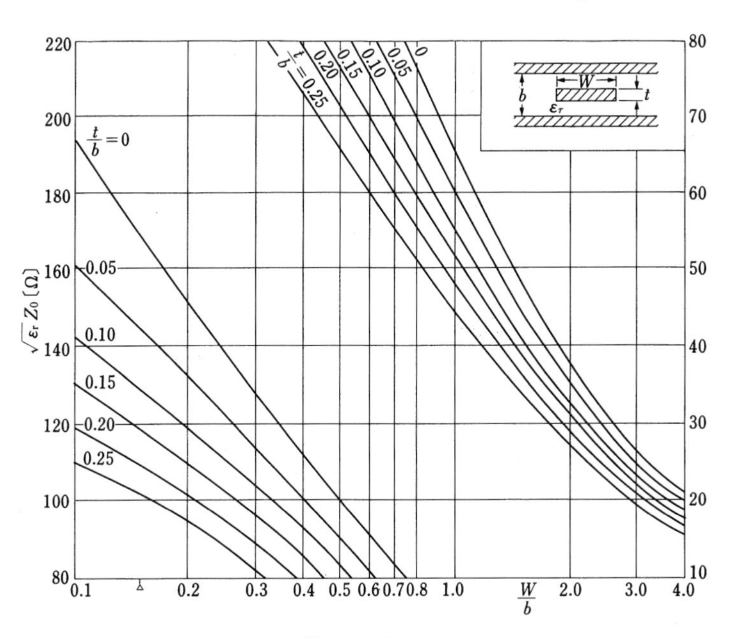

図 4·17 ストリップ線路の特性インピーダンス（Z_0）計算図表

ここで，S_n^{-1} は

$$S_n^{-1}(z,\ k)=\int_0^z \frac{dX}{(1-X^2)^{1/2}(1-k^2X^2)^{1/2}}$$

で与えられる逆楕円関数である．線路の厚みを考慮した Z_0 を求めるには中心導体幅が広いときは端効果容量を考慮し，中心導体幅が狭いときは等価円形断面導体を考えて求められており，その結果が図4·17である[(4)]．平衡形ストリップ線路は通常この図表により設計されている．例えば充てん誘電体の ε_r が材料により与えられるので，希望する Z_0（通常 50 Ω）から縦軸 $\sqrt{\varepsilon_r}\,Z_0$ が与えられ，bを与えると使用中心ストリップの厚さから t/b が定まるので，この曲線と縦軸の値から W/b すなわちストリップ幅 W が決定できる．

(2)　減衰定数

減衰定数は誘電体の損失による α_d と壁面損失による α_c に分けて考えることができる．$\alpha_d=\frac{1}{2}GZ_0$ で $G=\omega C\tan\delta$ であるから次式となる．

$$\alpha_d=\frac{\pi}{\lambda}\tan\delta=\frac{\pi}{\lambda_0}\sqrt{\varepsilon_r'}\tan\delta=\frac{1}{2\sqrt{\varepsilon_r'}}\sqrt{\frac{\mu_0}{\varepsilon_0}}\,\sigma\quad\text{〔nepa/m〕}\qquad(4\cdot38)$$

$\alpha_c=R_s/2Z_0$ も次式で計算できる．

$$\alpha_c=\frac{R_s\sqrt{\varepsilon_r}}{2Z_0}\sqrt{\frac{\varepsilon_0}{\mu_0}}\frac{\partial Z_0}{\partial n}\quad\text{〔nepa/m〕}\qquad(4\cdot39)$$

ここで R_s は導体壁の高周波抵抗，$\partial Z_0/\partial n$ は線路を構成する完全導体を垂直方向（n 方向）に微小変化させたときの Z_0 の変化を意味している．図4·18は表面が滑かで，角の曲率半径も大きくスキンデプスに対して十分厚い理想的な銅導体を使用した場合の α_c を求める図表である[(4)]．例えば 4 GHz で，$\varepsilon_r=2$，$\tan\delta=10^{-4}$ の誘電体を使用した場合，$W=2.5$ cm, $t=0.15$ mm，$b=3.15$ mm で，$\alpha_d=0.2$ dB/m, $\alpha_c=0.52$dB /m となる．

(3)　最大伝送電力など

ストリップ線路の最大伝送電力 P_b は中心導体部の電界，電流の集中によって定まり，$E_{max}=30$ kV/cm に対する最大尖頭電力 P_b を図4·19に示す[(4)]．なおストリップ線路においても同軸線路と同様に短い波長で使用する場合は b を小さくしないと高次の TE, TM が生じる．またストリップ線路を使用する場合にはしゃへい箱との関係で TE_{10} モード類似や横方向で共振することをさけるた

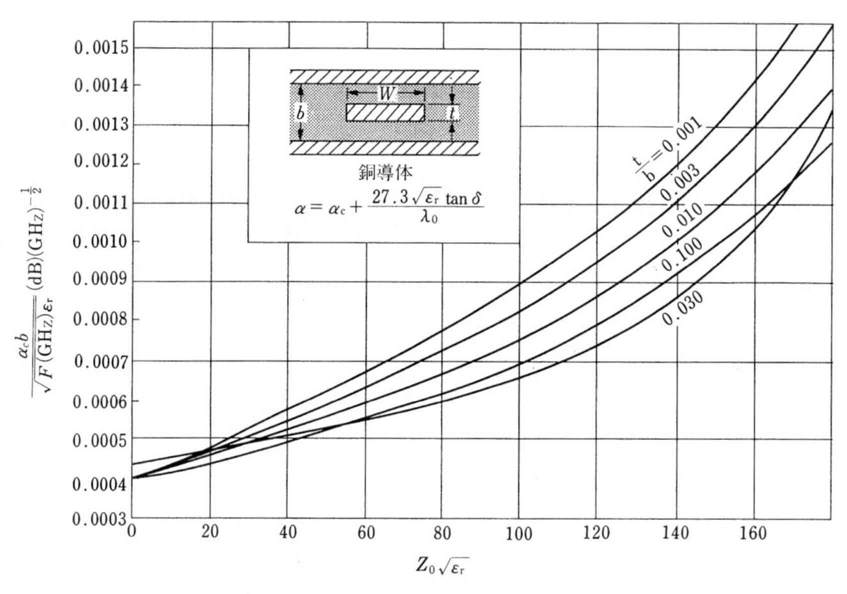

図 4·18　ストリップ線路の減衰定数 α_c

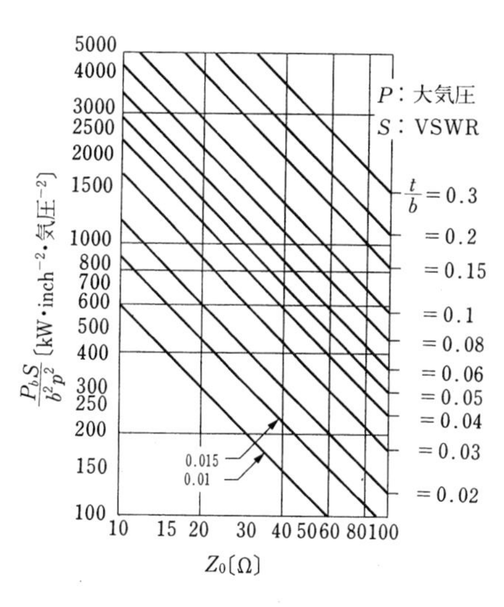

図 4·19　ストリップ線路の最大尖頭伝送電力 P_b

め，線路を小形化することや狭い間隔でしゃへいする等の注意が必要である．なお，ストリップ線路の電磁界分布は静電磁界と同じで図 4・15 に示してある．

(4)　サスペンデッド線路

以上の平衡形ストリップ線路は構造上半導体の組み込みなどが不便なため，この点を改良した図 4・20 に示すようなサスペンデッドトリプレート回路が使われ，つぎに述べるマイクロストリップより低損失の特長がある．回路定数は緩和法と呼ばれる方法で近似的に求められている．

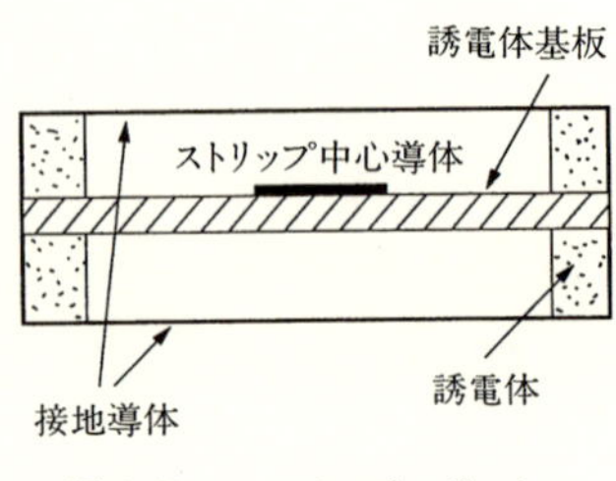

図 4・20　サスペンデッドストリップ線路

4・4・2　マイクロストリップ線路

図 1・9(d)のマイクロストリップ線路は構造が簡単で解放型なので半導体素子の取付け等に便利で，低損失高誘電率の誘電体を使うと放射損失も少ないので MIC 線路によく使われている．誘電体としては厚さ 0.12～2 mm のアルミナ，溶融石英，サファイヤ，低周波帯ではポリスチロール系などが使われ，線路は通常の IC 製作技術で作られる．

(1)　特性インピーダンス

図 4・21 の断面図のように誘電体基板はストリップと接地導体面間のみにある不平衡線路であるから，厳密には進行方向にも電界，磁界の成分を生じ純 TEM モードではない．このため表面波を励振しやすいので誘電体の厚さを薄くし，また周囲との干渉のないように全体をしゃへい箱に装てんするなどの注意が必要である．しかし線路としての特性は通常 TEM モードとして計算してよい．従って特性インピーダンス

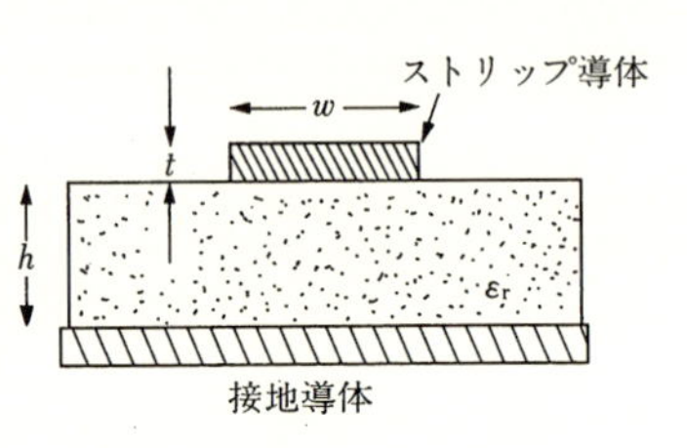

図 4・21　マイクロストリップ線路

$\left(\begin{array}{l} w : 0.13 \sim 1.3\ \mathrm{mm} \\ h : 0.13 \sim 1.3\ \mathrm{mm} \\ t : 5 \sim 10\ \mu\mathrm{m} \end{array}\right)$

Z_0 もストリップ線路の場合と同様に等角写像法を使って求めることができるが，誘導体は下半分のみであるから工夫を要する．Wheeler は平板間の一部のみに誘電体があるコンデンサとして取扱い，実効充てん率 q，実効誘電率 $\varepsilon_{\mathrm{eff}}$ を下記のように導入することによって解析した．q の部分に ε_r の誘電体がある場

合の $\varepsilon_{\mathrm{eff}}$ と q の関係は，

$$\varepsilon_{\mathrm{eff}}=1+q(\varepsilon_r-1) \tag{4·40}$$

となり，これを使って計算した線路構造と Z_0 の関係が図 4·22 の図表で設計に使われている[5]．なお図表は，ストリップ厚さ t が無限小の場合であるが，t が有限の場合でも薄い場合には図表の下に示したように，W の代わりに W' を使うことによりそのまま使える．

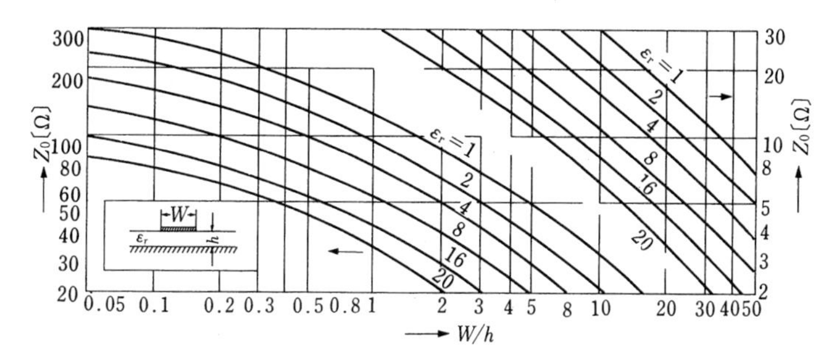

ストリップの厚さ $t>0$ のとき W の代りに W' を用いる．

$$W'=W+\varDelta W \qquad \varDelta W\begin{cases}=\dfrac{t}{\pi}\ln\left(1+\dfrac{4\pi W}{t}\right) & \dfrac{1}{2\pi}>\dfrac{W}{h}>\dfrac{2t}{h}\ \text{のとき}\\[2ex] =\dfrac{t}{\pi}\ln\left(1+\dfrac{2h}{t}\right) & \dfrac{W}{h}>\dfrac{1}{2\pi}>\dfrac{2t}{h}\ \text{のとき}\end{cases}$$

図 4·22　マイクロストリップ線路の $\mathbf{Z_0}$(特性インピーダンス)

(2) 伝相速度，減衰定数

マイクロストリップ線路の位相速度比 v_p/v_0 は $\varepsilon_{\mathrm{eff}}$ を使って，

$$\frac{v_p}{v_0}=\frac{1}{\sqrt{\varepsilon_{\mathrm{eff}}}} \tag{4·41}$$

となる．従って線路の波長 $\lambda=\lambda_0/\sqrt{\varepsilon_{\mathrm{eff}}}$ である．つぎに減衰定数 $\alpha=\alpha_{\mathrm{d}}+\alpha_{\mathrm{c}}$ の α_{d} も式（4·38）の $1/\sqrt{\varepsilon_r}$ を $q/\sqrt{\varepsilon_{\mathrm{eff}}}$ で置き代えるのみでよい．なおストリップ線路の構造と q の関係は図 4·23 で与えられるので[6]，この図から q を求め式（4·40）で $\varepsilon_{\mathrm{eff}}$ を求めれば式（4·41）および式（4·38）から v_p, α_d が計算できる．また導体損による α_c も式（4·39）で ε_r を $\varepsilon_{\mathrm{eff}}$ としたものを計算すれば求めることができ，その図表は図 4·24 である[7]．マイクロストリップ線路には以上の他に放射による損失 α_r があるが，一般に全損失の 10～20％程度で大部分

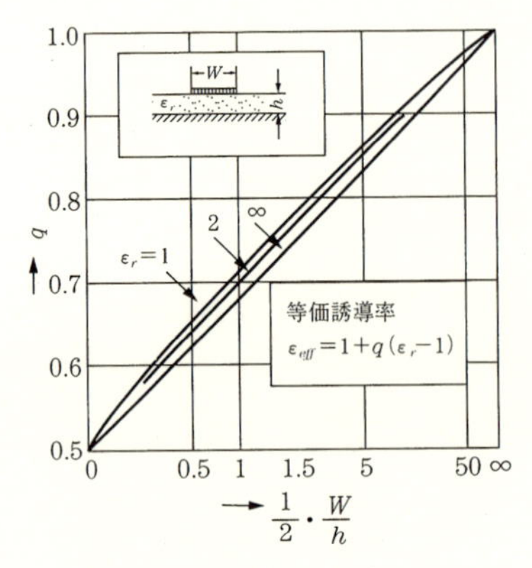

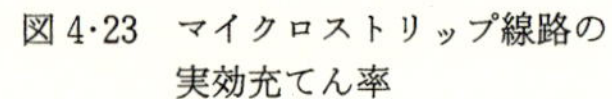

図 4·23　マイクロストリップ線路の実効充てん率

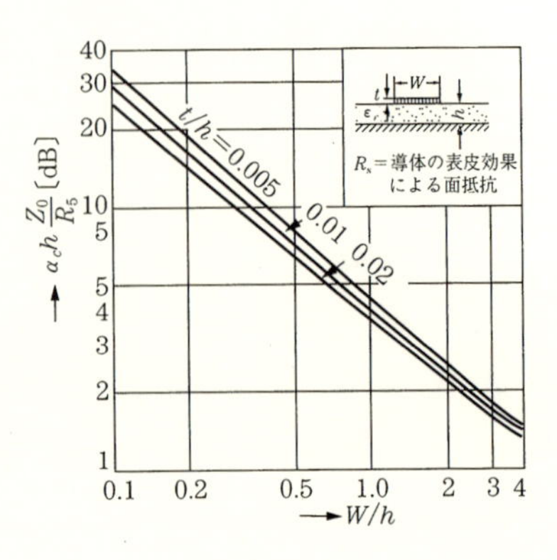

図 4·24　マイクロストリップの減衰定数 α_c(導体損分)

の損失は導体損によるものである.

(3)　使用上の注意

マイクロストリップ線路を高い周波数で使用すると，ストリップ線路の場合の高次モード現象の他に TM, TE 表面波モードと結合して, 伝送特性の著しい劣化を生ずる. 図 4·21 の誘電体基板の構造では表面波が伝搬し, その TM モードはしゃ断周波数が零である. しかしながら TEM の位相定数と TM の最低次 TM_0 の位相定数が一致する周波数 $f_{k\mathrm{TM}0}$ より低い周波数で使用すれば結合はさけられる. このことから使用周波数 f は次式の条件を満足する必要がある.

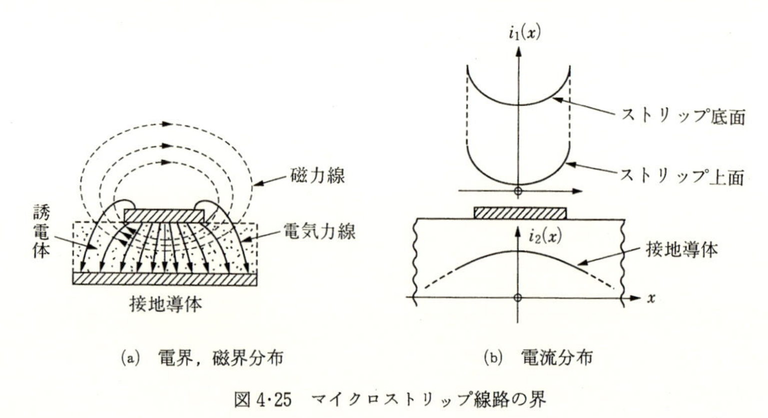

(a)　電界，磁界分布　　　(b)　電流分布

図 4·25　マイクロストリップ線路の界

$$f \ll \frac{6.79 \tan^{-1} \varepsilon_r}{h\sqrt{\varepsilon_r - 1}} \qquad (4\cdot42)$$

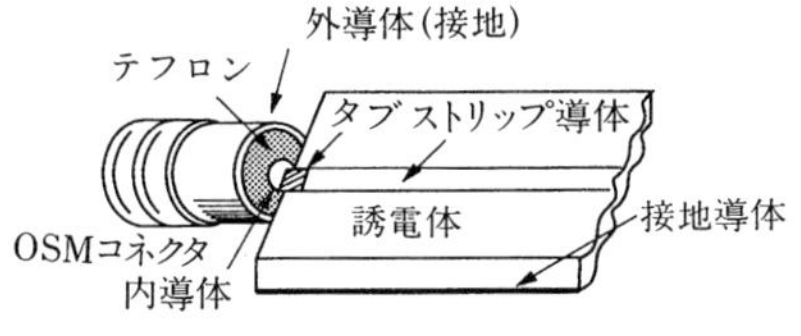

図4·26 同軸―マイクロストリップ変換

マイクロストリップ線路で ω-β 曲線を引くと周波数の増大と共に直線からずれるのは，以上の表面波モードとの結合のためである．マイクロストリップ線路の電磁界分布は，高次モードとの結合がない準 TEM モードでは図4·25，(a)図に示すようにほぼ静電界，静磁界と同じと考えてよいが，ストリップ導体板の縁に電界が集中し電流分布は(b)図のようにストリップ導体の縁に集中し，接地板上では中央で最大となる．同軸からマイクロストリップ線路への変換には図4·26のような OSM コネクタが使われ，広帯域にわたり良好な特性が得られている．

4·4·3 スロット線路およびコプレナ線路

(1) スロット線路

図1·9，(g)に示したスロット線路（slot line）は誘電体の片面を導体でおおい，スロットを切ったもので電磁界はスロットの付近に集中して伝搬する．片面のみに導体が配置されているために，マイクロストリップに比べて線路に並列に接続される半導体素子を容易に取付けられる特長があり，また2オクターブ以上の広帯域特性にもかかわらず円形 TE_{01} 類似モードで動作するので，フェライトを使った非相反デバイスに適している．放射損失も誘電体として高誘電率，低損失のアルミナ（$\varepsilon_r \simeq 10$），フェライト（$\varepsilon_r \simeq 15$），ルチル（$\varepsilon_r \simeq 40$）等を使えば電磁界の集中がよいため非常に少ない．スロット線路はスロットの場所に磁流が存在するとして，さらに厳密には導波管内にスロットがある場合の電磁界などから近似的に解析されている．図4·27に電磁界の分布を示す．これからスロットからある距離 X の点では進行する電磁波に対して円偏波を生ずるので，この点に DC バイアス磁界を加えた

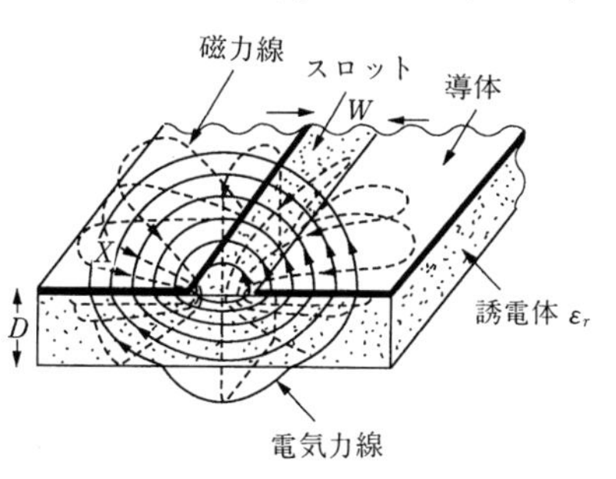

図4·27 スロット線路の電磁界
（W：0.25～0.9 mm　D：≃3 mm）

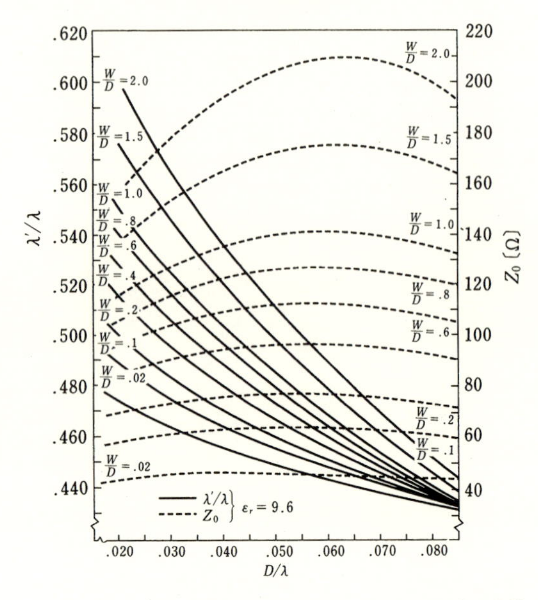

図 4·28 スロット線路の特性インピーダンス Z_0 (ε_t=9.6)

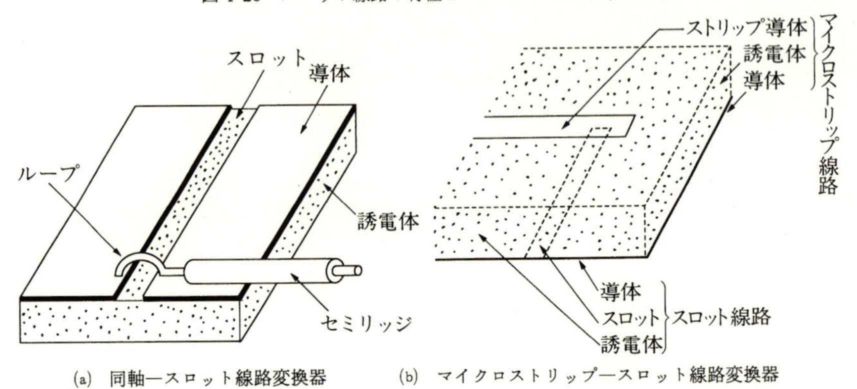

(a) 同軸—スロット線路変換器 (b) マイクロストリップ—スロット線路変換器

図 4·29 スロット線路の接続

フェライトを置くか，あるいは基板にフェライトを使うことにより非相反デバイスができる．図4·28はスロット線路上の波長 λ' と空間波長 λ の比 λ'/λ，および特性インピーダンス Z_0 とスロットの構造の関係を示す図表である[8]．この図表からスロット線路では Z_0 の大きなものをつくることが容易であることがわかる．図4·29はスロット線路とセミリッジ同軸，あるいはストリップ線路との接続法を示す．3 GHz 帯で帯域 500 MHz で VSWR<1.2 程度が得られている．

(2) コプレナガイド

コプレナガイド（coplanar waveguide : CPW，共平面形導波路）は図 1·9(h) に示した線路で，誘電体基板の片面にストリップ導体（中心導体）をはさんで 2 つの接地導体を配置した構造である．スロット線路と同様に導体板が片面のみであるので，スロット線路と同様な特長を持っている．また電磁界分布も図 4·30 のように高周波磁界は誘電体と空気層の境界付近に進行方向成分を生じ，適当な位置 X で円偏波となるので，やはりスロット線路と同様に非相反デバイスに適している．図 4·31 にはコプレナガイドの特性インピーダンス Z_0 を等角写像法などにより求めた図表を(a)図に，また ε_r と v_P との関係を(b)図に示

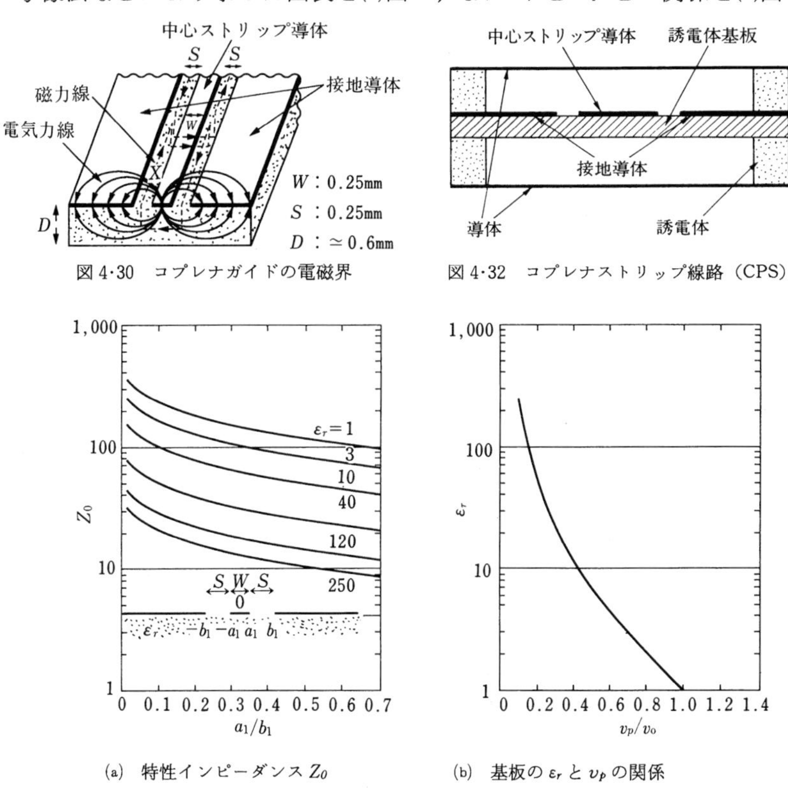

図 4·30 コプレナガイドの電磁界

図 4·32 コプレナストリップ線路（CPS）

(a) 特性インピーダンス Z_0

(b) 基板の ε_r と v_p の関係

図 4·31 コプレナガイドの特性

す[9]．CPW 線路の損失はマイクロストリップ線路とほぼ同程度と考えられる．なお CPW は開放形のため他からの干渉が問題となる高利得増幅器や低雑音増幅器への応用では，図4·32のような外部上下に接地導体を配置したコプレナストリップ線路（coplanar stripline : CPS）が使用されている．

4·5 導波管

図 1·9(e)，(f)で示したような断面が進行方向に対して一様な，中空の金属管の導波路を導波管（wave guide）と呼んでいる．このような導波路では開口形の線路に比べ，閉じられた空間を電磁波が伝送するため低損失でまた大電力の伝送に適しているため，マイクロ波送信系や，受信系の一部またアンテナ用のフィダーとして多く使われている．導波管内では電磁界は管壁で境界条件を満足するためには TEM 波では伝搬できないで，TE，TM あるいはそれらの混合で伝送すること，及び TE，TM 波の電磁界の求め方などは 4·1 節で説明したので，ここでは具体的に現在主に使われている導波管の性質を調べることにする．

4·5·1 方形導波管

(1) 電磁界

図 4·33 に示すような方形導波管内を TE, TM が伝搬できるが，まず TE 波について調べる．TE 波の電磁界は式（4·7）の $H_Z=H_0(x, y)e^{-\gamma z}$ に関する波動方程式を式（4·12）の境界条件を満足するように解き H_Z を求め，つぎに式（4·5）から他の成分を算出すれば求まる．$H_0(x, y)$ としては x のみの関数 $H_1(x)$ と y のみの関数 $H_2(y)$ の積の場合すなわち $H_0(x, y)=H_1(x)H_2(y)$ の場合のみを考えればよい．$H_0(x, y)$ を式（4·7）に代入し，$H_1(x)H_2(y)$ で割ると

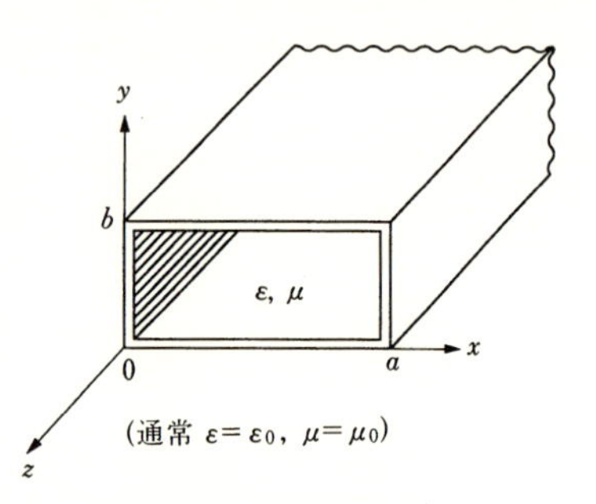

図 4·33 方形導波管

$$\frac{1}{H_1(x)}\frac{\partial^2 H_1(x)}{\partial x^2}+\frac{1}{H_2(y)}\frac{\partial^2 H_2(y)}{\partial y^2}=-k_c^{\,2}$$

上式の第 1 項は x のみの関数で，第 2 項は y のみの関数であるのにかかわら

ず，両者の和がつねに定数 $-k_c^2$ に等しいということは，第1項，第2項も定数であると考えられる．その定数をそれぞれ $-k_x^2$, $-\mathrm{k_y}^2$ とおくと次式が成り立つ．なお $k_c^2=k_x^2+k_y^2$,

$$\frac{\partial^2 H_1}{\partial x^2}+k_x^2 H_1=0 \qquad \frac{\partial^2 H_2}{\partial y^2}+k_y^2 H_2=0 \tag{4·43}$$

式 (4·43) では $\partial/\partial x \to \mathrm{d}/\mathrm{d}x$ などと考えてよく，この式は理工学でよく使われる基本的な定数係数2階微分方程式で任意定数を A_1, A_2, B_1, B_2 とすると，

$$H_1=A_1\cos k_x x+A_2\sin k_x x \qquad H_2=B_1\cos k_y y+B_2\sin k_y y$$

となり $H_0=H_1\cdot H_2$ が求まった．

つぎに境界条件について考える．図4·33の座標では，式 (4·12) の $\partial H_Z/\partial n|_{c=0}$ は，n が管壁に垂直方向を示しているのでつぎのように分解できる．

(A)
$$\left.\frac{\partial H_0(xy)}{\partial x}\right|_{x=0}=0 \qquad \left.\frac{\partial H_0(xy)}{\partial y}\right|_{y=0}=0$$

(B)
$$\left.\frac{\partial H_0(xy)}{\partial x}\right|_{x=a}=0 \qquad \left.\frac{\partial H_0(xy)}{\partial y}\right|_{y=b}=0$$

(A)の第1項は図で斜線の面における境界条件を示しており，他の項もそれぞれ導波管の各内面の境界条件を示している．いま(A)の第1項では，

$$\frac{\partial H_0}{\partial x}=H_2\frac{\partial H_1}{\partial x}=H_2(-A_1k_x\sin k_x x+A_2k_x\cos k_x x)$$

となる．境界条件から，上式の x に零を代入したとき零となることが必要なので，$A_2=0$ が要求される．同様に第2項の条件から $B_2=0$ が要求される．つぎに(B)を満足するためには $x=a$ を代入した式が零となることから，$\sin k_x a=0$ および y に b を代入した式が零から $\sin k_y b=0$ が要求され，これから k_x, k_y が定まる．

$$k_x a=m\pi \qquad k_x=\frac{m\pi}{a}, \qquad k_y b=n\pi \qquad k_y=\frac{n\pi}{b} \tag{4·44}$$

ただし，$m=0, 1, 2\cdots\cdots$　，$n=0, 1, 2\cdots\cdots$

従って，定数 $A_1\mathrm{B_1}=C$ と書くと $H_0(x, y)=H_1H_2=C\cos k_x x\cos k_y y$, $H_Z=H_0e^{-\gamma z}$ が求まった．H_Z 以外の成分は式 (4·5) に H_Z を代入し微分することにより容易に求めることができる．各成分の式を以下に示す．

$\boxed{\mathrm{TE}^{\square}_{mn} \text{ の電磁界}}$

$$
\left.
\begin{aligned}
&H_Z=C\cos k_x x\cos k_y y\, e^{-j\beta_g z}\\
&H_x=-\frac{\gamma}{k_c{}^2}\frac{\partial H_z}{\partial x}=jC\frac{\beta_g k_x}{k_c{}^2}\sin k_x x\cos k_y y\, e^{-j\beta_g z}\\
&H_y=-\frac{\gamma}{k_c{}^2}\frac{\partial H_z}{\partial y}=jC\frac{\beta_g k_y}{k_c{}^2}\cos k_x x\sin k_y y\, e^{-j\beta_g z}\\
&E_x=-\frac{j\omega\mu}{k_c{}^2}\frac{\partial H_z}{\partial y}=Z_H H_y \qquad Z_H=\frac{j\omega\mu}{\gamma}=\frac{\omega\mu}{\beta_g}=\frac{\lambda_g}{\lambda}\zeta\\
&E_y=\frac{j\omega\mu}{k_c{}^2}\frac{\partial H_z}{\partial x}=-Z_H H_x \qquad \zeta=\sqrt{\frac{\mu}{\varepsilon}}
\end{aligned}
\right\}
\tag{4・45}
$$

Z_H は式（4・6）で述べたように TE 波の特性界インピーダンスである．式（4・44）に示したように k_x, k_y は m, n の値で異なり，また対応した H_Z, $\boldsymbol{H}_t$, $\boldsymbol{E}_t$ など電磁界の様子も異なってくるので，m, n の値のときの波を TE_{mn} モードと呼んでいる．なお $m=0$, $n=0$ の TE_{00} においては H_Z は定数となり，他の成分は零となるのでこのようなモードは存在しないが，TE_{m0}, TE_{0n} は存在する．図 4・34 は上式から求められた代表的な TE_{mn} モードの電磁界である．TE_{mn} モードの m, n はそれぞれ x 方向，y 方向の定在波の数を示している．従って TE_{10} モードでは x 方向には定在波は 1 つで山が 1 つあり，y 方向には零すなわち一様分布であることを示している．TM 波に対する電磁界も全く同様に式（4・8）の E_Z の波動方程式を式（4・13）の境界条件 $(E_Z)_c=0$ を満足するように解き，式（4・5）から他の成分を求めればよい．C' を定数とすると以下の式が得られる．

$\boxed{\mathrm{TM}^{\square}_{mn} \text{ の電磁界}}$

$$
\left.
\begin{aligned}
&E_z=C'\sin k_x x\sin k_y y\, e^{-j\beta_g z}\\
&E_x=-\frac{\gamma}{k_c{}^2}\frac{\partial E_z}{\partial x}=-jC'\frac{\beta_g k_x}{k_c{}^2}\cos k_x x\sin k_y y e^{-j\beta_g z}\\
&E_y=-\frac{\gamma}{k_c{}^2}\frac{\partial E_z}{\partial y}=-jC'\frac{\beta_g k_y}{k_c{}^2}\sin k_x x\cos k_y y\, e^{-j\beta_g z}
\end{aligned}
\right\}
\tag{4・46}
$$

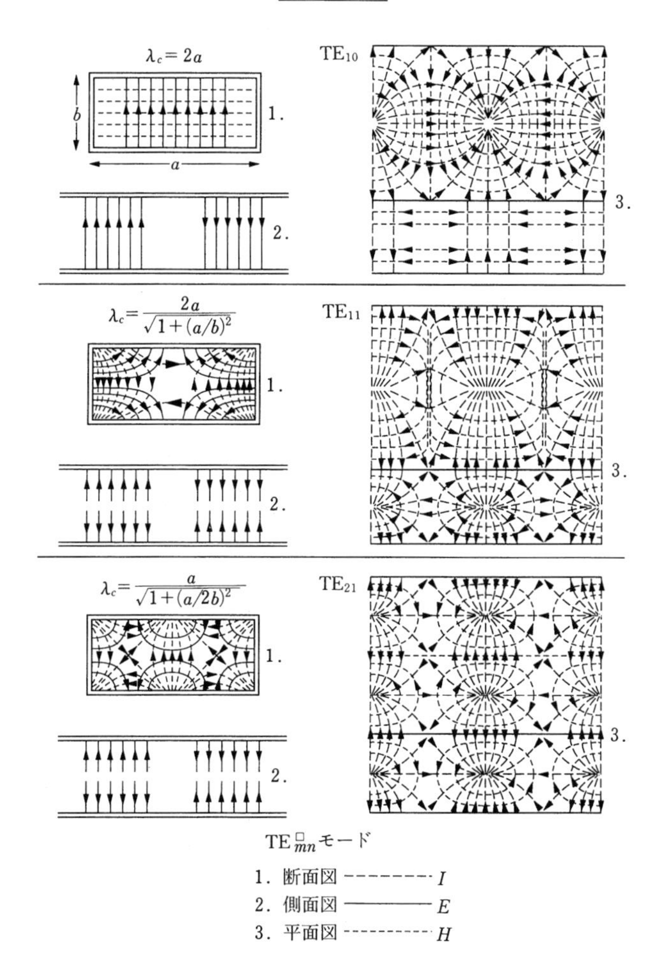

図 4·34　各種方形導波管モード（$\mathbf{TE}_{mn}^{\square}$）

$$H_x=\frac{j\omega\varepsilon}{k_c^2}\frac{\partial E_z}{\partial y}=-\frac{1}{Z_E}E_y \qquad Z_E=\frac{\gamma}{j\omega\varepsilon}=\frac{\beta_g}{\omega\varepsilon}=\frac{\lambda}{\lambda_g}\zeta$$

$$H_y=-\frac{j\omega\varepsilon}{k_c^2}\frac{\partial E_z}{\partial x}=\frac{1}{Z_E}E_x$$

$$k_c^2=k_x^2+k_y^2$$

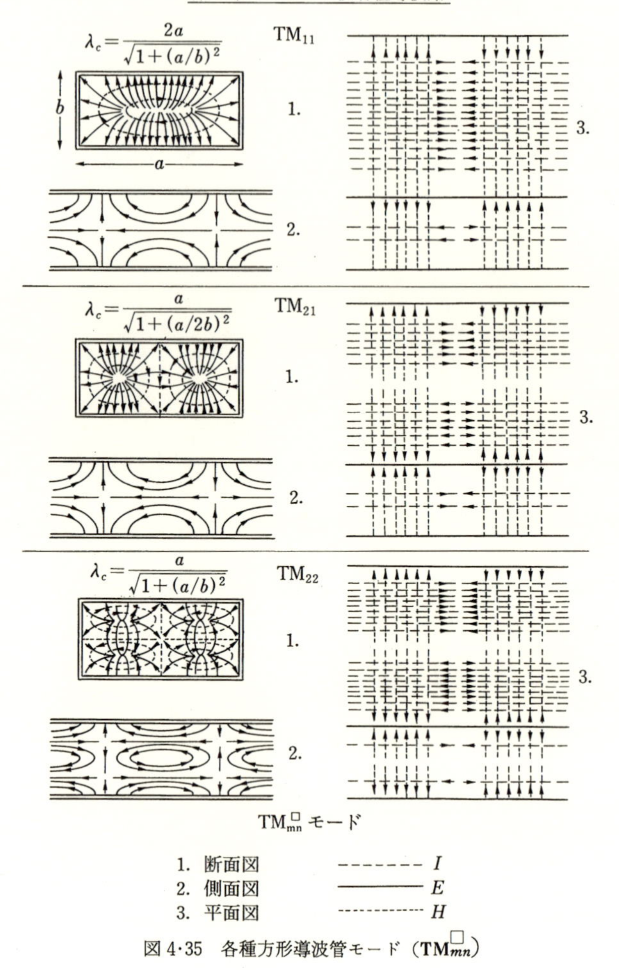

図 4·35　各種方形導波管モード（$\mathbf{TM}^{\square}_{mn}$）

$$k_x=\frac{m\pi}{a},\quad k_y=\frac{n\pi}{b},\quad m=0,\ 1,\ 2\cdots\cdots,\ n=0,\ 1,\ 2\cdots\cdots$$

Z_E は式（4·6）で述べたように TM 波の特性界インピーダンスである．TM_{mn} を TM 波の m, n モードと呼んでいるが，E_Z の式からわかるように TM_{mn} では m あるいは n のどちらかが零となると $E_z=0$ となるので，このようなモードは存在しない．図 4·35 に上式から求められた TM_{mn} モードの電磁界を示す．なお導波管内面上の電流分布は，面に接した磁界を $H_{\tan}$ と書くと，

$\boldsymbol{I}=\boldsymbol{n}\times\boldsymbol{H}_{\tan}$ から求められる．

(2) **伝搬定数，しゃ断波長**

導波管内の電磁界$\boldsymbol{E}$, $\boldsymbol{H}$ は 4・1 節で述べたように

$$\boldsymbol{E}=\boldsymbol{E}_0(x,\ y)e^{-\gamma z},\quad \boldsymbol{H}=\boldsymbol{H}_0(\mathrm{x},\ \mathrm{y})e^{-\gamma z}$$

の形すなわち (x, y) の関数形は変化しないで伝搬定数 γ で z 方向に進み，γ は k_c, k と式 (4・5) で述べたように，$\gamma=\sqrt{k_c{}^2-k^2}$ の関係がある．$k^2=\omega^2\varepsilon\mu$ で中空の導波管では $k^2=\omega^2\varepsilon_0\mu_0=(2\pi/\lambda)^2$ となり，使用周波数 f，すなわち自由空間波長 λ が与えられると k^2 が定まる．一方，$k_c{}^2=k_x{}^2+k_y{}^2$ は(1)で述べたようにモードと波導管寸法が与えられると定まる．方形導波管では TE_{mn}, TM_{mn} の場合も k_c は等しく式 (4・44)，(4・46) で記したように次式で与えられる．

$$k_c{}^2=\left(\frac{m\pi}{a}\right)^2+\left(\frac{n\pi}{b}\right)^2 \tag{4・47}$$

いま $k_c>k$ の場合には $\gamma=\alpha$ となるので $\boldsymbol{E}$, $\boldsymbol{H}$ は $e^{-\alpha z}$ の形となり，距離 z とともに急速に減衰して伝搬できない．このような波をエバネセント (evanescent) な波といっている．伝搬のためには $k_c<k$ で伝搬定数が純虚数 $\gamma=j\beta_g$ となることが必要である．k_c が与えられた場合 λ を変化させるとある波長 λ_c で $k_c=k$ となり，$\gamma=0$ となる．$\lambda>\lambda_c$ となると $\gamma=\alpha$ となり，伝搬できないので λ_c をしゃ断波長 (cutoff wave length) と呼んでいる．λ_c においては $k_c=k=2\pi/\lambda_c$ となり，k_c を λ_c で表示できる．λ_c はモードによって異なる値をとり λ_{cmn} と記されることもある．また $f_c=c/\lambda_c$ をしゃ断周波数と言う．管内波長 λ_g は管軸にそっての相隣る同位相間の距離であるから位相定数 β_g と $\lambda_g=2\pi/\beta_g$ の関係がある．λ と λ_g の関係は $\beta_g=\sqrt{k^2-k_c{}^2}$ から，

$$\lambda_g=\frac{\lambda}{\sqrt{1-\left(\dfrac{\lambda}{\lambda_c}\right)^2}} \tag{4・48}$$

となり図 4・36 に示すように λ が λ_c に近づくほど λ_g は大きくなり $\lambda=\lambda_c$ では λ_g は無限大となる．

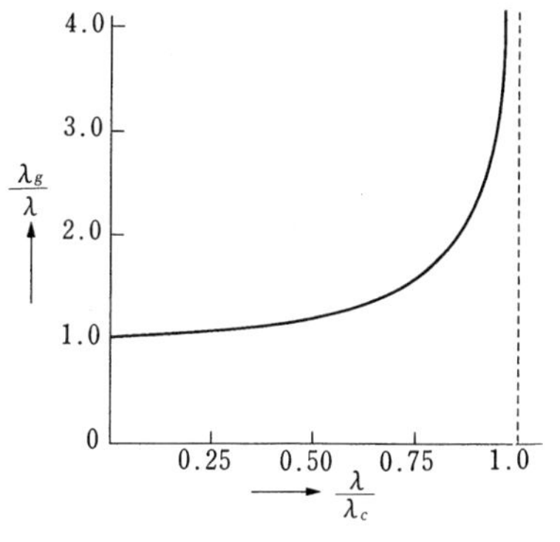

図 4・36 λ/λ_c と λ_g/λ の関係

(3)　**基本モード**

方形導波管のしゃ断周波数 f_c とモードの関係を式 (4·47) から調べてみると $a>b$ の導波管では TE_{10} モードの $\lambda_c=2a$ で，$f_{cTE10}=c/\lambda_c=(1/2a)\times 3\times10^8$Hz が最も低い周波数であることがわかる．いま b/a が1/2の導波管で他モードの f_c との比 f_c/f_{cTE10} を記すと図4·37のようになる．導波管を励振するマイクロ波の周波数 f が f_{cTE10} より大きくなると，A線で示すように TE_{10} モードが伝搬できる．f が $2\cdot f_{cTE10}$ より高くなると導波管内をB線で示すように TE_{10} モードの他に TE_{01}, TE_{20} モードも伝搬でき，f が $E\cdot f_{cTE10}$ より高くなるとC線のように，更に TE_{11}, TM_{11} モードも伝搬できるようになる．通常多くのモードが伝搬できる状態で使用すると，モード間の干渉のため位相歪を生じたり，伝送損失が多くなる欠点がある．そのため通常励振周波数を f_{cTE10} と $2f_{cTE10}$ の間に選び，TE_{10} モードだけが伝搬できる状態で使用している．このように f_c が最も低いモードを基本モードと呼び，他の f_c の高いモードを高次モードと呼んでいる．従って一般に基本モードだけが伝搬できる周波数範囲で導波管を使うことが必要で，方形導波管の基本モードは TE_{10} モードである．またモードが異なっているのにもかかわらず同一の f_c を有するモードを，互いに縮退していると言い，例えば図4·37では，TE_{01} と TE_{20}, また TE_{11} と TM_{11} は縮退していると呼んでいる．方形導波管の基本モード (dominant mode) TE_{10} の電磁界は式 (4·45) に $m=1$, $n=0$ を代入すればただちに求まる．

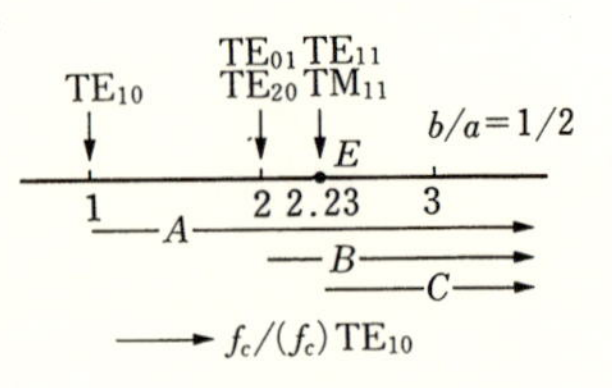

図4·37　方形導波管 $(a\times b)$ のしゃ断周波数 $f_c/(f_c)TE_{10}$ と伝搬

$$\left.\begin{aligned} &H_z=C\cos\left(\frac{\pi}{a}x\right)e^{-j\beta gz} \qquad H_x=jC\frac{2a}{\lambda_g}\sin\left(\frac{\pi}{a}x\right)e^{-j\beta gz} \\ &E_y=-Z_H H_x=-jC\frac{2a}{\lambda}\zeta_0\sin\left(\frac{\pi}{a}x\right)e^{-j\beta gz} \end{aligned}\right\} \qquad (4\cdot49)$$

$$H_y=E_x=0 \quad \zeta_0=\sqrt{\mu_0/\varepsilon_0}=377\,\Omega$$

この電磁界はすでに図4·34で示したが，わかりやすく書くと図4·38のように，電界，磁界も管壁で境界条件を満たし，また同相で進行する．

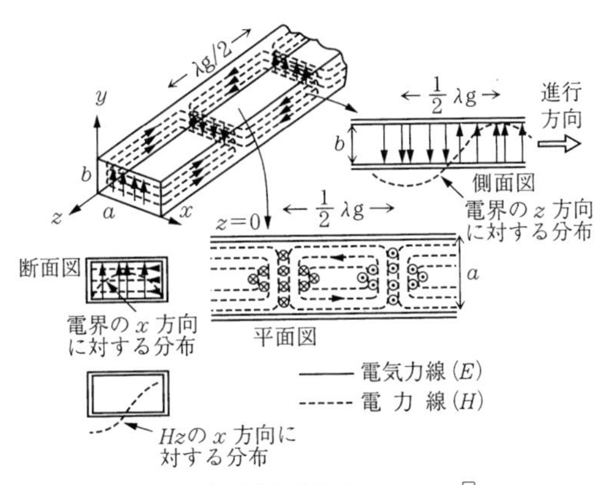

図 4·38 方形導波管基本モード $TE_{10}^{\square}$

なお H_z と H_x は位相が異なっているので同一の時間では z 方向に $\lambda_g/4$ の差があるので図のような分布となる．

(4) **導波管内の波と平面波の関係**

上述の TE_{10} 波が，物理的には平面波が管内を特別な伝わり方をしてできたものとして解釈できることについて調べる．いま図4·39(a)のように y 方向に偏波した平面波が管内を側壁で反射しながら進む場合を考える．すると電磁界は(b)図のように z 軸に対し θ の角度で斜上方向に進む平面波〔A〕（入射波）と同じ角度で斜下方に進む平面波（反射波）〔B〕の合成と考えてよい．考えている平面波の電界は紙面に垂直で⊙，⊗で表示され，磁界は紙面に平行で矢印の方向を向き，図の太線，点線はそれぞれ最大値，最小値（零）を示している．$\boldsymbol{E}$ と $\boldsymbol{H}$ は同相すなわち $\boldsymbol{E}$ の最大点で $\boldsymbol{H}$ も最大となり，$\boldsymbol{E}$, $\boldsymbol{H}$ と進行方向の間には

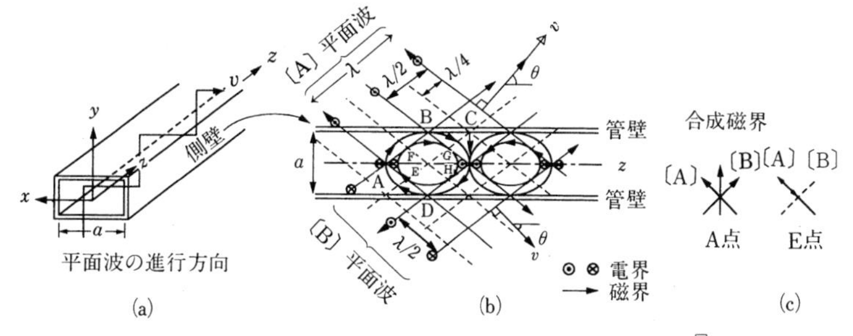

図 4·39 平面波の合成と考えた導波管モード（$TE_{10}^{\square}$）

右ネジの関係がある．まず管壁を考えないで，〔A〕，〔B〕2つの平面波の合成を考えてみる．A 点では〔A〕，〔B〕ともに磁界が最大で合成した磁界は(c)図に示すようにベクトル和で〔A〕，〔B〕ベクトルで作られる方形の対角線のベクトルとなる．B, C, D 点の合成磁界も同様になるが，B, D 点では管壁に平行で，A, C 点では管壁に垂直方向で，B と D，A と C 点では各々反対を向いている．そこで磁力線は図に示したように，以上の磁界を結んだ右回りのループとなる．つぎに E, F, G, H 点では実線と点線の合成であるから実線の磁界の向きのみと考えてよいので，やはり E—F—G—H を結ぶ小さな右回りのループとなる．このように各点で磁界および電界について合成を行うと，(b)図の結果が得られる．

つぎに図のように管壁（導波管の側壁）を紙面に垂直に置いた場合には，電界は管壁に垂直あるいは平行成分は零，磁界は平行であると言う境界条件を満足しているので電磁界の変化はない．また上下（H 面）を金属板で閉じても電界は垂直で磁界は平行であるから変化しない．従って(b)図の電磁界が導波管内に存在でき，これは先に導いた TE_{10} モードの電磁界と一致している．TM モードでは〔A〕，〔B〕として磁界が紙面に垂直なものを考えればよい．このように導波管中を平面波が反射して進むと考えると，磁界または電界が進行方向成分をもつのは当然である．ただ θ の値は任意にとれないで以下のように λ，導波管寸法で定まることに注意する必要がある．(b)図を詳しく画いたものを図4·40に示す．これから λ と λ_g の関係などが求まる．図に示した TE_{10} モードの磁力線分布は z 方向に伝送されるので，同じ状態すなわち同位相となる面間の距離が管内波長 λ_g で図形は $v_p=f\lambda_g$ の位相速度で管軸方向（z 方向）に進む．一方〔A〕，〔B〕の平面波は（磁力線）に垂直方向に v で進み，波長は λ である．〔A〕，〔B〕の平面波は D′0, B′0 の方向に進むので z となす角を θ とすると，AD, AB の波面が 0 に達するときには，最初の交点 A も 0 に達するので以下の関係が得られる．

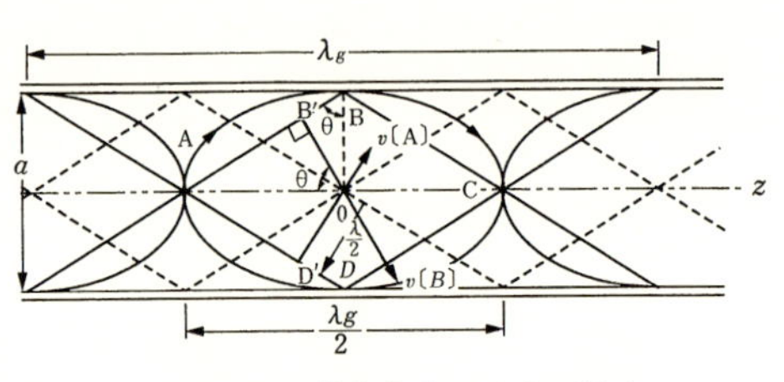

図 4·40　管内波長 λ_g と λ の関係

v_p と v の関係は $v_p/v=\lambda_g/\lambda=1/\cos\theta$ となり，θ は $0\leqq\theta\leqq\pi/2$ であるから，$v_p\geqq v$ で空気中では $v=c$ なので光の速度 c より速くなるが，v_p は位相が一定の点の進む速度すなわち位相速度でエネルギーの伝送速度とは異なる．またエネルギーは平面波で運ばれるので z 方向のエネルギーの速度 v_g は $v_g=v\cos\theta$ で常に光の速度より小さく，相対性原理を満足している．また $v_pv_g=v^2$ の関係がある．なお，厳密には v_g は変調波の包絡線の進む群速度と言われているもので，$v_g=\mathrm{d}\omega/\mathrm{d}\beta$ の関係がある（2·8節参照）．上式の $\cos\theta$ は導波管寸法と λ で定まる．図で $\sin\theta=\mathrm{B'0/B0}$ で $\mathrm{B'0}=\lambda/4$，$\mathrm{B0}=a/2$ であるから $\sin\theta=\lambda/2a$ となり $\cos\theta$ が求まる．

$$\cos\theta=\sqrt{1-\sin^2\theta}=\sqrt{1-(\lambda/2a)^2}=\lambda/\lambda_g \tag{4·50}$$

上式の λ_g と λ の間の関係は $\lambda_c=2a$ を代入するとわかるように式（4·48）と同じである．図4·41に示すように励振波長 λ が大きくなるに従って θ は(a)図から(b)図へと大きくなり，また λ_g も右の図のように大きくなる．$\lambda=2a$ すなわちしゃ断波長では $\theta=\dfrac{\pi}{2}$ の(c)図の状態になる．このとき平面波は側壁間で反射するだけで管軸方向に進まないので λ_g は無限大となるがエネルギーの伝送は v_g が零となり，行えない．以上のように導波管内波の伝搬を平面波の合成として考え TE_{10} モードを例として説明した．また他のモードに対しても全く同じように考えることができるが，電磁界分布としては(1)で扱った境界条件から数式的に求める方が簡単である．

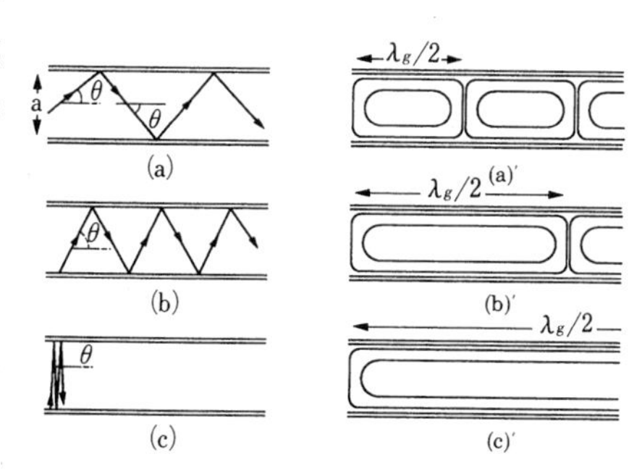

図4·41 しゃ断（カットオフ）波長 λ_c と管内波長 λ_g

また以上の平面波の合成としての TE_{10} を電磁界分布の式（4·49）から求めてみる．$-jC\dfrac{2a}{\lambda}\zeta_0=E$ と書くと $\sin x=(e^{jx}-e^{-jx})/2j$ であるから，

$$E_y=j\frac{E}{2}e^{-j(\beta_g z-\frac{\pi}{a}x)}-j\frac{E}{2}e^{-j(\beta_g z-\frac{\pi}{a}x)}$$

となる．ここで $\beta_g/k=\lambda/\lambda_g=\cos\theta$，$\dfrac{\pi}{a}=k_c=k\sqrt{1-\cos^2\theta}=k\sin\theta$

であるから E_y は次式に変形できる．

$$E_y=j\frac{E}{2}e^{-jk(z\cos\theta+x\sin\theta)}-j\frac{E}{2}e^{-jk(z\cos\theta-x\sin\theta)} \tag{4·51}$$

この式の第1項は図4·41で z 軸と θ の角度で斜上方に進む波を，第2項は同じ θ で斜下方に進む波を示しており，数式的にも平面波の合成として表せた．

(5)　伝送電力

導波管内の伝送電力は2·4節で述べたように導波管断面 S を通過する複素ポインティングベクトルの実数部をとれば求められ式（4·18）に示したように，

$$P=\frac{1}{2}Re\int_S \boldsymbol{E}_t\times\boldsymbol{H}_t^{*}\mathrm{d}s$$

を計算すればよい．TE_{mn} モードに対する P を具体的に図4·42の導波管について行ってみる．上式の P は

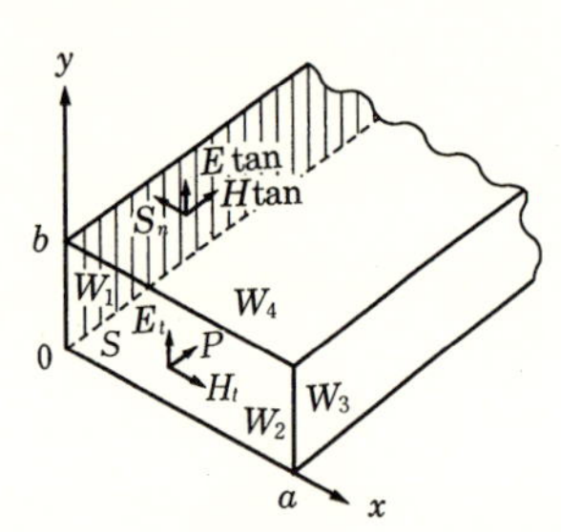

図4·42　導波管軸ポインティングベクトル P および管壁に向うポインティングベクトル S_n

$$P=\frac{1}{2}Z_H\int_S|\boldsymbol{H}_t|^2\mathrm{d}s$$ と変形できるが，

$$\boldsymbol{H}_t=\boldsymbol{a}_xH_x+\boldsymbol{a}_yH_y$$

であるから $|\boldsymbol{H}_t|^2=|H_x|^2+|H_y|^2$ となり，式（4·45）の H_x，H_y を代入すると次式となる．

$$P=\frac{1}{2}Z_HC^2\frac{\beta_g^2}{k_c^4}\int_0^a\int_0^b[k_x^2\sin^2k_xx\cos^2k_yy+k_y^2\cos^2k_xx\sin^2k_yy]\mathrm{d}x\mathrm{d}y$$

積分 $\int_0^a\sin^2k_xx\mathrm{d}x=\frac{a}{2}$，$\int_0^b\cos^2k_yy\mathrm{d}y=\frac{b}{2}$ で $Z_H=\frac{\lambda_g}{\lambda}\zeta$ であるから，以下の式が得られる．なお，$\zeta=\sqrt{\mu/\varepsilon}$

$$P=\frac{1}{2}\zeta\frac{\lambda_g}{\lambda}C^2\frac{\beta_g^2}{k_c^4}\left[k_x^2\cdot\frac{a}{2}\frac{b}{2}+k_y^2\frac{a}{2}\frac{b}{2}\right],\quad ただし，m，n\neq 0$$

ここで，$k_x^2+k_y^2=k_c^2=\left(\frac{2\pi}{\lambda_c}\right)^2$ であるから変形して結局次式となる．

$$P=\frac{C^2}{8}ab\zeta\frac{\lambda_g}{\lambda}\frac{\beta_g^2}{k_c^2}=\frac{C^2}{8}ab\zeta\left(\frac{\lambda_c}{\lambda}\right)^2\sqrt{1-\left(\frac{\lambda}{\lambda_c}\right)^2} \tag{4·52}$$

なお定数 C および以下の C' は，$(x,\ y)$ の点における電磁界成分のいずれかを与えれば定まる．また逆に P が与えられた場合には，定数すなわち各成分

の振幅が定まる．一方 TM 波に対しても同様な計算を行うことにより次式を得る．

$$P=C'^2\frac{ab}{8\zeta}\left(\frac{\lambda_c}{\lambda}\right)^2\sqrt{1-\left(\frac{\lambda}{\lambda_c}\right)^2}\qquad \text{TM モード} \tag{4·53}$$

ここで方形 TE_{10} モードで伝送できる最大尖頭電力 P_{max} を求めてみる．放電によって制限される P_{max} は電界最大点の値が放電開始電界に等しいとすればよい．TE_{10} モードでは電界 E_y は $x=a/2$ において最大値 E_{ymax} となり，式（4·49）から $|E_y|_{max}=Z_H|H_x|_{max}=C\left(\frac{2a}{\lambda_g}\right)\cdot Z_H$ の関係がある．一方伝送電力は式（4·52）の誘導と全く同じに TE_{10} モードにおいては，

$$P=\frac{1}{2}Z_H\int_0^a\int_0^b|H_x|^2\mathrm{d}x\mathrm{d}y$$

$$=C^2\frac{ab}{4}\left(\frac{2a}{\lambda_g}\right)^2Z_H \tag{4·54}$$

となるので，$C^2=\left(\frac{\lambda_g}{2a}\right)^2\frac{|E_y|^2{}_{max}}{Z_H{}^2}$ を代入すると P_{max} と $|E_y|_{max}$ の関係が得られる．

$$P_{max}=\frac{ab}{4Z_H}|E_y|^2_{max} \tag{4·55}$$

上式で空気中の放電電界 $E_{ymax}=2.9\,\mathrm{kV/mm}$ を代入して P_{max} を図表にしたものが図 4·43 である[10]．

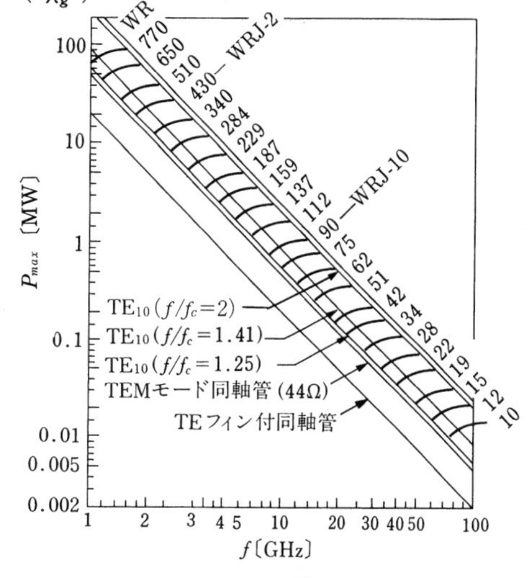

図 4·43　方形導波管の $TE_{10}^{\square}$ の尖頭耐電力 P_{max}

(6)　伝送損失と減衰定数

導波管を使って伝送させるときの損失は 4·1 節の(4)で述べたように，(i)導波管内に誘電体あるいは磁性体がつまっているときの ε，μ による損失と，(ii)管壁が不完全導体であるためによるものに分けられる．この他に $\lambda>\lambda_c$ で使えば当然 $\gamma=\alpha$ となり損失が生じたと考えられるが，この場合は熱損失にならないので第 6 章の回路素子の項で扱うことにする．

(i)の ε，μ による損失は $\varepsilon^*=\varepsilon'-j\varepsilon''$，$\mu^*=\mu'-j\mu''$ として扱えばよい．誘電

体を満たした導波管では，誘電体，真空中の平面波の波長を λ_ε，λ_0 と書くと，$\lambda_\varepsilon=\lambda_0/\sqrt{\varepsilon'}$ で，一般の媒質では $\mu_0\mu^*\simeq\mu_0$ なので

$$\gamma=\alpha+j\beta_g=\sqrt{\left(\frac{2\pi}{\lambda_c}\right)^2-\omega^2\varepsilon^*\varepsilon_0\mu_0}=j\frac{2\pi}{\lambda_\varepsilon}\sqrt{\left\{1-\left(\frac{\lambda_\varepsilon}{\lambda_c}\right)^2\right\}-j\frac{\varepsilon''}{\varepsilon'}} \tag{4·56}$$

となり，一般に $\tan\delta_\varepsilon=\varepsilon''/\varepsilon'\ll1$ であるから上式は次のように近似できる．

$$\gamma=\alpha+j\beta_g\simeq\frac{\pi\tan\delta_\varepsilon}{\lambda_\varepsilon\sqrt{1-\left(\dfrac{\lambda_\varepsilon}{\lambda_c}\right)^2}}+j\frac{2\pi}{\lambda_\varepsilon}\sqrt{1-\left(\frac{\lambda_\varepsilon}{\lambda_c}\right)^2} \tag{4·56)$'$}$$

この式から誘電体の $\tan\delta_\varepsilon$ が小さいときは位相定数は無損失のときと同じで，$\beta_g=2\pi/\lambda_g$ であるが，α の項のため損失を生じ，λ が λ_c に近づくと損失が非常に大きくなることがわかる．なお ε'' が大きい場合は近似式を使わないで式（4·56）を計算する必要がある．

(ii)の管壁の導電率 σ による α_c は式（4·20）を使って求めることができる．導波管内の伝送電力 P については既に式（4·52)，(4·53）で求めたので，単位長当りの管壁での損失 W を計算すればよい．TE モードの場合の W は図4·42のように $x=0$，$x=a$ の面での損失 W_1，W_3 と $y=0$，$y=b$ の面での損失 W_2，W_4 の和となり，

$$W=\frac{1}{2}\frac{1}{\sigma\delta}\int_S|H_{\tan}|^2ds'=W_1+W_2+W_3+W_4,\qquad R_s=\frac{1}{\sigma\delta}$$

σ は管壁導体の導電率，δ はスキンデプスで，$H_{\tan}$ は損失のない場合の管壁に沿った磁界で $|H_{\tan}|^2=|(H_{\tan})_t|^2+|(H_{\tan})_z|^2$ である．$x=0,\ a$，$y=0,\ b$ 面における $|H_{\tan}|$ は式（4·45）に $x,\ y$ の値を代入することにより次のようになる．なお $|e^{-j\beta gz}|=1$ である．

	$x=0$，$x=a$	$y=0$，$y=b$
$\lvert H_z\rvert$	$C\cos k_y y$	$C\cos k_x x$
$\lvert H_y\rvert$	$C\dfrac{\beta_g k_y}{k_c^2}\sin k_y y$	0
$\lvert H_x\rvert$	0	$C\dfrac{\beta_g k_x}{k_c^2}\sin k_x x$

これを使って W_1，W_2，W_3，W_4 を計算すると，

$$W_1=\frac{1}{2\sigma\delta}\left[\int_0^b C^2\cos^2 k_y y\,dy+\int_0^b C^2\frac{\beta_g{}^2 k_y{}^2}{k_c{}^4}\sin^2 k_y y\,dy\right]$$

$$=\frac{C^2}{4\sigma\delta}\left[b+\frac{\beta_g{}^2 k_y{}^2}{k_c{}^4}b\right]=W_3$$

同様に，

$$W_2=\frac{C^2}{4\sigma\delta}\left[a+\frac{\beta_g{}^2 k_x{}^2}{k_c{}^4}a\right]=W_4$$

となる．$\beta_g=2\pi/\lambda_g$，$k_c=2\pi/\lambda_c$，$k_x=m\pi/a$，$k_y=n\pi/b$ であるから，上式を変形して W として次式を得る．

$$W=\frac{C^2}{2\sigma\delta}\left[(a+b)+\frac{\lambda_c{}^4}{\lambda_g{}^2}\left(\frac{n^2}{4b}+\frac{m^2}{4a}\right)\right],\qquad m,\ n\neq 0 \tag{4·57}$$

TE モードでは $n=0$ あるいは $m=0$ の場合もあり，$n=0$ のときの W は同様にして，

$$W=\frac{C^2}{2\sigma\delta}\left[(a+2b)+\frac{\lambda_c{}^4}{\lambda_g{}^2}\frac{m^2}{4a}\right]\qquad n=0 \tag{4·57}$$

となり，$m=0$ のときも $b\rightleftarrows a$，$m\to n$ とすれば同じ式になる．以上の式（4·57)，(4·57)′ の W と式（4·52)，(4·54）から α が求まる．

TE$^{\square}_{mn}$ の α（m，$n\neq 0$）

$$\alpha=\frac{W}{2P}=\frac{2}{ab\zeta\cdot\sigma\delta\sqrt{1-\left(\frac{\lambda}{\lambda_c}\right)^2}}\left[\left(\frac{\lambda}{\lambda_c}\right)^2(a+b)+(\lambda_c{}^2-\lambda^2)\left(\frac{m^2}{4a}+\frac{n^2}{4b}\right)\right] \tag{4·58}$$

TE$^{\square}_{m0}$ の α（$m\neq 0$，$n=0$）

$$\alpha=\frac{W}{2P}=\frac{2}{ab\zeta\cdot\sigma\delta\sqrt{1-\left(\frac{\lambda}{\lambda_c}\right)^2}}\left[\left(\frac{\lambda}{\lambda_c}\right)^2(a+2b)+(\lambda_c{}^2-\lambda^2)\frac{m^2}{4a}\right] \tag{4·58$'$}$$

上式によって方形導波管の基本モード TE_{10} の α を計算したものが図4·44に示されている[11]．また同図には式（4·59）による TM_{11} の α も示されている．図 4·45 には管壁の損失によって生ずる導波管の温度上昇を考慮した場合の許容 CW（持続波）電力と使用導波管，周波数の関係が示されている[12]．なお

TM$_{mn}$ 波に対する α も全く同様に導くことができ次式となる．

TM$_{mn}^{\square}$ の α

$$\alpha=\frac{2}{\sigma\delta\zeta b\sqrt{1-\left(\dfrac{\lambda}{\lambda_c}\right)^2}}\times\left[\frac{m^2\left(\dfrac{b}{a}\right)^3+n^2}{m^2\left(\dfrac{b}{a}\right)^2+n^2}\right]\tag{4·59}$$

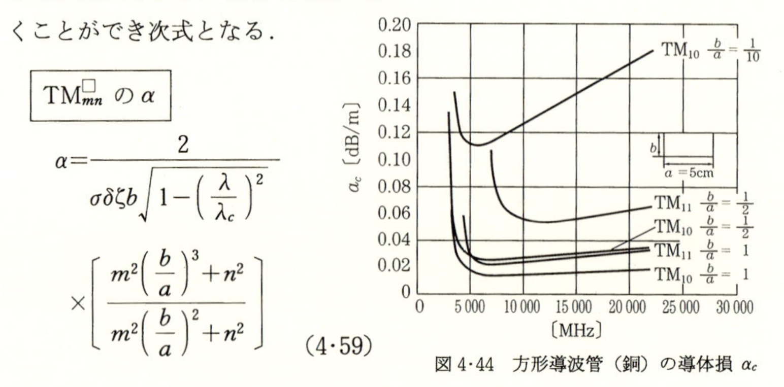

図 4·44　方形導波管（銅）の導体損 α_c

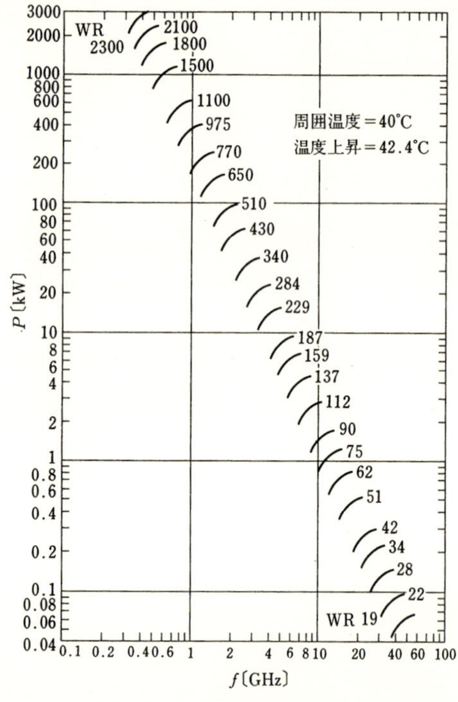

図 4·45　方形導波管（銅）TE$_{10}^{\square}$ の温度上昇に対する許容 CW 電力 P

(7)　導波管の励振法

導波管を励振させるには，伝送させるモードの電界あるいは磁界の一部と励振の電界あるいは磁界が一致すればよい．図4・46，(a)にプローブによる電界の励振，ループによる磁界の励振，ホールによる磁界の励振法が示されている．例えば TE_{10} モードをプローブで励振する場合には，(b)図の(1)のようにすればプローブの電界と TE_{10} モードの電界が一致して励振できる．(2)は同様に TM_{11} の励振を示す．(3)はループによる TE_{11} モードの磁界の励振である．多重モードが伝送できる導波管で希望のモードのみを励振したいときには，他のモードを励振しないように注意する必要がある．例えば TE_{20} を励振したい場合には，(3)のように位相が180°異なったプローブで励振すれば TE_{10} モードの励振はほとんどない．ループで励振した場合は，ループの角度を変化することにより，容易に結合度すなわち励振の強さを変えられる特長がある．

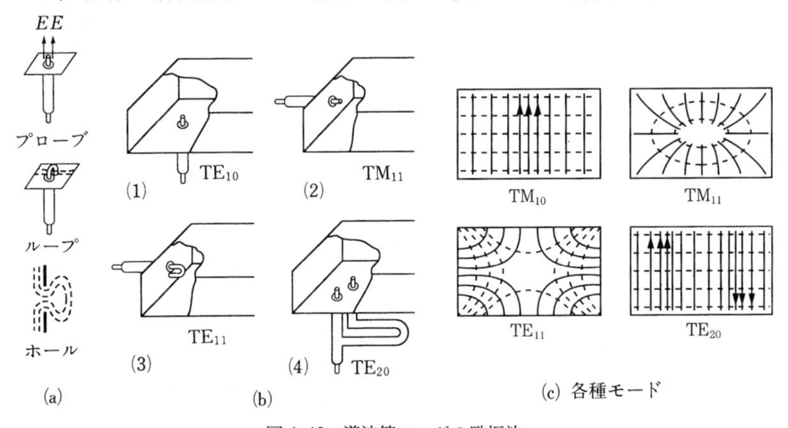

図4・46　導波管モードの励振法

4・5・2　円形導波管

円形導波管は回転部やミリ波用の低損失導波管として使用され，また円筒共振器，同軸共振器，誘電体線路，光ファイバの基礎になるので，以下これらの性質をやや詳しく調べることにする．

(1)　電磁界分布

図4・47に示すような円形導波管にも TE, TM 波が伝搬できるがまず，TE 波について調べる．解き方は方形導波管の場合と同じであるが，境界が $r=a$ の円筒であるから，円筒座標を使うと境界条件を容易に満たすことができる．式 (4・7)′ の H_z に関する波動方程式を円筒座標で表示すると，

$$\frac{\partial^2 H_z}{\partial r^2}+\frac{1}{r}\frac{\partial H_z}{\partial r}+\frac{1}{r^2}\frac{\partial^2 H_z}{\partial \theta^2}+k_c{}^2 H_z=0 \qquad (4\cdot 60)$$

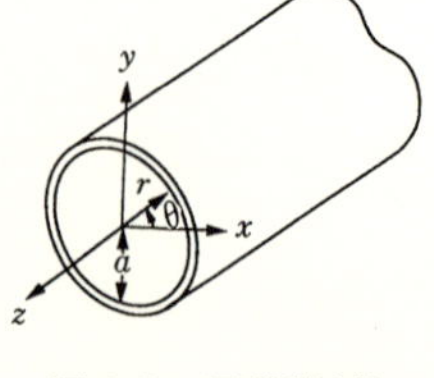

図 4·47　円形導波管

となる．この H_z に $H_z=H_0(r,\ \theta)\,e^{-\gamma z}$ を代入すればよいが，方形導波管の場合と同じように $H_0(r,\ \theta)$ は r のみの関数 $R(r)$ と θ のみの関数 $\Theta(\theta)$ の積，すなわち $H_0=R(r)\cdot\Theta(\theta)$ である．各項に $r^2/R\Theta$ をかけると次式が得られる．

$$\frac{r^2}{R}\frac{\partial^2 R}{\partial r^2}+\frac{r}{R}\frac{\partial R}{\partial r}+\frac{1}{\Theta}\frac{\partial^2 \Theta}{\partial \theta^2}+r^2 k_c{}^2=0$$

上式の第1·2·4項は r のみの関数で，第3項は θ のみの関数であるから，つねに上式が成り立つためには，次のように第1, 2, 4項の和および負の第3項は定数 m^2 に等しいことが必要である．

$$\frac{r^2}{R}\frac{\partial^2 R}{\partial r^2}+\frac{r}{R}\frac{\partial R}{\partial r}+k_c{}^2 r^2=-\frac{1}{\Theta}\frac{\partial^2 \Theta}{\partial \theta^2}=m^2$$

これから次の2つの式が得られる．

$$\frac{\partial^2 \Theta}{\partial \theta^2}+m^2\Theta=0 \qquad (4\cdot 61)$$

$$\frac{\partial^2 R}{\partial r^2}+\frac{1}{r}\frac{\partial R}{\partial r}+\left(k_c{}^2-\frac{m^2}{r^2}\right)R=0 \qquad (4\cdot 62)$$

式 (4·61) を解くと Θ が求まる．θ 方向には定在波が生じていると考えてよいので，A', B' を定数として，

$$\Theta=A'\cos m\theta+B'\sin m\theta$$

$$m=0,\ 1,\ 2,\ 3\cdots\cdots$$

となる．$\cos m\theta$, $\sin m\theta$ の2つの解が得られたが，この2つは偏波面が90° 異なる電磁界を示すだけで，図の x 軸も円形導波管では任意にとれるのでどちらか一方を使えばよい．ここでは以後 $\cos m\theta$ で表示することにする．また当然 $\Theta(\theta)=\Theta(\theta\pm 2\pi)$ が成り立つことが必要なので m は整数である．つぎに r の関数 R を式 (4·62) から求めることを考える．式で $k_c r=x$, $R=y(x)$ とおくと次式に変形される．

$$\frac{d^2y}{dx^2}+\frac{1}{x}\frac{dy}{dx}+\left(1-\frac{m^2}{x^2}\right)y=0 \tag{4·63}$$

この微分方程式は変数を係数とした2階の微分方程式で，F. W. Bessel によって使用，研究され，円筒座標による波動関係でとくに重要なので，ベッセル微分方程式の名前がついている．この方程式の解は初等関数とならないで無限級数の和として与えられ，ベッセル関数と呼ばれている．2階の微分方程式であるから，独立な解が2つ必要で A，B を定数とすると次式となる．

$$y=AJ_m(x)+BN_m(x) \tag{4·64}$$

$J_m(x)$ を第一種 m 次のベッセル関数，$N_m(x)$ を第2種 m 次のベッセル関数と呼んで，そのグラフは図4·48，図4·49に示すようになる．この図からわかるように直角座標での解 $\sin x$，$\cos x$ に対応して，振動している点が似ているが，減衰振動に近い形になっている．ここで式（4·62）の解に戻ると，R は簡単に $R(r)=AJ_m(k_cr)+BN_m(k_cr)$ で表わせることがわかる．従って H_z として次式が得られる．

$$H_z=\{AJ_m(k_cr)+BN_m(k_cr)\}\cos m\theta\, e^{-\gamma z} \tag{4·65}$$

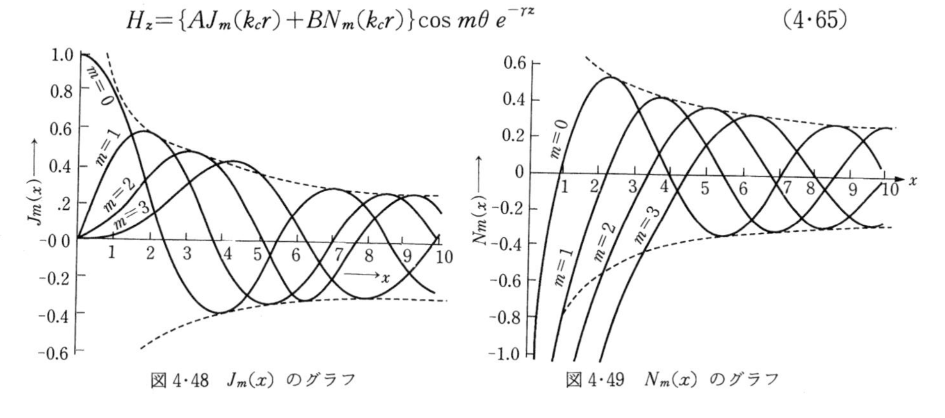

図4·48　$J_m(x)$ のグラフ　　図4·49　$N_m(x)$ のグラフ

図4·48，図4·49のグラフを見ると，$r=0$ で $J_m(0)$ は有限であるが $N_m(0)$ は無限大になり，したがって H_z も無限大となる．導波管の中心には源がないのでこのようなことは物理的に不合理であるから，定数 B が零と考えるのが妥当である．このように微分方程式を解いたときには物理的条件を考え，任意定数を決定することが重要である．次に境界条件は式（4·12）において n 方向は r と一致するので，

$$\left.\frac{\partial H_z}{\partial r}\right|_{r=a}=0$$

となればよい．式（4·65）で $J(x)$ を x で微分したものを $J'(x)$ と書くと，$\frac{\partial}{\partial r}J_m(k_cr)=k_cJ'_m(k_cr)$ となるので，

$$\frac{\partial H_z}{\partial r}=Ak_cJ'_m(k_cr)\cos m\theta\, e^{-\gamma Z}$$

となり，境界条件を満足するためには次の関係が必要である．

$$J'_m(k_ca)=0 \tag{4·66}$$

$J'_m(x)$ は $J_m(x)$ を微分したものであるからやはり減衰振動的な曲線となり，例えば $m=0$ に対する $J'_0(x)$ のグラフは図4·50のようになる．$J'_m(k_ca)=0$ ということは，$k_ca=x$ が J'_m の根であればよいが，図からわかるように J'_m が横軸を横切る点すなわち根は多数あるので番号を付し，m 次のベッセル関数を微分した $J_m'(x)$ の n 番目の根を ρ_{mn}' で示すことにする．図4·50内には主な ρ_{mn}' の値が示されている．ρ_{mn}' がわかると固有値 k_c が次式で定まる．

$$k_c=\frac{\rho'_{mn}}{a} \tag{4·67}$$

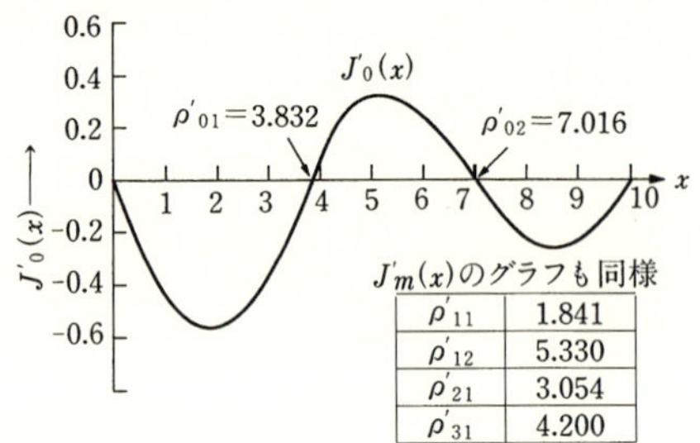

ρ'_{11}	1.841
ρ'_{12}	5.330
ρ'_{21}	3.054
ρ'_{31}	4.200

図4·50　$J_0'(x)$ のグラフ

このようにして円形導波管にも m，n モードが存在し，H_z が求まったので各成分は式（4·6）から次のようになる．なお円形の TE_{mn} モードを $TM^{\bigcirc}_{mn}$ で，方形のモードを $TM^{\square}_{mn}$ などで表示することもある．

$TE^{\bigcirc}_{mn}$ の電磁界

$$\left.\begin{aligned}
H_z&=AJ_m(k_cr)\cos m\theta\, e^{-j\beta gz}\\
H_r&=-\frac{\gamma}{k_c{}^2}\frac{\partial H_z}{\partial r}=-jA\frac{\beta_g}{k_c}J_m'(k_cr)\cos m\theta e^{-j\beta gz}\\
H_\theta&=-\frac{\gamma}{k_c{}^2}\frac{1}{r}\frac{\partial H_z}{\partial\theta}=jA\frac{m\beta_g}{k_c{}^2r}J_m(k_cr)\sin m\theta\, e^{-j\beta gz}
\end{aligned}\right\} \tag{4·68}$$

$$E_r = Z_H H_\theta,\ E_\theta = -Z_H H_r \quad ただし,\ Z_H = \frac{\omega\mu}{\beta_g},\quad k_c = \frac{\rho'_{mn}}{a}$$

つぎに $TM^{\bigcirc}_{mn}$ に対しても全く同様に E_Z に対する波動方程式（4·8)′ を解き，式（4·13）の境界条件を満足させれば E_Z が求まる．式（4·8)′ は（4·7)′ と同じ形なので当然解も同じになり，式（4·13）の $(E_Z)|_{r=a}=0$ すなわち $J_m(k_c a)=0$ となる点が異なるのみである．他の成分は E_z から式（4·6）により求まり，その結果が次式である．

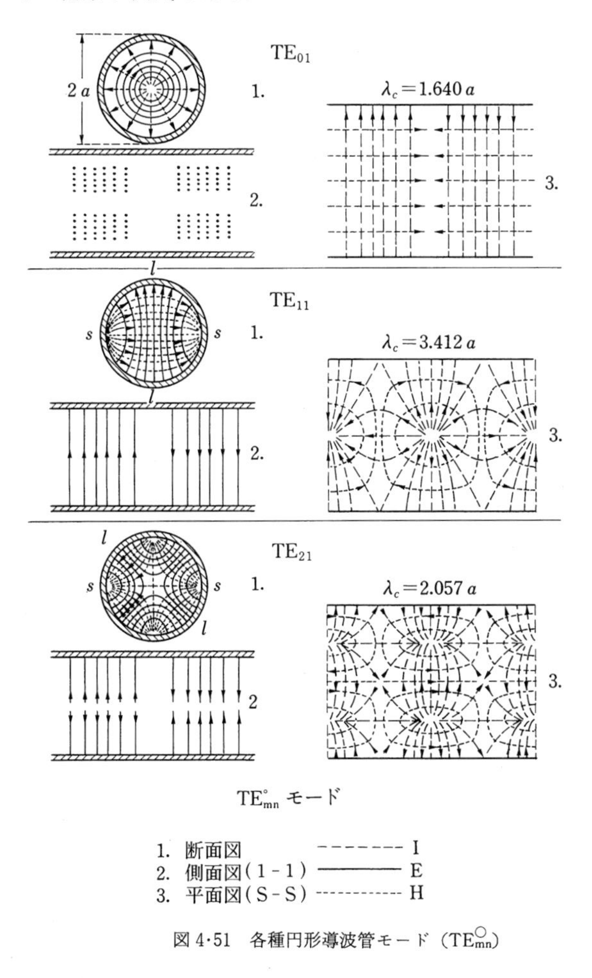

図 4·51 各種円形導波管モード（$TE^{\bigcirc}_{mn}$）

TM°_{mn} の電磁界

$$
\left.
\begin{aligned}
E_z &= A' J_m(k_c r)\cos m\theta\, e^{-j\beta g z} \\
E_r &= -\frac{\gamma}{k_c{}^2}\frac{\partial E_z}{\partial r} = -jA'\frac{\beta_g}{k_c} J'_m(k_c r)\cos m\theta\, e^{-j\beta g z} \\
E_\theta &= -\frac{\gamma}{k_c{}^2}\frac{1}{r}\frac{\partial E_z}{\partial \theta} = jA'\frac{m\beta_g}{k_c{}^2 r} J_m(k_c r)\sin m\theta\, e^{-j\beta g z}
\end{aligned}
\right\}
\quad (4\cdot 69)
$$

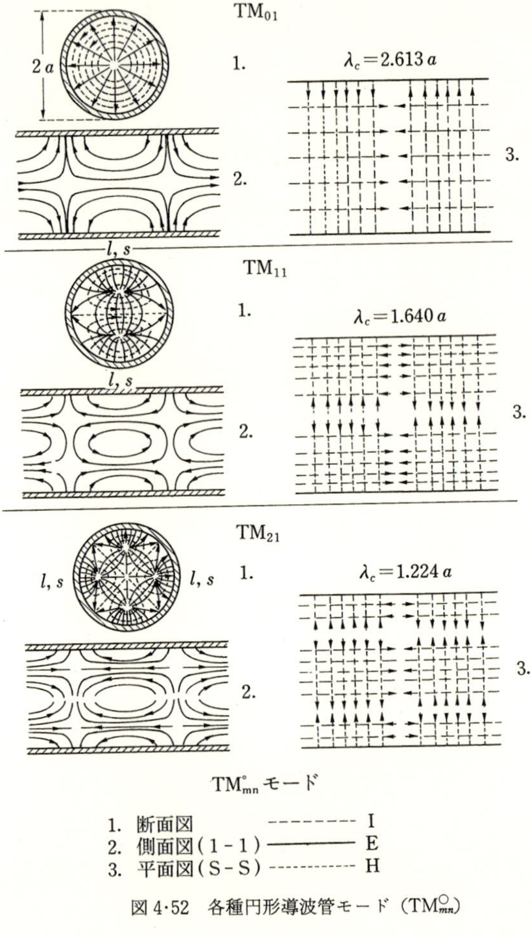

TM_{01}

2 a　1.　$\lambda_c = 2.613\,a$

2.　3.

$l,\ s$

TM_{11}

1.　$\lambda_c = 1.640\,a$

$l,\ s$

2.　3.

TM_{21}

$l,\ s$　$l,\ s$　1.　$\lambda_c = 1.224\,a$

2.　3.

TM°_{mn} モード

1. 断面図　- - - - - - - -　I
2. 側面図(1-1)————　E
3. 平面図(S-S)- - - - - - -　H

図 4·52　各種円形導波管モード (TM°_{mn})

$$H_r=-\frac{1}{Z_E}E_\theta,\quad H_\theta=\frac{1}{Z_E}E_r\quad \text{ただし,}\ Z_E=\frac{\beta_g}{\omega\varepsilon},\quad k_c=\frac{\rho_{mn}}{a}$$

なお，ρ_{mn} は $J_m(x)$ の n 番目の根である．式（4・68）および式（4・69）により画いた円形 TE_{mn}, TM_{mn} モードの電磁界が図 4・51 および図 4・52 である．

(2)　**しゃ断周波数，伝搬定数，伝送電力と減衰定数**

(i)　しゃ断波長 λ_c は $k_c=2\pi/\lambda_c$ であるから $\lambda_{cTE}=2\pi a/\rho'_{mn}$, $\lambda_{c\mathrm{TM}}=2\pi a/\rho_{mn}$ となり，しゃ断周波数 $f_c=c/\lambda_c$ で与えられる．これから円形導波管の基本モードは TE_{11} で $\lambda_c=2\pi a/1.841$ であることがわかる．

(ii)　伝搬定数 $\gamma=j\beta_g=j2\pi/\lambda_g$ で λ_g と λ_c, λ の関係も方形導波管で述べた式（4・48）で与えられる．

(iii)　伝送電力も同様に，

$$P=\frac{1}{2}Re\int_S \boldsymbol{E}\times\boldsymbol{H}_t{}^*\mathrm{d}s=\frac{Z_W}{2}\int_S|\boldsymbol{H}_t|^2\mathrm{d}s=\frac{1}{2Z_W}\int_S|\boldsymbol{E}_t|^2\mathrm{d}s$$

から求められ，次式を計算すればよい．

$$P=\frac{1}{2Z_W}\int_0^{2\pi}\int_0^a(|E_r|^2+|E_\theta|^2)r\mathrm{d}r\mathrm{d}\theta=\frac{Z_W}{2}\int_0^{2\pi}\int_0^a(|H_r|^2+|H_\theta|^2)r\mathrm{d}r\mathrm{d}\theta$$

この式の E_r, E_θ, あるいは H_r, H_θ に式（4・68），（4・69）の各成分を代入して積分すれば次の結果が得られる．Z_W は Z_H または Z_E を示す．

$TE^{\bigcirc}_{mn}$ の伝送電力

$$P=\frac{\pi a^2\zeta}{4}\left(\frac{\lambda_c}{\lambda}\right)^2\sqrt{1-\left(\frac{\lambda}{\lambda_c}\right)^2}\left(1-\frac{m^2}{k_c{}^2a^2}\right)A^2J_m^2(k_ca) \tag{4・70}$$

$TM^{\bigcirc}_{mn}$ の伝送電力

$$P=\frac{\pi a^2}{4\zeta}\left(\frac{\lambda_c}{\lambda}\right)^2\sqrt{1-\left(\frac{\lambda}{\lambda_c}\right)^2}\,A'^2[J'_m(k_ca)]^2 \tag{4・71}$$

(iv)　減衰に関しても方形導波管の場合と同様に求められ，管内媒質による損失は式（4・56）がそのまま使える．また管壁の損失による α_c もやはり式（4・20）の H_{tan} に式（4・68），（4・69）の電磁界を代入して計算すればよい．

$\boxed{\mathrm{TE}_{mn}^{\bigcirc} \text{ の } \alpha}$

$$\alpha=\frac{R_s}{\zeta a\sqrt{1-\left(\dfrac{\lambda}{\lambda_c}\right)^2}}\left[\left(\frac{\lambda}{\lambda_c}\right)^2+\frac{m^2}{(k_c a)^2-m^2}\right] \tag{4·72}$$

$\boxed{\mathrm{TM}_{mn}^{\bigcirc} \text{ の } \alpha}$

$$\alpha=\frac{R_s}{\zeta a\sqrt{1-\left(\dfrac{\lambda}{\lambda_c}\right)^2}}, \qquad R_s=\frac{1}{\sigma\delta} \tag{4·73}$$

式（4·73）には m がないためモードに無関係のように思われるが，λ_c がモードによって異なるので，式（4·72）と同じように α はモード，導波管寸法，使用周波数（波長）によって異なった値となる．図4·53は上式から計算した直径 5 cm の銅円形導波管の減衰量の周波数特性である．この図を見ると $\mathrm{TE}_{01}^{\bigcirc}$ モードを除いた $\mathrm{TE}_{11}^{\bigcirc}$, $\mathrm{TM}_{01}^{\bigcirc}$ モード，更に一般の $\mathrm{TE}_{mn}^{\bigcirc}$，$\mathrm{TM}_{mn}^{\bigcirc}$ では減衰が極小になるような周波数があり，その後は周波数の増大と共に減衰も増加する．$\mathrm{TE}_{01}^{\bigcirc}$ モードでは周波数の増加と共に減衰が少なくなるが，これは $\mathrm{TE}_{01}^{\bigcirc}$ モードでは管壁の損失は H_z 成分だけで，H_z は周波数の増加と共に減少するからである．このような特性のため，周波数の高いミリ波の伝送系として適しているが，$\mathrm{TE}_{01}^{\bigcirc}$ は基本モードでなく，また $\mathrm{TM}_{11}^{\bigcirc}$ と縮退しているので曲りなどにおける $\mathrm{TM}_{11}^{\bigcirc}$ へのモード変換や円形からの歪みに注意する必要がある．$\mathrm{TM}_{11}^{\bigcirc}$ モードへの変換を防止するためには，抵抗皮膜のモードフィルタや縮退をさけるためのベロー付き導波管などが用いられている．

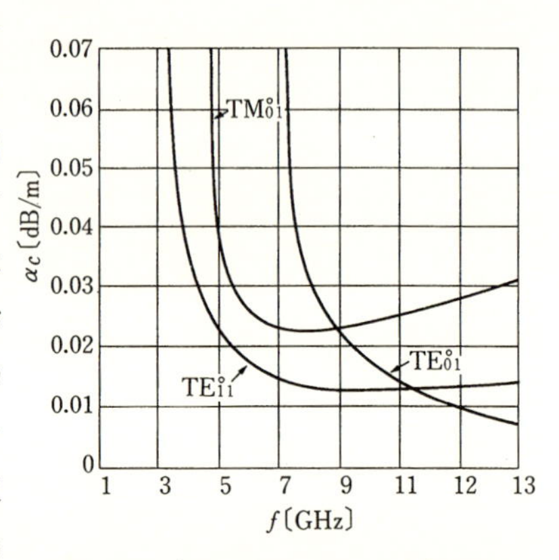

図 4·53　円形導波管（銅）の減衰定数 α_c

4·5·3　同軸導波管

同軸線路において特に高次モードを伝搬させているような場合に同軸導波管

と呼ぶこともある．図 4·54 の同軸構造を伝搬する TE, TM モードについて考える．TE モードでは H_z の波動方程式は円形導波管と同じ式 (4·60) であるから解も同じで，

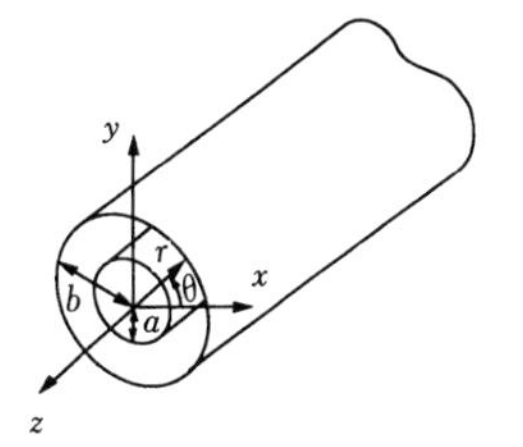

図 4·54　同軸導波管（同軸線路）

$$H_z = \{AJ_m(k_cr)+BN_m(k_cr)\}\cos m\theta\, e^{-\gamma z}$$

となり，これが境界条件を満足するようにする．円形導波管のときには $r=0$ に源がないため $B=0$ と考えたが，同軸管では $r=0$ に内導体があるので $B=0$ と置けない．境界条件としては $r=a$, $r=b$ で磁界の法線成分と電界の接線成分が零となるために，$(\partial H_z/\partial r)_{\substack{r=a\\r=b}}=0$ が必要である．これから次の 2 式が同時に成立することが要求される．

$$AJ'_m(k_ca)+BN'_m(k_ca)=0 \qquad AJ'_m(k_cb)+BN'_m(k_cb)=0 \tag{4·74}$$

これはまた，つぎのように書くこともできる．

$$\frac{J_m'(k_ca)}{J_m'(k_cb)}=\frac{N_m'(k_ca)}{N_m'(k_cb)} \tag{4·74)'$$

上式を満足する k_c を求めればよいが，解析的に求めることは困難なので普通図式的に求めている．やはり解は多数存在し，k_{cmn} を表示する．近似的にはしゃ断波長 $\lambda_c=2\pi/k_c$ は先の式 (4·36) となる．電磁界分布も円形導波管と同じに式 (4·6) から求まり，以下の式となる．

$TE^{\circledcirc}_{mn}$ の電磁界

$$\left.\begin{aligned}
H_z&=\{AJ_m(k_cr)+BN_m(k_cr)\}\cos m\theta e^{-j\beta_g z}\\
H_r&=-j\frac{\beta_g}{k_c}\{AJ_m'(k_cr)+BN_m'(k_cr)\}\cos m\theta\, e^{-j\beta_g z}\\
H_\theta&=j\frac{m\beta_g}{k_c^2 r}\{AJ_m(k_cr)+BN_m(k_cr)\}\sin m\theta\, e^{-j\beta_g z}\\
E_r&=Z_HH_\theta, \qquad E_\theta=-Z_HH_r
\end{aligned}\right\} \tag{4·75}$$

ただし，$Z_H=\dfrac{\omega\mu}{\beta_g}$，また $B=-A\dfrac{J_m'(k_ca)}{N_m'(k_ca)}=-A\dfrac{J_m'(k_cb)}{N_m'(k_cb)}$

つぎに TM モードの電磁界も同様に求められる．E_z は円形導波管の場合と同じ形になるが，境界条件は $r=a$，$r=b$ で E_z が零でこれから次式が与えられる．

$$AJ_m(k_ca)+BN_m(k_ca)=0,\quad AJ_m(k_cb)+BN_m(k_cb)=0 \tag{4·76}$$

従って，$$\frac{J_m(k_ca)}{J_m(k_cb)}=\frac{N_m(k_ca)}{N_m(k_cb)} \tag{4·77}$$

上記を満足する k_{cmn} から λ_{cmn} が求まり，近似式は式（4·36）に示されてい

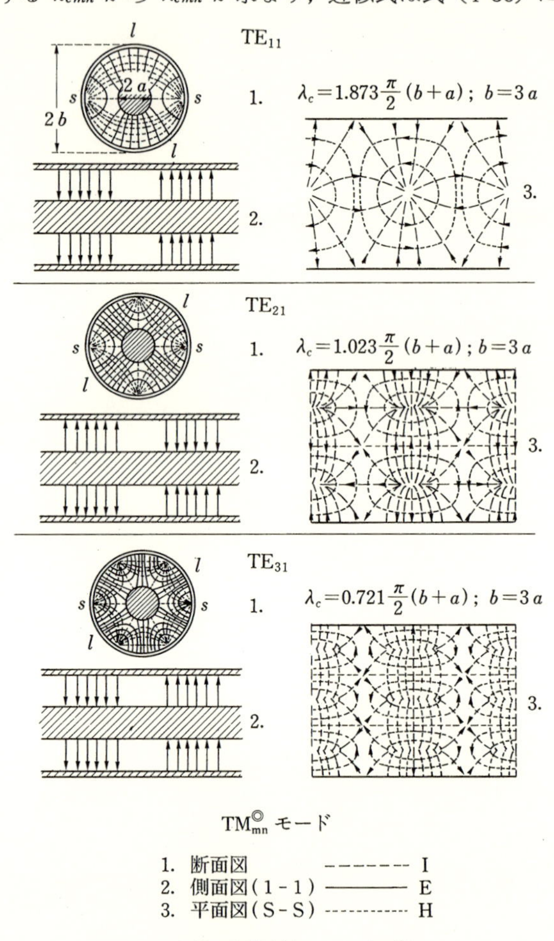

図 4·55　各種同軸導波管モード（TE◎$_{mn}$）

る．電磁界成分も式（4·6）から求まる．

TM$^{◎}_{mn}$ の電磁界

$$
\left.
\begin{aligned}
E_z &= \{AJ_m(k_c r) + BN_m(k_c r)\}\cos m\theta\, e^{-j\beta_g z} \\
E_r &= -j\frac{\beta_g}{k_c}\{AJ_m{}'(k_c r) + BN_m{}'(k_c r)\}\cos m\theta\, e^{-j\beta_g z} \\
E_\theta &= j\frac{m\beta_g}{k_c{}^2 r}\{AJ_m(k_c r) + BN_m(k_c r)\}\sin m\theta\, e^{-j\beta_g z}
\end{aligned}
\right\} \quad (4·78)
$$

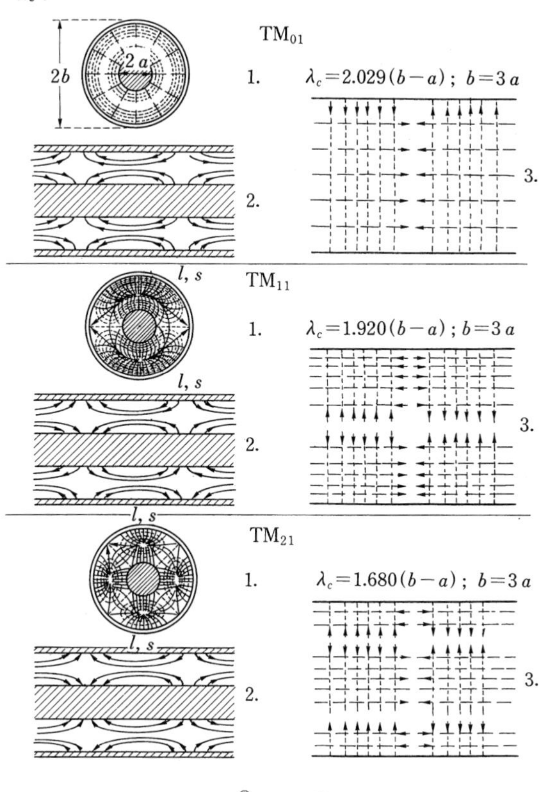

TE$^{◎}_{mn}$ モード

1. 断面図 -------- I
2. 側面図（1 - 1）———— E
3. 平面図（S - S）··········· H

図 4·56 各種同軸導波管モード（TM$^{◎}_{mn}$）

$$H_r = E_\theta / Z_E, \qquad H_\theta = -E_r / Z_E$$

ただし，$Z_E = \dfrac{\beta_g}{\omega\varepsilon}$，また $B = -A\dfrac{J_m(k_c a)}{N_m(k_c a)} = -A\dfrac{J_m(k_c b)}{N_m(k_c b)}$

図4·12，図4·13の同軸管高次モードの電磁界は式（4·75），（4·78）に従って画かれたものである．また図4·55，図4·56に同軸導波管のモードを管軸方向分布を含めて図示した．

4·5·4　リッジ導波管

図4·57のように TE_{10} モードで動作している方形導波管の $\boldsymbol{E}$ 面の中央部を(a)図のように片面，あるいは(b)図のように両面から突起させ間隔をせばめた構造の導波管をリッジ導波管と呼んでいる．

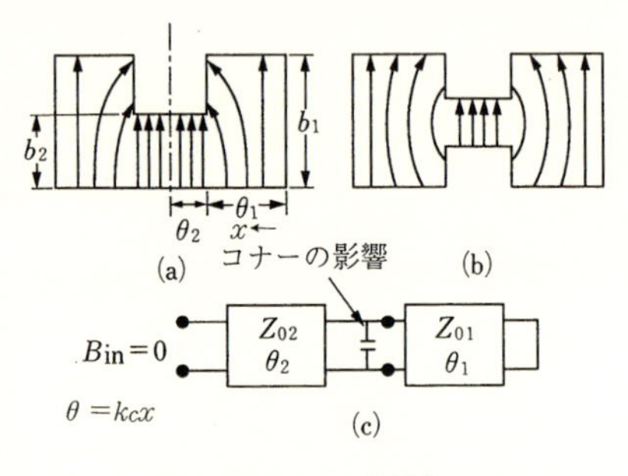

図4·57　リッジ導波管

図の実線のように TE_{10} モードに類似の電磁界分布であるが，せばめられた部分に電界が集中するので，等価的に中央に静電容量 C が付加されたのと同じになり，等価回路は(c)図で表わせる．リッジ導波管のしゃ断波長 λ_c' で励振すると縦方向すなわち伝搬方向への伝搬はないので，平面波が高さ b_1，b_2 の平板線路を横方向に伝搬して側壁で反射して横方向に定在波を生じた共振器と考えることができ，(c)図から λ_c' が求められ，また線路上の電圧の連続から電界分布従って磁界分布も近似的に求めることができる．図4·58はこのようにして求められた a_2/a_1 と λ_c'/λ_c の関係を示す図表で，リッジ導波管の設計に使われる[13]．なお λ_c は元の状態の TE_{10} 導波管（$a_1 \times b_1$）のしゃ断波長である．図から λ_c' が求まると，管内波長 λ_g，電波インピーダンス Z_w も図中の式から直ちに求まる．以上のことからわかるように，リッジ導波管の λ_g は f に対しては殆ど変化がないので，広帯域特性であることや中央部電圧を全電流で割った特性抵抗も小さなものが得られるので，同軸—導波管変換器などに利用される．また，電界，磁界が集中できるので，マイクロ波電力応用のアプリケータや，小形になるので低い周波数での伝送系やフェライトデバイスなどにも使われている．ただ大電力がで使う場合には損失がやや大きいことや，せばめられた区

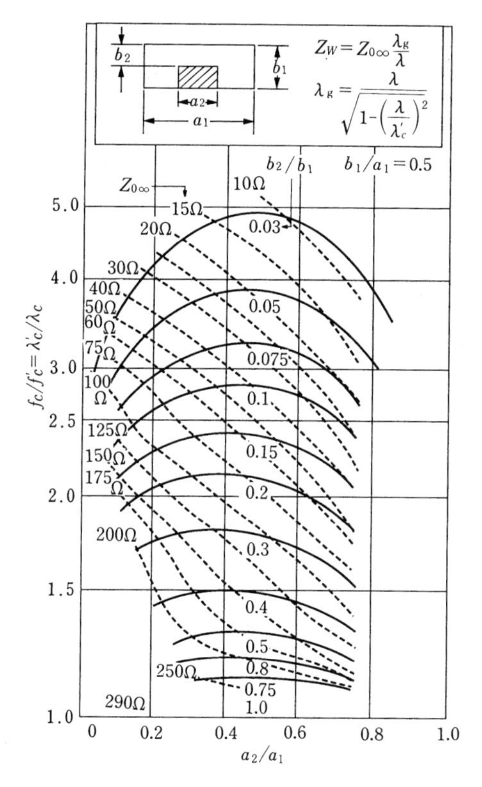

図 4·58　リッジ導波管の a_2/a_1 —— λ_c'/λ_c

間の放電などに注意する必要がある．

4·5·5 その他の各種導波路

以上の他にいくつかの導波路が図 4·59 に示されている．(a)図は導波管や同軸の側面にスロットやホールを作り，伝送時に線路に沿って放射するようにした漏れ導波管である．(b)図は温度による伸縮をさけるためや，屈曲部に使われる可とう導波管である．(c)，(d)図はミリ波で使用されるもので，(c)図は後述の表面波線路に属するものでインシュラ線路と呼ばれており，(d)図は誘電体層が 2 層となった 2 重層スロットラインである．なお誘電体導波路，周期構造伝送路については以下に説明する．

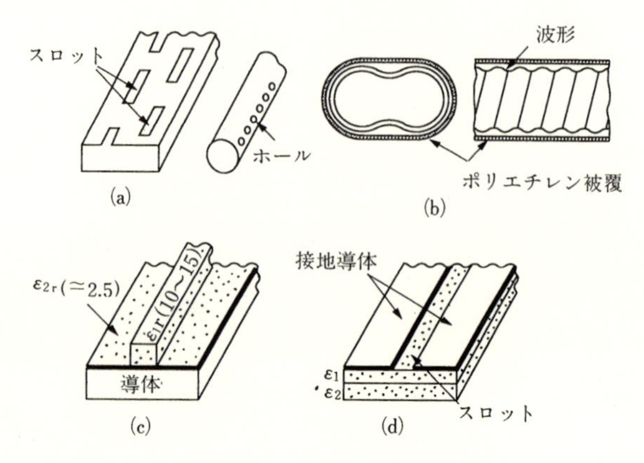

図 4・59 その他の各種導波路

4・6 誘電体導波路，表面波伝送路

4・5・1 項(4)で述べたように，導波管内では本質的に平面電磁波が金属壁で反射しながら管軸方向に進行すると考えてよい．このような導波管をサブミリ波やそれ以上の高い周波数で使おうとすると，一般に周波数と共に管壁による導体損失が増加する欠点がある．そこで 2・6 節で学んだように，平面波が誘電率の大きな媒質から小さな媒質に入射する場合，先にも述べたように，入射角がある角度以上になると全反射を生ずる現象を利用して，図4・60のように誘電率の大きな媒質内を繰り返し反射しながら伝送する導波路が考えられた．全反射の場合には厳密には電磁波は高誘電率の媒質内だけではなく，境界面から外にも振幅が指数的に減衰する“エバネセントの波”がある．この波は外方にエネルギーを放射しないが，境界面に沿って管内の波と同じ速度で管軸方向に伝搬するので表面波と呼ばれている．またこのような伝わり方を利用した伝送路を表面波伝送路（線路）とも呼んでいる．

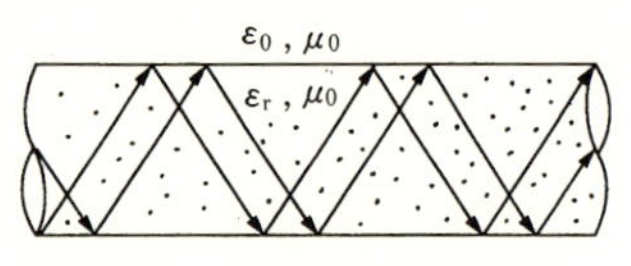

図 4・60 誘電体線路（光ファイバ）内伝搬

4・6・1 全反射と境界面のエバネセントな波

図 4・61 のように平面波が媒質(1)から(2)へ入射角 θ_i で入射した場合のスネルの法則，フレネルの関係式については 2・6 節で説明したが，ここでは数式的に

やや詳しく扱ってみる．一般に伝搬定数 γ をベクトルと考え $\boldsymbol{\gamma}=\boldsymbol{a}_x\gamma_x+\boldsymbol{a}_y\gamma_y+\boldsymbol{a}_z\gamma_z$ と表わし，位置ベクトル $\boldsymbol{r}=\boldsymbol{a}_x x+\boldsymbol{a}_y y+\boldsymbol{a}_z z$ を使うと，方向余弦 l, m, n 方向に進む平面波は次式で簡単に表示できる．

$$A\,e^{-\gamma(lx+my+nz)}=A\,e^{-(\gamma_x x+\gamma_y y+\gamma_z z)}=Ae^{-\boldsymbol{\gamma}\cdot\boldsymbol{r}} \qquad (4\cdot79)$$

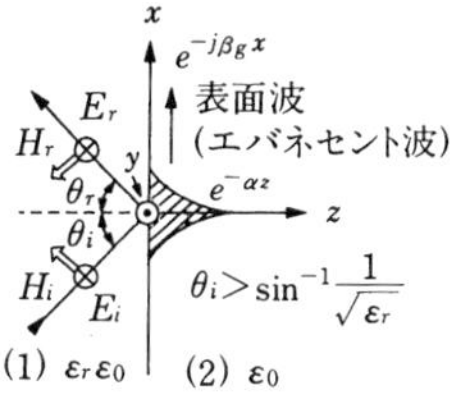

図 4·61　全反射と表面波

従って入射波，反射波，透過波は図のように座標系を定め，$\boldsymbol{E}_i$ が入射面に垂直（TE 波）の場合，y 方向への伝搬はないので次のように書ける．

$$\left.\begin{array}{ll}
\text{入射波} & E_{yi}=E_{0i}\,e^{-\gamma_i\cdot r}=E_{0i}\,e^{-(\gamma_{xi}x+\gamma_{zi}z)} \\
 & \quad\gamma_{xi}=\gamma_1\sin\theta_i, \quad \gamma_{zi}=\gamma_1\cos\theta_i \\
\text{反射波} & E_{yr}=E_{0r}\,e^{-\gamma_r\cdot r}=E_{0r}\,e^{-(\gamma_{xr}x+\gamma_{zr}z)} \\
 & \quad\gamma_{xr}=\gamma_1\sin\theta_r, \quad \gamma_{zr}=-\gamma_1\cos\theta_r \\
\text{透過波} & E_{yt}=E_{0t}\,e^{-\gamma_t\cdot r}=E_{0t}\,e^{-(\gamma_{xt}x+\gamma_{zt}z)} \\
 & \quad\gamma_{xt}=\gamma_2\sin\theta_t, \quad \gamma_{zt}=\gamma_2\cos\theta_t
\end{array}\right\} \qquad (4\cdot80)$$

ただし，γ_1，γ_2 は媒質(1)，(2)内の平面波の伝搬定数で，媒質が無損失の場合を考えると $\gamma_1=j\beta_1=j\omega\sqrt{\varepsilon_1\mu_1}$，$\gamma_2=j\beta_2=j\omega\sqrt{\varepsilon_2\mu_2}$ で，通常の媒質では $\mu_1=\mu_2=\mu_0$ である．また γ と $\boldsymbol{\gamma}$ の各成分間には $\gamma^2=\gamma_x^2+\gamma_y^2+\gamma_z^2$ の関係がある．従って境界面（$z=0$）で $E_{yi}+E_{yr}=E_{yt}$ の条件から，$\gamma_{xi}=\gamma_{xr}=\gamma_{xt}$ となりスネルの法則 $\theta_i=\theta_r$，$\sin\theta_i/\sin\theta_t=\gamma_2/\gamma_1=n=1/\sqrt{\varepsilon_r}$ が得られる．また $\gamma_{xi}=\gamma_{xt}$ は x 方向には，媒質(1)，(2)の波は同じ位相速度で伝搬することを示している．スネルの式から，$\theta_t=\pi/2$ のときの入射角を全反射の臨界角 θ_c とすると，

$$\theta_i>\theta_c=\sin^{-1}\frac{\beta_2}{\beta_1}=\sin^{-1}\frac{1}{\sqrt{\varepsilon_r}} \qquad (4\cdot81)$$

なら全反射となる．しかしながら媒質(2)に波が全く存在しないと考えると境界条件が満足されないので，透過波についてさらに調べてみる．

$\gamma_2=j\beta_2$，$\gamma_{xt}=\gamma_{xi}=\gamma_1\sin\theta_i=j\beta_1\sin\theta_i$ であるから，透過波の z 方向の伝搬定数 γ_{zt} は上述から $\gamma_{zt}^2=\gamma_2^2-\gamma_{xt}^2$ で，

$$\gamma_{zt}=\sqrt{\gamma_2^2-\gamma_{xt}^2}=\sqrt{\beta_1^2\sin^2\theta_i-\beta_2^2}=\alpha \tag{4・82}$$

となる．これは $\theta_i>\theta_c$ では式（4・81）から根号内が正となったためである．このように z 方向に進む透過波は $e^{-\alpha z}$ の形で z と共に急速に減衰する波でエバネセントな波といわれる．なお波は z 方向に減衰しているが，媒質は無損失なのでエネルギーの損失はない．この時 z 方向へのエネルギーの流れの時間平均を $P=-(1/2)ReE_yH_x^*$ から求めると $E_y/H_x=j\omega\mu/\gamma_{zt}=j\omega\mu/\alpha$ となるため，$E_yH_x^*$ が純虚数となるので P は零となり，z 方向にエネルギーの流れのないことがわかる．また，$\gamma_{xt}=j\beta_{xt}=j2\pi/\lambda_{xt}$，$\gamma_2=j\beta_2=j\,2\pi/\lambda$ を $\gamma_{xt}^2=\gamma_2^2-\gamma_z^2$ に代入すると，$\left(\dfrac{2\pi}{\lambda_{xt}}\right)^2=\left(\dfrac{2\pi}{\lambda}\right)^2+\alpha^2$ が得られ，

$$\lambda_{xt}=\frac{1}{\sqrt{(1/\lambda)^2+(\alpha/2\pi)^2}}<\lambda \tag{4・83}$$

となり，透過波は境界面に沿って x 方向に空間波長 λ より短い波長 λ_{xt} で，光速度 c より小さい位相速度 $v_P=f\lambda_{xt}<c$ で進む波であることがわかる．

このような波を表面波と呼び，また光速より遅く進むので低速波（slow wave）とも呼ばれる．

4・6・2　誘電体導波路

表面波伝送路の具体的例として図4・62のような誘電体導波路（線路）の伝搬を調べる．この線路はミリ波より短かい波長に対する線路として特徴があり，最近の光伝送に使われる光ファイバの基本となるものである．この導波路内では図4・60のように波は全反射で，境界面に沿う表面波として伝搬し，軸方向に垂直な面内では指数的に減衰する．また境界条件を満足するためには，一般に TE, TM モード以外に混成波の必要がある．

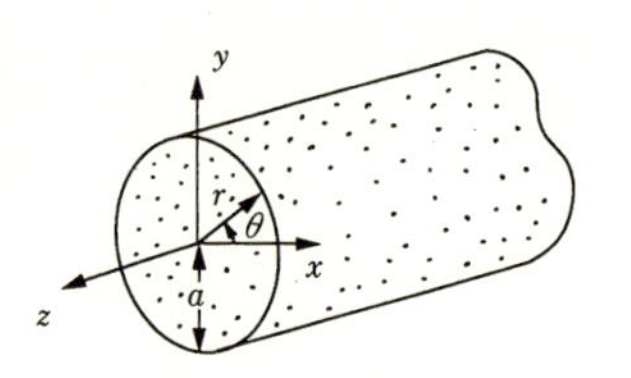

図4・62　誘電体線路

(1)　円筒誘電体導波路の電磁界

円形導波管の解析を参考にして電磁界成分は次式で与えられることがわかる．

$r<a$（誘電体円筒内）

$$
\left.\begin{aligned}
E_{zi}&=AJ_m(k_{r1}r)\sin m\theta\, e^{-\gamma_z z},\\
H_{zi}&=BJ_m(k_{r1}r)\cos m\theta\, e^{-\gamma_z z}
\end{aligned}\right\}\quad(4\cdot84)
$$

他の E_{ri}，$E_{\phi i}$，H_{ri}，$H_{\phi i}$ は式（4·6）を円筒座標で計算すればよい．誘電体円筒外では，電磁界は変形ベッセル関数で表され $R(r)=C'I_m(k_{r2}r)+CK_m(k_{r2}r)$ の形となる．これは $r\to\infty$ で $R(r)\to 0$ が要求され，電磁界が指数的に減衰するように，$r<a$ の $J_m(x)$ の代わりに変形ベッセル関数 $K_m(x)$ を使う必要がある事による．$I_m(\infty)\to\infty$ なので $C'=0$ とおく．また図 4·63 に $K_m(x)$ を示した．

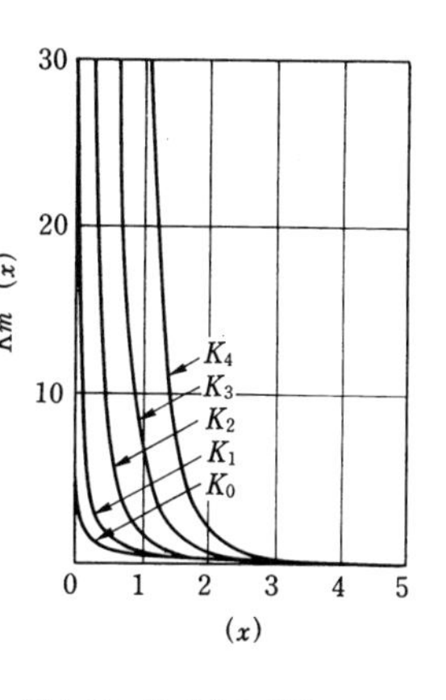

図 4·63 $K_m(x)$のグラフ

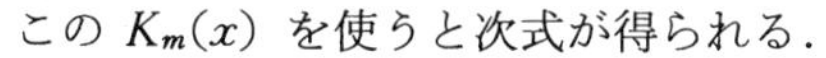
この $K_m(x)$ を使うと次式が得られる．

$r>a$（誘電体円筒外）

$$
\left.\begin{aligned}
E_{ze}&=CK_m(k_{r2}r)\sin m\theta\, e^{-\gamma_z z}\\
H_{ze}&=DK_m(k_{r2}r)\cos m\theta\, e^{-\gamma_z z}
\end{aligned}\right\}\quad(4\cdot85)
$$

他の成分はやはり式（4·6）から導かれる．なお，

$$
\left.\begin{aligned}
&k_{r1}{}^2=k^2-\beta_z{}^2,\qquad k_{r2}{}^2=\beta_z{}^2-k_0{}^2\\
&k^2=\omega^2\varepsilon\mu_0,\ k_0{}^2=\omega^2\varepsilon_0\mu_0,\ \gamma_z=j\beta_z
\end{aligned}\right\}\quad(4\cdot86)
$$

の関係がある．境界面 $r=a$ における境界面条件：$E_{zi}=E_{ze}$，$E_{\phi i}=E_{\phi e}$，$H_{zi}=H_{ze}$，$H_{\phi i}=H_{\phi e}$ の式に式（4·84），(4·85）と他の各成分を代入することにより，次式が得られる．

$$F_1(x)F_2(x)-F_3{}^2(x)=0$$

$$
\left.\begin{aligned}
&\text{ただし，}F_1(x)=\frac{J_m{}'(x)}{x}+\frac{K_m{}'(y)J_m(x)}{\varepsilon_r yK_m(y)},\qquad F_2(x)=\frac{J_m{}'(x)}{x}+\frac{K_m{}'(y)J_m(x)}{yK_m(y)}\\
&F_3(x)=\frac{\beta_z am}{k_0a\sqrt{\varepsilon_r}}J_m(x)\left[\frac{1}{x^2}+\frac{1}{y^2}\right]\qquad x=k_{r1}a\\
&y=k_{r_2}a=\sqrt{(k_0a)^2(\varepsilon_r-1)-x^2}
\end{aligned}\right\}\quad(4\cdot87)
$$

上式は誘電体円筒導波路の固有方程式で，これを満足する x（$x=0$ を除く）は固有値である．また $x>x_{\max}=k_0a\sqrt{\varepsilon_r-1}$ では y が純虚数となり $K_m\to H_m^{(2)}$ のハンケル関数となり，外への進行波が生じ $x\to\infty$ で電磁界が零とならなくな

るので，$x<x_{\max}$ が必要である．

式（4·86），（4·87）を連立させて解くと ω を与えた場合，k_{r1}，k_{r2}，β_z が決定される．なお通常この式は数値的に解かれる．上式からわかるように $m=0$ の対称モードの場合には $F_1(x)F_2(x)=0$ となり，$F_1(x)=0$ から TM モードが，$F_2(x)=0$ から TE モードが独立で存在でき，それぞれの β_z が求まる．しゃ断条件は $k_{r2}=0$ である．$m\neq0$ の場合は，TE, TM が同時に存在するハイブリッドモード，HEM（混成モード））となる．電磁界が TE モードに近い場合（$E_z<H_z\zeta_0$），HE モードと呼び，TM モードに近い場合（$E_z>H_z\zeta_0$），EH モードと呼んでいる．一般に固有値は ω と共に変化し，k_0a と共にゆっくり増加する事などが金属導波管と異なる．

(2)　円筒誘導体電波路の伝送電力

m, n モードの伝送電力の平均値を P_{mn}，誘電体内を P_{mn1}，誘電体外を P_{mn2} とすると，$P_{mn}=P_{mn1}+P_{mn2}$，ここで $\hat{z}$ を z 方向単位ベクトルとすると

$$\left.\begin{aligned}P_{mn}&=\frac{1}{2}Re\int_0^{2\pi}\int_0^{\infty}(\boldsymbol{E}_{mn}\times\boldsymbol{H}_{mn}^*)\cdot\hat{z}\,r\mathrm{d}r\mathrm{d}\varphi\\P_{mn1}&=\frac{1}{2}Re\int_0^{2\pi}\int_0^{a}(\boldsymbol{E}_{mn}\times\boldsymbol{H}_{mn}^*)\cdot\hat{z}\,r\mathrm{d}r\mathrm{d}\varphi,\\P_{mn2}&=\frac{1}{2}Re\int_0^{2\pi}\int_a^{\infty}(\boldsymbol{E}_{mn}\times\boldsymbol{H}_{mn}^*)\cdot\hat{z}\,r\mathrm{d}r\mathrm{d}\varphi\end{aligned}\right\}\tag{4·88}$$

$P_{mnq}(q=1,\ 2)$ はさらに TM モード（A_{mn} を含む），TE モード（B_{mn} を含む）と MIX モード（A_{mn} B_{mn} を含む）に分けて考えることができ，$P_{mnq}=P_{mnq}^{\mathrm{TE}}+P_{mnq}^{\mathrm{TM}}+P_{mnq}^{\mathrm{MIX}}$ となる．ここで P^{TE} と P^{TM} の比を R_{mn} と記すと，

$$R_{mn}=\frac{P_{mn1}^{\mathrm{TE}}}{P_{mn1}^{\mathrm{TM}}}=\frac{F_1(x_{mn})}{F_2(x_{mn})},\quad\frac{P_{mn2}^{\mathrm{TE}}}{P_{mn2}^{\mathrm{TM}}}=\varepsilon_rR_{mn}\tag{4·89}$$

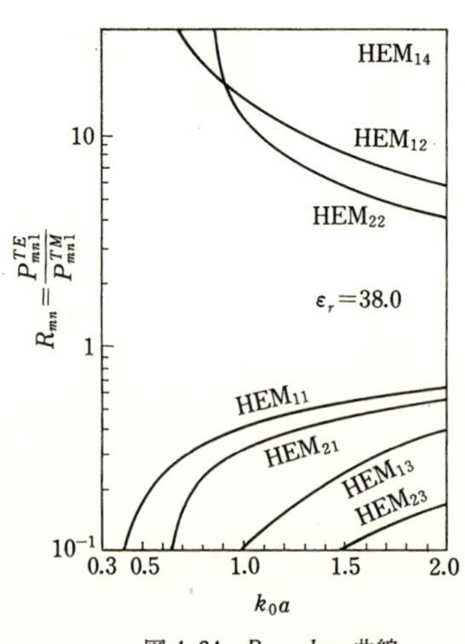

図 4·64　$R_{mn}-k_0a$ 曲線

となり，$R_{mn}>1$，すなわち $P_{mn1}{}^{\mathrm{TE}}>P_{mn1}{}^{\mathrm{TM}}$ の場合を準 TE モード（quasi TE mode），$R_{mn}<1$，すなわち $P_{mn}{}^{\mathrm{TE}}<P_{mn}{}^{\mathrm{TM}}$ の場合を

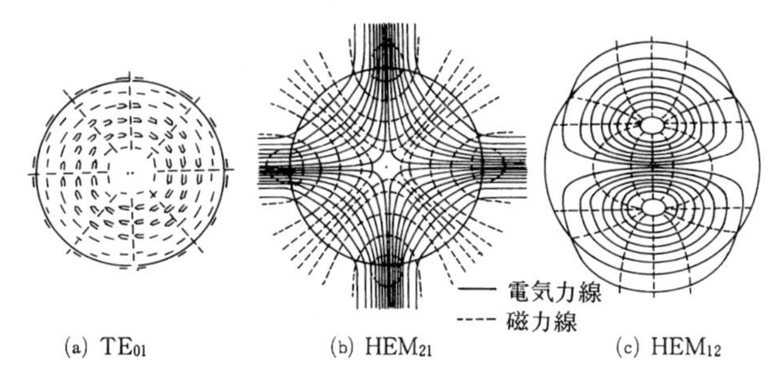

図4・65　HEM_{mn} モード

準TMモードと呼んでいる．なお HEM_{mn} モードにおいて n が奇数の場合準TMモード（EHモードと呼ぶこともある），n が偶数の場合，準TEモード（HEモード）となる．図4・64に R_{mn}ーk_0a 曲線[14],図4・65に代表的 HEM_{mn} 等の電磁分布を示す[15]．基本モードは，しゃ断周波数のない HE_{11} モードで図4・66のような電磁界分布となり，光ファイバに使われている．これはまた LP_{01} モードと光学では呼ばれ，これに近いカットオフ周波数は LP_{11} モード（TE_{01}，TM_{01}，HE_{21}）で $k_ca=2.4$ になるので，この間の f では HE_{11} の単一モードになる．実際の光ファイバでは，コアと呼ばれている誘電体棒（ε_r）がクラッド ε_2 でおおわれた形となっているがクラッドの太さは無限大として扱ってよいので数式的扱は全く同じである．

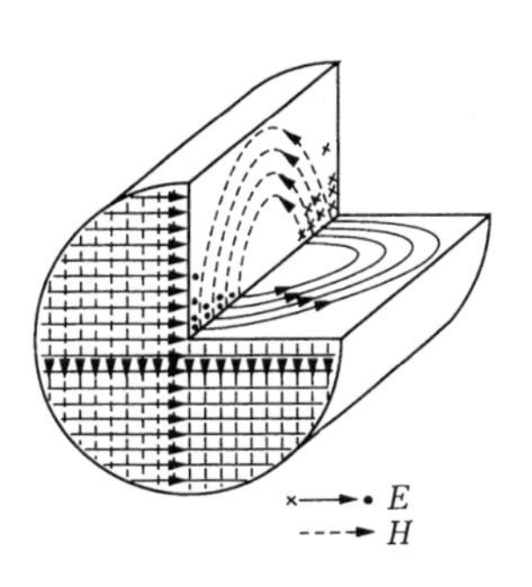

図4・66　HE_{11} モード

4・6・3　Gライン

図4・67のように，円形導線に誘電体を薄くかぶせた構造で表面波が伝搬でき，G. Goubau によって研究されたので Goubau line(G line) と呼ばれている．電磁界の解析の方法は4・6・2項の誘電体線路と同様であるが，ただ境界条件としては $r=a$ の金属棒表面上の電界が零と誘電体表面上（$r=b$）の電界，磁界の接線成分の連続条件になる．また誘電体中

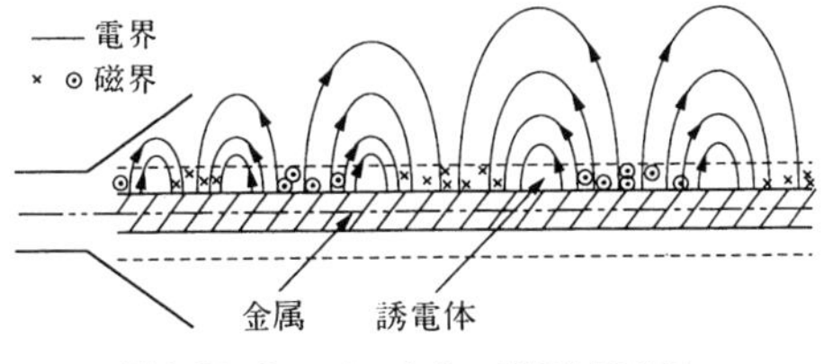

図4・67　Gラインとその励振と電磁界

の解としては，同軸の場合と同じに J_m と N_m の和になる．通常使用されるのは，TM_{01} モードでしゃ断周波数がないので VHF 帯の伝送線路として使われることもある．図に励振の方法と電磁界分布を示す．また図4·68はエネルギーの拡がりの様子を示すグラフで[16]，α_s は ε，導体半径 a，誘電体半径 b の関数で b/a が小さく，ε_s が小さく，周波数が低いほど α_s は小さくなるので拡がりが大きくなる．このように拡がった場合には付近の障害物の影響に注意する必要がある．また急激な曲りがあると放射損を生ずる．

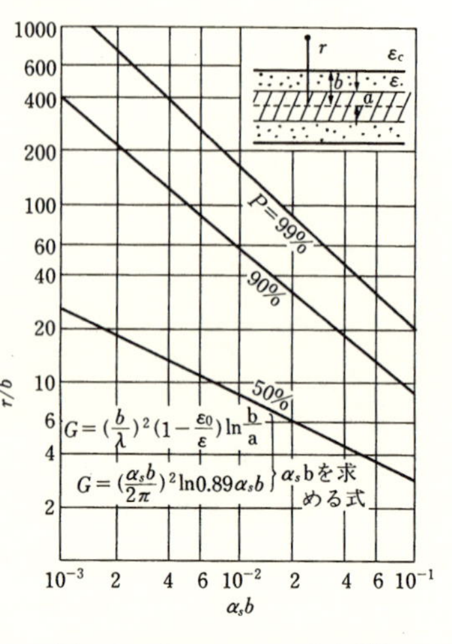

図4·68 G ラインの $\alpha_s b$ と電力の集束半径

4·6·4 H ガイド

電磁界は主として誘電体柱を表面波として伝搬するが，上下の金属板のため放射損が少なくミリ波帯に適している．電磁界モードとしては通常の $TE_{10}^{\square}$ 導波管の中央に誘電体を配置して，両側壁（E 面）を除いたと考えられる $TE_{10}^{\square}$ モードに類似なものがしゃ断周波数が零で最低次である．しかしミリ波においては減衰量の少ない図4·69に示すようなモードが使われている[17]．電界は E_z が僅かにあるが，主として E_y で，磁界は H_z，H_x 成分がある．このモードが損失が少ないのは円形 TE_{01} モードと同じように周波数の増加と共に金属板に面した H_z 成分が少なくなるためである．ただこのモードは最低次でないので

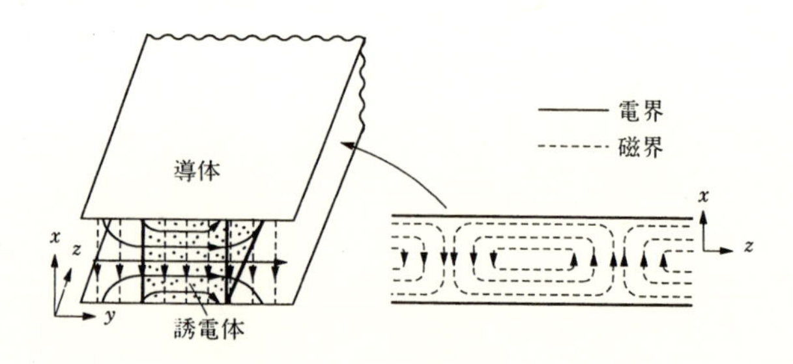

図4·69 H ガイドの電磁界

適当に中央部に抵抗膜や金属板を置いて，他のモードを消すなどの工夫が必要となる．誘電体にポリフォームを用いた場合，損失は0.1dB/m程度で導波管より少ない．

4·7　周期構造導波路

1·5節で述べたように，電磁ビームと導波路電界の相互作用を利用して広帯域増幅をしようとするとき，導波路内波動が電子ビームと同程度になるような遅波線路が要求される．通常の導波管では，位相速度 v_p は $>c$ で v_p を小さくするには高 ε_r で管内を満たす必要があるが，損失の点で実用されなかった．そこで導波管内に図4.70のように周期的に金属板を装荷して，遅波導波路とするものが考えられた．

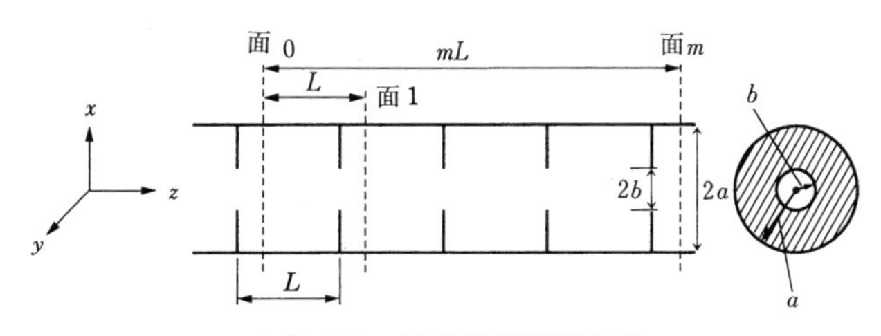

図4·70　金属板装荷遅波導波管

(1)　周期構造内電界

周期構造ではフロケ（Floquet）の定理が使われる．それは“与えられた周波数，モードの周期構造中のある面の電磁界分布は，周期の整数倍離れた面の値と複素定数値のみ異なる”と言うものである．ここで複素定数を C として式で書くと $E(r,\ \theta,\ z_0+2L)=CE(r,\ \theta,\ z_0+L)=C\cdot CE(r,\ \theta,\ z_0)$ となり一般に

$$\boldsymbol{E}(r,\ \theta,\ z_0+mL)=C^m\boldsymbol{E}(r,\ \theta,\ z_0)$$

従って，$C=\exp\left[-\left(\gamma_0+j\dfrac{2\pi n}{L}\right)L\right]\qquad \gamma_0=\alpha_0+j\beta_0 \qquad (4\cdot 90)$

となり，各モードが集まった実際の電界 $\boldsymbol{E}$ は次式となる．

$$\boldsymbol{E}(r,\ \theta,\ z)=\sum_n \boldsymbol{E}_n(r,\ \theta,\ z)=\sum_{n=-\infty}^{\infty} A_n \exp\left[-j\left(\beta_0+\frac{2\pi n}{L}\right)z\right] \qquad (4\cdot 91)$$

ここで，n 番目のモードの位相定数 $\beta_n=\beta_0+(2\pi n/L)$ で v_p はモードによって

異なり，

$$v_{pn}=\frac{\omega}{\beta_n}=\frac{\omega}{\beta_0+(2\pi n/L)} \qquad n=\cdots,-3,\ -2,\ -1,\ 0,\ 1,\ 2,\ 3,\cdots \quad (4\cdot92)$$

となる群速度$v_g=\mathrm{d}\omega/d\beta_0$なので，これ等は$\omega$に対する$\beta$を表す曲線，すなわち ω-β ダイアグラムがわかれば求められる．

(2)　**ω-β ダイアグラム**

図4·70のような構造でも，厳密に境界条件を解いて伝搬定数$\gamma=j\beta$を求めることはかなり複雑になるが，その様子は以下のようにして推定できる．

①異方性媒質を含まない場合は，相反的性質すなわち伝搬方向が変っても性質は同じなので，ωはβ_0の偶関数となる．②ωはβ_0の周期$2\pi/L$

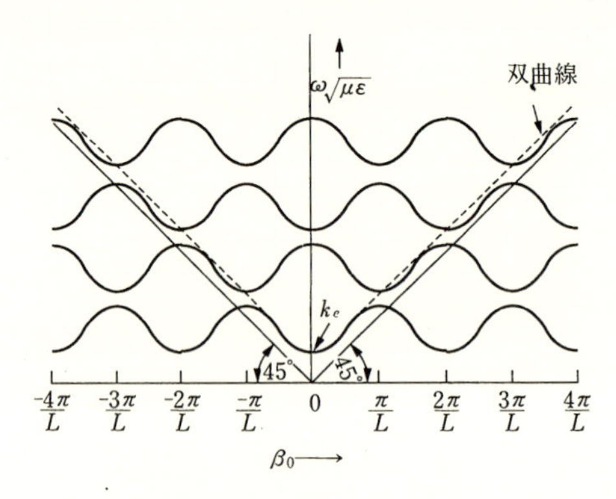

図4·71　ω-β ダイアグラム

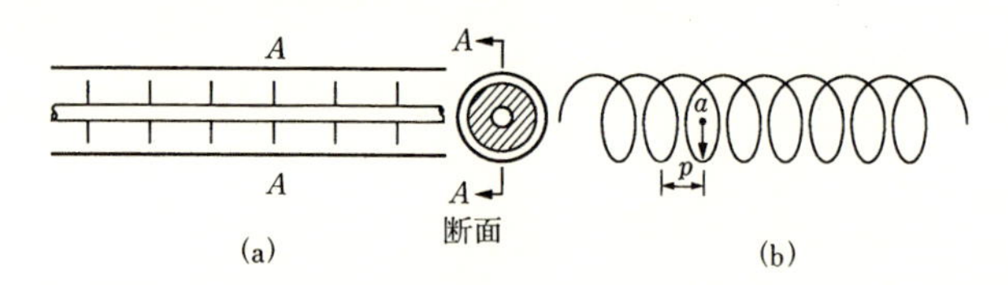

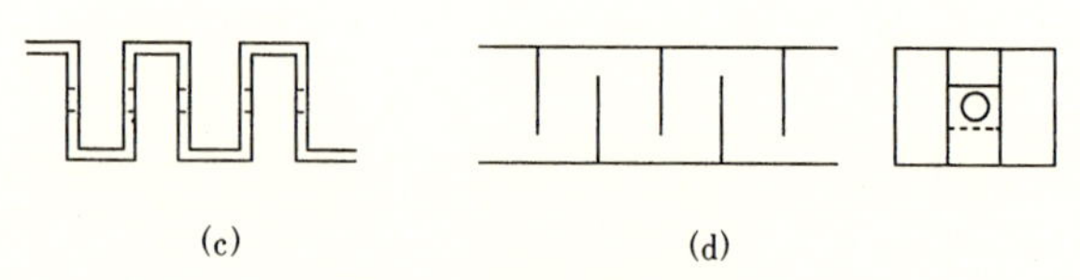

図4·72　各種周期構造線路

周期関数である．③v_g は $\beta_0=n2\pi/L$ で零 ④さらに $b\to a$ の極限では通常の中空導波管となるため，$\omega\sqrt{\varepsilon\mu}=\sqrt{\beta_0{}^2+k_c{}^2}$ で $\omega\to\infty$ で，$v_p=c$ となる．⑤ $b\to 0$ では，個々のセルは空洞共振器となるので，$\beta_0=2\pi/\lambda_g=n\pi/L$ $(L=n\lambda_g/2)$ から，$\omega\sqrt{\varepsilon\mu}=\sqrt{k_c{}^2+(n\pi/L)^2}$ となる．これ等から図4·71のような ω-β ダイアグラムが得られる．

(3) 各種周期構造線路

図4·72に各種周期構造線路を示す．これ等の線路は遅波線路としてマイクロ波電子管増幅，発振管に使われる他に，軸方向電界を利用した電力応用用アプリケータや，また周期構造の伝搬特性からフィルタとして使われる場合もある．

第5章

マイクロ波共振器

従来マイクロ波帯で共振器と言えば空胴共振器を指すと考えられていたが，最近は材料の進歩により高誘電率，低損失の誘電体を使った誘電体共振器，MIC 用の共振器，ミリ波光領域のファブリペロ共振器等が使われるようになった．

5·1　空胴共振器

一定の形状をした中空の箱に音声などの音波を送りこむと，ある音声周波数で共鳴する現象はよく知られている．これと同様に完全導体で閉じられた中空の箱に電磁波を送りこむと，特定の周波数で電磁エネルギーが箱内に蓄えられ，電磁界振幅が増大する共振現象を示すので，この箱のことを空胴共振器（cavity resonator）と呼んでいる．

空胴共振器は集中定数回路の LC で構成される共振回路や，3·3 節で学んだ平行2線の分布定数共振回路と同様な動作をするが，電磁エネルギーが共振器内に閉じこめられ放射損がないため Q が非常に高く 10^4 以上にもなる．また与えられた共振器には非常に多くの共振周波数が存在する等の性質がある．

このような空胴共振器は，波長計，フィルタ回路，発振器の共振回路や材料測定などに多く使われている．

共振器の一般的性質について 3·3 節で学んだ事柄，すなわち

(a)　共振時に電界に蓄えられるエネルギーの時間平均と，磁界に蓄えられるエネルギーの時間平均は等しい．

(b)　共振器の Q は，定義から蓄えられるエネルギーと損失エネルギーの比に比例する．

(c)　伝送線路共振器の等価回路．

などは全てそのまま空胴共振器に適用できる．

5·1·1　導波管形空胴共振器

両端を短絡した平行2線路が共振器になることは，3·3節で述べたが導波管の電磁界も5·1節で学んだように z 方向に進む波に対しては $\boldsymbol{E}=\boldsymbol{E}_i^0(x,\ y)\times e^{-\gamma z}+E_r^0(x,\ y)e^{\gamma z}$ となり，等価電圧，電流を考えることにより平行2線路と全く同一に扱え，分布定数線路と考えてよいので，当然適当な長さで両端を閉じ短絡すると共振器ができる．このような共振器を導波管形空胴共振器と呼び，通常この形が多く使われるので，その性質を調べることにする．

(1)　電磁界分布

いま例として，TE_{10} モードの導波管を金属板で閉じた場合を考える．TE_{10} モードは4·5節で述べたように，図5·1，(a)図のような電界，磁界分布で $+z$ 方向に進み，端面 A の金属板に入射すると電圧反射係数-1で反射して $-z$ 方向に進む．従って導波管内に時間 $t=0$ で(b)図1,2のように$+$,$-z$ 方向に進む波があると考えると，各点で1,2をベクトル的に加えることにより，合成電磁界は3のように磁界の分布は変らないが強さが2倍になり電界は至るところ零となる．

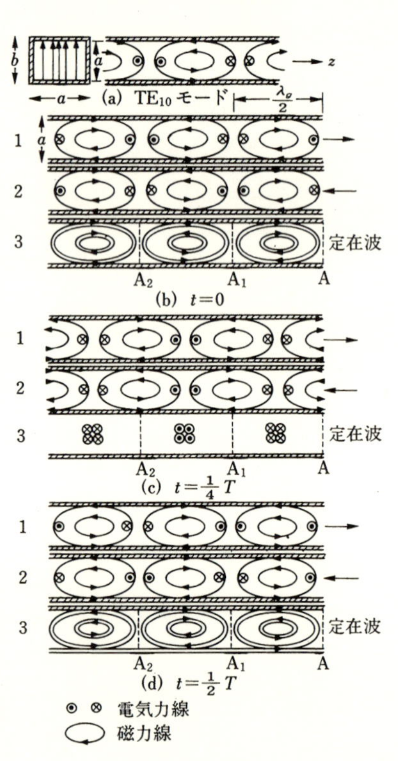

図5·1　導波管形空洞共振器（$TE_{10p}^{\square}$）

つぎに1/4周期後の時間$t=T/4$の瞬間を考えると，(c)図1,2に示すように$\pm z$に進む波は各々 $\lambda_g/4$ だけ図のように各方向に進んでいるので合成波は3のようになり，今度は磁界が零で電界の強さが2倍となる．つぎに$T/2$の瞬間では波はさらに(c)図に比べ $\lambda_g/4$ だけ $\pm z$ に進むので(d)図1，2の分布となり，合成電磁界は3のように分布する．電界は再び零で磁界のみになるが，磁界の方向は $t=0$ の(b)図3に対して方向が反対，すなわち位相が180°異なっている．更に $t=3T/4$

では(c)図と同じになるが方向が反対すなわち位相が180°異なり，$t=T$ では(b)図の $t=0$ と一致する．

このように導波管を金属板で終端すると定在波ができ，すでに2·7節bで述べたようにつぎの性質を持っていることがわかる．

(i) 定在波の場合でも，各モードの進行方向に垂直な面内の電磁界分布の様子は，進行波と同じように分布する．

(ii) 進行波では電磁界の強さは v_p で進行し z によらず一定であるが，定在波では当然波は進まないで，z によって異なる強さの分布となる．しかしこの場合でも一定の場所の電界，磁界は時間に対し正弦的に変化する．

(iii) 進行波ではある時間において，電界，磁界の横方向成分が最大，最小となる z の位置が一致している．すなわち位相が一致しているが，定在波では横方向電界は磁界ループの中心に生じ，横方向磁界と $\lambda_g/4$ 位置がずれている．

(iv) 定在波の横方向電界と磁界の間には，進行波の場合と異なり $\pi/2$ の位相差があるので，管軸方向（z 方向）へのポインティングの流れ，すなわちエネルギーの流れはない．

(v) またこの位相差のため E が最大のとき H は零で，H が最大のときは E は零となり，電磁エネルギーは時間的に交互に電界，磁界に蓄えられる．

以上は金属板で終端した定在波の性質であるが，図5·1に点線で示したように終端から $\lambda_g/2$ の整数倍の点 A_1，A_2 などに金属板を挿入しても，境界条件を満足しているので電磁界の分布は全く同じである．このようにして作られた導波管形空胴共振器も上述の説明と同じ性質をもっているが，往復反射となるので電界，磁界の最大値は非常に大きくなる．なお空胴共振器においては，内部の電磁界を後述のようにループ，プローブ，スリットなどで適当に励振することが必要である．共振器内電磁界分布は $\pm z$ 方向に進む導波管電磁界を合成してできることがわかったので，これを次に数式で表示することを考える．$z=0$, $z=L$ で完全導体で閉じられた導波管の電磁界は $+z$ に進む波 $D^+e^{-j\beta gz}$ と $-z$ に進む波 $D^-e^{-j\beta gz}$ の合成で，$z=0$, $z=L$ の境界条件から次式となる．

$$\left.\begin{aligned} \boldsymbol{E}_t &= \boldsymbol{E}_t^0 e^{-j\beta_g z} - \boldsymbol{E}_t^0 e^{j\beta_g z} = (-2j \sin\beta_g z)\boldsymbol{E}_t^0 \\ \boldsymbol{H}_t &= \boldsymbol{H}_t^0 e^{-j\beta_g z} + \boldsymbol{H}_t^0 e^{j\beta_g z} = (2\cos\beta_g z)\boldsymbol{H}_t^0 \\ E_z &= E_z^0 e^{-j\beta_g z} + E_z^0 e^{j\beta_g z} = (2\cos\beta_g z)E_z^0 \\ H_z &= H_z^0 e^{-j\beta_g z} - H_z^0 e^{j\beta_g z} = (-2j\sin\beta_g z)H_z^0 \end{aligned}\right\} \quad (5\cdot1)$$

ただし，$\beta_g L = P\pi \qquad P=1,2,3\cdots\cdots$

$\boldsymbol{E}_t^0$, $\boldsymbol{H}_t^0$, E_z^0, H_z^0 は $z=0$ における導波管の電磁界であるから，上式に式（4·45），（4·46）を代入することにより，方形空胴共振器の電磁界は次のようになる．なお以下の C', C, A, A' の定数は導波管の場合と異なる．

a．方形空胴共振器の電磁界

$TE_{mnp}^{\square}$ モード

$$\left.\begin{aligned} H_z &= -jC\cos\left(\frac{m\pi}{a}x\right)\cos\left(\frac{n\pi}{b}y\right)\sin\left(\frac{p\pi}{L}z\right) \\ H_x &= C\frac{j\beta_g k_x}{k_c^2}\sin k_x x\cos k_y y\cos k_z z \\ H_y &= C\frac{j\beta_g k_y}{k_c^2}\cos k_x x\sin k_y y\cos k_z z \\ E_x &= C\frac{\omega\mu k_y}{k_c^2}\cos k_x x\sin k_y y\sin k_z z \\ E_y &= -C\frac{\omega\mu k_x}{k_c^2}\sin k_x x\cos k_y y\sin k_z z \end{aligned}\right\} \quad (5\cdot2)$$

ただし，$k_x = \dfrac{m\pi}{a}$，$k_y = \dfrac{n\pi}{b}$，$k_z = \dfrac{p\pi}{L}$

$TM_{mnp}^{\square}$ モード

$$\left.\begin{aligned} E_z &= C'\sin\left(\frac{m\pi}{a}x\right)\sin\left(\frac{n\pi}{b}y\right)\cos\left(\frac{p\pi}{L}z\right) \\ E_x &= -C'\frac{\beta_g k_x}{k_c^2}\cos k_x x\sin k_y y\sin k_z z \\ \mathrm{E}_y &= -\mathrm{C}'\frac{\beta_g k_y}{k_c^2}\sin k_x x\cos k_y y\sin k_z z \\ H_x &= jC'\frac{\omega\varepsilon k_y}{k_c^2}\sin k_x x\cos k_y y\cos k_z z \\ H_y &= -jC'\frac{\omega\varepsilon k_x}{k_c^2}\cos k_x x\sin k_y y\cos k_z z \end{aligned}\right\} \quad (5\cdot3)$$

ただし，$k_x=\dfrac{m\pi}{a}$，$k_y=\dfrac{n\pi}{b}$，$k_z=\dfrac{p\pi}{L}$

円筒空胴共振器の電磁界も同様に式（4·68），（4·69）の $\boldsymbol{E}, \boldsymbol{H}$ を式（5·1）に代入することにより次式が得られる．

b．円筒空胴共振器の電磁界

TE$^{\bigcirc}_{mnp}$ モード

$$\left.\begin{aligned}
H_z&=-jAJ_m\left(\frac{\rho'_{mn}}{a}r\right)\cos m\theta\sin\left(\frac{p\pi}{L}z\right)\\
H_r&=-jA\frac{\beta_g}{k_c}J_m{}'(k_cr)\cos m\theta\cos k_zz\\
H_\theta&=jA\frac{m\beta_g}{k_c{}^2r}J_m(k_cr)\sin m\theta\cos k_zz\\
E_r&=A\frac{m\omega\mu}{k_c{}^2r}J_m(k_cr)\sin m\theta\sin k_zz\\
E_\theta&=A\frac{\omega\mu}{k_c}J_m{}'(k_cr)\cos m\theta\sin k_zz
\end{aligned}\right\}\qquad(5\cdot4)$$

ただし，$k_c=\dfrac{\rho'_{mn}}{a}$，$k_z=\dfrac{p\pi}{L}$

TM$^{\bigcirc}_{mnp}$ モード

$$\left.\begin{aligned}
E_z&=A'J_m\left(\frac{\rho_{mn}}{a}r\right)\cos m\theta\cos\left(\frac{p\pi}{L}z\right)\\
E_r&=-A'\frac{\beta_g}{k_c}J_m{}'(k_cr)\cos m\theta\sin k_zz\\
E_\theta&=A'\frac{m\beta_g}{k_c{}^2r}J_m(k_cr)\sin m\theta\sin k_zz\\
H_r&=-jA'\frac{m\omega\varepsilon}{k_c{}^2r}J_m(k_cr)\sin m\theta\cos k_zz\\
H_\theta&=-jA'\frac{\omega\varepsilon}{k_c}J'_m(k_cr)\cos m\theta\cos k_zz
\end{aligned}\right\}\qquad(5\cdot5)$$

ただし，$k_c=\dfrac{\rho_{mn}}{a}$，$k_z=\dfrac{p\pi}{L}$

上述の説明および式（5·2）～（5·5）の電磁界の式からわかるように，空胴共振器の電磁界分布は，導波管の場合の分布図4·34，4·35，図4·51，4·52と同じであるが，電界，磁界が最大となる位置は $\lambda g/4$ ずれる．また $\boldsymbol{E}_t, \boldsymbol{H}_t$ は導波管

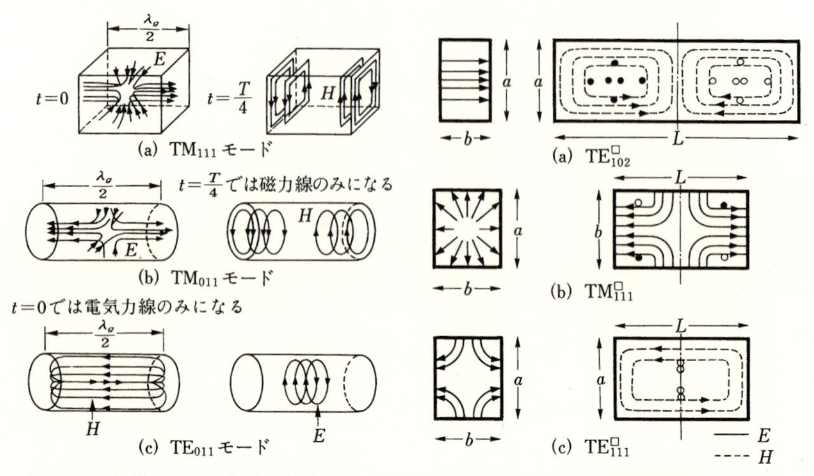

図 5·2　空胴共振器の電磁界分布（瞬時値）

図 5·3　方形空胴共振器のモード

では同相であったが，空胴共振器では係数 j だけ異なっている．瞬時値 $e(t,\,r)$ $=Re\,\boldsymbol{E}(r)e^{j\omega t}$ で $Re\,j\,C\,e^{j\omega t}=Re\,C\,e^{j(\omega t+\frac{\pi}{2})}=Re\,C\,e^{j\omega(t+\frac{T}{4})}=C\cos\omega\left(t+\dfrac{T}{4}\right)$ からわかるように，電界が最大となる時と磁界が最大となる時の間には $T/4$ の差がある．この様子を $\mathrm{TE}^{\bigcirc}_{011}$ などのモードについて書いたのが図 5·2 で，$t=0$ で電界のみとなり，$t=T/4$ では磁界のみになり，(1/4) 周期ごとに交互にこれを繰り返す．図 5·3 には方形空胴共振器の電磁界分布，図 5·4 には円筒空胴共振器の電磁界分布が示されている．これらの分布図は，共振器内の適当な位置に試料を挿入して誘電率などを測定する場合や加熱への応用などにおいて重要である．

(2)　共振周波数

導波管形空胴共振器は $L=p\dfrac{1}{2}\lambda_g$ で共振するので，$k_c{}^2=\gamma^2+k^2$ から共振波長 $\lambda=c/f$ を求めることができる．

$$\frac{1}{\lambda^2}=\frac{1}{\lambda_c{}^2}+\left(\frac{p}{2L}\right)^2 \qquad P=1,\ 2,\ \cdots \tag{5·6}$$

上式の λ_c に方形，円形導波管の TE_{mn}, TM_{mn} モードの λ_c の値を代入することにより，共振器寸法，モードと共振波長の関係が計算できる．

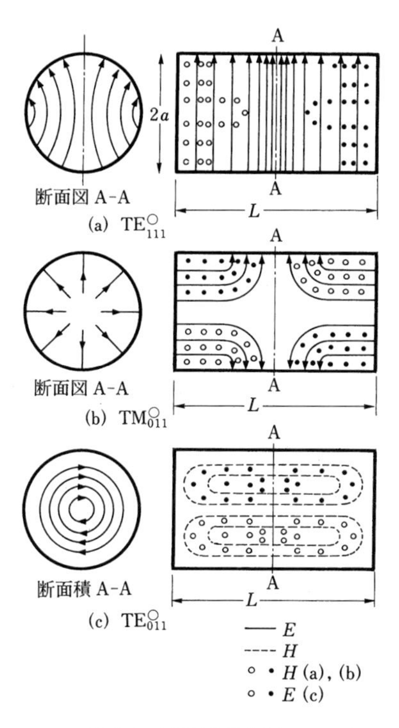

図 5·4 円筒空胴共振器のモード

a．方形空胴共振器の共振波長

TE$^{\square}_{mnp}$,（TM$^{\square}_{mnp}$）

$$\frac{1}{\lambda^2}=\left(\frac{m}{2a}\right)^2+\left(\frac{n}{2b}\right)^2+\left(\frac{p}{2L}\right)^2 \tag{5·7}$$

方形導波管の k_c は TE_{mn} と TM_{mn} モードに対し同じであるから，当然共振波長も等しい．すなわち TE$^{\square}_{mnp}$ と TM$^{\square}_{mnp}$ は一般に縮退している．共振器における縮退は，導波管の場合と同様にモードが異なっているにもかかわらず，同じ共振波長の場合に縮退しているという．

b．円筒空胴共振器の共振波長

円筒導波管形共振器でも円筒導波管 TE モードの $k_c=\rho_{mn}'/a$，TM モードの

$k_c = \rho_{mn}/a$ を代入すればよい．

$\boxed{TE^{\bigcirc}_{mnp}}$

$$\frac{1}{\lambda^2} = \left(\frac{\rho_{mn}'}{2\pi a}\right)^2 + \left(\frac{p}{2L}\right)^2 \tag{5·8}$$

$\boxed{TM^{\bigcirc}_{mnp}}$

$$\frac{1}{\lambda^2} = \left(\frac{\rho_{mn}}{2\pi a}\right)^2 + \left(\frac{p}{2L}\right)^2 \tag{5·9}$$

ρ_{mn}，ρ_{mn}' は円形導波管で説明したように，m 次のベッセル関数およびそれを微分したものの n 番目の根である．上式からわかるように，管軸方向の長さをマイクロメータなどにより可変にすれば(図1·24)，容易に共振波長が変化できるので波長計として使われる．ただこの場合に，使用モードの他に，他のモードが共振すると Q が劣化するなどの悪影響があるので，これを避けるように設計する必要がある．波長計などには Q の高いものが得られること，加工が容易である点などから，一般には円筒空胴共振器が使われている．与えられた $2a/L$ と種々のモードに対する共振周波数を図表化したものがモード図である．式 (5·8)，(5·9) から，

$$(2af_{mnp})^2 = \left(\frac{cx_{mn}}{\pi}\right)^2 + \left(\frac{cp}{2}\right)^2\left(\frac{2a}{L}\right)^2 \tag{5·10}$$

の関係が得られ，これを図示したものが図5·5のモード図である[1]．なお x_{mn} はTE$_{mn}$ には ρ_{mn}'，TM$_{mn}$ には ρ_{mn} を使う．このモード図により容易に空胴共振器が設計できる．たとえば $(2a/L)^2$ が2と3の間で $(2a[\mathrm{cm}]f[\mathrm{MHz}])^2$ が16.3と 20.4×10^8 の間では，TE$_{011}$ と縮退した TM$_{111}$ モードのみが共振することが分る．TE$_{011}$ は Q が高いので，Q の低い TM$_{111}$ モードを短絡板と円筒壁の間に狭い空隙を作るなど，適当な方法で消すようにして波長計などに使用されている．

(3)　空胴共振器の Q

共振器において重要な Q の定義などについては既に3·3節で学んだので，以下 Q の計算方法について述べる．

定義から Q は次式で与えられる．

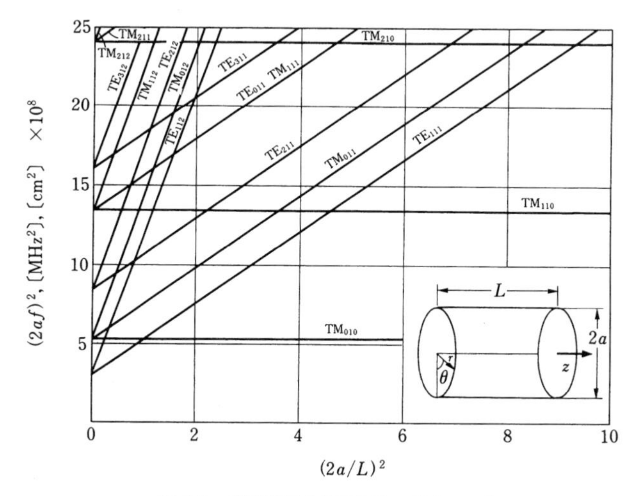

図 5·5 円筒空胴共振器のモードチャート

$$Q=\omega_0\frac{\dfrac{\mu}{2}\displaystyle\iiint_v \boldsymbol{H}\cdot\boldsymbol{H}^*\mathrm{d}v}{\dfrac{R_s}{2}\displaystyle\iint_s \boldsymbol{H}_{\tan}\cdot\boldsymbol{H}^*_{\tan}\mathrm{d}s}=\omega_0\frac{\dfrac{\varepsilon}{2}\displaystyle\iiint_v \boldsymbol{E}\cdot\boldsymbol{E}^*\mathrm{d}v}{\dfrac{R_s}{2}\displaystyle\iint_s \boldsymbol{H}_{\tan}\cdot\boldsymbol{H}^*_{\tan}\mathrm{d}s} \qquad (5\cdot 11)$$

上式の分子は，体積 v の空胴内に蓄えられる磁気的エネルギーの時間平均 $\dfrac{\mu}{4}\displaystyle\iiint_v \boldsymbol{H}\cdot\boldsymbol{H}\mathrm{d}v$ と電気エネルギーの時間平均 $\dfrac{\varepsilon}{4}\displaystyle\iiint_v \boldsymbol{E}\cdot\boldsymbol{E}\mathrm{d}v$ は等しいことから，蓄えられる全エネルギーの時間平均を示している．一方分母は導波管の損失を求めた場合と全く同じで，壁面 s を通して外向きに向かう複素ポインティングエネルギーの実数部を示している．$\boldsymbol{H}_{\tan}$ は管壁に沿った損失のない場合の磁界で，$R_s=1/\sigma\delta$ は表面抵抗である．またこれは厚さ δ の所を一様に流れる電流 $|I|=|H_{\tan}|$ によって生ずる熱損失と考えてもよい．各辺が a, b, L の方形空洞共振器の場合には，導波管の損失の式（4·58）と同様に計算でき次式となる．

a．方形空胴共振器の $\boldsymbol{Q}$

$\mathrm{TE}^{\square}_{mnp}$ $(m,\ n,\ p\neq 0)$

$$Q=\left(\frac{\lambda}{\delta}\right)\frac{\frac{abL}{4}\left\{\left(\frac{m}{a}\right)^2+\left(\frac{n}{b}\right)^2\right\}\left\{\left(\frac{m}{a}\right)^2+\left(\frac{n}{b}\right)^2+\left(\frac{P}{L}\right)^2\right\}^{\frac{3}{2}}}{ab\left(\frac{P}{L}\right)^2\left\{\left(\frac{m}{a}\right)^2+\left(\frac{n}{b}\right)^2\right\}+bL\left[\left(\frac{P}{L}\right)^2\left(\frac{n}{b}\right)^2+\left\{\left(\frac{m}{a}\right)^2+\left(\frac{n}{b}\right)^2\right\}^2\right]+La\left[\left(\frac{P}{L}\right)^2\left(\frac{m}{a}\right)^2+\left\{\left(\frac{m}{a}\right)^2+\left(\frac{n}{b}\right)^2\right\}^2\right]} \tag{5・12}$$

$TE^{\square}_{mop}$ $(n=0,\ m,\ p\neq 0)$

$$Q=\left(\frac{\lambda}{\delta}\right)\left(\frac{abL}{2}\right)\frac{\left\{\left(\frac{m}{a}\right)^2+\left(\frac{P}{L}\right)^2\right\}^{\frac{3}{2}}}{\left(\frac{m}{a}\right)^2L(a+2b)+\left(\frac{P}{L}\right)^2a(L+2b)} \tag{5・12)$'$(}$$

$m=0,\ n,\ p\neq 0$ のモードに対しても同様となり，$m\to n,\ a\to b$ とするだけでよい．

$TM^{\square}_{mnp}$ $(m,\ n,\ p\neq 0)$

$$Q=\left(\frac{\lambda}{\delta}\right)\left(\frac{abL}{4}\right)\frac{\left\{\left(\frac{m}{a}\right)^2+\left(\frac{n}{b}\right)^2\right\}\left\{\left(\frac{m}{a}\right)^2+\left(\frac{n}{b}\right)^2+\left(\frac{P}{L}\right)^2\right\}^{\frac{1}{2}}}{\left(\frac{m}{a}\right)^2b(a+L)+\left(\frac{n}{b}\right)^2a(b+L)} \tag{5・13}$$

$TM^{\square}_{mno}$ $(m,\ n\neq 0,\ P=0)$

$$Q=\left(\frac{\lambda}{\delta}\right)\left(\frac{abL}{2}\right)\frac{\left\{\left(\frac{m}{a}\right)^2+\left(\frac{n}{b}\right)^2\right\}^{\frac{3}{2}}}{\left(\frac{m}{a}\right)^2b(a+2L)+\left(\frac{n}{b}\right)^2a(b+2L)} \tag{5・13)$'$(}$$

b．円筒空胴共振器の $\boldsymbol{Q}$

半径 a，長さ L の円筒空胴共振器においても，同様に計算できる．たとえば TE_{mnp} モードでは図5・6に示すように共振器の壁面は $z=0$，$z=L$ と $r=a$ の

面であるから，電磁界の式（5·4）の H_z, H_r, H_θ にこの条件を代入すると，壁面における $H_{\tan}$ が求まる．$r=a$ 面における損失 W_1 は，$W_1=\frac{R_s}{2}\int_0^L\int_0^{2\pi}(|H_\theta|^2+|H_z|^2)ad\theta dz$ から求まり，$z=0$, $z=L$ の壁面における損失 W_2 は，$W_2=2\frac{R_s}{2}\int_0^{2\pi}\int_0^a(|H_r|^2+|H_\theta|^2)rdrd\theta$ から計算できる．一方全体積に蓄えられる全エネルギー W は，$W=\frac{\mu}{2}\int_0^L\int_0^{2\pi}\int_0^a(|H_z|^2+|H_r|^2+|H_\theta|^2)rdrd\theta dz$ となり，Q が求まる．TM モードに関しても，同様にして計算できる．

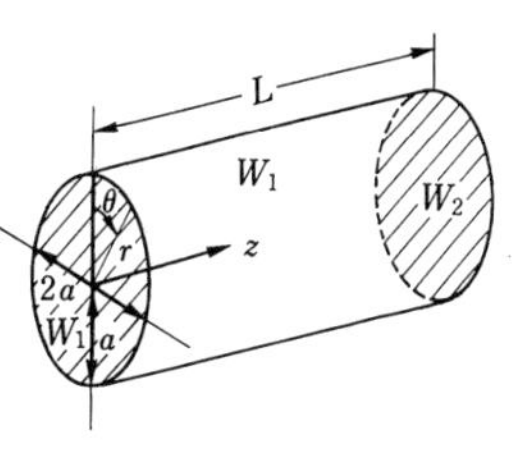

図 5·6　円筒空胴共振器

$\boxed{\mathrm{TE}^{\bigcirc}_{mnp}}$

$$Q=\frac{\lambda}{\delta}\frac{\left\{1-\left(\frac{m}{\rho'_{mn}}\right)^2\right\}\left\{\rho'^2_{mn}+\left(\frac{P\pi a}{L}\right)^2\right\}^{\frac{3}{2}}}{2\pi\left\{\rho'^2_{mn}+\left(\frac{2a}{L}\right)\left(\frac{P\pi a}{L}\right)^2+\left(1-\frac{2a}{L}\right)\left(\frac{P\pi am}{L\rho'_{mn}}\right)^2\right\}} \qquad (5\cdot 14)$$

$\boxed{\mathrm{TM}^{\bigcirc}_{mnp}\ (m,\ n,\ p\neq 0)}$

$$Q=\frac{\lambda}{\delta}\frac{\left\{\rho^2_{mn}+\left(\frac{aP\pi}{L}\right)^2\right\}^{\frac{1}{2}}}{2\pi\left(1+\frac{2a}{L}\right)} \qquad (5\cdot 15)$$

$\boxed{\mathrm{TM}^{\bigcirc}_{mno}\ (p=0)}$

$$Q=\frac{\lambda}{\delta}\frac{\rho_{mn}}{2\pi\left(1+\frac{a}{L}\right)} \qquad (5\cdot 15)'$$

式（5·12)～(5·15)′ によって求められた共振器寸法と $Q\frac{\delta}{\lambda}$ の関係を図示したのが，図5·7～5·10である[1]．図からわかるように，一般に円筒空胴共振器の Q の方が方形空胴共振器より高く，また P の次数の高い方が Q が高い．これは体積と表面積の比が大きくなるためである．また $\mathrm{TE}^{\bigcirc}_{onp}$ モードの Q が他の

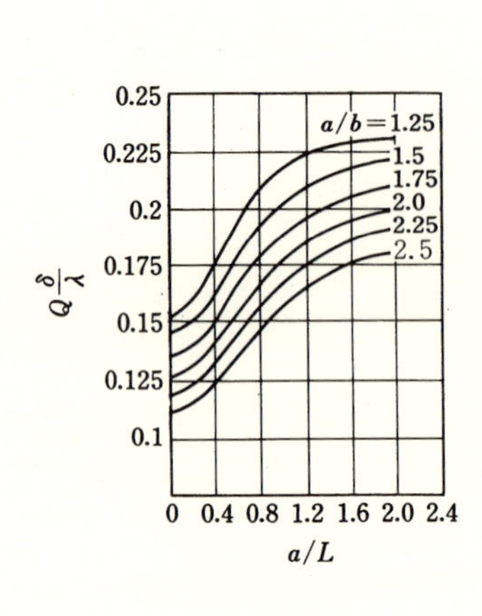

図5·7　方形空胴共振器($a\times b\times L$) $TE^{\square}_{101}$ の Q

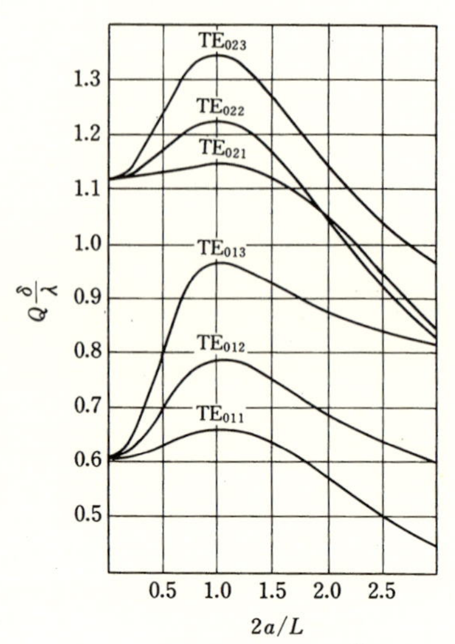

図5·8　円筒空胴共振器 $TE^{\bigcirc}_{onp}$ の Q

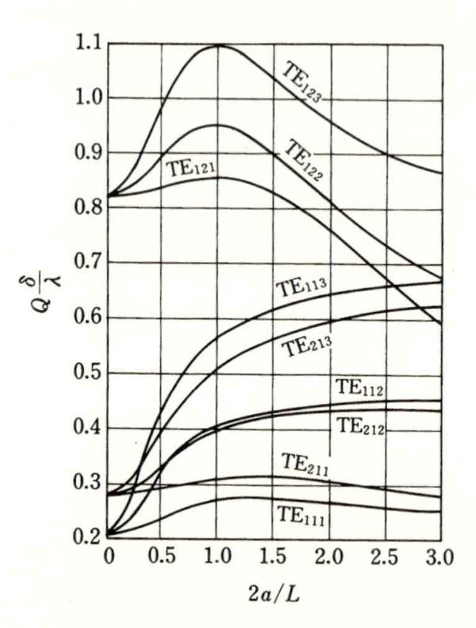

図5·9　円筒空胴共振器 $TE^{\bigcirc}_{mnp}$ の Q

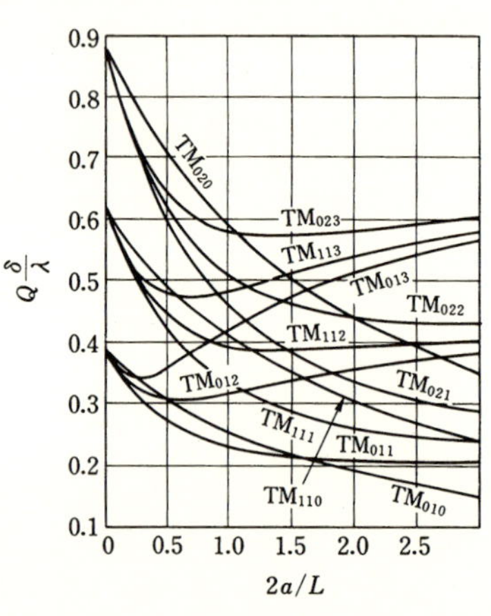

図5·10　円筒空胴共振器 $TM^{\bigcirc}_{mnp}$ の Q

モードより特に高いが，これは導波管の TE_{on} モードと同じように，電界は θ 方向のみでそれ自体閉じて表面にとどくものがないためで，$2a=L$ の場合に Q が最も高くなる．ただ縮退している TM_{1np} モードの Q は低いので，励振しないように先に述べた工夫が必要である．なおここで求めた Q は壁面が理想的な鏡面状態の Q で，表面粗さが2乗平均値で45 μm程度であると10 GHzで約85％程度に下がる．またここの Q は勿論無負荷の Q，Q_0 で，実際に使用する場合のように結合があると $1/Q_L=1/Q_0+1/Q_{ex}$ となることや，入力インピーダンスなどについては3·3·4項で既に学んだ通りである．

(4) 空胴共振器の電流分布と励振法

空胴共振器の内壁面上には，導波管の場合と同様に表面電流と呼ばれる高周波電流が流れる．この電流の意味，分布を知ることが共振器の理解のため，また外部回路との結合を考えるときに重要になる．いま例として図5·11のように，方形空胴共振器で $TE^{\square}_{101}$ モードが共振している場合について考える．$\boldsymbol{n}$ を導体面に垂直に内向きにとった単位ベクトルとすると，導体面に沿う磁界 $H_{\tan}$ と表面電流密度 $\boldsymbol{K}$ の間には $\boldsymbol{K}=\boldsymbol{n}\times\boldsymbol{H}_{\tan}$ の関係があり，$TE^{\square}_{101}$ モードの磁力線は(a)図の点線のように分布しているので，電流は直交して破線のように流れる．空胴共振器では $t=0$ で図のように磁界が最大になったとすると，1/4周期のちには(b)図のように電界分布が最大になり，磁界は零となり，壁面導電電流も零となる．(b)図のように電界ができるのは，ABCD面上の X_1 点付近に⊕電荷ができ，対称の X_2 付近に⊖電荷ができるためと考えてよい．またこの電界により，変位電流 I が密度 $\boldsymbol{J}_0=\varepsilon\partial\boldsymbol{E}/\partial t=j\omega\varepsilon\boldsymbol{E}$ で流れる．I は E と90°の位相差すなわち $T/4$ ずれているので，$t=0$ の(a)図の導電電流は変位電流により閉回路を作っているといえる．空胴共振器の励振，外部回路との結合も導波管と同様に，プローブ，ループ，スリットなどにより行なうことができ，原理も同じで，図5·12に結合の方法を示した．ま

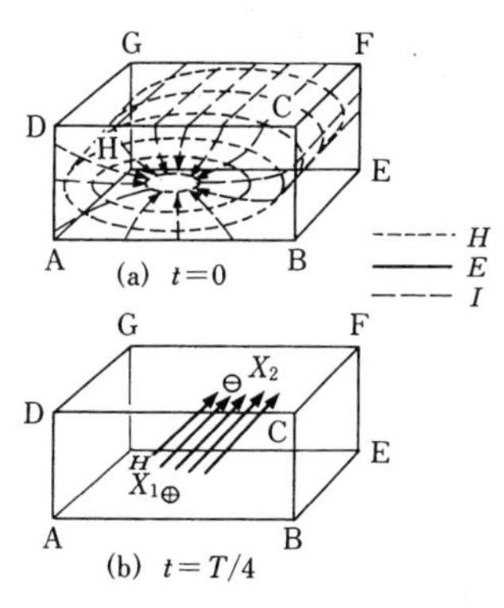

図5·11 $TE^{\square}_{101}$ の電界，磁界，電流分布の関係

た縮退モードの内，1つのみを励振する場合には，励振モードのみに結合するような励振法を使えばよい．なお結合された空胴共振器の等価回路及びその性質については3･3･4項で学んだ通りである．一般に結合度を示す Q_{ex} を計算から求めることはかなり複雑になるので，測定によって求めることが多い．

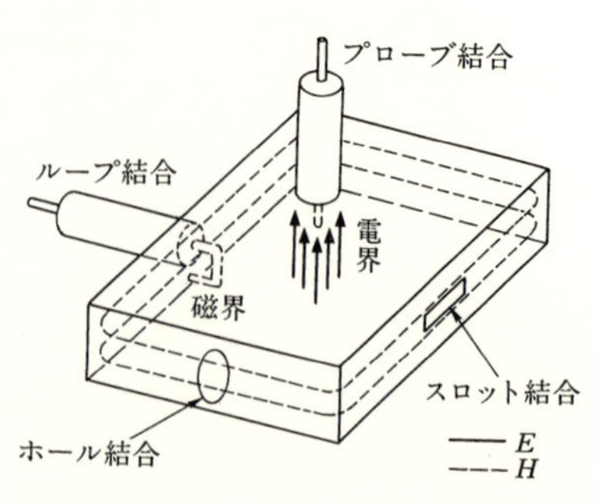

図5･12　$TE_{101}^{\square}$ 共振器への結合(励振)

5･1･2　同軸，半同軸共振器

(1)　同軸共振器

同軸，平行2線，ストリップ線路などの TEM 線路では3･3･2項で述べたように，両端短絡の場合は管軸長が $\lambda/2$ の整数倍で共振する．実用上は放射損の少ない同軸共振器が，S 帯程度まで可変周波数共振器として発振器やフィルタなどに使われている．図5･13，(a)に同軸共振器の電磁界分布を示す．同軸線路の分布と断面内では同じでただ定在波であるから，電界，磁界最大の位置が $\lambda/4$ ずれている点が異なっている．同軸共振器の Q は導波管と同じように内外壁における損失をポインティングエネルギーから計算するかあるいは式（3･47）から求められる．

$$Q=\frac{\lambda}{\delta}\frac{1}{4+\dfrac{L}{b}\dfrac{1+\dfrac{b}{a}}{\ln\dfrac{b}{a}}} \tag{5･16}$$

上式から長さが半径に比べて長い共振器では，Q は周波数の平方根に比例することや，$b/a\simeq3.6$ で最大となることがわかる．

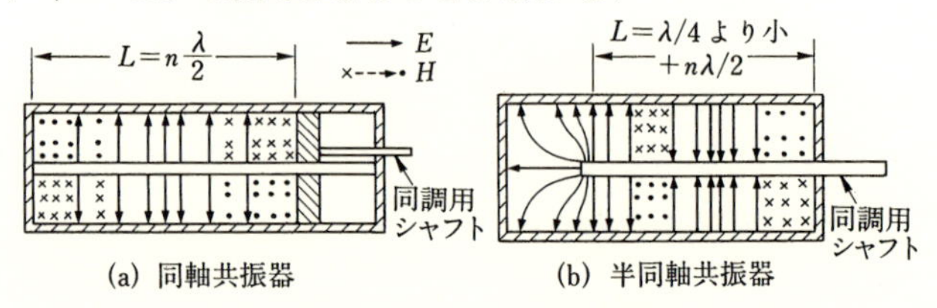

(a) 同軸共振器　　(b) 半同軸共振器

図5･13　同軸，半同軸共振器

(2) 半同軸共振器

一端が短絡で他端に C を付加した線路が $\lambda/4$ より短い長さで共振することを3・3・3項で学んだ．半同軸線路では図5・13，(b)図のように中心導体の先端面と管壁との間に容量 C が形成されて複合共振線路として動作する．C の値は通常コンデンサの値として求めてよい．なお電気力線分布からわかるように，電界の曲がりによる等価容量も C と並列になる．中心導体を移動すれば C が変化し，共振波長を変えることができる．また C を増大させるために先端を円板状にして面積を増すこともある．このようにして広い範囲で共振波長を変化できるが，Q は一般に低い．以上の他に同軸管の高次モード TE_{11p}，TM_{01p} などを使用した同軸共振器が使われることもある．

5・1・3 リエントラント形空胴共振器，球形空胴共振器

(1) リエントラント形空胴共振器

図5・14のように，半同軸共振器長を短くしたとも考えられるものがリエントラント形共振器と呼ばれるもので，内導体先端面と外導体底面間のギャップが非常に狭いため，図のように管軸の方に向いた電界が集中している．このために，図1・19で説明したようなクライストロン増幅発振器などの共振器回路として使われている．この場合には先端面および相対する面は金網構造で，マイクロ波に対しては完全導体と同じに動作し，電子は自由に通過できるようになっている．この共振器は理論的には内管から半径方向に一様に電磁波が放射され，周壁で反射され定在波を作っているラジアル線路（radial transmission line）として扱われている．また共振周波数は共振器の一部を変形することなどにより変化できる．

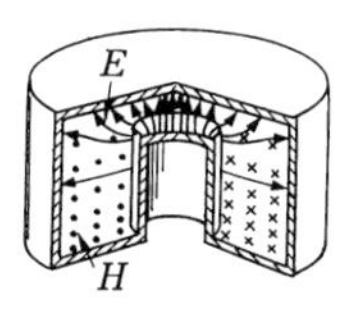

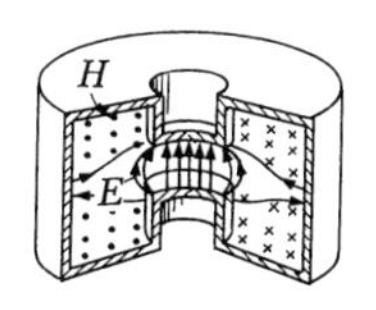

図5・14　リエントラント形空胴共振器

(2) 球形空胴共振器

球形の形状をした空胴共振器で，球の特長として体積と表面積の比が最も大きくなるので，方形空胴共振器や円筒空胴共振器に比べて約20〜30％ほど Q の高いものが得られる．また熱放射もよいので，UHF TV のフィルタ回路などに使われている．図5・15は TM_{011} モードと TE_{011} モードの電磁界分布を示している．TM モード，TE モードは各々半径方向に磁界成分あるいは電界成分

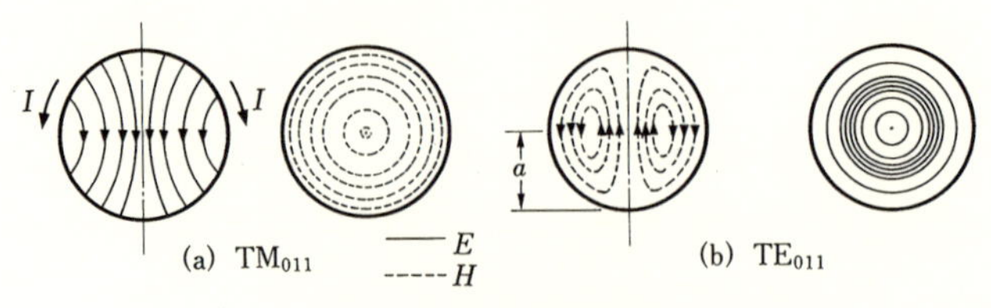

図5·15　球形空洞共振器

のないモードである．半径 a の球形空洞共振器の共振波長および Q は次式で与えられる．

TE_{011} モード

$$\lambda = 1.395\,a$$
$$Q = 2.24\,\zeta / R_s \qquad (5\cdot17)$$

TM_{011} モード

$$\lambda = 2.29\,a \qquad Q = 1.01\,\zeta / R_s$$
$$\zeta = \sqrt{\mu / \varepsilon}$$

電磁界分布および λ，Q は他の空胴共振器で学んだように，波動方程式を境界条件を満足するように解いて求められる．球形の場合は境界条件 $E_{tan}|_{r=a} = 0$ を容易に満足させるため球座標を使う．この場合の波動方程式にはルジャンドルの陪微分方程式がでてくるが，球ベッセル関数

$$J_1(x) = \frac{1}{x}\left(\frac{\sin\,x}{x} - \cos x\right),\ N_1(x) = -\frac{1}{x}\left(\frac{\cos\,x}{x} + \sin x\right)$$

と正弦表示できるので，パソコンで簡単に計算可能である．

5·2　誘電体共振器　(DR : Dielectric Resonator)

5·2·1　誘電体共振器のモード

誘電体導波線路では4·6節で述べたように，殆んどの電磁界は高誘電体内に全反射により閉じこめられ境界面にエバネセント波が生じ共に管軸方向に進んで行く．従って導波管を適当な長さで両端を短絡すると空胴共振器ができたように，誘電体線路の両端を金属板で短絡すると共振器ができる．一方，図5·

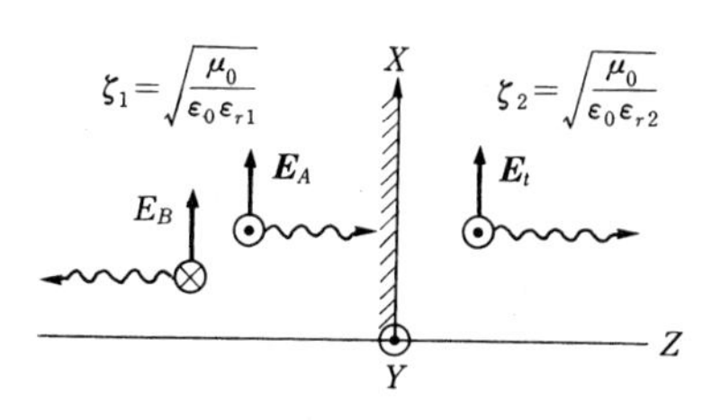

図 5・16 境界面の反射

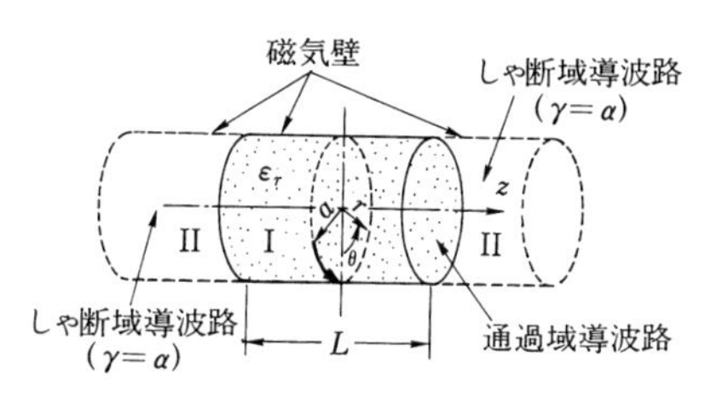

図 5・17 磁気壁を考えた誘電体共振器

16のように高誘電率の媒質から低誘電率の媒質に平面波が進むときの，境界面における電圧反射係数Γは

$$\Gamma=\frac{E_B}{E_A}=\frac{\zeta_2-\zeta_1}{\zeta_2+\zeta_1}=\frac{\sqrt{\frac{\varepsilon_{r1}}{\varepsilon_{r2}}}-1}{\sqrt{\frac{\varepsilon_{r1}}{\varepsilon_{r2}}}+1}$$

となるので $\varepsilon_{r1}/\varepsilon_{r2}=2.5$ では$\Gamma=0.225$ であるが，$\varepsilon_{r1}/\varepsilon_{r2}=100$ となると$\Gamma=0.818$ となり，境界面で殆んど反射し，電界最大，磁界零と考えられるので，磁壁あるいはPMC（完全磁気導体）と呼ばれている．また波が逆に低誘電率の媒質から高誘電率の媒質に進む場合には，Γの大きさは先の場合と同じであるが，負符号となるので，金属導体が境界面に存在するように考えてよい．以上のように考えれば，誘電体線路の両端を開放にすれば共振器となり，通常の共振器の場合と同様に，電磁界分布，共振周波数などを求めることができる．円筒境界面および端面を PMC と考え計算すると誤差が 20％程度と大きいので，図5・17 のように誘電体の円筒境界面が PMC で両端面はしゃ断域の導波路と考えると誤差は数％となる．ただし端面にはエバネセント波により等価的にリアクタンスが

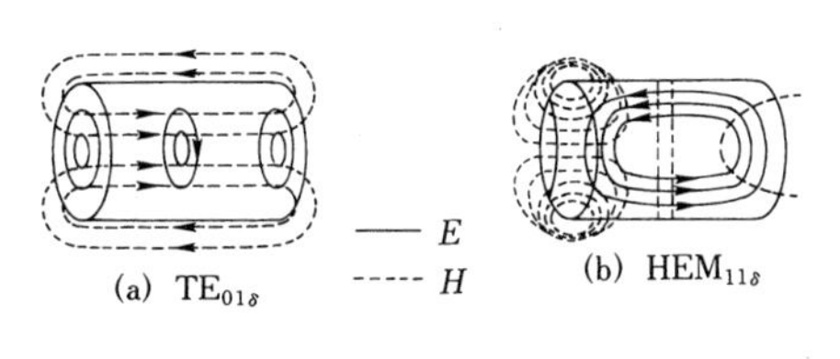

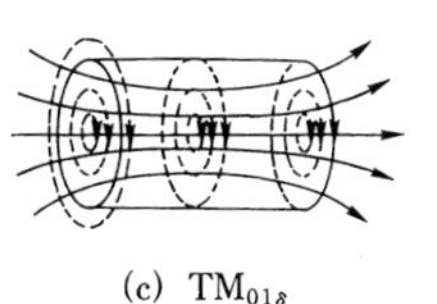

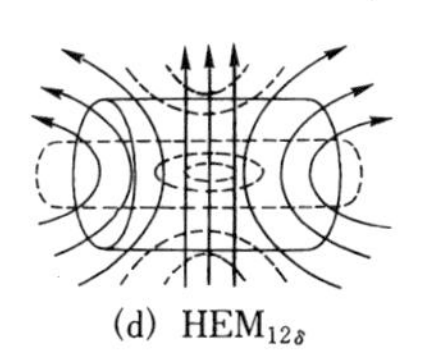

図 5・18 円筒誘電体共振器のモード
(──電気力線，……磁力線)

接続された形となっているため，共振器の長さは $\lambda_g/2$ より短い所で最初の共振を生じ，P を整数とすると $L=(\delta+P)\lambda_g/2$，$\delta<1$ で共振するので，モードを $TE_{mn\delta+p}$ などと表示している．図5･18には主な共振モードの電磁界分布を示す．このように誘電体共振器では電界，磁界が共振器外近傍にも存在するので，外部回路から共振器への結合は単にこの共振器外近傍電磁界に，プローブ，ループなどで外部回路を結合させればよいので非常に簡単である．

5･2･2　誘電体共振器の共振条件

図5･17の通過域，しゃ断域の特性界インピーダンス Z_ε，Z_a は $\gamma=\alpha+j\beta_g$ から導波管の場合のように式（4･45)，(4･69）等から次式で表される．

$$\left.\begin{aligned} &\text{TE 波}：Z_\varepsilon=\frac{\omega\mu_0}{\beta_g}, \qquad Z_a=\frac{j\omega\mu_0}{\alpha} \\ &\text{TM 波}：Z_\varepsilon=\frac{\beta_g}{\omega\varepsilon_0\varepsilon_r}, \qquad Z_a=\frac{\alpha}{j\omega\varepsilon_0} \end{aligned}\right\} \qquad (5\cdot18)$$

円形断面の場合は磁気壁のため半径方向の境界条件式が導波管の場合とTE，TM が反対になり，式（4･68)，(4･69）において，境界面 $r=a$ で，H の切線成分が零とすると，

$$\left.\begin{aligned} &\text{TE}：J_m(k_c a)=0 \\ &\text{TM}：J'_m(k_c a)=0 \end{aligned}\right\} \qquad (5\cdot19)$$

となる．なおこの式は領域Ⅰ，Ⅱで同じである．これから TE モードでは図5･19のような等価回路となり，共振条件が得られる．TM モードの場合も単にしゃ断域の等価リアクタンスが $-j$ 即ち容量性になる点が異なるだけである．

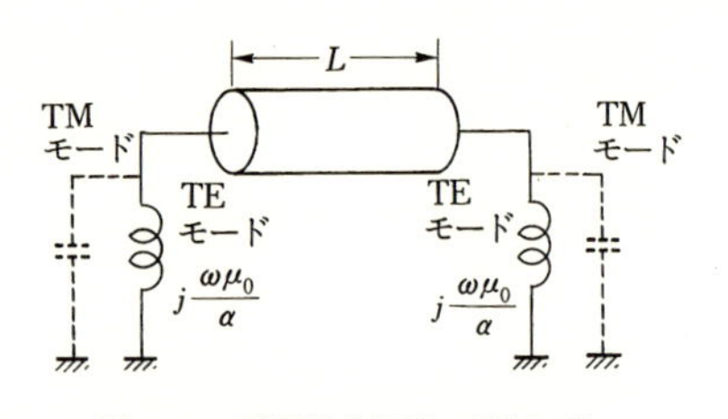

図5･19　誘電体共振器の等価回路

小西氏らはさらに磁気壁の代りに壁面インピーダンスを含む式を変分法により解いて誤差１％以内で共振波長を求めた[2]（図5･20)．

実際の DR では，表面付近の電磁界による他の回路との干渉を防ぐためや，放射損をより少なくするために，シールドケースに入れて使用することが多い．このようなシールドされた DR の電磁界は，図5･17のしゃ断域導波管両端

が $L+L_S$ の所で短絡されているとして計算すればよい．更に厳密解が要求される場合には，変分法，モード整合法，有限要素法，境界要素法，積分方程式法等の数学的手段が使われ，実際との誤差は１％以内になっている[3]．

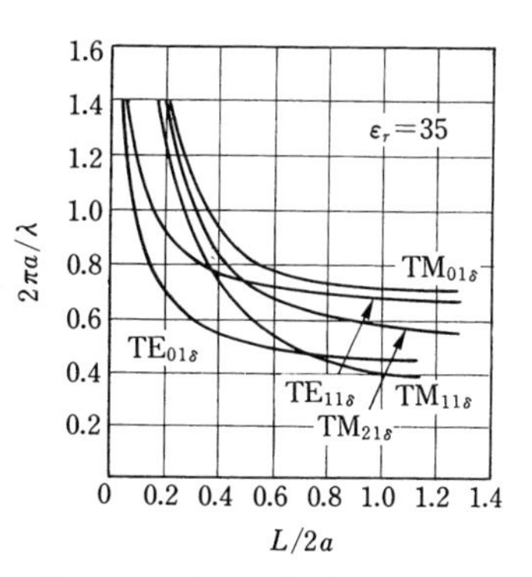

図 5·20 円筒誘電体共振器（$2a\times L$）の共振波長（λ）

また DR の付近に金属板，ネジあるいは誘電体を置き，その接近により共振周波数を変化することもよく行なわれている（図 5·21(d)，(e)）が，Q の低下に気を付ける必要がある．

近接した他モードを排除したり，Q を増加させるために円筒形から変形した(a)〜(c)のような DR も実用されている．(f)図はシールドされた DR を示している．

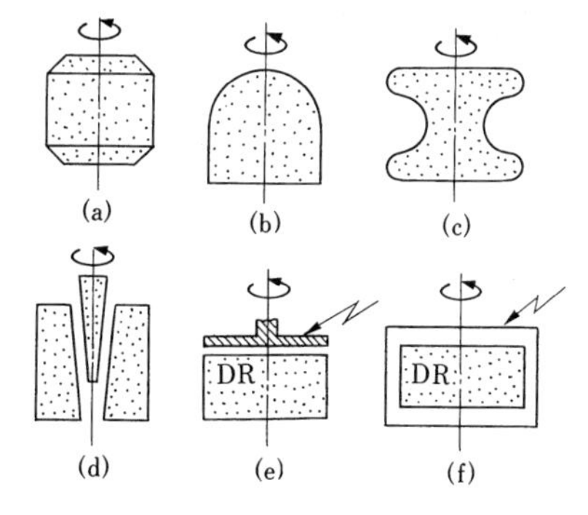

図 5·21 各種 DR

5·2·3 誘電体共振器の Q

誘電体中，シールド等の導体中で消費される電力を P_d，P_c，さらに放射される電力を P_r，外部回路へ結合する電力を P_{ex} とすると，誘電体共振器（DR）で消費される全電力 P_t は各々の和，$P_t=P_d+P_c+P_r+P_{ex}$ となる．従って DR に蓄えられる全電気エネルギーを W_e と書くと次式となる．

$$\frac{1}{Q_L}=\frac{P_t}{2\omega W_e}=\frac{1}{Q_d}+\frac{1}{Q_c}+\frac{1}{Q_r}+\frac{1}{Q_{ex}}=\frac{1}{Q_0}+\frac{1}{Q_{ex}} \qquad (5\cdot20)$$

ここで，$P_d/2\omega W_e=1/Q_d$，$P_c/2\omega W_e=1/Q_c$，$P_r/2\omega W_e=1/Q_r$，$P_{ex}/2\omega W_e=1/Q_{ex}$ で，無負荷の Q，Q_o は $1/Q_o=1/Q_d+1/Q_c+1/Q_r$ で，完全にシールドされている場合には，P_r は零すなわち $1/Q_r=0$ となる．

DR では W_e は誘電体共振素子（領域１）に蓄えられる W_{e1} と，共振素子外部（領域２）に蓄えられる W_{e2}，あるいは素子支持用マイクロストリップ基板等（領域3）に蓄えられる W_{e3} に分けられ，これらと W_e の比，$W_{ei}/W_e = W_{fi}$ などをフィリングファクタ（filling factor）と呼んでいる．各領域の誘電損失角を $\tan\delta_i$ と書くと，$P_{di}/2W_{ei} = \omega\tan\delta_i$ なので各領域の $1/Q_{di}$ は $1/Q_{di} = W_{fi}\tan\delta_i$ で，$1/Q_d = \sum_{i=1}^{3} 1/Q_{di} = \sum_{i=1}^{3} W_{fi}\tan\delta_i$ となる．例えば誘電体共振素子のみがあると考えられる場合，外周の $\varepsilon_2 = \varepsilon_0$ で無損失，$\varepsilon'' = 0$ となるので次式となる．

$$\frac{1}{Q_d} = \frac{1}{Q_{d1}} = \frac{\tan\ \delta_1}{1 + W/\varepsilon_{r1}}$$

W は W_{e2}/W_{e1} で定まる係数で，通常 $W_{e2} \ll W_{e1}$ なので小さな値（$W = 0.1 \sim 0.05$）である．W が零で，$P_c \simeq 0$，$P_r \simeq 0$ とみなせる場合には簡単に $Q_o \simeq Q_d \simeq \tan\delta$ となり，DR 素子の誘電体正接のみとなる．

従って $\tan\delta$ が 10^{-4} の誘電体を使用すると，Q は10000にも達する．先に述べたように TiO_2 は ε_r が大きいが温度特性が悪いために，逆の正の温度係数の $LiNbO_3$ などと組み合わせた複合形誘電体共振器も試みられている．また $\varepsilon_r \simeq 30$，$Q \simeq 5\,000$ で温度係数のよい材料も使われる．

a．誘電体共振器の結合の Q（Q_{ex}）

DR をフィルタ等に応用しようとすると，線路との結合，DR 間の結合が重要となる．5･1･1 項(4)で述べたように，共振器電磁界の一部と線路あるいは他の DR の電磁界の一部が重なればよく，DR では共振器外にも僅かに電磁界が存在するので簡単に結合ができる．

図5･22は $TE_{01\delta}$ モードとマイクロストリップ線路が磁界により結合している様子を示している．この等価回路は図5･23となり，線路との結合係数 $\beta = Z_{(\omega o)}/R_{ex} = \omega_o Q_o L_m^2 / 2Z_o L_r$ で $Q_{ex} = Q_o/\beta$ となる．Q_{ex} は一般に(a)（H/I）法と云われるマイクロストリップの電流 I による，

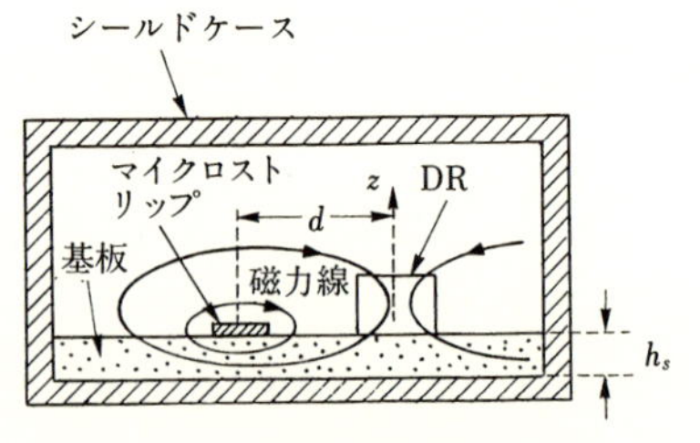

図5･22　DR と線路間の結合（Q_{ex}）

DR の場所の H を使い $L_m^2/L_r = \mu_o^2 \dfrac{M^2}{2W}\left[\dfrac{H}{I}\right]^2$ から求められる．M はループの磁気能率，W は DR に蓄えられるエネルギーで $W = (1/2)L_r I_r^2$ である．

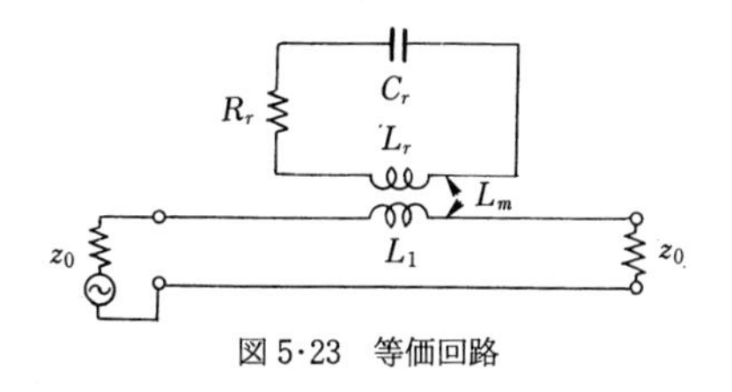

図 5·23　等価回路

あるいは(b)磁束法と言われる，DR 中の I_r によってマイクロストリップ線路に誘起される電圧 $e=j\omega L_m I_r$ から，$Q_e=(2Z_o/\omega\mu_o^2)W/(\int_s \boldsymbol{H}\cdot \mathrm{d}\boldsymbol{s})^2$ を使って求めている．図 5·24 はその 1 例である[4]．2 個の DR 間の結合係数 $K=(\sqrt{Q_{ex1}Q_{ex2}})^{-1}(-1)^i$ も同様な考え方で求められ，図5·25のように線路を介した場合は線路との間隔，DR 間直接結合では DR 間距離で定まる[4]．

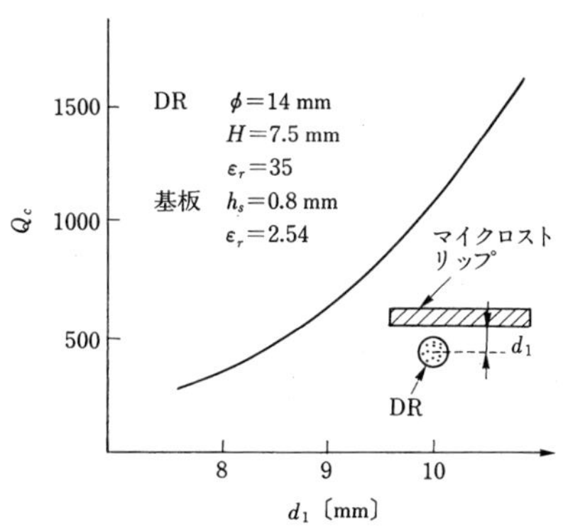

図 5·24　$Q_{ex}-d_1$（磁束法による）

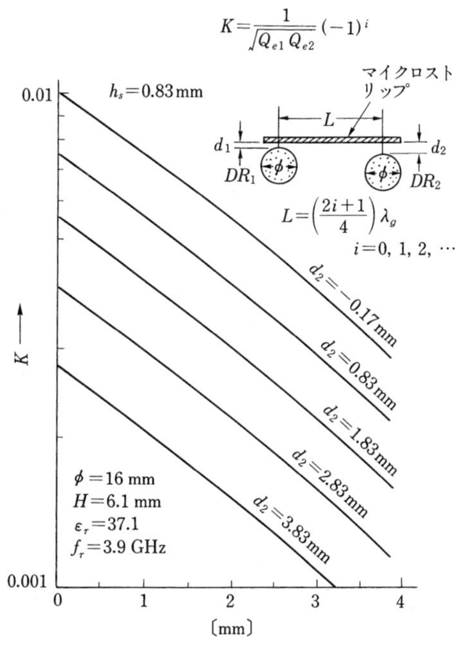

図 5·25　$K-d_1$（マイクロストリップ線路）

5·2·4　TE$_{110}^{\infty 0}$ モード共振器

誘電体柱の上下の端面に導体を置き電気壁とした共振器も使われる．共振モードは図5·26のようになり，これを TE$_{110}^{\infty 0}$ と表示している：ここで∞は円筒面の磁気壁 0 は端面の電気壁を表している．Q は5·2·3項で述べたように導体壁の損失のため少し劣化する．また円柱部分を円形リングとしたものも高 Q のため使用される．

5･2･5　同軸形誘電体共振器

以上のDRは空胴共振器に比較すると非常に小さいが，周波数が低くなるとやや大きくなる．そこで高 ε_r の材料を使い，5･1･2 節の TEM モードの同軸共振器を形成すると，非常に寸法を小さくできる特長がある．

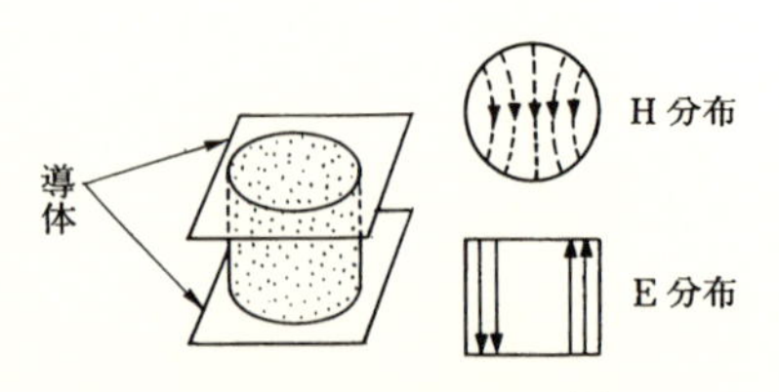

図 5･26　誘電体円筒共振器 $TE_{110}^{\infty\circ}$ モード

実際には高 ε_r のセラミック円筒に図5･27のように内外周面と底面に金属導体を焼付け，入力端面は解放として $\lambda_\varepsilon/4$ 共振器を形成したものが800 MHz帯，自動車電話，携帯電話等に使われている．共振周波数 f_0 は当然 $f_0=c/4l\sqrt{\varepsilon_r}$ である．この場合の Q_0 も $1/Q_0=1/Q_d+1/Q_c$ となり，Q_c が低くなるので通常の DR の Q と比較すると 1/2 程度以下と低くなる．

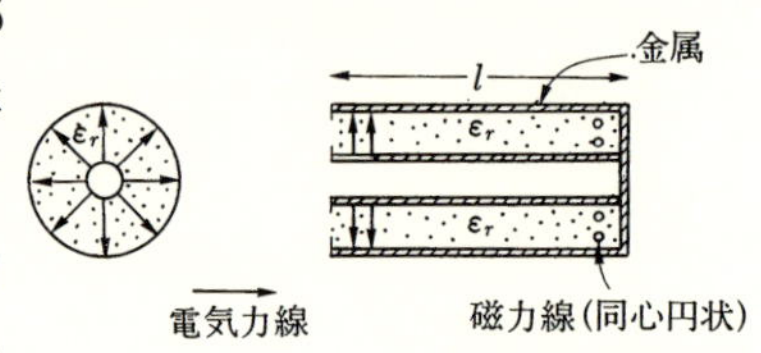

図 5･27　TEM 同軸形 DR

5･3　MIC 用共振器

MIC 用共振器としては誘電体共振器，直径 1 mm 程度の YIG 単結晶を使ったフェライト共振器，平面線路形の共振器などがあるが，誘電体共振器についてはすでに5･2節で学んだ．またフェライト共振器については第6章マイクロ波デバイスで述べるので，ここでは平面線路形共振器，集中定数共振器について述べる．

(1)　マイクロストリップ線路共振器，スロット線路共振器

両端短絡，開放の線路の長さを適当にとれば共振するので図5･28に示すような共振器ができる．(a)図はマイクロストリップ線路を使ったもので，両端開放，(b)図はスロット線路によるもので，両端短絡と考えてよいので線路長は図示のようになる．これらは線路の長さによる共振で，1次元の共振器とも言うこともできる．一般にこれらの共振器では放射損のため Q はあまり高くないが，構成が簡単なため多段フィルタなどに適している．なお1端短絡で1端開放とすると $L=\lambda_{\varepsilon g}/4$ となり，高 ε_r を使うと小形の共振器ができる．マイクロストリップなので等価誘電率 ε_{eff} を使って，λ_ε を求める必要がある．$f_0=c/4L\sqrt{\varepsilon_{eff}}$ で ε_{eff} は式（4·40）である．

(2) **導体円板共振器**

図 5·29 に示すような導体円板と接地導体板間の誘電体（場合により磁性体）の部分が共振器として動作すると考えられ，(a)の共振器より高い Q を得るこ

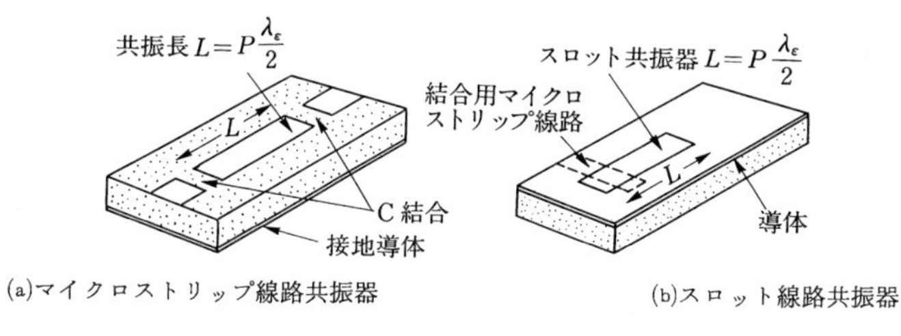

図 5·28　マイクストリップ線路共振器・スロット線路共振器

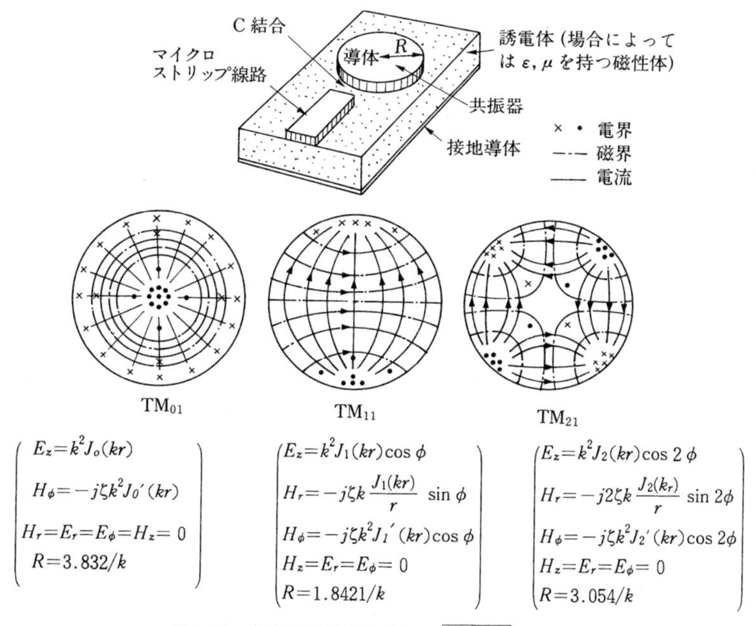

図 5·29　導体円板共振器（$k=\omega\sqrt{\varepsilon_0\varepsilon_r\mu_0\mu_r}$）

とができる．モードや共振波長は円板の大きさの円柱誘電体共振器と考え，円柱面は磁気壁 $H_\phi(R)=0$ として近似的に求めることができ，図5·29に各モードの電磁界分布を示す．電界はストリップ線路中と同じ方向すなわちTMモードであるから金属面に垂直である．この共振器は電界方向には界の変化はないので，2次元共振器と言える．通常 TM_{mn}，(TM_{mn0}) として表示されている．図5·29中に電磁界分布の式も示したので，これから Q_c が計算でき $1/Q_d \simeq \tan\delta_\varepsilon + \tan\delta_\mu$，すなわち Q_0 が求められる．

(3)集中定数共振器

マイクロ波の波長に対して小さい集中定数素子を作り，これにより構成されたもので最近のIC製造に関する技術の進歩により可能になった．通常は基板上にストリップ導体をループ状にして L ができ，線間ギャップなどを利用して C ができるので，これらを組合せると共振器となる．図5·30のようにインターディタルの C とループの L の組合せによって，直列共振回路，並列共振回路が形成できる．Q は放射損などのために一般に低いので外部 Q_{ex} の低いフィルタ，増幅器の発振防止回路などに適している．最近では周波数10GHz程度までも試作されている．基板としてはアルミナ，石英板等が使われている．$f_0=1/2\pi\sqrt{LC}$ である（L，C の値は6·4節参照）．

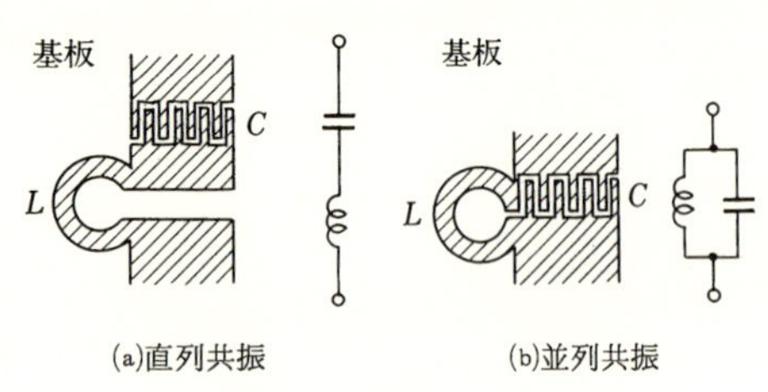

図5·30　集中定数共振器

5·4　その他の共振器

(1)　進行波共振器

通常の線路上の定在波による共振現象を使った共振器の他に，進行波共振器あるいはリング共振器と呼ばれるものがある．図5·31は導波管を使った例で主導波管を右に進む波は，A点で方向性結合器により共振器用導波管に入る．この波が導波管中を一方向A－B－Cと進み，再

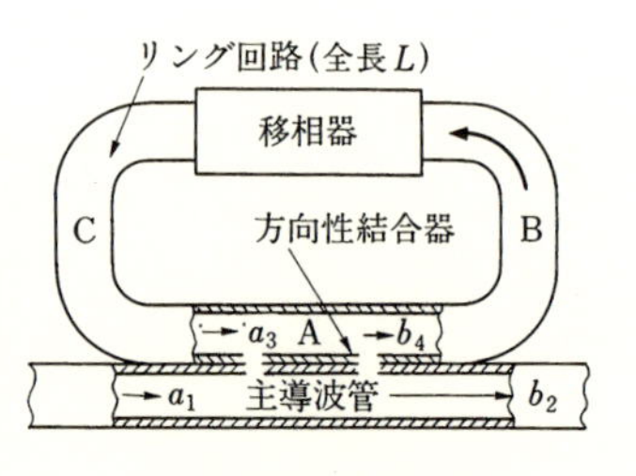

図5·31　進行波共振器

びAに戻った時に入射波の位相に一致するように線路長を運ぶか，あるいは移相器を挿入して調整すると共振導波管内の波は何回も重なり電磁界の振幅が増大する．

C を方向性結合器の電圧結合度，T をリング回路の電圧伝送係数（$=10^{-A/20}$，A：減衰量〔dB〕，β を位相定数とすると電圧利得 M は次式となる．

$$M=\frac{b_4}{a_1}=j\frac{C}{1-T\sqrt{1-C^2}\,e^{-j\beta l}} \tag{5·66}$$

共振条件は $\beta l=2n\pi$ である．幅 a の矩形 TE_{10} モードのリング共振器の共振波長は

$$\lambda_o=\frac{1}{\sqrt{\dfrac{n^2}{L^2}+\dfrac{1}{4a^2}}} \tag{5·67}$$

となる．式（5·66）に共振時の条件 $e^{-j2n\pi}=1$ を代入し，M が最大となる M_{opt} の条件を求めると，$C=\sqrt{1-T^2}$ となるので，M_{opt} が得られる．

$$M_{opt}=\frac{1}{\sqrt{1-T^2}}=\frac{1}{C_{opt}} \tag{5·68}$$

これらの関係を図5·32に示す．

なお b_3/a_1 は

$$\frac{b_2}{a_1}=\sqrt{1-C^2}-\frac{C^2T}{1-T\sqrt{1-C^2}} \tag{5·69}$$

となる．

無負荷の Q_o は，

$$Q_o=\frac{\omega}{2\alpha v_g}=\frac{n\pi{\lambda_g}^2}{\alpha L{\lambda_0}^2} \tag{5·70}$$

で与えられる．ここで n はリング回路（共振回路）中の波の数，α は導波管の減衰定数である．

このような導波管を使った進行波共振器は，大電力の試験用や進行波による

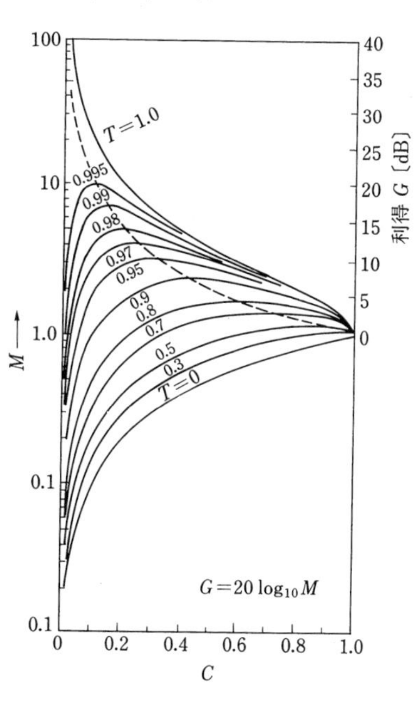

図5·32 C—M，G 曲線

フェライトのμの測定，誘電加熱などに使用されている．またこのような回路は平面回路でもでき，フィルタなどに使われる．

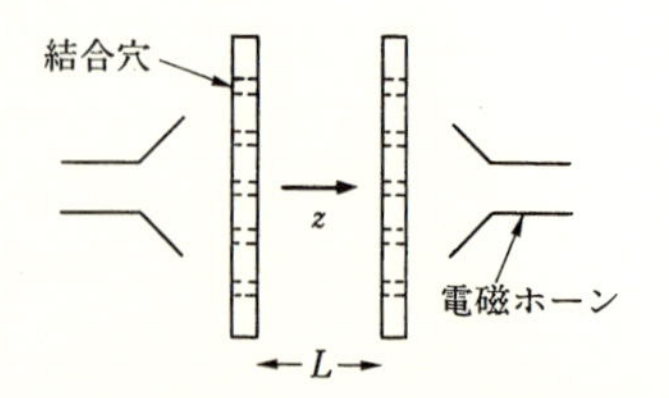

図5·33　ファブリペロ共振器

(2)　**ファブリペロ共振器**

サブミリ波領域になると，通常の空胴共振器の Q は $f^{-1/2}$ で減少するので非常に小さくなる．このような場合に，図5·33に示すような光学で使われるファブリペロ共振器が使用される．近似的にこの共振器は TEM モードで動作し，単に平行な両端面金属板で反射し，定在波を作っていると考えられる．ただ間隔 L が波長に比べて非常に大きい．また金属板の幅も波長に比べ非常に大きい．共振波長は $\beta L=P\pi$，$f=(c/2\pi)\beta=cP/2L$，（$P=1, 2, 3, \cdots\cdots$）で与えられ，P は整数で通常1000位の値をとる．Q は蓄えられたエネルギーと両端板による電力損から近似的に簡単に求めることができ，$\zeta=\sqrt{\mu/\varepsilon}$ で

$$Q=\frac{\pi P\zeta}{4R_s} \tag{5·72}$$

となる．R_s は端板の表面抵抗である．例えば $\lambda=0.1\,\mathrm{mm}$，$L=5\,\mathrm{cm}$ の銅板製の共振器（$R_s=0.45\,\Omega$）では650 000にも達する．結合は図5·33のように，ミリ波では板にあけられたホールで，光学では半透明板を使用している．また実際には回折損などで Q は幾分低下し，またこれらを改善するため両端板を適当な曲面にするなどしている．レーザの共振器は，この形の共振器を使っている．

第6章

マイクロ波デバイスと回路素子

前章まででマイクロ波伝送路，共振器の電磁界やそれらを組合せた回路の一般的取扱い方について学んだので，この章では実際にマイクロ波回路で使われる回路素子や，ある特定の機能を持ったデバイスの基礎原理や代表的構造等について学ぶことにする．

6·1　分岐回路

3ポート以上の回路が1点に集まっているものが分岐回路で，図6·1，(a)図では導波管E面で，(b)図ではH面で分岐されているので，それぞれE面T分岐，H面T分岐と呼ばれている．$TE_{10}^{\square}$ モードで伝送する導波管では，既に学んだように進行方向の電流は主として上下の面（H面）中央を流れると考えてよいので，(a)図では，ポート③はポート①，②間に直列になり，また(b)図では③への電流は①，②に並列となるので等価回路は(a)′,(b)′のように直，並列回路となる．いまE分岐で③に入力があると波は，図6·2，(a)図に示したような電界分布で進ので，①，②には同振幅であるが互いに逆相で向かうことがわかる．このことはまた，①，②に同振幅，同相の入力波がある場合③では互いに逆相となり，打消し合って出力がないことを意味している．一方H分岐では(b)図に示すような磁界分布で進むので，③からの入力は同振幅，同位相で①，②に向かうこと

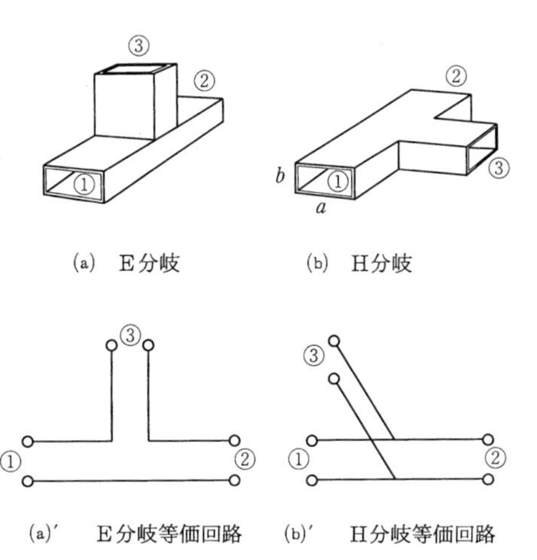

図6·1　T分岐

がわかる．(a)，(b)に示したように電界，磁界分布ともに接合付近では $TE^{\square}_{10}$ の分布が乱れるので，6・4節に述べるように，その点に等価的に集中リアクタンスが挿入されたのと同じになり，厳密な等価回路には(a)′,(b)′のように L, C が存在する．しかしながら実用上は分岐点にネジ，窓などのリアクタンス素子を挿入してこの L, C を打消すようにしている場合が多いので，そのときの等価回路は図6・1，(a)′,(b)′の簡単な等価回路でよい．T分岐は測定回路，信号分割器などに多く使われている．また分岐間角度を 120° にしたY分岐は対称性などに特長がある．同軸線路および MIC 用マイクロトリップ線路のT分岐には図6・3に示すようなものが使われ，TEM モードであるため図6・1，(b)′図のような並列分岐となる．

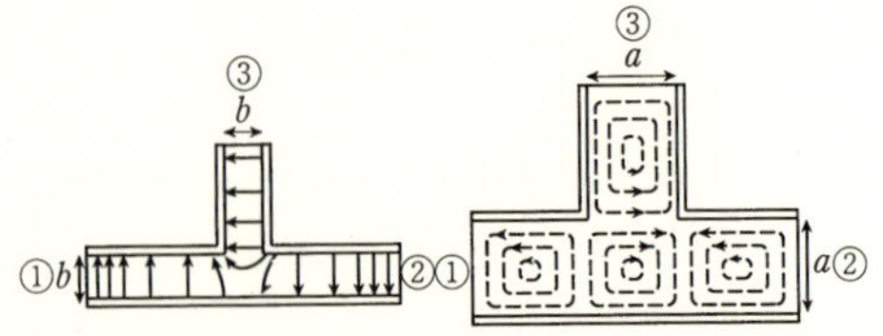

(a)　E分岐の電界分布　　(b)　H分岐の磁界分布

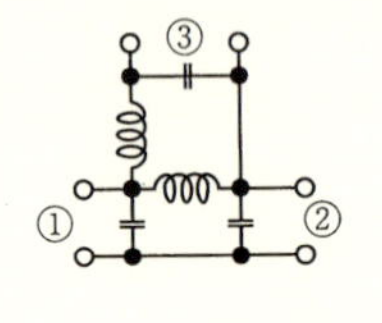

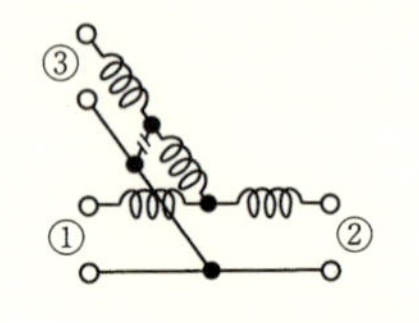

(a)′　E分岐等価回路　　(b)′　H分岐等価回路

図6・2　T分岐の電磁界と厳密等価回路

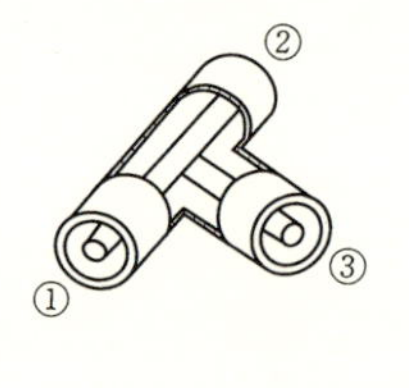

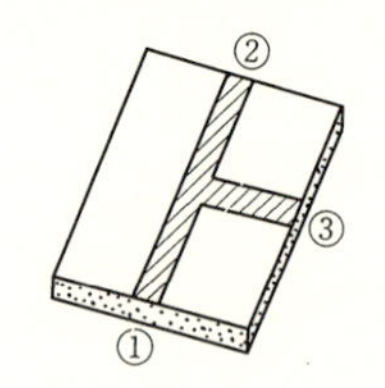

(a)　同軸T分岐　　(b)　マイクロトリップT分岐

図6・3　同軸およびマイクロトリップ線路T分岐

6・2　減衰器

減衰器は電気回路の抵抗 R と同様にマイクロ波回路で減衰を与えるデバイスで，減衰量が可変な可変減衰器は電力レベルの調整，測定用などに使われ，固定減衰器は電力レベルの設定，パッドと呼ばれる減衰器等に使われる．減衰器としては入出力端 VSWR が小さいこと，減衰量が経年変化しないこと，広帯域で動作可能なこと，用途に応じた耐電力性等が要求される．特に回路の終端に接続して入射波を全て吸収させる目的に作られた低 VSWR の固定減衰器を無反射終端（dummy load）と呼んでいる．

(1)　**可変減衰器**

通常使用される可変減衰器は，導波管などの電界に平行に管軸方向に抵抗膜を挿入して伝送エネルギーの一部を熱に変換させて，減衰させるものである．図6·4のように $TE_{10}^{\square}$ の場合，薄い抵抗膜により電界分布は変化しないとみなせるので減衰量 A は次式で与えられる．

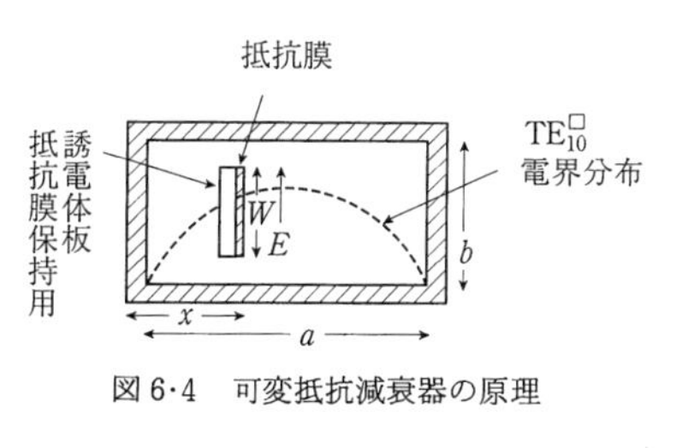

図 6·4　可変抵抗減衰器の原理

$$A=\frac{8.686WlZ_H}{Rab}\sin^2\frac{\pi x}{a}\quad〔\mathrm{dB}〕\qquad(6·1)$$

ここで W, l, R はそれぞれ抵抗膜の幅，長さ及び抵抗値〔Ω/□〕で Z_H は導波管（$a\times b$）の特性界インピーダンス，x は抵抗膜の側壁からの距離である．抵抗膜としてはベークライトにカーボンを塗布，焼き付けしたものや，ガラスやマイカレックスに金属膜を蒸着したものがあるが，周波数特性の点から後者の方が優れている．R としては100～200〔Ω/□〕が使われる．また抵抗膜の部分は入出力端の反射を防ぐため，3·4·3と3·4·4項で述べたような $\lambda g/4$ ステップやテーパ状となっている．なお実際には抵抗膜に僅かの L, C が存在して，特定の x で共振現象を生ずることがある．上式から可変減衰器としては，抵抗膜の位置 x あるいは導波管内の膜の面積（Wl）を変化させればよいことがわかる．図 6·5，(a)図は x を細い金属支持棒で変化させるもので，ベイン形と呼ばれている．金属棒は電界に垂直で金属棒間隔が $\lambda_g/4$ のため反射は互いに打消して殆んどない．金属膜を使い減衰量 0.1～40dB のものが得られ精密級に適している．(b)図は導波管H面中央にみぞ（slot）を切り，図のような形の抵抗膜板を挿入し，管内の膜面積を変化させるもので 0～20dB 程度が得られ，構造が簡単なためミリ波帯や簡易形，また類似の構造のものが同軸管用として使われている．(c)図に示すものは回転形減衰器で，円形 $TE_{11}^{\bigcirc}$ モードの導波管内に抵抗膜板が挿入されている．いまこの部分を回転させると，膜が電界に平行な場合が最も減衰量は大きく，電界に垂直になると殆んど減衰しないで減衰量は次式で与えられる．

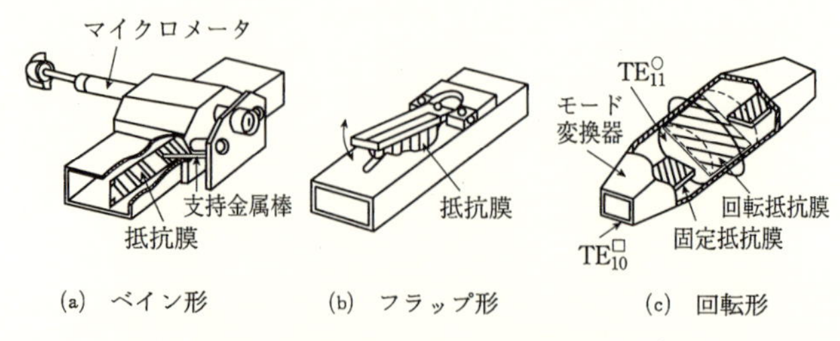

図6·5　各種可変減衰器（抵抗減衰器）

$$A=20\log_{10}\frac{1}{\cos^2\theta}+C \quad 〔\mathrm{dB}〕 \tag{6·2}$$

C は $\theta=0$，すなわち電界に垂直な時の減衰量である．このように減衰量は回転角 θ だけで定まり，周波数依存性がなく，θ による位相変化も少ないので減衰の2次標準として使うことができる．なお実際には図のように矩形→円形→矩形変換導波管を使用し，入出力にはモードサプレッサ用固定抵抗膜が入り，回転部はチョークフランジで電気的不連続がないように作られている．

(2)　リアクタンス可変減衰器

図6·6に示すようにしゃ断導波管を使うものである．4·5節(2)で学んだように λ がしゃ断波長 λ_c より大きな場合は導波管の伝搬定数 γ は実数 α となり，

$$\gamma=2\pi\sqrt{\frac{1}{\lambda_c^2}-\frac{1}{\lambda^2}}=\alpha$$

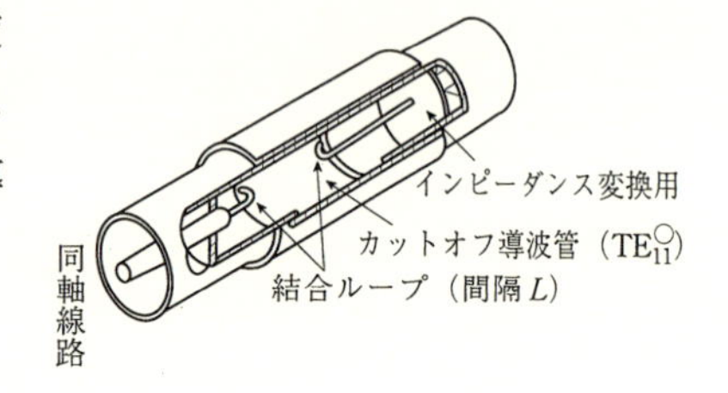

図6·6　リアクタンス減衰器

従って電界 $E\propto e^{-\alpha z}$ となるので長さ L のしゃ断導波管通過後の減衰量 A は次式となる．

$$A=8.69\,\frac{2\pi L}{\lambda_c}\sqrt{1-\left(\frac{\lambda_c}{\lambda}\right)^2} \quad 〔\mathrm{dB}〕 \tag{6.3}$$

従って $\lambda\gg\lambda_c$ なら A は L に比例するので減衰量の標準として使うことができ，信号発生器などに使われている．しかしながら，この形では入射波の減衰エネルギーは熱に変換されるのではなく，入力端への反射波となるため，通常アイソレータあるいは 20 dB 程度のパッドを使用する必要がある．

(3)　固定減衰器および無反射終端

固定減衰器は一定の減衰量を与えるもので，図 6·5，(a),(b)のペイン形，フラップ形で可変部を固定にしたものが使われている．また中，大電力用としてはカーボニル鉄粉，グラファイトなどの成形物を導波管内に配置したものが使われ，一般に放射板を設けて熱の放射をよくしている．同軸用には図6·7，(a)図に示すような内管としてガラス管表面に金属皮膜を蒸着したものや，線路内にポリアイアン等の損失材料を充てんしたものなどがある．また MIC 用としては図6·7，(b)図に示すような膜抵抗が使われ，抵抗値 R は次式で与えられる．

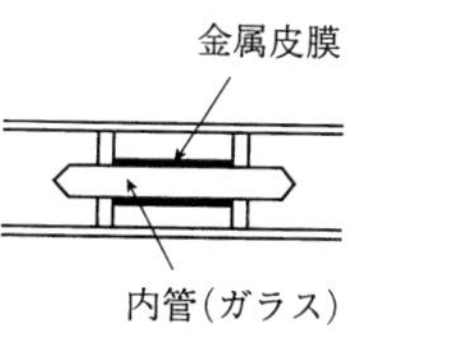

(a)　同軸用固定減衰器

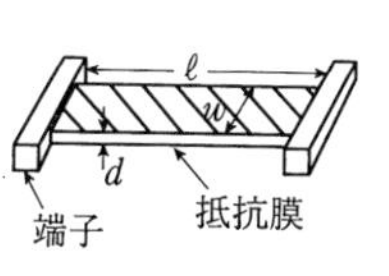

(b)　MIC 用抵抗

図 6·7　固定減衰器

$$R=\frac{\rho}{d}\,\frac{l}{W}=R_s\cdot\frac{l}{W}\quad〔\Omega〕\tag{6·4}$$

l, W, d は各々膜の長さ，幅，厚みを示し，ρ は固有抵抗，R_s は面積抵抗で，抵抗体としては NiCr の蒸着（40～400 Ω/□）や Ta のスパッタリング（5～100 Ω/□）が多く使われている．無反射終端としては上述の固定減衰器を短絡端の前に置いた構造のものや，図 6·8，(a),(b)図に示すようなポリアイアンを使用したものが，同軸，導波管用として使われ，VSWR≲1.1～1.05 程度である．また(c)図は MIC 用である．

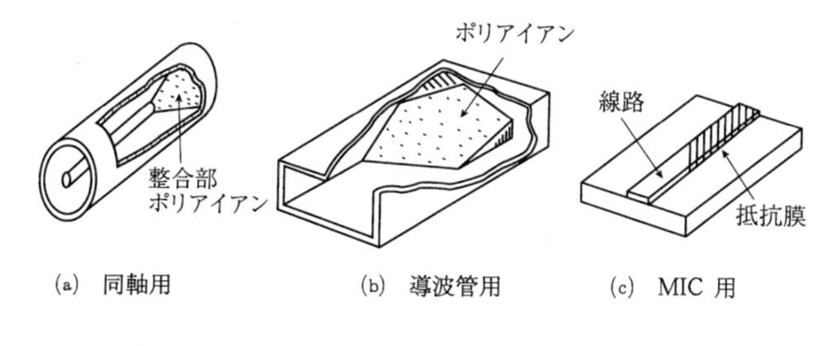

(a)　同軸用　　(b)　導波管用　　(c)　MIC 用

図 6·8　無反射終端

6·3 移相器（可変位相器）

移相器（phase shifter）とは線路の位相定数 β, l を変化させて，入出力端間の位相 $\theta=\beta l$ を変化させるもので，測定系やアンテナ系に多く使われる．β は $\varepsilon\cdot\mu$ に関係しているので，通常は誘電体の位置を変えるなどして等価的に ε を変えて β を変化させている．導波管形移相器としては，構造が可変減衰器と全く同じ，図6·5，(a)図のベイン形，(b)図のフラップ形があるが，抵抗膜のかわりにやや厚い誘電体板が使われる．誘電体としてはポリスチロール，テフロン，マイカ板などが使われる．なお誘電体が挿入されるために位相特性に共振現象を生ずることがあるが，これは高次モードの発生によるためで適当な小抵抗膜を誘電体面に貼りつけるか，金属ブロックを側面に挿入して高次モードのしゃ断波長を小さくするなどの方法で改善できる．また(c)図に対応した回転形移相器も測定器などに使用されている．この原理を図6·9によって説明する．

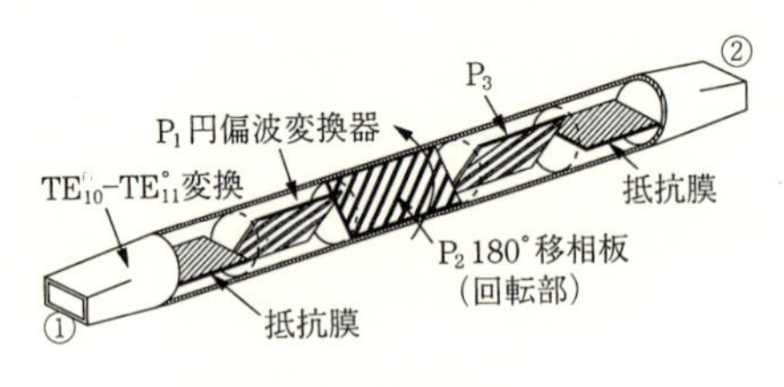

図 6·9 回転形移相器

ポート①からの入力 $TE_{10}^{\square}$ モードは円形 $TE_{11}^{\bigcirc}$ に変換され，電界に誘電体が，45°の角度で置かれた 90°位相器 P_1 を通る．電界は誘電体に平行成分 $E_{/\!/}$，垂直成分 $E_{\perp}$ に分解されるが，誘電体板は，$E_{/\!/}$ に対しては ε として働き，$E_{\perp}$ に対しては誘電体がないと考えてよいので $\beta_{/\!/}$ は $\beta_{\perp}$ より大きくなる．P_1 は出力における位相差 $(\beta_{/\!/}-\beta_{\perp})l=\pi/2$ になるように誘電体長 l を選んであるので 90°位相器と呼ばれている．この位相器を出ると 2·5 節で学んだように，図の場合正の円偏波となる．このため円偏波変換器と呼ばれることもある．この波が P_1 に対し誘電体板が θ だけ傾いた 180°位相器 P_2 を通ると出力は反対方向に回転する円偏板になり，さらに 90° 位相器 P_3 を通過すると，ポート②では入射ベクトルに平行な $TE_{10}^{\square}$ の次式の出力波 E' が得られる．

$$E'=E\exp\{-j2(\phi_1+\phi_2)\}\exp(-j2\theta) \qquad (6\cdot5)$$

従って P_2 を回転させ θ を変化させれば 2θ の移相量が得られることがわかる．90°，180° 位相器の誘電体に直角方向の電界モードに対する移相量 ϕ_1, ϕ_2 が周波数特性をもつ欠点があるが，回転角目盛から移相量が直読できるなどの特長があるのでミリ波帯でよく使われる．以上の他に，移相器としては6·8節で述べるフェライト応用デバイスが使われる．

6·4 リアクタンス素子

マイクロ波においては終端短絡の線路長を変化させることにより，L, C に等価なものが得られることについては既に学んだが，ここでは等価的に線路に並，直列の L, C を簡単に得る方法について学ぶことにする．いま図6·10，(a)図のように，$TE_{10}^{\square}$ モードの導波管内に導体が挿入されている場合には当然入射波は導体に当り反射を生じ，その付近の電磁界は境界条件を満足するようにかなり乱れる．このような場所の関数である乱れた電磁界を4·5節で学んだ空導波管の多数のモード（正規モード）の和として表わせることは，一般に歪んだ時間関数の波をフーリェ級数を使って正，余弦波（$\sin n\omega t$, $\cos n\omega t$）で展開できるのと同じである．すると，基本モード $TE_{10}^{\square}$ は当然この導波管を通過するが，高次モードはしゃ断域のため導体付近のみに存在する．このことはその付近に電磁界に蓄えられるエネルギーが存在するので等価的に L, C すなわちリアクタンス素子があることを意味する．以下このような考え方をいま少し定量的に扱ってみる．

まず金属（導体）障害物が入出力に対し対称の場合は，当然(b)図の等価回路も図のように対称になる．このような回路は同，逆相励振の考え方を使うと簡単に解析できる．端子 T_1, T_2 から同振幅，同位相の波を同時に入射させた場合の入力インピーダンス z_s は，ちょうど中央部が電気的に開放になるため，$z_s = Z_S + 2Z_P$ となり，同振幅，逆位相の逆相励振の場合には，中央が短絡で零電圧となるので，入力インピーダンス z_a は $z_a = Z_S$ となる．従って T 形の各

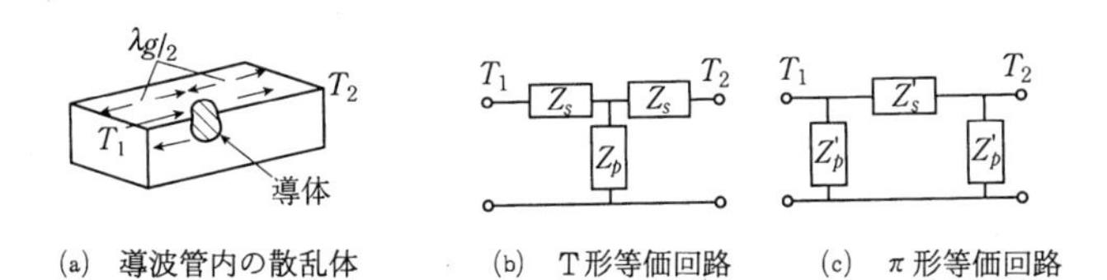

(a) 導波管内の散乱体　(b) T形等価回路　(c) π形等価回路

図6·10 導波管内の散乱体と等価回路

素子および同様にしてπ形の各素子の値は，測定あるいは計算で求めた z_a, z_s から次式で与えられる．

$$
\left.
\begin{array}{ll}
\text{T 形等価回路} & \pi\ \text{形等価回路} \\
Z_S = z_a & Z_P' = z_s \\
Z_P = \dfrac{z_s - z_a}{2} & Z_S' = \dfrac{2 z_s z_a}{z_s - z_a}
\end{array}
\right\} \quad (6\cdot6)
$$

(1)　**$TE_{10}^{\square}$ 方形導波管内の薄い容量性窓**

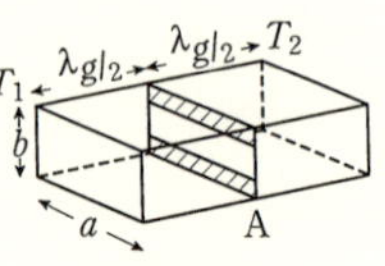

(a)　容量性窓

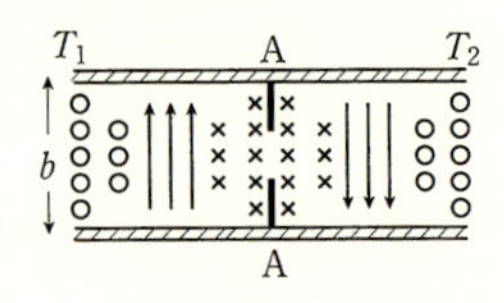

(b)　逆相励振時の電磁界

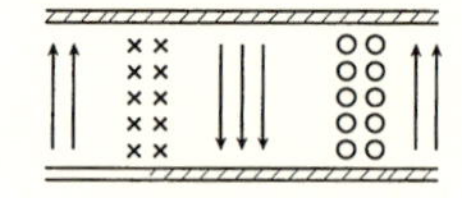
(c)　同相励振時の電磁界（窓なし）

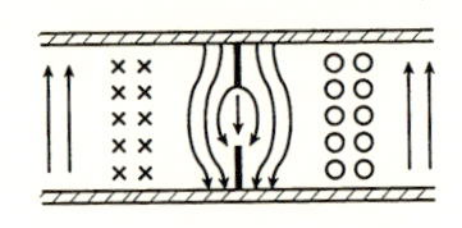
(d)　同相励振時の電磁界

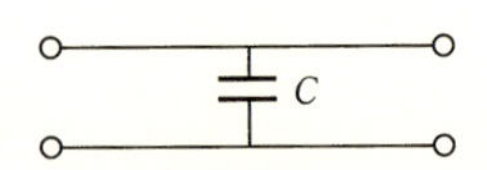

(e)　等価回路

──→ 電気力線
×○　磁力線

図6·11　容量性窓のサセプタンス

図6·11，(a)図のような薄い金属窓が容量性サセプタンスとなることを調べる．図のように薄い金属板がA点にあるときのこの板の中心から $\lambda g/2$ 離れた T_1,T_2 を入出力ポートとする．TE_{10} モードで逆相励振時の電磁界分布は(b)図のようになり，A点では電界が零でちょうどこの点が短絡されているのと同じである．従ってこの位置に薄い金属板を置いても変化がなく，入力インピーダンス $z_a=0$ となり，等価回路はT形では $Z_S=0$ となり並列リアクタンス Z_P のみで表示できる．つぎに空導波管を同相励振すると電磁界は(c)図のように分布し，両ポートが磁壁の共振器と同じように内部に蓄えられる磁気的エネルギーの時間平均値 W_m は，電気エネルギーの時間平均 W_e に等しい．いまA点にさきの形状の金属板が挿入されると，(d)図のように電界は進行方向成分がある分布となる．このことは(d)図の分布は正規モードの集まりと考えた場合，TM mn のエバネセントの高次モードが発生していることを示している．このような場合には，T_1～T_2 間に蓄えられるエネルギーは後述のように $W_e > W_m$ となる．一方 T_1～T_2 間に損失がないと，次に示すように入力端からみたアドミタンス Y は jB の形となるので，(e)

図に示すように線路上で A 点に容量が並列に接がれている等価回路となる．ここで2·4節で学んだポインティングベクトルを使ってこれらの関係を調べてみる．導波管の $T_1 \sim T_2$ に対して，入力ポートの等価電圧，電流を V, I とすると式（2·19）に示したように，$R_l=0$ の場合，

$$\frac{1}{2}VI^*=2j\omega(W_m-W_e)$$

で $I^*=Y^*V^*$ を代入することにより Y は次式となる．

$$Y=j\frac{4\omega(W_e-W_m)}{|V|^2} \tag{6·7}$$

従って $W_e>W_m$ なら $Y=jB$, $W_e<W_m$ なら $Y=-jB$ の形となり，それぞれ容量性，誘導性サセプタンスとなることが容易にわかる．ある領域内にエバネセントの TM_{mn} モードが存在すると $W_e>W_m$ となり，エバネセント TE_{mn} の場合は $W_e<W_m$ となることは，やはりポインティングベクトルとエネルギーの式から次のように導ける．図6·12のように S_1, S_1' 面および導波管で囲まれた領域を考える．波は S_1 から入るとすると，エバネセントの波は進むにつれ減少し S_1'面から外に出て行かない．従って S_1'面上および導波管面上で電界は零となるので，式（2·20）のポインティングの式から TE エバネセント波に対して次式が成り立つ．

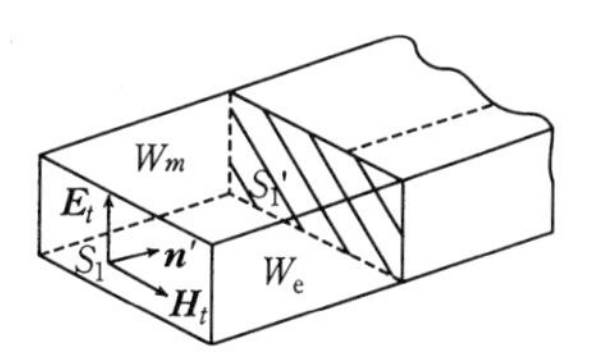

図6·12 エバネセント波に対するポインテングベクトル

$$\frac{1}{2}\int_{s1}\boldsymbol{E}\times\boldsymbol{H}^*\cdot\boldsymbol{n}\mathrm{d}s=\frac{1}{2}\int_{s1}\boldsymbol{E}_t\times\boldsymbol{H}_t^*\cdot\boldsymbol{n}\mathrm{d}s=\frac{1}{2}Z_H\int_{s1}|\boldsymbol{H}_t|^2\mathrm{d}s$$

$$=\frac{1}{2}\frac{j\omega\mu}{\gamma}\int_{s1}|\boldsymbol{H}_t|^2\mathrm{d}s=P_d+2j\omega(W_m-W_e) \tag{6·8}$$

エバネセント波では γ は $\gamma=\alpha$ の実数であるから，$P_d=0$ の無損失領域では $W_m>W_e$ となることがわかる．一方 TM エバネセント波に対しても同様に

$$\frac{1}{2}\int_{s1}\boldsymbol{E}_t\times\boldsymbol{H}_t^*\cdot\boldsymbol{n}\mathrm{d}s=\frac{1}{2}\frac{\gamma}{j\omega\varepsilon}\int|\boldsymbol{H}_t|^2\mathrm{d}s=P_d+2j\omega(W_m-W_e) \tag{6·9}$$

となるので $P_d=0$ の場合 $W_e>W_m$ となることがわかる．また式(6·8)，(6·9)

で波を伝搬波と考えると $\gamma=j\beta$ となるので，両式が成立するためにはよく知られているように $W_m=W_e$ が成立する．

(2)　$\mathrm{TE}_{10}^{\square}$ 方形導波管の薄い誘導性窓

図6·13，(a)図のように金属窓が挿入されている場合も，板が薄ければ(1)で述べたように逆相励振ではA点で電界零で $z_a=Z_s=0$ となり，等価回路は並列サセプタンスのみとなる．同相励振の磁界分布は(b)図のようになり，磁界は z 成分を持つ高次エバネセントモードの集まりと考えられるので，式(6·8)から $W_m>W_e$ となり，式(6·7)から並列サセプタンスは誘導性であることがわかる．(e)図に等価回路を示す．また(c)，(d)図の電界分布から推定できるように，図の場合，主として TE_{10} の伝搬モードと TE_{30} の高次エバネセントモードからできているこ

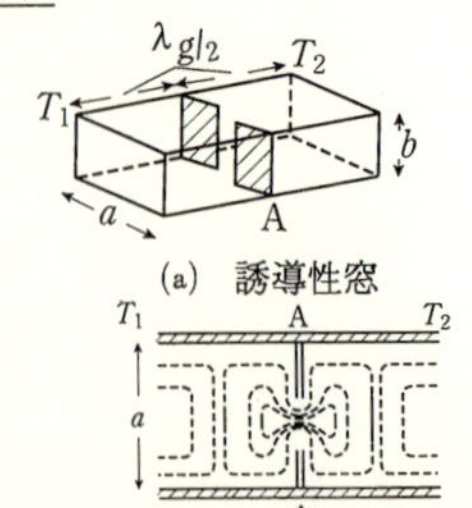

(a)　誘導性窓

(b)　同相励振時の磁界分布

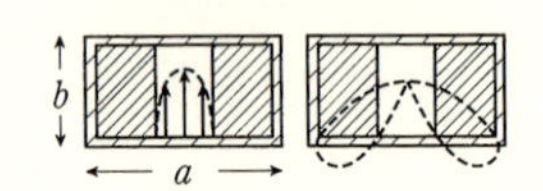

(c)　窓の電界分布＝(d)電界分布 $(\mathrm{TE}_{10}+\mathrm{TE}_{30})$

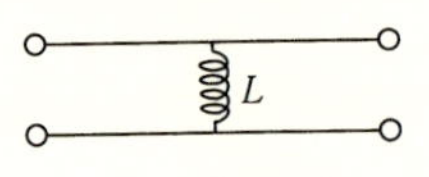

(e)　等価回路

図6·13　誘導性窓のサセプタンス

	構　　造	正規化サセプタンス	
対称窓	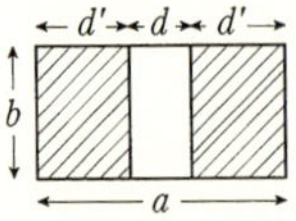	$B\simeq-\dfrac{\lambda_g}{a}\cot^2\left(\dfrac{\pi d}{2a}\right)$	$\left(\dfrac{d}{a}\ll1\right)$
		$B\simeq-\dfrac{\lambda_g}{a}\tan^2\left(\dfrac{\pi d'}{2a}\right)$	$\left(\dfrac{d'}{a}\ll1\right)$
非対称窓	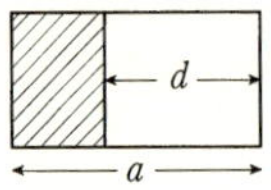	$B\simeq-\dfrac{\lambda_g}{a}\left\{1+\mathrm{cosec}^2\left(\dfrac{\pi d}{2a}\right)\right\}\cot^2\left(\dfrac{\pi d}{2a}\right)$	
円形孔	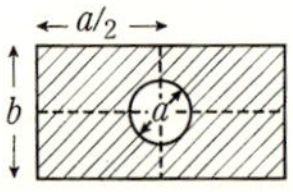	$B\simeq-\dfrac{3ab\lambda_g}{2\pi d^3}$	$(d\ll a,\ b)$
ポスト	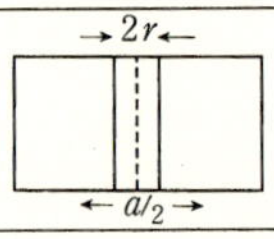	$B\simeq-\dfrac{2\lambda_g}{a}\times\dfrac{1}{\ln\left(\dfrac{2a}{\pi\gamma}\right)-2}$	$\left(\dfrac{2\gamma}{a}\ll1\right)$

図6·14　誘導性リアクタンス素子

	構造	正規化サセプタンス
対称窓	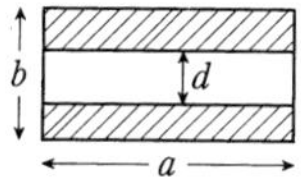 b, d, a	$B=\frac{4b}{\lambda_g}\ln \operatorname{cosec}\left(\frac{\pi d}{2b}\right)$
非対称窓	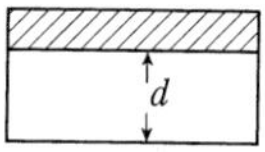 d	$B=\frac{8b}{\lambda_g}\ln \operatorname{cosec}\left(\frac{\pi d}{2b}\right)$
ポスト	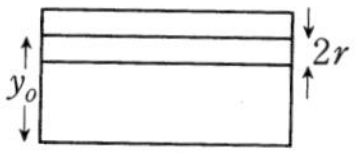 y_o, $2r$	$B_1\simeq\frac{2b}{\lambda_g}\left(\frac{\pi r}{b}\right)^2,\ B_2\simeq\frac{1}{B_1}$ $\left(\frac{2r}{b}\ll 1\right)$ B_2：直列容量

図 6·15 容量性リアクタンス素子

とも容易に推定できる．このようにして窓の形状と等価回路の関係が定性的に分ったが，一定の寸法の窓の L, C を定量的に求めるには，高度の数学的扱いが必要となるので図 6·14，図 6·15 には結果のみを示した．

(3) その他のリアクタンス素子

窓として厚みのある金属を使う場合には図 6·16 のように直列要素も考慮する必要がある．リアクタンス素子としては上述の LC を組合せ共振器とした図6·17，(a)図の共振窓があり，等価回路は(b)図で $Q\simeq10$ 程度である．また導波管内に金属棒スタブ（ポスト）を挿入したときのサセプタンスの値は図6·14，6·15内に示した．図6·17，(c)図に示すような先端開放スタブの挿入長を可変にして，(d)図の等価回路のように可変サセプタンスとするものも，線路の整合用スタブ素子としてよく使われている．

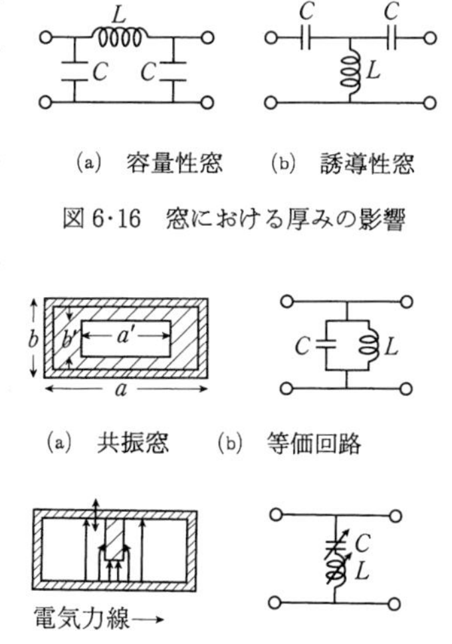

(a) 容量性窓　(b) 誘導性窓

図 6·16 窓における厚みの影響

(a) 共振窓　(b) 等価回路

(c) 可変長スタッブ　(b) 等価回路

図 6·17 共振窓とスタブ

(4) MIC 用 *L*, *C* 素子

MIC 用 L, C 素子としては集中定数と同様

な構造のものが主に使われる．図6·18，(a)図は基板上に構成された層構造コンデンサで容量 C は，

$$C=0.0885\times10^{-6}\cdot\varepsilon_r\frac{Wl}{d}\quad〔\mu F〕\qquad(6\cdot10)$$

で与えられる．誘電体層には SiO_2 が多く使われ，厚み d は 0.5〜1.0 μm 程度で Q は数 100 程度で C は 1〜10 pF である．(b)図はインターディジタル構造のコンデンサで線路と同様に簡単に構成できるが，容量は 0.01〜1 pF の小容量で，Q はやはり数100程度である．L 素子としては図6·19図のように一般に基板上の導体線により集中定数素子としてインダクタンスが作られる．(a)図は直線リボン状インダクタで L の値は，$W\gg h$ のとき

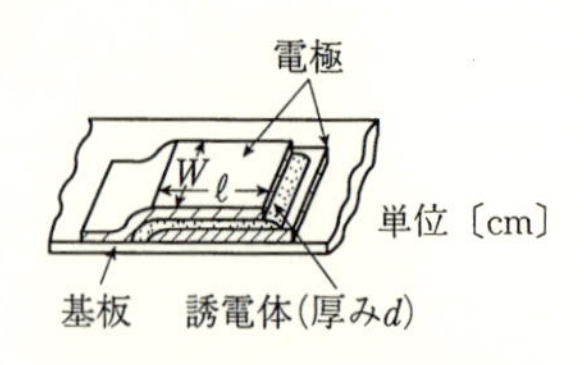

(a)　層コンデンサ（基板上）

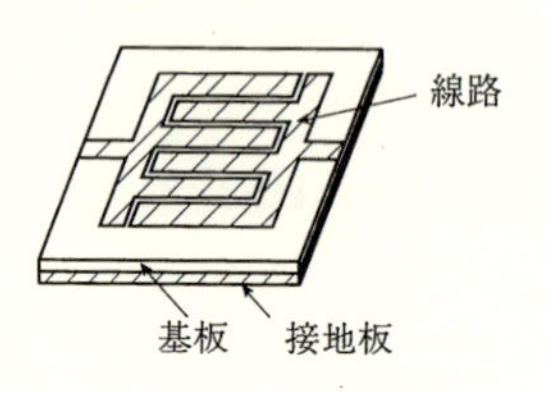

(b)　インターディジタルコンデンサ

図6·18　MIC 用コンデンサ

$$L=5.08\times10^{-3}l\left[\ln\frac{l}{W+h}+1.193+0.223\frac{W+h}{l}\right]\quad〔nH〕\qquad(6\cdot11)$$

で与えられる．L の値は 2 nH 程度が限度で，それ以上の値はスパイラル状インダクタで得られる．(b)図の円形スパイラル状インダクタの L の値は，$a=$

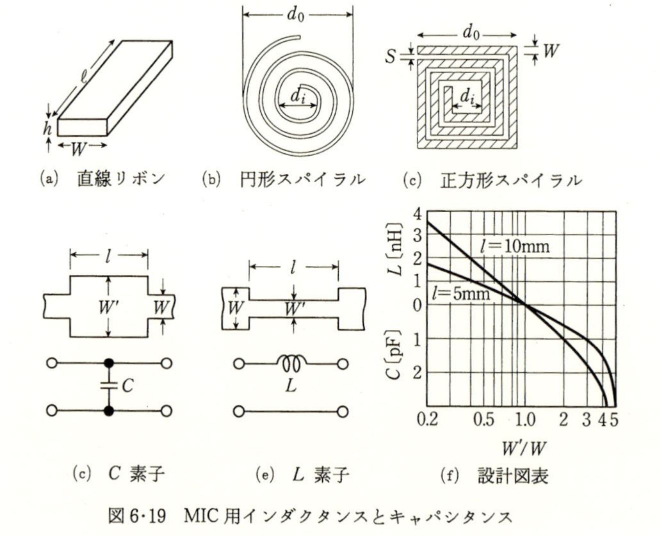

(a)　直線リボン　　(b)　円形スパイラル　　(c)　正方形スパイラル

(c)　C 素子　　(e)　L 素子　　(f)　設計図表

図6·19　MIC 用インダクタンスとキャパシタンス

$(d_o+d_i)/4$, $c=(d_o-d_i)/2$, n を巻数とすると

$$L=\frac{a^2n^2}{8a+11c} \quad \text{〔nH〕} \tag{6・12}$$

で与えられる．Q は $d_o=5d_i$ のとき最大となり数10程度である．(c)図のような角形スパイラル状インダクタも使われ $S=W$ に対する実験式は次式で与えられている．

$$L=8.5\times10^{-10}A/W^{\frac{5}{3}} \quad \text{〔nH〕} \tag{6・13}$$

ただし $d_o=\sqrt{A}$, $W=S$, A：コイルの表面積〔cm^2〕, W は導体幅〔cm〕, S は導体間隔〔cm〕である．なおスパイラル内部の導体端子は，クロスオーバと呼ばれるスパイラル導体の下を絶縁層を介して行なう方法で外部に接続される．なお式（6・11)～(6・13）は他の金属の影響のない場合で，基板の金属接地導体等の影響があると L の値は小さくなるが，$h\gg 20W$ で同一平面状の接地導体と $5W$ 以上離せばほぼ上式が成立する．以上の他に(d), (e)図のように短い区間ストリップ線路長幅を広くし並列容量として動作させ，一方幅を狭くして直列インダクタンスとして動作させるものもよく使われ，設計は(f)図で行なえばよい．

6・5 方向性結合器

図6・20に示すように各端子が整合している4ポートネットワークで，ポート①からの入力 P_1 は②からの出力 P_2 となるが入力の一部がポート④に結合し，ポート③には殆んど結合がないようなものを方向性結合器（directional coupler）と呼んでいる．この方向性結合器の特性を示すものとしては，結合度 C，方向性 D があり次式で定義されている．

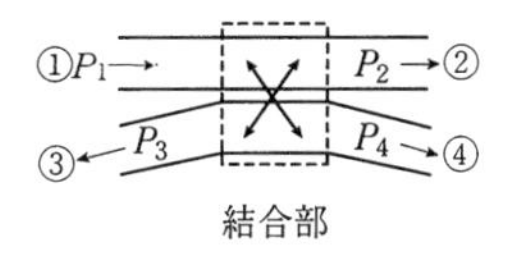

図6・20 方向性結合器

$$C=10\log_{10}\frac{P_4}{P_1} \quad \text{〔dB〕}, \qquad D=10\log_{10}\frac{P_4}{P_3} \quad \text{〔dB〕} \tag{6・14}$$

従って，D が大きく C が要求される値を有し，C, D が周波数特性を持たなく，また入力端反射の少ないものほどよい方向性結合器と言える．なお結合度として $-C=10\log_{10}(P_4/P_1)$ を使う場合もある．方向性結合器は無損失の4

ポートネットワークと考えてよいので，3·5節で学んだSマトリクスを使うと，対称性とユニタリ性から理想的方向性結合器のSマトリクスの標準形は次式となる．

$$(S)=\begin{pmatrix} 0 & \alpha & 0 & j\beta \\ \alpha & 0 & j\beta & 0 \\ 0 & j\beta & 0 & \alpha \\ j\beta & 0 & \alpha & 0 \end{pmatrix} \qquad (6\cdot15)$$

ここで $\alpha^2+\beta^2=1$ である．

これから②に入力を加えると①から出力が得られるが，一部は同じ結合度Cで③に結合し，この場合の方向性Dの値も同じであることがわかる．通常Cは$-3\sim-60$ dB, $D\simeq30\sim40$ dB程度である．このような性質があるので，方向性結合器は①に入力を加え②に負荷を接ぐと，入射波に比例した出力が④から，また反射波に比例した出力が③から得られるので，容易に負荷の反射係数の測定ができ，インピーダンスブリッジや，出力電力の監視などに多く使われている．方向性結合器としてはいろいろのものが考えられ，実用化されているので以下その原理，特長などを学ぶことにする．

(1) 小孔による結合

方向性結合器は，ポート①，②を有する主導波管や主同軸線路をポート③，④の副導波路に小孔などにより結合した構造のものが多い．いま図6·21，(a)図のように，導波管Ⅰ，ⅡがH面で重なり小孔で結合している場合を考える．主導波管Ⅰの電界（b図）は小孔のため，(b)図のように孔を通しもれ導波管Ⅱを励振する．この場合の励振の様子は，電気力線分布から(d)図のようにちょうど小孔を閉じ小孔の中心A点に電気双極子$\boldsymbol{P}$が存在すると考えてよい．$\boldsymbol{P}$は

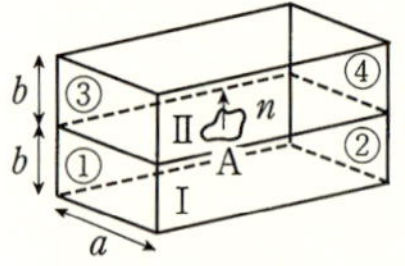

(a) 小孔による導波管の結合（$TE_{10}^{\square}$）

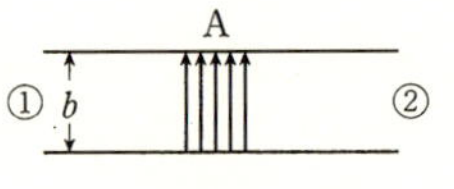

(b) 主導波管内の電界

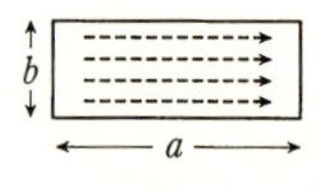

(e) 主導波管内の磁界

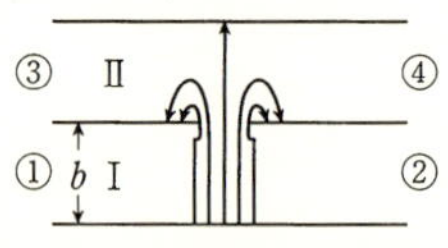

(c) 小孔付近の電界

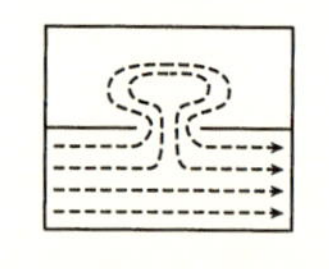

(f) 小孔付近の磁界

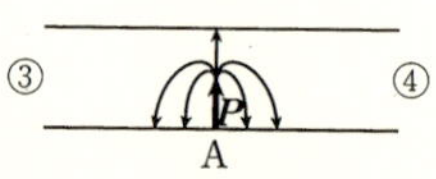

(d) Pによる電界

(g) Mによる磁界

図6·21 小孔による結合

また小孔を閉じた場合のA点におけるIの導波管の電界 $\boldsymbol{E}$ に比例して，小円孔の半径 r_0 が波長 λ に比べて十分小さいと次式で与えられる．

$$\boldsymbol{P}=-\varepsilon_0\alpha_e(\boldsymbol{n}\cdot\boldsymbol{E})\boldsymbol{n},\qquad \alpha_e=-\frac{2}{3}r_0^3 \tag{6·16}$$

$\boldsymbol{n}\cdot\boldsymbol{E}$ は電界$\boldsymbol{E}$ の穴に垂直すなわち $\boldsymbol{n}$ 方向の成分を示しており，α_e は電気分極率と呼ばれている．つぎに(e)図のように管壁の所に磁界が存在している場合には，小孔による磁力線のもれは(f)図のようになり，これはちょうど(g)図のようにやはり小孔を閉じA点に磁気双極子 $\boldsymbol{M}$ が存在する場合と同じと考えてよく，$\boldsymbol{M}$ はAにおけるIの導波管の磁界 $\boldsymbol{H}$ に比例して次式で与えられる．

$$\boldsymbol{M}=-\alpha_m\boldsymbol{H}_t\qquad \alpha_m=\frac{4}{3}r_0^3 \tag{6·17}$$

$\boldsymbol{H}_t$ はA点の管壁に接線方向の磁界で，α_m は磁気分極率である．なお上述の関係はI，IIを導波管としたが，一般に導体壁に小孔があいている場合に励振源 $\boldsymbol{E}, \boldsymbol{H}$ の存在するIの領域と励振されるIIの領域に対して成り立つ．また主線路Iの電磁界に対する穴の影響を考える場合には穴をとじ，その点に先の $\boldsymbol{P}, \boldsymbol{M}$ に対し逆方向に向いた $\boldsymbol{P}, \boldsymbol{M}$ が存在しているとして計算すればよい．

(2)　ベーテ孔結合器

図6·22のベーテ孔方向性結合器では，上述のように結合孔に導波管IのTE₁₀ モードの電界 E_y に比例し，孔に垂直な $\boldsymbol{P}$ と磁界に比例し，磁界と逆方向の $\boldsymbol{M}$ を同時に生ずる．この $\boldsymbol{P}$ により導波管IIには図6·23，(a)の電気力線分布からわかるように，両方向すな

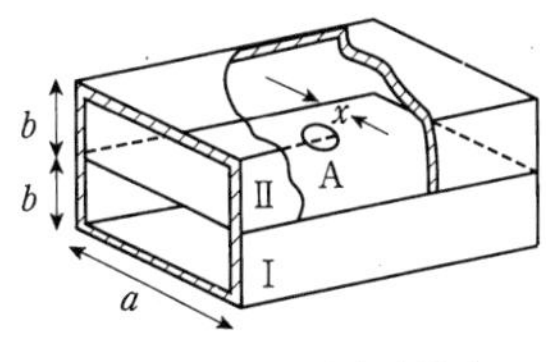

図6·22　ベーテ孔方向結合器
($\theta=0$)

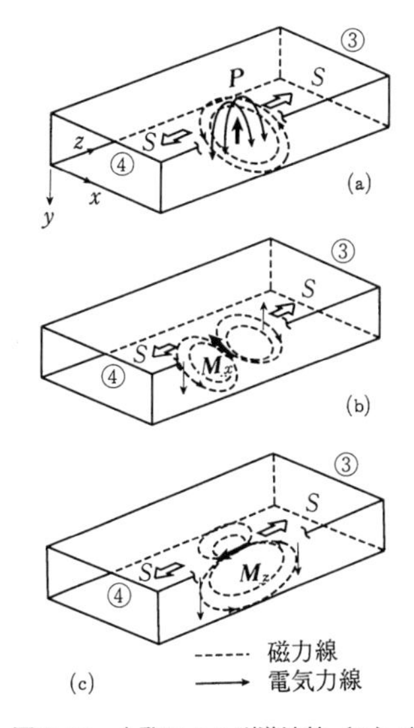

図6·23　小孔による副導波管（II）内の励振

わちポート③，④に同振幅，同位相で進む波が励振される．一方進行方向に垂直な磁界による M_x は同振幅ではあるが，(b)図のように逆位相でポート③，④に進む波を励振し，また進行方向の磁界による M_z により励振される波は，(c)図のようにポート③，④に同振幅，同位相で進む．従って④では P, M による波は相加わるが，③では P と M_x による波は加わるが M_z による波は逆相であるから引かれる．いま孔の位置を適当に選ぶと③の出力を零にすることができ方向性結合器となる．また図6·24のように，孔が導波管中央にある場合には，P と M_x のみが生じるので，③の出力を零にするためにはⅡの導波管を角度 θ 回転し，M_x による励振を $M_x \cos\theta$ とすればよい．結合度 C，方向性 D は各々次式で与えられる．導波管壁の厚さは薄く無視してあるが，厚い場合には孔の部分はしゃ断域の内半径 r_0 の円筒導波管と考えて計算すればよい．

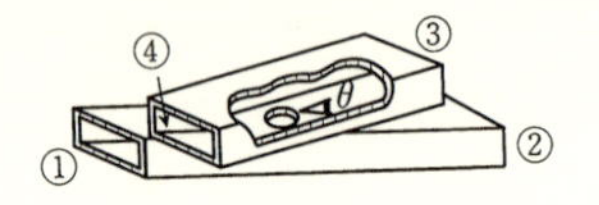

図6·24　ベーテホール方向性結合器（θ）

$$\left.\begin{aligned} C &= -20\log\frac{4}{3}\frac{\beta_g r_0^3}{ab}\left(\cos\theta+\frac{k_0^2}{2\beta_g^2}\right) \\ D &= 20\log\frac{2\beta_g^2\cos\theta+k_0^2}{2\beta_g^2\cos\theta-k_0^2} \end{aligned}\right\} \qquad (6\cdot18)$$

なお，$\beta_g=\dfrac{2\pi}{\lambda_g}$，$k_0=\dfrac{2\pi}{\lambda}$ である．

(3)　2孔方向性結合器

図6·25，(a)図のように，側壁またはH面の $\lambda g/4$ 離れた2つの小孔で結合した方向性結合器を，2孔方向性結合器と呼んでいる．側壁結合の場合はⅠの導波管の磁界は(b)図のようになり，M_z がⅡに誘起されたことになり，同振幅，同位相の波が励振される．(c)図のようにまずA孔でⅡに励振された波は③，④に同振幅，同位相で進む．一方B点でⅠから励振された波は同様に③，④に進む．一般に結合があまり大きくないのでA，B点では同振幅と考えてよい．すると図から容易にわ

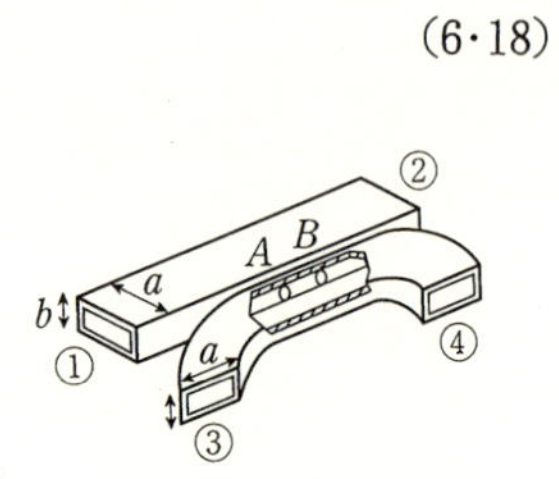

(a)　2孔方向性結合器

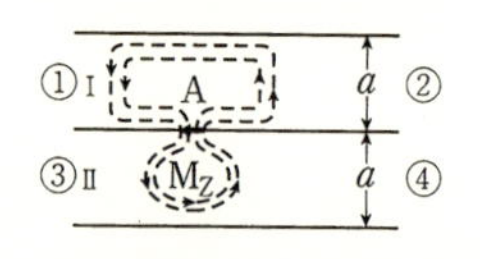

(b)　側壁の小孔による励振

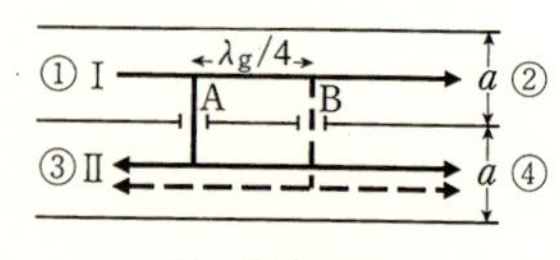

(c)　動作原理

図6·25　2孔方向性結合器

かるように，④に向かうA，B波は同相であるが，③に向かうAとB波間には $\lambda_g/2$ の位相差があり，逆相で打消し合うので方向性結合器となる．

半径 r_0 の2つの円孔で管壁の厚さ t の場合結合度 C は，

$$C=-20\log_{10}\left(\frac{4\pi\lambda_g r_0{}^3}{3a^3 b}\right)+32\sqrt{1-\left(\frac{3.41r_0}{\lambda}\right)^2}\cdot\left(\frac{t}{2r_0}\right)\ \text{〔dB〕}\qquad(6\cdot19)$$

で与えられる．この形は孔の位置差 $\lambda_g/4$ を使っているので，周波数特性が狭いのが欠点で，これを除くために $\lambda_g/4$ 間隔で多数の結合孔を有するものがある．

(4)　**十字形方向性結合器**

図6·26に示すように導波管Ⅰ，Ⅱを直交させ，対角線上に十文字のスリットを1個ないし2個切り，結合させたものである．結合度を求めるには，スリットによる結合では $\boldsymbol{P}\ll\boldsymbol{M}$ となり電界による結合は無視してよい．するとⅠの導波管の $\boldsymbol{H}_t$，$\boldsymbol{H}_z$ によりスリットの長軸上に $\boldsymbol{M}$ が生じ，これによるⅡの導波管の励振を考えれば動作原理は容易にわかる．計算はやや複雑となるが，2個の十文字スリットによる結合度は次式となる．

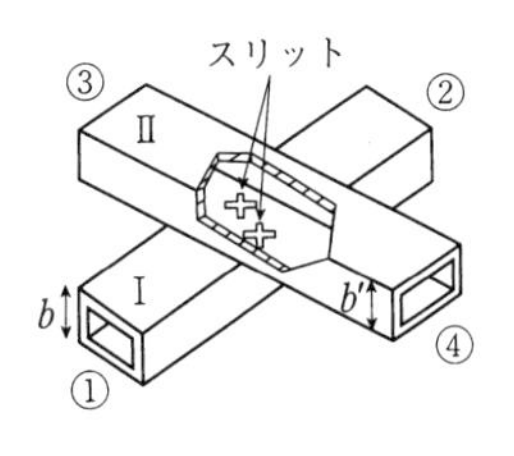

図6·26　十字形方向性結合器

$$C=-20\log_{10}\left\{\frac{\pi M}{a^2\sqrt{bb'}}\sin\frac{4\pi d}{\lambda_g}\cdot\sin\left(\frac{2\pi d}{a}\right)\right\}+27.3\frac{t}{2l}\sqrt{1-\left(\frac{4l}{\lambda}\right)^2}\ \text{〔dB〕}$$

$$M=\frac{\pi}{3}\frac{l^3}{\ln\left(\dfrac{4l}{w}\right)-1}\qquad(6\cdot20)$$

ここで，d は結合孔の管軸からの距離，M は磁気双極子能率，$2l$ は経合孔の長さ，$2w$ は結合孔の幅，t は結合部分の板厚である．式からわかるように，Ⅱの導波管の高さ b' を低くすれば結合度は大きくなる．また結合度が小さくてよい場合は1個の十文字スリットが使われる．最大結合度は -15 dB 程度であるが構造が小さく，広帯域性があり，方向性もよいので広く応用されている．

(5)　**ループ方向性結合器**

これは図6·27，(a)図のように主線路の導波管内に副線路の同軸線路をループで結合したもので，導波管から同軸線路への結合は電界およびループを通過する磁界によって行なわれる．電界による結合は等価的に(b)図のようになり，誘起された電磁界はポート③，④に同振幅，同位相で進む．一方磁界によって誘起される電流はファラデーの電磁感応則で与えられ，電流は一方向に流れ③と④では同振幅ではあるが逆位相となる．従って両者による結合が適当に行なわれると③の出力は零となり，方向性結合器となる．式で表わせば，Aを磁力線と鎖交するループの面積，R_0 を③，④の負荷抵抗，K を比例定数とすると，$j\omega KE/2 = j\omega\mu_0 AH/2R_0$ が成立すればよい．磁界による結合度はループ面積を変化したり，回転させるなどで行なえる．なお主線路として同軸線路が使われる場合もある．ループ方向性結合器は構造が簡単で，大電力において他の形のように結合孔における放電もないので，大電力用方向性結合器としてよく使われており，周波数 2.45 GHz±50 MHz で$C \simeq -60$ dB，$D \simeq 30$ dB 程度である．

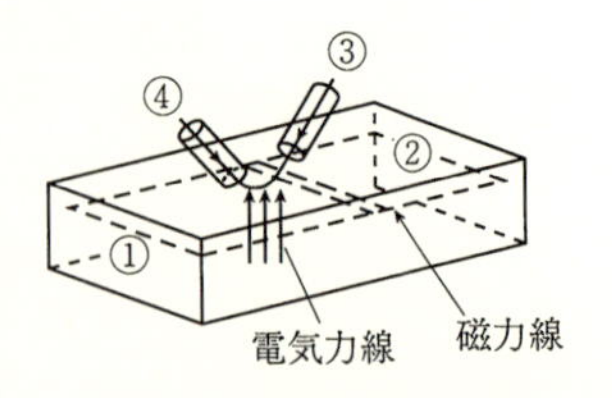

(a)　ループ方向性結合器

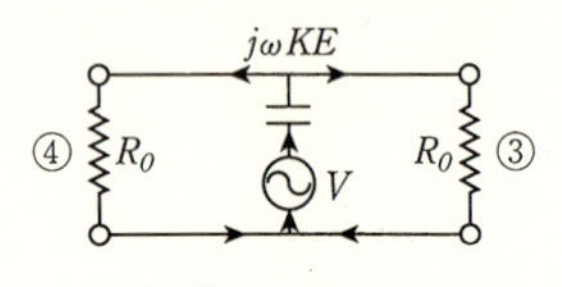

(b)　等価回路（電界結合）

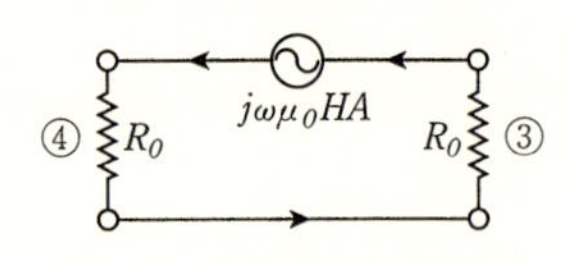

(c)　等価回路（磁界結合）

図 6·27　ループ方向性結合器

(6)　スロット結合形方向性結合器

図6·28，(a)図に示すように導波管Ⅰに導波管Ⅱを結合させ，共通壁にスロットを設けたものはショートスロット形と呼ばれている．この構造では(b)図のようにスロットの区間は幅 $2a$ の導波管と考えることができ，TE_{10} と TE_{20} が存在できる．従ってこの区間を正規モードと呼ばれる(c)図のような奇モード（反対称モード）と，(d)図のような偶モード（対称モード）が励振，伝搬できる．いま(e)図に示すように導波管Ⅰに入力 $TE_{10}^{\square}$ があると，偶，奇の正規モードを①，③に加えたのと同じと考えてよいので，これらはそれぞれ z 方向に振幅は一定で位相定数 β_A, β_B で進む．従って④における出力は E_1 の振幅を1とすると，両者の和から $E_4 = \frac{1}{2}(e^{-j\beta_A l} - e^{-j\beta_B l})$ となり振幅は次式となる．

$$E_4 = -j\,e^{-j(\beta_A+\beta_B)l/2}\sin(\beta_A-\beta_B)\frac{l}{2} \tag{6·21}$$

同様に，

$$E_2 = e^{-j(\beta_A+\beta_B)l/2}\cos(\beta_A-\beta_B)\frac{l}{2} \qquad (6\cdot21)'$$

いま $(\beta_A-\beta_B)l/2=\pi/2$ とすると $|E_4|=1, E_2=0$ で 0 dB 結合の方向性結合器(e)図となり，$(\beta_A-\beta_B)l/2=\pi/4$ とすると $|E_4|=|E_2|=1/\sqrt{2}$ となり，3 dB 結合の方向性結合器となり，ショートスロットハイブリッドと呼ばれているものになる．なお式からわかるように④の出力は②に比べ j すなわち位相が90° 遅れている．図 6·28 の例では β_A, β_B は $TE_{10}^{\square}$, $TE_{20}^{\square}$ に対する β を使えばよい．図の中央の導体棒は $TE_{10}^{\square}$ モードのみに影響を与えるので，偶，奇モードの振幅の調整に使われる．なお一般にⅠ，Ⅱの境界面が多数の棒で区切られた窓の場合や，Ⅰ，ⅡがH面の長いスロットで結合している広面スロット方向性結合器の場合でも正規モードを考え，β_A, β_B を使えば同様に解析できる．

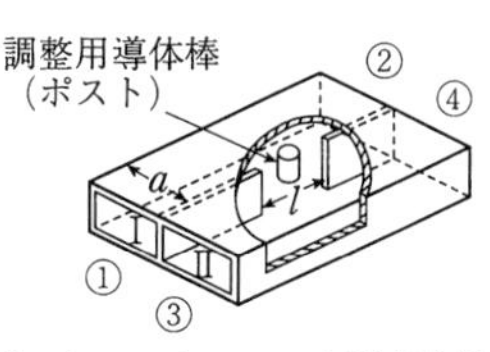

(a) ショートスロット形方向性結合器

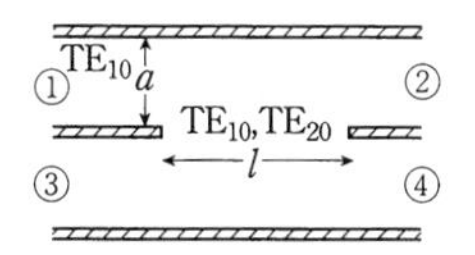

(b) ショートスロット結合部

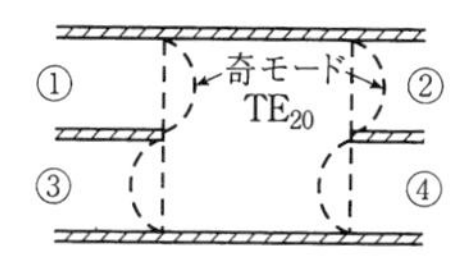

(c) 奇モード（TE20）

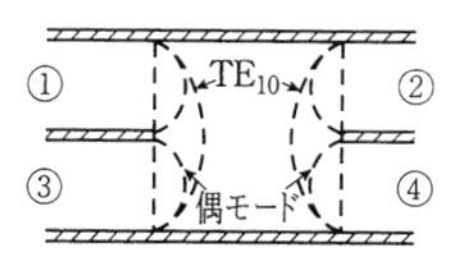

(d) 偶モード（TE10）

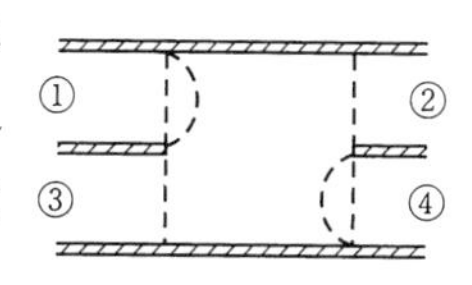

(e) 0 dB 方向性結合器

図 6·28 ショートスロット結合形方向性結合器

(7) MIC 用方向性結合器

MIC 用方向性結合器としては図 6·29，(a)図に示すようなものが使われている．ポート①，④のマイクロストリップ線路と，ポート②，③のマイクロストリップ線路が通常 $\lambda g/4$ の長さにわたって結合しているもので，分布結合形方向性結合器と呼ばれている．動作原理は(6)のスロット結合と同じように，偶励振モードと奇励振モードに分解して考えればよい．偶，奇モードの電磁界分布を示したのが，(b)図で対称面 A-A′ に対して偶，奇となっている．この偶，奇モードに対する特性インピーダンスを Z_{0e}, Z_{00}，結合部の電気長を θ_e, θ_0 とすると，結合があまり強くないときは，$\theta_e=\theta_0=\theta=\beta l$ が満足されるので，方向性結合器としての条件および各端子の電圧は，各端子が整合している場合

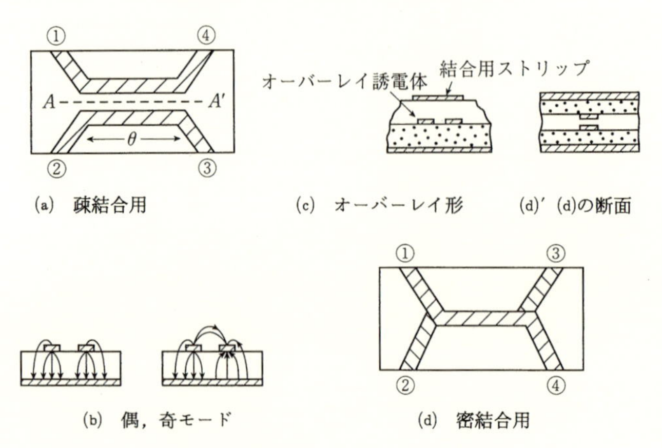

(a)　疎結合用　　(c)　オーバーレイ形　　(d)′　(d)の断面

(b)　偶，奇モード　　(d)　密結合用

図6·29　MIC 用分布結合形方向性結合器

次式で与えられる．

$$
\left.
\begin{aligned}
&Z_{0e}Z_{00}=Z_0^2\\
&E_2/E_1=\frac{jC\ \sin\theta}{\sqrt{1-C^2}\cos\theta+j\sin\theta}\qquad C=\frac{Z_{0e}/Z_{00}-1}{Z_{0e}/Z_{00}+1}\\
&E_4/E_1=\frac{\sqrt{1-C^2}}{\sqrt{1-C^2}\cos\theta+j\sin\theta}\\
&E_3/E_1=0
\end{aligned}
\right\}\qquad(6\cdot22)
$$

上式から最大結合は $\theta=\pi/2$ すなわち結合長 $\lambda g/4$ のときに生じ，最大結合係数は C であることがわかる．Z_0 は結合のない場合の線路の特性インピーダンである．Z_{0e}, Z_{00} は線路間の間隔，基板の厚さ等，線路の構造で定まり，図 6·30のようになる[1]．上式のように②，④の出力は互いに位相が 90° 異なることは重要な性質である．なお，以上の偶，奇モードが結合された線路の固有モードであることは，方向性結合器の S マトリックスの式（6·15）から固有値，固有ベクトル（固有モード）を求めればわかる．求め方は 3·5·3 項の S マトリクスの固有値，固有ベクトルで学んだ通りである．特性をよくするため，

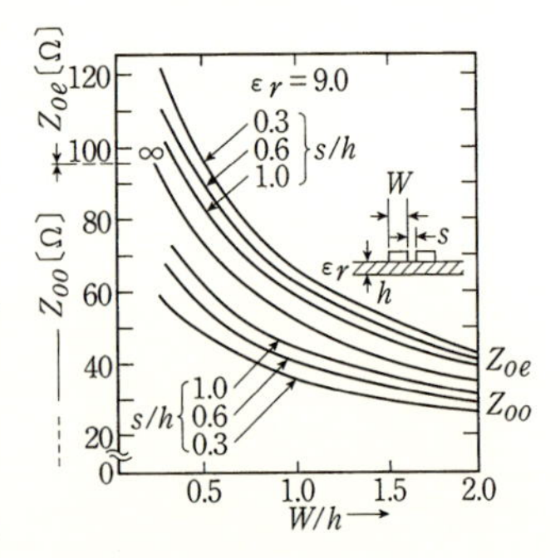

図6·30　結合マイクロトリップ線路の Z_{0e}, Z_{00}

図6·29, (c)図のように結合部分をストリップ線路に似たオーバレイ構造としたものも用いられる．また一般にこのような構造では結合が弱いので，(d)，(d)′図に示すように2つの線路を重ねるような構造で−3 dB結合を得ている．

6·6　ハイブリッド結合器

方向性結合器で，方向性を保ちただ結合度を−3 dBにしたものをハイブリッド結合器，あるいはブリッジ回路と呼んでいる．等価的には図6·31に示す低周波の電話中継回路で使われるハイブリッドコイルトと同じ動作をし，ポート①への入力信号は②，④に等しく同相で結合し，③に結合しないで，また③からの入力は②，④に同振幅，逆相で結合し，①に結合しないような回路である．このような性質のため受信器のミキサ回路，測定用ブリッジ回路，電力分割回路などに多く使われている．6·5節で述べたショートスロットや MIC 用分布結合形等の方向性結合器は，結合度を3 dBとすることによりハイブリッド結合器として使われているので，ここでは他の形のものについて述べる．

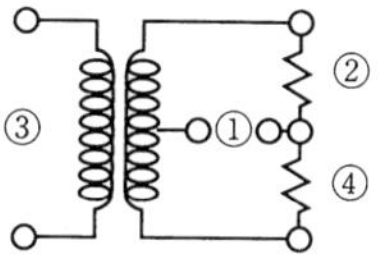

図6·31　ハイブリッドコイル

a．マジックT　　図6·32のように導波管のE分岐とH分岐を組合せた構造をしている．このため①からの入力はH分岐の性質によって②，④に同振幅，同位相で分割されるが，③の導波管に対しては(b)図のような電界分布で励振するのでしゃ断域となるため③からの出力はない．一方(3)からの入力はE分岐の性質に従って②，④に同振幅，逆位相で進むが，①の導波管に対しては(c)図のように対称面に奇対称な TE_{20} モードを励振するが，やはりしゃ断域のため出

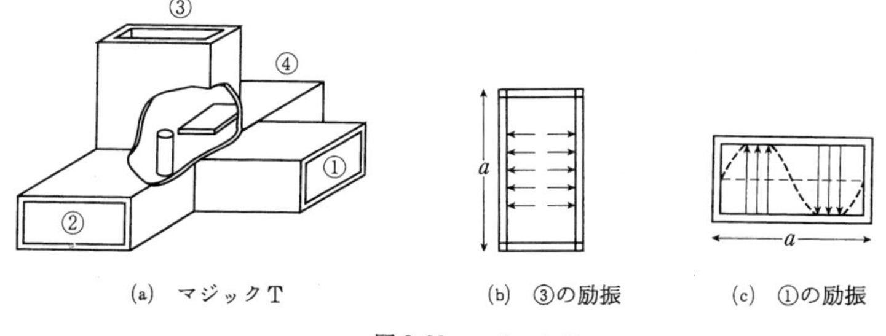

(a)　マジックT　　(b)　③の励振　　(c)　①の励振

図6·32　マジックT

力はなくハイブリッド回路となる．実際には図のような金属板，金属棒リアクタンス素子を挿入して各端子の整合をとっている．この回路はバランスドミキサによく使われているが最近は MIC 回路の使用が多くなっている．

b．ハイブリッドリング　MIC 用回路としては，図6·33に示すようなマイクロストリップ線路で構成されたハイブリッドリングがミキサ回路などによく使われている．(a)図は π 形と言われるもので，ポート①に入力があると③では①→③の波と①→②→④→③の波の合成となるが，線路長に $\lambda g/2$ の差があるため逆相となり，互いに打消して出力はない．これから③の点が短絡されてるとみなすことができる．すると①の点から③を見た入力インピーダンスは無限大となり，同様に④の点から③を見た入力インピーダンスは無限大となるので，①からの入力波は②，④に等しく分割され，④では②より $\pi/2$ 位相がおくれる．②と④を見た合成インピーダンスはC点で $Z_0/2$ となるため，特性インピーダンス $Z_0/\sqrt{2}$ の $\lambda_g/4$ 線路の入力インピーダンス，すなわち①からの入力インピーダンスは Z_0 となり整合がとれ，各端子を入れかえるとハイブリッドリングになっていることが容易にわかる．厳密にはやはりSマトリクスの固有

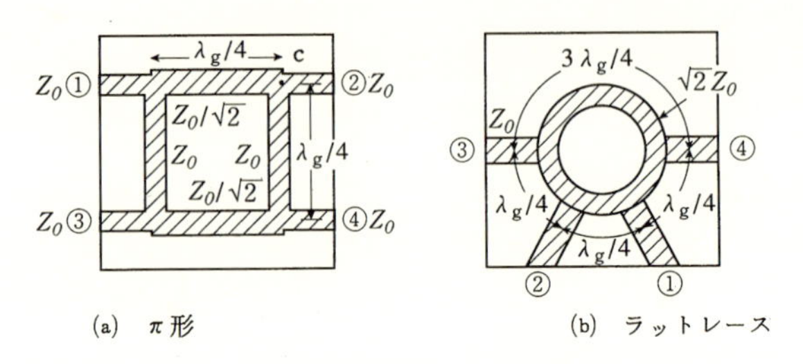

(a)　π 形　　　　　(b)　ラットレース

図6·33　ハイブリッドリング

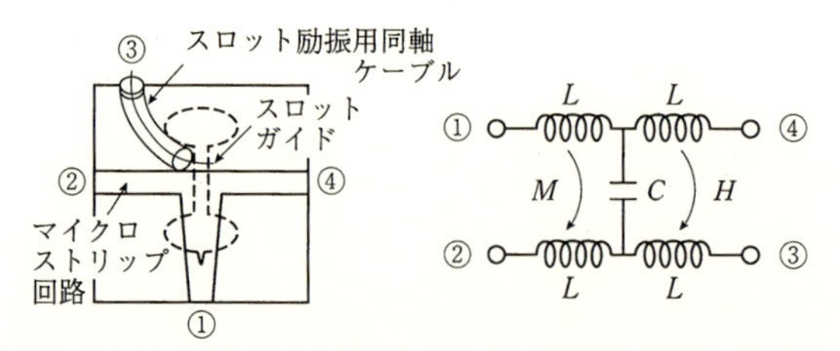

(a)　スロットガイド，マイクロストリップ形　　(b)　集中定数形

図6·34　その他のハイブリッド

値から解析できる．これをループ状に構成したものが(b)図で，ラットレース回路（rat race）とも言われている．なおこれらのハイブリッドは，MIC 回路に限らないで導波管や同軸回路を使って構成される場合もある．また MIC 用としては図 6·34，(a)図のように，スロットガイドや(b)図のように集中定数で構成したものもある．

6·7 フィルタ（ろ波器）

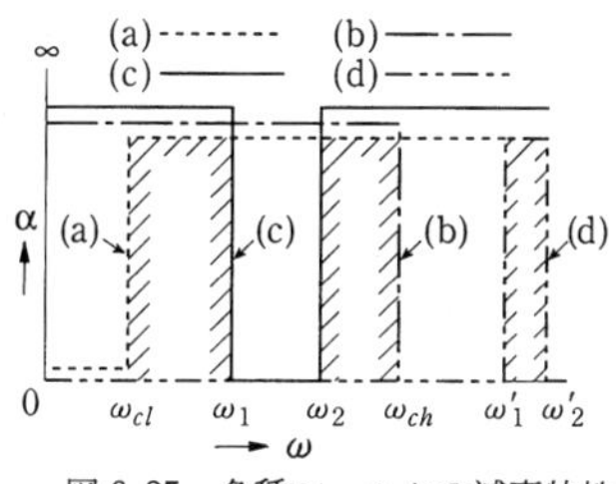

図 6·35　各種フィルタの減衰特性

フィルタ（filter：ろ波器）は入力波を通過周波数域では無損失で伝送させ，阻止周波数域では大きな減衰を与え伝送させないので，図 6·35 に示すように，(a)図の低減（low pass）フィルタ〔LPF〕，(b)図の高域（high pass）フィルタ〔HPF〕，(c)図の帯域通過（band pass）フィルタ〔BPF〕，(d)図の帯域阻止（band stop）フィルタ〔BSF〕が用途に応じて使われる．マイクロ波フィルタを構成する素子としては，既に学んだリアクタンス素子，共振回路が使われ，これらが要求性能に応じて組合される．

(1) フィルタの構成法

マイクロ波フィルタは，低い周波数におけるフィルタ構成理論を適用して各素子の値を定め，マイクロ波素子を使って作られている．現在影像パラメータ方法より，挿入損失等が与えられた場合のフィルタの段数，各素子の値を決定する方法が多く使われているので，その概略を学ぶことにする．まず原形低域フィルタの特性を調べ，その値を基にして他のフィルタに対しては適当に変換すればよい．挿入損失の特性から図 6·36，(a)の最平たん形（maximally flat type）と(b)のチェビシェフ形（Tschebyscheff type）の 2 つの形が使われている．最平たん形低減フィルタの電力損失比 P_{LA}（入射電力／負荷に達する電力）と，等リップル特性のチェビシェフ形低域フィルタの電力損失比 P_{LB} は各々次式で与えられる．なお損入損 $L=10\log_{10}P_L$

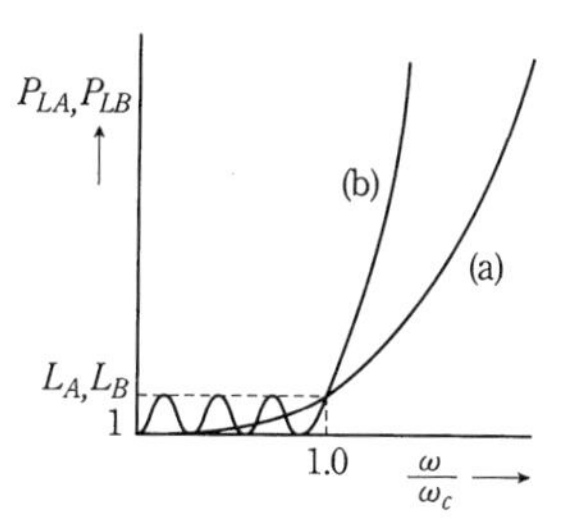

図 6·36　(a)最平たん形
(b)チェビシェフ形
フィルタの減衰特性

〔dB〕である．

$$\left.\begin{aligned} &P_{LA}=1+k^2\left(\frac{\omega}{\omega_c}\right)^{2N}, \qquad P_{LB}=1+k^2\,T_N{}^2\left(\frac{\omega}{\omega_c}\right) \\ &T_N\left(\frac{\omega}{\omega_c}\right)=\cos\left(N\cos^{-1}\frac{\omega}{\omega_c}\right) \end{aligned}\right\} \qquad (6\cdot 23)$$

0〜ω_c が通過域で，最平たん形では通過域における P_{LA} の最大は $1+k^2$で，$\omega>\omega_c$ におけるしゃ断特性の鋭さは段数 N によって定まることがわかる．一方チェビシェフ形では，P_{LB} は通過域で図のように振動し，$\omega>\omega_c$ では最平たん形より鋭い特性を示すのが特長である．以上の特性をもつフィルタは，$\omega_c=1$，負荷抵抗1Ωの場合，図6·37のような低減通過はしご形原形フィルタで実現できるので，与えられた特性により各素子を求めればよい．表6·1に最平たんフィルタの g_k の値，表6·2にチェビシェフフィルタに対する g_k の値を示す．なお g_k はインダクタンスの値〔H〕あるいはキャパシタンスの値〔F〕を示している．従って，帯域内外の要求特性から，最平たんかチェビシェフフィルタのどちらかおよび段数を決定し，表によって g_k を求め，この g_k を満足するマイクロ波素子を使えば，マイクロ波フィルタが構成できる．

実際に図6·37を使う場合には，以下に述べるような種々の変換が必要である．

(a)　負荷抵抗が R_L の場合：図6·37では $R_L=1\,\Omega$ の場合の L_k, C_k, R とし

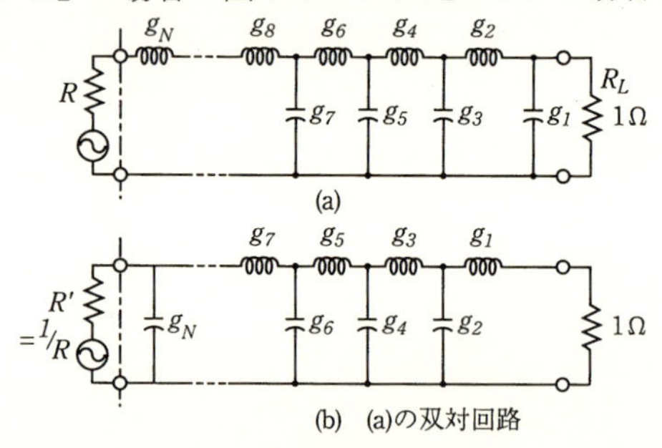

（N 奇数の場合 $R=R'=1$）

N 偶数の場合 $R=1/R'=2k^2+1-\sqrt{4k^2(1+k^2)}$ ：最平たん形

$R=1/R'=2k^2+1-2k\sqrt{1+k^2}$ ：チェビシェフ形

図6·37　低域通過はしご形原形フィルタネットワーク

表6·1 最平たん形フィルタの g_k (L_A：3 dB)

段数N	g_1	g_2	g_3	g_4	g_5	g_6	g_7
1	2.000	1.000					
2	1.414	1.414	1.000				
3	1.000	2.000	1.000	1.000			
4	0.7654	1.848	1.848	0.7654	1.000		
5	0.6180	1.618	2.000	1.618	0.618	1.000	
6	0.5176	1.414	1.932	1.932	1.414	0.5176	1.000

表6·2 チェビシェフ形フィルタの g_k

	g_1	g_2	g_3	g_4	g_5	g_6	g_7
段数N	L_B: 0.2 dB リップル						
1	0.4342	1.0000					
2	1.0378	0.6745	1.5386				
3	1.2275	1.1525	1.2275	1.0000			
4	1.3028	1.2844	1.9761	0.8468	1.5386		
5	1.3394	1.3370	2.1160	1.3370	1.3344	1.0000	
6	1.3598	1.3632	2.2394	1.4555	2.0974	0.8838	1.5386
段数N	L_B: 0.5 dB リップル						
1	0.6986	1.0000					
2	1.4029	0.7071	1.9841				
3	1.5963	1.0967	1.5963	1.0000			
4	1.6703	1.1926	2.3661	0.8419	1.9841		
5	1.7058	1.2296	2.5408	1.2296	1.7058	1.0000	
6	1.7254	1.2479	2.6046	1.3137	2.4758	0.8696	1.9841

てあるので，R_L の場合には，変換後の R', L_k', C_k' は各々 $L_k'=R_L L_k$, $C_K'=C_k/R_L$, $R'=R_L R$ とすればよい．

(b) しゃ断周波数が ω_c の場合：変換後の $L_k'=L_k/\omega_c$, $C_k'=C_k/\omega_c$ となる．

(c) 低域通過から高域通過への変換：原形フィルタのすべての L_k を L_k' で，C_k を C_k' に変換すればよい．$C_k'=1/\omega_c L_k$, $L_k'=1/\omega_c C_k$

(d) 低域通過から帯域通過への変換：直列回路に対しては $L_k'C_k'=1/\omega_0^2=1/\omega_1\omega_2$, $L_k'=L_k/(\omega_2-\omega_1)$ に選ぶ．なお $\omega_0=(\omega_1+\omega_2)/2$ である．並列回路に対しては $L_k'C_k'=1/\omega_0^2$, $C_k'=C_k/(\omega_2-\omega_1)$ に選べばよく，図6·38，(a)図のような回路となる．実際には導波管回路で直，並列の組合せを実現することは困難なので，(b)図のようにインピーダンス，(c)図のようにアトミタ

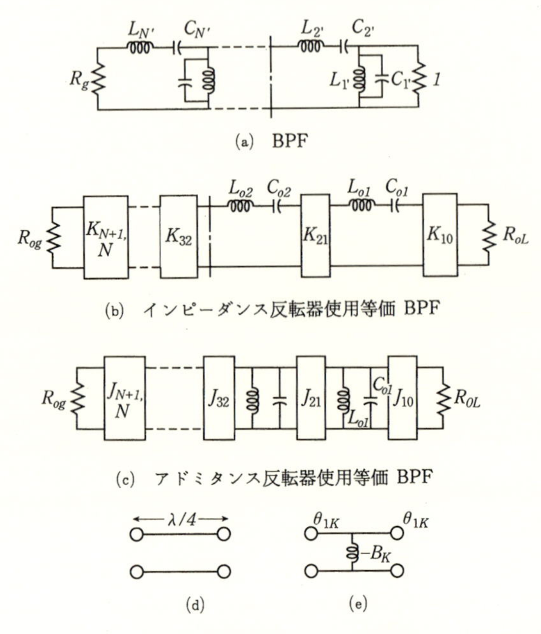

図6·38　帯域通過フィルタ（BPF）

ンス反転器を使用して直，並列どちらか一方の回路に変換するが，通常(c)図の並列同調回路を使うことが多い．反転器には(d)図 λ/4 線路や(e)図のものなどが使われる．

(e)　帯域阻止フィルタも図6·38，(c)図の帯域通過フィルタの並列共振素子を直列共振素子に変換することによって設計できる．

(2)　各種フィルタ

図6·39に各種のマイクロ波フィルタを示す．(a)図は導波管内にリアクタンス窓を挿入した，直接（または1/4波長）結合空胴帯域通過フィルタである．(b)図はポストを使った BPF で，(c)図はストリップ線路のインターディジタル構造の BPF である．(d)図以下のフィルタは MIC 用のもので，(d)図はマイクロストリップ共振器を使った BPF で，(e)図はスロット線路共振器で構成されたものである．(f)図は小西氏により提案されたしゃ断導波管を形成している薄金属板に，適当な形状のスロットを作り共振素子とした立体平面回路 BPF である．(g)図は誘電体共振器の高 Q 特性を利用した BPF で(h)図は YIG 単結晶の強磁

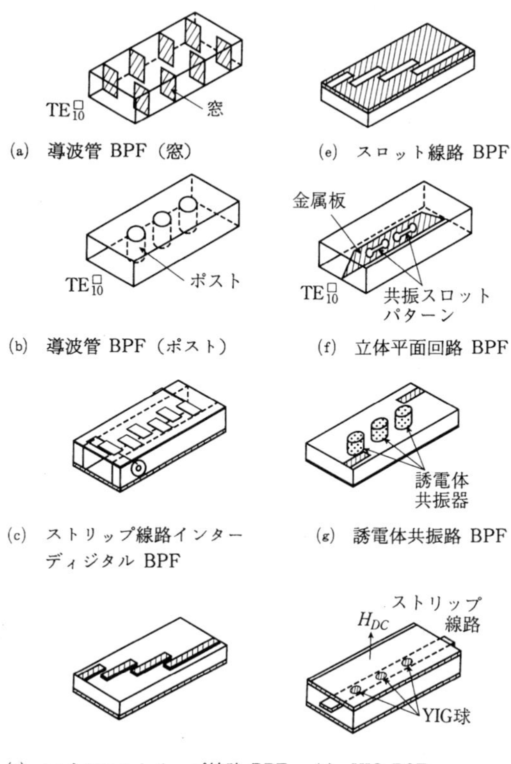

図6・39 各種フィルタ

性共鳴現象を利用した BSF である．このフィルタは直流磁界 H_{DC} を変えることによりフィルタの中心周波数を変化できる特長を持つが，詳しいことは6・8節フェライト用デバイスで述べる．またら線等周期構造を使ったフィルタもある．

6・8 フェライト応用ディバイス

6・8・1 マイクロ波用フェライトの性質とテンソル透磁率

(1) マイクロ波用フェライト

通常マイクロ波で使用されている多結晶フェライトは，原料粉末を焼結させて作るセラミクスの一種で，結晶構造としてはスピネル型あるいはガーネット型が多く用いられている．スピネル型フェライトはMを2価の金属イオンとした場合 $M^{2+}O^{-}\cdot Fe_2O_3$ で表わされ，Mの種類によりニッケルフェライト，マグネシウムフェライト等と呼ばれる．スピネル型の立方晶系の単位胞は8分子からなり，結晶構造は図6·40に示すように酸素イオンの隙間に金属イオンが入っている形となっている．金属イオンは図のようにA位置（8個）とB位置（16個）を占めるが，M^{2+} がB位置を占め，Fe^{3+} の半数が残りのB位置を，残り半数の Fe^{3+} がA位置を占めるものを逆スピネル型のフェライトと呼んでいる．このときA, Bの金属イオン間には強力な超交換相互作用が働いて，磁気モーメントは互いに反平行になるために，差引きB位置の M^{2+} だけが自発磁化となり，強磁性であるフェリ磁性を示す．M^{2+} がMn, Co, Ni, Cu, Mg の場合はこのようになるが，Zn, Cd の時は磁気モーメントのないZn, Cdイオンが A位置を占め，Fe^{3+} がB位置を占める正スピネルとなるが，B位置の Fe^{3+} の磁気モーメントは互いに逆向きとなり強磁性を示さないので単体で使われることはない．以上のような性質のために，フェライトの飽和磁化の温度特性等は通常の金属磁性と異なり，また酸化物であるため電気抵抗が非常に高いのが大きな特長である．ガーネット型フェライトは現在最も使用されているマイクロ波用フェライトで $R_3Fe_5O_{12}$ で表わされ，Rはイットリウム，ガドリュウムなどの希土類元素でYIG (yttrium iron garnet) が最も有名である．磁気モーメントに関しても，スピネールと同様に超交換作用によって結合しているが3種類の格子点を占めている．

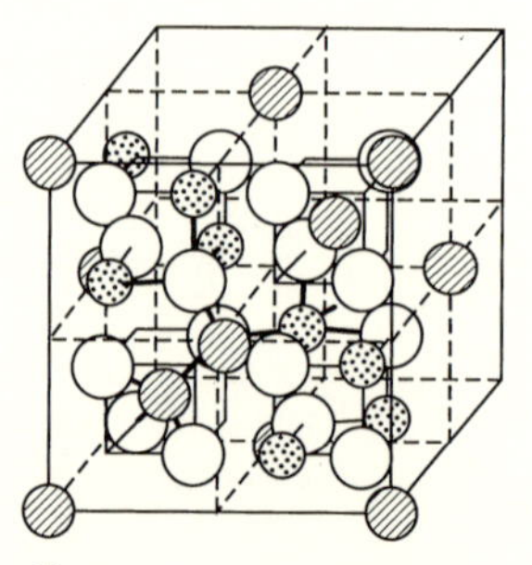

図6·40　スピネル型結晶構造の単位胞の1/4構造図

(2)　**テンソル透磁率**

フェライトの磁気モーメントの様子は以上のようにやや複雑であるが，マイクロ波との相互作用を考える場合には，単純に単位体積当り M の磁化，十分に磁化した場合 M_s の飽和磁化が存在していると考えてよい．図1·10のように，z 方向の直流磁界 H_i がフェライトに印加されると磁化 $\boldsymbol{M}$ は z 方向を向くが，いまこれに垂直な $x-y$ 面に高周波磁界（マイクロ波磁界）$\boldsymbol{h}$ が加わっ

ている場合の $\boldsymbol{M}$ の運動について考えてみる．磁化 $\boldsymbol{M}$ が $\boldsymbol{h}$ のため等により，図のように z 軸と θ の角度をとると，トルク $\boldsymbol{T}=\boldsymbol{M}\times\boldsymbol{H}$ が働くことはよく知られている．一方 $\boldsymbol{M}$ の根源である電子のスピンは磁気能率と共に角運動量を持ち，その間に比例関係があるので，当然 $\boldsymbol{M}$ は角運動量 $\boldsymbol{P}$ を持ち，$\boldsymbol{M}=\gamma\boldsymbol{P}$ の関係がある．γ は磁気回転比（gyromagnetic ratio）と呼ばれ負の値である．このように角運動量を持っている磁化にトルクを与えた場合は，ちょうど図 6·41 のように自転しているこまを斜めにした場合に，こまが歳差運動をするのと同じになり，角周波数 ω_i で図に示したように歳差運動をする．このような運動は $\boldsymbol{M}$ が H_i に対し θ の方向をとると，$\boldsymbol{h}$ がなくても存在するが，減衰のため θ が小さくなりトルクも生じなくなる．このような歳差運動をする $\boldsymbol{M}$ ベクトルを $\boldsymbol{M_z}$ と $\boldsymbol{m}$ に分解してみると分かるように，高周波磁化 $\boldsymbol{m}$ は $x-y$ 面内で角周波数 $\omega_i=|\gamma|H_i$ で円運動する．$\boldsymbol{m}$ は磁束密度 $\boldsymbol{b}$ と $\boldsymbol{b}=\boldsymbol{m}+\mu_0\boldsymbol{h}$ の関係があるので $\boldsymbol{b}$ と $\boldsymbol{h}$ の関係が与えられる．つぎに以上を式で表わすことを試みる．角運動の時間変化はトルクに等しいので，

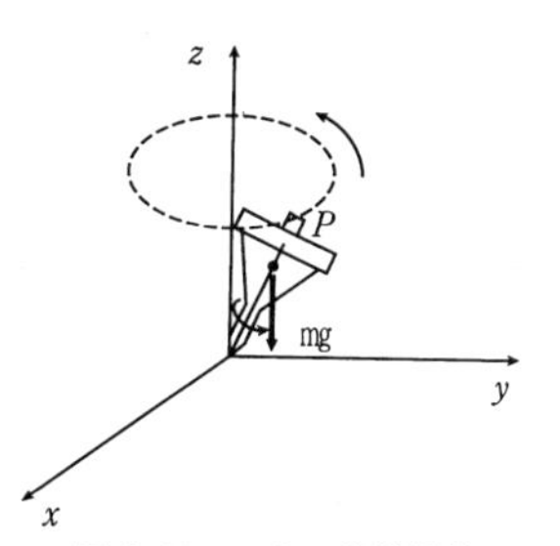

図 6·41　こまの歳差運動

$$\frac{\mathrm{d}\boldsymbol{P}}{\mathrm{d}t}=\boldsymbol{M}\times\boldsymbol{H}$$

が成り立つ．この式に $\boldsymbol{M}=\gamma\boldsymbol{P}$ を代入し，さらに減衰を考えるとランドウリフシッツの式と呼ばれている次式が得られる．

$$\frac{\mathrm{d}\boldsymbol{M}}{\mathrm{d}t}=\gamma(\boldsymbol{M}\times\boldsymbol{H})+\frac{\gamma\alpha}{|M|}\boldsymbol{M}\times(\boldsymbol{M}\times\boldsymbol{H}) \tag{6·24}$$

ここで，　$\boldsymbol{H}=\boldsymbol{H_i}+\boldsymbol{h_x}+\boldsymbol{h_y}$,　　$\boldsymbol{M}=\boldsymbol{M_z}+\boldsymbol{m_x}+\boldsymbol{m_y}$,　　$\alpha=1/\omega T$ である．

上式の右辺の第 2 項は減衰を表わす項すなわち $\boldsymbol{M}$ ベクトルを $\boldsymbol{H_i}$ の方向に向かわせるトルクで，比例定数 α と共鳴の半値幅 $\varDelta H$，あるいは緩和時間 T との関係は以下に示されている．$\boldsymbol{H}$, $\boldsymbol{M}$ の値を式（6·24）に代入して，マイクロ波磁界 $\boldsymbol{h}$ および磁化 $\boldsymbol{m}$ の大きさを $h\ll H_i$, $m\ll M_z$ とおき式（6·24）を解くと，定常解の第 1 次近似で $\boldsymbol{m}$ と $\boldsymbol{h}$ との関係がテンソル磁化率（χ）を使って以下のように求まる．

$\boldsymbol{m}=\mu_0(\chi)\cdot\boldsymbol{h}$

$\boldsymbol{b}$ と $\boldsymbol{m}$ の間には（μ）をテンソル比透磁率とすると，$\boldsymbol{b}=\mu_0\boldsymbol{h}+\boldsymbol{m}=\mu_0(\mu)\cdot\boldsymbol{h}$ の関係があるので（μ）が求まる．各成分で表示すると次式となる．

$\boldsymbol{b}=\mu_0(\mu)\cdot\boldsymbol{h}$

$$\begin{pmatrix} b_x \\ b_y \\ b_z \end{pmatrix}=\mu_0\begin{pmatrix} \mu & -j\kappa & 0 \\ j\kappa & \mu & 0 \\ 0 & 0 & \mu_z \end{pmatrix}\begin{pmatrix} h_x \\ h_y \\ h_z \end{pmatrix} \qquad (\mu)=1+(\chi) \tag{6·25}$$

このように透磁率がテンソルになるのは，例えば $\boldsymbol{h}=\boldsymbol{h}_x$ の場合を考えると分る．通常の物質内では b_y は零であるが，直流磁界の印加されたフェライト内では h_x により $\boldsymbol{M}$ の歳差運動が持続し，$\boldsymbol{m}$ が円運動することにより m_y が存在し b_y を生じる．従って b_y と h_x の関係ができテンソルとなる．なおテンソル量は計算そのものはマトリクスと同じであるが，物理的意味を持った量である．μ_z はフェライトが H_i で飽和している理想的な場合1である．式（6·25）が導かれる過程で μ, κ が H_i, M_z などの関数として求まる．

$$\left.\begin{aligned} \mu&=\mu'-j\mu''=1+\frac{\omega_M(\omega_i+j\omega_L)}{(\omega_i+j\omega_L)^2-\omega^2} \\ \kappa&=\kappa'-j\kappa''=\frac{\omega_M\omega}{(\omega_i+j\omega_L)^2-\omega^2} \end{aligned}\right\} \tag{6·26}$$

ここで，$\omega_i=-\gamma H_i$, $\omega_M=-\gamma M_s/\mu_0$, $\omega_L=\omega\alpha=T^{-1}=|\gamma|\Delta H/2$

$(-\gamma/2\pi)=2.8$ 〔MHz/Oe〕，$\omega=-\gamma H_r$, ω はマイクロ波の角周波数，また T は巨視的緩和時間である．

なお Oe はエルステッドと読み cgs 電磁単位の磁界の単位で，通常多く使われている．従って本書では式の誘導はMKS単位系を使用しているが，実例は cgs 電磁単位で示したものが多い．実際にデバイスの動作原理を考える場合には，正負(右，左)に回転する円偏波磁界，$h^{\pm}$，円偏波磁束密度 $b^{\pm}$ を考えた方がわかりやすい．$b^{\pm}$ と $h^{\pm}$ を結びつける円偏波比透磁率 $\mu_{\pm}$ はスカラ量となり，次式で与えられることが式（6·25）（6·26）からわかる．

$$\begin{aligned} b^+&=\mu_0\mu_+h^+ \qquad \mu_+=\mu-\kappa \\ b^-&=\mu_0\mu_-h^- \qquad \mu_-=\mu+\kappa \end{aligned}$$

$$\left.\begin{aligned}\mu_{\pm}&=\mu'_{\pm}-j\mu''_{\pm}=1+\frac{\omega_M}{(\omega_i+j\omega_L)\mp\omega}=1+\frac{\omega_M/\omega}{(\omega_i/\omega+j\alpha)\mp 1}\\&=1+\frac{\dfrac{\omega_M}{\omega}\left(\dfrac{\omega_i}{\omega}\mp 1\right)}{\left(\dfrac{\omega_i}{\omega}\mp 1\right)^2+\alpha^2}-j\frac{\alpha\omega_M/\omega}{\left(\dfrac{\omega_i}{\omega}\mp 1\right)^2+\alpha^2}\end{aligned}\right\}\quad(6\cdot27)$$

ωが一定の場合の円偏波比透磁率 $\mu_{\pm}$ の内部バイアス磁界 H_i に対する変化を図6・42に示す．損失を示す μ''_+は $H_{ri}=\omega/|\gamma|$ で最大値となり，一方 μ'_+ は H_{ri} で符号を変える．H_{ri} の点ではマイクロ波の信号の角周波数と M の歳差運動の角周波数が一致し，H_{ri} をフェリ磁性共鳴磁界と呼び，また一般にこのような現象をフェリ磁性共鳴現象と呼んでいる．μ''_+ の曲線で最大値の 1/2 となる H_i 間の磁界の大きさを $\varDelta H$ と言う．μ'_-, μ''_- は殆んど変化しないのは，h^- が M の回転方向と反対のために共鳴現象を生じないためである．また M が飽和しない領域の値も上式に従うが，M が H_i の関数となるため図のような傾向を示す．マイクロ波デバイスの応用においては図6・42の適当な領域が目的に応じて使われている．なお $\varDelta H$ の値は通常の多結晶フェライトで 150～300

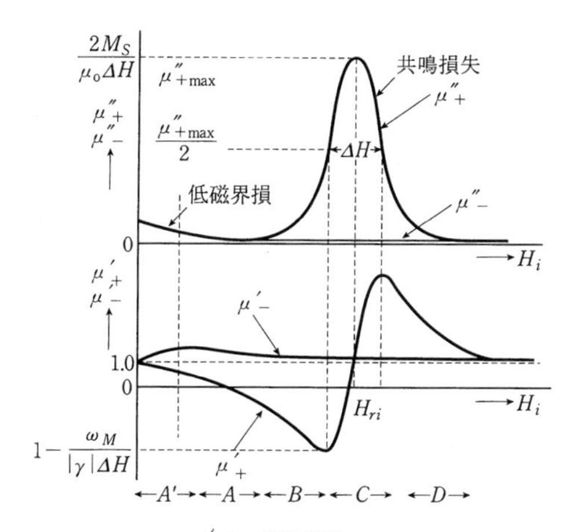

図6・42　$\mu_{\pm}-H_i$ 曲線

A：低磁界形サーキュレータ
B：高電力サーキュレータ
C：共鳴吸収形アイソレータ，yig：共振器
D：高磁界形サーキュレータ，移相器など
A′：ラッチングサーキュレータ，移相器，広帯域サーキュレータ

Oe，YIG 系，CaVG 系で 20〜100 Oe であるが，ΔH が 2 Oe程度の多結晶もあり，また一般に YIG 単結晶では 0.3 Oe 程度と極めて小さい．なお実際の多結晶フェライトでは異方性磁界，空孔などの原因で式（6·27）から特に μ_+'' が共鳴点から離れた所でずれるので，H_i の関数である ΔH_{eff} を使って損失を表示することも多い．しかしながらデバイスとしての一応の値は式（6·27），あるいは図 6·42 から推定できる．なおマイクロ波フェライトの誘電率 ε' は 9〜16 で $\tan\delta_\varepsilon=\varepsilon''/\varepsilon'\lesssim 1\times10^{-3}$ である．

以上の（μ）はフェライト試料が H_i によって飽和している場合の計算であるが，広帯域サーキュレータ等ではフェライトを未飽和領域付近で使用することも多くなっている．式（6·26）に H_i すなわち $\omega_i=0$ を代入すると $\omega_L\simeq 0$ の場合 $\mu'=1$，$\kappa'=\omega_M/\omega=M/\mu_0 H_r=4\pi M/H_r$(CGS) となる．未飽和領域の μ'，κ'，μ_z' は以下の式で与えられる．

$$\left.\begin{aligned}&\mu'=\mu_{dem}+(1-\mu_{dem})\left(\frac{M}{M_s}\right)^{\frac{3}{2}} \qquad \kappa'=-\gamma\frac{M}{\omega}=\frac{4\pi M}{H_r}\\&\mu_z'=\mu_{dem}\left(1-\frac{M}{M_s}\right)^{\frac{5}{2}} \qquad \mu_{dem}=\frac{1}{3}+\frac{2}{3}\left[1-\left(\frac{4\pi M_s}{H_r}\right)^2\right]^{\frac{1}{2}}\end{aligned}\right\} \tag{6·28}$$

図 6·43 には $(M/M_s)=0.8$ の場合の $M_s/H_r=\omega_M/\omega$ に対する μ', κ', d_{em},

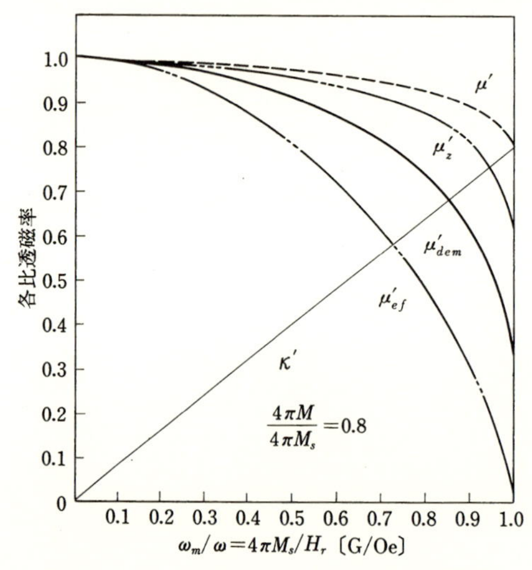

図 6·43　μ', μ_z', μ_{dem}, μ_{ef}', $\kappa-\omega_m/\omega=4\pi M_s/H_r$

$\mu'_{ef}=(\mu'^2-\kappa'^2)/\mu'$ が示されている．$M_s/H_r=\omega_M/\omega\leqq 0.75$ なら μ'', μ''_z は小さく $\kappa''<\mu''$ である．損失項 μ'' 等はフェライトの化学的組成，温度，ω_M/ω に影響される．

6·8·2　アイソレータ

アイソレータとは一方向（順方向）には低損失のそう入損失 I_L でマイクロ波を伝送させ，逆方向にはアイソレーションと呼ばれる大きな減衰量 I_S でマイクロ波を吸収するような，2ポート非相反受動回路デバイスである．アイソレータの使用により反射波を容易に除くことができるので，発振器の安定化やアンテナとの整合部などに多く使われている．現在最も多く使用されているのは，サーキュレータの一端に無反射終端を接続したサーキュレータ型アソレータであるが，用途によって種々の形のものが開発，使用されているので以下原理，特長などについて述べる．

a．共鳴形アイソレータ　図6·44に示すように導波管の側面から約1/4の所にフェライトを置き，外部バイアス磁界 H_e を図のように進行方向に垂直に加えるとアイソレータが構成できる．H_e の大きさはフェライトの共鳴磁界 H_r を使うので共鳴形アイソレータと呼ばれている．この原理について考える．いま $TE^{\square}_{10}$ モードの磁界（磁力線分布）はすでに（4·5·1項）で学んだように図6·45，(a)のようになる．いま波が $+z$ 方向に伝搬しているときの A′ における磁界が時間と共にどのように変化するかを調べる．$t=0$ においては磁力線①は上向きすなわち(b)図の $\theta=0$ 方向を向いている．つぎに $t=\dfrac{T}{4}$ となると③の磁界が A′ 点まで進んでくるた

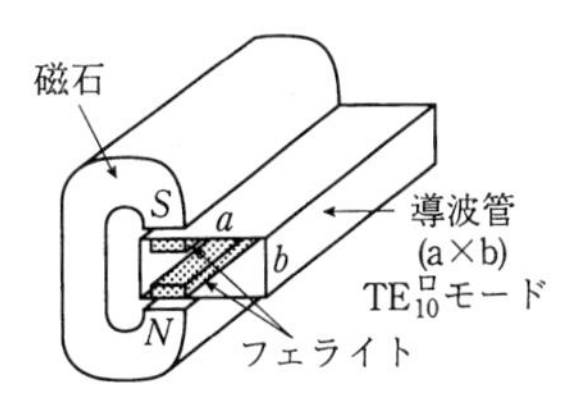

図6·44　導波管共鳴形アイソレータ

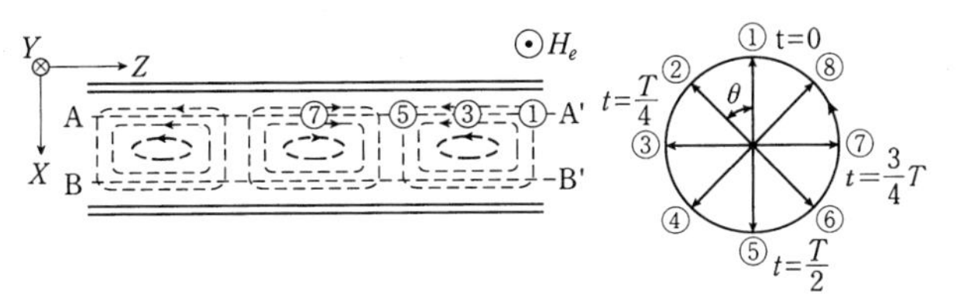

(a)　$TE^{\square}_{10}$ モードの磁界　　(b)　A′ 点の磁界

図6·45　$TE^{\square}_{10}$ の伝搬による円偏波磁界

め，(b)図の(3)の $\theta=\pi/2$ の方向を向いている．さらに $T/2$ となると⑤の磁界が A′ 点に達し(b)図の(5)の $\theta=\pi$ となる．このように $t=\frac{3}{4}T$ では(b)図の⑦となり，$t=T$ では再び $\theta=0$ となる．$t=T/8$, 3T/8, $5T/8$, $7T/8$ では同様に(b)図の②，④，⑥，⑧となる．このように A′ 点の磁界は時間と共に振幅が同じで磁界ベクトルの先端の軌跡が円となる円偏波磁界となっていることがわかる．またこのように $+z$ の進行波に対して H_0（◉）に対し正（右回り）の円偏波になるのは，A′点に限らないでAA′線上の点では常に円偏波となる．従ってこの場所にフェライトを置けばその透磁率は μ_+ となるので，$H_i=H_{ri}$ とすることにより共鳴が生じ，μ_+'' により電力がフェライト中に消費され，大きなアイソレーション I_s を生ずる．一方 $-z$ に進む波に対しても全く同じに考えられるが，円偏波の回転方向は逆になり，負（左廻り）の円偏波となり，フェライトは μ_- を示し共鳴を生じないのでそう入損 I_L は小さい．このようにしてアソレータが構成できる．なお円偏波は(a)図の B–B′ 線上でも生ずるが A–A′ の円偏波の逆回転となる．従って逆方向に磁化されたフェライトを A–A′, B–B′ におけば効果を倍増させることが可能となる．以上のことを定量的に扱ってみる．$TE_{10}^{\square}$ モードの H_x, H_z 成分は式（4·49）に示したように，位相が $\pi/2$ 異っているので，振幅が同じ $|H_x|=|H_z|$ の点X_0 で円偏波となることから X_0 が定まる．

$$X_0=\frac{a}{\pi}\tan^{-1}\frac{\lambda_g}{2a} \tag{6·29}$$

図 6·44 のように薄板状フェライトの場合には反磁界係数 $N_z\simeq N_x\simeq 0$ と考えられるので上式が適用できるが，円筒棒，E 面に平行な板状の場合は N_x の影響を考慮する必要がある．アイソレータの特性の良否を示すフィギュアオブメリット（figure of merit）F は単位長当りの I_s と I_L の比すなわち減衰定数の比で示され $F=\alpha_+/\alpha_-$ である．この F はフェライトを挿入した場合でもフェライトの量があまり多くなく，その点の電磁界は空導波管の電磁界と同じであると言う近似が成り立つ場合には，摂動計算（付録 4 参照）により求めることができ，次式となる．

$$F=\frac{\alpha_+}{\alpha_-}\simeq(2\omega T)^2=\left(\frac{4H_r}{\Delta H}\right)^2 \tag{6·30}$$

このように最適位置にフェライトが置かれたときの特性は材料の性質 ΔH で定まる．摂動計算が成立しないような場合には，後述の非相反位相器の項で述べるように正確に電磁界を求めればよい．実際のアイソレータでは帯域幅，温度特性，耐電力などから材料を選定する．また F を増大させるためにフェライトに接して誘電体を配置することもある．またこの形のアイソレータとしては同軸線路の半分に誘電体を充満させ，境界面にできる円偏波点にフェライト棒を置くものや，平行 2 線やらせん線路の円偏波点を利用するものも考えられた．また異方性磁界の強いバリウムフェライト等を使うことにより，バイアス磁界なしでミリ波で動作するものもある．共鳴形アイソレータは構造が簡単で反射が少なくアイルーションが高くとれ，大電力に耐えるので，尖頭電力数 MW 用のものも開発されている．

b．電界変位形アイソレータ　図6·46に示すようにフェライトは(a)で述べた場合と同じにほぼ円偏波点の近くに置かれているが，バイアス磁界は図 6·42 の $\mu_\pm$ 曲線で $\mu_+'<0$, $\mu_-'>1$, $\mu_+''\simeq\mu_-''\simeq 0$ を満足するように印加されている場合を考える．$-z$ に進む波に対してはフェライトは μ_- で動作し，$\mu'_->1$,

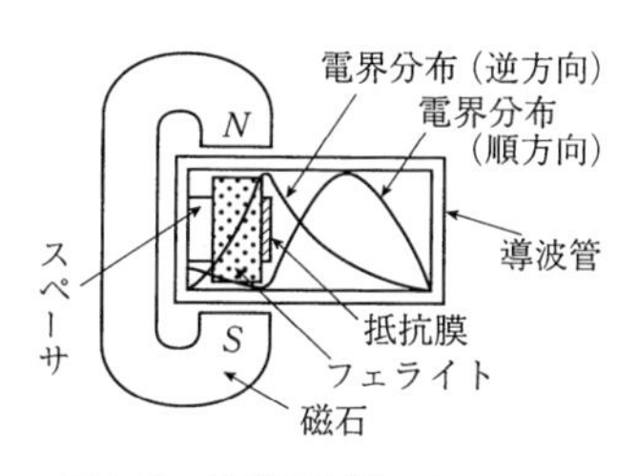

図 6·46　電界変位形アイソレータ

$\varepsilon'\simeq 12$ なので高誘電率の誘電体を置いた時と同じになり，図の逆方向の電界分布に示したようにフェライト表面の電界は大きな値をとる．従ってフェライト表面に薄膜状の抵抗体を置くと進行する波を吸収できる．一方 $+z$ 方向に進む波に対してはフェライトは μ_+ で動作し，$\mu_+'<0$ なので電磁界はフェライトから外に押し出されたような図の順方向の電界分布となり，フェライト表面すなわち抵抗体面では，電界は零のため波は損失なく伝送されアイソレータとなる．この形は順逆比すなわち F が大きなものが得られ，I_L も 0.2 dB 程度で広帯域で動作するが，高次モードが発生しないように抵抗体の形状を工夫する必要があることや，大電力が扱えない点などが欠点となっている．

c．ファラデー回転形アイソレータ　ファラデー回転形アイソレータはフェライト内を伝搬する波のファラデー回転を利用したもので，最初に実用化されたフェライトデバイスである．現在では他のものに比べて大型であること等に欠点があるが，バイアス磁界が 50〜100 Oe と小さくてよいことや広帯域であること等から，主としてミリ波（10〜200 GHz）や光領域で使われている．

まず簡単なために，平面波が進行方向にバイアスされたフェライト内を伝搬する場合を考える．z 方向に進む波の瞬時値は第2章で説明したように $v(z, t) = Re\,A\,e^{-j\beta z} \cdot e^{j\omega t} = |A|\cos(\omega t - \beta_z + \phi)$ となるが，これをさらに書き直すと

$$
\begin{aligned}
v(z,\ t) &= |A|\cos(\omega t - \beta_z + \phi) \\
&= \frac{|A|}{2}\{e^{j(\omega t - \beta z + \phi)} + e^{-j(\omega t - \beta z + \phi)}\} \qquad (6\cdot31)
\end{aligned}
$$

となり，右辺の第1項は右回り（正）の円偏波，第2項は左回り（負）の円偏波を示している．このように一般に直線偏波は正負の円偏波に分解でき，バイアスされたフェライト内では正負の円偏波に対する伝搬定数が異なるため，このように分解して考える必要がある．図6·42に示したように，僅かに磁化した場合にはフェライトの損失は少なく減衰定数 $\alpha_{\pm} \simeq 0$ と考えてよいので，フェライトの比誘電率を ε_r とすると位相定数 $\beta_{\pm}$ は次式となる．

$$
\beta_{\pm} = \omega\sqrt{\varepsilon_0 \varepsilon_r \mu_0 \mu_{\pm}} = \omega\sqrt{\varepsilon_0 \mu_0}\sqrt{\varepsilon_r \mu_{\pm}} = \frac{\omega}{c}\sqrt{\varepsilon_r(\mu \mp \kappa)} \qquad (6\cdot32)
$$

従って図6·47に示すように長さ l のフェライト中を伝搬した波は，フェライトを出ると再び直線偏波となるが，バイアス磁界は小さくて $\mu_- > \mu_+$ すなわち $\beta_- > \beta_+$ で動作しているので，入射時の偏波に対して次式の θ だけ回転することがわかる．

$$
\begin{aligned}
\theta &= \frac{1}{2}(\beta_- - \beta_+)l \\
&= \frac{\omega\sqrt{\varepsilon_r}}{2c}(\sqrt{\mu + \kappa} - \sqrt{\mu - \kappa})l \quad \text{〔rad〕}
\end{aligned}
\qquad (6\cdot33)
$$

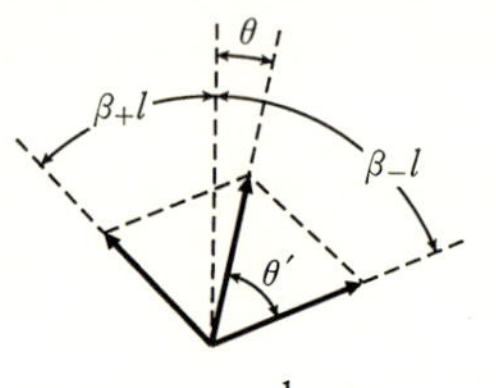

$\theta = \beta_- l - \theta' = \frac{1}{2}(\beta_- - \beta_+)l$

$\theta' = \frac{1}{2}(\beta_+ l + \beta_- l)$

図6·47　ファラデー回転角

この回転の方向は伝搬方向に無関係にバイアス磁界の方向に対する関係で定まるので，波が $+z$ に進むときに $\theta°$ 回転すると $-z$ に対する波も $\theta°$ 回転し非可逆になる．

つぎに実際に使われる図6·48のアイソレータについて考える．図のポート①

に入射した $TE_{10}^{\square}$ の電磁界は方形—円形変換器により $TE_{11}^{\bigcirc}$ モードに変換される．この直線偏波は長さ l のフェライト棒が挿入された区間では正負の円偏波に分解され，それぞれ β_+, β_- で進む．従ってフェライトを通過した後は再び $+\theta$ だけ回転した $TE_{11}^{\bigcirc}$ 直線偏波となり，さらに変換器で $TE_{10}^{\square}$ となり方形導波管から出て行く．通常 $\theta=45°$ に選んであるので反射波はフェライト区間でさらに 45° 同一方向に回転するため，円筒導波管内では入射波に対し直角な偏波となる．この点に図のように薄い抵抗板を挿入しておけば反射波を吸収でき，一方入射波に対しては直角なため影響を与えないのでアイソレータが構成できる．回転角 θ は平面波の場合の式（6·33）に比例すると考えてよいので μ, k を式（6·27）から代入すると，ω_i, $\alpha\simeq 0$ であるから D を比例定数として

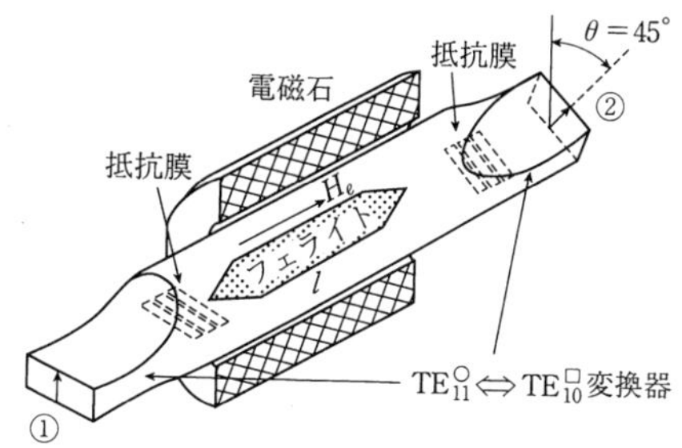

図 6·48　ファラデー回転形アイソレータ

$$\theta = D\frac{\omega\sqrt{\varepsilon_r}}{2c}\left(\sqrt{1-\frac{\gamma M_z}{\omega\mu_0}}-\sqrt{1+\frac{\gamma M_z}{\omega\mu_0}}\right)l \simeq D\frac{\sqrt{\varepsilon_r}}{2c\mu_0}|\gamma|M_z l \quad \text{〔rad〕} \tag{6·33)'$$

となる．この式から θ が ω に無関係なので使用帯域幅が広いことや，θ は M_z に比例するので，H_0 に対する θ は M_z-H_0 曲線と同様になること等がわかる．実際には導波管の特性で周波数特性を生じるので，$TE_{10}^{\square}$ からフェライト誘電体モード HE_{11} に変換して広帯域にする方法もある．この場合高次 TE, TM の影響を少なくすることが必要である．

d．エッジモード形アイソレータ

図6·49，(a)図のようにフェライトが充てんされた幅の広いマイクロストリップ線路において，ストリップに直角にバイアス磁界を加え，$\mu_\pm>0$ で動作させると x, z 面内の

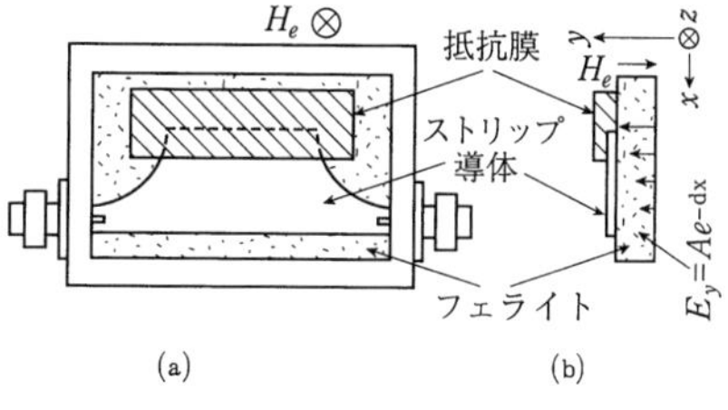

図 6·49　エッジモード形アイソレータ

h はファラデー効果により方向を変えてストリップの右端で反射し，このようなことを繰返し，結局(b)図のように電界 E_y は $-z$ に進む波に対してはストリップの右端で強く左に行くに従って指数的に弱くなり $E_y = A\,e^{-\alpha x}e^{-j\beta gz}$，$\alpha = \omega\dfrac{\kappa}{\mu}\sqrt{\varepsilon_0\mu_0\varepsilon_r\mu}$ の形をとる．また磁界 h_x も同様な分布のエッジモードとなる．伝搬方向が逆の $-z$ となると電磁界の最大の位置も逆になる．従って(a)図のように右端に抵抗膜をおくと $+z$ の波は吸収されアイソレータとなる．なおあまり線路幅が広くなったり $\mu_{ef}>0$ では高次モードが発生する．この回路の特長は非常に広帯域特性を示すことで，2オクターブの帯域で $I_s>20$ dB，$I_L\leq$ 1 dB, VSWR$\simeq$1.5～2 のものがある．また吸収膜を使わないで共鳴形のように直接フェライトに電力を吸収させるものもある．

6·8·3　接合形サーキュレータ

接合形サーキュレータについては図1·11に示したのでまず図1·12の応用について説明する．

a．サーキュレータの応用　図1·12の(b)～(h)にサーキュレータの応用を図示した．このように各ポートに適当に無反射端，位相器などを接ぐことにより種々の応用回路が得られる．低電力用アイソレータとしては6·8·2項で述べたものより小形で特性のよい点から，(b)図の負荷サーキュレータ形が広く使われている．また半導体などの負性抵抗増幅器をマイクロ波で使う場合には，入，出力回路の分離のため，(d)図のようにサーキュレータを使うことが不可欠となっている．なおここに示した応用は接合形以外のサーキュレータでも構成できるが，実用上は接合形が多く使われている．

b．サーキュレータの S マトリクスと動作原理　通常使用される3ポートサーキュレータの S マトリクス，固有値，固有ベクトルについては既に式（3·92)～(3·94）で学んだが，これらとサーキュレータの動作原理の関係について調べることにする．3ポートサーキュレータのポート1のみに等価入力電圧1が加わった場合には，この入力は表6·3のポート番号①を右に見るとわかるように，各ポートに振幅が1/3の同相，正相，逆相励振が同時に加わったと考えることができる．このときポート②では正相波は $2\pi/3$ 位相が遅れ，逆相波は $2\pi/3$ 位相が進み表のようなベクトルの向きとなり，同，正，逆相の和は零となり，ポート③でも同様に零となるので，上述の考え方が可能なことがわかる．

表6・3 サーキュレータの動作と固有値，固有ベクトルの関係

ポート番号	入力	同相励振	正相励振	逆相励振	同相励振に対する出力（反射係数）	正相励振に対する出力	逆相励振に対する出力	出力
①	1	↑	↑	↑	↑	↙	↘	0
②	0	↑	↘	↙	↑	↑	↑	1
③	0	↑	↙	↘	↑	↘	↙	0
		$\lambda_1=1$	$\lambda_2=\exp j\frac{2\pi}{3}$	$\lambda_3=\exp\left(-j\frac{2\pi}{3}\right)$				

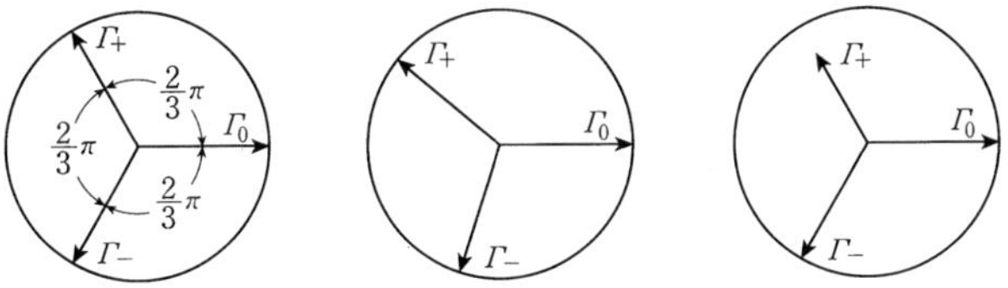

(a) 理想サーキュレータの固有値　(b) 位相関係が正しくない場合　(c) フェライトに損失のある場合

図6・50 サーキュレータの固有値

同，正，逆相励振に対する出力はそれぞれ固有値 $\lambda_1=1$, $\lambda_2=e^{j2\pi/3}$, $\lambda_3=e^{-j2\pi/3}$ を乗じたものとなるので，表の右に示したようなベクトルとなる．従ってポート①，③においては各相の出力を合成すると零となり，ポート②では出力が1となり理想サーキュレータとして動作していることがわかる．これらの関係はサーキュレータの設計，あるいは固有値を測定することにより，サーキュレータが理想サーキュレータに近い特性を有しているかどうかの判定や，正しい固有値に調整する場合に有効である．図6・50，(a)は理想サーキュレータの固有値を示した図で，他の場合は(b)，(c)となるので(a)に近づくように調整する．

一般のサーキュレータの S マトリクスは対称性から

$$(S)=\begin{pmatrix} S_{11} & S_{12} & S_{13} \\ S_{13} & S_{11} & S_{12} \\ S_{12} & S_{13} & S_{11} \end{pmatrix}$$

となり，固有値と S_{ij} の関係は $\alpha=2\pi/3$ とすると

$$\lambda_0=S_{11}+S_{12}+S_{13},\quad \lambda_1=S_{11}+S_{12}\,e^{j2\alpha}+S_{13}\,e^{j\alpha},\quad \lambda_2=S_{11}+S_{12}\,e^{j\alpha}+S_{13}\,e^{j2\alpha} \tag{6·34}$$

となるので，ネットワークアナライザで S_{ij} の絶対値と位相角を測定すれば固有値が上式から求まり，図6·50が書ける．

c．ストリップ線路サーキュレータ　図1·11，(a)のようにストリップ線路の接合部にフェライトを置いた構造である．入力ポート①を電磁界が伝搬してフェライトに結合すると，接合部のフェライトは5·2節で学んだ誘電体共振器として動作し，よく使われる $TM_{110}^{\infty 0}$ モードの場合には図6·51，(a)図のように磁力線，電気力線分布となる．このモードはバイアス磁界 H_i に対し正負に回転するモードに分解できるが，$\mu_\pm$ が異なるために対応した共振角周波数 $\omega_\pm$ が僅かに異なる．この結果 H_i などの適当な値で(b)図のように最初の電磁界が，30° 回転するため，入力波はポート②に損失なく結合できる．一方ポート③では

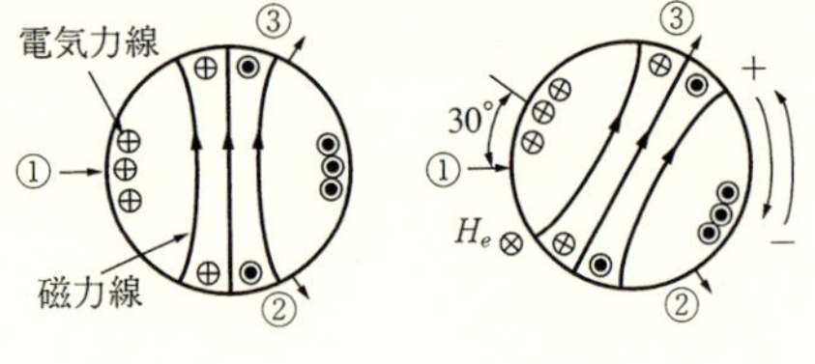

図6·51　サーキュレータの電磁界の回転 ($TM_{110}^{\infty 0}$)

⊕，⊙の電界が逆相で，線路の軸に直角な磁界がないため外部に結合できないでサーキュレータとなる．この考え方を数式で表示することにより以下の関係が得られる．実際の解析では共振モードは z 方向（バイアス H_i 方向）に対して TM モードが重要なので，その $E_z(r,\,\theta)$，$H_\theta(r,\,\theta)$ を表示して線路との結合部以外の側面で $H_\theta(a,\,\theta)=0$ の境界条件から±モードに対する方程式が得られる．これから Z_{in}，サーキュレータ条件等種々の定数が計算される．フェライト半径 a は同相励振に対する共振角周波数 $\omega\simeq(\omega_++\omega_-)/2$ から，また $Q_L\simeq Q_e$ は線路と共振器の結合から求まる．$2\phi_c$ を中心から見た線路との結合角度，$\eta=(\mu_+-\mu_-)/(\mu_++\mu_-)$ とすると次式が得られる．

$$\left.\begin{array}{l} a=\dfrac{\lambda\times 1.841}{2\pi\sqrt{\varepsilon_f{}'\mu_{ef}{}'}},\ Q_L=1.48\,\dfrac{\omega a^2\varepsilon_f{}'\varepsilon_0}{hG_r},\ Q_0\simeq\dfrac{2\omega^2\mu_0}{\gamma^2 M_s\Delta H_{\mathrm{eff}}} \\ I_L=20\log_{10}\left(1-\dfrac{Q_L}{Q_0}\right)\ [\mathrm{dB}],\ W=2a\sin\phi_c,\ \phi_c\simeq\dfrac{Z_d}{Z_e}|\eta| \\ \text{整合していると } I_L=20\log_{10}A(|\eta|Q_f)^{-1} \\ \eta=\dfrac{-\kappa}{\mu},\ (Q_f)^{-1}\simeq\mu_f{}''/\mu_f{}',\ \mu_{ef}=\dfrac{2\mu_+\mu_-}{\mu_++\mu_-},\ A:\text{定数} \end{array}\right\}\quad(6\cdot35)$$

$\mu_{ef}{}'=(\mu'^2-\kappa'^2)/\mu'$, $\varepsilon_f{}'$ はフェライトの比実効透磁率，および比誘電率で G_r は線路コンダクタンス，h はフェライトの厚さ，W は結合線路幅，$Z_e=120\,\pi(\mu_{\mathrm{ef}}/\varepsilon_f)^{1/2}$，$Z_d=120\,\pi/\varepsilon_d{}^{1/2}$，$\varepsilon_d$ は結合線路部の ε である．バイアス磁界 H_i の大きさが H_{ri} より小さい低磁界形（below resonance）と，$H_i>H_{ri}$ の高磁界(above resonance) 形の 2 種があり，通常 1.5 GHz 以上では低磁界形，1.5 GHz 以下では高磁界形が使われる．低磁界形は H_e が小さくてよい利点があるが，動作周波数が低くなるとフェライトが完全に飽和しないため，低磁界損失を生じやすい点や高電力マイクロ波に対して非線形現象（図 6·79）を生じやすい欠点がある．通常の比帯域（≲20%）の場合は式（6·35）によって設計できるが，オクターブ幅に達する広帯域サーキュレータの場合は飽和付近に磁化し，$\phi=0.51$ rad と大きな $\eta>0.5$ を使うことにより CTC（Continuous Tracking Circulator）が設計できる．またフェライト板は円板でなくてもよく，三角形，五角形のものも使われることもある．

図 6·52 はサーキュレータ特性の 1 例である．ストリップ線路形はトリプレートに限らないでマイクロストリップ線路を使ったものも MIC 用として多く使われ，VHF からミリ波帯まで実用化され，$I_L\lesssim0.2$ dB, $I_s\gtrsim20$ dB, 20 dB 帯域幅は 4～20% である．広帯域化のためには共振器部外に直，並列共振回路，変成器が使われている．図6·53は誘電体基板にフェライト円柱を埋め込むドロップイン形や

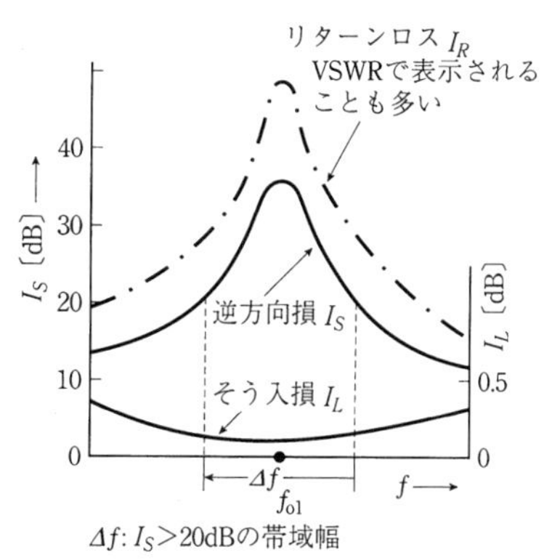

図 6·52　代表的なサーキュレータの特性

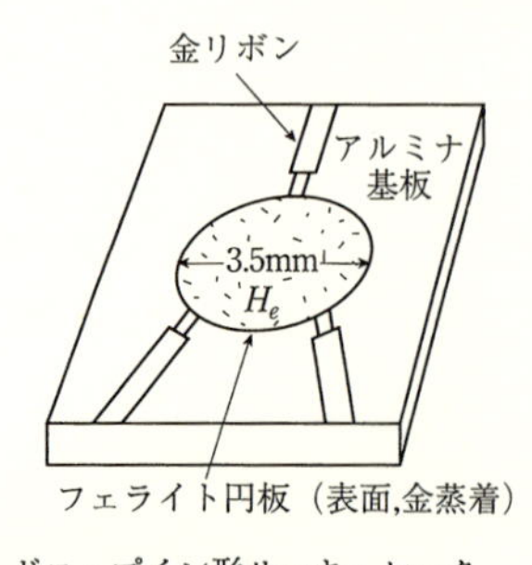

(a)　ドロップイン形サーキュレータ

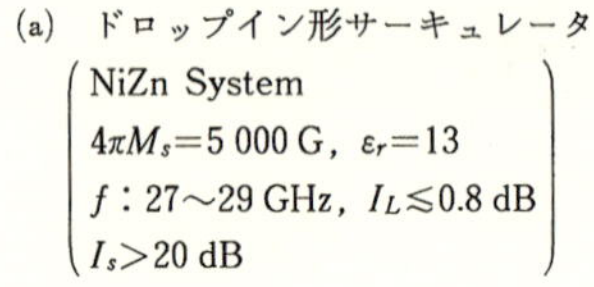

NiZn System
$4\pi M_s=5\,000$ G，$\varepsilon_r=13$
f：27～29 GHz，$I_L\lesssim0.8$ dB
$I_s>20$ dB

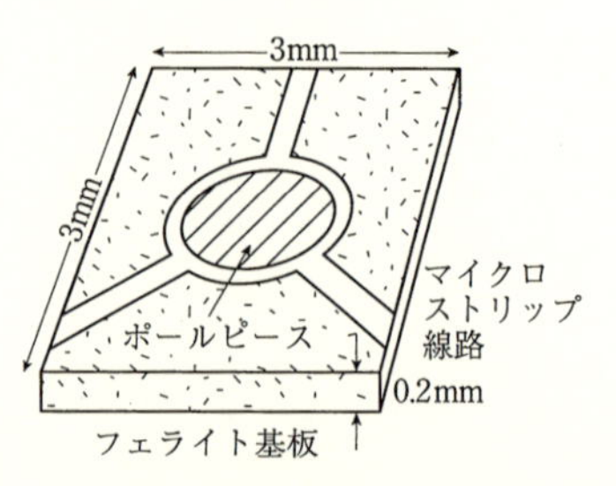

(b)　フェライト基板サーキュレータ

NiZn System
$4\pi M_s=5\,000$ G，$\Delta H=150$ Oe
$\varepsilon_r=14$，$\tan\delta=5\times10^{-3}$
$T_c>300$℃，f：47.5～55 GHz
$\Delta f=4$ GHz，$I_L<0.9$ dB
$I_s>20$ dB，VSWR<1.2

図6·53　ミリ波サーキュレータ（MIC 用）

フェライト基板を使ったミリ波 MIC 用サーキュレータの例で，H_e の加わっている部分をフェライト径として扱えば式（6·35）で計算できる．

工業用マイクロ波発振器の保護に使われる大電力サーキュレータ（CW 2～500 kW）では，大電力によるサーキュレータ内の放電，フェライトに高マイクロ波磁界が加わるための非線形現象，フェライトの温度上昇による特性の劣化，熱歪み等を考えて設計する必要がある．この為には正確な電磁界分布を求める事が要求される．ストリップ線路サーキュレータの電磁界は次式となる．

$$\left.\begin{aligned} E_z=AJ_1(kr)\cos\phi,\qquad H_r&=B\left\{-j\frac{J_1(kr)}{r}\sin\phi+\frac{\kappa'}{\mu'}J_1'(kr)\cos\phi\right\}\\ H_\phi&=-B\left\{\frac{\kappa'}{\mu'}J_1(kr)\sin\phi+jJ_1'(kr)\cos\phi\right\}\end{aligned}\right\}\quad(6\cdot36)$$

ここで $A=E_m/J_1(kR)$，$B=E_m/\omega\mu_e'J_1(kR)$，$E_m=8.17\sqrt{P/t}$，$P$ は入力電力 P〔W〕，R はフェライトの半径，t はフェライトの厚みである．

マイクロ波磁界の大きさ $|H|=\sqrt{|H_\phi|^2+|H_r|^2}$ で，温度上昇等を定める熱発生 Q は次式となる．

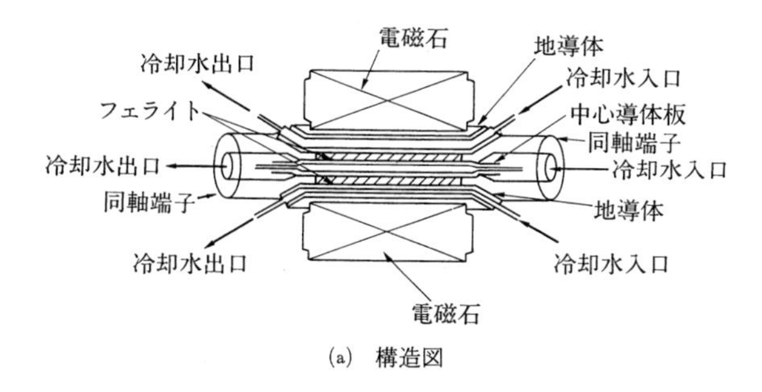

(a) 構造図

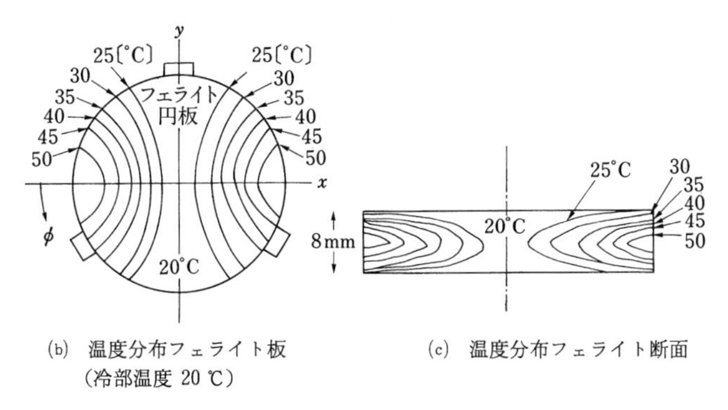

(b) 温度分布フェライト板 (冷部温度 20 ℃)　(c) 温度分布フェライト断面

図 6·54 150 MHz, CW 30 kW, ストリップ線路型 大電力サーキュレータと温度分布

$$\left.\begin{aligned} Q_m&=\frac{\omega}{2}\{\mu''|H|^2+2\,\kappa'' I_m(H_r H_\phi)\}=\frac{\omega}{2}(\mu_+''|a^+|^2+\mu_-''|a^-|^2) \\ Q_e&=\frac{\omega\varepsilon''}{2}|E_z|^2 \qquad Q=Q_m+Q_e \qquad a^{\pm}=(H_r\pm jH_\phi)/2 \end{aligned}\right\} \quad (6\cdot37)$$

Q_m, Q_e はそれぞれフェライトの磁気的損失，電気的損失によるものである．Q から有限要素法等を使って計算すると温度分布がわかる．図 6·54 に 150 MHz, CW 30 kW ストリップ線路形サーキュレータ（$I_L \simeq 0.2$ dB, $I_S \geq 20$ dB, VSWR<1.2）の構造および温度分布の計算を示す[(2),(3)]．

d．導波管サーキュレータ　図 1·11，(b)に示したように，導波管の Y 接合部に円柱状のフェライトを置いた構造で，動作原理はストリップ線路サーキュレータと同様で，フェライトが誘電体共振器として動作する．設計は境界条件を満足するように電子計算機を使って行われるが，一般に複雑で実験的に定数を決定することも多い．

フェライト円柱の高さがWGの高さと一致している（b図）場合には，計算は複雑であるが解析的に解く事ができる．図6·55のように接合部内の電磁界はWGポートのTE_{10}モードで励振されていて，z方向で変化する境界条件はないので，電界はz方向のみで，磁界はx–y面のみでzに無関係な解を求めればよい．解析ではまず円筒座標を使ってフェライト内（$r \leq R$），フェライト外部（$r \geq R$）の界を級数の形で書いて，各モードについてフェライト面（$r=R$）でE_z, H_ϕの連続の境界条件を使う．フェライト外部のE_zは次式となる．

$$E_z=\sum_{n=-\infty}^{\infty}\left[B_n J_n(k_0 r)+C_n Y_n(k_0 R)\right] e^{-jn\phi} \qquad k_0{}^2=\omega^2\varepsilon_0\mu_0 \qquad (6\cdot38)$$

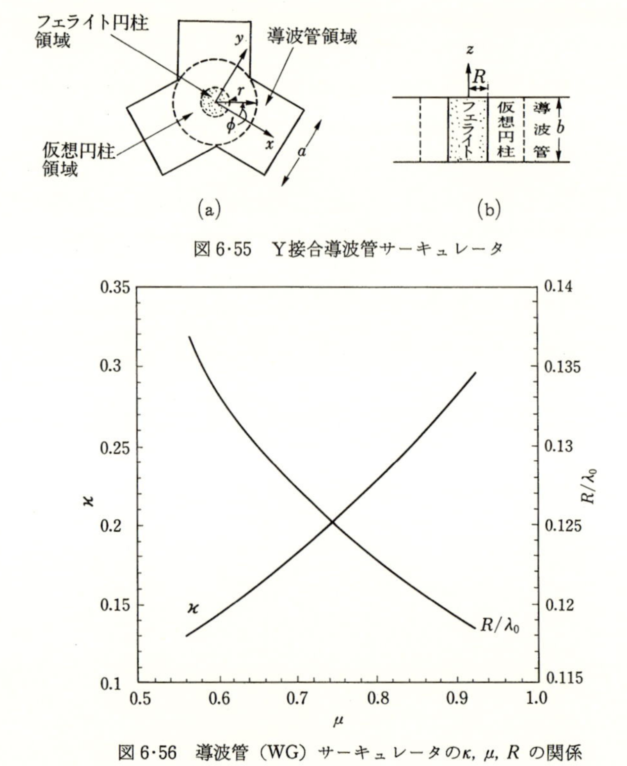

図6·55　Y接合導波管サーキュレータ

図6·56　導波管（WG）サーキュレータのκ, μ, Rの関係

$C_n/B_n=f(k_0, \gamma, \kappa, \mu, R)$ は境界条件から求まる．次に WG 内の電磁界の完全展開を書き，図の点線の境界に沿って両者を一致させ，近似を行うと次式が得られる．

$$\tan\left[\frac{1}{2}(\theta_j+\pi)\right]=\frac{D_n{}^m+E_n{}^m(C_n/B_n)}{F_n{}^m+G_n{}^m(C_n/B_n)} \tag{6·39}$$

ここで $D_n{}^m$, $E_n{}^m$, $F_n{}^m$ と $G_n{}^m$ は WG のみのパラメータ（m, λ_g/a）の関数で，θ_j は $\lambda_j=G_{-1}/G$ としたとき $\lambda_j=e^{j\theta_j}$ で定義される．図 6·56 に $\mu.\kappa.R$ の関係を示した．このような解析は更にフェライト管，一誘電体棒一誘電体スリーブや金属ピンを含む不均質円筒構造に拡張され実験との定性的一致が得られている．

一般に特性は $I_L\simeq0.1$ dB 程度でストリップ線路サーキュレータより小さいため，低雑音増幅器用などに使われるがやや狭帯域なので，フェライト円柱の中心にピンを挿入したり，誘電体柱で囲んで広帯域化をはかっている．また図 6·57 のように金属 3 角台，3 角柱フェライトを使ったものが実用化されている．なお図では無反射端も小形なものが導波管内に置かれ薄形化されている．導波管サーキュレータは大電用に適しており，導波管 E 面にフェライトを装荷した E 面サーキュレータでは，尖頭値 IMW, CW IkW のもがある．また大電力 CW 用としては図 6·61

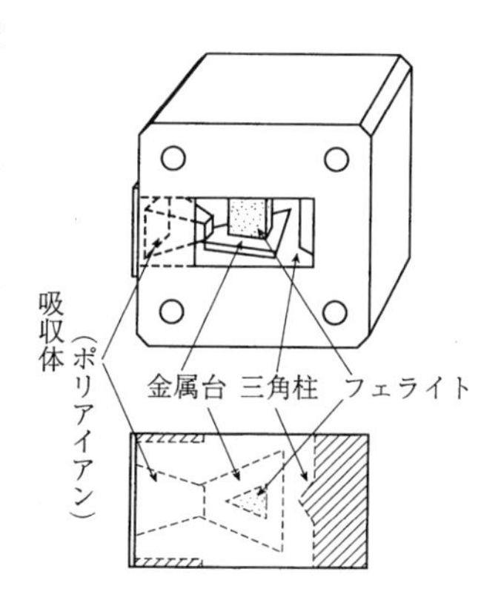

図 6·57　薄形導波管アイソレータ

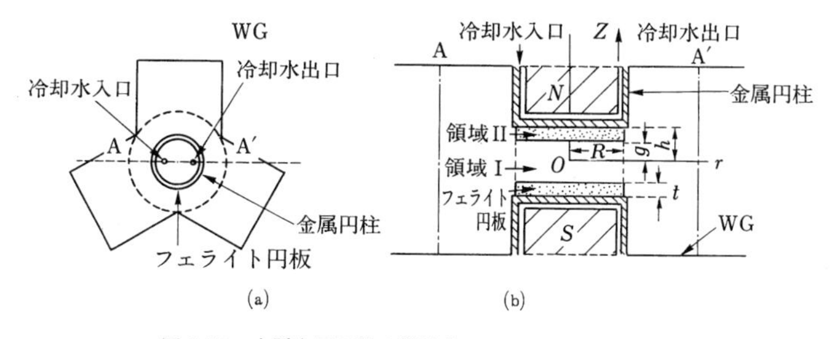

図 6·58　大電力用 Y 接合導波管サーキュレータ

のように多層構造で 915 MHz で CW 100 kW，500 MHz で 200 kW 用のものが開発されている[4].

大電力用サーキュレータでは，温度上昇の点等からフェライト薄板を使って通常図6･58のような構成としている．電磁界は点線部分内を円筒共振器と考えて求められる．フェライトおよびギャップ領域のポテンシャルを $\Psi_{1,2}$ とすると，$\Psi_{1,2}$, $E_{z1,2}$ は以下の式で与えられる．

$$\left.\begin{aligned} &\Psi_{1n}=A_n[\cos k_{z1}(h-z)]J_n(k_e r)\exp(-jn\phi)\\ &\Psi_{2n}=B_n[\cosh k_{z2}z)]J_n(k_e r)\exp(-jn\phi)\\ &\boldsymbol{E}_{z1,2}=(k^2-k_{z12}^2)\Psi_{1,2}\qquad \boldsymbol{E}_{r1,2}=\frac{\partial^2\Psi_{1,2}}{\partial r\partial z}\qquad \boldsymbol{H}_{\phi 1,2}=-j\omega\varepsilon\frac{\partial\Psi_{1,2}}{\partial r} \end{aligned}\right\}\quad(6\cdot40)$$

$n=\pm1,\ \pm2\cdots$

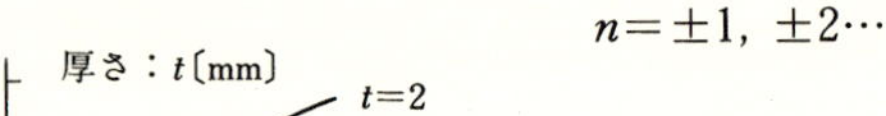

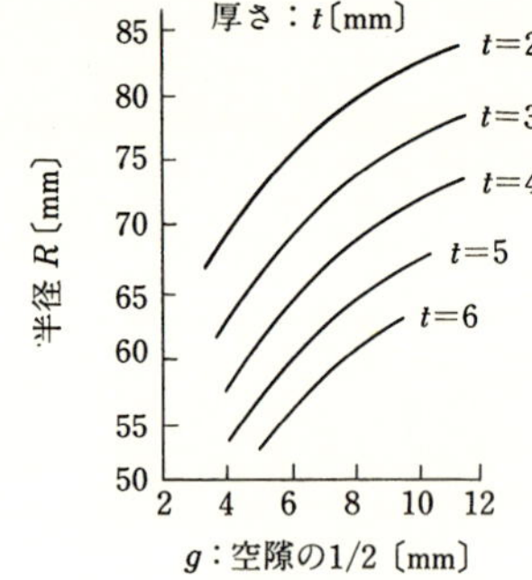

図 6･59　R–g 曲線（915 MHz, Bi–Ca VG）

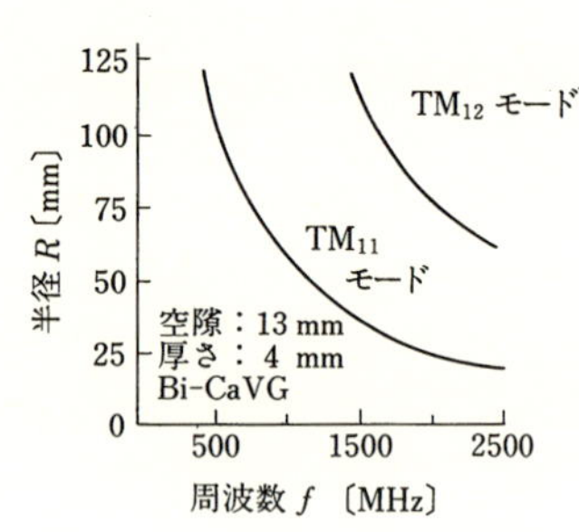

図 6･60　R–f 曲線

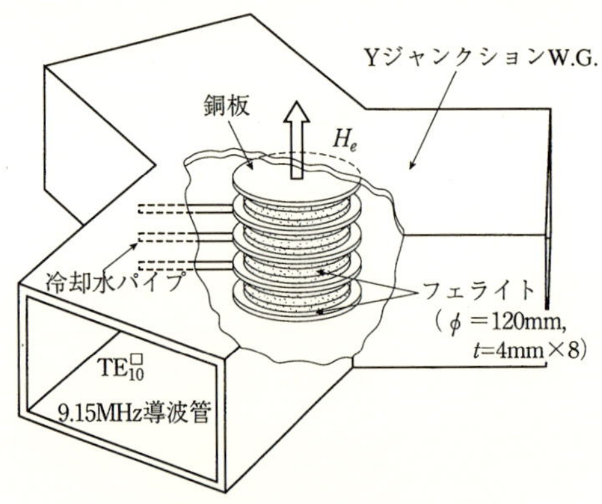

図 6･61　多層構造大電力用導波管サーキュレータ
(915 MHz IMS band CW 100 kW)

フェライト面での境界条件から係数間の関係が求まる．更に A–A' も共振器と考え電磁界を書き，一方 WG の高次モードを考えた電磁界の境界条件を考えると，サーキュレータの条件が求まるがかなり複雑になる．しかしながら式(6·40) のみでも動作周波数，フェライト円板の半径 R，厚さ $t\rangle$ を求められ，実験とよく一致する．相互関係の式は

$$\left.\begin{array}{l}\left(\dfrac{t^3}{\varepsilon_1}+g^3\right)k_{z2}{}^4-\left(3g+3\dfrac{t}{\varepsilon_1}+2\dfrac{t^3}{\varepsilon_1}\right)k_{z2}{}^2+\dfrac{t}{\varepsilon_1}(3+t^2A)A=0\\ k_r{}^2+k_{z1}{}^2=\omega^2\mu_0\varepsilon_0\mu_1\varepsilon_1,\ k_r{}^2-k_{z2}{}^2=\omega^2\varepsilon_0\mu_0,\ A=\omega^2\mu_0\varepsilon_0(\mu_1{}'\varepsilon_1{}'-1)\\ \quad\mu_1=(\mu_++\mu_-)/2\qquad k_rR=x_{nm}\quad J'_n(x_{nm})_{r=R}=0\end{array}\right\}\quad(6\cdot41)$$

となり，これから設計に必要な図 6·59，6·60，6·61 が得られる[(4),(5)]．多層構造サーキュレータは図 6·58 を多層にして電力を分割したと考えればよい．

e．集中定数サーキュレータ　Lバンド以下では前述の c，d のサーキュレータではフェライト径が大きくなりすぎるので，図 6·62 に示すように集中定数を使ったサーキュレータが使われる．主として低電力用であるが非常に小形で安価な特長がある．フェライト円板には図のような交さ線路により一様な回転磁界ができ，$\mu_\pm$ によりサーキュレータとなる．交さ線路の L と端子の C で共振器を構成している．H_e としては損失の点から通常高磁界形が使われる．

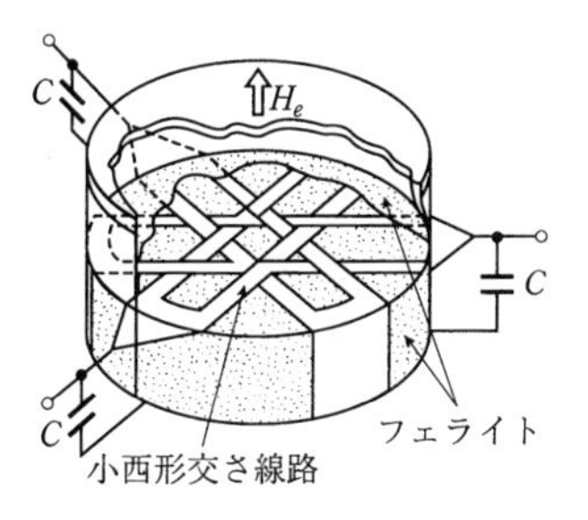

図 6·62　集中定数形サーキュレータ

サーキュレータになるためには図 6·50 に示したように，同，正，逆相励振に対する固有値 $\Gamma_{0,\pm}$ が各々 120° ずつの位相差関係にあることが必要である．$\Gamma_{0,\pm}$ に対するアドミタンスで表したアドミタンス固有値 $y_{0,\pm}$ について考える．同相励振では各線路①，②，③によるフェライト部磁界は打消し合って零となるので $y_0=\infty$ とみなすことができる．$y_\pm$ は次式となる[(6),(7)]．

$$y_0=\infty\qquad y_+=j\omega C+\frac{1}{j\omega L_+}\qquad y_-=j\omega C+\frac{1}{j\omega L_-}\qquad(6\cdot42)$$

従ってサーキュレータになるためには $\Gamma_\pm$ に対応した $y_\pm=\pm j/\sqrt{3}$ となればよいので次式が得られる．

$$\omega C=\frac{1}{2}\left(\frac{1}{\omega L_+}+\frac{1}{\omega L_-}\right) \qquad \frac{\omega\xi}{R}=\frac{\sqrt{3}}{2}\left(\frac{1}{\mu_+}-\frac{1}{\mu_-}\right) \tag{6·43}$$

ただし　$L_\pm=\mu_\pm\xi$　　R：線路の特性抵抗$\left(=\frac{1}{Y_0}\right)$

上式から，挿入損失 I_L，比帯域幅 W は次式から与えられる．

$$\left.\begin{aligned} I_L&=4.96\left(\frac{1}{Q_c}+\frac{1}{Q_{eff}}\right)\frac{1}{\eta} \quad \text{〔dB〕} \\ W&=\frac{\Delta f}{f_0}=\frac{2\sqrt{3}\,|\eta|\,|S''|}{\sqrt{1+\left(\frac{3}{4}\right)\eta^2}} \\ \eta&=\frac{\mu_+-\mu_-}{\mu_++\mu_-} \quad \mu_{ef}=\frac{\mu^2-k^2}{\mu}=\mu_{ef}'\left(1-j\frac{1}{Q_{ef}}\right) \end{aligned}\right\} \tag{6·43)′$$

ただし S'' はアイソレーションポートの出力，Q_cはコンデンサC の Q，Q_{eff} はフェライトの実効 Q で，ξは網状構造で決まる．

線路としては磁界分布の点から図 6·62 のような網目線路が使われる．V，UHF 帯ではフェライトの直径 1〜2 cm のものが使われ，$I_L \lesssim 0.5$ dB，耐電力 1W 程度である．大電力用としてはフェライト径を適当に選ぶなどして CW 数 10 W 程度のものもでき自動車電話用機器などに使われている．広帯域化のためには図 6·63 の様に外部補償回路の使用の他にサーキュレータを接地より浮かすなどの方法が開発されている．マイクロストリップ同様に MIC 化して集中定数サーキュレータを構成するものも多く使われ，SHF 帯でも使用できるものもある．

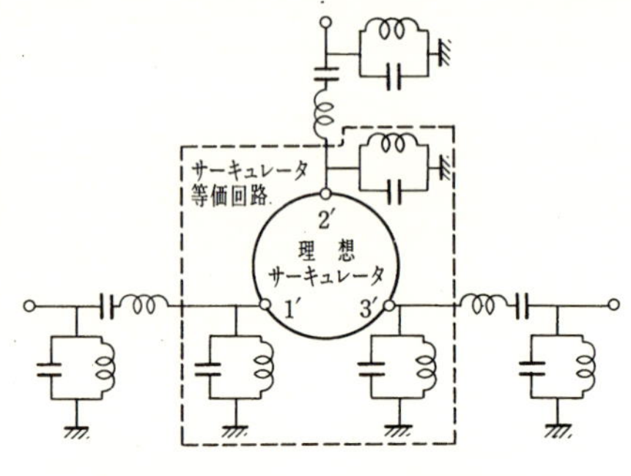

図 6·63　サーキュレータの広帯域化

6·8·4　その他のサーキュレータとフェライト材料の選定

a．その他のサーキュレータ　以上の他に接合形としてはスロットガイド，コプレーナガイド，NDR 線路などの接合点にフェライトを配置したミリ波用サーキュレータが開発されている．またペリフェラルモードを使用した広帯域のものも考えられている．なおフェライト材料内にループを通して電流パルスにより残留磁化 M_z の方向を逆転されることにより，サーキュレータとしての回転方向を逆転させるラッチングサーキュレータもあり，スイッチング時間 5～10 μs で高電力，高速スイッチとして使われている．最近は接合形サーキュレータでも 6・8・3 項で述べたように大電力用のものが開発されてきたが，大電力用には以前から図6・64に示す非相反移相器形サーキュレータがある．以下動作原理を簡単に述べる．変形マジック T のポート①への入力は 2 分割され，互いに逆方向に励磁された 90° 非相反移相器を通過し，その後 −3dB 結合器を図のように通る．このとき 90° の位相変化を生ずるので，④では逆相となり出力は零であるが，②では同相となり全入力電力が出力となり，①→②の回路が構成され，同様に②→③，③→④，④→①の 4 開口サーキュレータとなる．なお −3 dB 結合器としては主としてショートスロットハイブリッドが使われる．L, S 帯で CW 500～100 kW のものや尖頭値 2.5 MW のものが実用化されている．

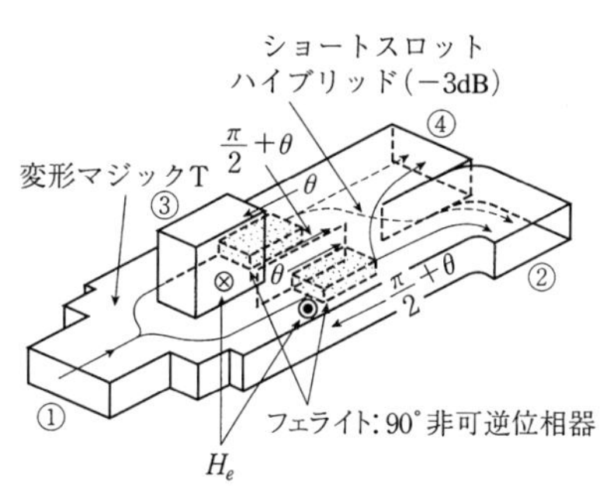

図 6・64　非相反移相器形サーキュレータ

b．非相反移相器　ここで非相反移相器の動作，設計についてやや詳しく説明する．図 6・65 のように WG 内にフェライトのようなテンソル（μ）の材料を置いたときの伝搬定数の変化 $\Delta\Gamma$ は，正負の方向への伝搬定数を $\Gamma_{\pm}$，空 WG の伝搬定数を Γ_0 すると，$\Delta\Gamma_{\pm}-\Gamma_0$ は摂動計算（付録式 A4・6）から求めることができる．$TE_{10}^{\square}$ の電磁界を E_n, H_n で記す．

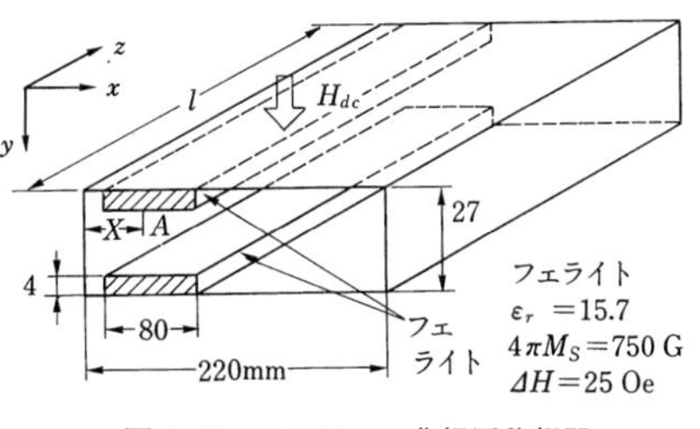

図 6・65　フェライト非相反移相器

$$\varDelta\Gamma_{\pm}=\frac{j\omega\int_{S'}\{(\mu-1)\mu_0(|H_{xn}|^2+H_{zn}|^2)\mp j\kappa\mu_0(H_{zn}H_{xn}^{*}-H_{xn}H_{zn}^{*})\mathrm{d}s+A\}\mathrm{d}s}{2\int_{s}E_{yn}H_{xn}\mathrm{d}s} \tag{6・44}$$

$$A=(\varepsilon_r-1)\frac{\varepsilon_0}{\varepsilon_r}|E_{yn}|^2$$

S', S はフェライトおよび空 WG の断面の積分を示す．

このような平板状フェライトの場合，反磁界係数 $N_x=N_z\simeq0$ となるので，材料内部磁界 $H_x\simeq H_{xn}$, $H_z\simeq H_{zn}$ となる．$\mathrm{TE}_{10}^{\square}$ モードの電磁界を代入すると，非相反移相量（$\beta_+-\beta_-$）は次式となる．

$$\varDelta\beta=\beta_+-\beta_-=2\kappa'k\frac{\varDelta S}{S}\left(\frac{\sin kd}{kd}\right)\sin 2kx_1 \tag{6・45}$$

ここで $\varDelta S$ はフェライトの断面積，$k=\pi/a$ で，減衰定数 $\alpha_\pm\simeq\alpha_0\simeq0$ とした．通常 $\varDelta\beta$ が最大になるように $\sin 2kx_1=1$，すなわち $x_1=a/4$ あるいは $3a/4$ の位置にフェライトの中心がくるようにしている．

なお大電圧サーキュレータ用非相反移相器で重要な，入力に対し放電を生じない WG の耐尖頭電力は式（4・55）で既に求めた．また一般に薄板フェライトを使用した場合のフェライト上端面と冷却面との温度差 $\varDelta T$ は次式となる[5]．

$$\varDelta T=\left(\frac{d_f}{2\sigma_f}+\frac{d_s}{\sigma_s}\right)\frac{P_{loss}}{S}\quad〔℃〕 \tag{6・46}$$

ここで P_{los}〔W〕はフェライト内で消費される電力で，挿入損失電力にほぼ等しい．S はフェライトの表面積〔cm^2〕，d_f, d_s, はそれぞれフェライトと接着層の厚さ〔cm〕，σ_f, σ_s はフェライトと接着層の熱伝導率〔W/cm℃〕である．厳密には χ, κ は温度によって幾分変化する．

式（6・45）の $\varDelta\beta$ は $\varDelta S/S$ が約3～5%程度まで適用できるが，それ以上の場合厳密に計算する為にはまずフェライトを誘電体（$\varepsilon\simeq14$～15）とみなして電磁界を計算し，β_0 を求め，その後に（μ）を摂動項として計算すればよい[8]．この取扱いは共振形アイソレータの厳密解析等にも適用でき，応用が広いので以下に概略を説明する．

横方向電磁界 $\boldsymbol{E}_t$, $\boldsymbol{H}_t$ を空 WG の TM_i, TE_j モードで展開する．なお，(i)

$[j]$ は TM, TE モードを示している

$$\left.\begin{aligned}\boldsymbol{E}_t&=\sum_{i=1}^{\infty}V_{(i)}(z)\boldsymbol{e}_{(i)}+\sum_{j=1}^{\infty}V_{[j]}(z)\boldsymbol{e}_{[j]}\\ \boldsymbol{H}_t&=\sum_{i=1}^{\infty}I_{(i)}(z)\boldsymbol{h}_{(i)}+\sum_{j=1}^{\infty}I_{[j]}(z)\boldsymbol{h}_{[j]}\end{aligned}\right\}\qquad(6\cdot47)$$

$\boldsymbol{e}_{(i)}$, $\boldsymbol{h}_{(i)}$ および $\boldsymbol{e}_{[j]}$ $\boldsymbol{h}_{[j]}$ は，各々スカラポテンシャル $\phi_{(i)}$ および $\Psi_{[j]}$ から求まる．$\boldsymbol{e}_{(i)}=-\nabla_t\phi_{(i)}$, $\boldsymbol{h}_{[j]}=-\nabla_t\Psi_{[i]}$. 上式をマックスウエルの式に代入すると，一般化された電信方程式は以下のようになる．

$$\left.\begin{aligned}\frac{\mathrm{d}V_{(n)}(z)}{\mathrm{d}z}&=-\frac{1}{j\omega\varepsilon_0}\sum_{i=1}^{\infty}Z_1(n,i)I_i(z)-j\omega\mu_0 I_{(n)}(z)\\ \frac{\mathrm{d}V_{[m]}(z)}{\mathrm{d}z}&=-j\omega\mu_0 I_{[m]}(z)\\ \frac{\mathrm{d}I_{[n]}(z)}{\mathrm{d}z}&=-j\omega\varepsilon_0\Bigl(\sum_{i=1}^{\infty}Y_1(n,i)V_{(i)}(z)+\sum_{j=1}^{\infty}Y_2(n,j)V_{[j]}(z)\Bigr)\\ \frac{\mathrm{d}I_{[m]}(z)}{\mathrm{d}z}&=-j\omega\varepsilon_0\Bigl(\sum_{i=1}^{\infty}Y_3(m,i)V_{(i)}(z)\\ &\quad+\sum_{j=1}^{\infty}Y_4(m,j)V_{[j]}(z)\Bigr)-\frac{k_c{}^2{}_{[m]}}{j\omega\mu_0}V_{[m]}(z)\end{aligned}\right\}\qquad(6\cdot48)$$

$$Z_1(n,i)=k_c{}^2{}_{(i)}k_c{}^2{}_{(j)}\iint_S\frac{1}{\varepsilon_r}\phi_{(i)}\phi_{(n)}\mathrm{d}s$$

$$Y_1(n,i)=\iint_S\varepsilon_r\boldsymbol{h}_{(i)}\boldsymbol{h}_{(n)}\mathrm{d}s\qquad Y_2(n,j)=\iint_S\varepsilon_r\boldsymbol{h}_{[j]}\boldsymbol{h}_{(n)}\mathrm{d}s$$

$$Y_3(m,i)=\iint_S\varepsilon_r\boldsymbol{h}_{(i)}\boldsymbol{h}_{[m]}\mathrm{d}s,\quad Y_4(m,j)=\iint_S\varepsilon_r\boldsymbol{h}_{[j]}\boldsymbol{h}_{[m]}\mathrm{d}s$$

$k_{c(i)}$, $k_{c[j]}$ は，TM_i, TE_j モードに対する空 WG の固有値である．

上式から電圧，電流係数 V, I が決定できる．図6·66に計算された界分布を示す．実測値とよく一致しており，摂動電磁界分布（空導波管電磁界分布）とはかなり異なっていることが分る．

この電磁界を使えば非相反移相量 $\varDelta\Phi$ は（μ）の摂動計算で算出できる．

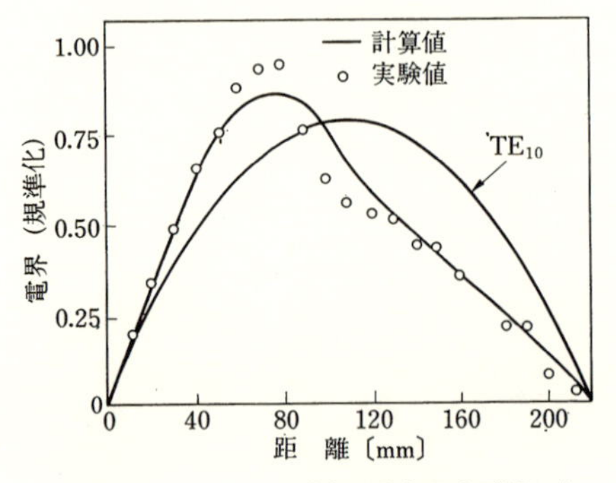

図6·66　フェライト非相反移相器内電界分布

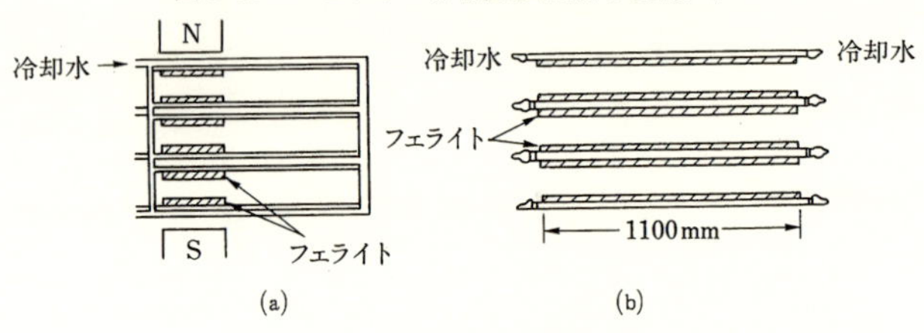

(a)，(b)大電力用移相器の構造

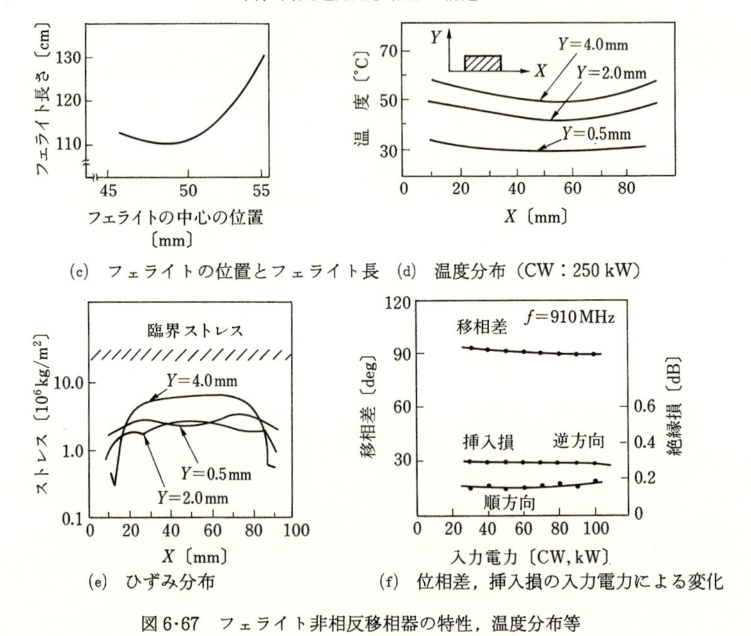

(c)　フェライトの位置とフェライト長　(d)　温度分布（CW：250 kW）

(e)　ひずみ分布　(f)　位相差，挿入損の入力電力による変化

図6·67　フェライト非相反移相器の特性，温度分布等

$$\Delta\,\Phi=\frac{2\omega\kappa'\int\int h_x h_z \mathrm{d}s}{\int\int(\boldsymbol{E}\times\boldsymbol{H})_z \mathrm{d}s}\times l \tag{6·49}$$

このようにして設計，製作された非相反移相器の特性，温度分布の計算結果を図 6·67 に示す[9]．

c．フェライト材料の選定　一般にサーキュレータに使用されるフェライトが低損失のためには，当然 ε'', $\mu''_{\pm}$ の小さな材料が必要である．また低磁界損失を避けるためには $-\gamma 4\pi M_s<0.7\omega$ が要求される．マイクロ波が大電力となると各スピンがフェライト内で一様に揃った運動をしなくなり，スピン波と呼ばれるものが励起され，μ_+ が後述のように変化する非線形現象を生ずる．サーキュレータとしてはこの現象は特性を変化させるので，これを避けるためには当然 h の密度を小さくするようにフェライト体積を選び，またスピン波に対する半値幅 ΔH_k の大きな材料を選ぶと共に，低磁界形よりできれば高磁界形で動作させる必要がある．これらを考えてキュリー点が高く $4\pi M_s$ が低くて損失が少ない，YIG 系，CaVG 系などのフェライトが使われる．$4\pi M_s$ と周波数の関係は図6·68のように動作周波数の低い程 $4\pi M_s$ の小さな材料を選ぶ必要がある．なお与えられた周波数に対して $4\pi M_s$ が低過ぎると μ'_+ の値が小さすぎ，適当でない．

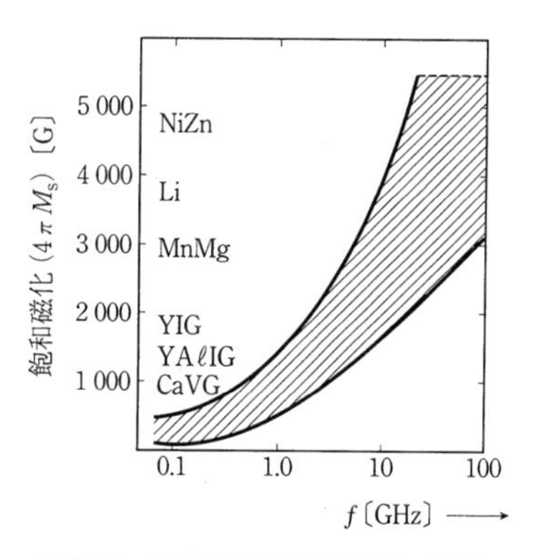

図 6·68　使用飽和磁化と周波数の関係

6·8·5　移相器

同軸線路や導波管などの適当な位置にフェライトを置き，バイアス磁界 H_e を変化させれば透磁率が変化するので，位相定数を電気的に可変でき移相器となる．

a．横磁界移相器　導波管E面管壁にやや厚めのフェライト板を図6·69，(a)図のように挿入してバイアス磁界を $\mu\leqq 0$ の付近で変化させると，6·8·2項のbで述べたように電界分布が変化し，図のようになると等価的に導波管の横幅

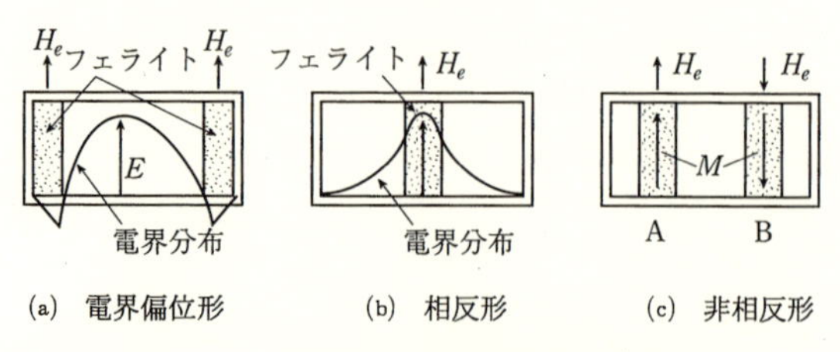

(a)　電界偏位形　　(b)　相反形　　(c)　非相反形

図6·69　横磁界導波管移相器

a が変化したことになりしゃ断波長が変わり，従って位相が変化する．次に(b)図のように導波管中央にフェライトを挿入すると，電磁界はフェライトの ε，μ のため集中するので H_e で μ を変化させれば位相が変化できる．移相量は波の伝搬方向によって変化しないので相反移相器と呼ばれている．つぎにフェライトを(c)図のAのほぼ円偏波点付近に挿入すると $\mu_\pm$ の変化により位相が変化できるが，波の伝搬方向によって μ_+ あるいは μ_- となるので当然非相反移相器となる．なおAの位置に対しBの逆方向に回転する円偏波点にもフェライトを挿入し，逆方向に H_e を加えれば位相の変化量は2倍となる．これらの移相量の計算は先の非相反移相器と同様に扱えばよい．

b．ラッチング移相器（ディジタル移相器）　　aの移相器では，バイアス磁界用コイルのインダクタンスのために高速に位相を変化させることが困難で，またそのエネルギーも大きい．アンテナを多く並べ，給電の位相を変化することにより指向性を電気的に回転させるフェイズドアレイアンテナが，最近のレーダシステムにおいて要求されている．このために開発されたのがラッチング移相器である．

図6·70に示すような形状のフェライトが導波管内にあると，A，Bの部分は図6·69，(c)図のA，B点にフェライトを置いた場合と同じに動作する．ただしこの場合 C の部分により角トロイド状断面のフェライト柱となっているため，磁気回路は閉じている．従って図のように中心に直線状導線を通し，電流パルスを流すとフェライトは図の実線の方向に磁化され，パルスがとまった後でも角形性フェライトでは残留磁化

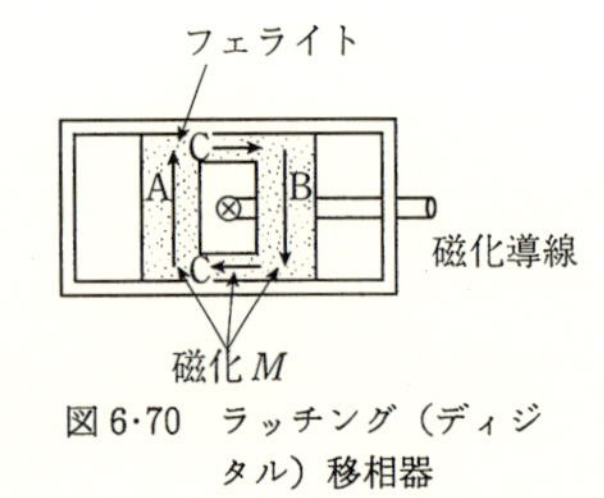

図6·70　ラッチング（ディジタル）移相器

があるため，μ_+ として動作する．つぎに逆方向に電流パルスを与えると逆向きに磁化されるので μ_- として動作し，非相反移相器となる．この移相器は一定の 2 つの位相値（1 ビット）をとるだけであるが，電流パルスにより μs 程度の高速で，また 100 μJ 程度の小エネルギーで制御できる特長がある．以上の原理からわかるように，

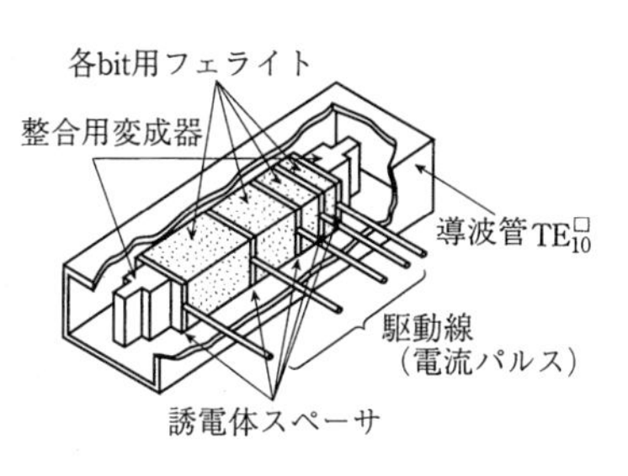

図 6・71　4 bit ディジタル移相器

これは非相反移相器である．360° の移相器を 4 ビットで変化させたい場合には，図6・71のように単位移相器を 4 個組合せた構造を使用する．単ビットで駆動パルス高やパルス幅を変えることによりステップの位相を得るものも開発されているが，駆動回路は複雑となる．ラッチング移相器は以上のような特長があるが，残留磁化を使うためやや挿入損が多く，また耐電力性が低いのが欠点である．また実用上は送受特性を同一にするために相反性が要求されることが多いので，種々の工夫がなされている．また MIC 用としては図 6・72 のようにフェライト板にメアンダ線路を作りバイアス磁界用電流の方向の変化により $\mu_\pm$ を変化させ非可逆移相器としている．

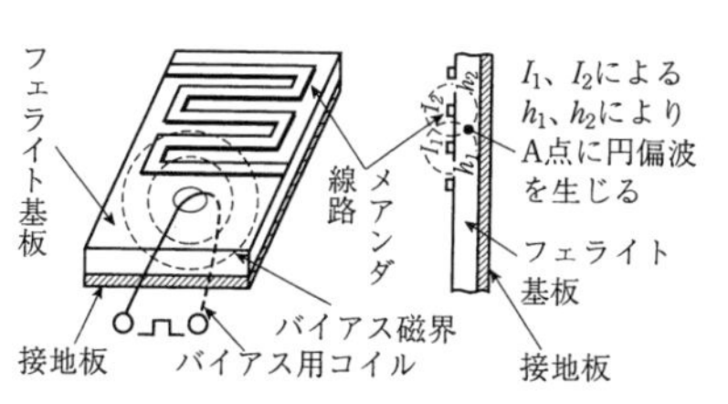

図 6・72　MIC 用非相反移相器
（ディジタル）

c．縦磁界移相器　棒状フェライトを波の伝搬方向である軸方向に磁化すると，フェラデー回転に関して学んだように，伝搬する正負円偏波の位相定数は $\mu_\pm$ で定まるので，H_e を変化することにより移相器ができる．方形導波管内中心に両端を整合のためテーパ状にした細長い丸棒のフェライトを入れた構造は，レジアスペンサー形として有名である．動作はファラデー回転を抑圧して位相変化を大きくしたと考えられ，非常に位相変化量も大きいが容積の点などで図 6・73 に示すデュアルモード型またはボイド型と呼ばれる相反移相器がよく使われている．これはフェイズアレイのアンテナビームの高速掃引のためには，ディジタル相反移相器が要求されるからである．図のように整合素子，非

相反λ/4素子，円偏波移相素子などにより構成されるが，まず非相反λ/4素子について述べる．

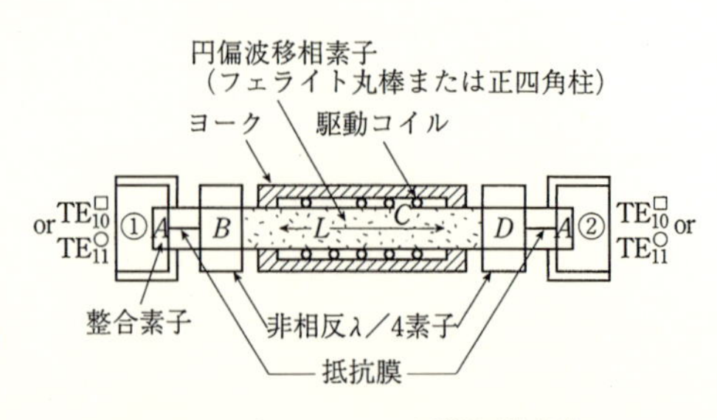

図6·73 デュアルモード形相反移相器

図6·74，(a)図に示すように，TE$_{11}^{\bigcirc}$ モードの磁力線は管壁付近では H_z と H_θ 成分が $\pi/2$ の位相差で伝搬するので，6·8·2 項 a で TE$_{10}^{\square}$ モードに関して述べたようにA，B，C，D点では r 方向に対して円偏波を生ずる．このため(b)図に示したように，フェライトを配置して H_e を印加した場合には電界が E_x に偏波したモードでは波が紙面に向うときにはフェライトは μ_+ で動作し，波は $\beta_{g\oplus}$ で伝搬する．一方 E_y 偏波に対しては μ_- で動作し $\beta_{g\ominus}$ で伝搬する．いま入力直線偏波 TE$_{11}^{\bigcirc}$ モードを E の方向にすると，E_x, E_y に分解されそれぞれ $\beta_{g\oplus}$, $\beta_{g\ominus}$ で進むので，$(\beta_{g\oplus}-\beta_{g\ominus})l=\pi/2$ すなわちフェライト長 l を $l=\lambda_g/4$ とすると右回りの円偏波になる．次に波が逆に進む時，すなわち紙面から出てくるときにはABCD点の円偏波が逆回転になり，μ_+ と μ_- が入れ変わるので，l のフェライトから出るときは進行方向に対し左回りの円偏波になるが，(a)図の z 軸に対しては同一方向に回転する円偏波であるので，このような素子は非相反λ/4素子と言われる．

図6·73のデュアルモード型移相器では，ポート①においては方形導波管の TE$_{10}^{\square}$ モードによりAの整合部で無反射で円筒の TE$_{11}^{\bigcirc}$ モードが励振される．つ

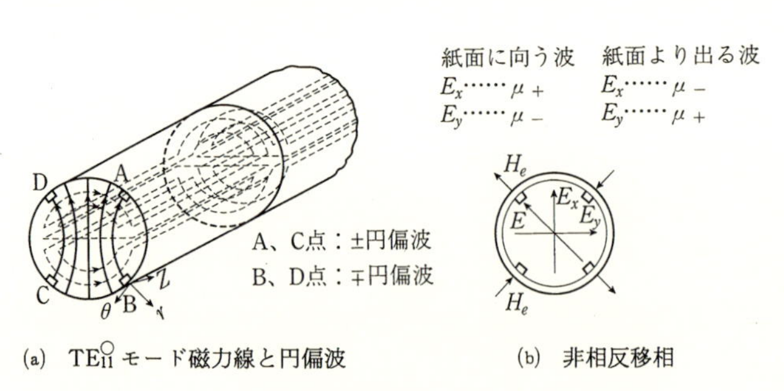

(a) TE$_{11}^{\bigcirc}$ モード磁力線と円偏波　(b) 非相反移相

図6·74 非相反λ/4素子

ぎにBの非相反 $\lambda/4$ 素子に入ると，上述の説明のように進行方向（バイアス磁化の方向）に対し正（右回り）の円偏波となり，Cのフェライト内を $\beta_{g\oplus}$ で伝搬する．Cのフェライト棒の表面は金属蒸着メッキしてあり完全充てんの，$\mathrm{TE}_{11}^{\bigcirc}$ 導波管として動作する．この波が再びDの非相反 $\lambda/4$ 素子に入ると直線偏波に変換される．この直線偏波は直接アンテナ素子として放射に使われるか，あるいはAにより $\mathrm{TE}_{10}^{\square}$ モードを励振する．つぎに逆方向からポート②に直線偏波が入射した場合を考えると，Dが非相反のためCの部分には進行方向に対しては左回りの円偏波となるが，バイアス磁界に対しては右回りの円偏波のため，μ_+ で動作し位相定数はやはり $\beta_{g\oplus}$ でBに達すると同じ直線偏波になる．このようにどちらの波に対しても $\beta_{g\oplus}L$ の移相を与えるので，H を変化すれば相反移相器となる．またディジタル移相器では，電流パルスで磁化の方向を逆転させれば $\beta_{g\oplus}L$ と $\beta_{g\ominus}L$ の2つの値をとることができる．なおフェライト棒としては，丸棒の代わりに正方形断面のフェライトの外部を蒸着メッキしたものも使われ，縮退した $\mathrm{TE}_{10}^{\square}-\mathrm{TE}_{01}^{\square}$ モードで動作し，原理は全く $\mathrm{TE}_{11}^{\bigcirc}$ の場合と同じである．

6・8・6 フェライト共振器

図6・75のように ΔH が 1Oe 以下のように小さな YIG 単結晶の小球試料（$\phi\simeq0.5\sim1.5\,\mathrm{mm}$）を，直交したループで結合させた回路について考える．YIG が共鳴していない状態では入力発振源によるコイル1の磁力線は直交した出力ループ2に鎖交しないので出力抵抗 R_2 には電流が流れない．$H_e=H_r$ で共鳴すると $\boldsymbol{m}$ の回転による $\boldsymbol{h}_y$ が誘起され，出力ループに電流が流れて出力が得られる．この時の出力電圧（電流）は H_R に対しちょうど通常の Q 曲線と同じ形となる．このように ΔH の小さなフェライトを使うと，蓄えられるエネルギーが損失エネルギーより大きくなり，共振器として動作するのでフェライト共振器，あるいは，yig resonator と呼ばれる．従来マイクロ波で空胴共振器を使って高速に周波数を掃引することは非常に困難であったが，yig 共振器では共振角度波数 $\omega_r=|\gamma|H_e$ で外部磁界により容易に直線的に掃引でき，また非常に小

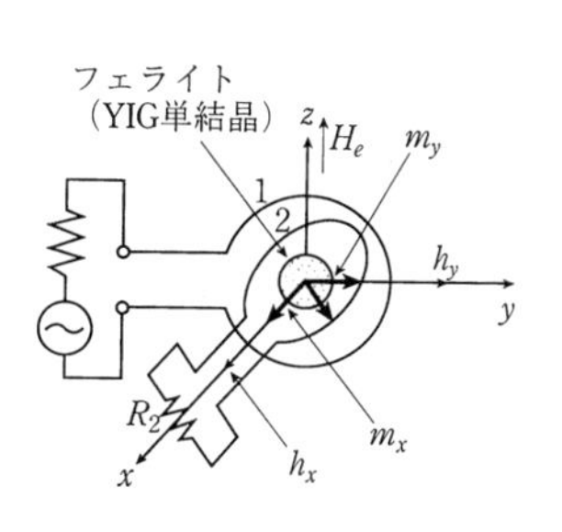

図6・75 フェライト共振器

形である特長がある．このため半導体能動素子と組合せた広帯域掃引発振器（0.5～30 GHz，出力 10 dB，掃引幅 1 ～ 3 オクターブ）が実用化されまた相反性，非相反性電子同調フィルタなどに使われている．図 6·76 は図 6·75 の yig 共振器の等価回路で等価回路定数とフェライト定数の関係は図中に示した．またフェライト共振器と結合する線路としては図6·77に示すように，ループの他にストリップ線路，導波管などがあるが，現在ループ結合が簡単なため多く使われている．図中には結合の大きさを示す Q, Q_e とフェライト定数，線路定数の関係も記されている．フェライト共振器の設計においては以下の点に注意する必要がある．(i)使用最低周波数 f_L は N_t を H_e と垂直の反磁界係数とすると，試料を完全に飽和させる条件から

$$2\pi f_L = N_t M_s/(\mu_0|\gamma|) + |\gamma|\delta H_s \qquad (6\cdot50)$$

となる．$\delta H_s \simeq 50$ Oe で上式から VHF～UHF では $4\pi M_s$〔G〕の低い Ga–YIG, Al–YIG の単結晶や，$\varDelta H$ が 2Oe 程度の CaVG 多結晶の円板が使わ

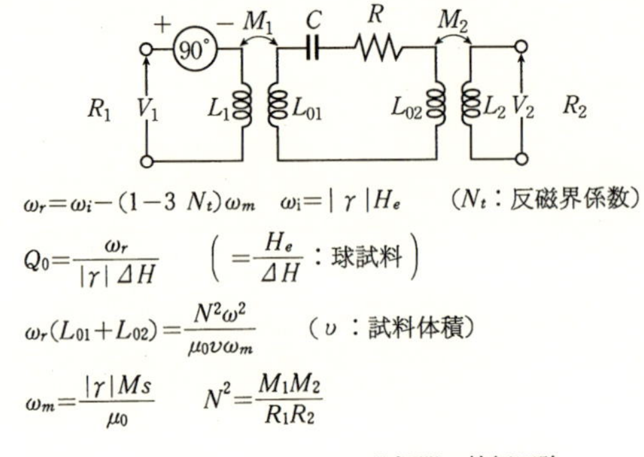

図 6·76　フェライト共振器の等価回路

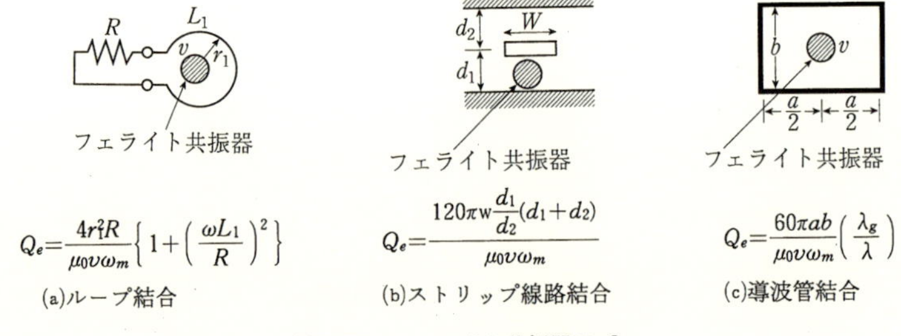

(a)ループ結合　(b)ストリップ線路結合　(c)導波管結合

図 6·77　フェライト共振器の Q_e

れ，また耐電力を考慮して試料体積および飽和磁化を定める必用がある．(ii)温度が変化すると試料内の異方性磁界が変化して共振周波数がずれる．これを防ぐためには，特定の結晶軸の方向，例えば YIG 球では結晶軸〈100〉と 29°45′ の方向に H_e を印加したり，温度により実質的に H_e を変化させ，全体として温度補償することなどが要求される．

6·8·7　リミッタ

磁化されたフェライトに加わるマイクロ波電力が，ある一定以上になるとスピン波が励起される．スピン波は6·8·4項でも少し説明したが図示すると，図6·78，(a)のように，通常の共鳴現状ではフェライト試料内のどの点においてもスピンは同一状態で歳差運動をしている．すなわち高周波磁化 $\boldsymbol{m}$ の大きさが同じでまた位相が一致して運動をしている．マイクロ波入力が大きく角度 θ が大きい場合，あるいは特定の条件が満足されていると，ある点の磁化の運動はその付近の他の磁化 M により生じる磁界の影響を受けて，(b)図のように回転の位相が少しずつずれてくる．これはちょうど，波動（円偏波）の伝搬と同じであるのでスピン波と呼ばれており，(a)図の場合は波長無限大の波動とも言える．このようにスピン波が励起されると，試料内で特定のスピンモードが励振される非線形効果が生じ，図6·79のように入力電力の増加すなわち高周波磁界 h の増大に従って低電力ではなかった副共鳴を生じたり，あるいは主共鳴の飽和を生じる．一般に非線形効果により，μ'' のみでなく，μ' すなわち μ'_+，μ''_+ も変化するので，サーキュレータ，共振回路などの通常のマイクロ波デバイスではこの効果を避けるようにすることが必要である．

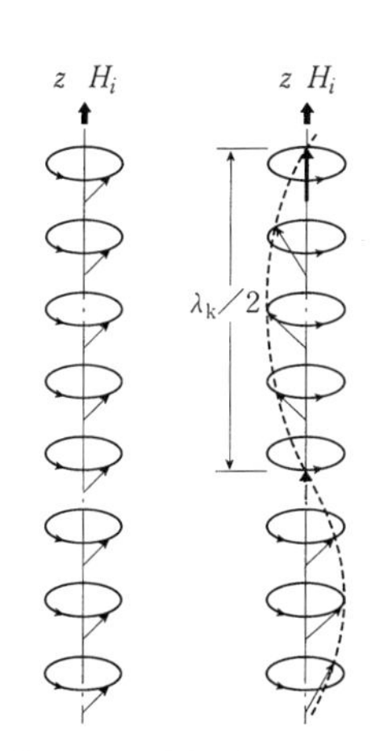

(a) スピン運動（通常）　(b) スピン波（z 方向）

図 6·78　スピン波

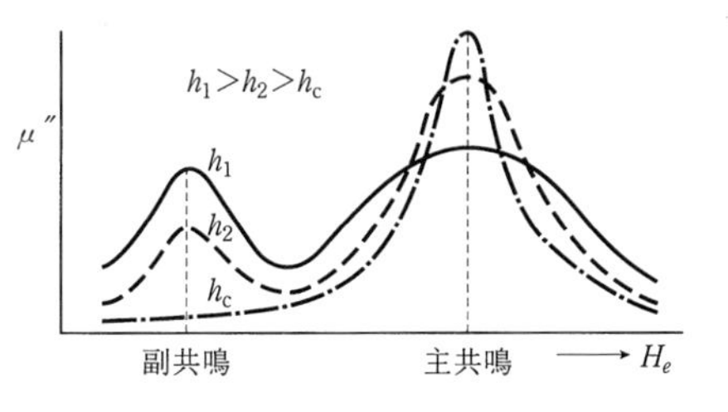

図 6·79　μ'' の非線形効果

フェライト内の高周波磁界が臨界値（しきい値，スレッシホールド値）h_c より大きくなると非線形を生じる．

この現象はスピンに働く実効静磁界 $H_{eff'}$ に交換磁界等を考慮して運動の方程式を解くと ω_k の式が得られる．これから k に対する ω_k の図を書くとスピン波の H_e に対する伝搬方向の違いや諸条件により h_c が違ってくる．通常次のように分類されている．

(i)　H_e と h が並行な場合

$$h_{c11}=\frac{\omega\Delta H_k}{2\omega_m}=\frac{\omega\Delta H_k}{|\gamma|8\pi M_s} \qquad (6.51)$$

(ii)　H_e と h が垂直な場合

(a)　副共鳴吸収 $\left(\frac{\omega}{2}=\omega_k \quad \omega\neq\omega_r\right)$　$h_{cs\perp}=\frac{2\Delta H_k(\omega-\omega_r)}{\omega_m}\simeq\Delta H_k$

(b)　主共鳴吸収（$\omega=\omega_k$）　$h_{cm\perp}=\frac{\Delta H}{2}\left(\frac{\Delta H_k}{4\pi M_s}\right)^{\frac{1}{2}}$

(c)　一致形吸収（$\omega/2=\omega_k,\ \omega=\omega_r$）　$h_{cc\perp}\simeq\frac{\Delta H\cdot\Delta H_k}{4\pi M_s}$

(6・52)

一般に(ii)の場合 $h_{cc\perp}<h_{cm\perp}<h_{cs\perp}$ である．

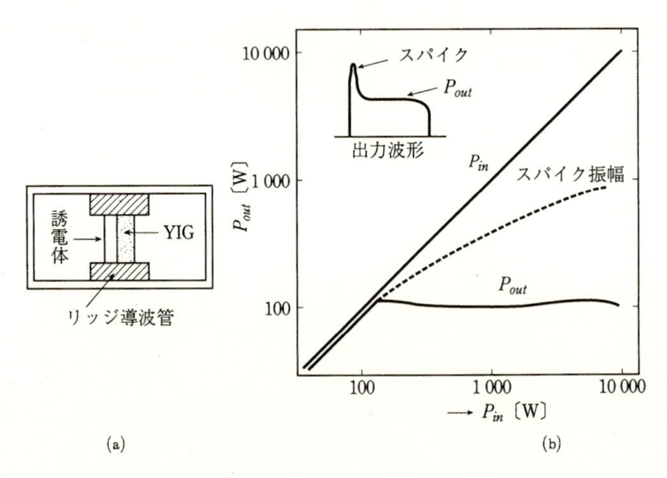

図6・80　フェライトリミッタ

一方リミッタはこの非線形効果を利用したもので図6・80のように導波管にフェライトを挿入し，副共鳴点付近の H_e を印加する．低電力では，$\mu''\simeq 0$ で入出力は比例するが入電力がしきい値（threshhold）h_c に相当する P_c 以上になると，非線形効果のため μ'' が増加するので出力は増加しないで(b)図のように一定値となり，リミッタが構成できる．リミッタは主共鳴の飽和現象を使ってもできる．主共鳴のしきい値 h_c に対する電力 $P_c\simeq 20$ dBm 程度で，$N_T\omega_m>\omega_m>\omega/2$ の一致形では $P_c\simeq -20$ dBm と非常に小さく，副共鳴形では $P_c\simeq 30$ dbm 程度となるので，用途によって使いわける必要がある．なおパルス波に対しては，通常スピン運動の遅れによるスパイクが生ずるので注意を要する．現在リミッタは受信機の入力回路の保護などに使われており，半導体リミッタに比べ耐電力が大きい特長がある．

6・8・8 静磁波などの遅延素子

遅延素子等を理解するには，静磁界の印加されたフェライト媒質中の $\omega-k$ 曲線が必要である．直流磁界 H_{DC} に対し θ 方向に進む波の $\boldsymbol{E}, \boldsymbol{H}$ はマックスウェルの方程式を満足し，テンソン（μ）から k は次式で与えられる．

$$\frac{k^2}{k_0^2}=\frac{(\mu^2-\mu-\kappa^2)\sin^2\theta+2\mu\pm[(\mu^2-\mu-\kappa^2)\sin^4\theta+4\kappa^2\cos^2\theta]^{\frac{1}{2}}}{2\{(\mu-1)\sin^2\theta+1\}} \quad (6\cdot53)$$

$k_0^2=\omega^2\varepsilon_r\varepsilon_0\mu_0$ で μ, κ は式（6・26）に更に交換磁界 H_e を加え $\omega_i\to\omega_i+\omega_{ex}a^2k^2$，（$\omega_{ex}=-\gamma H_e$，$a$：スピン間隔）としたもので，$\omega$ の関数なので上式から $\omega-k$ の曲線が図6・81のように得られる．図は $\theta=0, 90^\circ$ の場合が示されているが，式から任意の角度の場合は両者の間の曲線となることがわかる．図で k が小さい領域Ⅰは電磁波領域と言われ，通常のフェライトデバイスに使われている．$k^2\gg k_0^2$ に対応する領域Ⅱ，Ⅲでは $\nabla\times h\simeq 0$ となり，電界が殆んど無視できる静磁の条件と一

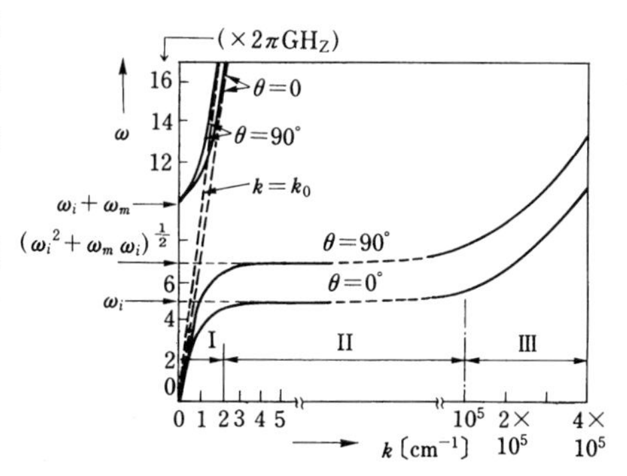

図6・81 フェリ磁性体中の波動（電磁波，磁気波）の ω-k 曲線

致する．式 (6·52) で $k^2 \gg k_0^2$ となるのは，分母が零の場合，$\omega^2=(\omega_i+\omega_{ex}a^2k^2)(\omega_i+\omega_{ex}a^2k^2+\omega_m \sin^2\theta)$ となり，交換磁界の項 ω_{ex} が ω_i に比べて小さい領域がⅡに対応し，ω_{ex} が影響する領域はⅢに対応し，それぞれ静磁波，交換スピン波領域と呼ばれている．

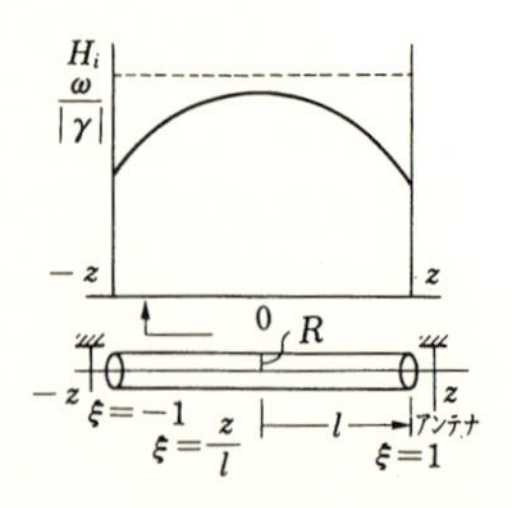

図 6·82　円筒状磁性体の内部磁界 H_i と位置の関係

図6·82のような軸方向に磁化された円筒状磁性体の内部磁界 H_i は，直流磁界を H_{DC}，異方性磁界を H_a，反磁界を H_d とすると $H_i=H_{DC}+H_a-H_d$ で，z の点の H_d はアスペスト比（直径／長さ）を ρ とすると，

$$H_d=2\pi M_s[2-\frac{1-\xi}{\{(1-\xi)^2+\rho^2\}^{\frac{1}{2}}}-\frac{1+\xi}{\{(1+\xi)^2+\rho^2\}^{\frac{1}{2}}} \tag{6·54}$$

で与えられ，軸上の H_i は図のようになる．

一方円筒状磁性体を伝搬する静磁波の分散式は，静磁波の条件と境界条件から次式となる．

$$\omega/|\gamma|=H_i+2\pi M_s(Y_i/kR)^2 \tag{6·55}$$

Y_i は $J_0(Y_i)=0$ の根で，上式より k を求めると静磁波の群速度 v_g は

$$v_g=\frac{\partial\omega}{\partial k}=-\frac{2|\gamma|R}{Y_i\sqrt{2\pi M_s}}\left(\frac{\omega}{|\gamma|}-H_i\right)^{\frac{3}{2}} \tag{6·56}$$

となる．上式の負号は伝搬波が後進波であることを示している．図6·82と上式から，有限直円筒の端面にマイクロ波をアンテナで結合させると，端面では H_i が小さく k の値が小さいので電磁波から静磁波への変換が容易に行なえ，円筒中心に進むに従って H_i が大きくなり，v_g は遅くなり中心部付近で $\omega/|\gamma|$ の差が 1 Oe 程度になると $v_g \simeq 10^4$ cm/s で進み，再び他面から電磁波として取り出される．このように容易に遅延時間 $\tau=\int_0^l \frac{1}{v_g}\mathrm{d}l$ の大きいものが得られ，また H_{DC} を 10 Oe 程度変化させるのみで τ を数 μs 変化できるので，パルス圧縮レーダ，自動相関器等への応用上重要なデバイスであるが，損失の少ない YIG 単結晶を使用しても，バルクのため材料上損入損が多い点や温度特性の補整等が必要である．また磁気弾性波，弾性波の遅延線路への応用も試みられ

たが実用は難しいようである.

近年薄膜技術の進歩によりLPG法(液相成長法)によりGGG上に成長させたYIG単結晶薄膜が作られ，各種の応用開発が行なわれている.

図6·83にH_{DC}の印加方向と伝搬波の関係を示す.(a)はMSSW(表面静磁波),(b)はMSBVW(体積後退静磁波),(c)はMSFVW(体積前進静磁波)と呼ばれ，各々の分散曲線は(a)′,(b)′,(c)′のようになり，これから遅延時間τ等が求まる.

伝搬損失はYIG膜のΔHからα〔dB〕=76.4ΔH〔Oe〕で与えられる.また静磁波が非線形効果(nonlinear phenomena)を越さない条件から使用周波数

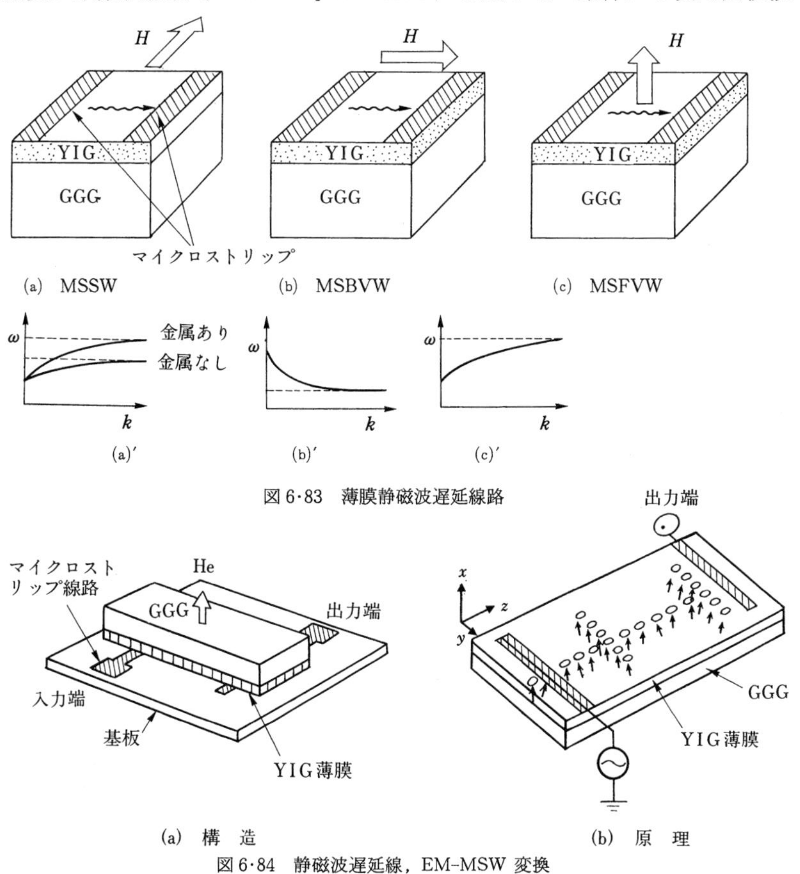

図6·83 薄膜静磁波遅延線路

図6·84 静磁波遅延線，EM-MSW変換

が定まる．EM 波と MSW の変換は図 6·84 のようなストリップ線路，メアンダー線，インターディジタル回路等で行なわれている．

温度安定性も実用上重要で温度係数 $C=\Delta f/f\Delta T$ で MSSW（$C=-550$ ppm/℃, 6 GHz）の方が MSFVW より小さい．MSW は既に説明した遅延線路としての他に可変フィルタ，共振器，可変周波数発振器または非線形現象を使ったリミッタ，信号—雑音比増大ディバイス，信号処理系など多方面に対し開発されている．

6·8·9　その他のフェライトデバイス

以上の他に，レジアスペンサ形移相器のフェライト棒を上下に分割し抵抗膜を挿入した振幅変調器（$I_L\simeq 1$ dB，変調範囲 0〜20 dB）や，ファラデー回転を使ったフェライトスイッチ，磁化 $\boldsymbol{m}$ の高次の項による非線形を利用した，てい倍器，ミクサーデバイスなど多くのデバイスがある．なおフェライトを使った吸収壁についてはアンテナの項で述べる．

6·9　その他の素子

a．可変短絡回路　　線路長を変え終端を短絡する可変短絡回路はよく使われる素子である．電気的に短絡する簡単な方法では，図 6·85，(a)図のように同軸あるいは導波管に接触する可動プランジャを動かすが，接触不良の部分やすき間があると問題となる．このようなとき，むしろ狭いすき間を作る一方，電気的に短絡に近い状態を作るのが(b)図，(c)図に示したチョーク形可変短絡回路である．動作原理は(d)図の等価回路から容易に $Z_{in}\simeq 0$ となることがわかるが，

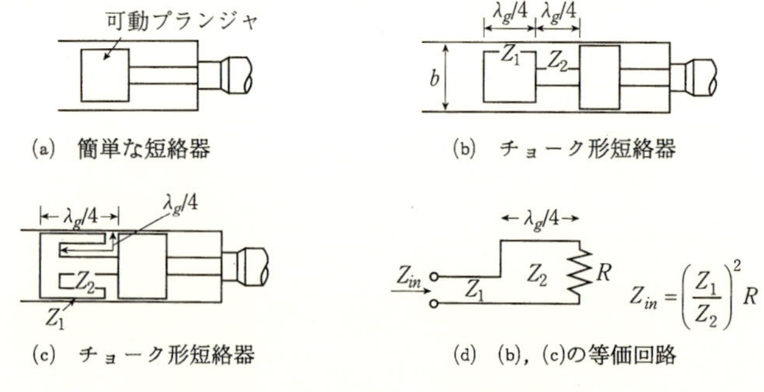

(a)　簡単な短絡器　　(b)　チョーク形短絡器

(c)　チョーク形短絡器　　(d)　(b)，(c)の等価回路

図 6·85　ショートプランジャ（可変短絡器）

$\lambda_g/4$ 線路の特性を使っているので周波数特性があるのが欠点である．

b．曲り導波管　回路の曲りの部分に使われるもので，図6・86，(a)図に示すようなE面ベンド，H面ベンドと，(b)図の E, H コーナーが使われている．ベンドの方が周波数特性はよいがやや大きくなる．

c．導波管の接続　導波管相互の接続には図6・88，(a)図のバットフランジや，(b)図に示した接触の影響のないように電気的に短絡したチョークフランジがある，周波数特性があるので，一般には面をよく仕上げたバットフランジの方が使われている．チョークフランジの動作原理は a の図6・85，(d)図と同じである．

d．変換回路　図6・88，(a)図には同軸↔導波管変換回路を示した．同軸↔マイクロストリップについては既に図4・26に，同軸↔スロット線路は図4・29に示した．モードの変換，例えば $TE^{\square}_{10}$↔$TE^{\bigcirc}_{11}$ は短形から円形に導波管を徐々に変形させることにより行なっている．

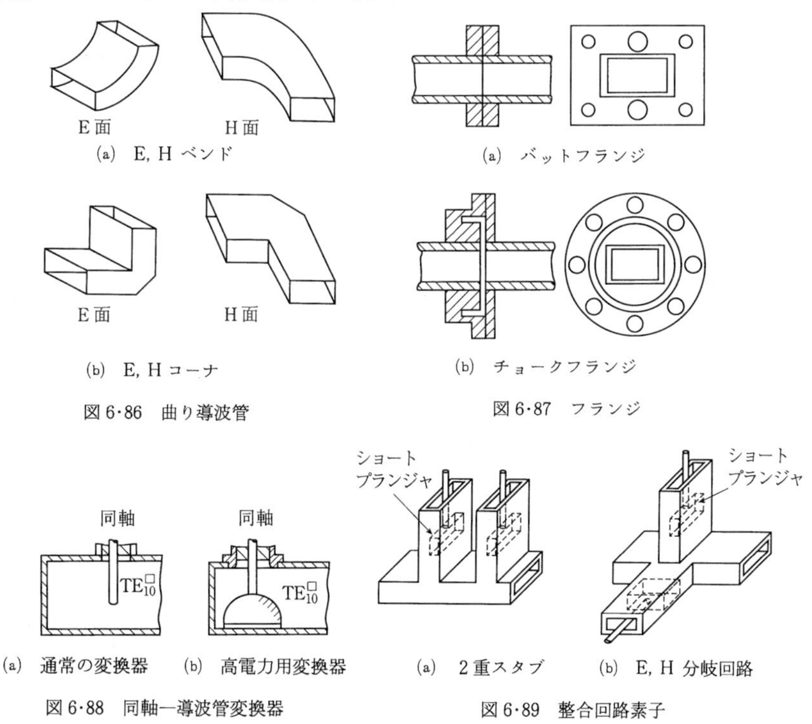

(a)　E, H ベンド

(b)　E, H コーナ

図6・86　曲り導波管

(a)　バットフランジ

(b)　チョークフランジ

図6・87　フランジ

(a)　通常の変換器　(b)　高電力用変換器

図6・88　同軸―導波管変換器

(a)　2重スタブ　(b)　E, H 分岐回路

図6・89　整合回路素子

e．整合回路 整合用デバイスとしては図6・89，(a)に示すようなスタブによるものや，(b)図に示した分岐回路によるものが使われている．

第7章

マイクロ波能動回路とマイクロ波電子管

マイクロ波で使用される能動素子については1·5節で説明したので，ここでは応用上重要なトランジスタ増幅，発振回路の基本的考え方，設計とマイクロ波電子管について説明する．

マイクロ波帯では既に3·5節で説明したように，トランジスタ特性の表示には S パラメータが適しているので，トランジスタの (S) マトリクスが測定やカタログ等で与えられているとして扱えばよい．以下現在最も使われている FET を例とするが，他の形の Tr の場合も全く同様に考えればよい．

7·1　トランジスタ(Tr) の S マトリクス

Tr の回路としては図7·1の3種類があり，主として(a)は増幅，発振(b)は広帯域発振，(c)は電力発振回路として使われている．バイポーラ Tr の場合は S→ベース，G→エミッタ，D→コレクタとすれば同様な扱いとなる．図7·2に示すように Tr は本質的に3ポートデバイスで，

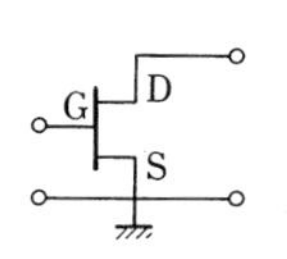

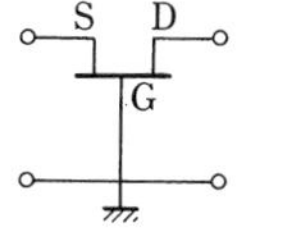

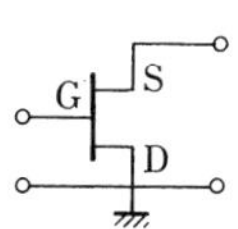

(a)ソース接地　(b)ゲート接地　(c)ドレイン接地

図7·1　トランジスタ回路（FET）

$$\begin{pmatrix} b_1 \\ b_2 \\ b_3 \end{pmatrix} = \begin{pmatrix} S_{11} & S_{12} & S_{13} \\ S_{21} & S_{22} & S_{23} \\ S_{31} & S_{32} & S_{33} \end{pmatrix} \begin{pmatrix} a_1 \\ a_2 \\ a_3 \end{pmatrix} \qquad (7\cdot1)$$

ただし $\sum_{j=1}^{3} S_{ij}=1$，$i=1, 2, 3$，$\sum_{i=1}^{3} S_{ij}=1$，$j=1, 2, 3$

で表わされ，これは直接測定されるか，以下の2ポート (S) 等から求められる．実際の回路ではソースの負荷 Z_3 としては接地

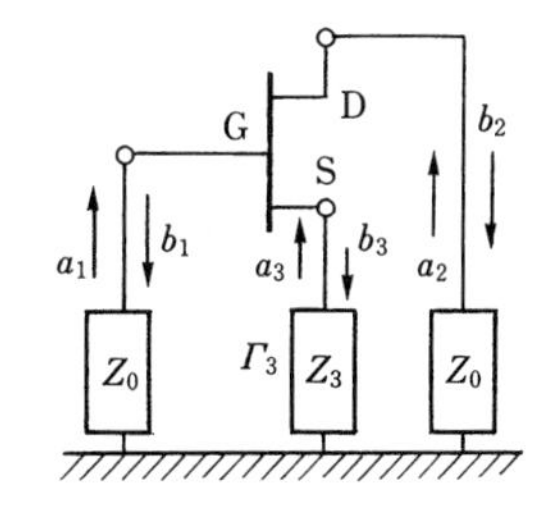

図7·2　トランジスタ（3ポートデバイス）Z_0：測定線路インピーダンス（通常 50 Ω）

$Z_3=0$ ($\Gamma_3=-1$) や，適当な Z_3 (Γ_3) が使われ，Tr を入，出力回路間の 2 ポートデバイスとして扱うことが多い．3 ポートの (S) から 2 ポート (S) への変換は式 (7·1) で $a_3=\Gamma_3 b_3$ と置けば式 (7·2) のようになる．

$$(S')=\begin{pmatrix} S_{11}+\dfrac{S_{31}S_{13}\Gamma_3}{1-S_{33}\Gamma_3} & S_{12}+\dfrac{S_{13}S_{32}\Gamma_3}{1-S_{33}\Gamma_3} \\ S_{21}+\dfrac{S_{31}S_{23}\Gamma_3}{1-S_{33}\Gamma_3} & S_{22}+\dfrac{S_{23}S_{32}\Gamma_3}{1-S_{33}\Gamma_3} \end{pmatrix}=\begin{pmatrix} S_{11}' & S_{12}' \\ S_{21}' & S_{22}' \end{pmatrix} \qquad (7\cdot2)$$

例えば GaAs FET の 10 GHz の例では，$S_{11}'=0.73\angle -102°$，$S_{12}'=0.1\angle 42°$，$S_{21}'=2.23\angle 96°$，$S_{22}'=0.54\angle -49°$ のような値をとる．

7·2 増幅回路

増幅回路は図 7·3 のように入力整合回路，トランジスタ（ここでは FET を考え，計算には 2 ポート (S') を使う，他の場合も同様に扱える）と出力整合回路で構成されている．Tr 増幅器の電力利得としてはトランスデューサ電力利得 G_t，有能電力利得 G_a，最大有能電力利得 G_{amax} が定義されている．G_t は信号源の有能電力（内部抵抗 Z_0 の信号源からの最大出力電力）P_{av} (3·4 節参照) と，負荷に供給される電力 P_L との比，すなわち $G_t=P_L/P_{av}$ である．次に G_a は負荷の反射係数 Γ_L を，FET の出力側から Tr をみた反射係数 $\Gamma_{out}=S_{22}''$ に共役整合させた状態での負荷の電力 P_{Lav} と P_{av} の比，$G_a=P_{Lav}/P_{av}$ である．G_{amax} はさらに入力側 Γ_s を $\Gamma_{in}=S_{11}''$ に共役整合させた場合の P_{Lav}，G_a で $G_{amax}=P_{Lav\,max}/P_{av}$ である．

このように入，出力の整合回路の設計が Tr 増幅器では重要となる．これらの関係を図 7·3 で 3·5 節式 (3·100) の導出と同様にして求めると以下のようになる．なお (S'') は Γ_L, Γ_S を考慮した S マトリクスである．

最大有能電力利得となる条件と電力利得

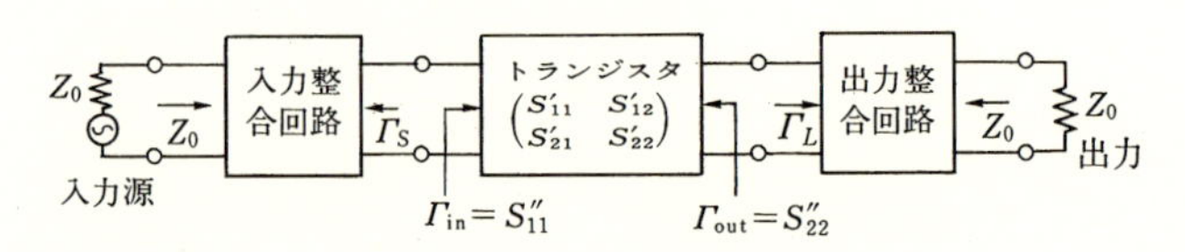

図 7·3 トランジスタ増幅回路の構成

$$\left.\begin{array}{ll}
\text{ⓘ　入力側整合} & \Gamma_S = S_{11}{}''^{*} = \left(S_{11}{}' + \dfrac{S_{12}{}'S_{21}{}'\Gamma_L}{1-S_{22}{}'\Gamma_L} \right)^{*} \\
\text{ⓘⓘ　出力側整合} & \Gamma_L = S_{22}{}''^{*} = \left(S_{22}{}' + \dfrac{S_{12}{}'S_{21}{}'\Gamma_S}{1-S_{11}{}'\Gamma_S} \right)^{*} \\
\text{ⓘⓘⓘ　最大有能電力利得} & \\
& G_{amax} = \dfrac{|S_{21}{}'|^2(1-|\Gamma_{sm}|^2)(1-|\Gamma_{Lm}|^2)}{|(1-S_{11}{}'\Gamma_{sm})(1-S_{22}{}'\Gamma_{Lm})-S_{12}{}'S_{21}{}'\Gamma_{sm}\Gamma_{Lm}|^2}
\end{array}\right\} \tag{7·3}$$

ⓘⓘⓘでΓ_{Sm}, Γ_{Lm}のようにサフィックスmが付いているのは，ⓘ，ⓘⓘの条件を満足するΓ_S, Γ_Lを意味している．従ってトランスデューサ電力利得G_tは$\Gamma_{Sm}\to\Gamma_S$, $\Gamma_{Lm}\to\Gamma_L$と書いた式になり，有能電力G_aは$\Gamma_{Sm}\to\Gamma_S$と書いた式で与えられる．

G_{amax}となるようにⓘ，ⓘⓘの条件を満足させようとすると，発振が生じるなど不安定になる場合もあるので，つぎに安定条件について考える．整合回路は受動回路なので$|\Gamma_S|$, $|\Gamma_L|\leq 1$で，式(7·3)に示したように，入力側反射係数$\Gamma_{in}=S_{11}{}''$はΓ_Lによって変化し，また出力側反射係数$\Gamma_{out}=S_{22}{}''$はΓ_Sによって変化するので，無条件安定すなわちいかなるΓ_S, Γ_Lに対しても$|\Gamma_{in}|<$

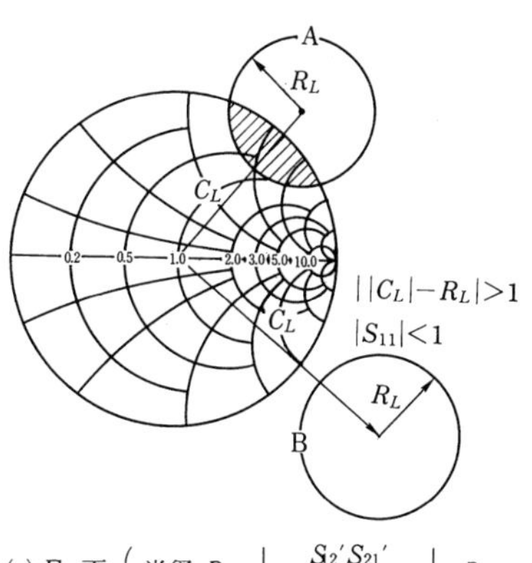

(a) Γ_L 面 $\left(半径\ R_L = \left| \dfrac{S_{12}{}'S_{21}{}'}{|S_{22}{}'|^2-|D|^2} \right|,\ D = S_{11}{}'S_{22}{}' - S_{12}{}'S_{21}{}',\ 中心\ C_L = \dfrac{(S_{22}{}'-DS_{11}{}')^*}{|S_{22}{}'|^2-|D|^2} \right)$

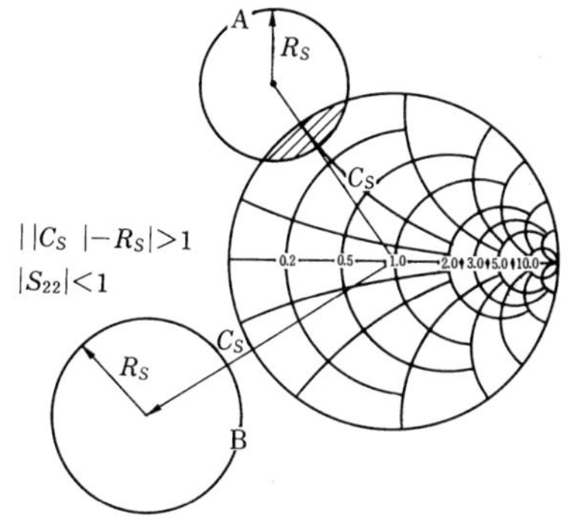

(b) Γ_S 面 $\left(半径\ R_S = \left| \dfrac{S_{12}{}'S_{21}{}'}{|S_{11}|^2-|D|^2} \right|,\ 中心\ C_S = \dfrac{(S_{11}{}'-DS_{22}{}')^*}{|S_{11}{}'|^2-|D|^2} \right)$

図7·4　増幅の安定化条件（A：条件付安定，B：絶対安定）

1，$|\Gamma_{out}|<1$ となることが増幅器が安定に動作するために望ましい．$|\Gamma_{in}|\geq 1$，$|\Gamma_{out}|\geq 1$ であると，発振器の項で説明するように発振を生じる恐れがある．式（7·3）に従って Γ_L を示すスミス図上に $|\Gamma_{in}|=1$ となる円 A を画いたのが図7·4，(a)である．$|S_{11}'|<1$ の場合は A 円の外側は $|\Gamma_{in}|<1$ で安定で，A 円の内側（斜線部分）の Γ_L では不安定となり条件付安定と言われている．$|S_{11}''|>1$ の場合は逆となる．Γ_{out} に対する Γ_S の関係も全く同様に(b)図となる．実際には条件付安定では温度変動，Tr の劣化等で不安定となるので，無条件安定が望ましく，図(a)，(b)の円Bのようにスミス図外に存在する必要がある．図の半径，中心値から，安定係数 K の条件が与えられる．また安定条件は，動作帯域のどの周波数でも満足されなくてはならない．

$$K=\frac{1-|S_{11}'|^2-|S_{22}'|^2+|D|^2}{2|S_{12}'S_{21}'|}, \qquad (7\cdot4)$$

ただし $D=S_{11}'S_{22}'-S_{12}'S_{21}'$

とすると増幅器が安定に動作するためには

$$\left.\begin{array}{l}\text{(i)}\quad K>1 \text{ で，} |S_{11}'|^2-|D|^2+|S_{12}'S_{21}'|>0 \\ \quad\;\text{あるいは}\quad |S_{22}'|^2-|D|^2+|S_{12}'S_{21}'|>0\end{array}\right\} \qquad (7\cdot5)$$

が成立すればよいことがわかる[1]．以上の K を使うと G_{amax} は

$$G_{amax}=\frac{|S_{21}'|}{|S_{12}'|}(K\pm\sqrt{K^2-1}) \qquad (7\cdot6)$$

となる．

通常 K は 10 GHz 以上では $K>1$ であるが，これより低い周波数では $K<1$ となるので，無損失回路では整合が不可能となるため Tr 回路に損失を持たせて $K>1$ として整合をとっている．この方法には，(i)入力側ゲートにシャント抵抗を挿入したり，(ii)ドレイン―ゲート間に抵抗を挿入し負帰還させている[2]．以上の設計での Tr の（S）は小信号（S）なので，電力増幅器等を扱う場合は大電力（S）等を使う必要がある．

このようにマイクロ波増幅器では $S_{12}'\to 0$ とみなせないので設計は複雑となるが，低周波域あるいはフィードバック回路を使って $S_{12}'\simeq 0$ とみなしてよい場合は簡単になる．場合によって最初 $S_{12}'\simeq 0$ として目安を立てることもある．$S_{12}'\simeq 0$ の場合には式（7·3）から入，出力整合条件は $\Gamma_S{}^*=S_{11}''=S_{11}'$，

$\Gamma_L^*=S_{22}''=S_{22}'$ となり両整合回路を独立に設計することができ，この場合の最大有能電力は最大単方向電力利得 G_{umax} と呼ばれ，簡単に次式となる．

$$\left.\begin{aligned} G_u&=|S_{21}'|^2\cdot\frac{(1-|\Gamma_S|^2)}{|1-S_{11}'\Gamma_S|^2}\cdot\frac{(1-|\Gamma_L|^2)}{|1-S_{22}'\Gamma_L|^2} \\ G_{umax}&=|S_{21}'|^2\frac{1}{1-|S_{11}'|^2}\cdot\frac{1}{1-|S_{22}'|^2} \end{aligned}\right\} \quad (7\cdot7)$$

この場合スミス図上に等利得円，定雑音指数円を画くと，容易に高利得あるいは低雑音または広帯域増幅回路が設計できる．

以上は Tr 増幅器の基本的設計であるが，実際には目的によっていろいろと工夫する必要がある．i）マイクロ波では1段の増幅度が 10 dB 程度なので“高利得増幅器”としては多段増幅器が使われるが，接続の入，出力の整合が複雑になるので，サーキュレータを段間に使用するか平衡増幅器とする必要がある．また計算には3·5節で述べた（T）マトリクスを使用すると便利である．ii）低雑音増幅器で重要な雑音指数 NF は，入力雑音電力を $T_0=290$ kΩ の抵抗からの熱雑音電力，G を利得，N_a を増幅器のみによる雑音，N_S を N_a が零の場合の出力雑音，k をボルツマン定数（1.3804×10^{-23}〔W·s/K〕）とすると

$$NF=\frac{S/N_{in}}{S/N_{out}}=\frac{N_s+N_a}{N_S}=1+(1/kT_0)(N_a/G)$$

と定義されている．極低雑音増幅器の場合は雑音温度 $T_e=(NF-1)T_0$ も使われる．マイクロ波増幅器では G が 5〜10 dB であまり大きくないので，低雑音と G の両方が重要となる．最近では1·5節で説明したように GaAs FET より HEMT の方が低雑音増幅に使われ，12 GHz で NF は 0.4 dB 程度である．G と NF は共にドレイン電流によって変化するので最適値を求める必要がある．さらに低 NF が望まれる場合には，パラメトリック増幅器（常温または冷却）やメーザが使用される．増幅回路では Γ_S によって NF が変化するので，G_a とのかね合いが必要である．iii）広帯域増幅器では Tr は利得がオクターブで 6 dB 小さくなるので，高周波端で調整し，周波数が低くなると反射減衰させるような整合回路を挿入して，利得を平坦にしている．また整合にはサーキュレータ等が使われる．電力増幅器では負荷回路を利得より出力最大となるように，また高周波出力と直流入力の比の電力効率を考慮して設計している．

7·3　発振回路

一般に図7·5のように，能動素子回路（アクティブ回路）に負荷が接続された場合の両方向を見た反射係数をΓ_{NL}, Γ_Lとすると，最初熱雑音あるいはスイッチを入れた瞬間の過渡現象によるフェリ成分に含まれていた極微小振幅 a の波はΓ_{NL}で帰ってきて，負荷で$\Gamma_L\Gamma_{NL}$となり，これが繰返されて$a+a\Gamma_{NL}\Gamma_L+a(\Gamma_{NL}\Gamma_L)^2+\cdots\cdots$と無限級数和となるので，振幅が増大するためには$|\Gamma_{NL}||\Gamma_L|>1$で，また位相が同位相で加わるためには$\angle\Gamma_{NL}+\angle\Gamma_L=2n\pi$が必要である．$|\Gamma_L|<1$のため$|\Gamma_{NL}|>1$で増幅は増大していくが，$|\Gamma_{NL}|$は能動素子の非線形特性のため振幅が大きくなると小さくなり，ある一定振幅で$|\Gamma_{NL}||\Gamma_L|=1$が定常状態となる．発振周波数は位相関係から定まる．発振条件としては低周波回路の条件，$R_{NL}+R_L=0$，あるいは$G_{NL}+G_L=0$から振幅が定まり，$X_{NL}+X_L=0$，$B_{NL}+B_L=0$から周波数が定まるとして計算してもよいが，マイクロ波ではΓすなわち（S）を使った方が簡単である．ここで n ポート能動素子回路に図7·6のように波が進んでいる場合を考える．アクティブ回路，受動回路を各々（S），（S_Γ）で表わす．図で$(b)=(S)(a)$，$(b')=(S_\Gamma)(a')$で，接合面で$(a)=(b')$，$(a')=(b)$なので，容易に$(a')=(S)(a)=(S)(S_\Gamma)(a')$従って$((S)(S_\Gamma)-1)(a')=0$から$(a')\neq(0)$の条件があるので

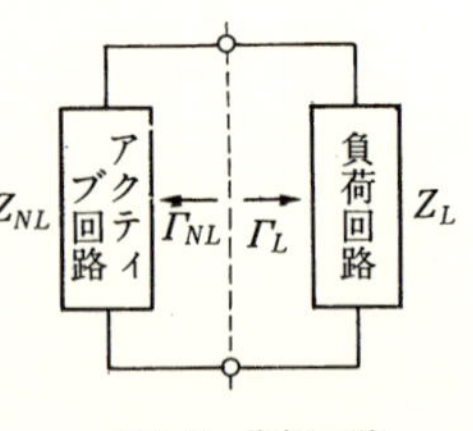

図7·5　発振回路

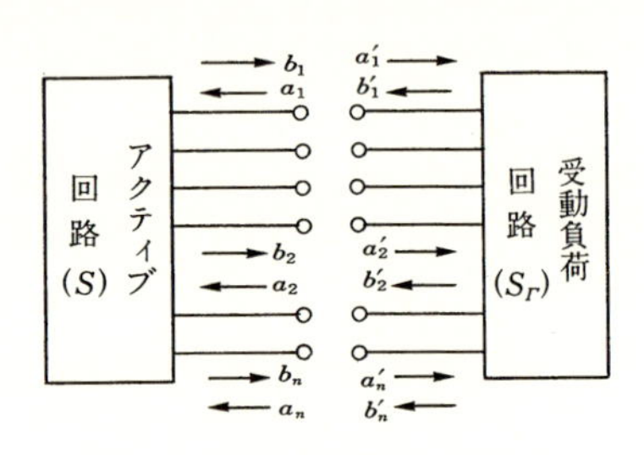

図7·6　一般化発振回路（S 表示）

$$\det(M)=0 \quad ただし \ (M)=(S)(S_\Gamma)-1 \tag{7·8}$$

が得られ，2ポート以外でもこの形となるので一般化された大信号発振条件と呼ばれている．発振は小信号時の$|\det M|>0$，$\arg\det M=0$で始まり，振幅が増大し，上記の条件式（7·8）で定常状態となる．この場合の M は当然定常値となった場合の M である．図7·6で

$$(S)=\begin{pmatrix} S_{11} & S_{12} \\ S_{21} & S_{22} \end{pmatrix},\ (S_\Gamma)=\begin{pmatrix} \Gamma_1 & 0 \\ 0 & \Gamma_2 \end{pmatrix}$$ では発振条件式（7・8）の

$$\det(M)=\det\begin{pmatrix} S_{11}\Gamma_1-1 & S_{12}\Gamma_2 \\ S_{21}\Gamma_1 & S_{22}\Gamma_2-1 \end{pmatrix}=0$$ から

$$S_{11}+\frac{S_{12}S_{21}\Gamma_2}{1-S_{22}\Gamma_2}=\frac{1}{\Gamma_1},\quad S_{22}+\frac{S_{12}S_{21}\Gamma_1}{1-S_{11}\Gamma_1}=\frac{1}{\Gamma_2} \qquad (7\cdot9)$$

が同時に満足されなくてはならないことがわかる．なおこの関係は式（7・3）からも直ちに言える．つぎに以上の条件から具体的に発振器の設計について考えてみる．

図7・7は直列帰還形（あるいは負インピーダンス形）といわれている回路で，共振回路として図(a)は誘電体共振器，図(b)は H_{DC} で掃引できる YIG 共振器を使っている．ここでは共振回路として最近よく使われる誘電体共振器の場合[3]を説明するが，どの共振器でも共振器の無負荷の Q_0，結合係数 $\beta=Q_0/Q_{ex}$ の値が異なるのみで適用できる．以下 Z_3 の決定，ゲート回路の DR（誘電体共振器）の位置，結合係数 β の決定，出力負荷の決定法について説明する．

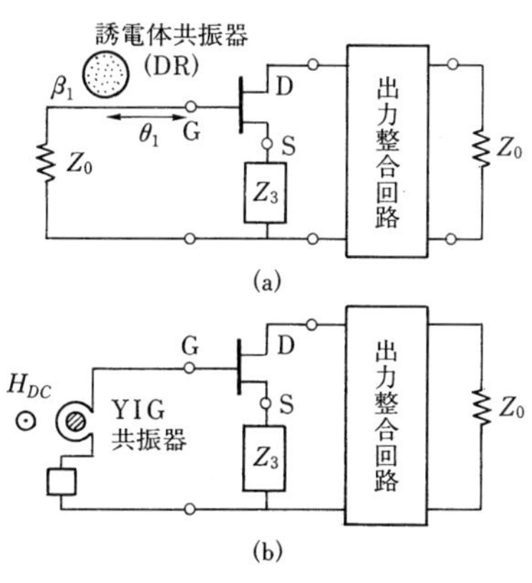

図7・7 直列帰還 Tr 発振器

(i) Z_3 の決定 Z_3 による Γ_3 を考えた Tr の（S）は式（7・2）で表わされ，Z_3 としては終端オープン，短絡，任意のリアリタンス等が考えられるが，終端オープンの線路の場合を考える．すると $|\Gamma_3|=1$ となるのでこの値を式（7・2）に代入すれば S_{11}', S_{22}' が求まり，$|S_{11}'|$ および $|S_{22}'|$ が1より大きくなれば発振条件を満足する．図7・8(a)は $|\Gamma_3|=1$ のためには Z_3 が $\pm jX$ の純リアクタンスならよいので，X が変化した場合の S_{11}' の様子，すなわち $Z_3=\pm jX$ の S_{11}' 面への写像，また(b)には同様に S_{22}' 面への写像が示されている．斜像部分は誘導性，他は容量性リアクタンスを示している．図7・8の例では図から $-j\,30$ の X_0 点より大きな容量性リアクタンスでは S_{11}' と S_{22}' の両方が

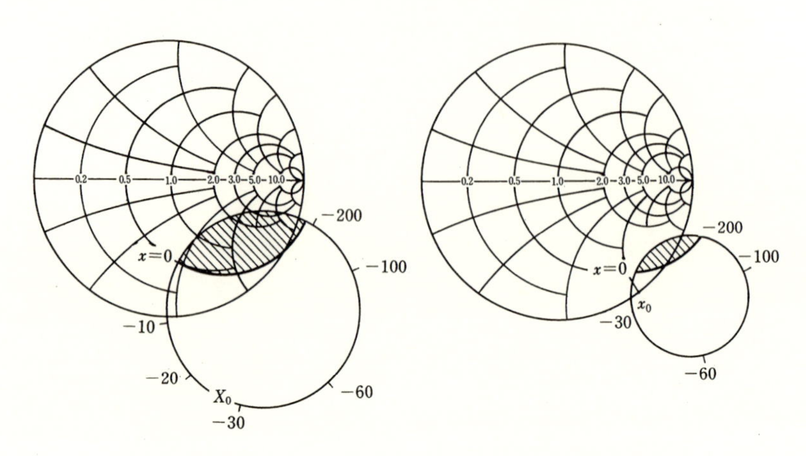

(a) S_{11}' 面　　(b) S_{22}' 面

図7・8　$Z_3=\pm jX(|\Gamma_3|=1)$ の S_{11}', S_{22}' 面への写像

1より大きくなることがわかる．実際には$-j\,159\Omega$ が選ばれ，$0.048\lambda_g$ のオープン線路あるいは 0.1 pF の容量で実現されている[3]．このときの Tr の (S') は以下の値となっている．

$$(S')=\begin{pmatrix} 1.34\angle -33.5^\circ & 0.49\angle 70.4^\circ \\ 0.49\angle 156^\circ & 1.16\angle -31.9^\circ \end{pmatrix} \tag{7・10}$$

(ii)　$\Gamma_1(\beta_1, \theta_1)$ の決定　　図7・7の(a)の回路で Z_3 が定まったので，次にドレインポートのΓ_d は式（7・9）のように

$$\Gamma_d=S_{22}'+S_{12}'S_{21}'\Gamma_1(1-S_{11}'\Gamma_1)^{-1}$$

なので共振器の線路に対する結合度　β_1（線路と DR 間の距離）とゲートから共振器までの電気長 $\theta_1=(2\pi/\lambda)l$ を変化し Γ_1 を変え $|\Gamma_d|$ が最大となるようにする．$|S_{11}'|$，$|S_{22}'|>1$ なので，ここでは Γ_1 面に $|\Gamma_d|$ を写像すると図7・9 となる．なお写像円の半径 R と中心の座標 Ω

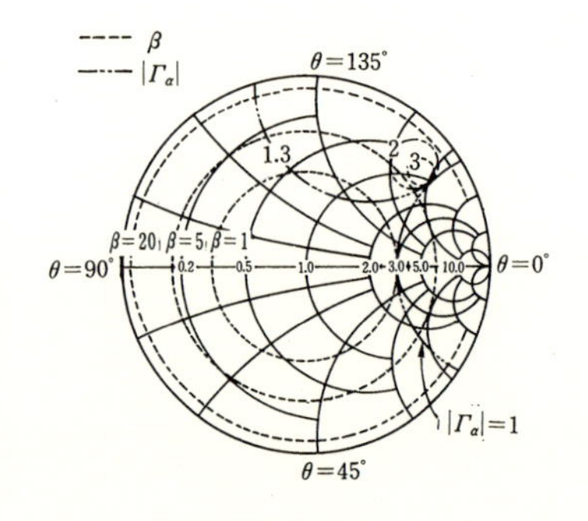

図7・9　Γ_1 面に対する $|\Gamma_d|(=|S_{22}'|)$ の写像

はΓ_dの式から以下のようになる．なお$D=S_{11}'S_{22}'-S_{12}'S_{21}'$である．

$$R=\frac{|\Gamma_d S_{12}'S_{21}'|}{|\Gamma_d|^2|S_{11}'|^2-|D|^2} \qquad \Omega=\frac{S_{11}'^*\left[|\Gamma_d|^2-|S_{22}'|^2\right]+S_{22}'S_{12}'^*S_{21}'^*}{|\Gamma_d|^2|S_{11}'|^2-|D|^2} \tag{7·11}$$

図7·9で$|\Gamma_d|>1$が大きくなる点xのβ_1とθ_1を選べば，最大出力となるΓ_1が決定できたことになる．

(iii) 出力負荷の決定　(i)，(ii)でZ_3とΓ_1が小信号（S）パラメータを使ってドレインポートでの反射係数Γ_dから決まったので，最後にドレインに接続するZ_2の決定法を考える．最も簡単なのは図7·10のように考えている発振器をRF電源として使用し，負荷インピーダンスを変化したときの出力電力，周波数等を測定し，これから図7·11[4]のような負荷の反射係数面上に出力一定の軌跡を画くことにより，最適Γ_d，すなわち最適Z_2を決定する方法で，負荷変化特性（load-pull effect）測定法といわれている．この他に入力端Z_Sをはずし，G，接地間に信号を入れ負荷インピダンスZ_Lを変化したとき$1/\Gamma$が最小となるZ_Lを信号入力を増大して求めて決定する方法もあるが，不要な発振を生じる恐れもある．

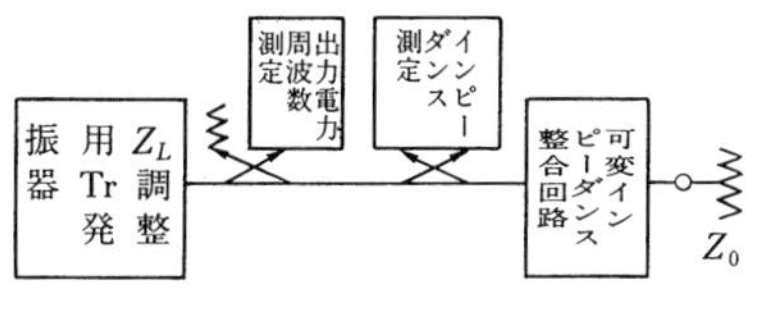

図7·10　負荷$\Gamma_L=|\Gamma_L|\angle\theta$に対する出力等測定系

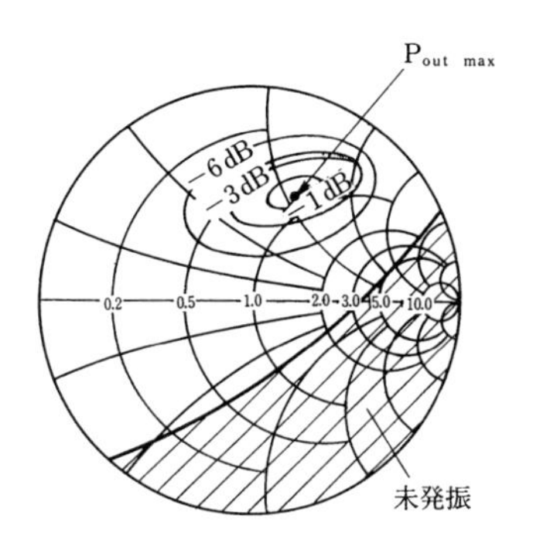

図7·11　トランジスタ発振器の負荷特性（Γ_L面）

以上の発振回路の他に，図7·12，(a)のように出力の一部を入力側に共振器を通じて帰還して発振させる並列帰還形（単に帰還形と言う場合も多い）がある．この形の発振器では帰還部を作る前の回路を増幅器として設計し，入，出力整合回路をf_0付近で最大利得となるように決定する．ここでf_0でバンドパスとして動作する帰還素子（DR等）を付け，次式を満足するように調整すると発振器となる．

$$\left.\begin{aligned}&\phi_A+\phi_R+\phi_C=2n\pi \qquad n=0,\ 1,\ 2,\cdots\cdots\\&G_A-L_R-L_C>0\end{aligned}\right\}\qquad(7\cdot12)$$

ここで，ϕ_A, ϕ_R, ϕ_C は各々増幅器，共振器，帰還回路の移相で，G_A, L_R, L_C は各々オープンループ小信号増幅器利得〔dB〕，共振器，その他帰還回路の損失〔dB〕である．

なお図(b)のように DR（一般の共振器でも同じ）をバンドパスとして使用した場合の ϕ_R, L_R は $\delta=\varDelta f_0/f_0$, β_1, β_2 を共振器の入，出力結合係数とすると，3章の共振回路で導いたように

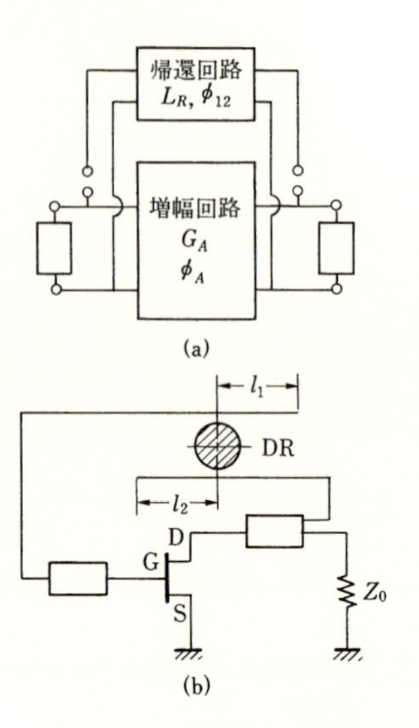

図7・12　並列帰還 Tr 発振器

$$\left.\begin{aligned}&\phi_R=\tan^{-1}\left(\frac{-j2Q_0\delta}{1+\beta_1+\beta_2}\right),\\&L_R=10\log_{10}\frac{(1+\beta_1+\beta_2)^2}{4\beta_1\beta_2}\quad〔\mathrm{dB}〕\end{aligned}\right\}\qquad(7\cdot13)$$

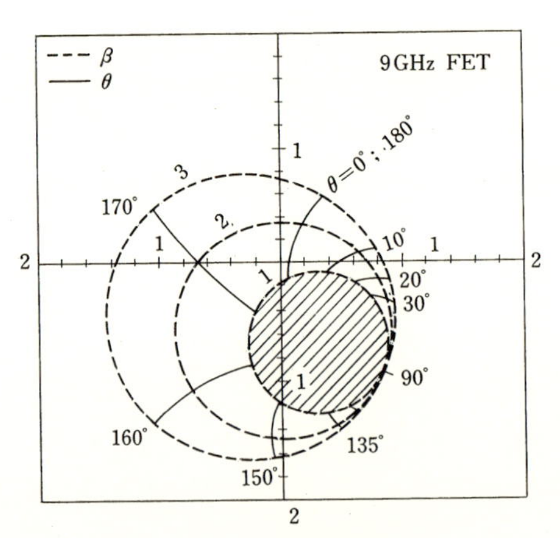

図7・13　ドレイン反射係数面に対する Z_{in} $(\theta,\ \beta)$ の写像

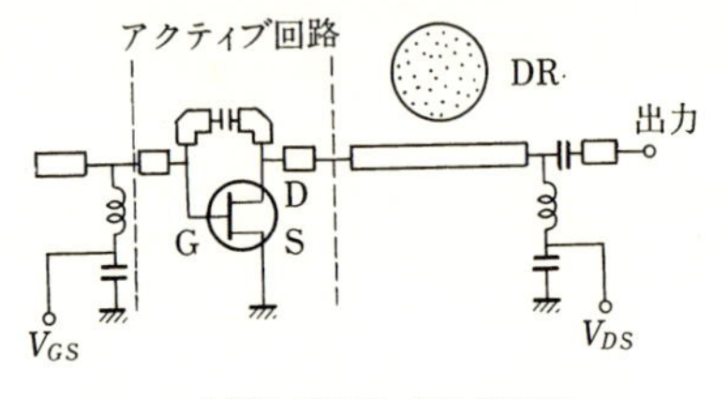

(a)DR 安定化 DR 発振器

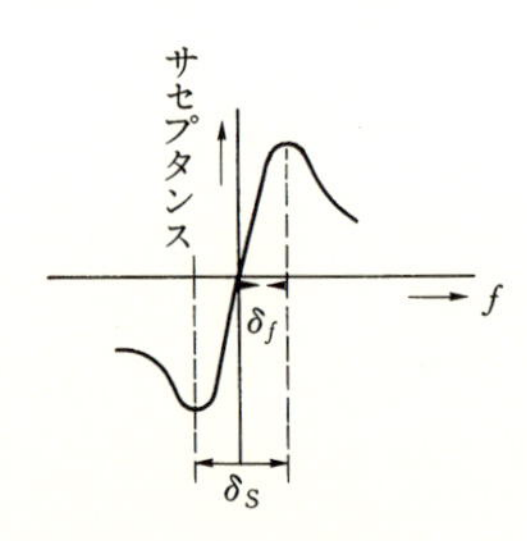

(b)DR 特性と安定化領域 δ_s

図7・14　共振器による安定化発振器

となる．DR の β と $\theta=2\pi L/\lambda$ は図 7·13のようにドレイン反射係数面に θ, β をパラメータとして画き，最大 Γ あるいは雑音等を考慮した適当な Γ になるように定める．また発振器としては図7·14，(a)のように f_0 付近でフリーランニング発振器を構成し，高 Q の誘電体共振器等を出力線路に結合させ，f_0 のバンド阻止フィルタとして動作させ(b)図の δs 内で安定化発振させる回路もありFM雑音（搬送波から一定周波数離調した一定帯域幅内の雑音電力/搬送波電力 $=(N/C)$ で定まる.）が安定化前に比べ 30 dB 程度に改善され，100 mW(6 GHz）の出力のものもあるが帰還回路による出力電力の減少，モードジャンプ，周波数ヒステリシス等に注意する必要がある．

7·4　2 端子増幅，発振回路

インパット，ガン，トンネルダイオード等の 2 端子間に負性抵抗を示す増幅，発振回路で，負性抵抗増幅，発振回路とも言われる．原理は図7·5の回路で $|\Gamma_{NL}|>1$ で増幅作用を示し，$|\Gamma_{NL}||\Gamma_L|\geq 1$ で発振の出力，$\angle\Gamma_{NL}+\angle\Gamma_L=2n\pi$ で発振周波数が定まる．2 端子増幅回路では入力，増幅出力が同一ポートになるので，両者を分離するために図1·12，(d)に示したようなサーキュレータが必要である．また増幅回路では発振防止用に抵抗性の発振防止回路が使われる．増幅，発振器の設計は高出力時の Γ_{NL} の逆数をスミス図上に測定して行なわれる．図7·15はアイソレータ特性と共振特性を共有する YIG 球とガンダイオードを使った掃引発振器の例[(5),(6)]で，図

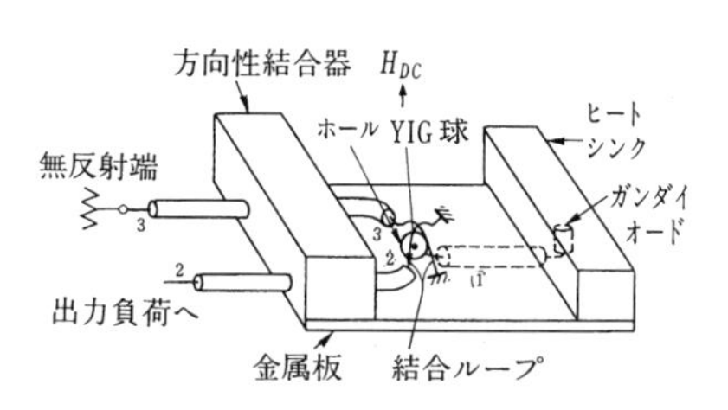

図 7·15　アイソレータ特性を持つ YIG ガンダイオード発振器

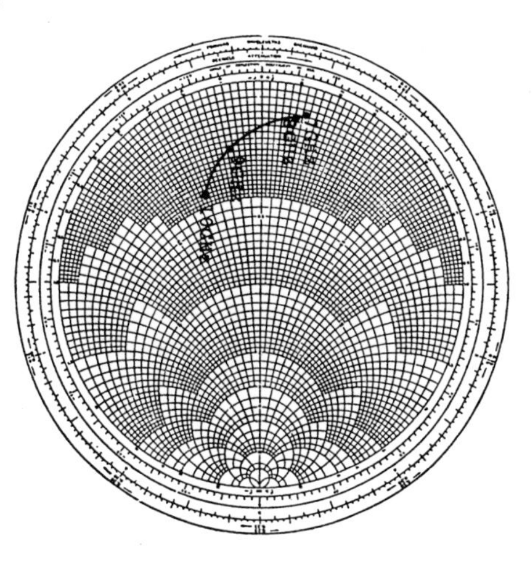

図 7·16　使用されたガンダイオードの $1/\Gamma$ 周波数特性

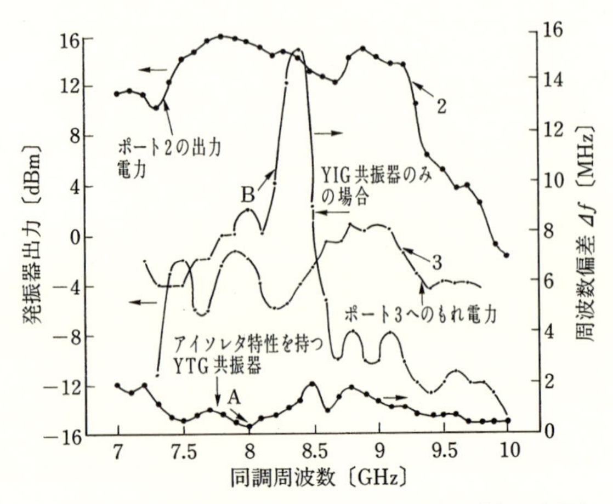

図7·17　周波数変化（H_{DC} による）に対する発振器出力と周波数偏差

7·16はガンダイオードの $1/\Gamma_{NL}$ の周波数特性，図7·17は直流磁界 H_{DC} を変化して発振周波数を変化させた場合の発振器出力と周波数偏差で，アイソレータ特性を持たせることにより特性が格段に向上することがわかる．

7·5　周波数変換器

入力信号 f_S と局部発振器 f_L の出力をダイオードの非線形抵抗（バリスタ）に同時に加えると $f_S \pm f_L$ の出力が得られ，$f_S - f_L = f_{if}$ にするデバイスをミクサ（又はダウンコンバータ）と呼んでいる．現在ミクサは低雑音増幅が困難なミリ波帯以上で多く使用され，変換損失，雑音指数 NF が重要である．変換損失は入力信号源の有能電力 P_{av} とミクサ出力端子の有能電力の比として定義され，イメージ信号開放，短絡，整合で局発電圧に比例して低下し，開放，短絡で 0 dB に漸近し，整合で 3 dB となる．NF は L を変換損，t をミクサの雑音温度比，F_{IF} を IF 増幅器の NF とすると $NF=L(t+F_{IF}-1)$ となる．ショットキーバリアダイオードの使用等で，局発雑音が無視できるようなとき $t \simeq 1$ と考えてよい．従って NF の点からも L が小さいことが重要となる．

7·6　その他ダイオード応用回路

図1·12，(g)のように PIN ダイオードの ON-OFF 特性とサーキュレータを組合わせると，線路長 l の電気角 $\theta=2\beta l$ で定まる反射形移相器が得られる．この他リミッタ，減衰器等各方面に応用されている．

7·7　マイクロ波電子管[(7),(8)]

1·5 節で説明したように，現在低電力のマイクロ波発振にはトランジスタ，ガン，インパット等の半導体素子が主として使われているが，大電力用増幅，発振にはマイクロ波管が使われており，その概要について述べたので，ここでは基礎理論を扱うことにする．

a．クライストロン増幅管　クライストロン増幅管では図1·19に関して述べたように，入力空胴共振器で電子流が速度変調され，このため集群（バンチング）された電子の塊が出力空胴の減速電界を通過し，電子運動のエネルギーが空胴に与えられ増幅される．図 1·19 でバンチング空胴を出る電子の速度 v_1 は，電子が通過する瞬間の時間を t_1 とすると運動のエネルギーが電位エネルギーに等しいことから次式となる．

$$\left.\begin{array}{l} v_1=\sqrt{(2e/m)V_0\,[1+(V_1/V_0)\sin\omega t_1} \\ V_1/V_0\ll 1 \text{ なら} \qquad v_1\simeq v_0\left(1+\dfrac{V_1}{2V_0}\sin\omega t_1\right) \end{array}\right\} \tag{7·14}$$

ここで v_0 はバンチング空胴に入るときの速度で，$v_0=\sqrt{2eV_0/m}$ である．上式から v_1 は $V_1\sin\omega t_1$ に比例することがわかり，従って $\omega t_1=n(2\pi)$ で集群することが分かる．

次に Δt_1 の時間の間にバンチャーギャップを通る電荷量 q_1 は，Δt_2 の時間にキャッチャギャップを通る電荷量に等しく，$q_1=I_0\Delta t_1=i_2\Delta t_2$ である．なお I_0 は DC 電流である．$t_2=t_1+\dfrac{L}{v_1}$ なので式（7·14）を使うと

$$i_2=I_0|[1-(\omega L/v_0)(V_1/2V_0)\cos\omega t_1]^{-1}| \tag{7·15}$$

となり，図 7·18 のように高調波の多い波形となる．

ここで $i_2(t)$ をフーリェ係数に展開すると，以下の式で表わされる．

$$i_2=A_0+\sum_n(A_n\cos n\omega t_2+B_n\sin n\omega t_2) \quad (7\cdot16)$$

ここで $A_0=I_0$, $A_n=2I_0J_n(nV_1\omega L/2v_0V_0)\cos(n\omega L/v_0)$，$B_n=2I_0J_n(nV_1\omega L/2v_0V_0)\sin(n\omega L/v_0)$ である．出力空胴は通常 ω に対してのみ共振するので $n=1$ 以外は無視できて，次式となる．

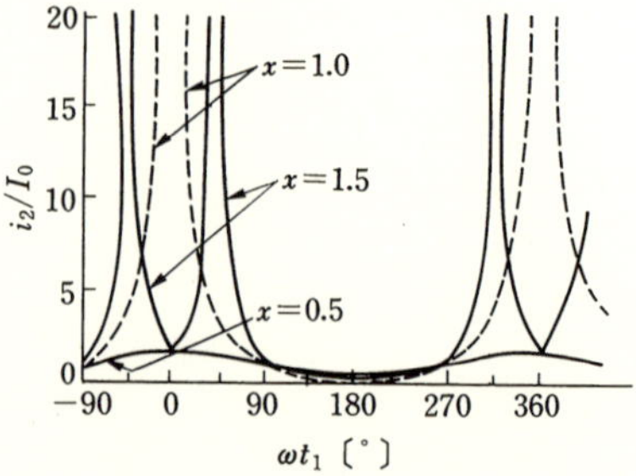

図7·18　出力電流ー時間
$(x=(\omega L/\mu_0)(V_1/2V_0))$

$$i_2|_\omega=2I_0J_1\left(\frac{V_1}{2V_0}\frac{\omega L}{v_0}\right)\cos\omega\left(t_2-\frac{L}{v_0}\right) \quad (7\cdot17)$$

また最大の i_2 を与える最適の L の長さ L_{opt} は上式から

$$L_{opt}=1.84\frac{2V_0}{V_1}\frac{v_0}{\omega} \quad (7\cdot18)$$

となる．なお各空胴のギャップ間の距離は短いので走行時間は無視できるとしている．

増幅器の出力は V_2 をキャッチャギャップの電圧とすると，ω に対して $i_2V_2/2$ で，能率 η は $\eta=i_2V_2/(2V_0I_0)$ となり，η は計算値で58%，実際には15〜30% 程度である．

電子と電界間のエネルギーの授受をやや定量的に扱うと，マックスウェルの式から $\nabla\cdot(\nabla\times\boldsymbol{H})=\nabla\cdot(\boldsymbol{i}+\partial\boldsymbol{D}/\partial t)=0$ で，図7·19，(a)の平行板を電子ビームが通過するとき端効果を無視して，$I_C+A\varepsilon_0\partial E/\partial t=I$ となる．全電流 I は全対流電流 $I_C=iA$ と全変位電流 $A\varepsilon_0\partial E/\partial t$ の和で，I は連続である．従って駆動電流（対流電流）の平均値 $\bar{I}_c$ は次式となる．

$$\bar{I}_c=\frac{1}{d}\int_0^d I_C\mathrm{d}x=I+C\frac{\mathrm{d}V}{\mathrm{d}t}=VY_L+C\frac{\mathrm{d}V}{\mathrm{d}t} \quad (7\cdot19)$$

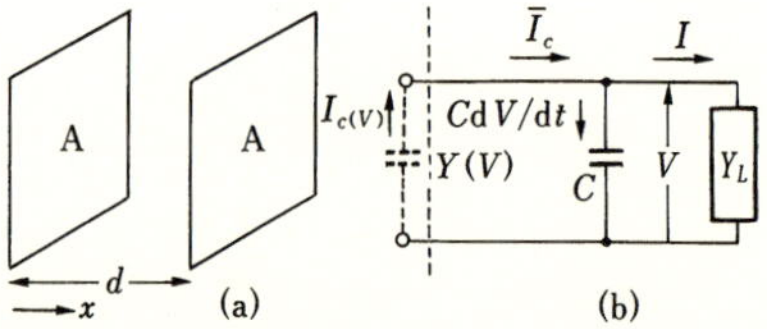

(a) 空胴の間隔　　(b) 等価回路

図7·19

従って，等価回路は図7·19，(b)のようになる．なお $Y(V)$ は電子アドミタンス，Y_L は空胴定数，外部負荷を考えた I に対する外部アドミタンスである．$\bar{I}_C$ が定まれば V は上式から求まる．I_C を求めるには電子の運動の方程式 $q\boldsymbol{E}=(\mathrm{d}/\mathrm{d}t)mv$ と式（7·19）を同時に考慮する必要がある．この結果 $Y(V)=G(V)+jB(V)$ の G, B は次式となる．

$$G(V)=\frac{I_0}{2V_0}A[\cos x-A] \qquad B(V)=\frac{I_0}{2V_0}B[\cos x-A] \qquad (7\cdot20)$$

ここで，$A=\dfrac{\sin x}{x}$, $B=\dfrac{\cos x}{x}$, $x=\dfrac{\omega d}{2v_0}$

b．進行波管，後退波管　4·7 節で述べたように周期構造線路では軸方向の電磁波の速度は遅くなる．例えば図 7·20 のようなら線遅波回路では，ら線に沿っての電磁波の速度はほぼ光速に等しいので，軸方向速度 v_P は，ら線の軸長を l，巻線を n，ら線直径を d とすると $v_P=lc/n\pi d$ となり，電子の速度と同程度にすることができる．いまv_Pを電子の速度 v_e と同じにすると，図7·20のように軸方向電界により電子は加速，減速されバンチングができる．$v_e \gtrsim v_P$ となると(c)のように減速電子数＞加速電子数となるので，電子の運動エネルギーがら線の電磁界エネルギーの増大に変換される．これが進行波管の根本原理で，$v_e \lesssim v_P$ の場合には電磁界エネルギーにより電子が加速されるので加速器（accelerator）となる．電子流とら線の電磁界の相互作用は，電子流によってら線回路に電圧が誘起され，一方回路の電圧で電子ビームに

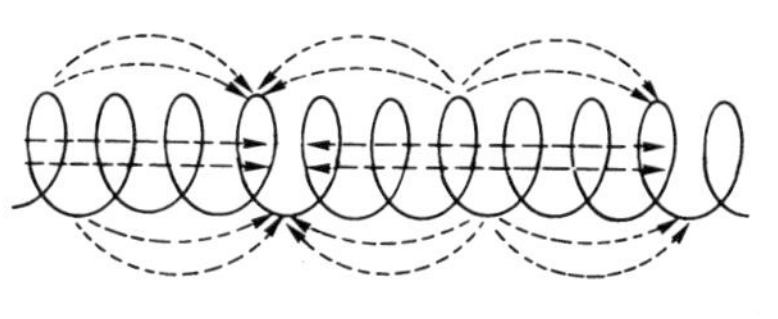

(a)ら線遅延回路

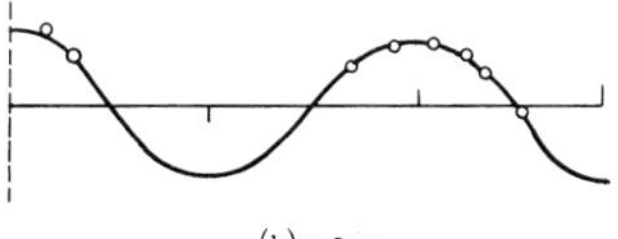

(b)$v_e \simeq v_p$

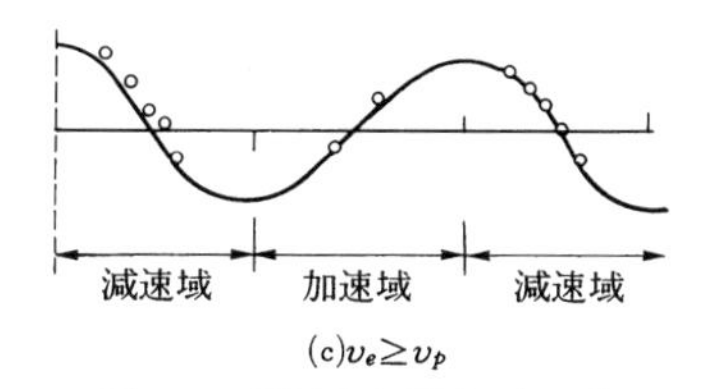

(c)$v_e \geqq v_p$

図 7·20　電子流と電界の相互作用

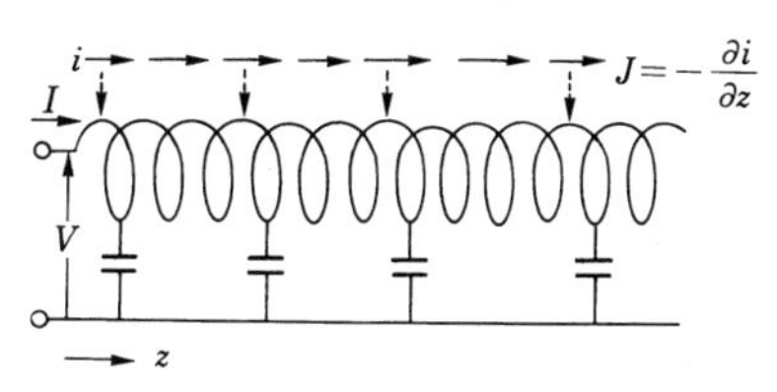

図 7·21　電子ビームで励振された分布定数回路

交流分が生じるとすればよい．ら線等の遅波回路を図7·21の分布定数伝送路で表示すると，次式の関係がある．

$$\frac{\partial I}{\partial z}=-jBV+J,\qquad \frac{\partial V}{\partial z}=-jXI \tag{7·21}$$

ここで，B は単位長当りの並列サセプタンス，X は直列リアクタンスである．J は電子ビーム中の高周波成分 i によって回路に加えられる励振電流で $J=-\partial i/\partial z$ である．すべての量は $e^{-\gamma z}$ の形で伝搬し，$i=0$ のときの伝送路の伝搬定数を $\gamma_1=j\sqrt{BX}$，特性インピーダンス $Z_0=\sqrt{X/B}$ と書くと，V と i の関係は次式となり，回路方程式といわれている．

$$V=\frac{-\gamma\gamma_1 Z_0}{\gamma^2-{\gamma_1}^2}\,i \tag{7·22}$$

次にローレンツ·ニュートンの運動の方程式から，v_0, v を各々電子群の平均および高周波の速度とすると

$$m\frac{\mathrm{d}(v_0+v)}{\mathrm{d}t}=-e\,E_t=e\frac{\partial V}{\partial z} \tag{7·23}$$

となり，$\mathrm{d}v/\mathrm{d}t=\partial v/\partial t+(\partial v/\partial z)(\mathrm{d}z/\mathrm{d}t)$ の関係を使い，全電流 $-I_0+i=(v_0+v)(\rho_0+\rho)$，$-I_0=v_0\rho_0$ から $i=\rho_0 v+v_0\rho$, $\rho=-j\gamma i/\omega$ から電子流の方程式として次式が得られる．なお，$\beta_e=\omega/v_0$ である．

$$i=\frac{jI_e\beta_e\gamma}{2V_0(j\beta_e-\gamma)^2}\,V \tag{7·24}$$

式（7·22）と（7·24）が同時に成立する条件，すなわち両式からの V/i を等しくおくと容易に次式が得られる．

$$\frac{jZ_0I_0\beta_e\gamma^2\gamma_1}{2V_0({\gamma_1}^2-\gamma^2)(j\beta_e-\gamma)^2}=1 \tag{7·25}$$

ここで $-\gamma_1=-j\beta_e$, γ は β_e から僅かに ζ だけ異なっているとして $-\gamma=-j\beta_e+\zeta$ と書き，利得パラメータ C を使って $\zeta=\beta_eC\delta$, $C^3=Z_0I_0/4V_0$ と記して，式（7·25）を解くと $\delta_{1,2,3}$ が求まる．δ_1 に対応する波は $\delta_1=\frac{\sqrt{3}}{2}-j\frac{1}{2}$ なので z と共に増大し，$\delta_2=-\frac{\sqrt{3}}{2}-j\frac{1}{2}$ なので z と共に減衰し，δ_3 に対応する波の振幅は $\delta=j$ で変化のないことがわかる．なお $\delta_4=-j\frac{C^2}{4}$ となるが $\delta_4\ll\delta_1$, δ_2, δ_3 である．進行波管では位相速度 v_p と群速度 v_q の方向が一致し

ているが，後退波管では逆方向である．進行波管の利得 A は $A|_{z\to\infty}\simeq 10\times\log_{10}((1/9)e^{\sqrt{3}\beta_e Cz})=47.3\,CN$ で，CN が大きい場合

$$A=-9.54+47.3CN \tag{7·26}$$

となる．ここで $N=L/\lambda$, $\lambda=2\pi/\beta_e$ である．

後退波管発振器の場合も式（7·22）（7·24）から同様にして求められ，$\delta_1'=\sqrt{3}/2+j\,1/2$, $\delta_2'=-\sqrt{3}/2+j\,1/2$, $\delta_3'=-j$, $\delta_4'=jC^2/4$ となる．後退波管は非常に広帯域で動作し，DC ビーム電圧を変化するのみで周波数を可変できるので掃引発振器として使われている．

c．マグネトロン　マグネトロンでは図7·22のように DC 磁界が加えられているため，カソードを出た電子は陽極に達するとき円運動をし，全体として周回運動の状態になる．一般に使われる π モードでは，図のように各共振器の入口の付近の電界は互いに逆方向を向いているので周回する電子はバンチングを受け，図 7·22のようになっていて，この状態の電子群が回転しているので，TW 管と同様に電子の運動のエネルギーが共振器の電磁界を増大する．マグネトロンではちょうど進行波管のような回路の入出力を接いで円筒としたものと考えられ，遅波回路，電子流も帰還率 1 となるので発振器としての効率も高く，陽極空胴共振器は金属ブロックに穴をあけたような構造になっているので，放熱もよく大電力発振管として適していて，パルスで数十MW, CW で 500 kW までも得られていて，ミリ波でも使われている．図7·23はリーケ図と言われるもので，マグネトロンの負荷の反射係数面に出力一定，周波数一定の曲線を画いたもので，マグネトロンの使用上に重要な図である．なおマグネトロンに似た動作原理で増幅器として使われるものを電磁界交さ型増幅器（CFA : crossed field amplifier）と言い，後進波を使うアンプリトロン，カルシノトロン等が大電力，高能率のため実用化されている．

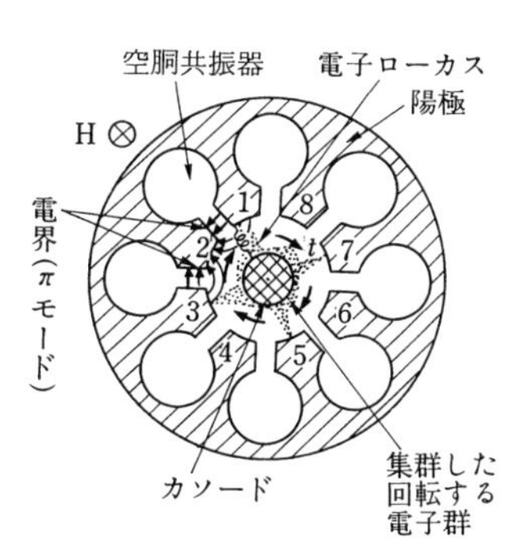

図 7·22　マグネトロンの動作

d．ジャイロトロン　図1·20で説明したように，ジャイロトロン（サイクロトロン共鳴メーザの 1 種）では電子のサイクロトロン共鳴によって電子のエ

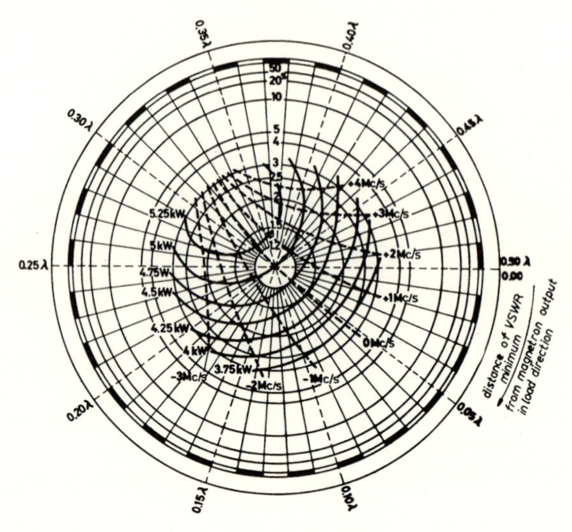

図7·23　マグネトロンのリーケ線図（5 kW, CW マグネトロン）

ネルギーが電磁界エネルギーに変換するが，これをやや詳しく説明する．

図7·24(a)のように z 方向の静磁界により $x-y$ 面で，反時計方向に初期垂直速度 $v_{0\perp}$ で運動している一連の電子（1～8）があるとき，マイクロ波電界 $\boldsymbol{E}_y=E_0\cos\omega_0 t\,(\omega_0=\Omega_0/\gamma_{0\perp})$ が印加されると，8，1，2の電子は減速し，$\gamma_{0\perp}=(1-v_{0\perp}{}^2/c^2)^{-\frac{1}{2}}$が小さくなり，サイクロトロン周波数 $\Omega_0=eB/m_0c$ と書くと，$\Omega_0/\gamma_{0\perp}$ は増大するので電子の位相は電界より進み，一方4，5，6は加速されて位相が遅れる．この結果電子は y 軸付近に集群する．しかし，電子と電界間にエネルギーの授受はない．次に $\omega_0 \geqq \Omega_0/\gamma_{0\perp}$ の場合には，電子は(b)のように x 軸付近に集群され，減速電子数＞加速電子数となるので増幅される．このように集群，エネルギーの変換がクライストロン，進行波管，マグネトロンと異なり，電子流とマイクロ波回路間に行なわれるのではないので，マイクロ波回路が小さくなるミリ波帯以上で能率，出

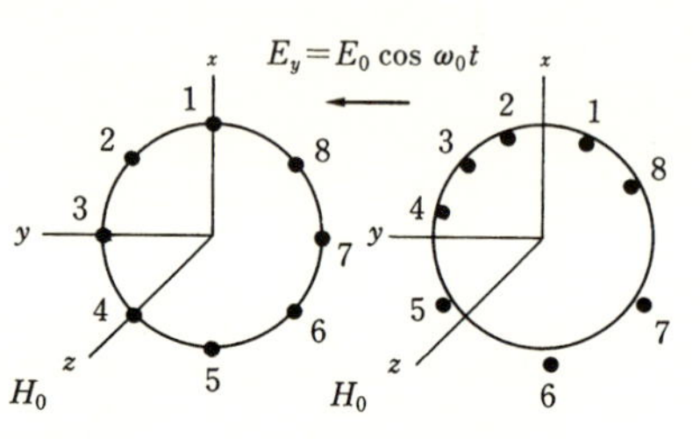

(a)初期分布　　(b)数サイクル後集群した分布

図7·24　ジャイロトロンのサイクロトロン共鳴による集群

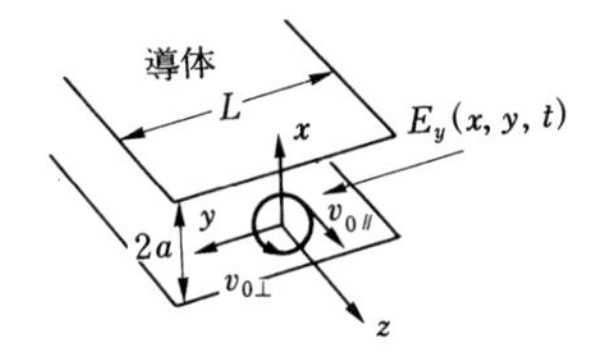

図 7·25 ジャイロトロンの原理図

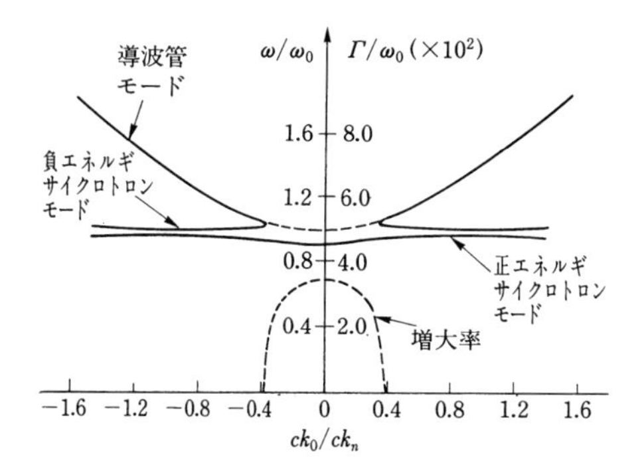

図 7·26 ジャイロトロンの分散曲線（$\gamma_{0\perp}=1.2$, $\omega_b/\sqrt{\gamma_{0\perp}}=0.05\,\omega_0$, $\omega_0=ck$, $\omega_0=ck=l\Omega/\gamma_\perp$ $l=n=1$

力の点から優利になる．

ジャイロトロンの動作を図7.25のようなモデルで解くと，図7·26の分数曲線[9]が得られ，増大波はサイクロトロン波と導波管波の分数曲線の交点付近で生じることがわかる．また増幅のためには $\beta_{0\perp}$ が $\beta_{0\perp}>\beta_{\perp c}$ と，ある一定のしきい値 $\beta_{\perp c}$ 以上になることが必要で $\beta_{\perp c}$ は次式となることが導かれる．

$$\beta_{\perp c}=l(\Omega_0/\gamma_0)(Q_{nl}/W_{nl})^{\frac{1}{2}}[(2/27)\delta_{nl}\,\omega_b^2 Q_{nl}/(l\omega_0\Omega_0)^{\frac{1}{4}}/ck_n] \qquad (7\cdot27)$$

ここで，$l=1, 2, 3,\cdots\cdots$,サイクロトロン周波数の高調波次数

$$\gamma_0=\left(1-\frac{v_{0/\!/}{}^2}{c^2}-\frac{v_{0\perp}{}^2}{c^2}\right)^{-1/2}$$

$$Q_{nl}=x_n\left(\frac{l^2}{x_n{}^2}-1\right)\frac{\mathrm{d}[J_l(x_n)]^2}{\mathrm{d}x},\quad x_n=\frac{\beta_{0\perp}ck_n}{\Omega_0/\gamma_0}\qquad \beta_{0\perp}=\frac{v_{0\perp}}{c}$$

$$W_{nl}=\left(\frac{\mathrm{d}J_l(x_n)}{\mathrm{d}x_n}\right)^2$$

上式から $\beta_{0\perp}\geqq\beta_{\perp c}$ のときの増大率は表面電荷密度の4乗根に比例し，$\beta_{0\perp}\gg\beta_{\perp c}$ の場合には3乗根に比例することがわかる．また以上は線形理論であるが，さらに厳密には非線形理論を使って解く必要がある[9]．

第8章

マイクロ波アンテナとマイクロ波伝搬

図1·22に各種マイクロ波アンテナについて簡単に記したが，ここでは応用上重要な開口面アンテナ，衛星放送受信用平面アンテの基礎的取扱い方等について説明する．またマイクロ波伝搬，電波吸収体についても述べる．

8·1　開口面からの放射

図8·1のように開口面上に $\boldsymbol{E}_0, \boldsymbol{H}_0$ が与えられている場合には面上に電流密度 $\boldsymbol{J}=\boldsymbol{n}\times\boldsymbol{H}_0$，磁流密度 $\boldsymbol{J}_m=-\boldsymbol{n}\times\boldsymbol{E}_0$ の等価源を考えて計算すればよい．観測点 $P(\theta, R, \phi)$ の $\boldsymbol{E}, \boldsymbol{H}$ はまず P 点のヘルツベクトル，Π_e，

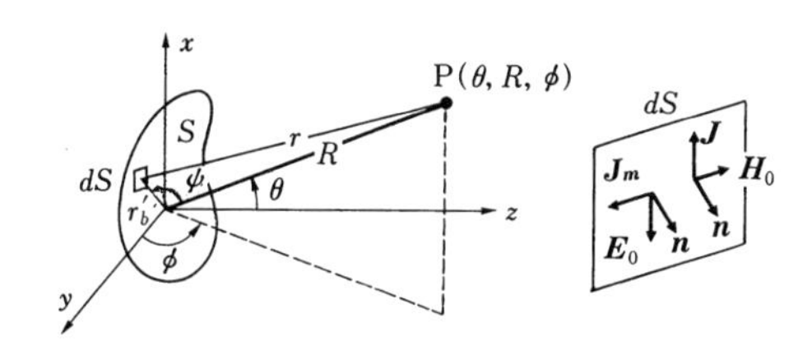

図8·1　開口面からの放射

Π_m を求め，つぎに微分計算して得られる．

$\boldsymbol{\Pi}_e=\dfrac{1}{j\omega\varepsilon}\displaystyle\int_\delta (\boldsymbol{J}/4\pi r)e^{-jkr}$ であるが，P点が源から十分遠い場合振幅に関しては $1/r\to 1/R$ と置くことができ，位相に関しては各源 ds からの波は平行に進むと考えてよいので，距離の差は $r'\cos\phi$ で $r=R-r'\cos\phi$ と近似できるので Π_e は次式となる．

$$\boldsymbol{\Pi}_e=\frac{1}{j\omega\varepsilon\cdot 4\pi R}e^{-jkR}\int_S \boldsymbol{J}e^{jkr'\cos\phi}\,\mathrm{d}s \qquad (8\cdot 1)$$

Π_m も同形の式となり，このような近似ができる場合を放射，回折のフラウンホーファー領域と呼び，通常のアンテナからの放射の場合である．

一方P点が源に近いため，源の座標を $(x', y', 0)$ とした場合 r をさらに詳しく $r\simeq z+\{(x-x')^2+(y-y')^2\}/2z$，$z\gg x, y$ として計算する必要のある領域を，回折のフレネル領域と呼んでいる．

いま開口面 $(a\times b)$ に $\boldsymbol{E}$ (x, y)，$\boldsymbol{H}=(\boldsymbol{a}_Z\times\boldsymbol{E})/Z_0$ が分布しているとき，フラウンホーファーの領域内 P では $x-z$ 面内の電界 $\boldsymbol{E}_p$ は次式となる．

$$\boldsymbol{E}_p=\boldsymbol{a}_\theta j\frac{e^{-jkR}}{2\lambda R}(1+\cos\theta)\int_{-\frac{a}{2}}^{+\frac{a}{2}}\int_{-\frac{b}{2}}^{+\frac{b}{2}}\boldsymbol{E}(x,\ y)e^{jkx\sin\theta}\mathrm{d}x\mathrm{d}y \tag{8·2}$$

開口面に平面波が存在しているような $\boldsymbol{E}(x,\ y)=\boldsymbol{E}_{0x}$ の場合には，上式から簡単に E_θ が得られる．

$$E_\theta=j\ \frac{E_{0x}e^{-jkR}}{2\pi R}\ (1+\cos\theta)\underline{\frac{b\sin\left(k\dfrac{a}{2}\sin\theta\right)}{\sin\theta}} \tag{8·3}$$

上式の点線の項は θ のみの関数で $D(\theta)$ と書く．一般に球座標原点に置かれたアンテナによる遠方点の電界 $\boldsymbol{E}(R,\ \theta,\ \varphi)$ は $\boldsymbol{E}=D(\theta,\ \varphi)\exp(-jkR)/R$ の形となり，R 一定の球面上で $\boldsymbol{E}$ は θ，φ の関数として変化し，アンテナの電界の指向性と呼ばれている．式 (8·3) では $D(\theta)$ なので φ 面内の指向性は一定，すなわち指向性図は円となり，θ 面内では $D(\theta)$ で変化し図8·2のような指向性図となる．図で $E_{max}/\sqrt{2}$ の点間の角 θ_0 を放射の半値幅と呼んでいる．つぎにこのようなアンテナの利得，指向性利得および放射効率は以下のように定義されている．一般に原点に置かれた基準アンテナを電力 W_0 で励振した場合の $P(r,\ \theta,\ \varphi)$ 点の電界が $\boldsymbol{E}_0$ で，つぎに考えているアンテナを原点に置き W で励振したときの P 点の電界を $\boldsymbol{E}$ とすると θ，φ 方向のアンテナの“電力利得” $G(\theta\varphi)$ は次式のように定義される．

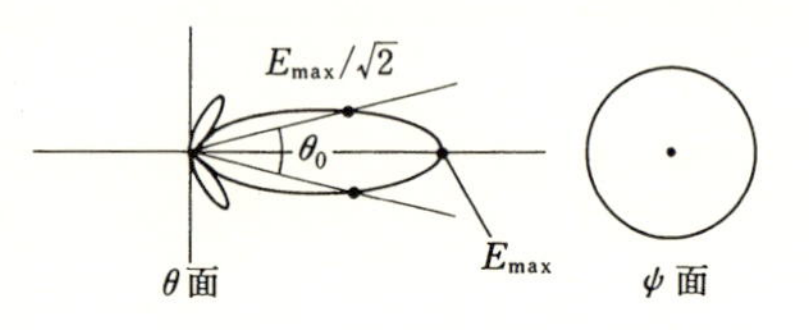

図8·2　指向性図 $D(\theta)$

$$G(\theta,\varphi)=\frac{|\boldsymbol{E}(\theta\varphi)|^2}{W}\bigg/\frac{|E_0|^2}{W_0}=\frac{|\boldsymbol{E}(\theta\varphi)|^2}{W_r+W_l}\bigg/\frac{|E_0|^2}{W_0}$$

$$=\left(\frac{W_r}{W_r+W_l}\right)\frac{|\boldsymbol{E}(\theta\varphi)|^2}{W_r}\bigg/\frac{|E_0|^2}{W_0}=\eta D_r(\theta,\ \varphi),\ \eta=\frac{W_r}{W_r+W_l} \tag{8·4}$$

となり，W_r, W_l は空間に放射される電力，放射器の損失電力で η を“放射効率”，D を“指向性利得”と呼んでいる．なおマイクロ波では通常基準アンテナとしては実在しないが無指向性アンテナを使っている．なお基準アンテナは無損失として，入力 W_0 は空間への出力W_0 となる．

また“実効開口面”もよく使われる．いま電力密度 P〔W/m^2〕の平面波が無損失で整合された開口面積 A に入射した場合，最大受信電力 W は $W=AP$ となるが，通常は開口面積 A でも $W=A_eP=\eta_S AP$ となり，A_e を実効面積，$\eta_s(\leq 1)$ を開口面能率と呼んでいる．ここで A_e と G との関係を求めると

$$A_e=\frac{\lambda^2}{4\pi}G_r \tag{8·5}$$

となり，開口面の大きさA，λ から利得 G_r を推定するのに有効である．また受信アンテナとした場合の利得 G_r と送信アンテナと考えた利得 G_t は相反定理から等しく，$G_r=G_t=G$ である．

8·2 ホーンアンテナ

図 8·3のホーンアンテナ {図1·22(d)} の開口面の電磁界分布は導波管 TE$_{10}^{\square}$ モードが広がったと考えられ，H 面に広がった場合 $E/H=Z_H=(\lambda_g/\lambda)Z_0=Z_0\cdot\left[1-(\lambda/2a)^2\right]^{-\frac{1}{2}}$ で，$2a\gg\lambda$ なら平面波のインピーダンス Z_0 にほぼ等しくなる．また l_c が大きく，開口面 A の大きなホーンでは x 方向の E は一定とみなしてよい．指向性は式 (8·2) から求められる．E 面セクトラルホーンの開口部電界 $\boldsymbol{E}=E_0\cos\left(\dfrac{\pi y}{a}\right)$となるので，最大指向性方向すなわち正面方向の電界 $E_p=E_\theta|_{\theta=0}=E_x|_{y=0}$ は，

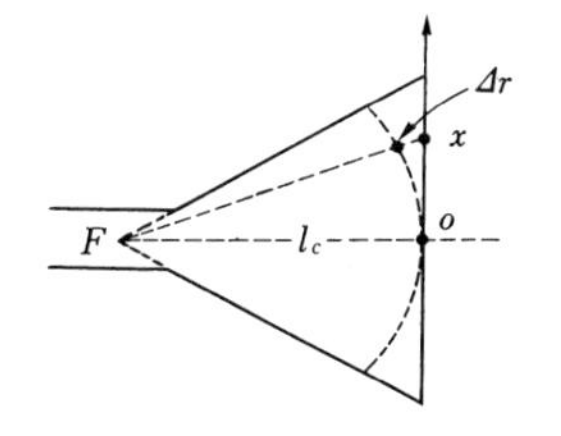

図 8·3 電磁ホーンの $\Delta\varphi=k\Delta r$

$$\boldsymbol{E}_p=j\boldsymbol{a}_\theta\frac{e^{-jkR}}{\lambda R}\int_{-\frac{a}{2}}^{\frac{a}{2}}\int_{-\frac{b}{2}}^{\frac{b}{2}}E_0\cos\left(\frac{\pi}{a}y\right)e^{-j\Delta\varphi}\mathrm{d}x\,\mathrm{d}y \tag{8·6}$$

となる．ここで$\Delta\varphi=k\Delta r$ は図のように開口の中心Oから頂点 F までの距離 l_cと，x 点からの距離 $\overline{x\text{-}F}$ との差 Δr による位相差である．図で $\Delta r=(l_c^2+x^2)^{\frac{1}{2}}-l_c$で$l_c\gg x$のため $\Delta r\simeq x^2/2l_c$となるので $\Delta\varphi=(\pi/\lambda)(x^2/l_c)$ である．正面方向の単位立体角内の放射電力 P_0 は $R^2E_p{}^2/Z_0$ なので上式を積分して次式となる．

$$P_0=\frac{8a^2E_0{}^2l_c}{\pi^2\lambda Z_0}\left[C_f{}^2\left(\frac{b}{\sqrt{2\lambda l_c}}\right)+S_f{}^2\left(\frac{b}{\sqrt{2\lambda l_c}}\right)\right] \tag{8·7}$$

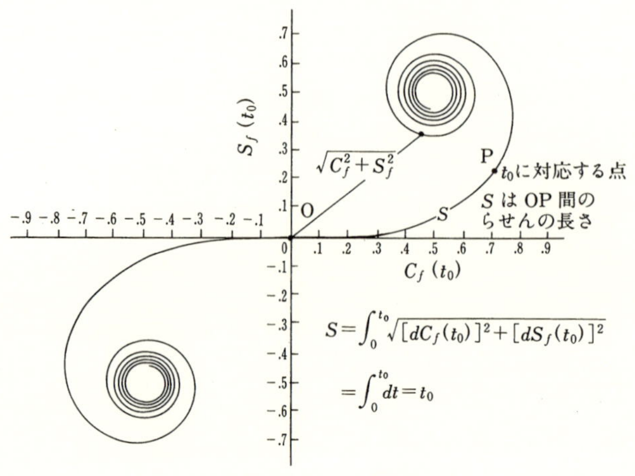

図 8·4　コルニュのら線

ここで，$C_f(t_0)$，$S_f(t_0)$ はフレネルの余弦，正弦積分と呼ばれていて，

$$C_f(t_0)=\int_0^{t_0}\cos\left(\frac{\pi}{2}t^2\right)\mathrm{d}t \qquad S_f(t_0)=\int_0^{t_0}\sin\left(\frac{\pi}{2}t^2\right)\mathrm{d}t \tag{8·8}$$

である．$S_f(t_0)$ と $C_f(t_0)$ の関係を示す図 8·4 の曲線はコルニュ（Cornu）のら線と呼ばれている．式（8·7）では $t_0=b/\sqrt{2\lambda l_c}$ でこの図表から P_0 が求まる．全放射電力 P_t は，開口部のポインテングエネルギーを開口面にわたって積分すれば求まる．

$$P_t=\frac{1}{Z_0}\int_{-\frac{a}{2}}^{\frac{a}{2}}\int_{-\frac{b}{2}}^{\frac{b}{2}}\left|\ E_0\cos\left(\frac{\pi}{a}y\right)\ \right|^2\mathrm{d}x\mathrm{d}y$$

$$=\frac{ab}{2Z_0}|\boldsymbol{E}_0|^2 \tag{8·9}$$

従ってこのホーンアンテナの利得は $G_e=4\pi P_0/P_t=(8\pi Z_0/ab|E_0|^2)P_0$ となる．$a=\lambda$ の E 面セクトラルホーンの G_e と b/λ の関係は図 8·5 のようになり，l_c に対して b/λ の最適値があることがわかる．この最適値で設計されたものをオプチマムホーンと呼んでい

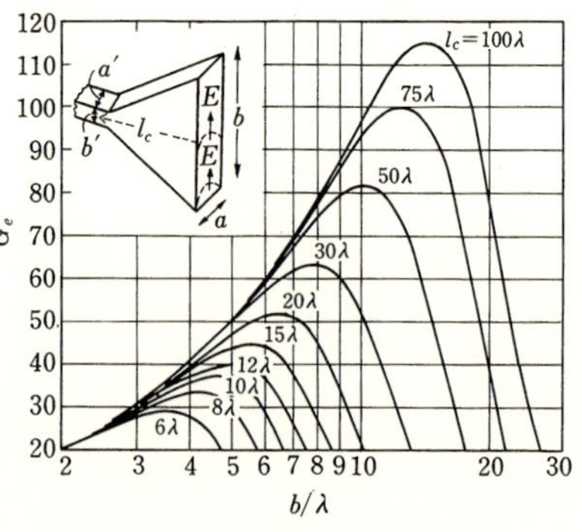

図 8·5　E 面セクトラホーンの G_e–b/λ

る．

H 面セクトラルホーンでも全く同様にして利得 G_h を求めることができ，次式で与えられる．

$$G_h=\frac{4\pi b l_c}{\lambda a}\{[C_f(u)-C_f(v)]^2+[S_f(u)-S_f(v)]^2\} \qquad (8\cdot10)$$

$$\text{ここで，} u=\frac{1}{\sqrt{2}}\left(\frac{\sqrt{\lambda l_c}}{a}+\frac{a}{\sqrt{\lambda l_c}}\right),\ v=\frac{1}{\sqrt{2}}\left(\frac{\sqrt{\lambda l_c}}{a}-\frac{a}{\sqrt{\lambda l_c}}\right)$$

G_h と a/λ の関係を図 8·6 に示す．

ピラミダルホーンの利得 G は G_h, G_e の積に比例し $G=(\pi/32)G_e\cdot G_h\cdot(\lambda^2/ab)=\frac{4\pi ab}{\lambda^2}\eta_s$ となる．

なお以上の利得を使うと実効面積 $A_e=\eta_s A$ で $A_e=(\lambda^2/4\pi)G$ から開口効率は $\eta_s=\lambda^2 G/4\pi A$ となり，容易に求まる．このようにホーンアンテナは利得が容易に求まり，製作も容易なので実験室用あるいは基準アンテナ，パラボラ等のレフレクタアンテナへの一次放射器として使われている．

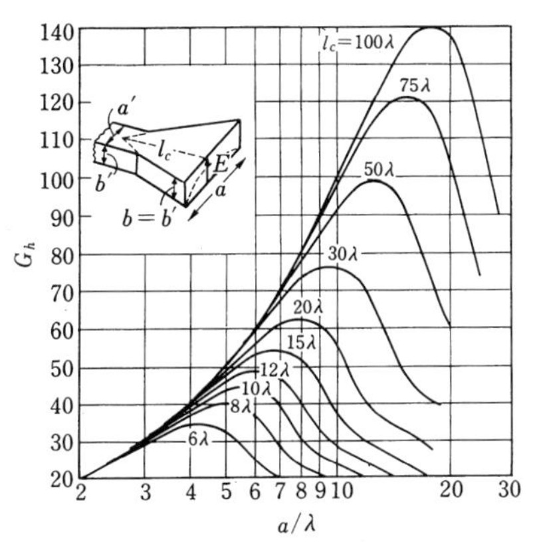

図 8·6 H 面セクトラホーン $(b=\lambda)$ の G_h–a/λ

8·3 リフレクタアンテナ

リフレクタアンテナは光学で使われているのと同じ様に反射鏡（アルミ等でできている）を用いて開口面で位相を揃えるもので，鏡面は幾何光学的に設計されている．ただ幾何光学が適用できるためには10波長程度以上の大きさが必要である．比較的簡単で広帯域に高利得が得られるのでレーダ用アンテナ，マイクロ波中継用，DSB 用，衛星中継用等広く使われている．この場合も $G=(4\pi A/\lambda^2)\eta_s$ が成り立つが，η_s は電磁界分布以外に 1 次放射器の影響も考えると計算は複雑である．根本的な G の求め方は式（8·2）のホーンの場合と同じなので，ここでは鏡面の方程式等について説明する．

a．パラボラアンテナ　図 8·7 のように焦点 f からの球面波は開口面で位相の揃った平面波となる．いま$\phi=0$方向に出た波は反射面で反射して a–a' 面に達する通路は $2f$ で，ϕ方向の通路は $\rho+\rho\cos\phi$ となり，位相が一致するためには通路が等しいことが必要で次式となる．$2f=\rho(1+\cos\phi)$ から

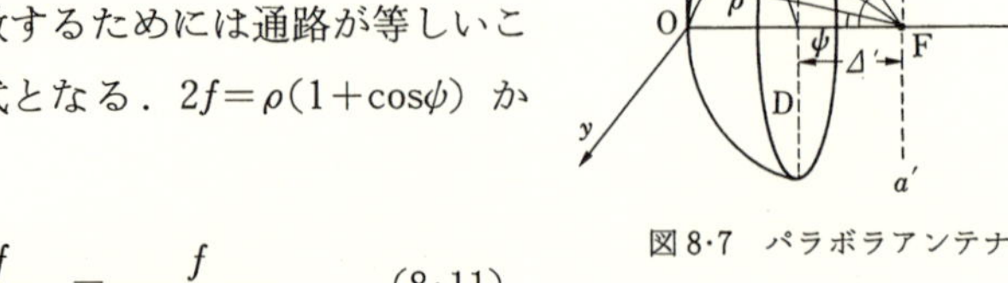

図8·7 パラボラアンテナ

$$\rho=\frac{2f}{1+\cos\phi}=\frac{f}{\cos^2\left(\dfrac{\phi}{2}\right)} \qquad (8\cdot 11)$$

これは放物線を表わす方程式である．f と開口角の半分Ψと回転パラボラの開口面直径Dの関係は $(2f-\Delta')\sin\Psi=\dfrac{D}{2}$，$\Delta'=\dfrac{D}{2}\cot\Psi$ から $f=(1/4)D\times\cot\dfrac{\Psi}{2}$ となる．通常前後方利得比 75 dB 以上，側面結合減衰量 80 dB 以上，後方減衰量は 100 dB 以上，VSWR が 1.1 以下のものが得られるが，鏡面精度は $\lambda/16$ 程度が要求される．一般通信用には円形開口面が多く使われ$\Psi=60\sim90^\circ$で η_s は一次放射器による照度分布，位相が一定でないため $\eta_s\simeq0.4\sim0.65$ である．一次放射器としては小形ホーン，同軸からのダイポール等のアンテナが使われ，偏波も直線，円偏波が目的に応じて使われる．

b．ホーンレフレクタアンテナ　図1·22，(e)に示したように電磁ホーンの頂点と反射鏡アンテナの焦点を一致するように組合せたもので，通常反射鏡としては回転放物面の一部が使われている．非常に広帯域（3GHz～11GHz）で偏波極性がなく直交モードが使用でき，送受共用アンテナとして使用できる．給電方向と放射軸方向が異なるオフセット励振であるため，放射波が一次放射源内に入射しないので入力インピーダンス整合もよい．また開口面付近に妨害物がないので散乱が少なく，1次放射器からの直接漏えいも少ないので，側方，後方の放射も少ない等多くの特長を有しているので，マイクロ波中継等で多く使用されている．なお開口面積 A は図8·8の場合幾何計算から

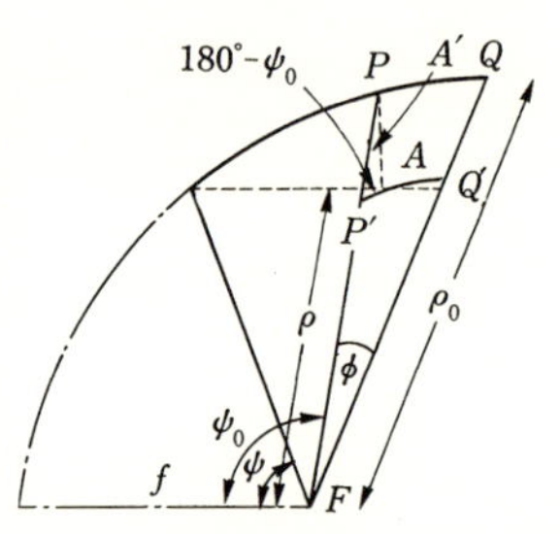

$$\left(\begin{aligned}&A=A'\sin\psi_0,\\&A'=\triangle FPQ-\triangle FP'Q',\\&\triangle FPQ=\frac{1}{2}\rho_0{}^2\sin\phi\\&\triangle FP'Q'=\frac{1}{2}(\rho_0-\rho)^2\sin\phi\end{aligned}\right)$$

図8·8 ホーンリフレクタアンテナの開口面積

$$A=f^2\left(\sec^2\frac{\phi_0}{2}-\frac{1}{2}\sec^2\frac{\phi}{2}\right)\sec^2\frac{\phi}{2}\sin\phi_0\sin\phi \tag{8・12}$$

となるので G が求まる．$\eta_s\simeq0.8$ で 4 GHz 帯で 40 dB（$A\simeq6\,\mathrm{m}^2$）が得られる．

c．カセグレンアンテナ　図1・22，(f)のカセグレンアンテナでは副反射鏡に双曲面を使っていて，だ円面を用いるとグレゴリアンアンテナと呼んでいる．一次放射器の電磁ホーンと送受信器が短い給電線で直結できるので，給電系伝送損失が少なく，鏡面修整が可能である事等から $\eta_s\simeq70\sim80\%$ の高能率が得られ，衛星通信の地球局用アンテナとして用いられている（図8・9）[1]．この場合副反射鏡からの漏えいが天体方向を向くため雑音を受けることが少ない利点もある．また主反射鏡固定で可動ビーム，マルチビームを作ることもできる．

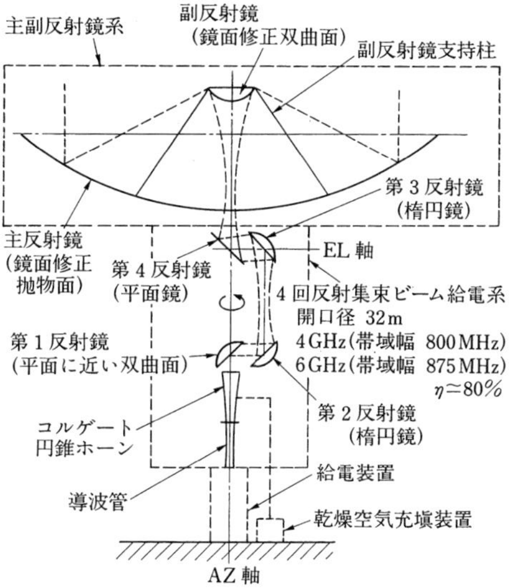

図8・9　カセグレンアンテナ装置

以上の他にレフレクタアンテナとしては，見通しがきかない山頂等に反射板を取り付けて回線とする反射板アンテナ（無給電アンテナ）も使われている．

8・4　レンズアンテナ

一次放射源からの球面波を平面波に変換するために，光学レンズと同様なものが使われ（図1・22，(g)〜(i)），ミリ波帯以上では単独に，またそれより低い周波数ではホーンアンテナ等と組合せ開口面で位相を一定にしている．開口面からの放射界，利得等は8・1節で述べたので，ここでは鏡面の方程式等を重点的に説明する．

a．誘電体レンズ　図8・10のような双曲面形レンズでは波源 F（焦点）から

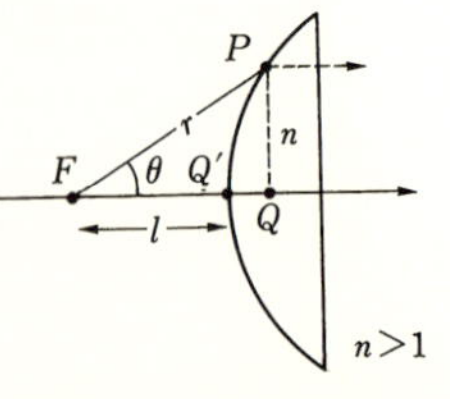

図8·10　レンズアンテナ（回転双曲面）

の球面波の θ 方向に進む波は P 点に入射し，スネルの法則に従って屈折して光軸に平行となる．一方光軸方向に進む波は Q' までは空間を $Q'Q$ 間はレンズ内を伝搬する．この両者の位相が PQ 軸で一致するためには空間，誘電体内の位相定数を k,β とすると $kr=kl+\beta(r\cos\theta-l)$，屈折率 $n=\beta/k$ であるからレンズ面 r に対する方程式が得られる．

$$r=\frac{l(n-1)}{n\cos\theta-1} \qquad (8·13)$$

この式はレンズ面は双曲線となることを示している．広帯域でミリ波帯に適しているがマイクロ波帯では重くなるので，微小金属球，棒，板等をポリフォーム等に配列し等価誘電率を大きくした人工誘電体を使う事もある．

b．メタルレンズ　　図1·22，(h)のように，金属板に平行に偏波した波が入射すると，金属板間内では導波管 TE_{10} モードと同じように位相定数 β_g，位相速度 v_p で伝搬するので，屈折率 $n=\beta_g/k=c/v_p=\sqrt{1-(\lambda/2a)^2}<1$ の誘電体と同じに考えてよい．従って図8·11のように P′Q 線上で位相が揃うためには a の場合と同様に $kr+\beta(l-r\cos\theta)=kl$ が成り立てばよいので曲面の方程式は次式となる．

$$r=\frac{(1-n)l}{1-n\cos\theta} \qquad (8·14)$$

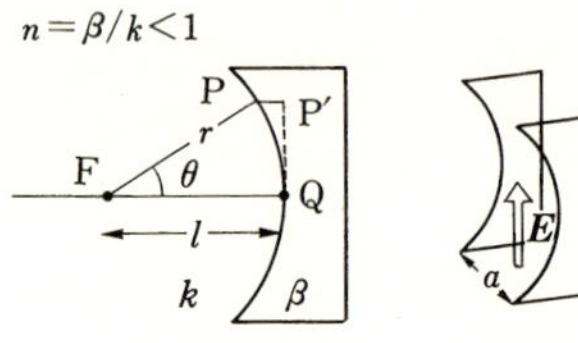

図8·11　メタルレンズアンテナ

これはだ円の曲面の式である．メタルレンズは軽いが，n の式から判るように周波数特性が狭いのが欠点である．実用には図1·22，(h)のようにホーンと組合せて使われている．

c．パスレングスレンズ（H 面金属レンズ）　　金属平行平板に垂直に偏波した波が入射すると平行平板線路の伝搬となり $v=c$ で進み，平板が傾くと電界は常に板に垂直となって傾いた方

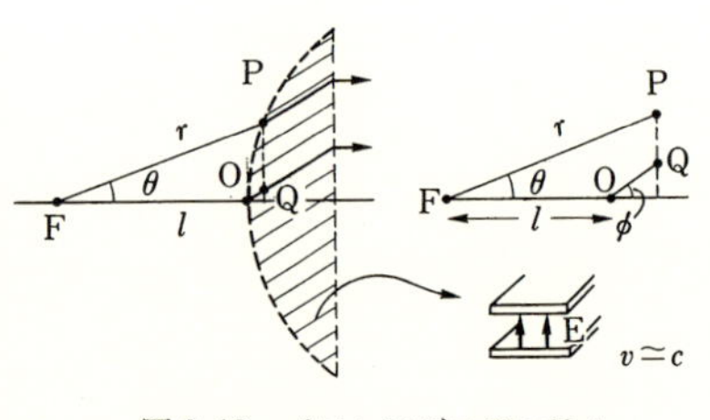

図8·12　パスレングスアンテナ

向に進む．この性質を利用したのがパスレングスレンズである．図8·12において F 点からの波が P, Q 点で同相となるためには単に F からの距離が等しければよい，すなわち $r=l+OQ$ で一方金属坂の F-0 直線に対する傾きを ϕ とすると $r\cos\theta-l=OQ\cos\phi$ で $1/\cos\phi=n$ と記すと $OQ=n(r\cos\theta-l)$ となるので $r=l+n(r\cos\theta-l)$ から曲面の式は次式となる．

$$r=\frac{l(n-1)}{n\cos\theta-1} \tag{8·15}$$

この式はレンズの式（8·13）と同じで，等価屈折率 n は金属板の傾き角 ϕ のみで定まり周波数特性が良い．なお金属板間の間隔は高次モードが発生，伝搬しないように半波長以下とする必要がある．

8·5 スロットアンテナ

図 8·13，(a)のように導体板にスロットを作り，狭い間隙間を励振すると図のように電界を生じ，電流は導体面上をループ状に流れ，磁界は(b)図のように分布するので電磁波を放射しスロットアンテナと呼ばれている．スロットアンテナは電磁界分布から磁流源で励振されたアンテナと考えられ，(c)，(d)図のスロットの面を流れる電流源アンテナと補対の関係がある．

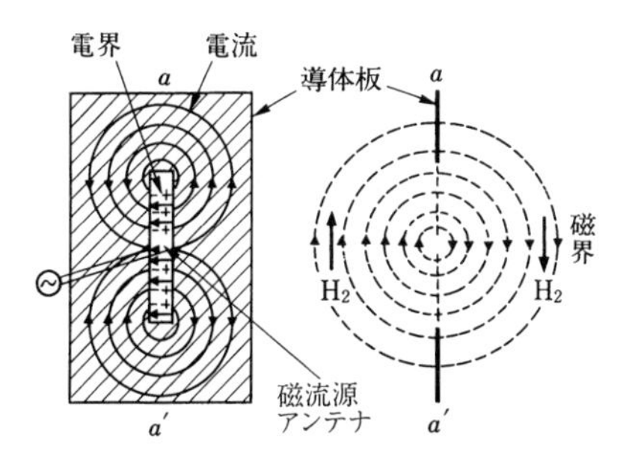

(a)スロットアンテナ　(b)スロットアンテナの磁界

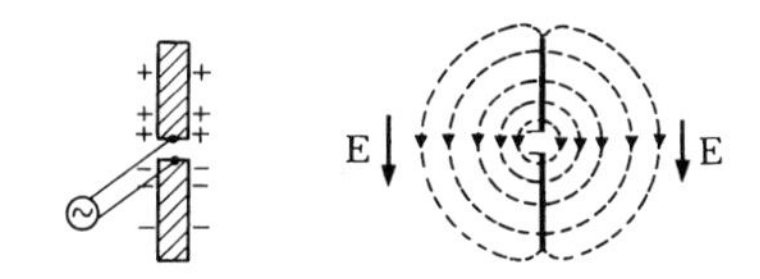

(c)(a)の補対アンテナ　(d)電気ダイポール電界

図 8·13　スロットアンテナ

いま電流源 $\boldsymbol{J}_0$ があるときの放射電磁界 $\boldsymbol{E}, \boldsymbol{H}$ は式（2·16）のように $\sigma=0$ の媒質内では以下のマックスウエルの式から求められた．同様に磁流源 $\boldsymbol{J}_m$ があるときの電磁界 $\boldsymbol{E}_2, \boldsymbol{H}_2$ はやはり以下の(c)，(d)式から求められる．

電流源 $\boldsymbol{J}_0$　　磁流源 $\boldsymbol{J}_m$　　磁流源 $\boldsymbol{J}_m$

(a) $\nabla\times\boldsymbol{H}_1=j\omega\varepsilon\boldsymbol{E}_1+\boldsymbol{J}_0$　(c) $\nabla\times\boldsymbol{H}_2=j\omega\varepsilon\boldsymbol{E}_2$　(c)′ $\nabla\times\boldsymbol{H}_2=j\omega\mu\dfrac{\boldsymbol{E}_2}{Z_0{}^2}$

(b) $\nabla\times\boldsymbol{E}_1=-j\omega\mu\boldsymbol{H}_1$　(d) $\nabla\times\boldsymbol{E}_2=-j\omega\mu\boldsymbol{H}_2-\boldsymbol{J}_m$　(d)′　$\nabla\times\boldsymbol{E}_2=-j\omega\varepsilon Z_0^2\boldsymbol{H}_2-\boldsymbol{J}_m$

(8·16)

上式の(c), (d)を固有インピーダンス $Z_0=\boldsymbol{E}_1/\boldsymbol{H}_1=-\boldsymbol{E}_2/\boldsymbol{H}_2=\sqrt{\mu/\varepsilon}$ を使って変形すると(c)′, (d)′ となる．

これから(a), (b), (c)′, (d)′ を比較すると，$\boldsymbol{H}_1=-\boldsymbol{E}_2$, $\boldsymbol{E}_1=Z_0^2\boldsymbol{H}_2$, $\boldsymbol{J}_0=\boldsymbol{J}_m$ の関係があると互いに補対の関係にあることがわかり，従って電磁界の一方が分れば，直ちに他方の電磁界等を求めることができる．上述の関係は“電磁界のバビネの原理”と言われている．

この原理を使って図8·14の長さ λ/2 のスロットアンテナの性質を調べてみる．補対アンテナ(c)の電流 I_1 は，給電部 ab の導体表面の H_1 の周回積分から $I_1=\oint\boldsymbol{H}_1\cdot\mathrm{d}\boldsymbol{l}=2\int_a^b\boldsymbol{H}_1\cdot\mathrm{d}\boldsymbol{l}$，一方 I_m と $\boldsymbol{E}_2$ の関係は $I_1=I_m$, $\boldsymbol{H}_1=-\boldsymbol{E}_2$ から $I_m=-2\int_a^b\boldsymbol{E}_2\cdot\mathrm{d}\boldsymbol{l}$, $V_2=-\int_a^b\boldsymbol{E}_2\cdot\mathrm{d}\boldsymbol{l}$ であるから $I_m=2V_2$ となる．従って λ/2 スロットアンテナの放射電磁界 $\boldsymbol{E}_2=\boldsymbol{E}_\varphi$, $\boldsymbol{H}_2=\boldsymbol{H}_\theta$ は(c)の補対アンテナの $\boldsymbol{E}_1$, $\boldsymbol{H}_1$ が既に以下の式（8·17）のように分かっているので $\boldsymbol{E}_1=Z_0^2\boldsymbol{H}_\theta$, $I_0=I_m=2V_2$ を代入すれば直ちに式（8·17）′ が求まる．

$$\boldsymbol{E}_1=\boldsymbol{E}_\theta=j\frac{60I_0}{R}\frac{\cos\left(\dfrac{\pi}{2}\cos\theta\right)}{\sin\theta}e^{-jkR},\quad \boldsymbol{H}_1=\boldsymbol{H}_\varphi=Z_0/\boldsymbol{E}_1 \tag{8·17}$$

$$\boldsymbol{H}_\theta=j\frac{V_2}{120\pi^2R}\frac{\cos\left(\dfrac{\pi}{2}\cos\theta\right)}{\sin\theta}e^{-jkR}\qquad \boldsymbol{E}_\varphi=-Z_0\boldsymbol{H}_\theta \tag{8·17$'$}$$

なお導体板の裏側では，磁界が逆対称となるので符号は反対となる．このよ

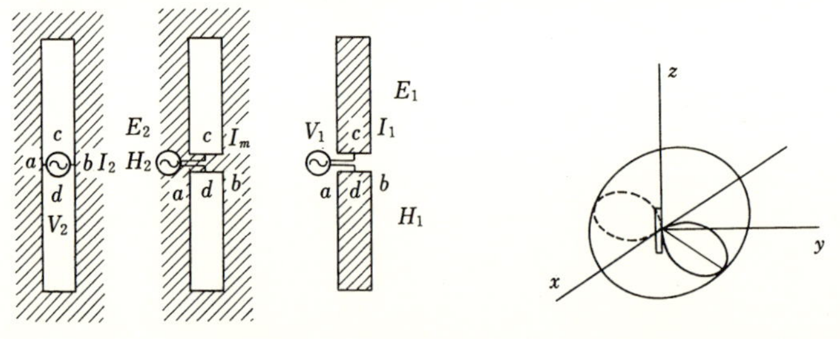

(a) スロットアンテナ　(b) 等価回路　(c) 補対アンテナ　(d) x–z 面スロットによる放射

図8·14　λ/2スロットアンテナ

うに導体板が垂直の場合，垂直スロットからは水平偏波，水平スロットからは垂直偏波が放射される．なお入力インピーダンスに関しては，スロットの入力インピーダンス Z_2 と，これと補対の電流アンテナの入力インピーダンス Z_1 の間の関係は

$$Z_2=\frac{(60\pi)^2}{Z_1} \tag{8·18}$$

となり，互いに補対のアンテナの一方の入力インピーダンスが求まれば，他方は直ちに求まる．従って，$\lambda/2$ スロットアンテナの Z_2 は $Z_2=(60\pi)^2/73.1\simeq 487\,\Omega$ となる．この値は同軸からの給電の場合は同軸の特性インピーダンス $50\,\Omega$ に比べかなり高いので，中心からずらせて給電している．

スロットアンテナは実際にはスロットを誘電体で埋め平板状として航空機等に使われ，また一方向のみに放射させるために空胴箱を裏面につけ，また導波管にスロットを多数切り，アレイアンテナとして簡単に給電している．この場合のスロットの等価インピーダンスやスロット間相互インピーダンスは，電磁界の相反定理を使って行われる[(2)]．DSB 受信用スロットアレイは図1·22，(j)の構成となっている．

8·6 MIC 用アンテナ（平面アンテナ）

図1·22，(k)に示したパッチアンテナでは，誘電体の誘電率が低いものを使用する．また厚み等が放射しやすいようにする等の点を除けば，マクイロストリップ共振器と同じ構造になっている．図8·15，(a)に示した矩形マイクロストリップ板（パッチ板）の場合，縁の所に図(b)に示したように電界を生じ，ちょうど導体板の縁 1-2-3-4 に沿って磁流 $\boldsymbol{E}\times\boldsymbol{n}$ が流れていると考えられる．なお

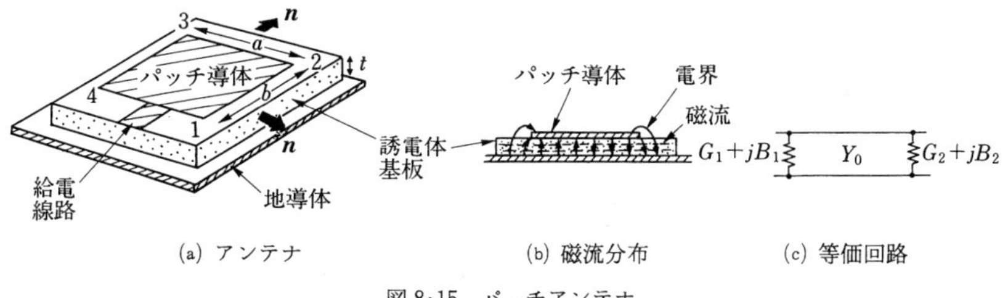

(a) アンテナ　(b) 磁流分布　(c) 等価回路

図8·15 パッチアンテナ

縁の部分には僅かながら磁界も存在する．1～2間の磁流と3～4間の磁流は逆相となるので，放射に関しては1～4間の磁流アンテナと2～3間の磁流アンテナの2つのアンテナが間隔 b で平行に置かれていると考えてよい．なおこの場合幅が誘電体の厚み t のスロットアンテナと考えられる．一方入力アドミタンスは(c)図に示す線路と考えることにより，共振しているときの入力アドミタンス Y_{in} は次式となる[3]．

$$\left.\begin{aligned} Y_{in}&=G_1+jB_1+\widetilde{G}_2+j\widetilde{B}_2=2G \\ G_1+jB_1&\simeq\frac{\pi a}{\lambda_0 Z_0}[1+j(1-0.636\ln k_0W)] \end{aligned}\right\} \qquad (8\cdot19)$$

ここで λ_0：自由空間波長，$Z_0=\sqrt{\mu_0/\varepsilon_0}$，$k_0=2\pi/\lambda_0$，$W$：スロット幅$\simeq t$，$a$ が $\lambda_0/2$ の場合 $R_{in}=1/2G_1\simeq 120\,\Omega$ となり，q を縁効果係数，$\lambda_d=\lambda_0/\sqrt{\varepsilon_r}$ とすると共振周波数 $f_r=c/\lambda_d\sqrt{\varepsilon_r}=qc/2b\sqrt{\varepsilon_r}$ となる．前述の伝送線路的考えより，さらに厳密な解析は(a)図のパッチの部分を誘電体共振器と考えて，電磁界を共振器のモードで展開する方法である．厚さ t が薄い場合には板に垂直方向を z 軸とし，TM_{mn} 固有モードを $\boldsymbol{e}_{mn}$ と書くと，電界 $E_z(xy)$ は $E_z(xy)=\sum_m\sum_n A_{mn}\boldsymbol{e}_{mn}$ に展開できる．放射のない共振器を考えた境界が完全磁壁の場合の $\boldsymbol{e}_{mn}$ は，共振器の章で記したように容易に求めることができる．

次に共振器が放射器すなわちアンテナとして動作している場合には，固有値 k_n, k_m を非放射の場合の $\boldsymbol{k}_n=(n\pi/a)$，$k_m=(m\pi/b)$ より $|k_n|$，$|k_m|$ が僅かに小さくなった複素量と考える．磁界は境界に接線線分を持つようになるが，電界分布は放射がない場合と同じと考えられる．このようにして，I_0 の電流で励振された入力インピーダンス $Z_{in}=V_{in}/I_0=-tE_z(x_0, y)/I_0$ も求めることができる．放射電磁界は先の2つのスロットアンテナの考え方から求められ，次式となる．

$$\left.\begin{aligned} E_\theta&=-\frac{jV_0k_0a\,e^{-jk_0R}}{\pi R}[\cos(kt\cos\theta)]\frac{\sin C}{C}\cos B\cos\phi \\ E_\phi&=\frac{jV_0k_0a\,e^{-jk_0R}}{\pi R}[\cos(kt\cos\theta)]\frac{\sin C}{C}\cos B\,\cos\theta\sin P \end{aligned}\right\} \qquad (8\cdot20)$$

ただし $C=k_0\dfrac{a}{2}\sin\theta\sin\phi$，$B=k_0\dfrac{b}{2}\sin\theta\cos\phi$，$k=k_0\sqrt{\varepsilon_r}$，$V_0$：スロット電

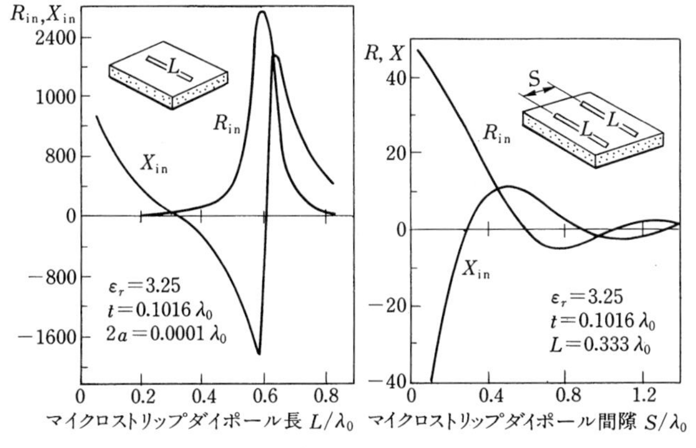

図 8·16 マイクロストリップダイポールの R, X

圧，$0 < \theta < \pi/2$ である．
上式から指向性利得 G_0 を求めると，$a \simeq \lambda_0/2$ で $t \simeq 0.01\,\lambda_0$ の場合 $G_0 \simeq 5$ となる．

円形マイクロストリップ板アンテナの場合も同様に，円形導体板共振器あるいは外周に沿った環状スロットアンテナとして解析することができる．

図 8·16，(a)にマイクロストリップダイポールアンテナの長さ（L/λ_0）と R_{in}, X_{in} の関係を(b)図に，2 つのマイクロストリップダイポールがあるときの相互インピーダンス $Z_{12} = R_{12} + jX_{12}$ を示している[4]．この値を使うことによりアレイアンテナ（配列アンテナ）の設計ができる．

図 8·17 には MIC 用偏波アンテナが示されている．円偏波は空間的に直角に置かれた 2 つのアンテナを，90° の位相差で励振することによって得られる．従って(a)図のように 90° ハイブリッドを使って，マイクロストリップアンテナを励振すれば，円偏波が得られる．(b)図は単一給電で円偏波励振をしようとするもので，図のように角の所で幾分非対称に給電することにより，また a は b より僅かに短くなっている

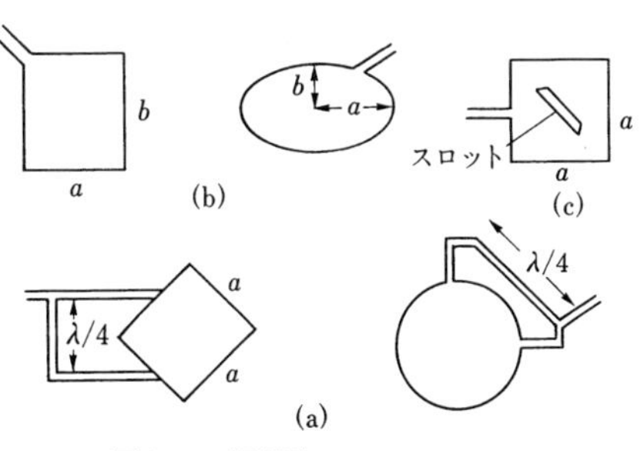

図 8·17 円偏波パッチアンテナ

ので，共振器の TM_{10}, TM_{01} モードを同振幅で位相が90°違うように励振することができ，円偏波となる．また矩形の代わりにだ円形板，ペンタゴン形板の一端を励振することや，(c)図のように矩形板中にスロットを作る方法によっても円偏波放射が行なわれる．以上のように MIC 用アンテナは容易にアレイ化でき，製造が簡単な点等からDSB用，航空機用，多周波同一パラボラ給電用等に最近利用が増加している．

8·7　マイクロ波伝搬の基礎

一般に電波の伝搬とは送信アンテナから電波が送信（放射）され，受信アンテナで受信するまでの種々の現象を取り扱う分野を指していて，かなり高度の数学的扱いが必要であるが，ここでは基礎的で重要なものを学ぶことにする．マイクロ波では1章で説明したように電離層の影響がなく，幾何光学的扱いが可能な場合が多いので，かなり簡単であるが詳しくは大気中の状態など考慮する必要がある．

a．自由空間伝送　　伝搬路に障害物もなく，媒質が真空と同じと見なせるような自由空間内の伝送では，送信アンテナを無指向性とすると，当然球面状に一様に電波が放射されるので，放射電力を W'_t とすると送信点から R の点の放射電力密度 P_0 は $P_0=W_t'/4\pi R^2$〔$\mathrm{W/m^2}$〕となり，絶対利得 G_{at} の送信アンテナ，実効面積 A_{er} のアンテナで受信したときの受信電力 W_r は，定義からフリスの伝達公式と呼ばれる以下の式となる．

$$W_r=A_{er}G_{at}P_0=\frac{A_{er}G_{at}}{4\pi R^2}W_t \qquad (8\cdot21)$$

なお W_t は送信アンテナへの給電電力で，アンテナの効率 η を使うと $W'_t=\eta W_t$ の関係がある．さらに実効面積の定義を使い，受信アンテナの絶対利得を G_{ar} と書くと，

$$W_r/W_t=\left(\frac{\lambda}{4\pi R}\right)^2 G_{ar}\cdot G_{at} \qquad (8\cdot22)$$

となる．一般に $G_{at}=1$, $G_{ar}=1$ の場合の $10\log_{10}W_t/W_r$ を基本伝送損失と呼んでいる．基本伝送損失には伝送路内の地面による反射，減衰など多くの要素が含まれている．

b．幾何光学的扱いと波動的扱い　　電波伝搬を扱う場合に，光の場合と同様に光線を使って幾何光学的に扱う方法と，マクスウエル式を境界条件で解いて扱う波動的扱いがある．波動的扱いは一般的で厳密であるが，数学的に複雑でまた近似的にしか解けない場合が多い．一方光線（ray）的扱いは簡単で，物理的解釈が容易な特長がある．光線的扱いは波動的扱いの一部と考えられ，適用するための条件について考えてみる．光線的扱いは“1点から他の点に光（電磁波）が達する場合，その通過する時間が最小となる通路を通る”と言うフェルマの原理に従っている．式で表示すると $t=\int_{P_1}^{P_2} \mathrm{d}l/v$ が最小になればよいので，光路程（optical path）$S=ct$ 通路に対する変分 δ を使うと次式となる．

$$\delta S=\delta\int_{P_1}^{P_2}(c/v)\mathrm{d}l=\delta\int_{P_1}^{P_2}n\mathrm{d}l=0 \tag{8·23}$$

n は真空に対する媒質の屈折率で，一般に場所の関数である．この原理からも2章で波動的に導いたスネルの法則が導けるが，偏波面を含んだフレネルの式等は容易でない．不均質媒質内の波動方程式は $\nabla^2\varphi+k^2\varphi=0$ で k が位置の関数となるが，媒質定数（ε, μ）の変化が1波長内で小さい場合には，$\Delta S/k_0 \ll n^2$ 等が成り立ち，$S=\int n\mathrm{d}l$ となり，光線理論が使える．従って波長が短かいマイクロ波帯の波では，通常光線理論が使えると言える．

8·8　球面大地上伝搬

平面大地上の自由空間内の伝搬に関しては2·7節の干渉で既に学んだが，実際のマイクロ波中継等を考えるときには，地球の湾曲の影響を考える必要がある．図8·18のように反射点 C で地球に接線を引くと，実際のアンテナの高さ $h_1=H_1+H_1'$, $h_2=H_2+H_2'$ となり，$d=d_1+d_2$ であるから $\theta\ll 2\pi$ の場合，地球半径を R とすると $d_1=\sqrt{2RH_1'}$, $d_2=\sqrt{2RH_2'}$ と近似できるので，H_1', H_2' は $h_1/h_2=d_1/d_2$ から

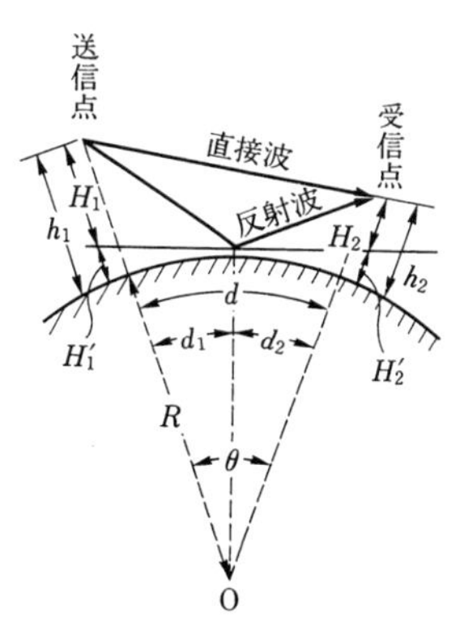

図8·18　地球のわん曲を考えた干渉伝搬

$$H_1'=\frac{d^2}{2R}\left(\frac{h_1}{h_1+h_2}\right)^2$$

$$H_2' = \frac{d^2}{2R}\left(\frac{h_2}{h_1+h_2}\right)^2 \quad \Bigg\} \qquad (8\cdot24)$$

となるので，$H_1=h_1-H_1'$　$H_2=h_2-H_2'$ の値を使えば，大地が平面の場合の式（2･29）がそのまま適用できる．なお式（2･29）を実際に使う場合には市街地では街路面，建物による散乱のため反射係数 $|r| \simeq 0.1 \sim 0.3$ となること，また光線理論が使えるためには送，受信アンテナの高さは数λ以上で，$d>h_s,\ h_r$ が必要で，これを満足しない場合には波動的計算に従って補正する必要がある．

8･9　対流圏伝搬

マイクロ波が対流圏内を伝搬する時に気象の影響を受ける.これは地上から15 km程度の対流圏内では大気の圧力,密度が高さによって減少しまた気象によって誘電率εが変化するためである.通常対流圏内の屈折率$n=\sqrt{\varepsilon_r}$は気圧を，P, eを全気圧〔mb〕大気中の水蒸気の分圧〔mba〕, A, Bを定数，Tを絶対温度とすると

$$n-1=\left(A\frac{P}{T}+B\frac{e}{T^2}\right)\cdot 10^{-6},\ A=78 \quad B=3.7\times 10^5, \qquad (8\cdot25)$$

となり，n^2-1 は図8･19のような変化となる．図のように高さhに対してnが変化している場合の伝搬は平面，あるいは球面層状にnが変化しているとして計算すればよい．

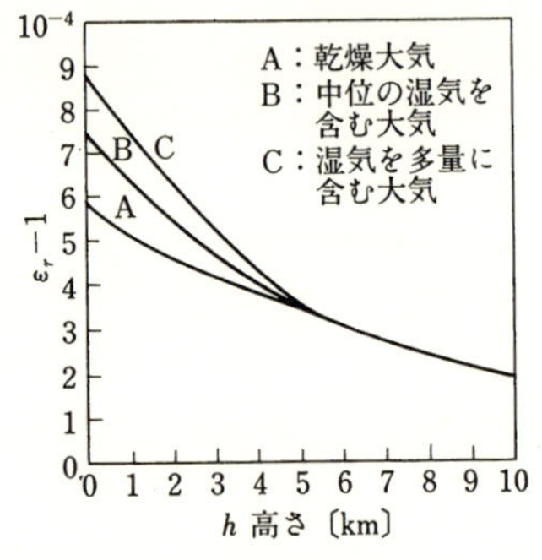

図8･19　高さ h に対する $n^2-1=(\varepsilon_r-1)$ 曲線

(1)　**平面層状にnが変化する場合**　図8･20のように n が層状すなわち波長に比べて大きい一定の層内では，n は一定と近似すると，スネルの法則から $n_0 \sin i_0 = n_1 \sin i_1 = n_p \sin i_p =$ 一定となり，また i_q が90°となるわん曲点ではその点の n を n_q とすると $n_0 \sin i_0 = n_q$ となり，容易に伝搬路を求めることができる．

(2)　**球面層状に屈折率が変化する場合**　実際は地球のわん曲のため，図8･21のように球面層状にnが変化するとして求める必要がある．図から $n_0 \sin i_0 = n_1 \sin i_1'$，$n_1 \sin i_1 = n_2 \sin i_2'$，$n_2 \sin i_2 = n_p \sin i_p'$ で $r_1 \sin i_1 = r_0 \sin i_1'$ 等となるので $n_0 r_0 \sin i_0 = n_1 r_1 \sin i_1 = n_p r_p \sin i_p =$ 一定となる．

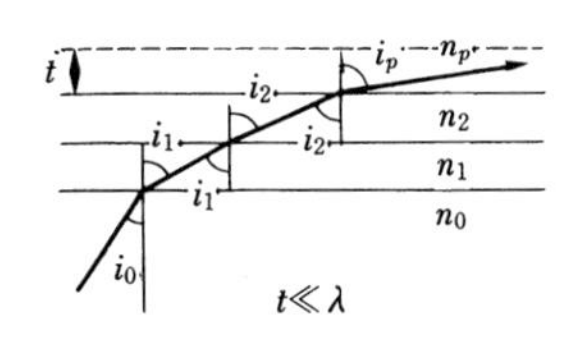

図 8·20 平面層状に n の変化する場合

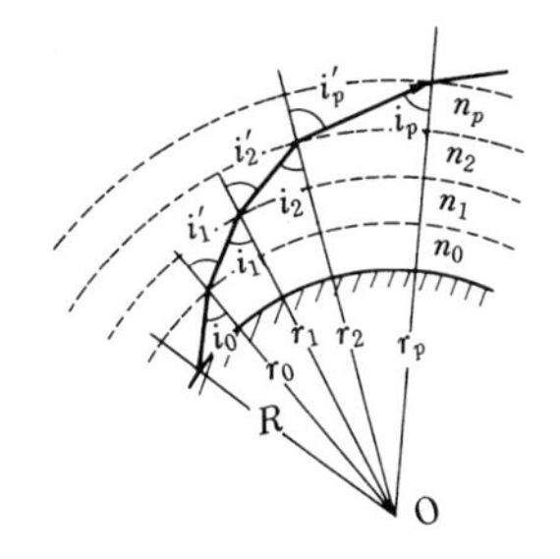

図 8·21 球面層状に n の変化する場合

r_0 を地表に近くとると $r_0 \simeq R$ とおけるので，通路が地球と平行になる点では $i_q = 90°$ から

$$n_0 R \sin i_0 = n_q r_q = n_q (R + h_q) \tag{8·26}$$

となる．一般に h の点の屈折率を $n(h)$ と書くと，$n_0 R \sin i_0 = n(h)(R+h)\sin i$ で $n \simeq 1$ から近似すると

$$n_0 \sin i_0 \simeq m \sin i, \qquad m = n + h/R \tag{8·27}$$

と表わすことができ，m あるいは $M = (m-1) \times 10^6 = (n - 1 + h/R) \times 10^6$ を使うと，球面層状に拘らず平面層状の式と同形になり便利である．m を修正屈折率，M を屈折係数と呼んでいる．従って M の高さの変化に対する曲線（M—曲線）がラジオゾンデ等の測定からわかれば，伝搬路が求められる．

代表的 M 曲線と伝搬路を図 8·22 に示す．(a)は標準形と言われ $dM/dh \simeq 0.12$ で空気の対流運動が十分でよく大気が混合し，気温は断熱平衡で水蒸気分布にも不連続のない快晴の日に起きるものである．(b)は準標準形で $dM/dh > 0.12$ で，冷い海面上を暖い湿気を含んだ風が吹いている時に起こり，直接波の到達距離が小さくなる．(c)の超屈折形では $dM/dh < 0.12$ で，通路の湾曲が地球の表面とほぼ同じになる．(d)の接地ダクトで $dM/dh < 0$ となり，電波は地平面で反射しながら遠方に達する．(e)は離地ダクトで地表面から離れた層状部分で $dM/dh < 0$ となり，導波管内伝送と同様に可視域外まで良好に伝搬する．こ

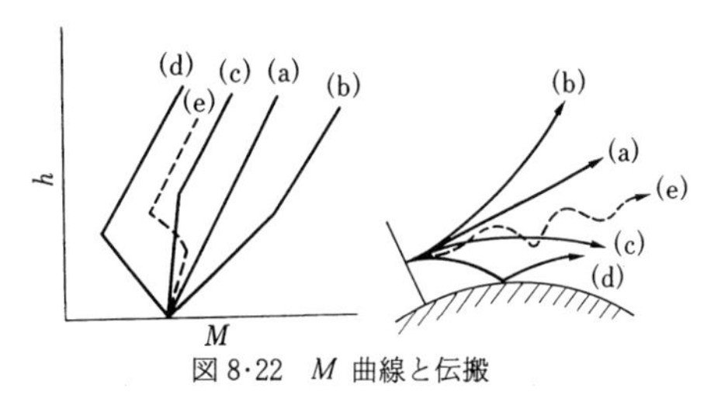

図 8·22 M 曲線と伝搬

れらのダクトは下層大気中に気温が h と共に上昇する温度逆転層によって生じる．季節的には真夏の午後海岸線に沿って生じることが多い．以上のような M 曲線などが時間で変化すると受信電界の変動すなわちフェーディングを生じる．

(3)　**その他対流圏伝搬で考慮する項目**

(i)　大地が不完全導体である事　　実際には大地は完全導体でないので干渉点で電界は零とならない．

(ii)　散乱　　誘電率に不均一があると2·7節で述べたような散乱が生じる．

(iii)　球面大地拡散係数 (D)　　ある立体角で放射された波が球面に当って反射すると拡散されるため，Q_0, Q を平面，平滑球面による放射面積とすると $D=(Q_0/Q)^{\frac{1}{2}}$ の関係がある．

(iv)　粗面大地散乱係数 (S)　　大地のうねり，樹木，建造物などにより乱反射を生じ，粗面の場合の電界と平滑球面の場合の電界との比 S が1より小さくなり，λ が小さい程影響は大きくなる．なお入射角を φ とすると $h_c=\lambda/16\varphi$ で $h<h_c$ なら面がなめらか，$h>h_c$ なら荒いといえる．

(v)　回折現象　　電波路中に山岳などがあると，2·7節で説明した回折現象を生じる[5]．またこのために光線の見通し距離外にも微弱なマイクロ波が達する．

8·10　マイクロ波の減衰

対流圏伝搬あるいは衛星通信，衛星放送等で大気中の水蒸気，雨等によりマイクロ波が減衰する．

a．気体分子による吸収　　図8·23[6]に示すように酸素分子による吸収は，波長が短くなると増大し，$\lambda\simeq 0.5$ cm では O_2 の磁気ダイポールモーメントが共振し，吸収は極大となる．また水蒸気の電気ダイポールモーメントは $\lambda\simeq 1.5$ cm で，同様に共振する．一般に O_2 による減衰は共振点を除き，分圧の2乗に比例するので，高さが増すと急激に減少する．

b．水滴による吸収，散乱　　雲，霧のように極めて小さい水滴による吸収は λ の2乗に反比例し，密度に比例する．一方雨滴のようなものでは半径が λ より小さいとレーリー散乱 (Rayleigh scattering) が生じ，λ の4乗に反比例して

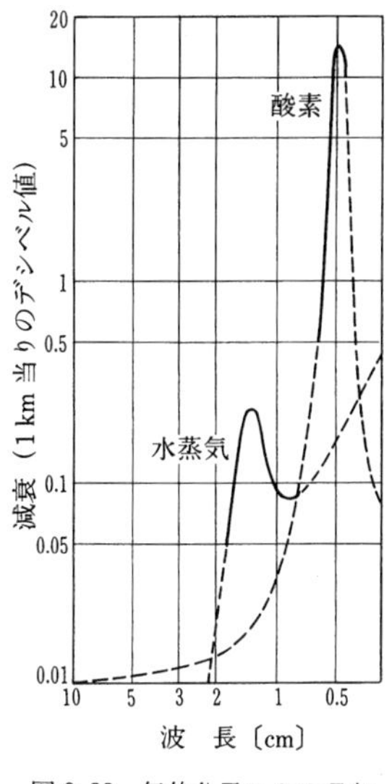

図 8·23　気体分子による吸収

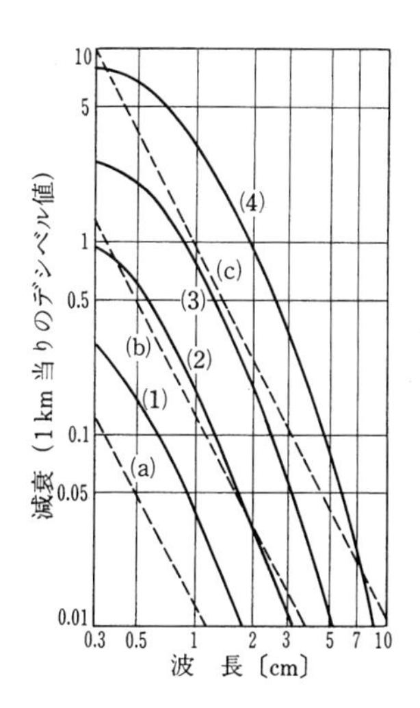

図 8·24　水滴による吸収，散乱（(1) 0.25 mm/h，(2) 1 mm/h，(3) 4 mm/h，(4) 16 mm/h，(a) 0.032 g/m^3，(b) 0.32 g/m^3，(c) 2.3 g/m^3），実線：散乱，点線：雲霧の吸収．

減衰する．実用上からは降雨量に対する減衰は図 8·24[7] のようになる．

8·11　電波吸収体

(1)　各種電波吸収体

マイクロ波アンテナ等の特性を室内で測定するような場合，反射波があると誤差になるので電波無響室（電波暗室）が必要となる．また TV 信号が建物で反射し，干渉するといわゆるゴーストを生じるので，これを防ぐためや，電子機器，電子レンジからの漏洩電波の防止等の点から近年マイクロ波を吸収し，反射を生じないような電波吸収体の需要が高まっている．電波吸収体はレーダ波の反射をなくし，探知を不可能にする事ができるので，我が国でも第 2 次大戦中から研究されたが，実用となるには至らなかった．根本的には反射がなくて，電波を吸収するためには，吸収体の規準化電波インピーダンス $Z_{0N}=\sqrt{\mu_r^*/\varepsilon_r^*}=1$ で，しかも損失が大きい，すなわち $\varepsilon_r'=\mu_r'$ で $\varepsilon_r''=\mu_r''$ の大きな材料の必要なことは明らかであるが，その当時から今日までこのような特性を

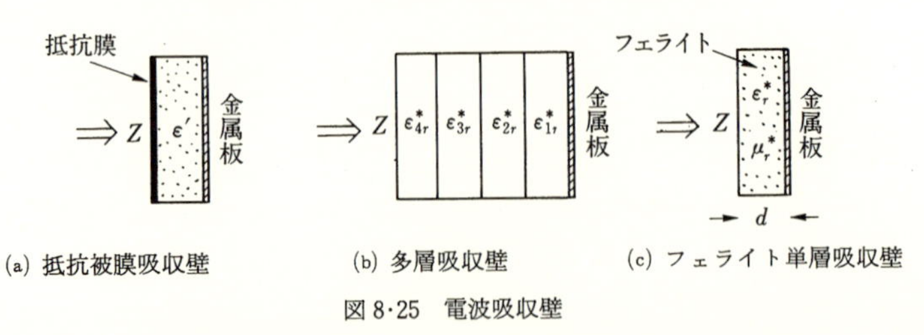

図8·25　電波吸収壁

必要な周波数帯で満たすものを見出すことが困難であったためである．図8·25にこのような材料を使わないで現在実用化されている電波吸収体を示す．(a)は金属板からの厚さ $\lambda_\varepsilon'/4$ の入射面に面積抵抗 R の抵抗被膜を付けた構造で，入射面から見た入力インピーダンスは単に $Z=R$ となるので，反射がないためには $R=Z_0=\sqrt{\mu_0/\varepsilon_0}=377\,\Omega$ であればよいが，厚さが $\lambda_\varepsilon'/4$ のため周波数帯域は狭い．(b)は多層吸収型で多層板の表面から見た $Z=Z_0$ となるように，各板の厚さと ε_r^* を選べばよい．後述のフェライトのように ε_r^*, μ_r^* を有する材料でもよいが一般には ε_r^*, $\mu_r=1$ の誘電体が使われている．通常 $\varepsilon_{1r}''>\varepsilon_{2r}''>\cdots>\varepsilon_{3r}''$ の材料，例えば発泡スチロール粒子をカーボン層で包んだようなものが使われ，必要に応じて表面層はピラミダル形状として斜入射に対しても反射がないように設計され，帯域は100 MHz～10 GHz以上の広帯域で使用でき，電波暗室に適しているが厚さが30 cm～1 m と厚いのが欠点で，比較的周波数の高いSHF以上に適している．図(c)はフェライト単層吸収壁で金属板の近くでは電界が零となるため，フェライトの自然共鳴による大きな磁気的損失を利用したもので，VHF, UHF で厚さが数 mm で動作するため TV のゴースト防止用にビルの壁面等へ，またゴム等にフェライト粉末を混合したものは広く電波の漏洩防止にも使われている．なお誘電体 ε_r^* のみの単層も可能で，以下の式で $\mu_r^*=1$ と置けばよいが，広帯域で条件を満足する誘電体を得ることが困難である．

(2)　フェライト単層吸収壁の動作[(7),(8)]

図8·25，(c)のように平板状フェライトに平面波が垂直入射した場合の前面から見たインピーダンス Z は，終端が短絡された分布定数線路として計算できる．ε^* は損失が無視でき $\varepsilon^*=\varepsilon'$ と考えてよいので，Z は以下の式となる．

$Z=\sqrt{\dfrac{\mu^*}{\varepsilon^*}}\tanh(j\omega\sqrt{\varepsilon^*\mu^*}\,d)$　　から $Z_N=1$ の条件は

$$1=\sqrt{\frac{\mu_r'-j\mu_r''}{\varepsilon_r'}}\tanh\left(j\frac{2\pi}{c}\cdot fd\sqrt{\varepsilon_r'(\mu_r'-j\mu_r'')}\right) \tag{8・28}$$

無反射のためには $Z=Z_0$ すなわち基準化インピーダンス $Z_N=Z/Z_0=1$ ならよい．上式で $|w|=|j\omega\sqrt{\varepsilon^*\mu^*}\,d|\ll 1$ の場合には $\tanh w\simeq w$ と近似できるので，$Z=j\omega\mu^* d$ となり $1=j(2\pi/\lambda)(\mu_r'-j\mu_r'')d$ の式から $\mu_r'\simeq 0$，$\mu_r''\gg 1$ で $d=\lambda/2\pi\mu_r''$ の条件を満足すると吸収体となることがわかる．

なお $|w|\ll 1$ と近似できない場合は，式（8・28）を正確に計算すれば設計に必要な d，ε_r'，μ_r^*，f の関係が得られる．式（8・28）からは周波数特性が悪いように思われるが，フェライトの透磁率は図8・26のような分散特性を持っているので，VHF, UHF の TV 帯で特性のよいものが得られている．ε'_r，μ_r を与えた場合式（8・28）を満足する周波数 f，厚さ d を整合周波数 f_m，整合厚み d_n と呼んでいる．また吸収体としての許容反射係数を $|\Gamma_0|$ とし，これを満足する帯域幅を B とすると $F=\dfrac{B}{f_0}\times\dfrac{1}{|\Gamma_0|}$ で定義されるフィギュアオブメリットを使って性能を定めている．通常定在波比 $\rho=1.2$，$\Gamma_0=0.1$，反射減衰量 20 dB がよく使われている．内藤氏等の研究によると[9]，焼結フェライトの場合 d_m は整合周波数に無関係に $d_m\simeq 8$ mm，コバルトを含んだフェライトでは $d\simeq 5$ mm で，一方整合周波数は直流初透磁率 μ_i によって変化し $\log\mu_i$ と $\log f_m$ には直線関係があり，f_m の最高は 1 500 MHz 程度である．また比帯域幅 B/f_m は 100% にも達する．内部異方磁界の大きなフェロックスレーナ材では d_m は更に小さくなるが f_m は 700 MHz 以上となる．可とう性を持たせるため，ゴム等の基材にフェライト粉末を混合したものでも d_m はほぼ焼結フェライトに等しいが，f_m を混合比で変化でき 4 500 MHz 程度まで高くする事が可能である．比帯域幅 W は f_m に無関係に 25〜35% で，焼結フェライトよりは劣るが，誘電体のみで構成した吸収体の場合 W が 5 % 程度であるのに比較すると優れている．なお d_m が一定となる等の特異な特質は，図8・26のようにフェライトが自然共鳴で分散を示すため

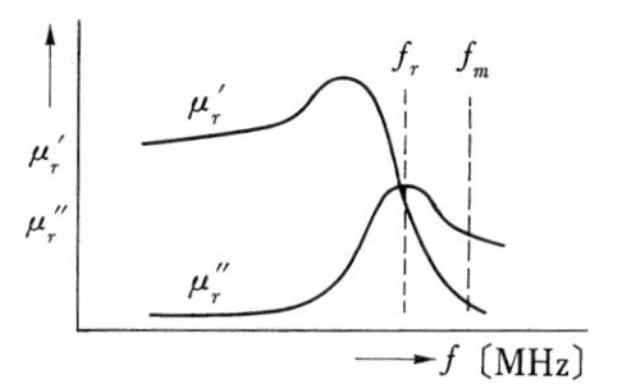

図 8・26　フェライトの μ_r の周波数特性

であると考えられる．付録8に吸収体を作るのに重要な混合体，人工誘電体，磁性体の ε，μ について記した．

第9章

マイクロ波測定

マイクロ波測定の概要については1·7節で説明したので，ここでは回路技術者，材料関係の開発に必要な Q の測定，材料の測定，工業計測用測定等の原理を扱う．

9·1　Q の測定

現在反射係数，インピーダンス測定はミリ波帯まで直視装置が広く使われているので，これ等を使った Q の測定について考える．

a．1ポート共振器（線路の終端に接続）の Q

3·3節で説明したように図9·1，(a)の場合で $f\simeq f_0$ の付近を考えると入力インピーダンスは式（3·55）となり Γ 平面に円の共振曲線を画いたが，ここではアドミタンス Y_{in} で考えてみる．$Y_{in}=1/Z_{in}$ であるから直ちに次式となり，等価回路は(b)図となる．

$$Y_{inN}=\frac{Y_{in}}{Y_0}=\frac{1}{\beta}(1+j2Q_0\delta)=\frac{G}{Y_0}(1+j2Q_0\delta)=g+jb \tag{9·1}$$

ただし，$\beta=\dfrac{Q_0}{Q_{ex}}=\dfrac{Y_0}{G}$　　$\delta=\dfrac{\Delta f}{f_0}$，$\Delta f=f-f_0$

式（9·1）から

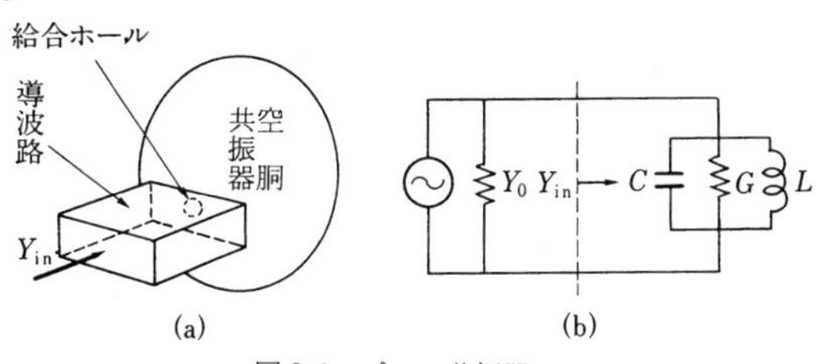

図9·1　ポート共振器

反射係数　$\Gamma=\dfrac{(1-g)-jb}{(1+g)+jb}=\dfrac{(\beta-1)-j2Q_0\delta}{(1+\beta)+j2Q_0\delta}$　　(9·1)′

となる．共振曲線はΓ面上で図3.26に示したような円になり，$\beta\gtreqless1$に従って密，臨界，疎結合となる．ここで式（9·1）で$b=\pm g$，$b=\pm1$，$b=\pm(1+g)$を満足するδの場合を考えるとそれぞれ次の条件が得られる．

$$\left.\begin{array}{lll} b=\pm g & 2Q_0\delta_1=\pm1 & Q_0=\dfrac{1}{2\delta_1}=\dfrac{f_0}{2\Delta f_1} \\ b=\pm1 & 2\dfrac{G}{Y_0}Q_0\delta_2=2Q_{ex}\delta_2=\pm1 & Q_{ex}=\dfrac{1}{2\delta_2}=\dfrac{f_0}{2\Delta f_2} \\ b=\pm(1+g) & \dfrac{2Q_0}{1+\beta}\delta_3=2Q_L\delta_3=\pm1 & Q_L=\dfrac{1}{2\delta_3}=\dfrac{f_0}{2\Delta f_3} \end{array}\right\} \tag{9·2}$$

従って図9·2のようにスミス図上で$b=\pm g$, $b=\pm1$, $b=\pm(1+g)$と交わる周波数Δf_1，Δf_2，Δf_3を読みとればQ_0, Q_{ex}, Q_Lが測定され，$1/Q_L=1/Q_0+1/Q_e$の関係は測定が正しいかどうか調べるのに役立つ．波長計，材料定数測定等で$\beta\ll1$すなわち非常に疎結合の場合には共振円が小さくなり，読取り誤差も増大し，またスカラネットワークのみの場合はスミス図が直視できない等の理由により，周波数掃引により$|\Gamma|$を測定してQ_L, Q_0, Q_{ex}を算出する方法が用いられる．式（9·1）から$|\Gamma|$は共振時のΓをΓ_0とすると次式が得られる．

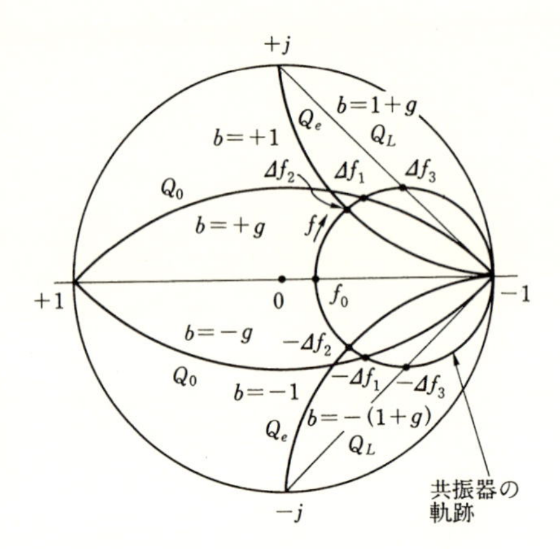

図9·2　スミス図上でQ_2, Q_0, Q_{ex}の求め方

$$|\Gamma|=\sqrt{\frac{\left(\dfrac{1-\beta}{1+\beta}\right)^2+(2Q_L\delta)^2}{1+(2Q_L\delta)^2}}\qquad |\Gamma_0|=\frac{|1-\beta|}{|1+\beta|} \tag{9·3}$$

$|\Gamma|$をδすなわちfに対して図示すると図9·3となり，$|\Gamma_0|$の測定からβが求まり，$Q_L=1/2\delta$となる条件から，その時の$|\Gamma_\delta|$を求めると

$$|\Gamma_\delta| = \sqrt{\frac{|\Gamma_0|^2+1}{2}} \qquad (9\cdot4)$$

となるので，図示のように $|\Gamma_0|$ を測定し，式 (9·4) を満足する $|\Gamma_\delta|$ の点の周波数差 Δf を測定すれば Q_L が求められ，結局 Q_L, Q_0, Q_{ex} の測定ができる．

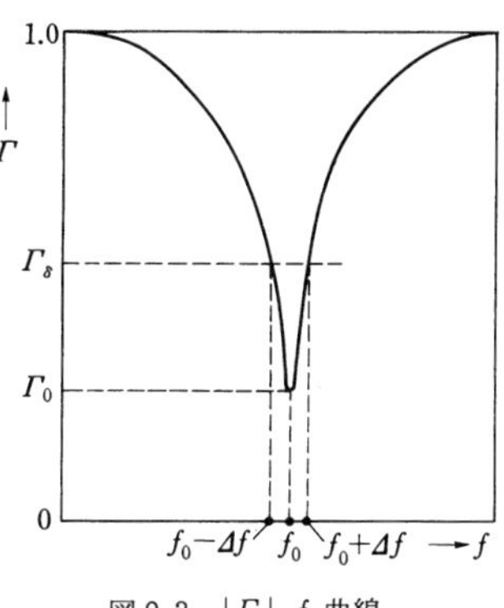

図 9·3　$|\Gamma|$-f 曲線

b．共振器を線路に反作用形として結合させた場合の Q

誘電体共振器 (DR) を発振器，フィルタ等に利用する場合には，図 9·4，(a)のようにマイクロストリップ線路等に結合させて使うことが多く，また共振器特性の測定も容易である．等価回路は線路に対し図(b)のようになり，いわゆる反作用形共振器として動作する．(b)図はさらに(c)の等価回路に書き変えられる．図(a)の P' から DR を見た DR のインピーダンスは $Z/Z_0=2\beta/(1+2jQ_0\delta)$ となり，規準化インピーダンス $Z_{in}=Z/Z_0+1$ となるので，$S_{11}=(Z_{in}-1)(Z_{in}+1)$，$S_{11}+S_{12}=1$ から DR の S パラメータが次式のように定まる．

$$(S)=\begin{pmatrix} \dfrac{\beta}{1+\beta+j2Q_0\delta} & \dfrac{1+j2Q_0\delta}{1+\beta+j2Q_0\delta} \\ \dfrac{1+j2Q_0\delta}{1+\beta+j2Q_0\delta} & \dfrac{\beta}{1+\beta+j2Q_0\delta} \end{pmatrix} \qquad (9\cdot5)$$

式 (9·5) から計算すると図 9·5 のように，S_{11}(反射係数) 面．あるいは S_{21} (透過係数) 面での共振曲線が得られ図 9·2 の場合と同様に Q_0, Q_{ex}, Q_Lを求め

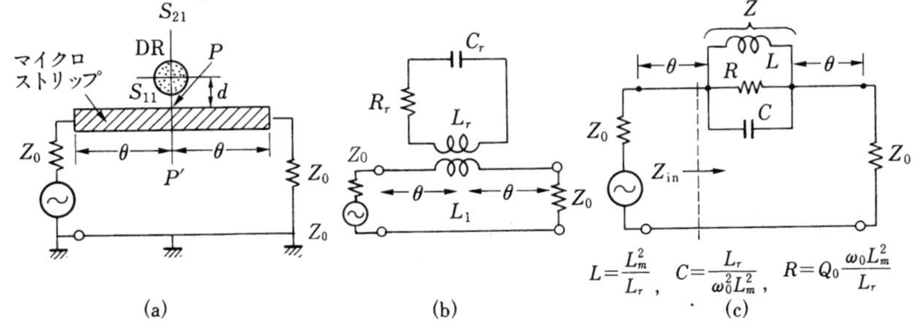

図 9·4　線路に結合した誘電体共振器と等価回路

る曲線との交点 f_1, f_2, f_3 から $Q_0=f_0/\varDelta f_1, Q_{ex}=f_0/\varDelta f_2, Q_L=f_L/\varDelta f_3$ が求まる[1]．次に式（9·3）と同様に $|S_{11}|$，$|S_{21}|$ の共振曲線からの測定を考える．式（9·5）から次式が得られる．

$$\left.\begin{aligned} |\Gamma| &= |S_{11}| \\ &= \frac{\dfrac{\beta}{1+\beta}}{\sqrt{1+(2Q_L\delta)^2}} \\ |\Gamma_0| &= |S_{110}| = \frac{\beta}{1+\beta} \end{aligned}\right\} \qquad (9\cdot6)$$

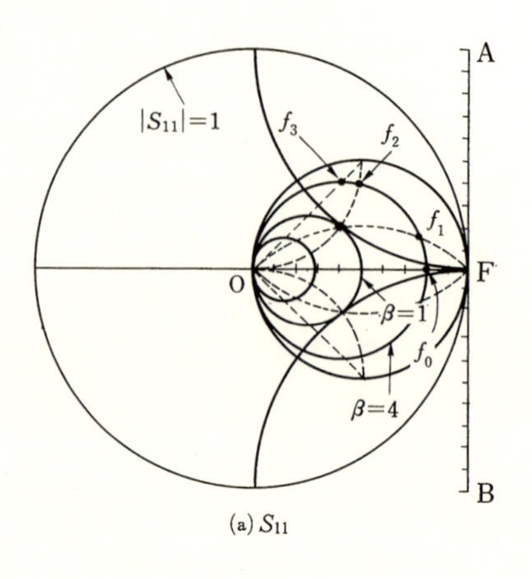

(a) S_{11}

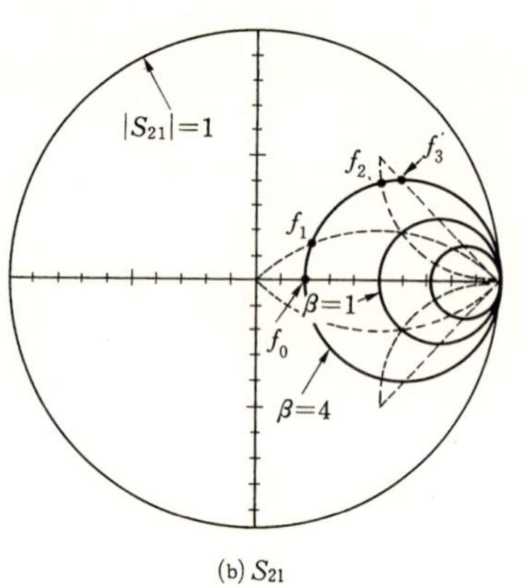

(b) S_{21}

図9·5　S_{11}, S_{21} から Q_0, Q_{ex}, Q_L の求め方

上式から反射係数の絶対値の周波数特性は図9·6，(a)となり，$|S_{110}|$ の測定から β が求まり，$|\Gamma_0|$ の値より 3dB 点の δ_L 測定から $Q_L=f_0/2\varDelta f_L$ となることがわかる．従って Q_L, Q_0, Q_{ex} の全てが求まる．つぎに透過係数 $|T|=|S_{21}|$ の測定からの定数測定を考える．式（9·5）から同様に次式が得られる．

$$\left.\begin{aligned} |T| &= |S_{21}| \\ &= \sqrt{\frac{\dfrac{1}{(1+\beta)^2}+(2Q_L\delta)^2}{1+(2Q_L\delta)^2}} \\ |T_0| &= |S_{210}| = \frac{1}{1+\beta} \end{aligned}\right\} \qquad (9\cdot7)$$

上式を図示したのが図(b)で $|S_{210}|$ の測定から β が求まる．$Q_L=f_0/2\varDelta f_L$ を定める $|S_{21}|$ の大きさ $|T_\delta|$ は

$$|T_\delta| = |S_{21\delta}| = \sqrt{\frac{|T_0|^2+1}{2}} \qquad (9\cdot8)$$

となる．

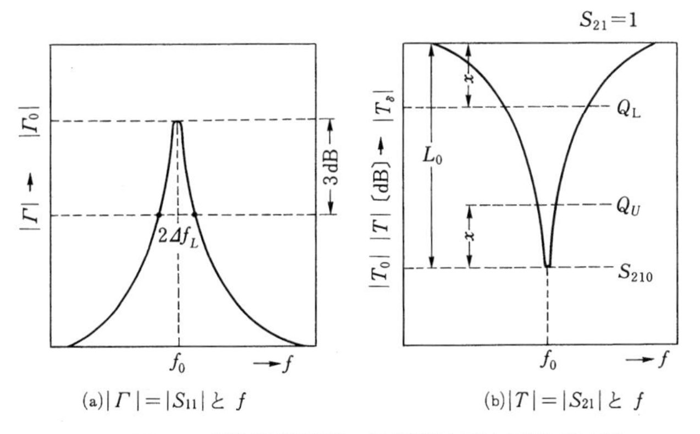

(a) $|\Gamma|=|S_{11}|$ と f　　(b) $|T|=|S_{21}|$ と f

図 9·6　反作用形共振器の反射係数 $|\Gamma|$ と透過係数 $|T|$

c．2ポート共振器の Q

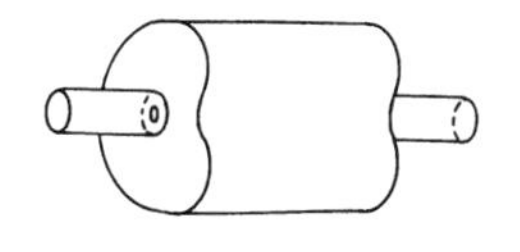

図 9·7　ポート空胴共振器

図 9·7 のように 2 ポート空胴共振器や図 9·8 のように 2 つのマイクロストリップ線路に結合した誘電体共振器等は伝送形共振器として動作し，入力端反射係数 Γ や透過係数 T と Q_L, Q_0, Q_{ex1}, Q_{ex2} との関係は既に 3·3 節で求めた．式 (3·57) ～ (3·59) を書き直すことにより (S) は次式となる．

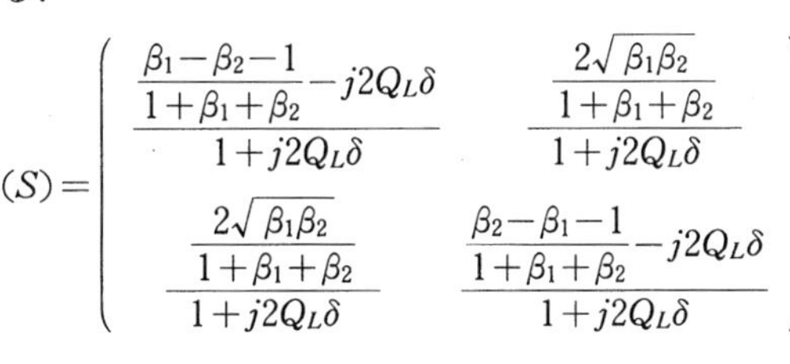

$$(S)=\begin{pmatrix} \dfrac{\dfrac{\beta_1-\beta_2-1}{1+\beta_1+\beta_2}-j2Q_L\delta}{1+j2Q_L\delta} & \dfrac{\dfrac{2\sqrt{\beta_1\beta_2}}{1+\beta_1+\beta_2}}{1+j2Q_L\delta} \\ \dfrac{\dfrac{2\sqrt{\beta_1\beta_2}}{1+\beta_1+\beta_2}}{1+j2Q_L\delta} & \dfrac{\dfrac{\beta_2-\beta_1-1}{1+\beta_1+\beta_2}-j2Q_L\delta}{1+j2Q_L\delta} \end{pmatrix} \tag{9·9}$$

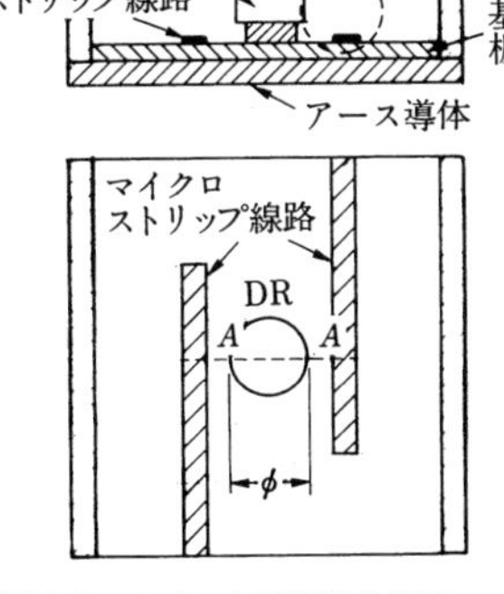

図 9·8　2 ポート誘電体共振器

前述のように Γ 面，T 面の共振曲線円から Q, β を求めることも可能であるが，図 3·29 の共振曲線の $|S_{210}|$ から 3dB 点の Δf_L を測定すれば Q_L が求まる．次に Q_{ex1}, Q_{ex2}, Q_0 を求めるために 2 開口共振を 1 開口共振器と考えてみる．2 開口共振器では $1/Q_L=1/Q_0+1/Q_{ex2}+1/Q_{ex1}$ なので $1/Q_0'=1/Q_0+1/$

Q_{ex2}，すなわちポート1から見た場合ポート2を含めた Q_0' の共振器があると考えればよい．この場合 $Q_0/Q_0'=1+\beta_2$ なので式（9･9）の S_{11} の式の Q_0 に代入すると

$$S_{11}=\frac{(\beta_1-\beta_2-1)-j2Q_0\delta}{(1+\beta_1+\beta_2)+j2Q_0\delta}=\frac{\left(\dfrac{\beta_1}{1+\beta_2}\right)-1-j2Q_0'\delta}{1+\left(\dfrac{\beta_1}{1+\beta_2}\right)+j2Q_0'\delta} \tag{9･10}$$

となり，式（9･1)′と比べると入力端結合係数 $\beta=\beta_1/(1+\beta_2)$，で Q_0' の1ポート共振器の Γ と全く同じになっている．従ってaの方法で Q_0'，$\beta_1/(1+\beta_2)$ が測定できる．さらに入出力端を逆にして S_{22} を測定すると $Q_0''=Q_0/(1+\beta_1)$，$\beta_2/(1+\beta_1)$ が測定できるのでこれらから Q_L, Q_0, Q_{ex1}, Q_{ex2} が求まる．

9･2　誘電率の測定

種々の測定法が目的，測定の簡便さ，測定精度等に応じて使われているが，大きくわけて(i)線路法は電波吸収体等に使われる中，高損失（$\tan\delta \gtrsim 10^{-2}$）の材料，(ii)空胴共振器法は通常の損失（$10^{-2} \gtrsim \tan\delta \gtrsim 10^{-4}$）の材料，(iii)誘電体共振器法は，高誘電率，低損失（$\varepsilon_r>10$，$\tan\delta \lesssim 10^{-3}$）材料の測定に適している．この他に生体，等価生体媒質や実用材料の簡便測定法として非破壊測定法等がある．ここでは測定の原理，特長等について説明する．

(1)　線路法

a．終端短絡，開放法　　図9･9，のトロイダル試料（ε_r，μ_r）を，図(a)のように終端（試料面裏側）が電気的に短絡になるように同軸線路に挿入して試料前面から見た規準化入力インピーダンス Z_{SN} をネットワークアナライザの Γ の測定等から測定し，次に(b)図のように短絡板から $\lambda/4$ の位置に試料を置き，電気

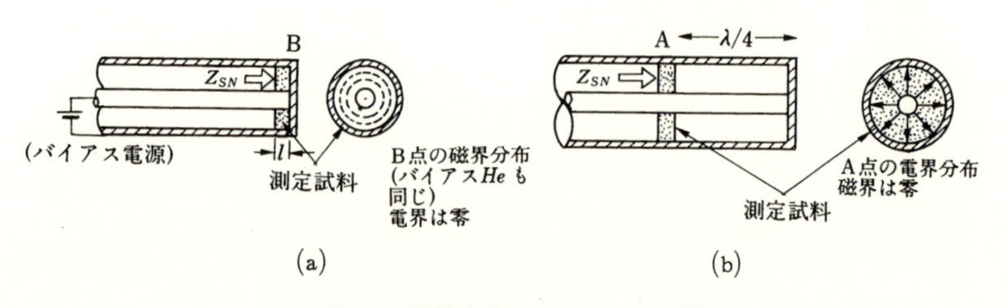

図9･9　同軸線路による ε_r, μ_s の測定

的に開放の状能にして Z_{ON} を測定すと以下のように ε_r, μ_r を分離測定できる.

$$Z_{SN}=Z_{CN}\tanh\gamma l \qquad Z_{ON}=Z_{CN}\coth\gamma l \tag{9・11}$$

ここで，試料の規準化インピーダンス $Z_{CN}=\sqrt{\mu_r/\varepsilon_r}$，試料内伝搬定数 $\gamma=j\omega\sqrt{\varepsilon_0\mu_0}\sqrt{\varepsilon_r\mu_r}=j(2\pi/\lambda_0)\sqrt{\varepsilon_r\mu_r}$ である．式（9・11）の左右の式の積，商を求めれば簡単に $Z_{CN}=\sqrt{Z_{SN}Z_{ON}}$，$\gamma=(1/l)\tanh^{-1}(Z_{SN}/Z_{ON})^{1/2}$ が得られ，これから ε_r, μ_r が計算できる.

$$\varepsilon_r=\varepsilon_r'-j\varepsilon_r''=\varepsilon_r'(1-j\tan\delta_\varepsilon)=-j\frac{\lambda_0}{2\pi}\frac{\gamma}{Z_{CN}} \tag{9・12}$$

$$\mu_r=\mu_r'-j\mu_r''=\mu_r'(1-j\tan\delta_\mu)=-j\frac{\lambda_0}{2\pi}Z_{CN}\cdot\gamma$$

なお λ_0 は自由空間波長である.

このように計算が簡単であるが，周波数特性を測定しようとすると終端開放の状能を作るために，短絡板の位置を変化させる手間が必要なのが欠点である．線路としては TEM 線路なら同一の式，導波管なら同様な式が使える．一番問題になるのは，電界分布は導体面に垂直なので同軸線路と試料間に図 9・10 のように空隙があるとかなりの誤差になる．TEM 線路では電磁界分布は静電磁界分布と同じであるので，空隙があるときに，空隙がないとして（9・12）を使って求めた見掛けの値を ε_{re}, μ_{re} とすると誤差は次式となる[2].

$$\left.\begin{aligned}
&\frac{\Delta\varepsilon_{re}}{\varepsilon_{re}}=\frac{\varepsilon_r-\varepsilon_{re}}{\varepsilon_{re}}=\frac{(\varepsilon_{re}-1)}{\dfrac{1}{A}\log\dfrac{D}{d}-\varepsilon_{re}}\\
&\frac{\Delta\mu_{re}}{\mu_{re}}=\frac{\mu_r-\mu_{re}}{\mu_{re}}=\left(1-\frac{1}{\mu_{re}}\right)\left(\frac{1}{\dfrac{1}{A}\log\dfrac{D}{d}-1}\right)\\
&A=\log\left(1+\frac{\Delta d}{d}\right)-\log\left(1-\frac{\Delta D}{D}\right)
\end{aligned}\right\} \tag{9・13}$$

上式を計算し，実測値で確かめたのが図9・11で，この関係は TEM 線路を使う他の場合にも同様に適用できる．また誘電率が既知の薄膜を試料に巻き，空隙をなくした場合 ε_r を求める計算も同様にしてできる.

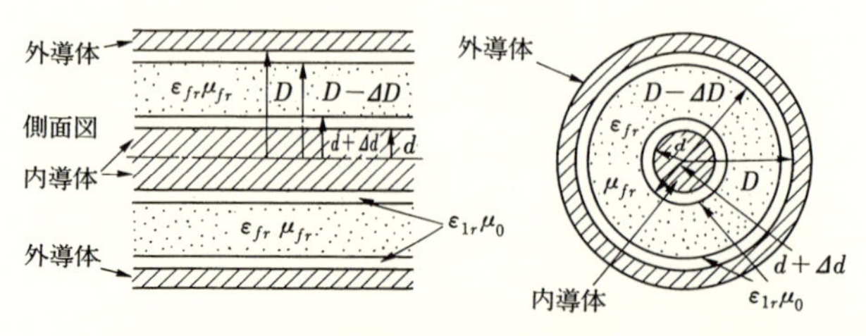

図 9·10　トロイダル試料（ε_{fr}, μ_{fr}）と空隙（ε_{ir}, μ_0）の関係

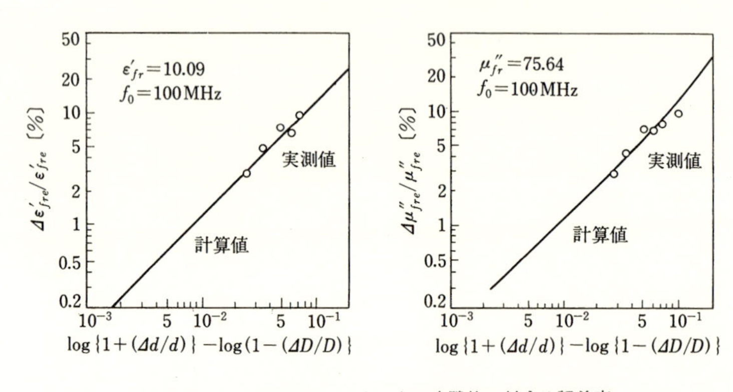

図 9·11　フェライトの ε_r', μ_r' の空隙比に対する誤差率

b．終端短絡法　　$\mu_r=1$ の材料の ε_r は，図 9·9，(a)のように終端短絡の場合の $Z_{in}=Z_{SN}$ の測定のみから求めることができ，周波数特性の測定や，$\lambda/4$ が大きくなる周波数帯の場合に使われる．

式（9·11）の Z_{SN} を書き直すと

$$\frac{Z_{SN}}{j\dfrac{2\pi}{\lambda_0}l}=\frac{\tanh\gamma l}{\gamma l} \tag{9·14}$$

上式の左辺は測定量なので右辺を満足する γl を図表あるいは計算機で求めると $\sqrt{\varepsilon_r}=\gamma/j(2\pi/\lambda_0)$ なので，$\gamma=\alpha+j\beta$ から次式が得られる．

$$\varepsilon_r'=\left(\frac{\lambda_0}{2\pi}\right)^2(\beta^2-\alpha^2)\qquad \varepsilon_r''=2\left(\frac{\lambda_0}{2\pi}\right)^2\alpha\beta \tag{9·15}$$

実際の測定では試料長 l は a の場合より長くし，初めに測定値から ε_r の値を求め，その値を使って誤差の小さくなるような l を求め，再度測定する事が望ましい．このような方法は全ての ε_r, μ_r の測定に共通している．

c．S パラメータ法[3]　図9·12のように試料を挿入し，S パラメータを測定するのみでよいのでaのような電気的短絡，開放の条件も不必要で広帯域に渡り，ε_r, μ_r を分離測定するのに適している．測定された S_{11}, S_{21} と試料を無限長とみなしたときの反射係数 Γ，試料の透過係数との間には次の関係がある．

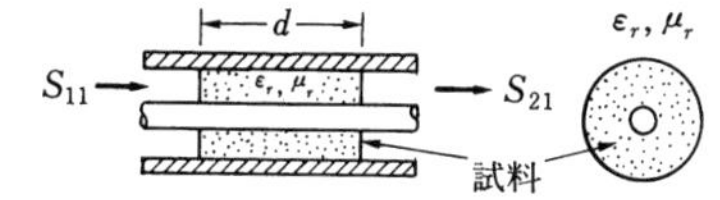

図9·12　S パラメータによる ε_r, μ_r の測定

$$S_{11}=\frac{(1-T^2)\Gamma}{1-T^2\Gamma^2} \qquad S_{21}=\frac{(1-\Gamma^2)T}{1-T^2\Gamma^2} \tag{9·16}$$

Γ，T について解くと

$$\Gamma=K\pm\sqrt{K^2-1} \qquad T=\frac{(S_{11}+S_{21})-\Gamma}{1-\{S_{11}+S_{21}\}\Gamma} \tag{9·17}$$

ここで，$K=\dfrac{(S_{11}{}^2-S_{21}{}^2)+1}{2S_{11}}$

ε_r, μ_r と Γ，T の間には $\mu_r/\varepsilon_r=Z_{CN}{}^2=\{(1+\Gamma)/(1-\Gamma)\}^2=a$，$\varepsilon_r\mu_r=-\{(c/\omega d)\times\ln(1/T)\}^2=\mathrm{b}$ の関係があるので $\varepsilon_r=\sqrt{(b/a)}$，$\mu_r=\sqrt{ab}$ と計算できる．実際にはこの計算はパソコンを使い，S が測定されると直ちに ε_r, μ_r が求まるようになっている．導波管使用の場合も同様な式で，試料挿入用測定治具が同軸，導波管に対して製品化されている．なお，同軸線路で中心に穴のあるトロイダル試料の代わりに円板試料を使って求める方法[4] もあるが，計算が複雑になる欠点がある．

(2)　共振器法

a．空胴共振器法　円筒空胴共振器に図9·13のように空胴と同一断面の円形平板材料を挿入し，挿入による共振周波数 f_0, Q の変化から ε_r を求める方法で，$\mathrm{TE_{01n}}$ モードで動作させると Q が高く，円板と円筒間の空隙の影響も少ないので低 $\tan\delta(10^{-2}\sim10^{-4})$，$\varepsilon_r\lesssim10$ の高確度測定に適している[5]．ただ $\mathrm{TE}^{\circ}_{011}$ は $\mathrm{TM}^{\circ}_{111}$ と縮退しているので，このため Q が低下するので，両モードを分離するため導体端面にリング状誘電

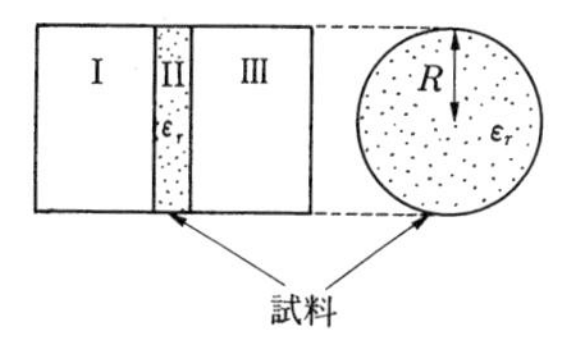

図9·13　円筒空胴共振器による3円板試料の ε_r の測定

体板を装荷するなどの工夫が必要である．共振周波数，Q は厳密に計算できる．計算では領域Ⅰ，Ⅱ，Ⅲの円筒空胴内の電磁界（TE_{011}）を書き，Ⅰ—Ⅱ，Ⅱ—Ⅲ間及び端面の境界条件から電磁界の式および固有値が得られ，従って f_0 および電磁エネルギーの計算から Q が求まる．その結果を以下に示す[(5)(5)']．

$$\varepsilon_r' = \left(\frac{c}{\pi L f_0}\right)^2 \left\{ X^2 - Y^2 \left(\frac{L}{2M}\right)^2 \right\} + 1 \tag{9·18}$$

ただし c：光速，$X \tan X = \frac{L}{2M} Y \cot Y$，$X = \frac{L}{2}\sqrt{\varepsilon_r k_0^2 - k_r^2}$ ，$Y = M\sqrt{k_0^2 - k_r^2}$ $= jY$，$k_0 = \frac{2\pi f_0}{c}$，$k_r = \frac{x_{01}'}{R} = \frac{3.8317}{R}$，$L$：試料の厚さ，$M$：空胴端面から試料面までの距離，$D = 2R$：試料の直径

$$\tan\delta = \frac{1}{Q_0}\left(1 + \frac{W_2^e}{W_1^e}\right) - \frac{P_C}{\omega W_1^e} \tag{9·19}$$

ただし $W_1^e = \frac{\pi}{8}\varepsilon_0 \varepsilon_r' \omega^2 \mu_0^2 x_{01}'^2 L J_0(x_{01}')\left(1 + \frac{\sin 2X}{2X}\right)$

$$W_2^e = \frac{\pi}{4}\varepsilon_0 \omega^2 \mu_0^2 x_{01}'^2 M J_0(x_{01}')\left(1 - \frac{\sin 2Y}{2Y}\right)\frac{\cos^2 X}{\sin^2 Y}$$

$$P_C = \frac{\pi}{2} R_s x_{01}'^2 J_0^2(x_{01}')\left[\frac{x_{01}'^2 L}{2R^3}\left\{\left(1 + \frac{\sin 2X}{2X}\right) + \frac{2M}{L}\left(1 - \frac{\sin 2Y}{2Y}\right)\frac{\cos^2 X}{\sin^2 Y}\right\} - \frac{Y^2 \cos^2 X}{M^2 \sin^2 Y}\right]$$

P_c は導体による損失電力．表面抵抗 $R = \sqrt{\omega\mu_0 / 2\sigma}$ ，σ は表面荒さを考慮した実効表面抵抗で $\sigma = \bar{\sigma}\,\sigma_0$，$\sigma_0 = 58 \times 10^6$〔S/m〕である．次に円筒空胴共振器を TM_{010} モードで動作させ，中心軸に円柱試料を挿入し，やはり $\varDelta f$，$\varDelta Q$ から測定する方法はフェライト等の ε_r の測定に使われるので，9·3·2項フェライトの ε_r 測定法の所で記す．

b．ストリップライン共振器法　主として MIC 基板の ε_r, $\tan\delta$ およびマイクロストリップ導体の測定に使用されるもので，通常の MIC 技術によりマイクロストリップを作り，図9·14のように2枚重ねて平衡形のストリップ線路として放射損を少くしている．ε_r' は共振周波数 f_0，ストリップ線路の長さ L と端効果補正 $\varDelta L$ から，また図(b)のような半径 R の平衡形円板共振器では端効果補正半径 $\varDelta R$ から各々次式となる．

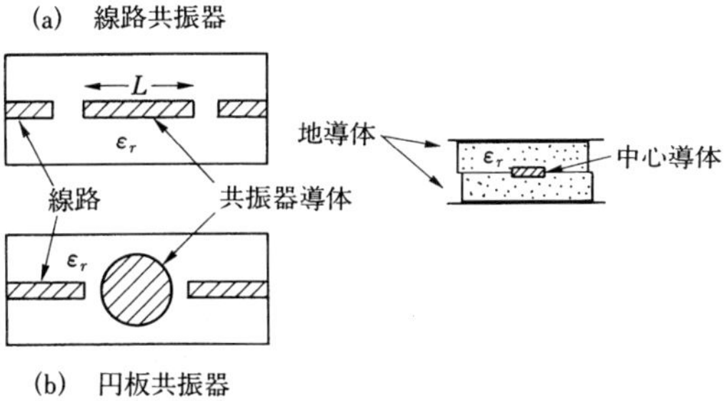

(a)　線路共振器

(b)　円板共振器

図 9·14　ストリップライン共振器

$$\varepsilon_r{}' = \frac{c^2 n^2}{4 f_0{}^2 (L + \varDelta L)^2} \qquad \varepsilon_r{}' = \frac{c^2 x'_{01}{}^2}{4\pi^2 f_0{}^2 (R + \varDelta R)^2} \quad n : 1, 2, \cdots\cdots \tag{9·20}$$

$\varDelta L$，$\varDelta D$ は実験的に決定でき，f_0 の測定から $\varepsilon_r{}'$ が求まる．次に(a)の場合 Q_0 の測定から次式により $\varepsilon_r{}''$ すなわち $\tan\delta$ が求まる．

$$\frac{1}{Q_0} = \frac{1.592}{\sqrt{\sigma_{eff} f_0}} \times$$

$$\left[\frac{b + 2W - t + \pi^{-1}(b+t) \ln\{(2b-t)/t\}}{W(b-t) + 2\pi^{-1} b(b-t) \ln\{(2b-t)/(b-t)\} - \pi^{-1}(b-t)t \ln\{(2b-t)t/(b-t)^2\}} \right]$$

$$+ \tan\delta \tag{9·21}$$

ただし，$t/b \leqq 0.25$，$W/(b-t) \geqq 0.35$

上式の右辺第 1 項は導体損を，第 2 項は誘電体損である．上式で $1/Q_0 = (1.592/\sqrt{\sigma_{eff} f})\, g(b, t, W) + \tan\delta$ の形になっているので，g に対する $1/Q_0$ を 1 GHz～20 GHz で測定し，導体損と $\tan\delta$ を分離測定し，ストリップ導体では圧延方向により σ が異なる結果が得られている[6]．

c．誘電体共振器法

(i)　平行導体板形誘電体円柱共振法　　5·2·4 項で説明したように，誘電体円柱を 2 枚の平行平板導体で挟んだ構造で，現在誘電体共振器用高誘電率，低損失材料の標準的測定法と考えられているものである．図9·15は測定装置で TE_{0ml} モードを使用するので導体面に垂直な電界がないため，接触空隙による誤差も少なく，円柱の長さ L を変化して，例えば TE_{011} と TE_{013} の Q_0 を測定すると導体損 P_c は両モードで同じなので，P_c を分離して正確な $\tan\delta$ が測定できる．境界条件から電磁界を求めると，共振波長 $\lambda_0 = c/f_0$ と Q_0 の測定から ε_r，は式(9·22)，$\tan\delta$ は式(9·23)から求まる．

$$\varepsilon_r' = \left(\frac{\lambda_0}{2\pi R}\right)^2 (U^2+V^2)+1 \qquad (9\cdot 22)$$

ただし，$V^2 = \left(\frac{2\pi R}{\lambda_0}\right)^2 \left[\left(\frac{\lambda_0}{\lambda_g}\right)^2 - 1\right]$

上式で $\lambda_g = 2L/l$ $(l=1,\ 2\cdots)$ で U^2 および $\tan\delta$ を求めるときの W は次式から計算，または図表から求まる[7]．

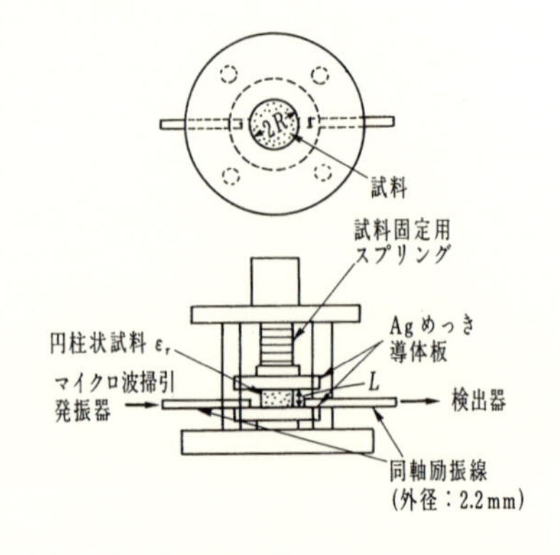

図9·15　平行導体板形誘電体円柱共振法（TE_{0ml}）モードによる ε_r の測定装置

$$\left.\begin{aligned}
&U\frac{J_0(U)}{J_1(U)} = -V\frac{K_0(V)}{K_1(V)},\ K_n(x)：\text{第2種変形ベッセル関数}\\
&W = \frac{J_1^2(U)}{J_1^2(U)-J_0(U)J_2(U)}\ \frac{K_0(V)K_2(V)-K_1^2(V)}{K_1^2(V)}\\
&\tan\delta = \frac{1}{Q_0}\left(1+\frac{W}{\varepsilon_r'}\right) - \left(\frac{\lambda_0}{\lambda_g}\right)^3 \frac{1+W}{30\pi^2\varepsilon_r' l} R_{se}
\end{aligned}\right\} \qquad (9\cdot 23)$$

R_{se} は実効表皮抵抗 $R_{se} = \sqrt{\pi f_0 \mu/\sigma_e}$ で，実効導電率を理論的に求めることは容易でないので，前述のように2個の円柱で測定して実験的に求めている．導体板での損失電力 P_w は $l=1$，$l=3$ を使った場合電界に蓄えられるエネルギーを W_e と書くと，$P_w = (3/2)\pi f_0 W_e (1/Q_{01} - 1/Q_{03})$ で，P_w は R_s に比例するので R_s が求まる．

誘電体共振器では温度特性のよいもの，あるいは容器に入れた場合温度係数 $T_f = (1/f_0)\Delta f_0/\Delta T$ が零に近いものが要求されるので，上述の共振器を恒温槽に入れ20～常温（290 K）の ε_r，$\tan\delta$ の測定を自動的に行なっている[8]．

(ii)　**その他の誘電体共振器法**　　図9·16に示すように円柱DRを低 ε_r' の支持台で保持して，線膨張係数の等しい誘電体空胴の中心に置いた“導体空胴形誘電体円柱共振器”は，DRが導体と離れているため T_f の高精度測定に使わている[9]．また図9·17に示すようにカットオフの導波管内にDRを置いた構造

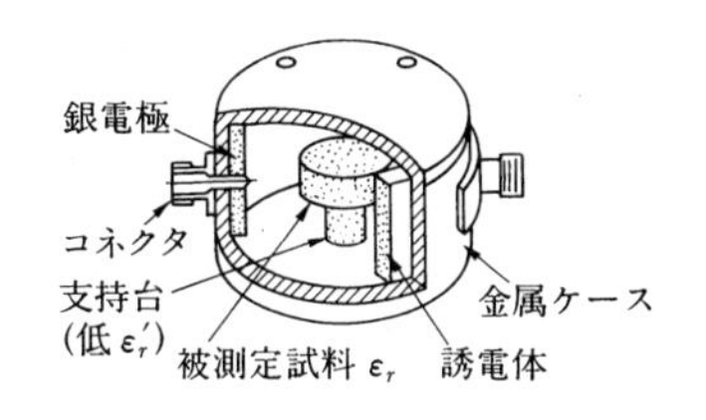

図 9·16 導体空胴形誘電体共振器法

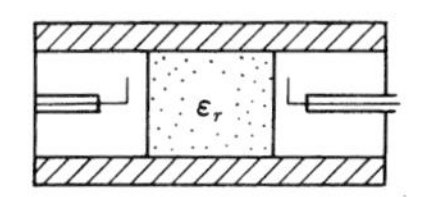

図 9·17 カットオフ WG 内の円筒試料 ($\mathrm{TE}_{011}^{\circ}\mathrm{DR}$) による測定

では，励振が導波管から直接行なえるので，ミリ波帯以上の測定に適している．またミリ波ではファブリペロ式共振器も使われる．

誘電体共振器用材料に関する測定では，入力電力が大きい場合の非線形特性の測定，9·4 節の非破壊測定も重要と考えられる．

9·3 マイクロ波用フェライト定数の測定法

6·8 節で説明したように，マイクロ波用フェライトは直流磁界が印加された状態で使用されるので ε_r と μ_r を有し，しかも μ_r はテンソルの形をとるので ε_r と μ_r の分離測定，μ_r の成分の測定等が必要である．このような場合小試料（球，棒，板）を空胴共振器の特定の位置に挿入し，挿入前後の f_0, Qの変化 $\Delta f=f_s-f_0$，$\Delta 1/Q=1/Q_s-1/Q_0$ から電磁界の摂動計算を使って求める方法が簡便なためによく使われる．この為“摂動法”を主として説明する．

(1) 空胴摂動法による (μ_r)，ε_r の測定理論

摂動法では $(\chi_r)=(\mu_r)-1$ の磁化率 (χ_r) を使うと式の表現が簡単になる．いま実効磁化率 (χ) は次式のような一般形とする．

$$(\chi_r)=\begin{pmatrix} \chi_{xx} & \chi_{xy} & \chi_{xz} \\ \chi_{yx} & \chi_{yy} & \chi_{yz} \\ \chi_{zx} & \chi_{zy} & \chi_{zz} \end{pmatrix} \qquad (9\cdot 24)$$

まず μ_r を ε_r と分離測定するために，試料を電界零すなわち磁界最大の点に挿入する．一般に試料挿入前後の空胴共振器の電磁界の全エネルギーを W_0, W_s, 共振周波数を f_0, $\mathrm{f_s}$ とすると，$\Delta f=f_s-f_0$，$\Delta W_\mathrm{m}=W_s-W_0$の間には次の関係がある．なお，マイクロ波磁界を $\boldsymbol{h}$ で示す．

$$\frac{2\Delta f}{f_0}=\frac{2\Delta W_m}{W_0}=-\int_{\Delta V}\boldsymbol{h}^*(\chi_r)\boldsymbol{h}\,\mathrm{d}V,\ \int_V \boldsymbol{h}^*\cdot\boldsymbol{h}\,\mathrm{d}V=1\ \text{（規格化）} \qquad (9\cdot 25)$$

ここで，V，ΔV はそれぞれ空胴，試料の体積で h は規格化されている．上式はエネルギーの関係，すなわち試料挿入によりエネルギーが ΔW 変化することは共振周波数の変化に等しいことを示しているので直観的に分るが，電磁界の展開からも第1次近似（試料挿入により電磁界の変化はない）として導ける（付録4参照）．

また周波数 f を複素周波数 $f^{*}=f+j\dfrac{f}{2Q}$ とすると $\chi_r=\chi_r'-j\chi_r''$ の損失項 χ_r'' を求める式となる．

a．非縮退空胴共振器に試料を挿入した場合[10][11]　図9·18，(a)のように試料を挿入すると次式となる．

$$-2\frac{\Delta f}{f_0}-j\frac{1}{Q_S}=\int_{\Delta V}\boldsymbol{h}^{*}(\chi)\boldsymbol{h}\,\mathrm{d}V=\sum_i\sum_j\chi_{\mathrm{ij}}\int_{\Delta V}h_ih_j\,\mathrm{d}v \tag{9·26}$$

i, j はともに x, y, z をとり，$1/Q_s=1/Q-1/Q_0$ で Q_0，Q は試料挿入前後の Q である．上式から(a)；h_i のみが存在している点に試料を置くと対角要素 χ_{ii} が測定できる．(b)；$(h_i, h_j)_{i\neq j}$ が共存する点に試料を置くと $\chi_{ij}+\chi_{ji}$ が測定できる．(c)磁化されたフェライトのように $\chi_{ij}+\chi_{ji}=0$ の材料の χ_{ij} また $|\chi_{ij}|=|\chi_{ji}|$ の材料の χ_{ij} を分離測定できないことが分かる．

b．二重縮退空胴共振器に試料を挿入した場合　図9·18，(b)のように試料を2重縮退空胴共振器に挿入すると次式が得られる[11]．

$$-2\frac{\Delta f_{\pm}}{f_0}-j\frac{1}{Q_{S\pm}}=\frac{W_{11}+W_{22}}{2}\pm\sqrt{\left(\frac{W_{11}-W_{22}}{2}\right)^2+W_{12}W_{21}} \tag{9·27}$$

ここで，$W_{kk'}=\displaystyle\int_{\Delta V}\boldsymbol{h}_k^{*}(\chi)\boldsymbol{h}_{k'}\mathrm{d}v=\sum_i\sum_j\chi_{\mathrm{ij}}\int_{\Delta V}h_{ki}k_{k'j}\mathrm{d}v$　　k, k'：1, 2

$$\int_V\boldsymbol{h}_1^{*}\boldsymbol{h}_1\mathrm{d}V=\int_V\boldsymbol{h}_2^{*}\boldsymbol{h}_2\mathrm{d}V$$

$=1$（規格化），

$\Delta f_{\pm}=f_{\pm}-f$

$$\frac{1}{Q_{S\pm}}=\frac{1}{Q_{\pm}}-\frac{1}{Q_0}$$

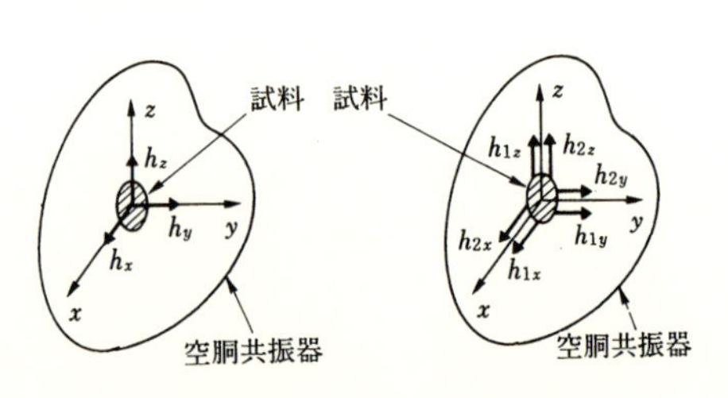

(a)非縮退共振器　　(b)縮退共振器

図9·18　微小試料の挿入された空胴共振器

このように f_0，Q_0 の共振器は（χ）の試料挿入により $f_{\pm}$, $Q_{\pm}$ と

±の変化を同時に示し，各々が接近していると測定に誤差を生じるので，一方のみが存在するように励振を行なう必要がある．このためには $\boldsymbol{h}_1$, $\boldsymbol{h}_2$ の励振比 $(S_1/S_2)_\pm$ を式 (9·28) のように選べばよい．

$$\left(\frac{S_1}{S_2}\right)_\pm = \frac{W_{12}}{\dfrac{W_{11}-W_{22}}{2} \pm \sqrt{\left(\dfrac{W_{11}-W_{22}}{2}\right)^2 + W_{12}W_{21}}} \tag{9·28}$$

通常のフェライトの場合は $W_{11}=W_{22}$, $W_{12}=-W_{21}$ で $(S_1/S_2)_\pm = \mp(\pi/2)$ となり，正負の円偏波励振となるが，プラナフェライトのように $\chi_{xx} \neq \chi_{yy}$ の場合は位相差 $\pi/2$ で振幅の異なるだ円偏波励振が必要となる．なお式 (9·26), (9·27) で測定された磁化率 χ は実効磁化率 χ_{mef} なので，固有磁化率 χ_m（無限大媒質の磁化率：通常の磁化率）に変換する必要がある．試料内外の磁界を $\boldsymbol{h}_{in}$, $\boldsymbol{h}$ とすると有限な試料内の高周波磁化 $\boldsymbol{m}=(\chi_m)\boldsymbol{h}^{in}=(\chi_{mef})\boldsymbol{h}$ の関係がある．試料の寸法が波長に比べ小さいだ円体とすると，$\boldsymbol{h}^{in}=\boldsymbol{h}-(N)\boldsymbol{m}$ から (χ_{mef}) と (χ_m) の関係が求まる．

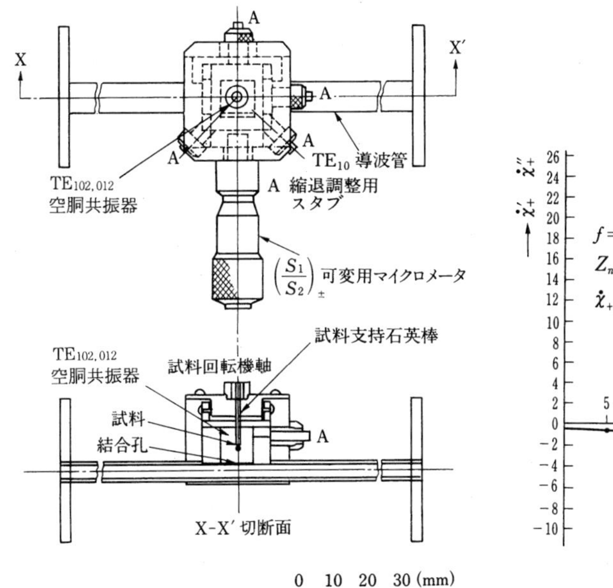

図 9·19 プラナフェライト測定用 2 重縮退空胴共振器 ($TE_{102,012}$)

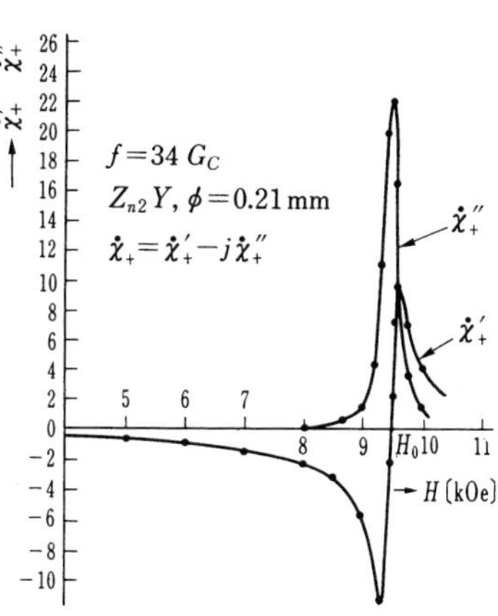

図 9·20 プラナフェライトの χ の測定値

$$(\chi_{mef})=\frac{(\chi_m)}{1+(\chi_m)(N)} \qquad (\chi_m)=\frac{(\chi_{mef})}{1-(\chi_{mef})(N)} \tag{9·29}$$

ここで (N) は対角要素が N_x, N_y, N_z の減磁係数テンソルである．また $(\mu)=(\chi)+1$ である．

図9·19に 34 GHz でプラナフェライト測定用共振器，図9·20に測定例を示す[12]．また (ε_r) の材料の場合も前述の $\boldsymbol{h}$ を $\boldsymbol{E}$ とするのみでそのまま適用できる．

(2) フェライトの ε_r の測定

ε_r を (μ_r) から分離測定するには球状フェライトも使えるが，精度の点から図9·21のように $TM_{010}^{\bigcirc}$ 空胴共振器の中心軸に細い棒状のフェライトを挿入したものが標準的方法である．(μ) の影響は少ないが試料の大きさにより影響が考えられる場合には，図の方向に $H_{DC}\geq 4H_0$ 程度を加え，$\mu'\simeq 1$, $\mu''\simeq 0$ として測定すればよい．摂動による測定式は式(9·30)となり，この場合境界条件から厳密解[13]も得られるので，摂動誤差の補正検討が容易である．

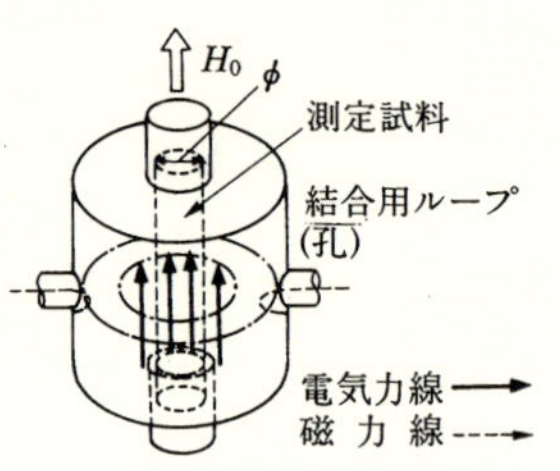

図9·21　$TM_{010}^{\bigcirc}$ 空胴共振器によるフェライトの ε_r の測定

$$-\frac{\Delta f}{f_0}=A(\varepsilon_{re}'-1)\frac{\Delta V}{V} \qquad \frac{1}{Q_S}=\left(\frac{1}{Q}-\frac{1}{Q_0}\right)=2A\varepsilon_{re}''\frac{\Delta V}{V} \tag{9·30}$$

$$\varepsilon_{re}\simeq\varepsilon_r \quad A=1.855$$

UHF, VHF 帯では空洞の寸法が大きくなるため，同軸にトロイダル試料を充てんして9·2·1項aの終端短絡，開放法または終端開放法，あるいは損失が少ない場合は同様な構造を同軸共振器として測定する．

(3) フェライトの μ_z の測定

$\boldsymbol{h}$ と H_{DC} が平行な場合の透磁率 μ_z や消磁状態の μ の測定は，図9·22のようにして行なわれ，測定式も式(9·30)の $\varepsilon_{re}'\to\mu_{re}'$，$\varepsilon_{re}''\to\mu_{re}''$ とすればよい．ただ Aが異なるのみである（$TE_{102}^{\square}$では $A=(\lambda_0/2l)^2$．$\Delta f/f_0$ が 10^{-3} より大きくなると $\boldsymbol{h}\simeq\boldsymbol{h}_0$ とみなせなくなり誤差が生じる．誤差の限界を求めるためには ΔV を変化して $\Delta f/f_0-\Delta V/V$ のグラフを画き，直線からずれる点が限界と考えればよい．

(4) フェライトの$\mu_\pm$ の測定

$\mu_\pm$ は6・8節で説明したように正負の円偏透磁率で $\mu_\pm=\mu\mp\kappa$ の関係がある．測定は9・3項(1)，b項で述べたように，±の円偏波で励振された円筒あるいは正方形空胴共振器内に細棒あるいは球，円板状試料を図9・23のように挿入して行なわれる．摂動式は全く μ_z の測定の場合と同じ形で次式となる．

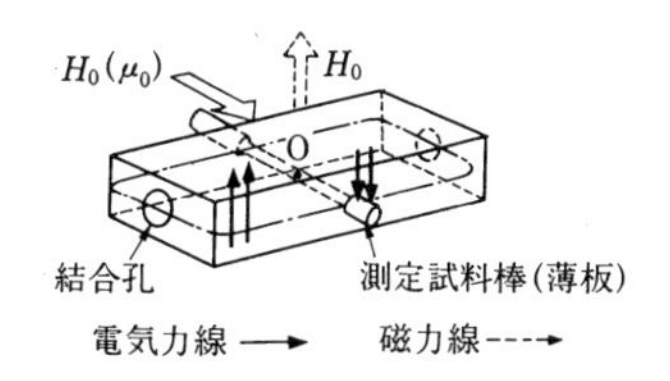

図9・22　$TE^{\square}_{102}$ モード空胴共振器によるフェライトの μ_z の測定

$$\left.\begin{aligned} -\frac{\Delta f_\pm}{f_0}&=A(\mu_\pm'-1)\frac{\Delta V}{V} \\ \frac{1}{Q_{S\pm}}&=\left(\frac{1}{Q_\pm}-\frac{1}{Q_0}\right)=2A\mu_\pm''\frac{\Delta V}{V} \end{aligned}\right\} \tag{9・31}$$

Aは空胴共振器のモードで定まり，$\mu_\pm$ は実効 $\mu_\pm$ である．

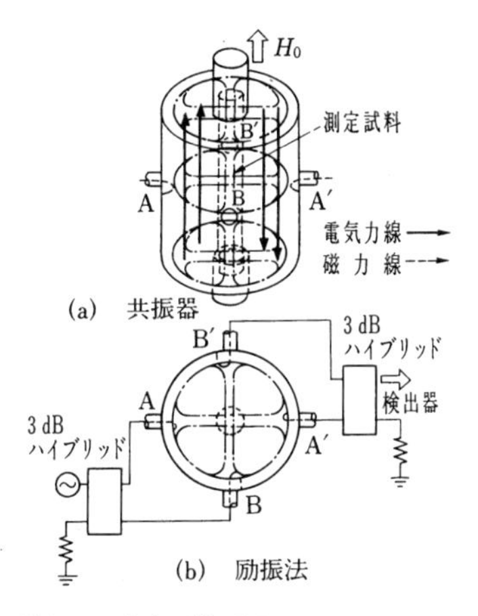

図9・23　直交円筒 TM_{110} モード共振による $\mu_\pm$ の測定

図9・23の場合は細棒を使うと，その形状，空胴の形からわかるように厳密解を求めることも可能である．$TE^{\bigcirc}_{11n}$，$TE^{\square}_{10n-01n}$ など他の直交している縮退モードを使うこともできる．フェライトの測定では H_{DC} により μ_+'，μ_+''が大きく変化するので，目的に応じて試料形状，寸法を選ぶ必要がある．低損失域の測定には，棒，板状が適し，共鳴のようにμ'' の大きい領域の測定には球状試料が適している．$TE^{\bigcirc}_{111}$ 共振器内にフェライト円板を充てんした低損失域の精密測定法もある．またフェライト円柱，板を，サーキュレータと同様に誘電体共振器として動作させる測定も考えられる．図9・24のように球状試料を球空胴共振器に挿入し，$\mu_\pm$ を厳密解から求め

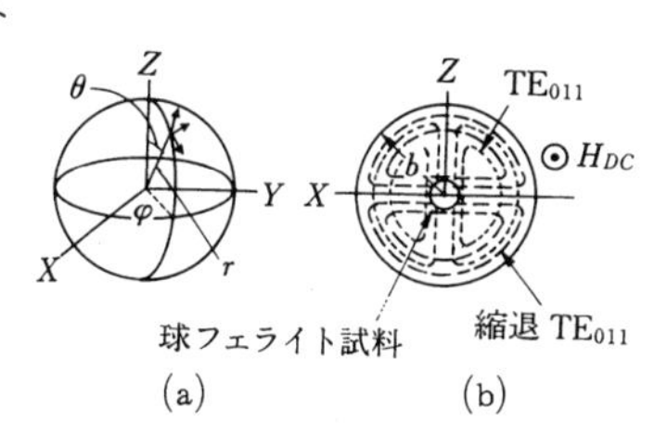

図9・24　球空胴共振器による球試料フェライトの $\mu_\pm$ の測定

る方法[14]も有効である．なおUHF，VHFでは交さしたストリップ線路共振器の交点にフェライトを置く方法も使われる．

(5)　**ΔH の測定**

デバイス設計にはH_{DC}に対する$\mu_{\pm}$の測定が望ましいが，通常カタログ等には飽和磁化$4\pi M_s$，ΔH，ΔH_kが記されている．ΔHは共鳴半値幅（図6·42）で，これから式（6·27）を使って$\mu_{\pm}$が計算できる．

通常図9·22のTE_{102}方形空洞共振器内0点にϕ：1～0.5mmの球状試料を挿入し，H_{DC}をhに垂直に印加すると，$f_0=\gamma H_r$から磁気回転比γおよび実効g係数が$4\pi M_s$に無関係に測定できる．つぎにH_{DC}を変化して，$\mu_{\pm}''$が共鳴時の1/2となる直流磁界の値からΔHが求まる．1GHz以下ではフェライトが未飽和域で共鳴するので，これを避けるためH_{DC}に垂直においた薄円板試料を使用している．

ΔHの狭い（数Oe以下）材料に対しては，YIG共振器として動作させて測定する．なおデバイスに通常使用される多結晶フェライトでは，$\mu_{\pm}$やμ_zの実測値とΔHを使った共鳴理論からの計算値には僅かのずれがあり，特に損失項は一致しない．そこでΔHおよびγをバイアス直流磁界H_{DC}の関数と考えたものが，実効半値幅ΔH_{eff}および実効磁気回転比γ_{eff}である．ΔH_{eff}，γ_{eff}の測定には$\mu_{\pm}$を測定し，計算で求めるので，利点が少ないようにも考えられるが，スピン波との相互作用，材料の密度，異方性磁界，粒形など物性的特性とΔHの関係を調べるのに重要である．図9·25に測定の1例を示す[15]．

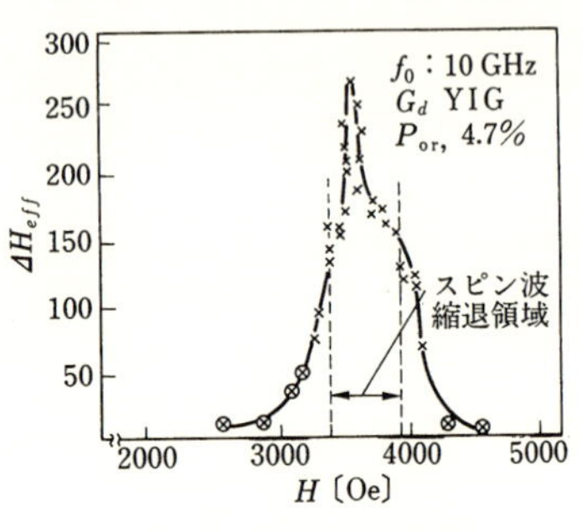

図9·25　H_{eff}の測定例

(6)　**ΔH_k の測定法**

マイクロ波フェライトは入力電力を増加すると損失による温度上昇の他に，本質的に（6·8·7項）で説明したような非線形効果を示すので，その臨界（しきい値：threshold）磁界h_cを知ることが必要となる．この非線形現象は，主に試料内で隣合ったスピンの回転の位相，振幅が異なるスピン波が原因となっている．通常のΔHは緩和時間Tと$\Delta H=1/\gamma T$の関係があり，これに対応して

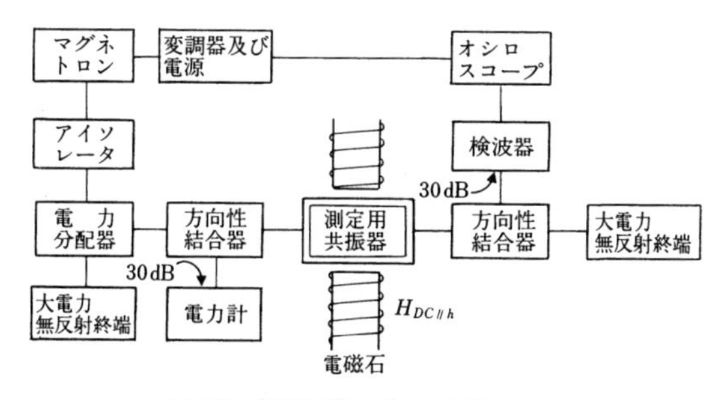

(a) $\varDelta H_k$ 測定回路のブロック図

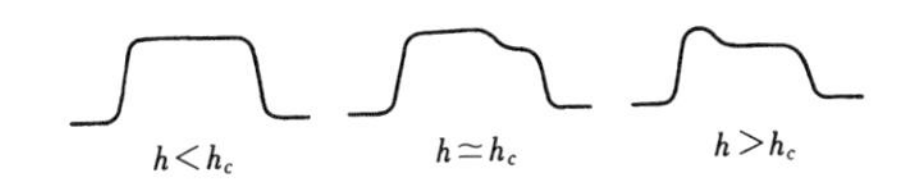

(b)出力波形の典型的な変化

図 9·26 スピン波共鳴半値幅 $\varDelta H_k$ の測定

$\varDelta H_k$ はスピン波の緩和時間 T_k に対し $\varDelta H_k=1/\gamma T_k$ と定義されている．主共鳴，副共鳴に対する h_c から $\varDelta H_k$ は式（6·51）（6·52）によって計算できる．図 9·26 は h_c の測定法で図 9·22 の共振器の O 点に球試料を保持し，パルス幅約 1 μs のマグネトロン等からの透過電力を測定すると入力電力すなわち h に対応して(b)図のようになるので，空胴内磁界 h の大きさの計算から h_c が測定できる．このとき $\varDelta H_k=h_{cn}|\gamma|4\pi M_s/\omega$ である．

以上の他，マイクロ波フェライトでは応用に対応して $\mu_\pm$，ε の温度特性の測定等も必要である．

9·4 非破壊測定法（Nondestructive measurement）

図 9·27，(a)のように，同軸の開放端を被測定材に密着させ，反射係数の測定から ε を算出する方法で，(b)は同軸の先端を少し液体，粉末ゲル材等に挿入し測定する方法で，(c)は(a)の同軸線路の代わりに，導波管の開口面を試料に密着させ測定する方法である．(a)，(c)で固形材料を測定する場合には，線路の開口と材料間のすき間が主な誤差の原因となる．

(i) (a)の同軸開口法では，複素反射係数 $\varGamma$ を測定すると ε が求まる．

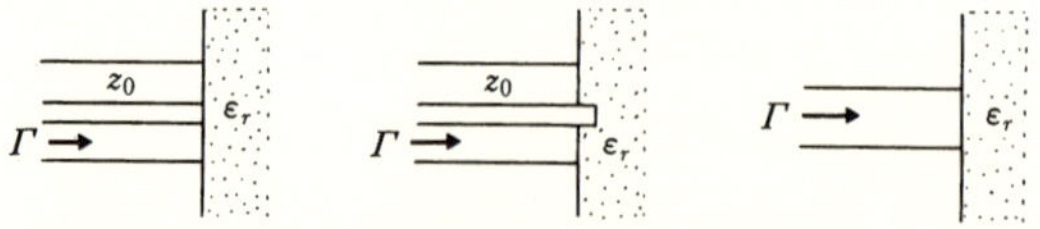

(a)同軸　　(b)同軸（プローブ）　　(c)WG

図 9·27 線路による非破壊測定法

$$\varepsilon=\varepsilon'-j\varepsilon''=\frac{1-\Gamma}{j\omega Z_0C_0(1+\Gamma)}-\frac{C_f}{C_0} \qquad (9\cdot32)$$

ここで C_0 は同軸を空間に置いたときの容量（オープン容量）で，C_f は線路保持用テフロンの端電磁界によるものである．エバネセント TM モードが端面で発生すると，C_0 は f と共に増加する．この方法で高 ε の材料を測定すると，TM 波の伝搬が生じ放射し，測定は困難となる．$C_0=(\omega Z_0\sqrt{\varepsilon'^2+\varepsilon''^2})^{-1}$ の場合最も測定精度がよくなる．誤差 $\Delta\varepsilon'/\varepsilon'$，$\Delta\varepsilon''/\varepsilon''$ は式（9·32）を微分することにより得られる．

(ii) (b)のプローブ法では，$Z(\omega,\varepsilon_0\varepsilon)$，$Z(n\omega,\varepsilon_0)$ をそれぞれ試料測定時，および空間の入力インピーダンスとすると，次式から ε が計算できる．

$$\frac{Z(\omega\varepsilon_0\varepsilon_r)}{\eta}=\frac{Z(n\omega\varepsilon_0)}{\eta_0} \qquad \eta=\sqrt{\frac{\mu_0}{\varepsilon_0\varepsilon_r}},\ \eta_0=\sqrt{\frac{\mu_0}{\varepsilon_0}} \qquad (9\cdot33)$$

ここで n は誘電体の空間に対する複素屈折係数である．式（9·33）を解くには反復法が簡単である．

(iii) (c)の導波管法では，放射界と ε の材料内からの再放射を考え，境界面で境界条件を満足するように係数を選んで ε を求める[16]．

高誘電率セラミック等の空胴共振器による非破壊測定法としては，図9·28のように円筒 TE_{011} モードの空胴を軸方向に2分割し，その間に板状試料をはさんで f_0，Q_0 を測定する方法で，試料の直径が $1.1D$ あれば空胴からはみ出した部分からの放射は少なく，無限大とみなせる特長がある[17]．また誘電体共振器を被測定試料に密着させ，(μ) を測定しようとする試みもある．

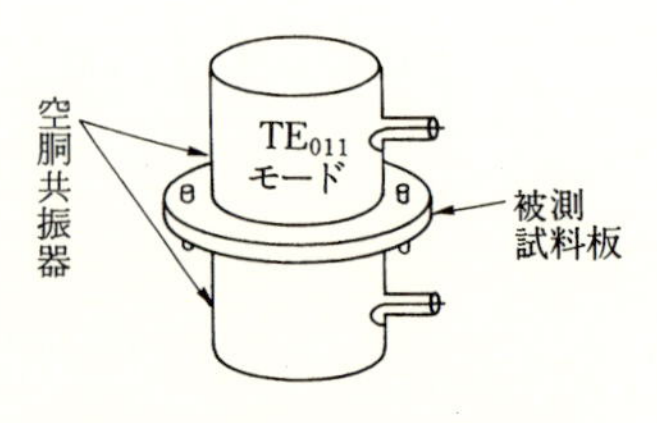

図 9·28 共振器による非破壊法

9·5 誘電率の高温特性の測定

誘電体加熱等では被加熱体の ε は温度で変化し，セラミックの加熱等では 400℃ 付近で損失が 100 倍にも達するので，ε′，ε″ の温度特性の測定が重要になっている．高温まで測定するには，マイクロ波加熱を使うのが比較的簡単と考えられる．図 9·29 は加熱を共振器の 1 つのモードで行ない，測定は他の共振モードを使い低電力で摂動法によって求めている[18]．図 9·30 は測定と加熱を同一マイクロ波高電力源で行ない，反射係数から ε を算出するダイナミック測定法である[19]．

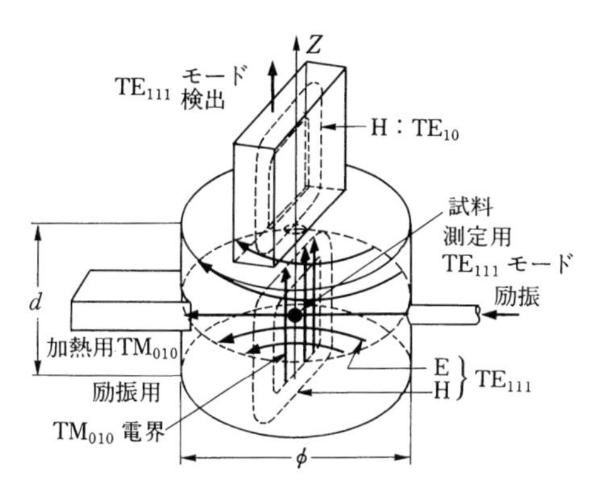

図 9·29 2 重モードによる ε_r の高温特性測定法

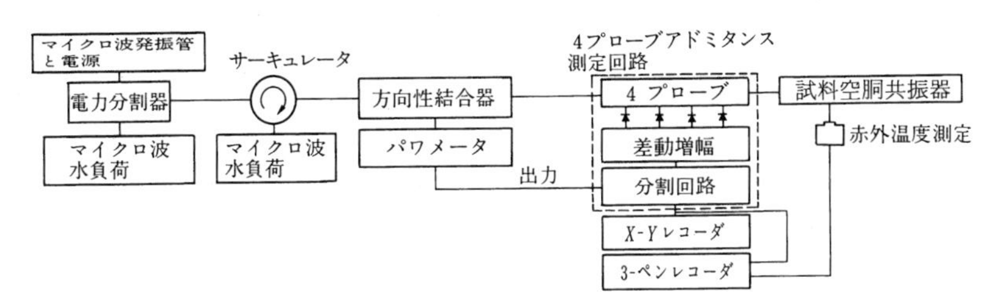

図 9·30 ε_r の高温特性のダイナミック測定法

9·6 その他の測定

マイクロ波の工業面の応用では含水率の測定も重要で，マイクロストリップ線路，CPW 線路等を使って行なわれている．また最近は電磁波障害が問題となっているので，変形同軸線路，ストリップ線路を大形として，TEM の線路中に被測定機器，被測定材料等を置いて，反射，透過，発生雑音，漏洩電磁波

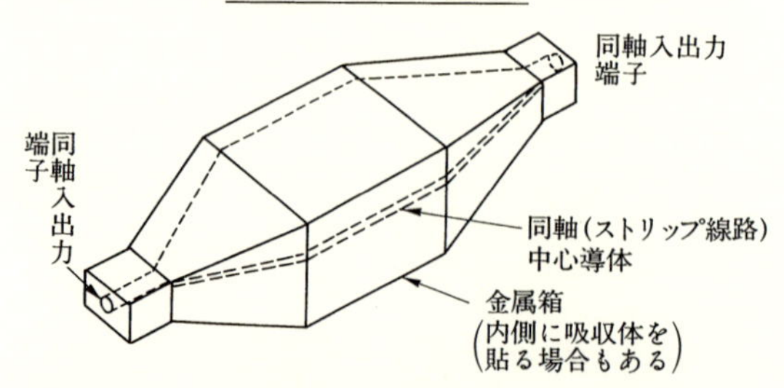

図9·31 TEM セル

を広帯域に渡って測定する TEM セル（図 9·31）も使われている．なお，TEM セルの大きさは高次モードを考えて定める．

第10章

マイクロ波電力応用

10·1　マイクロ波電力の工業応用

マイクロ波電力による誘電体加熱に使われるアプリケータの基礎，主な応用等について述べる．アプリケータとしては被加熱体の大きさ，形状に対して能率よく，均一に加熱できること，また加熱温度等の点から種々のものが目的に応じて使われている．

(1)　**進行波形アプリケータ**

図10·1のように導波管にスリットを切り試料（被加熱体）を挿入する方法で，薄板状試料を連続的に加熱するのに適している．試料の ε と導波路の伝搬定数の関係は厳密な電磁界解析から求めるとかなり複雑になるが，試料の断面積 Δs が導波路の断面積 S に比べて小さければ，測定の9·3節の空胴共振器の摂動と同様な導波路の摂動計算によって求めることができる．一般に伝搬定数 γ と電磁界の間には次の関係がある（付録4参照）．

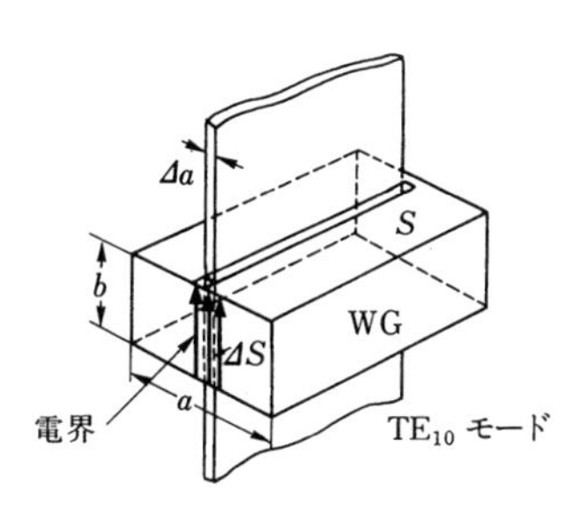

図10·1　進行波形アプリケータ

$$\gamma+\gamma_0^*=\frac{j\omega\int_{\Delta S}(\varepsilon_0\chi_e\boldsymbol{E}\cdot\boldsymbol{E}_0^*+\mu_0\chi_m\boldsymbol{H}\cdot\boldsymbol{H}_0^*)\mathrm{ds}}{\int_S \boldsymbol{i}_z\cdot(\boldsymbol{E}\times\boldsymbol{H}_0^*+\boldsymbol{E}_0^*\times\boldsymbol{H})\mathrm{ds}} \tag{10·1}$$

ここで，$\boldsymbol{E}_0$, $\boldsymbol{E}$ および $\boldsymbol{H}_0$, $\boldsymbol{H}$ は試料挿入前後の値で，* は共役複素値を示している．

摂動計算では上式で試料を挿入しても電磁界の変化はない．すなわち $\boldsymbol{E}\simeq\boldsymbol{E}_0$,

$\boldsymbol{H} \simeq \boldsymbol{H}_0$ で，また $\chi_e \boldsymbol{E}$ の $\boldsymbol{E}$ は試料内電界，χ_e は固有分極率であるが，試料の外の電界 $\boldsymbol{E}_0$ と実効分極率 χ_{eef} を使って $\chi_e \boldsymbol{E} = \chi_{eef} \boldsymbol{E}_0$ として求める．χ_e と χ_{eef} 間の変換は $\chi_m \rightarrow \chi_e$ とすれば式（9·29）が使える．

上式を図10·1の場合に適用すると，ε_r'' に比べて導波管の損失 $\alpha_0 \simeq 0$ と考えてよく，E_0 は試料内で一定，また $N_y \simeq 0$ と見なせるので簡単に次式が得られる．β_0 は空導波管の位相定数である．通常 $\chi_m = 0$ である．

$$\beta - \beta_0 = \Delta\beta = \left(\frac{\Delta a}{a}\right)(\varepsilon_r' - 1) \cdot \mathrm{A} \quad [\mathrm{rad/m}], \quad \alpha = \left(\frac{\Delta a}{a}\right)\varepsilon_r'' \cdot \mathrm{A} \quad [\mathrm{dB/m}] \tag{10·2}$$

A は図の TE_{10} モード導波管では $A = 54.6\,\lambda_g/\lambda^2$ となる．

吸収量すなわち，減衰量 αl は上式に示したようにあまり大きくないので，実際には図10·2のようにメアンダ線路を使い加熱を均一にし，また熱効率を上げている．紙，繊維の乾燥に多く使われている．進行波アプリケータでも高次モードも通過させ，多重モード共振器と同様に導波管断面内分布を均一にするものも使われる．

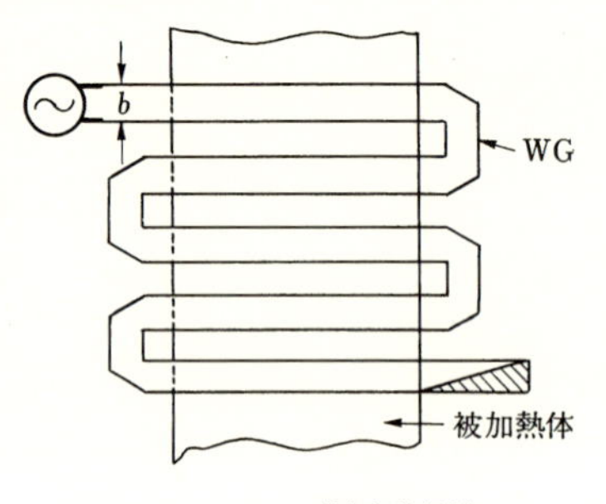

図10·2　メアンダ線路進行波アプリケータ

(2)　多重モード共振器アプリケータ

多重モード空胴共振器は，図10·3に示すように使用中心周波 f_0 を中心に $\pm\Delta f$ 以内に多くの共振モードがあるように，共振波長 λ_0 の数波長以上の長さで構成されている．通常マグネトロンのマイクロ波の発振周波数は，高圧に脈動電圧を使って $f_0 \pm \Delta f$ 間を変動するようになっているので，図(a)の $2\Delta f$ 以内の共振が生じる．いま損失のある被加熱体を空胴内に置くと，定性的には図(b)のように Q の低下，縮退モードの分離などから各共振曲線は重なり，空胴内の電界分布は一様に近くなる．被加熱体は種々の形をとり，ε_r の分布も一様でないので電磁界分布を求めることも研究されているが，計算は容易でない．空の方形空胴の共振周波数 f_{mnp} は式（5.7）を書き変えると

$$f_{mnp}=c\sqrt{\left(\frac{m}{2a}\right)^2+\left(\frac{n}{2b}\right)^2+\left(\frac{p}{2L}\right)^2}$$

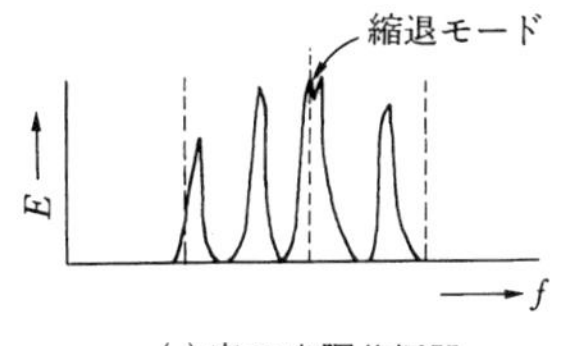

(a) 空の空胴共振器

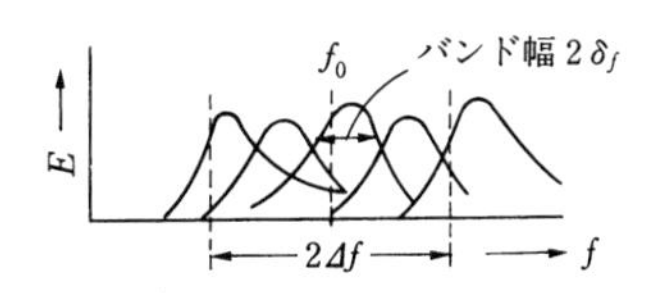

(b) 被加熱体がある場合

図10·3 多重モード共振器の E–f 特性
$\left(2\delta/f=\frac{1}{Q_L},\ \frac{1}{Q_L}=\frac{1}{Q_C}+\frac{1}{Q_s}+\frac{1}{Q_{ex}}\right)$

（c：光速，各辺 a, b, L）となり，直方体では $f_{mnp}=(c/2a)\sqrt{m^2+n^2+p^2}$ となるので空胴設計の一応の目安となる．加熱時に不均一な部分があると，温度が高くなった所の ε_r'' は大きくなり，さらに温度が上昇し，いわゆる“hot spot”を生じるので，できるだけ均一電界を作り，均一加熱する事が望ましい．空胴内電磁界を均一にするために，図10·4のようにステラファンと呼ばれる回転翼を回転（1～10回転/s）しマイクロ波を散乱させ，各モードを励振または被加熱体に均一に照射させている．または家庭用電子レンジ（マイクロ波オーブン）でよく知られているように，被加熱体をターンテーブルに乗せ回転させ温度を均一にするのも効果がある．なお被加熱体の損失 ε'' が非常に大きい場合には，Q の低下がいちじるしく，空胴は共振器としてより“シールド箱”的に動作するので，このような場合にも均一に照射することが必要である．以上の他に独立した多くの発振源を利用したり，空胴への放射開口を多くする，また共振アンテナを回転する等の方法がある．

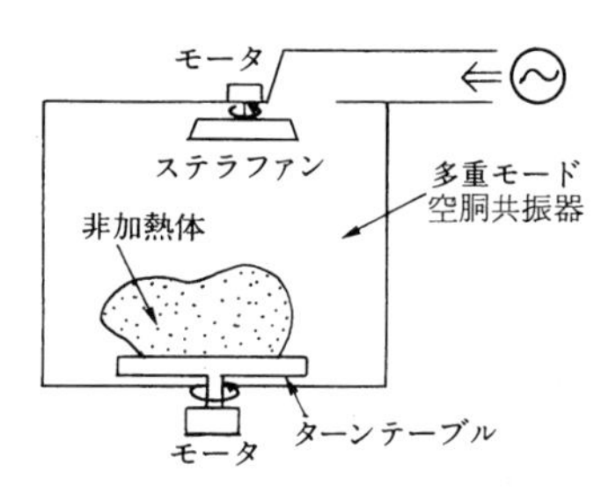

図10·4 均一加熱用ステラファン，ターンテーブル

次に多重モード空胴に図10·5のように被加熱体があるときの Q_s について考える．

$\boldsymbol{E}_i$, $\boldsymbol{E}$ を被加熱体内，外の電界，V_s を被加熱体の体積，V_c' を空胴の体積 V_c と V_s の差 $V_c'=V_c-V_s$ とすると，Q_s は定義から次式となる．なお $\frac{1}{Q_0}=\frac{1}{Q_c}+\frac{1}{Q_s}$ で損失被加熱体の場合 $\frac{1}{Q_c}\ll\frac{1}{Q_s}$ である．

$$Q_s=\omega\frac{\int_{Vs}\frac{1}{2}\varepsilon'\varepsilon_0|\boldsymbol{E}_i|^2 dv+\int_{Vc'}\frac{1}{2}\varepsilon_0|\boldsymbol{E}|^2 dv}{\int_{Vs}\frac{1}{2}\omega\varepsilon_0\varepsilon'\tan\delta|\boldsymbol{E}_i|^2 dv}$$

$$=\frac{1}{\tan\delta}+\frac{1}{\varepsilon'\tan\delta}\frac{\int_{Vc'}|\boldsymbol{E}|^2 dv}{\int_{Vs}|\boldsymbol{E}_i|^2 dv} \qquad (10.3)$$

一般に右辺2項の積分の項は，被加熱体の形状，ε，空胴に存在する多くのモードにより複雑であるが，空胴全体が被加熱体で満たされていると零となり，単に $Q_S=1/\tan\delta$ となる．いま簡単のために $\boldsymbol{E}$, $\boldsymbol{E}_i$ ともに一定であるとすると，静電界と同じく $\boldsymbol{E}_i=\boldsymbol{E}-N(\chi_e\boldsymbol{E}_i)$ から $\boldsymbol{E}_i=\boldsymbol{E}/\{1+N(\varepsilon-1)\}$ となり，さらに被加熱体が球状の場合 $N=\frac{1}{3}$ で $\boldsymbol{E}_i=3\boldsymbol{E}/(\varepsilon'+2)$ となるので，式（10·3）に代入すると次式が得られる．

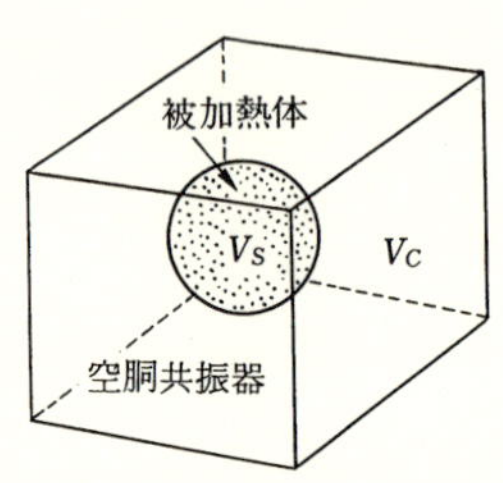

図10·5　多重モード空胴内の被加熱体

$$\left.\begin{aligned}Q_s&=\frac{1}{\tan\delta}\left(1+\frac{\{1+N(\varepsilon'-1)\}^2}{\varepsilon'}\cdot\frac{V_c-V_s}{V_s}\right)=\frac{A}{\tan\delta}\\ A&=1+\frac{1}{\varepsilon'}\{1+N(\varepsilon'-1)\}^2\cdot\frac{1-R}{R}\end{aligned}\right\} \qquad (10\cdot4)$$

球状被加熱体：$A=1+\frac{(\varepsilon'+2)^2}{9\varepsilon'}\left(\frac{1-R}{R}\right)$，ただし充てん率 $R=V_S/V_C$

上式から R と $\tan\delta$ が増加すると Q_S は減少し，ε′ が増加すると Q_S は増大することがわかる．なお $\tan\delta$ が非常に大きいと，被加熱体内部の電界は表皮効果で急激に減少し上式は成り立たない．

次にアプリケータの設計で重要な空胴内電磁界，壁面電流の大きさについて考える．式（5·11）に示したように $Q_S=\omega_0 U/P$ において，P は空胴内消費電力で，空胴内蓄積エネルギー $U=(1/2)\mu_0\mu'\int_{Vc}|\boldsymbol{H}|^2 dv=(1/4)\mu_0\mu' H_{\max}^2 V_c$ となる．$H_{\max}$ は壁面で生じるので，電流密度 J は次式となる．

$$J=H_{\max}=2\left(\frac{(P/V_c)Q_s}{\omega_0\mu_0\mu'}\right)^{\frac{1}{2}}\quad〔\mathrm{A/m}〕 \qquad (10\cdot5)$$

さらに空胴内で放電が生じないためには，電界の大きさを知る必要がある．平面波近似では $E_{\max}=(\mu_0/\varepsilon_0)^{\frac{1}{2}}H_{\max}$ となり，直ちに上式から $E_{\max}$が求まる

$$E_{\max}=2\left(\frac{(P/V_c)Q_s}{\omega\varepsilon_0\times10^6}\right)^{\frac{1}{2}}\quad〔\mathrm{kV/m}〕\tag{10·6}$$

通常空胴ではコーナ，被加熱体の形状により局所的に電界が高くなるので，式（10·6）の $E_{\max}$ は目安で放電電界よりかなり低くする事が必要である．この他に被加熱体の温度上昇による機械的ストレス，発生した蒸気等による破壊を考慮することも重要である．

(3)　単一モード共振器アプリケータ

低誘電体損の材料を加熱するには，多重モード共振器アプリケータでは空胴内電界は比較的一様になるが，入力エネルギーが各モードに分散されるため加熱が困難になる．このため単一モード共振器を使い，電界最大点に被加熱体を置き，セラミック等を高温で焼結，接合させる試みが行なわれている．この場合の共振周波数 f_0，結合係数 β について説明する．

図 10·6 のように空胴共振器内に試料が挿入されている場合には発振器からの電力を P，空胴内への入射電力を P_{in} とすると 3·3·4 節で説明したように

$$P_{in}=P(1-|\Gamma|^2)=P\left[1-\left|\frac{Q_0'-Q_{ex}}{Q_0'+Q_{ex}}\right|^2\right]\tag{10·7}$$

となり P_s，P_c を試料および管壁等による損失電力，試料挿入前の無負荷の

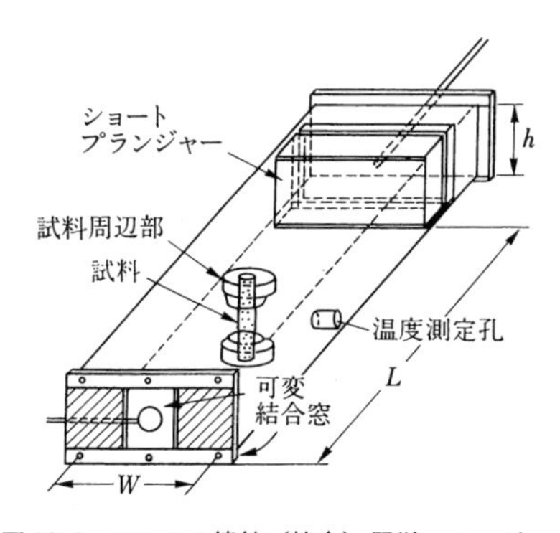

図 10·6　アルミナ焼結（接合）用単一モード空胴共振器（$TE^{\square}_{103}$，結合度可変）

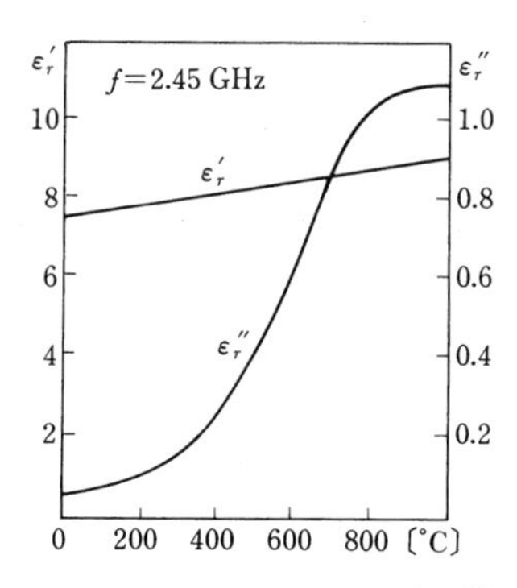

図 10·7　アルミナの ε_r^* の高温特性

Q を Q_0 とすると $P_{in}=P_s+P_c$ で$P_c/P_s=Q_s/Q_0$ となるので

$$P_s=\frac{P_{in}}{1+\dfrac{Q_s}{Q_0}} \tag{10·8}$$

となり，$Q_s \simeq Q_0$ の材料では P_{in} の半分しか試料に吸収されないことがわかる．

また $1/Q_0'=1/Q_s+1/Q_0$ は Q_s すなわち ε'' で変化する．ε'' はセラミックの場合9·5節の測定法による測定値は図10·7のようになり，400～600℃で急激に ε'' が変化するので，Q_s が変化し従って Γ も変化して整合からずれるので，図10·6の装置[1]では結合度を ε'' に応じて変化し，$\Gamma \simeq 0$ で $P_{in} \simeq P$ を保つようになっている．また ε' も僅かではあるが温度で変化するので（図10·7），図10·6では共振器の終端をモータで変化して，常に共振状態になるようにしている．これ等の自動化システムを図10·8に示す．高温焼結等では均一に加熱されても，試料の外周付近は熱放射等で温度が下がるので，通常断熱材で囲むが，電界分布を外周の方が高くなるモードを使う方法もある[2]．これ等単一モード共振器は試料の大きさが$|E|$が一定の場所，すなわち小試料しか加熱できない欠点がある．

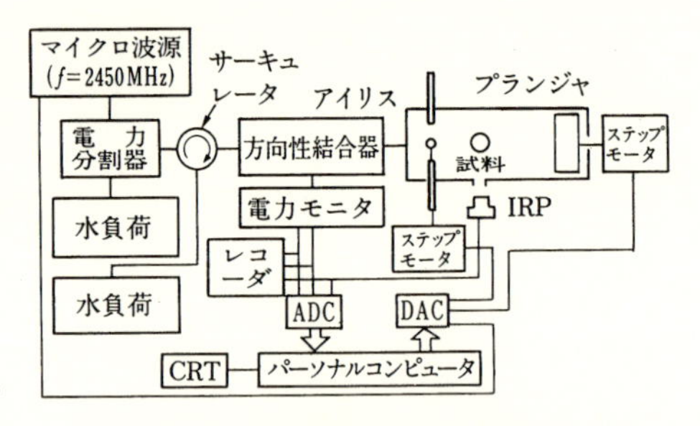

図10·8　マイクロ波焼結（接合）制御システム

(4)　進行波共振器アプリケータ

単一モード共振器の欠点を補うために，5·4節で説明した進行波共振器を使うことが試みられている[3],[4]．この共振器内を電界の振幅が増大した進行波が一方向に進むので，長い試料の加熱に適している．なお Q 等は次式となる．

$$\frac{1}{Q_L}=\frac{1}{Q_0'}+\frac{1}{Q_{ex1}}+\frac{1}{Q_{ex2}} \quad \frac{Q_0'}{Q_L}=1+\frac{Q_0'}{Q_{ex1}}+\frac{Q_0'}{Q_{ex2}}$$

$$=\left(\frac{2}{1\pm|\Gamma|}+\frac{2}{1\pm\left|\dfrac{b_2}{a_1}\right|}\right)-1 \tag{10·9}$$

従って Q_L，$|\Gamma|$，入力振幅 a_1 と出力端への波の振幅 b_2 の比 $|b_2/a_1|$ を測定す

れば Q_0' が算出できる．$\gamma=\alpha+j\beta$ の求め方は式（10·1）を使えばよく，例えば 2.45 G で長さ 20 mm，$\phi=15$ mm 試料の場合，α の温度特性は ε'' と同様な曲線となり，常温に対し 800℃ では 100 倍以上となる．またこの共振器はナイロン等の加熱にも使用された．なお，断面内を均一に加熱するために円偏波共振器も提案されている[(5)].

以上の他，目的によって種々のアプリケータ，例えば岩石破壊等にはホーン形アプリケータが，薄い布などの加熱乾燥には周期構造導波管形等表面波アプリケータが使われている．

(5)　誘電体加熱における温度上昇，乾燥の基礎

t 秒間に質量 M〔g〕，比熱 C の材料を ΔT〔℃〕上昇させるのに必要な電力 P_s（材料に吸収された電力）は

$$P_s=\frac{CMJ\Delta T}{t} \tag{10·10}$$

となる．J は熱の仕事当量（4.2 J/cal）で，t と ΔT は比例する．実際の高温加熱等の場合は，熱の放射，熱伝導を考える必要がある．試料が一様に加熱されている場合には，表面からの放射による放熱，対流などによる熱伝達を考えればよい．放射熱流 q_s は試料の表面積を S，熱放射率を ε_{rad}，表面温度を T〔K〕，σ をステファン・ボルツマン定数（$=5.67\times10^{-8}$〔$\mathrm{Wm^{-2}K^{-4}}$〕）とすると $q_s=\varepsilon_{rad}S\sigma T^4$ である．次に対流熱伝達による放熱流 q は，α を熱伝達率，周囲温度を T_a とすると $q=\alpha S(T-T_a)$ で，全放射熱量 $q_t=q_s+q$ なので式（10·10）と共に考えると、温度上昇 ΔT は以下の式となる．

$$\Delta T=\frac{P_st-\varepsilon_{rad}S\sigma T^4-\alpha S(T-T_a)}{CMJ} \tag{10·11}$$

もちろん発生熱と放射熱が等しくなれば $\Delta T=0$ で一定温度になる．一般には ε_{rd}，α，誘電率 ε は温度の関数となるので，加熱から t 秒後の温度上昇を厳密に求めるのは容易でないが，上式で ΔT の範囲でこれら定数を一定と考えれば容易に推定できる．また P_s は $\varepsilon'\tan\delta=\varepsilon''$ に比例するが，材料の各部の ε'' が異なると ε'' の大きい場所だけ温度が上昇する選択加熱が生じる．

つぎに温度 T〔℃〕，重量 M〔kg〕，全乾時の比熱 C_{po} の材料を 100℃ まで加熱して，湿基準含水率を W_1 から W_2 まで乾燥するのに要する電力量 P_st〔kWh〕は，

$$P_{st}=M\cdot 10^{-3}[1.16(100-T)][C_{po}+W_1(1-C_{po})]$$
$$+\frac{0.625(W_1-W_2)}{(1-W_1)(1-W_2)}\Big] \text{〔kWh〕} \qquad (10\cdot 12)$$

で必要な入力電力 P では $P_s=\eta P$ で，η は効率と言われ通常 70～80％ である．

(6)　**アプリケータの実用例**[(6)]

マイクロ波加熱の応用面で需要の多い食品関係では調理，解凍，テンパリング（低温半解凍），乾燥，殺菌，防ばい，再加熱等に対し，家庭用にはマイクロ波出力 P_{out} が 500～750W のものから，工業用では P_{out} 数 10kW のものが使われ，アプリケータは，殆ど多重モード共振器アプリケータ（オーブンアプリケータとも呼ばれる）である．図 10·9 にテンパリング，図 10·10 に乾燥装置，アプリケータを示す．なお最近はマイクロ波＋熱風，赤外線などの組合せが効果を高めている．この他にオーブン，あるいは放射形アプリケータはゴムの加硫に使われ，導波管進行波形は薄い木材の乾燥，接着，曲げ加工等に使われている．この他最近の応用に対するアプリケータとしては，図 10·11～17 に示すようなものが使われている．図 10·11 は 4 つのメアンダ共振器アプリケータの位置をずらすことにより，コンベア上のセラミック粉末（ε″：中，高）を均一に乾燥させるもので，図 10·12 は工業廃棄物や放射性物質の焼却灰を 1 400～1 500℃ に加熱し，熔融しガラス状にするもので，特に放電が生じなく，連続運転できるように傾斜導波管共振器を使い，放電の生じやすい部分をカットオフにして電界を弱めている，図1·13はマイクロ波による使用済ウラン燃料の直接脱硝法である．

マイクロ波によるプラズマ発生は，放電電極が不要なため，クリーンなプラズマが得られるので，種々の化学反応に使われ，現在ダイヤモンド等の膜の生成（プラズマ CVD），エッチング，高分子材の表面改質，プラズマトーチ等に多く使われている．図 10·14 は浸漬形で P_{out} が 0～5kW（2.45GHz）が多く使われている．図 10·15 は半導体エッチング用の DC 磁界とマイクロ波によるサイクロトロン共鳴を利用したプラズマを基板に導いたもので，図 10·16 はマイクロ波プラズマトーチを利用し，高温プラズマによりセラミック，フェライト等の粉

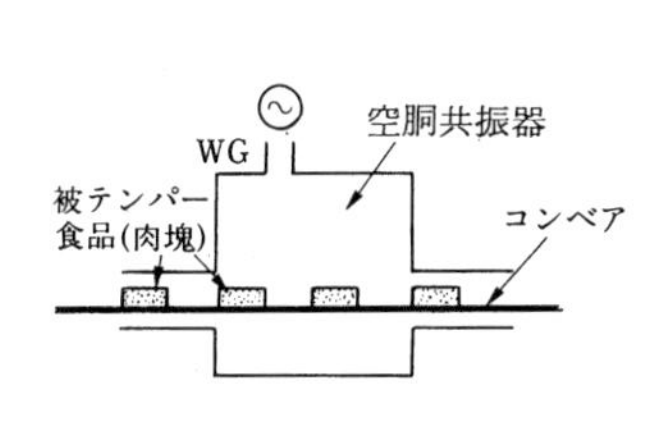

図 10·9　テンパー装置（p_{out}：60 kW，f：915 MHz，処理量 2000 kg/h）

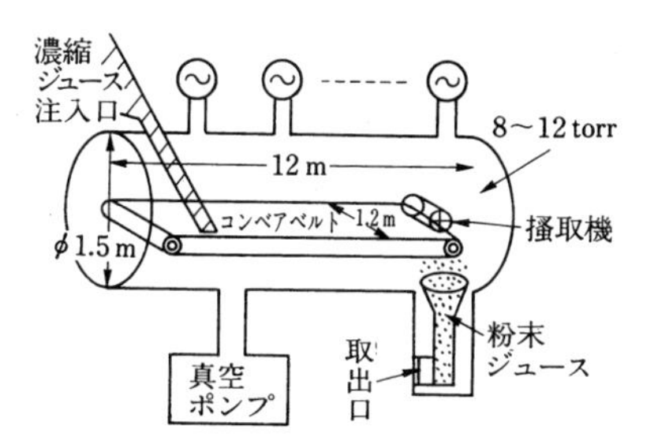

図 10·10　食品真空乾燥装置（ジュース，トンネル方式，p_{out}：6 kW×8，f：2.45 GHz）

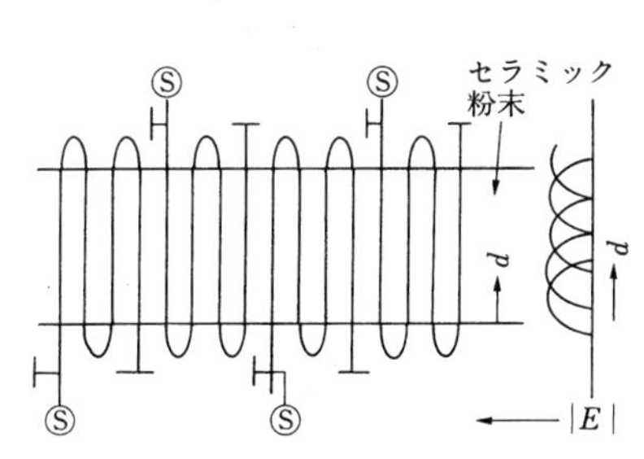

図 10·11　粉末乾燥用メアンダ共振器アプリケータ

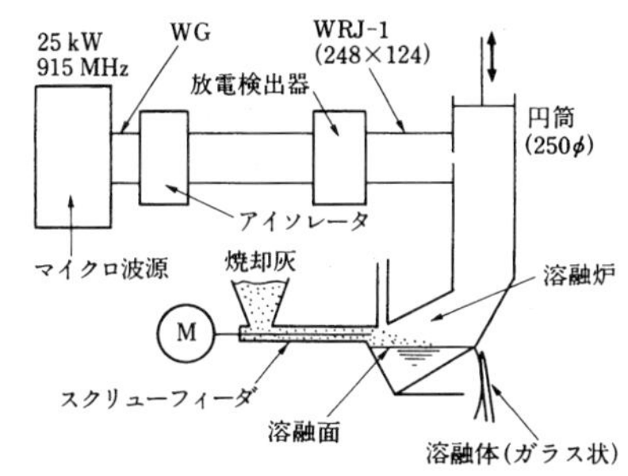

図 10·12　連続溶融炉の構成図

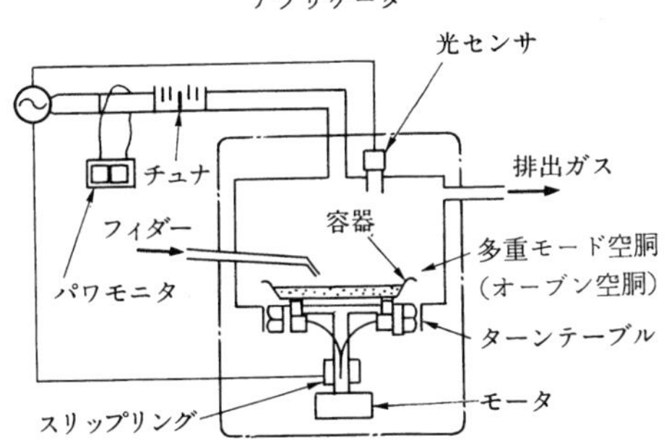

図 10·13　マイクロ波直接脱硝法

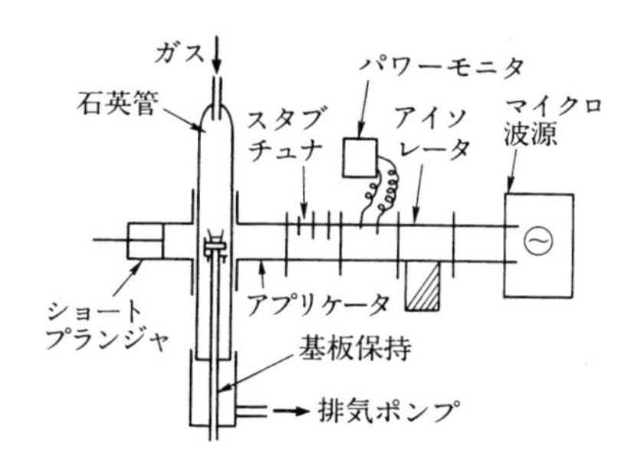

図 10·14　マイクロ波プラズマ装置（インベエジョン形）

末を基板上に厚膜として形成させる MWPS（Microwave Plasma Spray）である．図 10·17 は茶葉を連続的に乾燥し，最後に赤外線によって表面加工するもので，$p_{out} \simeq 1.2\text{kW} \times 4$ で処理時間はマイクロ波を使わない場合の1/10となって

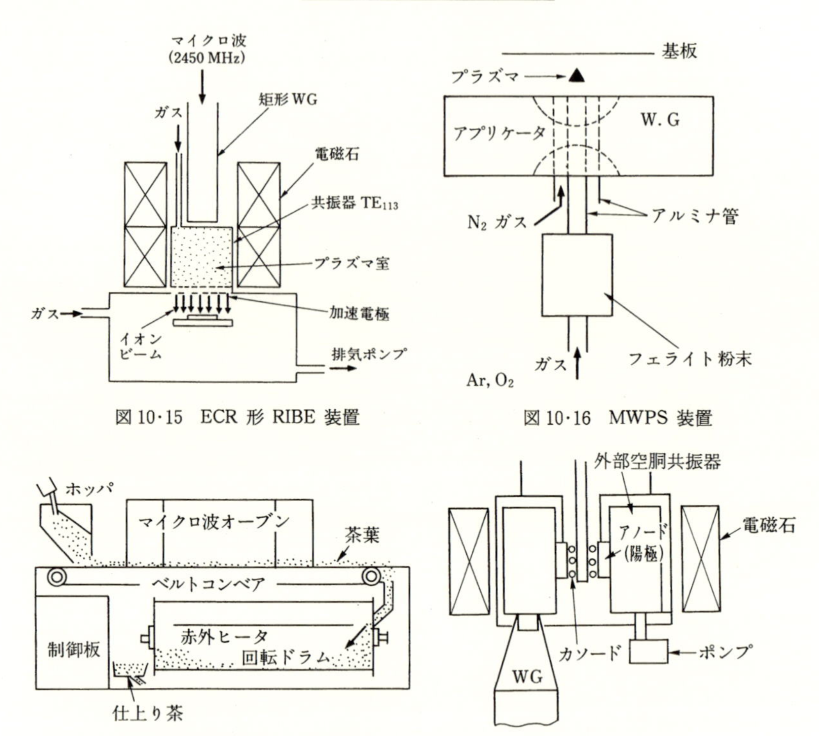

図 10･15　ECR 形 RIBE 装置

図 10･16　MWPS 装置

図 10･17　お茶の乾燥，ロースト装置

図 10･18　915 MHz CW 500 kW マグネトロン

いる他，殺菌，防ばいなどの特長がある．

(7)　大電力応用用デバイス

本質的には低電力と同じであるが，大電力になると放電，温度上昇およびそのための機械的歪等に注意する必要がある．図 10･18 は 915MHz 用 CW500 kW マグネトロンで，能率は70％に達している．アイソレータも大電力応用では負荷のΓの変化が大きく，場合によっては高価な発振源が破壊するのを防止するために重要なデバイスで，これについてはフェライトデバイスの項で述べた．この他負荷を常に整合状態にする整合器として3･4節参照のスタブを，反射係数の大きさ$|\Gamma|$を測定して$|\Gamma|\simeq 0$となるように，モータで自動的に動かす自動マッチングデバイスも使われる．

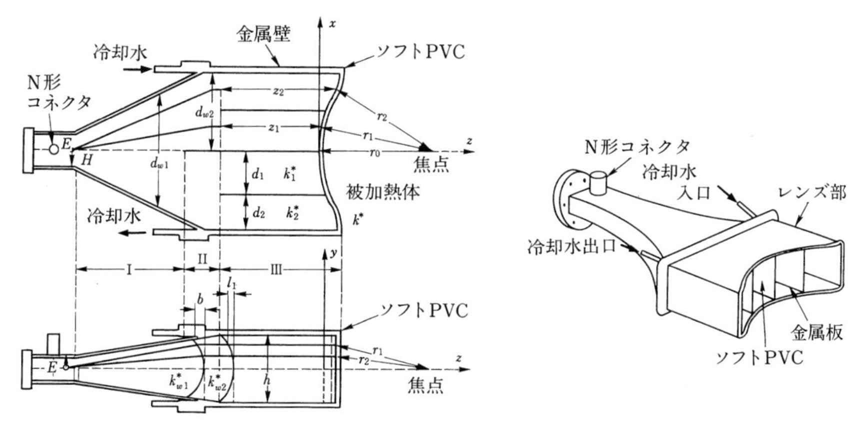

図 10・19　E, H 両面集束レンズアプリケータ断面図

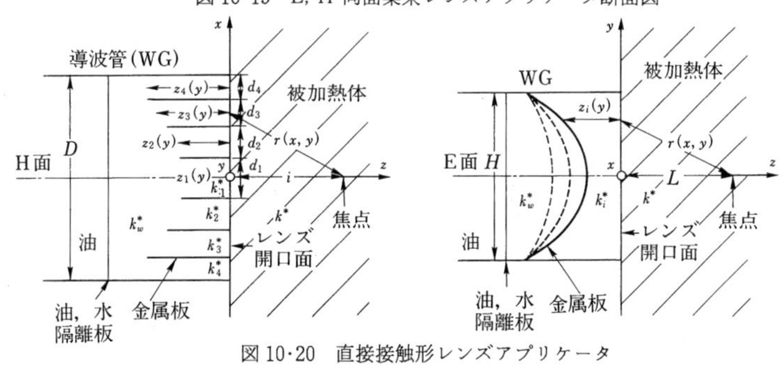

図 10・20　直接接触形レンズアプリケータ

10・2　マイクロ波電力の医療応用

最近ガン治療にハイパサーミヤが有効なことに関しては第1章で説明したので，以下現在使われている，また開発中の各種アプリケータについて簡単に図面で説明する．

図 10・19 は 430 MHz において表面から 5 cm 以上の深さに至る患部の加温に用いることができる，金属レンズを応用した電波集束型のアプリケータである[7]．

図 10・20 は 2 450 MHz において小型で取扱いが容易で，さらにこの周波数における一般的な加温深度に比べて，より深部の加温が可能な E, H 両面集束レンズアプリケータである[8],[9]．

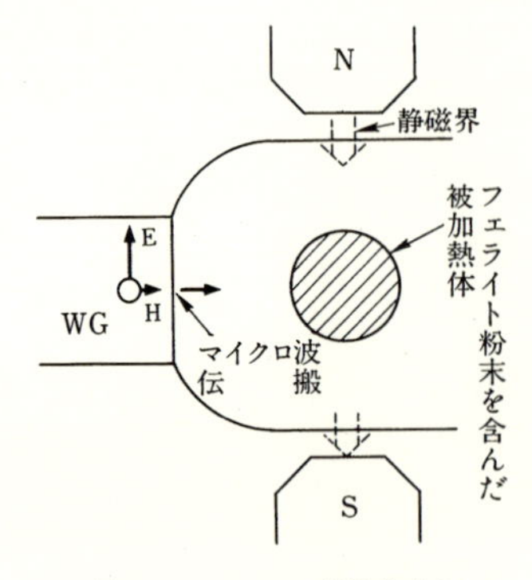

図 10・21　フェリ磁性共鳴を用いた選択加温

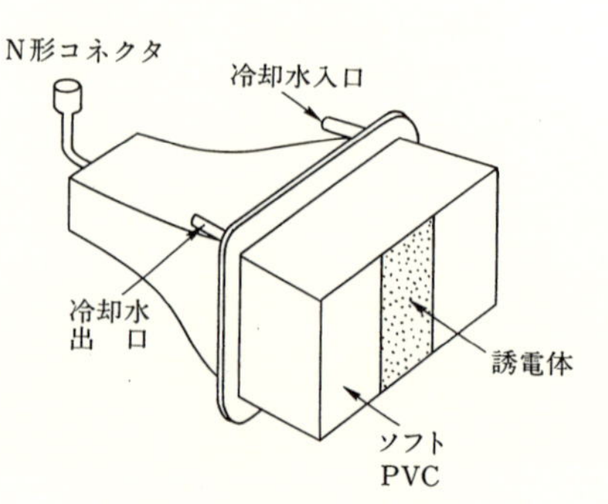

図 10・22　誘電体装荷型アプリケータ

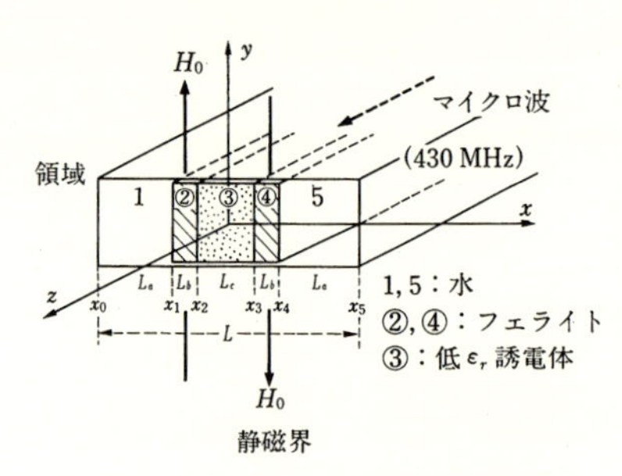

図 10・23　フェライト誘電体装荷型アプリケータ

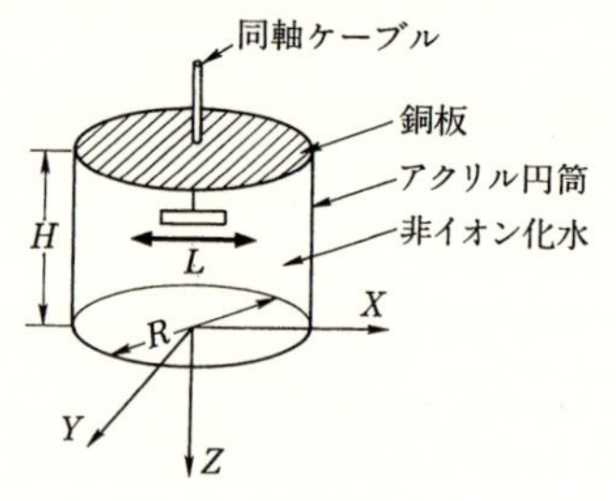

図 10・25　誘電体ロッドアプリケータ

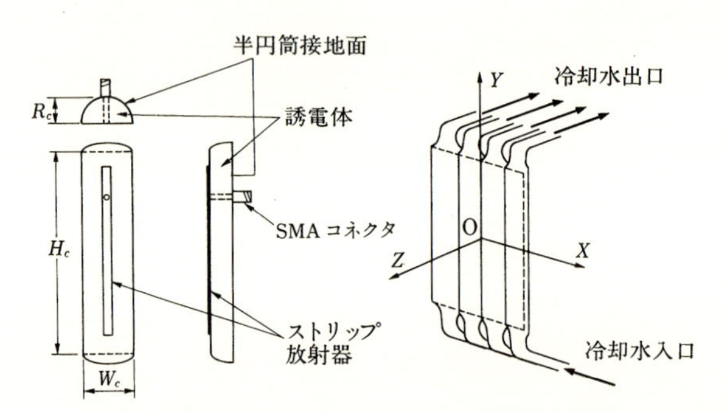

図 10・24　マイクロストリップ，マイクロストリップ・アレイアプリケータ

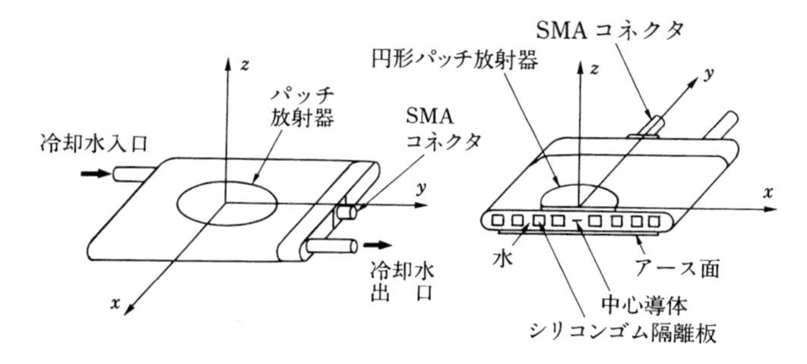

図 10・26　柔軟性のあるマイクロストリップパッチアプリケータ

図 10・21 は患部に予めフェリ磁性共鳴を生じさせるフェライト微粉をとり込み，これをマイクロ波フェリ磁性共鳴によって，選択的に加温する加温法を示した[10].

図 10・22 は水負荷導波管の中央部に誘電率の低い誘電体を装荷し，430 MHz で従来の導波管に対してより深部加温を可能とするアプリケータである[11].

図 10・23 は水負荷導波管の中央部に誘電率の低い誘電体，およびその両わきにフェライトを装荷し，430 MHz で従来の導波管に対して深部加温が可能で，加温パターンを外部直流磁界によって変化できるアプリケータである[12].

図 10・24 は誘電体に循環水を用いた小型化マイクロストリップアンテナと，そのアレイ化により加温の範囲を拡大したアプリケータである[13].

図 10・25 は広い範囲にわたる加温が可能で，かつ柔軟構造をとることができる誘電体ロッドアプリケータである[14].

図 10・26 は基盤材料に循環水とシリコーンゴムを用い加温部分に対する密着性を向上させ，表面冷却機能を兼ね備えたマイクロストリップパッチアプリケータである[15].

付録１　ベクトル解析関係

$\varPhi$をスカラ，A_i をベクトル $\boldsymbol{A}$ の座標成分，$\boldsymbol{a}_i$ を座標成分方向の単位ベクトルとすると，以下の関係がある．

(1)　**直角座標**（付図１）

$$\boldsymbol{A}=\boldsymbol{a}_x A_x+\boldsymbol{a}_y A_y+\boldsymbol{a}_z A_z$$

$$\mathrm{grad}\,\varPhi=\nabla\varPhi=\boldsymbol{a}_x\frac{\partial\varPhi}{\partial x}+\boldsymbol{a}_y\frac{\partial\varPhi}{\partial y}+\boldsymbol{a}_z\frac{\partial\varPhi}{\partial z} \qquad (\text{A1·1})$$

$$\mathrm{div}\,\boldsymbol{A}=\nabla\cdot\boldsymbol{A}=\frac{\partial A_x}{\partial x}+\frac{\partial A_y}{\partial y}+\frac{\partial A_z}{\partial z} \qquad (\text{A1·2})$$

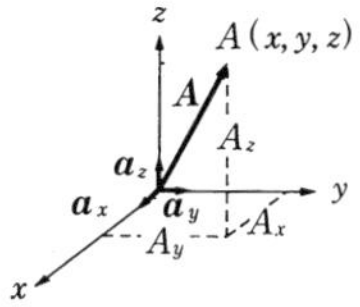

付図1

$$\mathrm{curl}\,\boldsymbol{A}=\mathrm{rot}\,\boldsymbol{A}=\nabla\times\boldsymbol{A}=\boldsymbol{a}_x\left(\frac{\partial A_z}{\partial y}-\frac{\partial A_y}{\partial z}\right)$$

$$+\boldsymbol{a}_y\left(\frac{\partial A_x}{\partial z}-\frac{\partial A_z}{\partial x}\right)+\boldsymbol{a}_z\left(\frac{\partial A_y}{\partial x}-\frac{\partial A_x}{\partial y}\right) \qquad (\text{A1·3})$$

$$\nabla^2\varPhi=\frac{\partial^2\varPhi}{\partial x^2}+\frac{\partial^2\varPhi}{\partial y^2}+\frac{\partial^2\varPhi}{\partial z^2}=\Delta\varPhi \qquad (\text{A1·4})$$

$$\nabla^2\boldsymbol{A}=\boldsymbol{a}_x\nabla^2 A_x+\boldsymbol{a}_y\nabla^2 A_y+\boldsymbol{a}_z\nabla^2 A_z \qquad (\text{A1·5})$$

(2)　**円筒座標**（付図２）

$$\boldsymbol{A}=\boldsymbol{a}_r A_r+\boldsymbol{a}_\phi A_\phi+\boldsymbol{a}_z A_z$$

$$\nabla\varPhi=\boldsymbol{a}_r\frac{\partial\varPhi}{\partial r}+\boldsymbol{a}_\phi\frac{1}{r}\frac{\partial\varPhi}{\partial\phi}+\boldsymbol{a}_z\frac{\partial\varPhi}{\partial z} \qquad (\text{A1·6})$$

$$\nabla\cdot\boldsymbol{A}=\frac{1}{r}\frac{\partial}{\partial r}(rA_r)+\frac{1}{r}\frac{\partial A_\phi}{\partial\phi}+\frac{\partial A_z}{\partial z} \qquad (\text{A1·7})$$

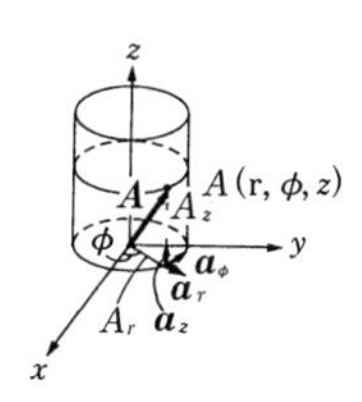

付図2

$$\nabla\times\boldsymbol{A}=\boldsymbol{a}_r\left(\frac{1}{r}\frac{\partial A_z}{\partial\phi}-\frac{\partial A_\phi}{\partial z}\right)+\boldsymbol{a}_\phi\left(\frac{\partial A_r}{\partial z}-\frac{\partial A_z}{\partial r}\right)$$

$$+\boldsymbol{a}_z\left(\frac{1}{r}\frac{\partial(rA_\phi)}{\partial r}-\frac{1}{r}\frac{\partial A_r}{\partial\phi}\right) \qquad (\text{A1·8})$$

$$\nabla^2 \Phi = \frac{1}{r}\frac{\partial}{\partial r}\left(r\frac{\partial \Phi}{\partial r}\right) + \frac{1}{r^2}\frac{\partial^2 \Phi}{\partial \phi^2} + \frac{\partial^2 \Phi}{\partial z^2} \tag{A1·9}$$

$$\nabla^2 \boldsymbol{A} = \nabla \nabla \cdot \boldsymbol{A} - \nabla \times \nabla \times \boldsymbol{A} \tag{A1·10}$$

(3) **球座標**（付図3）

$$\nabla \Phi = \boldsymbol{a}_r \frac{\partial \Phi}{\partial r} + \boldsymbol{a}_\theta \frac{1}{r}\frac{\partial \Phi}{\partial \theta} + \boldsymbol{a}_\phi \frac{1}{r\sin\theta}\frac{\partial \Phi}{\partial \phi} \tag{A1·11}$$

$$\nabla \cdot \boldsymbol{A} = \frac{1}{r^2}\frac{\partial}{\partial r}(r^2 A_r) + \frac{1}{r\sin\theta}\frac{\partial}{\partial \theta}(\sin\theta A_\theta) + \frac{1}{r\sin\theta}\frac{\partial A_\phi}{\partial \phi} \tag{A1·12}$$

$$\nabla \times \boldsymbol{A} = \boldsymbol{a}_r \frac{1}{r\sin\theta}\left[\frac{\partial}{\partial \theta}(A_\phi \sin\theta) - \frac{\partial A_\theta}{\partial \phi}\right] + \boldsymbol{a}_\theta \frac{1}{r}\left[\frac{1}{\sin\theta}\frac{\partial A_r}{\partial \phi} - \frac{\partial}{\partial r}(rA_\phi)\right]$$
$$+ \boldsymbol{a}_\phi \frac{1}{r}\left[\frac{\partial}{\partial r}(rA_\theta) - \frac{\partial A_r}{\partial \theta}\right] \tag{A1·13}$$

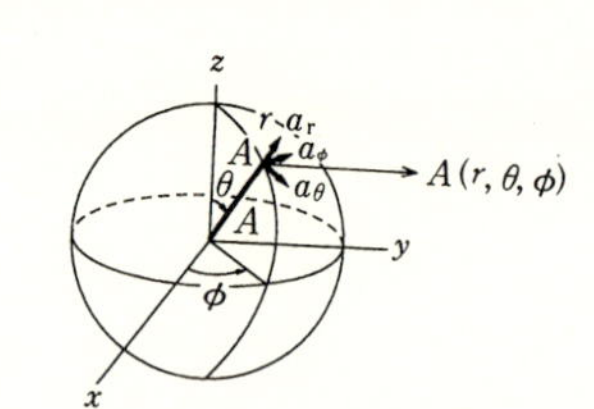

付図3

$$\nabla^2 \Phi = \frac{1}{r^2}\frac{\partial}{\partial r}\left(r^2\frac{\partial \Phi}{\partial r}\right) + \frac{1}{r^2\sin\theta}\frac{\partial}{\partial \theta}\left(\sin\theta\frac{\partial \Phi}{\partial \theta}\right)$$
$$+ \frac{1}{r^2\sin^2\theta}\frac{\partial^2 \Phi}{\partial \phi^2} \tag{A1·14}$$

$$\nabla^2 \boldsymbol{A} = \nabla \nabla \cdot \boldsymbol{A} - \nabla \times \nabla \times \boldsymbol{A}$$

(4) **ベクトル恒等式**

$$\nabla(\varphi \boldsymbol{A}) = \boldsymbol{A} \cdot \nabla \varphi + \varphi \nabla \cdot \boldsymbol{A} \tag{A1·15}$$

$$\nabla \cdot (\boldsymbol{A} \times \boldsymbol{B}) = (\nabla \times \boldsymbol{A}) \cdot \boldsymbol{B} - (\nabla \times \boldsymbol{B}) \cdot \boldsymbol{A} \tag{A1·16}$$

$$\nabla \times (\varphi \boldsymbol{A}) = (\nabla \varphi) \times \boldsymbol{A} + \varphi \nabla \times \boldsymbol{A} \tag{A1·17}$$

$$\nabla \cdot \nabla \varphi = \nabla^2 \varphi \tag{A1·18}$$

$$\nabla \cdot (\nabla \times \boldsymbol{A}) = 0 \tag{A1·19}$$

$$\nabla \times \nabla \varphi = 0 \tag{A1·20}$$

$$\int_V \nabla \cdot \boldsymbol{A} \mathrm{d}v = \oint_S \boldsymbol{A} \cdot \mathrm{d}\boldsymbol{s} \quad \text{（ガウスの定理）} \tag{A1·21}$$

$$\int_S \nabla \times \boldsymbol{A} \cdot \mathrm{d}\boldsymbol{s} = \oint_C \boldsymbol{A} \cdot \mathrm{d}\boldsymbol{l} \quad \text{（ストークスの定理）} \tag{A1·22}$$

$$\int_V (\nabla \varphi \cdot \nabla \psi + \psi \nabla^2 \varphi) \mathrm{d}v = \oint_S \psi \nabla \varphi \cdot \mathrm{d}\boldsymbol{s} \quad \text{（グリーンの恒等式）} \tag{A1·23}$$

付録２　電流源（磁流源）による電磁波の放射

角周波数 ω の正弦状電流源がある場合のマクスウェルの電磁方程式は次の式（A2･1)～(A2･5) となる．

$$\nabla\times\boldsymbol{E}+j\omega\mu\boldsymbol{H}=0,\ \text{(A2･1)}\quad \nabla\cdot\boldsymbol{E}=\rho/\varepsilon\ \text{(A2･3)}\quad \nabla\cdot\boldsymbol{J}+j\omega\rho=0\ \text{(A2･5)}$$

$$\nabla\times\boldsymbol{H}-j\omega\varepsilon\boldsymbol{E}=\boldsymbol{J}\ \text{(A2･2)}\quad \nabla\cdot\mu\boldsymbol{H}=0\ \text{(A2･4)}$$

$\boldsymbol{J}$ は印加電流密度，ρ は $\boldsymbol{J}$ に対応する印加電荷である．図2･9のように原点に $\boldsymbol{J}$ が与えられた場合の P 点の $\boldsymbol{E}, \boldsymbol{H}$ を求めることを考える．この場合静電，磁気の場合と同様にポテンシャルを使うのが簡単である．式（A2･4) からベクトルポテンシャルを $\boldsymbol{A}$ と書くと式（A1･19）より $\boldsymbol{H}=\dfrac{1}{\mu}\nabla\times\boldsymbol{A}$ となり，式（A2･1) に代入し，スカラポテンシャルを ϕ と書くと，式（A1･20）より $\boldsymbol{E}=-\nabla\phi-j\omega\boldsymbol{A}$ となる．この $\boldsymbol{E}, \boldsymbol{H}$ を式（A2･2)，(A2･4) に代入し，補足条件 $\nabla\cdot\boldsymbol{A}+j\omega\varepsilon\mu\phi=0$ を使うと，$\boldsymbol{A}, \phi$ は $\boldsymbol{J}$，ρ が与えられると次式の波動方程式の特解として求まる．なお補足条件は $\boldsymbol{E}, \boldsymbol{H}$ が A, ϕ に対し任意性を持っているので成立する．

$$\nabla^2\boldsymbol{A}+k^2\boldsymbol{A}=-\mu\boldsymbol{J},\quad \nabla^2\phi+k^2\phi=-\rho/\varepsilon,\quad k^2=\omega^2\varepsilon\mu \qquad \text{(A2･6)}$$

補足条件を使って ϕ を消去し，$\boldsymbol{A}$ のみの表示として，更に係数を乗じたヘルツベクトルと呼ばれる．$\boldsymbol{\Pi}=(1/j\omega\varepsilon\mu)\boldsymbol{A}$ が通常使われ，まとめて記すと式（A2･7）となる．

$$\boldsymbol{E}=\nabla\nabla\cdot\boldsymbol{\Pi}+k^2\boldsymbol{\Pi},\quad \boldsymbol{H}=j\omega\varepsilon\nabla\times\boldsymbol{\Pi},\quad \nabla^2\boldsymbol{\Pi}+k^2\boldsymbol{\Pi}=-(1/j\omega\varepsilon)\boldsymbol{J}=-\boldsymbol{P}/\varepsilon \qquad \text{(A2･7)}$$

上式で与えられた $\boldsymbol{J}$ に体する P 点の $\boldsymbol{\Pi}$ を求めると微分演算により，$\boldsymbol{E}, \boldsymbol{H}$ が求まる．上式の非斉次ベクトル波動方程式は，直角座標成分 i に関しては J_i と Π_i が対応して，例えば J_z に対する Π_Z は，$\nabla^2\Pi_Z+k^2\Pi_Z=-(1/j\omega\varepsilon)J_z$ のスカラー波動式から求まる．この解は静電界のポアソンの式 $\nabla^2V=-\rho/\varepsilon$ の解と，電源からの波は速度 v で r 離れた求める点 P に r/v 遅れて到達すると考えると，$\exp[j\omega(t-r/v)]=\exp[j\omega t-jkr]$ であるから次式となる．

$$\Pi_Z=-\frac{j}{4\pi\omega\varepsilon}\int_V J_z(x'y'z')\frac{e^{-jkr}}{r}\mathrm{d}V \qquad \text{(A2･8)}$$

このため Π はまた遅延ポテンシャルと呼ばれている．V は印加電流の存在する領域である．他の成分も同様な式となる．次に図2･9のように原点に微小電流素子が存在する場合の上式の解を求める．

この場合 $\boldsymbol{J}$ は l 上で一定で $\int \boldsymbol{J}\mathrm{d}s\,\mathrm{d}l = I_0 l$，$r$ が λ に比べ十分大きいとすると $\int_V e^{-jkr}(r)^{-1}\boldsymbol{J}\mathrm{d}V = \frac{e^{-jkr}}{r}\int_V \boldsymbol{J}\mathrm{d}V$ となり，$\Pi = a_z \Pi_Z$ で，Π_Z は簡単に

$$\Pi_Z = \frac{-j}{4\pi\omega\varepsilon}\,\frac{e^{-jkr}}{r}\,I_0 l = \frac{P}{4\pi\varepsilon}\,\frac{e^{-jkr}}{r} \qquad \text{(A2・9)}$$

となる．なお電気双極子能率 $P = Ql = -j(I/\omega)l$ である．この Π_Z から極座標を使って，式（A2・7）から $\boldsymbol{E}$，$\boldsymbol{H}$ を求めると式（2・16）となる．一般に線状アンテナ等からの放射は微小電流素子の集まりと考え，式（2・16）を積分すればよい．なお，微小ループからの放射はむしろ，ループ面に垂直に磁流素子が存在するとして，その場合のマクスウェルの式から全く同一型式の式を導き，電磁界を求める方が簡単である．磁流素子の磁気能率 m は微小ループ面積を S，電流を $\boldsymbol{I}$ とすると，$\boldsymbol{m} = S\boldsymbol{I}$ でマクスウェルの式は $\nabla \times \boldsymbol{E} = -j\omega\mu \boldsymbol{H} - \boldsymbol{J_m}$ となり，磁気的ヘルツベクトル $\boldsymbol{\Pi}$ に対して，電気的ヘルツベクトル $\boldsymbol{\Pi}^*$ を使うと式（A2・7）に対応して次の関係が導かれる．

$$\left.\begin{aligned} &\boldsymbol{E} = j\omega\varepsilon\nabla\times\boldsymbol{\Pi}^* \qquad \nabla^2\boldsymbol{\Pi}^* + k^2\boldsymbol{\Pi}^* = -\boldsymbol{m}/\mu = -\boldsymbol{J_m}/j\omega\mu \\ &\boldsymbol{H} = (\nabla\nabla\cdot\boldsymbol{\Pi}^* + k^2\boldsymbol{\Pi}^*) \end{aligned}\right\} \qquad \text{(A2・10)}$$

これから微小磁流素子による $\boldsymbol{\Pi}^* = \frac{1}{4\pi}\int_V (\boldsymbol{m}\,e^{-jkr}/r)\cdot\mathrm{d}V$ となり，$\boldsymbol{E}$，$\boldsymbol{H}$ は，式（2・16）に対応して，$\boldsymbol{E}$，$\boldsymbol{H}$ を入れ換えた式となる．（8・5 節参照）

付録 3　導波路の等価電圧，電流

TEM モードでない一般の導波路では，C^+，C^- をそれぞれ $+z$，$-z$ 方向への複素振幅とすると，

$$\boldsymbol{E}(x,y,z) = C^+(\boldsymbol{e}_t(x,y) + \boldsymbol{e}_z(x,y))e^{-j\beta z} + C^-(\boldsymbol{e}_t - \boldsymbol{e}_z)e^{j\beta z}$$
$$\boldsymbol{H}(x,y,z) = C^+(\boldsymbol{h}_t(x,y) + \boldsymbol{h}_z(x,y))e^{-j\beta z} + C^-(-\boldsymbol{h}_t + \boldsymbol{h}_z)e^{j\beta z}$$

と表示できる．z 方向への伝送電力は

$$P = \frac{1}{2}Re\int_S (\boldsymbol{E}\times\boldsymbol{H}^*)_z \mathrm{d}s = \frac{1}{2}Re\int_S (C^+\boldsymbol{e}_t \times C^+\boldsymbol{h}_t^*)_z \mathrm{d}s$$

$$= (|C^+|^2/2)Re\int_S (\boldsymbol{e}_t\times\boldsymbol{h}_t^*)_z \mathrm{d}s$$

となる．ここで $V^{+}=K_1 C^{+}$, $V^{-}=K_1 C^{-}$, $I^{+}=K_2 C^{+}$, $I^{-}=K_2 C^{-}$ とすると，$P=\frac{1}{2}$ $Re\,V^{+}I^{+*}$ となり通常の TEM 波の分布定数線路の電圧，電流表示 $V=V^{+}e^{-j\beta z}+V^{-}e^{j\beta z}$, $I=(1/Z_0)(V^{+}e^{-j\beta z}-V^{-}e^{j\beta z})$ と同じになり，V_r, I を等価電圧，電流と呼んでいる．なお，$K_1K_2^{*}=\int(\boldsymbol{e}_t\times\boldsymbol{h}_t^{*})_z\mathrm{d}s$ で $Z_0=V^{+}/V^{-}=V^{-}/I^{-}=K_1/K_2=Z_W$ である．

付録4　摂動法

マイクロ波工学での摂動法では，一般に空洞共振器あるいは誘電体共振器内の一部に，異なった ε, μ の微小体が存在しているときの共振周波数と Q の変化を求めるときや，導波路の一部に微小体が存在するときの伝搬定数 Γ，すなわち位相定数 β や減衰定数 α の変化を求めるときに使われる手法，計算で応用が広い．通常使われる摂動の一次近似では，微小体が存在しているときの試料の外の電磁界は，試料の存在していない場合の電磁界と同じと考える．

(1) 共振器摂動計算

挿入試料により電流源 $\boldsymbol{J}_e=j\omega\varepsilon_0(\chi_e)\cdot\boldsymbol{E}$, 磁流源 $\boldsymbol{J}_m=j\omega\mu_0(\chi_m)\cdot\boldsymbol{H}$ が存在している場合のマクスウェルの式は次式となり，角共振周波数 ω（複素数）で振動している．

$$\nabla\times\boldsymbol{H}=j\omega\varepsilon_0\boldsymbol{E}+\boldsymbol{J}_e,\ \nabla\times\boldsymbol{E}=-j\omega\mu_0\boldsymbol{H}-\boldsymbol{J}_m \qquad (\mathrm{A\,4\cdot1})$$

試料のない場合は上式で $\boldsymbol{J}_e=\boldsymbol{J}_m=0$ となり，電磁界は $\boldsymbol{E}_0$, $\boldsymbol{H}_0$ で角周波数 ω_0 で振動している．上式の第1式，第2式の左辺に $\boldsymbol{E}_0{}^{*}$, $\boldsymbol{H}_0{}^{*}$ をスカラ乗積し，試料のない場合にも $\boldsymbol{E}$, $\boldsymbol{H}$ を第1, 2式の共役に対して乗積して同様の演算を行い和差をとり，領域 V で積分すると，$\boldsymbol{J}_e$, $\boldsymbol{J}_m$ は ΔV にのみ存在しているので次式が得られる．

$$\int_V(\boldsymbol{E}_0^{*}\cdot\nabla\times\boldsymbol{H}+\boldsymbol{E}\cdot\nabla\times\boldsymbol{H}_0^{*}-\boldsymbol{H}_0^{*}\cdot\nabla\times\boldsymbol{E}-\boldsymbol{H}\cdot\nabla\times\boldsymbol{E}^{*})\mathrm{d}V$$

$$=j(\omega-\omega_0)\int_V(\varepsilon_0\boldsymbol{E}_0^{*}\cdot\boldsymbol{E}+\mu_0\boldsymbol{H}_0^{*}\cdot\boldsymbol{H})\mathrm{d}V+\int_{\Delta V}(\boldsymbol{J}_e\cdot\boldsymbol{E}_0^{*}+\boldsymbol{J}_m\cdot\boldsymbol{H}_0^{*})\mathrm{d}V \qquad (\mathrm{A4\cdot2})$$

ここで V, ΔV は各々共振器及び試料の体積である．式（A 1·16）と（A 1·21）を使い，更に共振器の表面上で $\boldsymbol{n}\times\boldsymbol{E}_1^{*}=\boldsymbol{n}\times\boldsymbol{E}=0$ から，上式の左辺は零になるので次式が得られる．

$$\frac{\omega-\omega_0}{\omega_0}=j\frac{\int_{\Delta V}(\boldsymbol{J}_e\cdot\boldsymbol{E}_0^*+\boldsymbol{J}_m\cdot\boldsymbol{H}_0^*)\mathrm{d}V}{\omega_0\int_V(\varepsilon_0\boldsymbol{E}_0^*\cdot\boldsymbol{E}+\mu_0\boldsymbol{H}_0^*\cdot\boldsymbol{H})\mathrm{d}V}$$

$$\simeq-\frac{\int_{\Delta \mathrm{V}}(\varepsilon_0(\chi_e)\cdot\boldsymbol{E}_0\cdot\boldsymbol{E}_0^*+\mu_0(\chi_m)\boldsymbol{H}_0\cdot H_0^*)\mathrm{d}V}{\int_V(\varepsilon_0\boldsymbol{E}_0^*\cdot\boldsymbol{E}_0+\mu_0\boldsymbol{H}_0^*\cdot\boldsymbol{H}_0)\mathrm{d}V} \tag{A4·3}$$

上式の右辺の式では$\boldsymbol{E}$，$\boldsymbol{H}\simeq\boldsymbol{E}_0$，$\boldsymbol{H}_0$とした．また電磁界のエネルギーを$W$，$\omega-\omega_0=\Delta\omega$と書くと，上式から$\Delta\omega/\omega_0=-\Delta W/W$となっていることもわかる．なお試料を$\boldsymbol{E}_0\simeq0$，あるいは$\boldsymbol{H}_0\simeq0$の点に置くと$\Delta W$は（$\chi_m$）あるいは（$\chi_e$）で与えられるのでテンソル（$\chi_e$），（$\chi_m$）が測定可能となる．また$\omega$を複素$\omega$と考えると$\Delta\omega/\omega_0=\Delta\omega_0/\omega_0+j\Delta(1/2Q)$となり，複素（$\chi_e$），（$\chi_m$）の測定が可能となる．なお$\Delta(1/Q)$は試料による$Q$の変化量$\Delta(1/Q)=(1/Q_m+1/Q_e)$を表わしている．

(2) 縮退共振器による摂動計算

χ_e，χ_mがスカラーの場合は，非縮退共振器の適当な位置に微小試料を挿入し，式（A4·3）で計算し，χ_e，χ_mを求めることができる．しかし（χ_m）がテンソルの場合には縮退共振器を使い，式（9·27）のように計算する必要がある．ただ固有励振に対する固有値，すなわち共振周波数はテンソル（χ_m）等の固有値に対応しているので，式（A4·3）のように考えて計算してもよい．

(3) 導波路の摂動計算

導波路内に微小試料（ε，μ）が挿入されたときの伝搬定数$\Gamma=\alpha+j\beta$を求める．z方向に進む波に対して$\boldsymbol{E}=\boldsymbol{E}(x,y)e^{-\Gamma z}$，$\boldsymbol{H}=\boldsymbol{H}(x,y)e^{-\Gamma z}$であるから式（A1·17）から$\nabla\times\boldsymbol{H}$，$\nabla\times\boldsymbol{E}$を求めると，

$$\left.\begin{aligned}\nabla\times\boldsymbol{H}-\Gamma(\boldsymbol{a}_z\times\boldsymbol{H})&=j\omega\varepsilon_0\boldsymbol{E}+\boldsymbol{J}_e\\\nabla\times\boldsymbol{E}-\Gamma(\boldsymbol{a}_z\times\boldsymbol{E})&=-j\omega\mu_0\boldsymbol{H}-\boldsymbol{J}_m\end{aligned}\right\}\tag{A4·4}$$

となり，摂動前（試料挿入前）の電磁界を$\boldsymbol{E}_0$，$\boldsymbol{H}_0$とすると$\boldsymbol{J}_e=\boldsymbol{J}_m=0$で同様の式となり式（A4·4）に$\boldsymbol{E}_0^*$，$\boldsymbol{H}_0^*$をスカラー乗し，摂動前の式の共役式に$\boldsymbol{E}$，$-\boldsymbol{H}$をスカラー乗し，加え，試料の挿入長を含む領域で積分すると式（A4·2）と同様な次式が得られる．

$$\int_V[(\nabla\times\boldsymbol{H})\cdot\boldsymbol{E}_0^*-(\nabla\times\boldsymbol{E}_0^*)\cdot\boldsymbol{H}+(\nabla\times\boldsymbol{H}_0^*)\cdot\boldsymbol{E}-(\nabla\times\boldsymbol{E})\cdot\boldsymbol{H}_0^*]\mathrm{d}V$$

$$+(\Gamma-\Gamma_0)\int_V[(\boldsymbol{a}_z\times\boldsymbol{H})\boldsymbol{E}_0^*-(\boldsymbol{a}_z\times\boldsymbol{H}_0^*)\cdot\boldsymbol{E}]\mathrm{d}V$$

$$= \int_{\Delta V} (\boldsymbol{J}_e \cdot \boldsymbol{E}_0^* + \boldsymbol{J}_m \cdot \boldsymbol{H}_0^*) \mathrm{d}V \tag{A4·5}$$

式（A4·3）を導いたときと同様に，上式の第 1 項は表面積分の境界条件から零となり，次式が得られる．

$$\Gamma + \Gamma_0^* = \frac{\int_{\Delta S} (\boldsymbol{J}_e \cdot \boldsymbol{E}_0^* + \boldsymbol{J}_m \cdot \boldsymbol{H}_0^*) \mathrm{d}S}{\int_S \boldsymbol{a}_z \cdot (\boldsymbol{E} \times \boldsymbol{H}_0^* + \boldsymbol{E}_0^* \times \boldsymbol{H}) \mathrm{d}S} = \alpha + j(\beta - \beta_0)$$

$$\simeq \frac{j\omega \int_{\Delta S} [\varepsilon_0 (\chi_e) \cdot \boldsymbol{E}_0 \cdot \boldsymbol{E}_0^* + \mu_0 (\chi_m) \cdot \boldsymbol{H}_0 \cdot \boldsymbol{H}_0^*] \mathrm{d}S}{\int_S \boldsymbol{a}_z \cdot (\boldsymbol{E}_0 \times \boldsymbol{H}_0^* + \boldsymbol{E}_0^* \times \boldsymbol{H}_0) \mathrm{d}S} \tag{A 4·6}$$

上式の右辺では，摂動の第 1 次近似すなわち $\boldsymbol{E} \simeq \boldsymbol{E}_0$，$\boldsymbol{H} \simeq \boldsymbol{H}_0$ とした．

付録 5　有限要素法

図 1·11，(a)のような接合サーキュレーターの入力インピーダンスは，波動方程式

$$(\nabla_t^2 + k_a^2)\phi_a(\boldsymbol{r}) = 0 \quad k_a^2 = \omega^2 \varepsilon_0 \mu_0 \varepsilon_f \mu_{eff} \tag{A5·1}$$

と境界条件 $\partial\phi_a/\partial n + j\xi\, \partial\phi_a/\partial\tau = j\omega\mu_0\mu_{eff} H_\tau$ を満足する固有値 k_a，固有関数 ϕ_a が求まれば計算できる[1]．円板状試料の場合は上の波動方程式を解析的に解くことかできるが，一般の形状の場合は近似的に解く必要がある．有限要素法では領域を三角形状に区切り，各領域で式（A5·1）を満足する解を行列計算から求め，合計して全体の解を算出するが，区分領域の大きさは任意に選べるので便利な方法で，電磁界のみならず波動方程式と同形をとる温度分布，歪等の計算に多く使われている．式（A5·1）とその境界条件は，汎関数（関数の関数）

$$F(\phi_a(r)) = \int\int_S \left\{ |\nabla_t \phi_a(r)|^2 - k_a^2 |\phi_a(\boldsymbol{r})|^2 \right\} \mathrm{d}s - j\frac{\kappa}{\mu} \oint_\xi (\phi_a(r))^* \frac{\partial\phi(\boldsymbol{r})}{\partial\tau} \mathrm{d}\tau$$

の変分の最小値すなわち $\delta F = 0$ と一致するので，試験関数 $\phi_a'(r) = \sum_{i=1}^{n} \mathrm{v}_i \alpha_i$ と展開し，F に代入し極小をとると，以下のマトリクスの固有値問題となり，k_a, v が求まる．

$$[A][\mathrm{v}] = k_a^2 [B][\mathrm{v}], \quad [A] = [D] + j\frac{k}{\mu}[C]$$

$$D_{ij}=\iint_S \nabla_t\alpha_i\cdot\nabla_t\alpha_j\,\mathrm{d}s,\quad C_{ij}=-\oint_\xi \alpha_i\frac{\partial\alpha_j}{\partial\tau}\mathrm{d}\tau,\quad B_{ij}=\iint_S \alpha_i\alpha_j\mathrm{d}s \qquad (\text{A5}\cdot 2)$$

上式は一般的手法で容易に解ける．なお電磁界の解法等では物理的意味を持たないスプリアス解の除去に注意する必要がある[(2)]．

付録6　分布結合回路

通常2つの分布定数線路が近付いて，相互に電磁的に結合を生じているような場合を分布結合回路と呼んでいる．付図4で，各々の分布定数線路は，同じ電気定数で区間 l で結合が生じているとする．単独の分布定数線路の電圧 $V(z)$ は3章で学んだように，無損失の場合，終端開放線路では $I(l)=0$ で $z=0$ に電流源がある場合

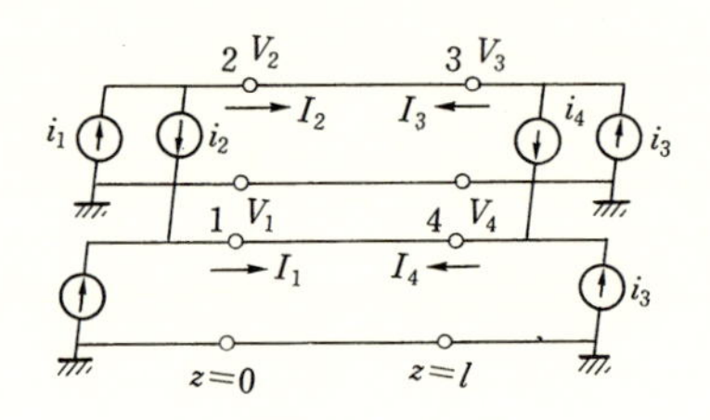

付図4

の $V(z)=-jZ_0 I_0\cos[\beta(l-z)]/\sin(\beta l)$ となるので，$V(0)=-jZ_0I_0\cot(\beta l)$，$V(l)=-jZ_0I_0\mathrm{cosec}(\beta l)$ となり，$z=0$ が開放で $z=l$ に電流源がある場合も同様に，$V(0)=-jZ_0I_0\mathrm{cosec}(\beta l)$，$V(l)=-jZ_0I_0\cot(\beta l)$ となる．ここで図のような結合がある場合を考えると，i_1 と i_3 は両線路に対称な電圧波を励振し，偶（even）モードと呼ばれ，一方 i_2 と i_4 は非対称電圧波，奇（odd）モードを励振する．i_1 による電圧を V_{11}，V_{21} と書くと $V_{11}=V_{21}=-ji_1Z_{0e}\cot(\beta l)$，$V_{31}=V_{41}=-ji_1Z_{0e}\mathrm{cosec}(\beta l)$ 等となる．同様に $V_{12}=-V_{22}=-ji_2Z_{00}\cot(\beta l)$，$V_{43}=-V_{33}=-ji_4Z_{00}\cot(\beta l)$ 等となる．なお Z_{0e}，Z_{00} は偶，奇モードに対する特性インピーダンスである．各端子の全電圧は，重ね合わせから $V_i=\sum_{j=1}^{4}V_{ij}$，$1\leq i\leq 4$ となり，端子電流 $I_1=i_1+i_2$，$I_2=i_1-i_2$，$I_3=i_3-i_4$，$I_4=i_3+i_4$ であるから，$[V]=[Z][I]$ で定義されるインピーダンスマトリクスの要素が求まる．

$$\left.\begin{aligned}&Z_{11}=Z_{22}=Z_{33}=Z_{44}=-j\frac{(Z_{0e}+Z_{00})}{2}\cot\beta l,\\&Z_{12}=Z_{21}=Z_{34}=Z_{43}=-j\frac{(Z_{0e}+Z_{00})}{2}\cot\beta l\end{aligned}\right\}\qquad(\text{A6}\cdot 1)$$

$$Z_{13}=Z_{31}=Z_{24}=Z_{42}=-j\frac{(Z_{0e}-Z_{00})}{2}\operatorname{cosec}\beta l,$$

$$Z_{14}=Z_{41}=Z_{23}=Z_{32}=-j\frac{(Z_{0e}+Z_{00})}{2}\operatorname{cosec}\beta l$$

付図5のように，各端子を Z_0 で終端し，端子1に電圧源 V_s を接いだ場合を［Z］を使って求めると，$\beta l=\pi/2$ の場合，$\det(Z)=Z_0^2(Z_0^2+Z_{0e}^2+Z_{00}^2)+Z_{0e}^2/Z_{00}^2$ で単位入力 $V_s=1$ に対して以下の式となる．

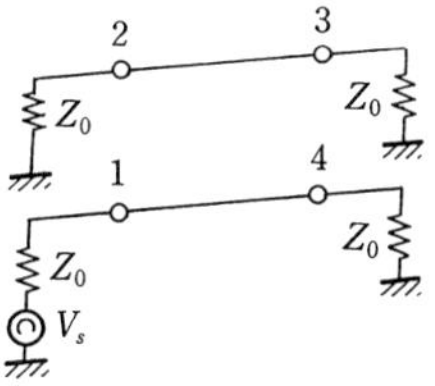

$$I_1=\frac{Z_0(Z_0^2+[Z_{0e}^2+Z_{00}^2]/2)}{\det(Z)} \qquad (\text{A}6\cdot2)$$

付図5

上式から整合のためには $Z_0^2=Z_{00}Z_{0e}$ である．従って次式となる．

$$I_2=\frac{Z_{00}^2-Z_{0e}^2}{2Z_0^3+Z_0(Z_{0e}^2+Z_{00}^2)}$$

$$I_3=0 \qquad V_3=0 \qquad I_4=\frac{j(Z_{0e}+Z_{00})}{2Z_0^3+Z_{0e}^2+Z_{00}^2}$$

$$V_2=-Z_0I_2=\frac{1}{2}\frac{R-1}{R+1}, \quad \left(R=\frac{Z_{0e}}{Z_{00}}\right) \qquad V_4=-Z_0I_4=\frac{-j\sqrt{R}}{R+1}$$

これらの式は分布結合方向性結合器の結合度を示している．

付録7　擾乱源による反射，透過の求め方

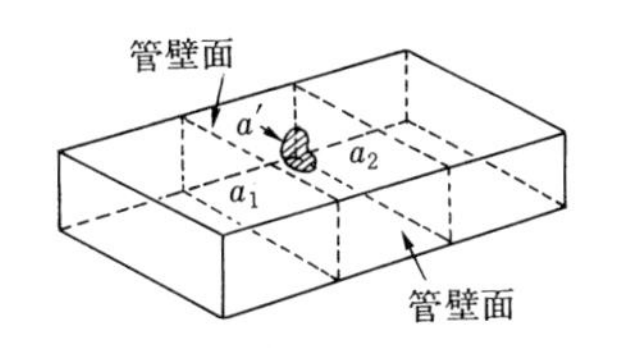

（a' は図では H 面にある）

付図6

付図6のように，導波路の管壁の一部分あるいは内部にスリット，ホール，あるいは管内に，ε，μ の擾乱源があると擾乱波を生じ，その横成分は TE，TM の各モードの集まりとして表示でき，$\boldsymbol{E}_t^{\pm}=\Sigma\boldsymbol{E}_{TE}^{\pm}+\Sigma\boldsymbol{E}_{TM}^{\pm}$，$\boldsymbol{H}_t^{\pm}=\Sigma\boldsymbol{H}_{TE}^{\pm}+\Sigma\boldsymbol{H}_{TM}^{\pm}$ と書くことができる．なお，$\pm$ は $\pm z$ 方向への進行波を示している．Γ，T は各モードの振幅を求めれば計算で

きる．このためには相反定理を使えばよい．相反定理では周波数が同じで独立な $\boldsymbol{E}^{(1)}$，$\boldsymbol{E}^{(2)}$ 等が存在する場合，マクスウェルの式から次式が成り立つ．

$$\int_a (\boldsymbol{E}^{(1)}\times\boldsymbol{H}^{(2)}-\boldsymbol{E}^{(2)}\times\boldsymbol{H}^{(1)})\cdot n\mathrm{d}a=0 \qquad (\mathrm{A7\cdot1})$$

擾乱波の界(1)の $\boldsymbol{E}_t^{\pm}$，$\boldsymbol{H}_t^{\pm}$ と仮想界 $\boldsymbol{E}_s^{-}$，$\boldsymbol{H}_s^{-}$ に対して上式を使うと，$a=a_1+a_2+$管壁面$+a'$（擾乱面）であるから $\boldsymbol{E}_a'$，$\boldsymbol{H}_a'$ を擾乱部の電磁界とすると，

$$\int_{a1}(\boldsymbol{E}_t^{-}\times\boldsymbol{H}_s^{-}-\boldsymbol{E}_s^{-}\times\boldsymbol{H}_t^{-})\cdot\boldsymbol{e}_z\mathrm{d}a-\int_{a2}(\boldsymbol{E}_t^{+}\times\boldsymbol{H}_s^{-}-\boldsymbol{E}_s^{-}\times\boldsymbol{H}_t^{+})\cdot\boldsymbol{e}_z\mathrm{d}a$$
$$+\int_{a'}(\boldsymbol{E}_{a'}\times\boldsymbol{H}_s^{-}-\boldsymbol{E}_s^{-}\times\boldsymbol{H}_{a'})\cdot n\mathrm{d}a=0$$

となる．また仮想界を $\boldsymbol{E}_s^{+}$，$\boldsymbol{H}_s^{+}$ としても同様な式が得られる．a_1，a_2 面に関する積分はモードの直交性，すなわち a，b モードに対し

$$\int_{a1}(\boldsymbol{E}_a\times\boldsymbol{H}_b)\cdot\boldsymbol{e}_z\mathrm{d}a=\int_{a1}(\boldsymbol{E}_{ta}\times\boldsymbol{H}_{tb})\cdot\boldsymbol{e}_z\mathrm{d}a=0$$

$(a\neq b)$ で，$(a=b)$ では単位振幅に対して1となる．ここで $\boldsymbol{E}_{ta}$，$\boldsymbol{H}_{tb}$ は $\boldsymbol{E}_a$，$\boldsymbol{H}_b$ の管内断面成分である．
従って i モードの振幅 $A_i^{\pm}$ は，

$$A_i^{\pm}=\frac{1}{T_i}\int_{a'}(\boldsymbol{E}_{a'}\times\boldsymbol{H}_i^{\mp}-\boldsymbol{E}_i^{\mp}\times\boldsymbol{H}_{a'})\cdot n\mathrm{d}a \qquad (\mathrm{A7\cdot2})$$

となる．

例えばスリットがある場合はスリット部の $\boldsymbol{E}_a$，$\boldsymbol{H}_a$ を考え，管壁の小穴，あるいは小誘電体，磁性体がある場合には等価双極子による電磁界から計算できる．方形導波管（a

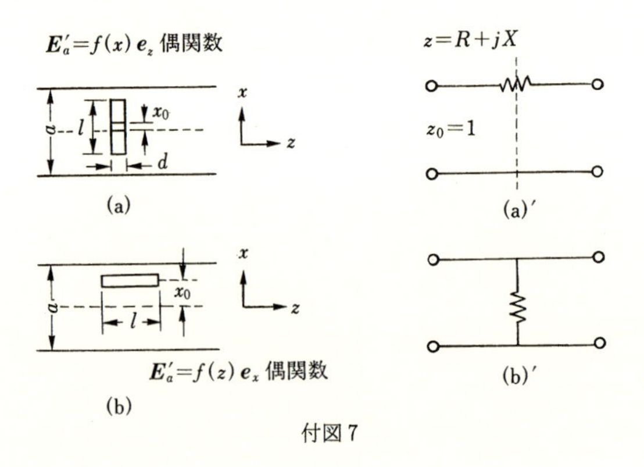

付図7

$\times b$）の TE モードでは

$T_i = j\omega\mu\gamma_i\beta_{ci}{}^2 ab$，$\begin{pmatrix} m\neq 0 & n=0 \\ m=0 & n\neq 0 \end{pmatrix}$ である．なお，$\beta_{ci}=2\pi/\lambda_{ci}$

従って付図 7 (a)の矩形スリットでは $A^+=-A^-$，(b)では $A^+=A^-$ で等価回路は(a)′，(b)′ となり，線路に直並列になる．この場合の振幅を以下に示した．$d\leq 0.5\,a/\pi$ の近似式．

$$\left.\begin{aligned}&\text{(a)の場合}\quad A^{\pm}\simeq\frac{\pm jd\cos\beta_c x_0}{\omega\mu\beta_c ab}\int_{-\frac{l}{2}}^{\frac{l}{2}} f(x')\cos\beta_c x'\,\mathrm{d}x' \\ &\text{(b)の場合}\quad A^{\pm}\simeq\frac{-d\sin\beta_c x_0}{\omega\mu\beta ab}\int_{-\frac{l}{2}}^{\frac{l}{2}} f(z')\cos\beta z'\,\mathrm{d}z'\end{aligned}\right\}\quad (A7\cdot 3)$$

$f(x')=E_0\left(\cos kx'-\cos\dfrac{kl}{2}\right)$，$f(z')=E_0\left(\cos kz'-\cos\dfrac{kl}{2}\right)$とみなせるときには，積分して，上式はそれぞれ次式となる．

$$\text{(a)の場合}\quad A^{\pm}=\frac{\pm j2dE_0N_s\cos\beta_c x_0}{\omega\mu\beta\beta_c ab},$$

$$N_s=\frac{\lambda_g}{\lambda}\sin\frac{\pi l}{\lambda}\cos\frac{\pi l}{2a}-\left(\frac{\lambda_g}{2a}+\frac{2a}{\lambda_g}\right)\cos\frac{\pi l}{\lambda}\sin\frac{\pi l}{2\pi}$$

$$\text{(b)の場合}\quad A^{\pm}=\frac{-2dE_0N_p\sin\beta_c x_0}{\omega\mu\beta\beta_c ab},N_p=\frac{2a}{\lambda}\sin\frac{\pi l}{\lambda}\cos\frac{\pi l}{\lambda_g}-\left(\frac{2a}{\lambda_g}+\frac{\lambda_g}{2a}\right)\cos\frac{\pi l}{\lambda}\sin\frac{\pi l}{\lambda_g}$$

（A7·4）

つぎに，導波管の管壁の小ホールに双極子が生じているときの TE_{10} の $A^{\pm}$ は次式となり，方向性結合器の設計に使われる．

$$A^{\pm}\simeq\frac{\mp\cos\beta_c x_0}{\mu\beta_c ab}(\boldsymbol{M}\cdot\boldsymbol{e}_x)+\frac{j\sin\beta_c x_0}{\mu\beta ab}(\boldsymbol{M}\cdot\boldsymbol{e}_z)+\frac{\omega\cos\beta_c x_0}{\beta\beta_c ab}(\boldsymbol{P}\cdot\boldsymbol{e}_y)\quad (A7\cdot 5)$$

$TE^{\square}_{mn}$ 以外の場合も式（A7·2）は同様に計算することができる．

付録 8　混合体，人工誘電体，磁性体の ε，μ

(1)　混合体の ε，μ

材料 1（$\varepsilon_{r1}{}^*$, $\mu_{r1}{}^*$）と材料 2（$\varepsilon_{r2}{}^*$, $\mu_{r2}{}^*$）を，重量比 w_1，w_2 で均一に混合した場合の混合体の $\varepsilon_{rc}{}^*$, $\mu_{rc}{}^*$ は，古くから知られているようにいわゆる対数則で求められる．

$$\log\mu_{rc}{}^*=k_1\log\mu_{r1}{}^*+k_2\log\mu_{r2}{}^*,\quad \log\varepsilon_{rc}{}^*=k_1\log\varepsilon_{r1}{}^*+k_2\log\mu_{r2}{}^*\qquad (A8\cdot 1)$$

k_1，k_2 は材料 1，2 の体積率で比重を ρ_1，ρ_2 とすると

$$k_1=\frac{w_1/\rho_1}{w_1/\rho_1+w_2/\rho_2},\ k_2=\frac{w_2/\rho_2}{w_1/\rho_1+w_2/\rho_2}$$ で　$k_1+k_2=1$ である．

(2)　**人工誘電体，磁性体の ε，μ**

付図 8 のように ε_2，μ_2 の媒質内に，ε_1，μ_1 の小物体（≪λ）が規則正しく配列している場合の等価 ε，μ について考える．小物体に誘起される電気，磁気双極子 $\boldsymbol{p}$，$\boldsymbol{m}$ は $\boldsymbol{E}_e$，$\boldsymbol{H}_e$ を小物体に働く実効電磁界と書くと，$\boldsymbol{p}=\alpha_e\varepsilon_2\boldsymbol{E}_e$，$\boldsymbol{m}=\alpha_m\mu_2\boldsymbol{H}_e$ で，電気分極率 α_e，磁気分極率 α_m は付図 9 のだ円体では次式となる．

$$\left.\begin{aligned}\alpha_{e\xi}&=\frac{4\pi}{3}\dot{a}\dot{b}\dot{c}\frac{\varepsilon_1-\varepsilon_2}{\varepsilon_2+l_\xi(\varepsilon_1-\varepsilon_2)},\\ \alpha_{m\xi}&=\frac{4\pi}{3}\dot{a}\dot{b}\dot{c}\frac{\mu_1-\mu_2}{\mu_2+l_\xi(\mu_1-\mu_2)}\end{aligned}\right\}\quad(\text{A8·2})$$

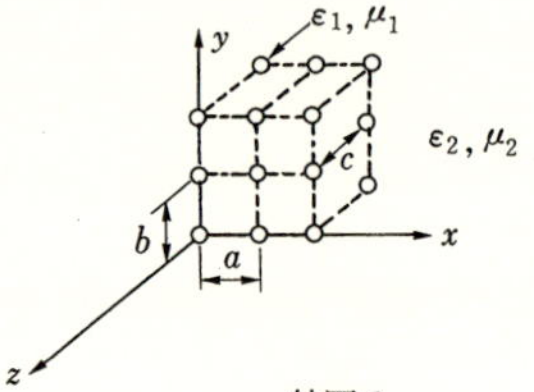

付図 8

付図 9

$\alpha_{e\eta}$，$\alpha_{e\zeta}$ に対しても同様な式で $\xi\to\eta,\ \zeta$ とすればよい．

$$l_\xi=\int_0^\infty\frac{\mathrm{d}u}{(\dot{a}^2+\mu)G(\mu)},\ l_\eta=\int_0^\infty\frac{\mathrm{d}u}{(\dot{b}^2+\mu)G(\mu)},$$

$$l_\zeta=\int_0^\infty\frac{\mathrm{d}u}{(\dot{c}^2+\mu)G(\mu)}$$

$$G(\mu)=2\sqrt{(\dot{a}^2+\mu)(\dot{b}^2+\mu)(\dot{c}^2+\mu)}\,/\dot{a}\dot{b}\dot{c},$$

$$l_\xi+l_\eta+l_\zeta=1$$

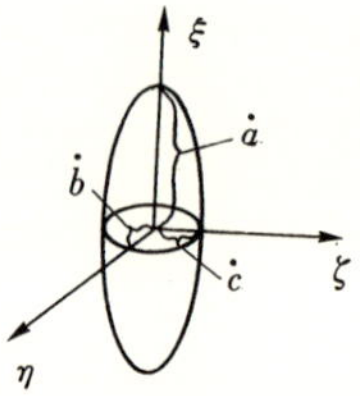

単位体積当りの小物体の数，$N=1/abc$ であるから，

単位体積当りの $\boldsymbol{P}$，$\boldsymbol{M}$ は $\boldsymbol{P}=N\boldsymbol{p}=\boldsymbol{p}/abc$，$\boldsymbol{M}=N\boldsymbol{m}=\boldsymbol{m}/abc$ である．ε_2，μ_2 媒質内の全ての電束，電界，磁束，磁界の平均値を，それぞれ $\boldsymbol{D}_a$，$\boldsymbol{E}_a$，$\boldsymbol{B}_a$，$\boldsymbol{H}_a$ で表すと，$\boldsymbol{D}_a=\varepsilon_2\boldsymbol{E}_a+\boldsymbol{P}=\varepsilon_0\varepsilon_r\boldsymbol{E}_a$，$\boldsymbol{B}_a=\mu_2\boldsymbol{H}_a+\boldsymbol{M}=\mu_0\mu_r\boldsymbol{H}_a$ から，ε_r，μ_r が与えられる．$\varepsilon_r=\boldsymbol{D}_a/\varepsilon_0\boldsymbol{E}_a=\varepsilon_{2r}+\boldsymbol{P}/\varepsilon_0\boldsymbol{E}_a$，$\mu_r=\boldsymbol{B}_a/\mu_0\boldsymbol{H}_a=\mu_{2r}+\boldsymbol{M}/\mu_0\boldsymbol{H}_a$ となり，一方，$\boldsymbol{E}_e=\boldsymbol{E}_0+\boldsymbol{E}_i$，$\boldsymbol{H}_e=\boldsymbol{H}_0+\boldsymbol{H}_i$ で近接した物体（ε_1，μ_1）による電磁界 $\boldsymbol{E}_i=(C/\varepsilon_2)\boldsymbol{p}$，$\boldsymbol{H}_i=(C/\mu_2)\boldsymbol{m}$ であるから，$\boldsymbol{p}$, $\boldsymbol{m}$ が求まり結局式（A8·3）から ε_r, μ_r が求まる．なお C は相互干渉定数といわれるもので $C=\frac{1.202}{\pi b^3}-\frac{8\pi}{b^3}\left[K_0\left(\frac{2\pi c}{b}\right)+K_0\left(\frac{2\pi a}{b}\right)\right]$ である[3]．なお K_0 は変形ベッセル関数である．

$$\varepsilon_r=\varepsilon_{2r}+\frac{N\alpha_e\varepsilon_{2r}}{1-\alpha_eC}\qquad\mu_r=\mu_{2r}+\frac{N\alpha_m\mu_{2r}}{1-\alpha_mC}\qquad(\text{A8·3})$$

例えば空間 $\varepsilon_2=\varepsilon_0$ に完全導体球が配列した場合の ε_r，μ_r は，$l_\xi=l_\eta=l_\zeta=\frac{1}{3}$, $\varepsilon_1\to\infty$，半

径 r_0 の立体配列とし球の場合（$a=b=c$）では $N=a^{-3}$ から

$$\varepsilon_r=\frac{1+8.33\left(\dfrac{r_0{}^3}{a^3}\right)}{1-4.24\left(\dfrac{r_0{}^3}{a^3}\right)} \qquad \mu_r=\frac{1-4.16\left(\dfrac{r_0{}^3}{a^3}\right)}{1+2.12\left(\dfrac{r_0{}^3}{a^3}\right)} \tag{A8.4}$$

となり，円板 $\dot{a}=\dot{b}\neq\dot{c}$ の場合も同様にして求まる．

また線状繊維（ε_1，μ_1）が（ε_2，μ_2）に配列している場合も，$a=b=c$ とすると，$N=1/a^3$ で $C=1.06/\pi a^3$ となり，$\dot{a}>\dot{b}=\dot{c}$ と考えると，$l_\xi\simeq\left(\dfrac{\dot{b}}{\dot{a}}\right)^2\left(\ln\dfrac{2\dot{a}}{\dot{b}}-1\right)$ となり式（A8·3）から ε_r，μ_r が求まる．

資　料　方形導波管の規格

方形導波管（$a \times b$）の規格を示す．国内では通常 WRJ 系銅製のものが入手できる．導波管の接続には一般にバットフランジ（第 6 章参照）がよく使われる．

方形導波管（$a \times b$）の規格

国内規格	該当するアメリカ規格		周　波　数〔GHz〕	内径寸法〔mm〕(a)×(b)	内径寸法許容差〔mm〕		
	MIL 規格	EIA 規格			0　級	1　級	2　級
WRJ-1		WR 975	0.75～ 1.12	247.65×123.83	±0.4	+0.4 −1.0	
WRJ-1.1		WR 770	0.96～ 1.45	195.58×97.79			
WRJ-1.4	RG-69/U	WR 650	1.12～ 1.70	165.10×82.55		(±0.5)	
WRJ-1.7		WR 510	1.45～ 2.20	129.54×64.77			
WRJ-2	RG-104/U	WR 430	1.70～ 2.60	109.22×54.61	±0.11	±0.16	±0.20
WRJ-2.6	RG-112/U	WR 340	2.20～ 3.30	86.36×43.18		(±0.17)	
WRJ-3	RG-48/U	WR 284	2.60～ 3.95	72.10×34.00	±0.07	±0.13	
WRJ-4		WR 229	3.30～ 4.90	58.10×29.10	±0.05	±0.1	
WRJ-5	RG-49/U	WR 187	3.95～ 5.85	47.55×22.15	±0.05	±0.1	
WRJ-6		WR 159	4.90～ 7.05	40.00×20.00	±0.04	±0.06	+0.06 −0.14
WRJ-7	RG-50/U	WR 137	5.85～ 8.20	34.85×15.85		±0.05	+0.05 −0.15
WRJ-9	RG-51/U	WR 112	7.05～ 10.00	28.50×12.60		±0.05	+0.05 −0.15
WRJ-10	RG-52/U	WR 90	8.20～ 12.40	22.90×10.20		±0.04	+0.04 −0.12
WRJ-120		WR 75	9.84～ 15.00	19.050×9.525		±0.018	±0.050
WRJ-140	RG-91/U	WR 62	11.90～ 18.00	15.799×7.899		±0.031	±0.050
WRJ-180		WR 51	14.50～ 22.00	12.954×6.477		±0.026	±0.045
WRJ-220	RG-53/U	WR 42	17.60～ 26.70	10.668×4.318		±0.021	±0.040
WRJ-260		WR 34	21.70～ 33.00	8.636×4.318		±0.020	±0.035
WRJ-320	RG-96/U	WR 28	26.40～ 40.10	7.112×3.556		±0.020	±0.030
WRJ-400	RG-97/U	WR 22	33.00～ 50.10	5.690×2.845		±0.020	±0.030
WRJ-500		WR 19	39.30～ 59.70	4.775×2.388		±0.020	±0.025
WRJ-620	RG-98/U	WR 15	49.90～ 75.80	3.759×1.880		±0.020	±0.025
WRJ-740	RG-99/U	WR 12	60.50～ 92.00	3.099×1.550		±0.020	±0.025
WRJ-900		WR 10	73.80～112.00	2.540×1.270		±0.020	
WRJ-1200		WR 8	92.30～140.00	2.032×1.016		±0.020	

参 考 書

(1) John C. Slater Microwave Electronics D. Van Nostrand 1950

(2) MIT. Radiation Laboratory Series McGraw-Hill 1951．特に 8. Principle of Microwave Circuits．(Montgomery, Dicke and Purcell)，10. Waveguide Handbook (Marcuvitz), 11. Technique of Microwave Measurements (Montgomery), 12. Microwave Antenna and Design (Silver)

(3) B. Lax & K. J. Button Microwave Ferrites and Ferrimagnetics Mc Graw-Hill. 1962

(4) 小口文一著　マイクロ波およびミリ波回路　丸善　1964

(5) R. E. Collin 著　Foundations for Microwaves Engineering　McGraw-Hill. Book Company　1966

(6) 中島将光著　マイクロ波工学　森北出版　1975

(7) 宮内一洋・山本平一著　通信用マイクロ波回路　電子情報通信学会　1981

(8) 阿部英太郎著　マイクロ波　東京大学出版会　1983

(9) A. C. Metaxas & R. J. Meredith 著　Industrial Microwave Healing IEE Power Engineering Series 4, Peter, Peregrinus Ltd, London, U. K. 1983

(10) F. Gardiol 著　Introduction to Microwaves　Artech House INC　1984

(11) S. Ramo, J. R Whinnery and T.Van Duzer 著 Fields and Waves in Communication Electronics (second edition) John. Willy & Sons. 1984

(12) 内藤喜之　マイクロ波・ミリ波工学　コロナ社　1986

(13) 柴田長吉郎著　工業用マイクロ波応用技術　電気書院　1986

(14) RF. スーフー著（岡田文明訳）　マイクロ波磁気工学　森北出版　1987

(15) 山下榮吉監修　電磁波問題の基礎解析法　電子情報通信学会　1989

(16) 宮内一洋，赤池正己，石尾秀樹著　マイクロ波・光工学　コロナ社　1989

(17) 小西良弘著　マイクロ波回路の基本とその応用　総合電子出版社　1990

(18) R. E. Collin 著　Guided Waves (second edition)　IEEE Press　1991

(19) 山下栄吉編著　応用電磁波工学　近代科学社　1992

参考文献

第1章～第3章

(1) 参考書(1)～(19)

(2) 朝永振一郎・宮島龍興・霜田光一著　極超短波理論概説　リスナー社　1950

第4章

(1) "The Micrwave Engineering hand book" Artech House Inc. 1971

(2) 参考書(17)　p 49

(3) 末武，松元 "H_{01} 型同軸円筒導波管定在波計について" 電子通信学会誌，38.10 p 804（昭 30-10）

(4) "The microwave engineerings' hand book" Artech House lnc. 1971

(5) S. B. Cohn "Thickess correction for capacitive obstacles and strip conductors" IRE Trans. MTT-8 p 635 Nov 1960.

(6) H. A. Wheeler "Transmission-line properties of parallel strips separated by a dielectric sheet" IEEE Tr MTT-13 p 172 march 1965

(7) R. A. Pucel, D. J. Massé and C. P. Hartwig "Losses in microstrip" IEEE Tr MTT-16 p 342 June 1968

(8) Elio A. Mariani, Charles P. Heinzman, John P. Agrios and Seymour B. Cohn. "Slot line Characteristics" IEEE Tr of MTT. Vol MTT-17 No 12 pp 1091-1096. Dec. 1969.

(9) Cheng P. Wen. "Coplanar Waveguide "A Surface Strip Transmission Line Suitable for Nonreciprocal Gyromagnetic Device Applications." IEEE Tr. MTT Vol MTT-17 No 12 pp 1087-1090 1969.

(10) H. A. Wheeler "Pulse-power chart for wave guides and coaxial lines." Wheeler Monographs No 16 April 1953 (the microwave engineers' handbook and buyers guide 1961-62)

(11) 参考書(11)

(12) H. E. King "Rectangular wave guide theoretical CW average power rating" IEEE Tr MTT Vol MTT-9 p 349 Sept. 1961

(13) Seymour B. Cohn "Properties of Ridge Wave Guide" proc. of the IEEE pp 783～788 Aug. 1947.

(14) D. Kajfez, "Basic principles give understanding of dielectric waveguide and resonators" Microwave System News Vol 13 pp 152-161 May 1983

(15) Darko Kajfez and Pierre Guillon editors "Dielectric Resonators" Artech House Inc. 1986

(16) G. Goubau "Single-Conductor Surface-Wave Transmission Lines" Proce. IRE p 396 June 1951.

(17) E. J. Tisher "The H guide, a waveguide for Microwaves" IRE Conf, Rep, Pt5.3 PL4 1956

第5章

(1) Carol G. Montgomery (Edited) "Technique of Microwave Measurements" MTT Rdiation Laboratory Series 11 McGraw-Hill 1947.

(2) 参考書 17, p 236.

(3) Darko Kajfez and Pierre Guillon (editors) "Dielectric Resonators" Artech House Inc. 1986

(4) P. Guillon, B. Byzery and M. Chaubet, "coupling parameters between a dielectric resonator and a microstrip line" IEEE Trans. MTT Vol MTT-33 pp 222-226 March 1985

(5) Stanley J. Miller "The Traveling Wave Resonator and High Power Microwave Testing" the microwave journal pp 50-58 Sept 1960

第6章

(1) T. G. Bryant, J. A. Weiss "parameters of Microstrip Transmission Lines and of Coupled Pairs of Microstrip Lines" IEEE MTT-16 p. 1021-1027 Dec 1968

(2) F. Okada, Y. Nikawa, M. Chino "VHF High Power Y-Junction Circulator" Advances in Ferites Proceeding ICF-5 1989

(3) F. Okada, Y. Nikawa,M Chino, K. Harada, T. Katzumi "Design of 100MHz High power Y-Junction Circulator" International Conference High frequency/ Microwave Processing and Heating pp 4-2-1～4-2-10 1989

(4) Fumiaki Okada and Koich Ohwi "Design of a High-Powor CW Y-Junction Waveguide Circulator" IEEE Tr. MTT Vol MTT-26 No5 pp 364～369 May 1978

(5) Fumiaki Okada "High Power Microwave Circulators" Proc of the 6th International School on Microwave Physics and Technique (Bulgaria) pp 364-388 Oct 1989.

(6) 小西良弘，"VHF-UHF Yサーキュレータ" NHK 技術研究第 17 巻第 2 号　1965

(7) 小西良弘"フェライトを用いた最近のマイクロ波回路技術"電気通信学会編，電気通信学会　1972

(8) F. Okada, H. Kataoka, T. Shibata, H. Tamai and Y. Minamidani "Design of Nonreciprocal Phase Shifter for CW 500KW Circulator" Heating and Processing Conference pp 1～10 Sep. 1986

(9) F. Okada, Y. Nikawa, S. Honda, T. Shibata, H. Tamai, Y. Minamidani "Design of CW High Power Nonreciprocal Phase Shifter" TEEE Tr on Magnetics Vol MAG-23 No5 pp 3346～3348 Sept 1987.

第 7 章

(1) 平地康剛"マイクロ波 FET の評価とその使い方. MWE '92 Microwave workship digest (Tutorial Lecture) pp 63～74 Sept 1992

(2) Bodway, G. E. "Two port power flow analysis using generalized scattering paramters" Microwave J. 10.61 Oct. 1967

(3) D. Kajfez, P. Guillon (editors) "Dielectric resonators" Ariech houce Inc. 1986.

(4) D. poulin "Load-pull measurements help you meet your match" Microwaves Vol 19 pp 61-65 Nov 1980

(5) 岡田文明，大井幸一"UHF 帯 CaVG 同調形トランジスタ発振器"電子通信学会論文誌，Vol 58-B No 4 pp 156～161 昭和 49 年 4 月

(6) F. Okada, K. Ohwi "YIG resonator circuit with isolator property and its application to a gunn diode Oscillator IEEE Tr. MTT Vol 26 No 12.

pp 1035～1039 Dec. 1978.

(7) 柴田幸男“電子管・超高周波デバイス”電子情報通信学会大学シリーズ　コロナ社　昭58年12月

(8) Ronald F. Soohoo “Microwave Electronics” Addison-Wesley Publishing Company 1971

(9) Sprangle, P. Probot, A. T. “The Linear and Self-Consistent Nonlinear theory of the Electron Cyclotron Maser Insterbility” IEEE Trans MTT-25.6 pp 528 1977

第8章

(1) 横井寛“衛星通信”日本 ITU 研究　154号　p 27. 昭59年12月

(2) 二川佳央・千野勝・岡田文明“衛星放送受信用導波管給電クロススロット平面アレイアンテナの設計”防大理工研報　第29巻第2号　pp183～191　平成4年3月

(3) Kcith R. Carver and James W. Mink “Microstrip Antenna Technology” IEEE Trans. on Antenna and propagation, Vol AP-29 No. 1 pp 2～24 Jan. 1981

(4) I. E. Rana and N. G. Alexopoulos “printed wire antenna” Proc. workshop printed circuit antenna tech. New Mexi State Univ. Las Cruces. pp 30/ 1-38. Oct 1979.

(5) 横戸健一，鈴木道也，長谷川太郎，岡田文明，寺永守男“単一刃形回折体による電波回折”信学会誌　第49巻1号　pp 87-93　昭41年1月

(6) 前田憲一“超短波・マイクロ波伝播”第2次通信工学講座　共立出版　昭31年

(7) 内藤喜之“電波吸収体”新オーム文庫　昭62年4月

(8) 内藤喜之“フェライト吸収壁の厚さについて”信学誌　Vol 52-B No. 4 pp 21～25 1969

(9) 内藤喜之　末武国広，藤原英二，佐藤政嗣“ゴムフェライト吸収壁の電波吸収特性”信学誌 Vol 52-B No 4 pp 242-246 1969

第9章

(1) A. P. S. Khanna and Y. Garault,“Determination of loaded unloaded and external quality factors of a dielectric resonator coupled to a microstrip line” IEEE. Trans. Microwave Theory Tech, Vol MTT-31 pp 261-264 March 1983.

(2) 千野勝，二川佳央，岡田文明，吉田吉明“同軸線路によるフェライト電波吸収体

の複素 ε_r^*，μ_r^* の測定”電子通信学会委員会試料 EMC J 91-59 1991 年 11 月

(3) “Measuring Dielectric Constant with the HP8510 Network Analyzer” HP product Note 8510-3 1984

(4) N. E. Belhard-Tahar, A. F. Lamer, H. Chanterac “Broad-Band Simultaneous Measurement of Complex Permittivity and Permeability Using a Coaxial Discontinuity” IEEE. Trans. Vol 38 No. pp 1～7 Jan. 1990

(5) 星合，斉藤成文：“センチ波における誘電体特性測定装置”電気通信学会誌 35. pp 256 1952

(5)′ 小林禧夫“マイクロ波，ミリ波における複素誘電率測定”YHP ゼミナーテキスト 1983

(6) Hiroyuki Tanaka, Fumiaki Okada “Precise Measurements of Dissipation Factor in Microwave Printed circuit Boards” IEEE Trans. Instrumentation and Measurement Vol 38, No. 2, April 1989 pp 509～514.

(7) Y. Kobayashi and M. Katoh “Microwave measurement of dielectric properties of low-loss materials by the dielectric rod resonator method” IEEE Tr MTT Vol MTT-33, pp 586-692 July 1985

(8) 小林禧夫“低損失誘電体材料の測定方法”MWE ’92 Microwave Workshop Digest pp87-96 1992.

(9) T. Nishikawa, K. Wakino, H. Tamura and Y. Isikawa “Precise measurement method for Temperature coeffient of microwave dielectric reconator material” 1987 IEEE MIT-S Digest no 5-6 pp 277-280 June 1987

(10) 岡田文明“矩形空胴によるフェライト定数の測定”電気通信学会誌第 42 巻 8 号 pp 758-764 昭 34 年 8 月

(11) 岡田文明“空胴共振器による異方性磁性体のテンソル磁化率の測定法　電子通信学会誌第 50 巻 12 月 pp 2339-2345昭 42 年 12 月

(12) Fumiaki Okada, Koichi Ohwi, Masaru Chino “Measurements of the Tensor Suceptibility of planar ferrite at 34GHz, “Proc. of the lnternational Conferance of Ferrites pp 545～547 July 1970

(13) 小笠原他“マイクロ波用フェライト試験方法”日本工業規格 JIC C2561 pp 430～433 1973

(14) Fumiaki Okuda, Hiroyuki Tanaka “Measurement of Ferrites Tensor

Permeability Using a Sherical Cavity Resonator" IEEE Trans on Instrumentation and Measurements Vol 40 No. 2 pp 476–479 April 1991.

(15) 岡田文明"マイクロ波測定における問題点"応用磁気第137委員会第20回研究会資料　昭46年5月

(16) M. C. Decreton, F. E. Gardiol "Simple Nondestructive Method for the Measurement of Cŏmplex Permittivity" IEEE. Tr. Instrumentation and measurerement Vol IM-23 No 4 pp 434–438 Dec 1974

(17) Y. Kobayashi and J. Sato, "Improved cavity resonance method for nondestructive measurement of complex permittivity of dielectric plate" CPEM '88 Digest pp 147–148 June 1988.

(18) D. Couderc., M. Gronx and R. G. Bosisio "Dynamic High Temperature Microwave Complex Permittivity Measurements on Samples Heate via Microwave Absorption" Vol 81 Journal of Microwave Power March 1973.

(19) 田代新二郎，岡田文明"マイクロ波帯における複素比誘電率温度特性の動的測定法"電子通信学会論文誌 Vol 1, J67-B No 12 pp 1431–1437 昭59年12月

第10章

(1) 二川佳央，安養寺浩一，岡田文明"マイクロ波電力のセラミック燒結，接合への応用"電子通信学会委員会報告　1987年

(2) Fumiaki Okada, Shingiro Tashiro, Motohiro Suzuki "Advances in ceramics Vol 15 pp 201～205 1985

(3) Fumiaki Okada,Yoshio Nikawa, Toru Takahashi "Microwave Sintering of Ferrites Using Traveling-Wave Resonator" International Conference Microwave and High Frequency pp 29–32 Nice France 1991.

(4) Fumiaki Okada, Yoshio Nikawa, Toru Takahashi, Tomohiro Yamaguchi "Sintering and Joining of Ceramics by microwave power" 1992 Asia-Pacific Microwave Conference Proceedings Vol 1. pp 161～164 1992.

(5) F. Okada, Y. Nikawa, T. Yamaguchi "Circular Polarizd Traveling-Applicater for Sincering Low Los Ceramics" Microwave and High Frequency 1993 (Göteburg Sweden 1993

(6) Fumiaki Okada and Tyokichiro Shibata "Microwave Power Application and Its

Device in Japan" 1992 Asia-Pacific Microwave Conference proceeding Vol. 1 pp 41～46 1992

(7) Yoshio Nikawa, Tohru Katsumata, Makoto Kikuchi, Shinsaku Mori, "An Electric Field Converging Applicator with Heating Pattern Controller for Microwave Hyperthermia", IEEE Trans. Microwave Theory Tech., Vol. MTT-34, No. 5, pp. 631-635, May 1986.

(8) 二川佳央，勝又徹，菊地眞，森真作，"マイクロ波による深部局所ハイパサーミアのための *E, H* 両面集束レンズアプリケータ"，電子通信学会論文誌(B)分冊，Vol. J69-B, No. 1, pp. 88-95 昭和61年1月.

(9) Yoshio Nikawa, Hiromi Watanabe, Makoto Kikuchi and Shinsaku Mori,"A Direct-Contact Microwave Lens Applicator with a Microcomputer-Controlled Heating System for Local Hyperthermia", IEEE Trans. Microwave theory Tech., Vol. MTT-34, No. 5, pp. 626-630, May 1986.

(10) Yoshio Nikawa and Fumiaki Okada, "Selective Heating for Microwave Hyperthermia Using Ferrimagnetic Resonance", IEEE Transactions on Magnetics, Vol. MAG-23, No. 5, pp. 2431-2433, Sep. 1987.

(11) Yoshio Nikawa and Fumiaki Okada,"Dielectric-Loaded Lens Applicator for Microwave Hyperthermia", IEEE Trans. Microwave Theory Tech., Vol. MTT-39, No. 7, pp. 1173-1177, July 1991.

(12) 豊福泰範，二川佳央，岡田文明，"マイクロ波加温用フェライト装荷導波管型アプリケータ"，日本ハイパーサーミア学会誌，Vol. 8, No. 1, pp. 19-28，平成4年3月.

(13) Daiji Kobayashi, Yoshio Nikawa, Fumiaki Okada, Makoto Kikuchi and Shinsaku Mori "Microstrip Array Applicator Using Semi-Cylindrical Elements for Medical Application", IEICE Transactions, Vol. E74, No. 5, pp. 1303-1309, May 1991.

(14) Ryoji Tanaka, Yoshio Nikawa and Shinsaku Mori, "A Dielectric Rod Waveguide Applicator for Microwave Hyperthermia", IEICE Transactions, Vol. E, 1993 年

(15) Yoshio Nikawa, Shinsaku Mori and Fumiaki Okada, "Flexible Microstrip Applicator for Medical Application", Proceedeings of ISAP '89. pp. 265-268.

1989

付録

(1) Ronald W. Lyon, Joseph Helszajin "A Finite Element Analysys of planar Circulators Using Arbitary Shaped Resonators" IEEE MTT Vol30 No.11 pp1964-1974 Nov.1982

(2) 参考書(15)

(3) 参考書(18)

索　　引

〔ヒ〕

〔フ〕

〔ヘ〕

〔ホ〕

〔ラ〕

〔リ〕

〔ル〕

〔レ〕

〔ロ〕

〔ワ〕

著 者 略 歴

岡田　文明（おかだ・ふみあき）

1951年　早稲田大学第一理工学部電気通信学科卒業
1957年　同大学大学院博士課程（電気工学，電波）修了
　　　　工学博士（早稲田大学 1960年）
1957年　防衛大学校講師，助教授を経て1968年同大学校教授．研究科伝送工学担当，主としてマイクロ波フェライトの測定とデバイス，マイクロ波電力応用，大電力デバイスの研究に従事．
1993年　防衛大学校定年退官．同校名誉教授
同　年　国士舘大学工学部電気工学科教授
1998年　同大学定年退職
同　年　同大学大学院工学研究科客員教授（非常勤）
同　年　勲三等旭日中綬賞叙勲
同　年　IEEE（アメリカ電気・電子学会）Senior Member. MTT（マイクロ波理論，技術専門部門）．電子情報通信学会，IMPI（国際マイクロ波電力学会）等の各会員
2000年　IEEE Life Senior Member

主要著書　マイクロ波磁気工学（訳：森北出版）．マイクロ波加熱技術集成（分担執筆）電子通信学会編，電子通信ハンドブック（分担執筆）　等

本書は，1993年に学献社から，また2004年に山海堂から出版されたものを，森北出版から継続発行したものです．

マイクロ波工学 —基礎と応用

2019年9月30日　発行

著　　者　岡田文明
発 行 者　森北博巳
発 行 所　**森北出版株式会社**
東京都千代田区富士見 1-4-11（〒102-0071）
電話 03-3265-8341／FAX 03-3264-8709
https://www.morikita.co.jp/

印刷・製本　大日本印刷株式会社

ISBN978-4-627-78689-9／Printed in Japan